화약취급
기능사

자격
시험

기출문제집

에너지자원 기술자를 위한 시험 합격의 지름길
화약취급기능사 자격시험 기출문제집

초판 1쇄 발행 2020년 07월 03일
　　2쇄 발행 2023년 08월 15일
　　3쇄 발행 2024년 08월 30일

지은이. 김영호
펴낸이. 김태영

씽크스마트 책 짓는 집
경기도 고양시 덕양구 청초로66
덕은리버워크 지식산업센터 B-1403호
전화. 02-323-5609

홈페이지. www.tsbook.co.kr
블로그. blog.naver.com/ts0651
페이스북. @official.thinksmart
인스타그램. @thinksmart.official
이메일. thinksmart@kakao.com

ISBN 978-89-6529-054-4 (13530)
© 2024 김영호

• **씽크스마트** 더 큰 생각으로 통하는 길
'더 큰 생각으로 통하는 길' 위에서 삶의 지혜를 모아 '인문교양, 자기계발, 자녀교
육, 어린이 교양·학습, 정치사회, 취미생활' 등 다양한 분야의 도서를 출간합니다.
바람직한 교육관을 세우고 나다움의 힘을 기르며, 세상에서 소외된 부분을 바라봅
니다. 첫 원고부터 책의 완성까지 늘 시대를 읽는 기획으로 책을 만들어, 넓고 깊
은 생각으로 세상을 살아갈 수 있는 힘을 드리고자 합니다.

• **도서출판 큐** 더 쓸모 있는 책을 만나다
도서출판 큐는 울퉁불퉁한 현실에서 만나는 다양한 질문과 고민에 답하고자 만든 실
용교양 임프린트입니다. 새로운 작가와 독자를 개척하며, 변화하는 세상 속에서 책
의 쓸모를 키워갑니다. 흥겹게 춤추듯 시대의 변화에 맞는 '더 쓸모 있는 책'을 만들
겠습니다.

자신만의 생각이나 이야기를 펼치고 싶은 당신.
책으로 사람들에게 전하고 싶은 아이디어나 원고를 메일(thinksmart@kakao.com)로 보내주세요.
씽크스마트는 당신의 소중한 원고를 기다리고 있습니다.

에너지자원 기술자를 위한 시험 합격의 지름길

김영호 지음

화약취급 기능사

자 격

시 험

기 출 문 제 집

지은이

김영호

학력사항
전북대학교 자원에너지공학과(2015)
전북대학교 화학과(2015)
충남대학교 교육대학원 화공섬유교육학과 석사(2022)

자격사항
중등교원자격증 정교사 2급(자원)
중등교원자격증 정교사 2급(환경공업)
중등교원자격증 정교사 2급(화학)
중등교원자격증 정교사 2급(화학공업)
직업훈련교사 3급(광산, 수질관리, 폐기물관리, 토양관리,
소음진동관리, 평생직업교육)
화약류관리기사
화약류제조기사
광산보안기사
천공기기능사
시추기능사
지게차기능사

경력사항
전 이리공업고등학교 화공과 교사
전 목포공업고등학교 화공과 교사
전 광주전자공업고등학교 에너지환경과 교사
현 ㈜한화글로벌 Technical service팀

강의 및 컨설던트 활동경력
화약취급기능사 사내강의
과정평가형 위원(편성, 개발, 감독, 컨설팅 등)
과정평가형 내부평가 매뉴얼 개발위원
2022 교육과정 별책36 환경·안전·소방 전문 교과 교육과정
(수질관리, 소음진동) 개발위원
환경분야 특성화고등학교 운영규정 개정(안) 자문위원

연락처
E-mail: darkhunter62@naver.com
네이버카페 : 문학을사랑한공학

◑ 이 책을 펴내며.

방주(Ark)

지금으로부터 10년 전 중국과 북한의 접경지역으로 여행을 다녀왔습니다. 동아시아 최대의 철광석 광산인 북한의 무산광산이 인상적이었습니다. 이후 문득 '내가 자원에너지공학과에 온 이유가 있을 수 있겠다.'라고 생각하였습니다. 만약 남한과 북한이 교류를 한다면? 북한의 많은 광산을 개발하여 수익을 내면 남북교류에 도움이 되지 않을까 생각했습니다. 이를 준비하기 위해 내가 해야 하는 일은 무엇인가?라는 생각하였고, '광업 관련 인력을 양성해야겠다'라고 생각하여 책을 쓰게 되었습니다 .

준비된 인력을 양성하기 위해

졸업 후 7년 동안 공업고등학교 교사로 근무하면서 교육 현장을 바꾸기 위하여 노력했습니다. 누구나 학력 또는 경력과 무관하게 실력이 있으면 과정평가형 자격 과정을 통해 산업기사 또는 기사 자격증을 취득할 수 있다는 것을 알려 학생들이 산업기사를 취득하게 하였습니다. 이제는 교육 현장이 많이 변하여 저 없이도 학생들이 충분한 기회와 좋은 교육을 받을 수 있는 환경이라 생각했고, 10년 전부터 꿈꿔온 꿈을 위하여 교육현장을 떠나 이직을 결심하게 되었습니다. 현재는 ㈜한화글로벌 Technical Service 팀에 입사하여 많은 공사 현장과 광산 현장을 경험하고 있습니다. 이 책을 통해 공부하시는 모든 독자님들의 성장을 기도합니다.

이 책을 위해 도움을 주신 모든 분께 감사의 인사를 드립니다.

서울에서 가깝고도 먼 북한을 바라보며
김 영 호

화약류 공부를 위한 서적 추천

1. 산업화약과 발파공학
   - 서울대학교출판사 김재극

2. 화약과 산업응용 4판
   - 구미서관 강추원

3. 발파공학 A to Z 3판
   - 구미서관 강추원

4. 21C 암반역학
   - 건설정보사

5. 화약류안전법 (국가법령정보센터로 검색)

6. NCS 학습모듈

7. 광물자원공사 화약발파학, 광물자원개발개론(이 책의 기반이 되었습니다.)

※ 위의 책을 기반으로 만들었으며 책 뒷편에 참고서적을 제시하였습니다.

시험일정 및 출제경향

구분	필기원서접수 (인터넷)	필기시험	필기합격 (예정자)발표	실기원서접수	실기시험	최종합격자 발표일
2024년 정기 기능사 4회	2024.08.20~ 2024.08.23	2024.09.08 ~ 2024.09.12	2024.09.25	2024.09.30~ 2024.10.04	2024.11.09~ 2024.11.24	2024.12.11

1. 원서접수시간은 원서접수 첫날 10:00부터 마지막 날 18:00까지 임.
2. 필기시험 합격예정자 및 최종합격자 발표시간은 해당 발표일 09:00임.
3. 시험 일정은 종목별, 지역별로 상이할 수 있음
   [접수 일정 전에 공지되는 해당 회별 수험자 안내(Q-net 공지사항 게시)] 참조 필수

- 1차 시험출제 경향 화약발파 25문제 암석지질 25문제 법규 10문제
- 2차(복합형 필답형 50점 작업형 50점)

- 필답형 주관식 약 13문제 (아래 출제기준 참조)
- 작업형 실기시험(모의발파)

※ 화약류 취급 및 발파작업의 실무경험, 일반지식, 전문지식 및 응용능력 평가

취득방법

① 시행처 : 한국산업인력공단 ② 관련학과 : 실업계 고등학교의 지원과, 자원기계과 등 관련학과 ③ 시험과목 - 필기 : 1. 화약 및 발파 2. 화약류 안전관리 관계 법규 3. 암석 및 지질 - 실기 : 화약취급 및 발파작업 ④ 검정방법 - 필기 : 전 과목 혼합, 객관식 60문항(과목당 60분) - 실기 : 작업형(1시간 정도, 배점 50점), 필답형(1시간, 배점 50점) ⑤ 합격 기준 - 필기·실기 : 100점을 만점으로 하여 60점 이상.

화약류 관련 자격증 우대 현황

1. 화약류 관리 보안 책임자 선임(저장소, 제조소, 광업, 석산, 불꽃놀이)
2. 공무원(자원직), 군무원(탄약직) 9급 가산점 3%
3. 특전부사관(화기, 전술, 폭파), 부사관(탄약직) 가산점
4. 경찰특공대(특전사 제대 후), EOD 우대 자격증

화약류 관리 및 제조 응시자격

응시자격	조 건
화약류 관리 산업기사 화약류 제조 산업기사	1. 기능사(타 산업기사, 타 자격 포함) 이상 + 실무 1년 이상 2. 동일분야 자격 산업기사 이상 3. 2년제 졸업자, 예정자 (관련학과) 4. 4(5)년제 관련학과 전과정의 1/2 이상 수료자 5. 실무경력 2년 이상
화약류 관리 기사 화약류 제조 기사	1. 산업기사(타 자격 포함) 이상 + 실무 1년 이상 2. 기능(타 자격 포함) + 실무 3년 이상 3. 동일분야 자격 기사 이상 4. 3년제 졸업자(관련학과) + 실무 1년 이상 5. 4(5)년제 관련학과 전과정의 1/2 이상 수료 + 실무경력 2년이상 6. 2년제 졸업자(관련학과) + 실무 2년 이상 7. 실무경력 4년 이상 8. 4년제 관련학 졸업자, 예정자(관련학과)
화약류 관리 기술사	1. 기능사 자격 취득후 동일 및 유사직무분야에서 7년 이상 실무에 종사한 자 2. 기사 자격 취득후 동일 및 유사직무분야에서 4년 이상 실무에 종사한 자 3. 대학 관련학과 졸업 후 동일 및 유사직무분야에서 6년 이상 실무에 종사한 자 4. 동일 및 유사직무분야에서 9년이상 실무에 종사한 자 5. 동일 및 유사직무분야의 다른 종목 기술사 자격을 취득한 자 6. 산업기사 자격 취득후 동일 및 유사직무분야에서 5년 이상 실무에 종사한 자 7. 동일한 종목에 해당하는 자격을 취득한 자

출제기준(필기)

직무 분야	광업자원	중직무 분야	채광	자격 종목	화약취급기능사	적용 기간	2021.1.1 ~ 2025.12.31

○직무내용 : 화약류 관리 및 발파에 대한 이론적 지식과 현장경험을 바탕으로 광업분야, 건설 및 산업분야에서 화약류를 이용하여 구조물이나 암석을 발파·해체작업을 수행하고 화약류보관과 취급상의 안전을 위해 화약류관리 업무를 수행하는 직무

필기검정방법	객관식	문제수	60	시험시간	1시간

필기과목명	문제수	주요항목	세부항목	세세항목
화약 및 발파, 화 약류 안 전 관 리 관 계 법 규, 암석 및 지질	60	1. 화약류 특성 및 사용	1. 화약류 일반	1. 화약류의 분류 2. 화약류의 특성 3. 화약류의 반응
			2. 화약류의 사용 및 시험방법	1. 화약류의 선정 2. 화약류의 취급 및 저장 3. 화약류의 성능 4. 화약류의 시험방법
		2. 발파작업 및 발파공해	1. 발파이론	1. 발파에 의한 암석 파괴이론 2. 천공위치 및 폭발사항 3. 장약량 산출
			2. 기본 및 응용 발파	1. 기본발파작업 2. 전기, 비전기, 전자발파 3. 시험발파법 4. 조절발파법 5. 각종 발파법의 종류와 특성
			3. 발파공해 및 방지 대책	1. 발파소음·진동·비산 2. 발파진동 및 소음 측정 3. 발파공해 방지대책
		3. 지반굴착	1. 흙 및 암석 굴착	1. 흙의 성질과 분류 2. 암반분류 3. 지압 및 암반굴착 4. 사면의 안정
		4. 화약류의 안 전관리에 관 한 법률·시 행령·시행규 칙	1. 화약류의 안전관리에 관 한 법률	1. 화약류 저장 및 운반 2. 화약류 소지 및 사용 3. 기타 화약류의 안전관리에 관한 사항
			2. 화약류의 안전관리에 관한 법률 시행령	1. 화약류의 정의 및 기준 2. 화약류의 저장 및 운반 방법 3. 화약류 발파, 폐기시 기술상의 기준 4. 기타 화약류의 안전관리에 관한 사항
			3. 화약류의 안전관리에 관한 법률 시행규칙	1. 화약류 관리에 관한 각종 시설기준 2. 화약류의 성능검사 및 포장기준 3. 기타 화약류의 안전관리에 관한 사항
		5. 암의 분류	1. 화성암	1. 화성암의 산상 2. 화성암의 분류 3. 화성암의 구조 및 조직 4. 화성암의 화학성분 5. 화성암의 광물성분
			2. 퇴적암	1. 퇴적암의 생성과정 2. 퇴적암의 종류 3. 퇴적암의 특징

필기과목명	문제수	주요항목	세부항목	세세항목
			3. 변성암	1. 변성암의 종류 2. 변성암의 구조 3. 변성작용 4. 암석의 윤회
		6. 지질구조	1. 지질구조	1. 주향과 경사 2. 습곡 3. 단층 4. 부정합 5. 절리 6. 우리나라의 지질구조

출제기준(실기)

직무 분야	광업자원	중직무 분야	채광	자격 종목	화약취급기능사	적용 기간	2021.1.1 ~ 2025.12.31

○직무내용 : 화약류 관리 및 발파에 대한 이론적 지식과 현장경험을 바탕으로 광업분야, 건설 및 산업분야에서 화약류를 이용하여 구조물이나 암석을 발파 해체작업을 수행하고 화약류보관과 취급상의 안전을 위해 화약류관리 업무를 보조하는 직무
○수행준거 : 1. 화약류와 대상 지반에 대한 전문지식을 바탕으로 화약류를 사용할 수 있다.
　　　　　 2. 화약류와 대상 지반에 대한 전문지식을 바탕으로 발파작업을 할 수 있다.
　　　　　 3. 화약류와 대상 지반에 대한 전문지식을 바탕으로 굴착작업을 효율적이고 안전하게 수행할 수 있다.
　　　　　 4. 화약류와 대상 지반에 대한 전문지식을 바탕으로 발파에 수반되는 소음, 진동, 암석 비산 등 공해에 대한 측정 및 방지대책을 수립할 수 있다.

실기검정방법	복합형	시험시간	2시간 정도 (필답형 1시간, 작업형 1시간 정도)기검

실기과목명	문제수	주요항목	세부항목	세세항목
화약취급 및 발파작업	60	1. 화약류 사용	1. 화약류의 취급 작업하기	1. 화약류의 특성을 파악할 수 있다. 2. 화약류 검사 및 처리를 할 수 있다. 3. 발파준비를 위한 전폭약 제조를 할 수 있다. 4. 화약류 취급에 관한 법적사항을 이해할 수 있다.
		2. 발파작업 및 발파공해	1. 발파작업하기	1. 소음 및 진동을 측정할 수 있다. 2. 발파공해 방지대책을 수립할 수 있다. 3. 발파에 의한 사고방지대책을 수립할 있다. 4. 안전교육을 할 수 있다. 5. 안전점검을 할 수 있다
			2. 발파공해 측정 및 방지대책 수립하기	
		3. 지반굴착	1. 지반의 특성 이해하기	1. 암석의 물리적 특성을 이해할 수 있다. 2. 암반을 공학적으로 분류할 수 있다. 3. 흙의 성질을 이해하고 분류할 수 있다.
			2. 굴착작업의 특성이해하기	1. 각종 굴착장비의 특성 및 운전 방법을 이해할 수 있다. 2. 지압 및 사면안정을 이해할 수 있다. 3. 터널 및 사면의 굴착법을 이해할 수 있다.

화약취급기능사 CONTENT

PART 01   화약학

PART 02   발파공학

PART 03 암석지질학

화약취급기능사 CONTENT

화약취급기능사 CONTENT

PART 06 | 3차 작업형

Chapter 1 기출문제 3차 작업형

PART 07 | 광산보안기능사

Chapter 1 광산보안기능사

에너지자원 기술자 양성을 위한 시리즈 II

한국산업인력공단, NCS 출제기준에 따른

화약 취급 기능사

PART

1

화 약 학

Contents

Chapter I 화약류 개론

1-1. 화약류 개론

1. 화약류의 정의

고체 또는 액체 폭발성 물질로서 일부분에 충격 또는 열을 가하면 순간적으로 전체가 기체 물질로 변하고 동시에 다량의 열을 발생하면서 기체의 팽창력에 의해서 유효한 일을 하는 물질을 뜻한다. 주로 산화반응에 의해 일어나는데, 그 속도가 급격한 특징을 갖는다. 즉, 화약류의 안정상태가 파괴될 때에 일어나는 변화를 폭발이라 하며 폭발속도에 따라 폭발과 폭연과 폭굉으로 구분한다.

2. 화약류의 분류

(1) 법령에 의한 분류

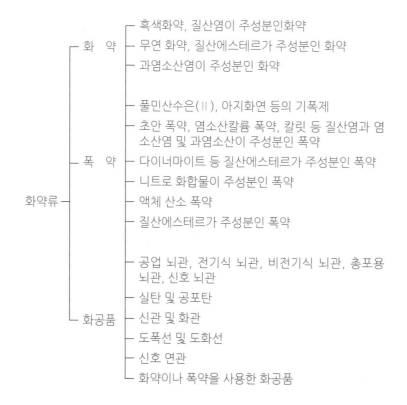

화약류
- 화 약
  - 흑색화약, 질산염이 주성분인화약
  - 무연 화약, 질산에스테르가 주성분인 화약
  - 과염소산염이 주성분인 화약
- 폭 약
  - 풀민산수은(Ⅱ), 아지화연 등의 기폭제
  - 초안 폭약, 염소산칼륨 폭약, 칼릿 등 질산염과 염소산염 및 과염소산이 주성분인 폭약
  - 다이너마이트 등 질산에스테르가 주성분인 폭약
  - 니트로 화합물이 주성분인 폭약
  - 액체 산소 폭약
  - 질산에스테르가 주성분인 폭약
- 화공품
  - 공업 뇌관, 전기식 뇌관, 비전기식 뇌관, 총포용 뇌관, 신호 뇌관
  - 실탄 및 공포탄
  - 신관 및 화관
  - 도폭선 및 도화선
  - 신호 연관
  - 화약이나 폭약을 사용한 화공품

(2) 조성에 의한 화약류의 분류

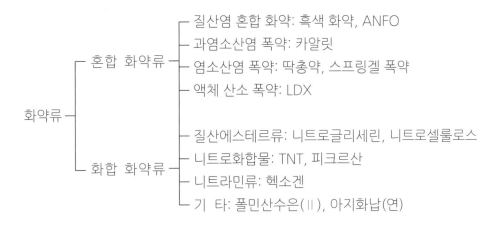

화약류 ─┬─ 혼합 화약류 ─┬─ 질산염 혼합 화약: 흑색 화약, ANFO
        │   ├─ 과염소산염 폭약: 카알릿
        │   ├─ 염소산염 폭약: 딱총약, 스프링겔 폭약
        │   └─ 액체 산소 폭약: LDX
        │
        └─ 화합 화약류 ─┬─ 질산에스테르류: 니트로글리세린, 니트로셀룰로스
                       ├─ 니트로화합물: TNT, 피크르산
                       ├─ 니트라민류: 헥소겐
                       └─ 기 타: 폴민산수은(Ⅱ), 아지화납(연)

(3) 용도에 의한 화약류의 분류

화약류 ─┬─ 발사약: 무연 화약, 흑색 화약
        ├─ 폭   약: TNT, CompB
        ├─ 폭파약: 다이너마이트, ANFO, 함수 폭약, 초유 폭약
        ├─ 전폭약: 테트릴, 헥소겐
        └─ 기폭약: 풀민산수은(Ⅱ), DDNP, 아지화납(연)

3 연소와 폭발

(1) 연소

연소반응은 발열반응으로 물질이 산소와 결합하면서 빛과 연소열을 내는 반응을 말한다. 산소와 결합하는 반응을 산화반응이라고 하며 산화 반응이 진행될 때 발생하는 열은 연소 반응물과 생성물을 가열하여 온도를 높여주며 이때 반응물이 분해온도에 도달하면 분해되어 산화반응이 지속된다.

(2) 폭발과 폭굉

화약류가 급격한 화학 변화나 물리 변화를 일으켜 평형상태가 파괴되어 다량의 열과 가스를 발생하는 변화를 폭발반응 또는 폭발이라 하고 이를 반응속도에 의하여 폭발과 폭연과 폭굉으로 구분한다. 속도가 빠를수록 단위 시간당 발생하는 파워가 증가한다.

① 폭 연

하나의 분자의 분해열이 인접하여 있는 분자를 가열 분해하여 순차로 폭발 분해를 진행하여 진행되는 것으로 연소속도가 비교적 느리며 300m/sec 정도 된다.

② 폭 굉

기계적 에너지에 의하여 화약류가 가진 에너지가 순시간에 분해하는 현상으로 폭약의 폭발에 있어서 폭속이 변화하는 순간을 폭발상태라 하고 폭속이 수 1000m/sec이상으로 일정하게 된 상태를 폭굉이라 한다. 이때에는 급격한 산화작용 뿐만 아니라 충격, 마찰 등 기계적 에너지에 의해서 원자의 결합상태가 파괴된다.

표 연소와 폭발속도 비교

구 분	폭발속도(m/sec)	비 고
연 소	0.01	1m 이하 단위
폭 연	300 ~ 400	100m 단위
폭 발	1,000 ~ 2,000	1,000m 단위
폭 굉	2,000 ~ 8,000	수 1,000m 단위

4. 폭발 후 기체의 거동

(1) 산소평형 (Oxygen Balance, O.B)

화약류는 그 성분중에 자신이 산화반응에 필요한 산소를 함유하고 있다. 폭발반응 시 산소 과부족이 없는 산소평형이 이루어질 경우 이상적인 반응이 이루어지며, 이 경우 $H{\rightarrow}H_2O,\ C{\rightarrow}CO_2,\ N{\rightarrow}N_2,\ S{\rightarrow}SO_2$ 등의 반응물질이 발생된다.(이 반응을 이해하면 연소 식을 맞춰서 쓸 수 있다.) 산소가 부족할 경우 불완전 연소로 인한 CO(일산화탄소)가 발생되며 이론적인 산소요구량보다 과잉 공급되면 NO_x(질소산화물), SO_x(황산화물)이 생성된다.

즉, 산소평형(O.B)은 물질 1g이 반응하여 최종 반응물이 조성되었을 경우 산소의 과부족량을 g단위로 나타낸 것이다.

-기출로 연습하기 17년 1회, 21년 5회-

화약은 산화제와 연료를 동시에 함유한 형태이므로 이들의 배합비는 산소 함유량이 맞아야 한다. 특히, 산업용 갱내 폭약은 불완전한 연소로 인한 (   )(이)나 과량의 산소로 인한 (   ) 가스의 발생이 없어야 한다.

-기출로 연습하기 18년 1회-

니트로글리세린이 폭발할 때 생성되는 기체 4가지를 쓰시오. (단, 미반응 기체는 무시한다.)

-기출로 연습하기 제조산업기사 04년-

산소평형 값이 (+)와 (-)시 발생가스를 쓰시오

(2) O.B의 계산

화합화약류는 주로 유기화합물로서 그 분자식은 일반적으로 $C_xH_yN_uO_z$라고 표시할 수 있다. 이 경우의 산소평형은 다음 공식으로 구하여진다.

$$O.B = 16 \times [z - (2x + \frac{y}{2})] \quad OR \quad O.B = \frac{32 \times [산소의 몰수]}{분자량}$$

- **tip 분자량 C:12 H:1 O:16 N:14**

-기출로 연습하기 1 제조산업 04년 제조기사 19년 기능사 18년 5회 21년 5회-

TNT($C_7H_5N_3O_6$)의 O.B를 구하라

TNT 폭발반응식 $C_7H_5O_6N_3 \rightarrow 7CO_2 + 1.5N_2 + 2.5H_2O - 5.25O_2$

TNT 분자량 C:12 H:1 N:14 O:16 → 12×7 + 1×5 + 14×3 + 16×6 = 227

$$C_xH_yN_uO_z 일때의 \quad O.B = \frac{32 \times [산소의 몰수]}{분자량}$$

$$TNT의 \quad O.B = \frac{32 \times (-5.25)}{227} = -0.74$$

-기출로 연습하기 2 16년 5회 20년 5회-

니트로글리세린의 산소 평형값을 산출하시오.

폭발 반응식 $C_3H_5O_9N_3 \rightarrow 3CO_2 + 2.5H_2O + 1.5N_2 + 0.25O_2$

$$O.B = \frac{32 \times 0.25}{227.1} = +0.035$$

-기출로 연습하기 산업 15년 1회-

펜트리트(PETN)의 산소 평형값을 산출하시오

폭발 반응식 $C_5H_8O_{12}N_4 \rightarrow 5CO_2 + 4H_2O + 2N_2 - O_2$

$$O.B = \frac{32 \times -1}{316} = -0.101$$

표 산소평형값

물질명	OB(g)	물질명	OB(g)
니트로글리세린	+ 0.035	트리니트로톨루엔	- 0.740

(3) 가스의 비용(=가스의 부피)

폭발 후 생성되는 가스를 1기압과 0℃에서의 표준 상태의 부피로 나타낸 것

$$가스의 비용 = \frac{22.4 \times 생성가스의 \ 총 \ 몰수 \times 1000}{분자량} =$$

-기출로 연습하기 (기사 12년 4회, 산업기사 11년 1회, 산업기사 13년 1회, 제조산업 04년)-

니트로글리세린의 비용(가스의 양)을 구하시오

$C_3H_5O_9N_3$(니트로글리세린) $\rightarrow 3CO_2 + 2.5H_2O + 1.5N_2 + 0.25O_2$

생성가스의 총 몰수 : 3(이산화탄소 몰수) +2.5(수증기 몰수)+1.5(질소 몰수)+0.25(산소 몰수) = 7.25

$$가스의 비용 = \frac{22.4 \times 7.25 \times 1000}{227} = 715L$$

5. 화약류의 사용목적에 따른 혼합성분

(1) 산소공급제

가연 물질이 완전 연소하려면 일정한 산소량이 필요하고 화약류의 연소 또는 폭굉 반응 시 산소를 공급해 주는 역할을 하는 물질을 산소공급제라 한다. 분자에 산소 원자가 있고 반응시 분해가 가능하면 산소공급이 가능하다.

표 대표적인 산소공급제

산화제	반응식	비고
질산칼륨(KNO_3)	$4KNO_3 \rightarrow 2K_2O + 2N_2 + 5O_2$	흑색이며 분해속도가 느리다. 흡습성이 없다.
과염소산칼륨($KClO_4$)	$KClO_4 \rightarrow KCl + 2O_2$	강한 산화제이다. 염소산칼륨에 비해 덜 예민하다. 후 가스가 염소로 인해 좋지 않다
질산암모늄(NH_4NO_3)	$NH_4NO_3 \rightarrow 2N_2 + O_2 + 4H_2O$	흡습성이 있으며 조해성이 있다.

-기출로 연습하기 1 2019년 5회-

화약류에 사용되는 물질 중 산소공급제의 종류를 3가지만 쓰시오.

○　　　　　　　　○　　　　　　　　○

-기출로 연습하기 제조산업기사 16년 제조기사 19년-

질산칼륨, 염소산칼륨 완전분해 반응식을 쓰시오.

(2) 예감제

기폭에 둔감하거나 폭발지속이 곤란할 경우 폭발감도를 증대시키기 위하여 배합하는 첨가물 DNN, TNT, DNB, DNT 등이 있다.

-기출로 연습하기 제조산업기사 04년-

예감제에 대해서 설명하시오.

(3) 둔감제

폭약이 예민한 경우(RDX(헥소겐), 테트릴, NG(니트로 글리세린), NC(니트로 셀룰로오스) 등) 둔감하게 하여 안정성을 증가시키기 위해 사용한다.

(4) 발열제

강하게 발열을 일으키는 물질로 Al(알루미늄)이 많이 사용된다.

-기출로 연습하기 제조산업기사 04년-

암모늄 폭약의 위력을 강화하기 위하여 넣어주는 것은 무엇인가?

(5) 감열소염제

폭발의 위험이 있는 곳에서 폭발시 온도를 낮추어 메탄의 폭발을 방지하고 사용되는 재료로 식염(NaCl), 염화칼륨(KCl), 붕사 등이 있다. 탄광에서 안전피통부 폭약을 만들어 사용한다.

-기출로 연습하기 제조산업기사 02년-

감열소염제 종류 4가지를 쓰시오.

(6) 기폭약

예민한 폭약으로 폭발이 연소 속도에서 폭굉 속도로 점화를 시켜 다른 화약을 발파 한다. 뇌홍, 아지화연, DDNP, 테트라센 등이 있다.

MEMO

Chapter II 화약류의 종류와 특성

2-1. 혼합 화약류

각각의 성질을 보면 폭발성을 가지고 있지 않으나 비폭발성 물질 2~3종이 혼합되어 폭발성을 갖게 되는 것을 혼합화약이라 한다.

1. 흑색화약

(1) 조성 및 제조법

① KNO_3: 75%, C: 15%, S: 10% 일반적 조성비
　목적에 따라 조성을 바꿔서 사용한다.
② S + C 혼합(2매 혼합) 위험성 없음
③ 3성분 혼합(3매 혼합) 폭발위험성이 있으며 가죽으로 내
　장한 목제 혼합기에서 목구로 혼합

(2) 특 징

① 화염, 충격, 마찰에 예민하다 (취급주의!)
② 자연분해를 일으키지 않으며 화학적으로 극히 안정하다.
③ 흡습성이 있으며 흡습하면 폭발성을 잃는다.
④ 폭발속도는 300m/sec정도이다.
⑤ 도화선의 심약, 총포의 탄환 발사용, 꽃불류, 석재채취, 연질암석에 사용

-기출로 연습하기 1-
다음 ( ) 안에 알맞은 내용을 아래에 쓰시오.
　○ 흑색화약 표준 배합비율 → KNO_3 : (　) : 숯 = 75 : (　) : (　)

-기출로 연습하기 제조기사 19년-
2매 혼합에서 혼합하는 모든 물질을 쓰시오

-기출로 연습하기 제조기사 19년-
3매 혼합에서 2미혼화 한것에 무엇을 첨가하는가?

2. 초유폭약 (AN-FO, Ammonium Nitrate Fuel Oil)

(1) 조성 (중량비)

※질산암모늄 94%, 중유 6% (중유의 가장 좋은 배합량은 5.5%이며 휘발분을 계산해서 6%를 넣는다.) 질산암모늄은 저비중에 다공질이며 흡습성과 조해성이 있으므로 시간이 지나면 ANFO의 성능이 떨어지게 된다. ANFO에 빨간색 oil을 첨가하여서 폭약임을 표시하며 30일 정도 지나면 색이 옅어진다.(16일 이후에는 성능이 떨어진다.)

그림 초약폭약과 벌크 운반차량
한화 제품 카탈로그 인용

(2) 성질

장 점	단 점	기 타
- 가격이 저렴하다. - 안전하다. - 장전기 사용 가능 (접지를 한 후 사용)	- 수공에는 사용 불가 - 흡습하기 쉽다. - 정전기에 취약하다. (정기폭 사용) - 후 가스가 나쁘다. - 폭력이 떨어진다. (약 3000m/s) - 전폭약이 필요하다. (6호 뇌관 1개로 기폭 불가)	기폭감도 영향 요소 -질산암모늄의 종류 및 입자의 크기 (프릴, 롤렉스), 저비중 다공질알갱이 -경유의 종류 및 첨가량 -흡습의 정도 -장전비중 -임계약경이상으로 사용 할 것(폭약이 정상폭속을 내기 위한 최소 약경)

(3) 용도

비중이 작아 석회석 및 채석 등 노천채굴에 적합하며(장공 발파) 경암발파에는 부적당하다.

-기출로 연습하기1 20년 5회-

질산암모늄 폭약의 예감제로 사용하는 화약류를 2가지만 쓰시오

○ 니트로글리세린(6%이하), TNT, DNN

-기출로 연습하기2 17년 5회-

질산암모늄과 경유를 94 : 6 정도로 혼합한 폭약으로 감도가 둔하기 때문에 6호 뇌관 1개로는 기폭되지 않으며 흡습성이 강하고 폭속은 2500~3000m/s 정도인 폭약은 무엇인지 쓰시오.

-기출로 연습하기3 22년 5회-

다음 ( )에 알맞은 혼합비를 쓰시오. 질산암모늄 : 경유 = ( ) : ( )

-기출로 연습하기 산업기사 14년 4회-

초유폭약의 기폭감도에 영향을 미치는 요인 3가지를 쓰시오.

-기출로 연습하기 제조기사 19년-

ANFO의 주성분 2가지를 쓰시오.

3. 슬러리 폭약

슬러리는 내수성이 없는 ANFO의 성능을 개선한 것으로 질산암모늄을 주재료로 하고 점조제와 가교제를 가하여 분산하여 만든 것으로 폭약 안에 물이 포함되어 있기 때문에 다른폭약에 비하여 충격, 마찰과 화염 등에 안전하다. 전폭약이 없이는 기폭하지 않는 특성을 가지고 있다.

4. 에멀젼 폭약(Emulsion)

에멀션은 물과 기름과 같이 혼합되지 않는 액체를 콜로이드 상태로 예감제로 기포 형태의 그라스 마이크로 벌룬(GMB, 내동압성을 향상시켜서 기폭감도 저하 방지) 등을 이 속에 가한 유중수적형(油中水滴形)이며 구성은 아래와 같으며 에멀션 폭약의 특징은, 온도에 영향이 적어 허용 범위가 넓고, -30℃ 정도까지 완폭하며, 비중을 조절함으로써 임의의 안정된 폭속의 폭약을 얻을 수 있으나 폭발시 알루미늄이 있으면 2차 폭발을 한다.

에멀젼 폭약의 조성은 중공구체(GMB) + 물 + NH_4NO_3으로 되어있다. 알루미늄을 에멀젼 폭약

과 같이 사용 할 시 H_2, CO를 만나면 2차 폭발을 일으킨다.

$$Al \rightarrow 2Al + CO_2 \rightarrow Al_2O_3 + 3CO$$
$$2Al + 2H_2O \rightarrow Al_2O_3 + 3H_2$$

-기출로 연습하기 기사 11년 1회 산업기사 14년 1회-

에멀견 폭약의 중공구체 역할에 대하여 간단히 쓰시오

-기출로 연습하기 기사 19년 1회-

에멀견 폭약에 알루미늄(Al)이 첨가되면 2차 폭발이 발생하므로 사용하지 않는다. 2차 폭발을 일으키는 이유를 간단히 서술하시오.

5. 카리트(Carlit)

우리나라에서 자주 사용되지는 않지만 일본에서 주로 사용되는 과염소산염을 주성분으로 한 혼합화약류이다. 폭발시 일산화탄소와 염화수소가스(HCl)를 발생시키기에 일산화탄소와 염화수소 발생을 줄일 수 있는 첨가물(질산나트륨, 질산바륨)을 넣어 개량 후 사용한다.

-기출로 연습하기 제조산업기사 02년 -

카알릿(카리트)의 혼합물을 잘 뭉치게 하고 예감제로 사용하는 것은 무언인가?

-기출로 연습하기 제조기사 04년-

카알릿(카리트) 폭발 후 발생하는 HCl을 제거하기 위하여 첨가하는 것 2가지를 쓰시오.

6. 무연화약

무연화약은 연기 발생량은 적으나 전혀 무연은 아니다. 탄환의 발사약에 주로 이용하며 로케트 추진약, 석유 천공용, 콘크리트 천공용으로 사용한다.

(1) Single base 화약

단기제 화약, SB 화약이라고도 하며, NC를 기제로 한 화약

(2) Double base 화약

2기제 화약, DB 화약이라고도 하며, NC와 NG를 기제로 한 화약

(3) Triple base powder

3기제 화약, TR 화약이라고도 하며, NC, NG, NGu(nitroguanidine)를 기제로 한 화약으로, 이 화약은 발생 가스량이 많고 연소온도가 낮으므로 약량이 많아도 포신의 소식이 적고 초고속을 낼 수 있는 특징이 있다.

-기출로 연습하기 제조기사 19년 -

TB 무연화약의 주기제 3가지를 쓰시오

2-2 화합 화약류

화합물로서 혼합 화약류와는 달리 다른 성분을 혼합하지 않아도 단독으로 폭발성을 지니고 있는 화약이며 합성 화약류라고도 부른다. 일반적으로 혼합산(질산+황산)으로 질화(니트로화)시켜 제조한다.

1. 질산 에스테르

알코올(-OH, alcohol) 작용기를 가진 분자에 혼산(질산 + 진한황산)을 작용시키면 -OH의 수소(H)와 산의 H사이에서 물이 빠지며 에스테르기(-O-, ether)가 생성된 화약류이다.

(1) 니트로셀룰로오스 [NC]

셀룰로오스를 혼합산(질산 + 황산)으로 질화(니트로화)한 것으로 무연화약 또는 면화약이라고도 부르며 다이너마이트의 원료와 총탄이나 포탄의 발사용 추진화약원료로 사용되며 최대 질소의 양은 13.3%이고 분자속의 질소의 양에 따라 생성열과 산소평형이 달라진다. 강면화약(N=12% 이상)과 약면화약(N=12% 이하)으로 구분한다.

표 강면약과 약면약의 구분

구 분	용 도	질소량
강면약	화약에 사용	12%이상
약면약	화약에 사용	10 ~ 12%
취면약	락카의 원료	10% 이하

니트로셀룰로오스 분해시 생성되는 NO는 공기중의 산소에 의해 산화되어 NO_2로 되고, 이것은 물 존재하에서 HNO_3 로 된다. 질산은 다시 니트로셀룰로오스에 산화작용을 일으킨다. 이와 같이 산소가 있는 환경에서는 이 반응은 계속된다. 이것을 자동산화(Auto Oxdation)라 한다.

-기출로 연습하기 기사 19년 1회-
니트로셀룰로오스(NC)의 자동산화에 대해 설명하시오

-기출로 연습하기 제조산업기사 02년-
NC의 이론적 질소함량을 백분율을 쓰시오

(2) 니트로글리세린 [NG]

98% 이상의 순수한 글리세린을 혼합산(질산+황산)으로 질화(니트로화)해서 만들며 무색 또는 담황색의 액체이다. 다이너마이트 제조(NC + NG)에 사용된다.

-기출로 연습하기 제조산업기사 04년-
NG의 원료 2가지를 쓰시오

-기출로 연습하기 제조산업기사 04년-
혼산이 무엇인지 쓰시오

-기출로 연습하기 제조산업기사 04년-
혼산이 무엇인지 쓰시오

(3) 니트로글리콜 [Ng, $C_2H_4(NO_3)_2$]

에틸렌글리콜을 혼합산(질산+황산)으로 질화(니트로화) 해서 만든다. 난동 및 부동 다이너마이트 제조에 사용한다. 여름철에는 다이너마이트(NG + NC)에서 니트로글리콜 및 니트로글리세린이 침출되는 단점이 있다.

표 난동 다이너마이트와 부동 다이너마이트

NG(니트로글리세린) I Ny(니트로글리콜)	Ng 10%	Ng 25%
동결 온도	- 10℃	- 20℃
구 분	난동다이너마이트	부동다이너마이트

-기출로 연습하기 1 2019년 5회 2015년 1회-

다이너마이트의 분류시 난동 다이너마이트와 부동 다이너마이트에 대하여 간단히 설명하시오

-기출로 연습하기 2 2017년 1회-

에틸렌글리콜을 니트로화 한것으로서 니트로글리세린과 혼합하여 난동 Dynamite를 제조하는데 쓰이는 물질의 명칭을 쓰시오.

-기출로 연습하기 3 20년 5회-

다음 설명에 맞는 물질을 쓰시오

○ 난동 다이나마이트, 부동다이나마이트 제작에 사용된다.

○ 동결온도는 -22℃이다. 담황색의 액체이다.

(4) 펜트리트(pentrite PETN)

펜타에리트에 약 5배의 진한 질산을 조금씩 넣고 15℃ 이하에서 반응시키면 무색인 펜트리트가 생긴다.

$$C(CH_2OH)_2 + 4HNO_3 \rightarrow C(CH_2NO_3)_4 + 4H_2O$$

(펜타에리트)   (펜트리트)

백색 결정으로 녹는점은 140~142℃ 정도이고 비중은 1.77이며, 물이나 알코올 및 에테르에 잘 용해되지 않으나 니트로글리세린에는 용해된다.

충격에 예민하고 마찰에는 둔감하나, 뇌관에는 민감하고 화염으로는 점화하기 어려우며, 비중이 1.77일 때 폭속은 약 8,300m/s이다.

폭발력은 헥소겐과 비슷하며 뇌관의 첨장약이나 도폭선의 심약, 고급 폭약 등의 제조에 사용된다.

2. 니트로 화합물

탄화수소에 혼산(질산 + 진한 황산)을 작용시키면 탄화수소의 H와 질산의 -OH가 반응하며 탄소 원자에 질산기($-NO_2$)가 직접 결합하여 만들어진 화약류

(1) 티엔티(TNT: $C_6H_2(NO_2)CH_3$)

트리니트로톨루엔이라고 하며 방향족 화합물인 톨루엔에 질산과 황산의 혼합산을 조금씩 넣으면서 제조한다. 순수한 것은 무색 결정이지만 공업용은 엷은 분홍색을 띠고 있으며 햇빛을 쬐면 갈색으로 변한다. 군용폭약의 표준으로 많이 사용되며 원자탄의 위력이나 다른 폭약도 TNT를 기준으로 환산하여 말한다.

금속과 작용하지 않고 알코올, 벤젠, 아세톤에 잘 녹으며 폭발 속도는 분상일 때는 4,000m/s 이지만 압축하면 6,200m/s까지 커지고, 발화 온도는 295~300℃ 정도이고 폭발열은 925kcal/kg이다. 군용 폭약, 도폭선의 심약, 폭약의 예감제로 사용된다.

(2) 헥소겐(hexogen:RDX:($C_3H_6N_6O_6$)

헥소겐은 헥사메틸렌테트라민 $(CH_2)_6N_4$을 질산으로 니트로화해서 만든다. 백색 결정으로 냄새가 없으며, 녹는점은 201~ 202℃ 정도이다. 아세톤에만 녹고 열에 대해서 안전하다

발화점은 230℃이고, 충격에 둔감하고 폭발열은 1,300kcal/kg, 폭발 속도는 8,400m/s 로서 뇌관의 첨장약, 도폭선의 심약, 군용으로 사용된다.

-기출로 연습하기 제조산업기사 15년-

헥소겐의 용도 2가지를 쓰시오.

-기출로 연습하기 제조기사 19년-

헥소겐의 구조식을 쓰시오.

(3) 피크린산 [P/A, $C_6H_2(NO_2)_3OH$]

페놀에 황산과 질산을 반응시켜 만들며 열수, 알코올, 에테르, 벤젠 등에 녹으며 장기간 저장하여도 자연 분해를 일으키지 않는다. 금속(철, 납, 구리, 알루미늄)과 반응하여 금속염을 생성하고 폭발감도가 피크린산보다 예민하다. 충격과 마찰에 비교적 둔감해 뇌관의 첨장약, 도폭선의 심약, 군용 폭파약, DDNP의 원료로 사용하며 폭발시 일산화 탄소를 발생시킨다.

-기출로 연습하기 제조기사 19년-
피크린산을 철제와 같은 재질의 혼화기에서 제조하면 안되는 이유는 무엇인가?

3. 기폭약

기폭약이란 폭발감도가 대단히 높은 물질로서 적은 충격이나 열에 의하여 쉽게 폭발하는 동시에 인접한 화약이나 폭약을 점폭시킬 수 있는 화약류로서 뇌관에 장전하여 사용한다.

(1) 폴민산수은(Ⅱ) (뇌홍)[$Hg(ONC)_2$]

회색 결정으로 표면에 광택이 있고 결정체의 비중은 4.42, 600kg/cm2의 강압으로 압축하면 사압에 달해 불을 붙여도 타기만 하고 폭발하지 않는다. 매우 예민하지만 물속에서는 안전하기 때문에 보관 시 물속에 넣어서 보관한다.

뇌홍폭분(가루폭약)

뇌홍의 폭발시 발생한 CO가스를 산소로 공급시켜 CO_2로 생성시키며 이상적인 반응을 일으켜 폭발열을 크게 하기 위하여 뇌홍에 염소산칼륨을 배합한 것을 말한다. 배합비율 뇌홍과 염소산칼륨($KClO_3$)은 80 : 20이다.

-기출로 연습하기 제조산업기사 16년-
뇌홍폭분의 조성비를 쓰시오.

-기출로 연습하기 제조기사 19년-
뇌홍의 폭발력증가와 CO의 발생을 줄이기 위해 첨가하는 물질은 무엇인가?

(2) 질화납(아지화연) [Pb(N₃)₂]

비중은 4.8의 백색 결정으로서 뇌홍과 같이 충격과 마찰에 민감히 폭발한다. 특히 이것은 상온에서도 폭발하므로 뇌홍보다 취급에 신중을 기하여야 한다. 납으로 인해 뇌관 관체를 알루미늄을 사용해야 하며 발화점은 뇌홍보다 높은 325℃ 이다. 600kg/cm2의 강압에서도 사압에 이르지 않는다.

(3) 디아조디니트로페놀 [DDNP, $C_6H_2N_4O_5$]

폭발속도는 비중1.58에서 6900m/sec이다. 맹도는 기폭약 중에서 가장 크고 뇌홍의 약 2배 정도 이며 화학적으로 안정하나 열에는 민감하다.

-기출로 연습하기 제조기사 19년-
피크린산을 주원료로하는 폭약이며 폭속이 약 6900m/s이고 전폭약으로 쓰이는 폭약은 무엇인가?

(4) 스티판산납 [Lead styphnate, $C_6H(NO_2)_3O_2Pb$)]
전기뇌관 점화제로 쓰인다.

-기출로 연습하기 2008년 1회-
뇌관의 기폭약의 종류 3가지를 쓰시오.

2-3 화공품
화약을 이용해 만든 물품으로 폭약이 제 위력을 발휘하기 위하여 점화, 점폭, 전폭시키는 시동적 역할을 하는 물체를 화공품이라 한다.

1. 도화선
뇌관이나 흑색화약을 점화하거나 폭약을 전폭시킬 목적으로 사용하는 화공품
도화선은 현재 발파에 거의 사용되지 않는다.
도화선 1m의 연소시간은 평균 100~140초가 되도록 제조해야 하며 연소초시의 편차는 각각 ±7%가 넘어서는 안 된다.

2. 도폭선
도폭선은 폭약을 금속 또는 섬유로 피복한 끈모양의 화공품으로 점폭하면 4,000m/sec 정도의 폭속으로 폭굉한다. (심약이 얇게 m당 (5g/m ~ 40g/m 정도) 도포되어 있기에 화약의 정상적인 폭발속도보다 낮다)

그림 도폭선

고등학교 화약발파 교과서, 한화 제품 카탈로그 인용

(1) 종 류

(가) 제1종 도폭선

① T도폭선 : TNT를 납관에 수납한 것

② P/A도폭선 : 피크린산을 주석관에 수납한 것

(나) 제2종 도폭선

① H도폭선 : 헥소겐(RDX)을 심약으로 하여 도화선 모양으로 만든 것이다.

② P도폭선 : 펜트리트(PETN)를 심약으로 하여 만든 것

＊ 펜트리트는 TNT 보다 충격, 마찰에 민감하므로 제2종 도폭선에 대하여는 취급에 주의를 해야 한다.

(다) 제3종 도폭선

제2종 도폭선을 방수도료로 가공한 것으로 도폭선 1.5m를 수압 0.3kg/에서 3시간 이상 침수시켰다가 꺼낸 후에 2등분 하여 한 쪽은 6호 뇌관, 다른 한쪽은 새로운 도폭선 30cm에 연결하여 6호 뇌관으로 기폭이 가능한 것

-기출로 연습하기 1-

도폭선은 폭약을 금속 또는 섬유로 피복한 끈 모양의 화공품이다. 도폭선 제조시 사용되는 심약을 종별에 맞게 2가지씩 쓰시오.

가. 제1종 도폭선 : ○   ○

나. 제2종 도폭선 : ○   ○

-기출로 연습하기 제조산업기사 04년-

2종 도폭선 심약종류를 2가지를 쓰시오.

-기출로 연습하기 1 2017년 1회-

폭약을 기폭시키는 뇌관의 작용 3가지를 쓰시오

-기출로 연습하기 제조산업기사 15년-

도폭선 시험법 2가지를 쓰시오.

3. 전기뇌관

뇌관은 폭약을 기폭시키는 화공품으로서 뇌관의 종류는 비전기식과 전기식으로 구분되며 기폭 역할을 하며 타사제품과 혼용시 Cut-off 현상이 일어날 수 있다.

(1) 순발 전기뇌관 : 연시장치가 없는 것

전류의 흐름과 동시에 점폭이 되는 뇌관으로 연시장치가 없으며 제발발파, 심발발파에서 주로 사용한다.

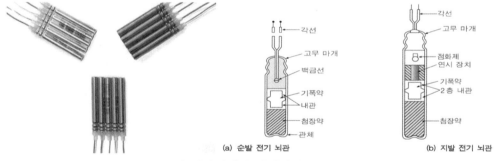

그림 전기뇌관과 전기놔관의 구조

고등학교 화약발파 교과서, 한화 제품 카탈로그 인용

(2)지발 전기뇌관 : 연시장치가 있는 것

점화장치 부분과 기폭약 사이에 연시약을 장치한 것으로 연시초시에 따라 보통 DS전기 뇌관과 밀리세컨드(MS 전기뇌관)으로 구분한다.

① DS 전기뇌관(보통지발 전기뇌관)

지발간격이 0.1 ~ 1.0초로 (1desi second = 1/10sec)

② MS 전기뇌관(밀리세컨드 지발전기뇌관(millisecond delay electric detonator)

초시간격이 0.02 ~ 0.025초 (1milli second = 1/1000sec)

③ MS 지발뇌관을 사용했을 경우 이점

- 발파 시간을 단축, 보안상 극히 안전하다. 제발발파와 같은 효과가 있다.
- 파쇄 상황이 양호하여 암반이 상하지 않는다.
- 발파에 수반되는 진동 및 폭음이 적다.
- 인접공을 압괴시키지 않고 cut off가 없다.
- 파쇄 암석이 균일하고 채광량이 많아진다.

-기출로 연습하기 제조산업기사 02년-

MS 전기뇌관의 장점 4가지를 쓰시오

-기출로 연습하기 제조산업기사 15년-

첨장약을 설명하시오.

※ 뇌관 단차표(MS와 LP의 조합으로 만들 수 있는 단차는 41단이다)

MS시리즈			LP시리즈			MS/LP조합단수	
단수	초시(ms)	각선색상	단수	초시(ms)		단수	초시(ms)
순발	0	오렌지	1	100	백적	순발	0
1	25	백적	2	200	백청	1	25
2	50	백청	3	300	백자	2	50
3	75	백자	4	400	백록	3	75
4	100	백록	5	500	백황	4	100
5	125	백황	6	600	백흑	5	125
6	150	백흑	7	700	적청	6	150
7	175	적청	8	800	적자	7	175
8	200	적자	9	900	적록	8	200
9	225	적록	10	1000	적황	9	225
10	250	적황	11	1200	백적	10	250
11	275	백적	12	1400	백청	11	275
12	300	백청	13	1600	백자	12	300

MS시리즈			LP시리즈			MS/LP조합단수	
단수	초시(ms)	각선색상	단수	초시(ms)		단수	초시(ms)
13	325	백자	14	1800	백록	13	325
14	350	백록	15	2000	백황	14	350
15	375	백황	16	2500	백흑	15	375
16	400	백흥	17	3000	적청	16	400
17	425	적청	18	3500	적자	17	425
18	450	적자	19	4000	적록	18	450
19	475	적록	20	4500	적황	19	475
			21	5000	백적	20	500
			22	5500	백청	21	600
			23	6000	백자	22	700
			24	6500	백록	23	800
			25	7000	백황	24	900
						25	1000
						26	1200
						27	1400
						28	1600
						29	1800
						30	2000
						31	2500
						32	3000
						33	3500
						34	4000
						35	4500
						36	5000
						37	5500
						38	6000
						39	6500
						40	7000

4. 비전기식 뇌관

가. 노넬(NONEL) 개요

전기식 뇌관은 정전기나 번개 등에 의해 잘못 기폭되는 위험성이 있으므로 비전기식 뇌관이 개발되었으며 단발 전기뇌관과 도폭선의 장점을 택하고 조합한 형식이며 지극히 미세한 도폭선을 전기발파의 모선 및 각선 대신에 쓰는 방법이다.

니. 노넬 system의 장·단점

표 노넬 system의 장·단점

장 점	단 점
1. 미주전류, 정전기, 천둥, 전파 등에 대하여 안전하다. 2. 뇌관 내부에 연시장치를 가지고 있으며, 점화단차를 무한으로 할 수 있다. 3. 결선이 단순, 용이하며 작업능률이 높다. 4. 충격 등에 강하다.	1. 결선 누락을 계기로서 점검할 수 없고 눈에 의존할 수 밖에 없다.(불량 발파가 발생할 소지가 많다.) 2. 햇빛 노출시 온도가 올라가면 수소가 발생되면서 산소와 결합하여 물로 변하게 된다.(순폭이 안됨) $$HMX + Al \rightarrow H_2\uparrow \quad H_2 + 0.5O_2 \rightarrow H_2O$$ (공기중 산소와 결합시 물생성)

-기출로 연습하기 1 2012년 5회-

비전기뇌관 장점 3가지를 서술하시오.

다. 비전기식 발파용 기재

(1) 발파기

전용발파기(스파크로 발파시킴)를 쓰고 튜브를 기폭한다. 튜브를 비스듬히 절단하고 여기에 전기뇌관, 도폭선으로 기폭시킬 수 있다. 비전기뇌관 전용 발파기를 사용하는게 안전하다.

(2) 노넬튜브(NONEL tube)

바깥지름 3mm, 안지름 1.2~1.3mm의 인장력에 아주 강한(80MPa) 플라스틱 내부에 폭속 2,000m/s의 고성능 화약(HMX)과 알루미늄 분말을 미터당 약0.2g의 극히 적은 양으로 얇게 바른 것이다.

-기출로 연습하기 제조기사 04년-

노넬 튜브의 폭발속도를 쓰시오.

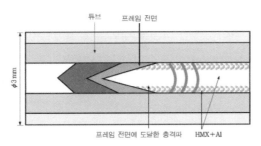

그림 노넬튜브 구조도

출처: 고등학교 화약발파 교과서

(3) 연결구(NONEL connector, 노넬 커넥터)

 전기식 뇌관과는 달리 각선을 결선하는 방법에 의해 충격을 전달할 수 없으므로 특별한 연결구가 필요하다. 연결구는 지연 시간이 없이 단순히 폭력을 전달만 해 주는 것(0ms), 17, 25, 42ms 등과 같이 시간을 지연시키면서 폭력을 전달하는 것, 그리고 모선 역할을 하는 것 등 다양하다.

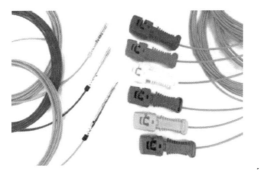

그림 논넬 뇌관 및 커넥터

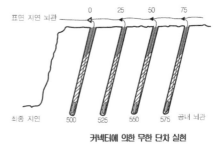

그림 커넥터에 의한 무한 단차

출처: 한화 제품 설명서, 고등학교 화약발파 교과서

-기출로 연습하기 산업기사 12년 1회, 산업기사 15년 4회-
 비전기식 뇌관 결선과 원안에 뇌관번호 및 기폭초시를 적으시오(6점)
#5(125ms), #6(150ms), #7(175ms), #8(200ms)인 비전기식 뇌관을 사용하고, 표면시차 뇌관은 0ms, 100ms를 사용할 경우 트렌치발파에서 결선도를 완성하시오

(4) 뇌관

　비전기식 뇌관으로 전기뇌관의 단점을 보완하여 개발한 뇌관이다. 플라스틱 튜브 내에 폭약이 도포되어 있으며 2000m/s 폭속의 충격파가 플라스틱 튜브내로 전달되어 뇌관을 기폭시키는 시스템이다.

-기출로 연습하기1 2015년 1회-

　다음 그림은 비전기식 뇌관의 배치와 연결 모양을 나타낸 것이다. 점화 후 마지막으로 폭발하는 발파공의 폭발시간(ms)을 구하시오.

(단, 발파공 내 배치된 뇌관의 지연시간은 500ms, ◁: 0ms 연결구, ◀: 25ms 연결구 임)

계산과정 : (500ms) + (25ms × 4) = 600ms
답 : 600ms

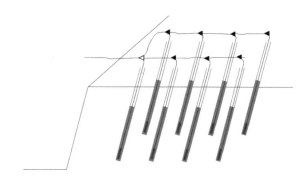

MEMO

Chapter Ⅲ 성질 및 성능시험법

화약류의 성능이라 함은 안전도와 폭발성능을 말하며 폭발성능은 감도와 폭력으로 나누어 생각할 수 있으며 감도는 기폭, 즉 폭발반응을 일으키는 성질이고 폭력은 폭발로 물체를 파괴 또는 추진시키는 효과에 대한 특성이다.

3-1 성질 및 성능시험법

1. 화약의 성질

(1) 흡습성

① 물을 흡수하는 성질로 폭약이 흡습하면 감도가 낮아지며 성능이 저하된다.

② 질산암모늄과 같이 분상계 폭약은 흡습성이 크며 고온 다습한 갱내에서는 흡습속도가 빠르다.

③ 흡습되었던 것은 고화되어 성능이 저하된다.

(2) 내수성

수압이 증가하면 완전 폭발하지 못하며 물에 대해서 저항하는 성질이다.

(3) 노 화

NG와 NC의 콜로이드화가 진행되면 내부의 기포가 없어져서 다이너마이트는 둔감하게 되고 결국에는 폭발이 어렵게 된다. 이와 같은 현상을 노화라고 한다.

※ 굳어진 다이너마이트의 융해 및 처리 방법

① 굳어진 다이너마이트는 손으로 주물러서 부드럽게 할 것.

② 얼어서 굳어진 다이너마이트는 50℃ 이하의 온탕을 바깥 통으로 사용한 융해기(외조온탕) 또는 30℃이하의 온도를 유지하는 실내에서 누그러뜨려야 하며, 직접난로, 증기관 그밖의 높은 열원에 접근시키지 아니하도록 할 것.

③ 폐기시 얼어서 굳어진 다이너마이트는 완전히 녹여서 연소처리 하거나 500g이하의 적은 양으로 나누어 순차적으로 폭발 처리 할 것.

-기출로 연습하기 1 24년 4회, 07년 5회-

아래의 빈칸에 알맞은 온도를 쓰시오.

얼어 굳어진 다이너마이트는 (　　) 외조온탕이나 (　　) 실내에서 융해

-기출로 연습하기 제조산업기사 04년-

동결된(얼어서 굳어진) 다이너마이트 처리 방법을 쓰시오.

(4) 화약의 동적효과 및 정적효과

① 동적효과 (파괴효과)

화약이 폭발할 때 주위의 고체에 대한 충격파로 일을 하는 것을 말한다.

② 정적효과 (추진효과)

폭발성가스가 팽창을 할 때 외부에 대해서 하는 일의 효과를 말한다.

3-2 성능 시험법

(1) 안정도 시험(유, 내, 가)

화학적으로 안정한 물질은 변질되지 않지만 화학적으로 불안정한 물질은 시간이 지남에 따라 분해 및 자연폭발을 하게 된다. 안정도 시험대상은 아래와 같고 안정도 시험방법에는 유리산시험, 내열시험, 가열시험 등이 있다.

◆안정도 시험 대상◆

① 질산에스테르 및 그 성분이 들어있는 화약 또는 폭약으로서 제조일로부터 1년이 지난 것과 제조일이 분명하지 아니한 것

② 질산에스테르의 성분이 들어 있지 아니한 폭약으로서 제조일로부터 3년이 된 것과 제조일이 분명하지 아니한 것

③ 화공품으로서 제조일부터 3년이 지난 것과 제조일이 분명하지 아니한 것

-기출로 연습하기1 16년 5회 21년 5회-

화약류는 자연분해에 저항하는 성질이 있으며, 이 성질을 화약류의 안정도라고 한다. 화약류의 안정도 시험 종류 3가지를 쓰시오

가. 유리산 시험(시행령 60조)

(1) 시험하고자 하는 화약류의 포장지를 제기하고 유리산시험기에 그 용적의 5분의 3이 되도록 시료를 넣은 후 청색리트머스시험지를 시료위에 매달고 마개를 봉할 것

(2) 시료를 밀봉한 후 청색 리트머스시험지가 전면 적색으로 변하는 시간을 유리산 시험 시간으로 하여 이를 측정할 것.

(3) 합격품(측정결과 충족 화약류는 안정성이 있는 것으로 본다)

① 질산에스텔 및 그 성분이 들어있는 화약에 있어서는 유리산시험시간이 6시간이상인 것

② 폭약에 있어서는 유리산시험시간이 4시간이상인 것

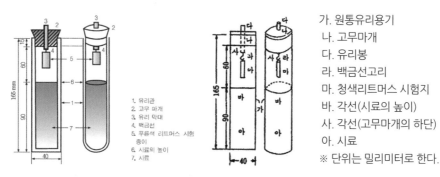

가. 원통유리용기
나. 고무마개
다. 유리봉
라. 백금선고리
마. 청색리트머스 시험지
바. 각선(시료의 높이)
사. 각선(고무마개의 하단)
아. 시료
※ 단위는 밀리미터로 한다.

그림 유리산 시험(시행규칙 별표 11)

출처: 고등학교 화약발파 교과서

나. 내열시험

1. 시험관에 넣는 시료는 다음의 것으로 할 것

(1) 규조토질 다이나마이트는 3g 내지 3.5g

(2) 아교질 다이나마이트 3.5g(유리판위에서 쌀알정도의 크기로 세분하여 막자사발에 넣고 정제활석분 7g을 가하여 나무로 된 막자공이로 서서히 가볍게 혼합할 것)

(3) 위 이외의 다이나마이트는 건조한 것은 그 상태로 3.5g, 습기가 흡수되어 있는 것은 섭씨 45℃로 약 5시간 건조한 것

(4) 질산에스텔의 성분이 들어있는 화약으로서 쌀알정도의 크기로 되어 있는 것은 그 상태로 시험관 높이의 3분의 1에 해당하는 양

(5) 만약 그 밖의 폭약에 있어서는 건조한 것은 그 상태로, 습기가 흡수되어 있는 것은 평상온도에서 진공건조기에 의하여 충분히 건조하여 시험관 높이의 3분의 1에 해당하는 양

-기출로 연습하기 기사 18년 1회 -

내열시험에서 화약의 종류에 따라 시료를 만드는 방법 3가지를 쓰시오

-기출로 연습하기 제조산업기사 02년-

내열시험 중 젤라틴 다이너마이트의 시료 채취 방법을 쓰시오.

(1) 탕전기의 온도를 섭씨 65℃로 유지하고, 시험관에 시도를 넣고 시험관을 온도계와 동일한 깊이로 꽂아넣은 후 아이오딘화칼륨전분지(옥도가리전분지)의 건습 경계부가 표준색지와 같은 농도의 색으로 변할 때까지의 시간을 내열시험시간으로 하여 이를 측정할 것

(2) 내열 시험시간이 8분 이상인 것을 합격품으로 한다.

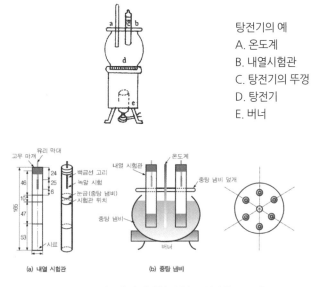

탕전기의 예
A. 온도계
B. 내열시험관
C. 탕전기의 뚜껑
D. 탕전기
E. 버너

그림 내열시험(시행규칙 별표 11)

출처: 고등학교 화약발파 교과서

다. 가열시험

질산에스테르를 함유하지 않는 3년 이상 경과한 폭약을 유리산 시험결과 4시간 이내에 청색 리트머스 시험지가 전면 적색으로 변할 때 재시험하는 방법이다.

(1) 습기가 흡수되어 있는 시료는 평상온도에서 진공건조기등에 의하여 건조할 것

(2) 평량병에 건조한 시료 약 10g을 넣고 이를 섭씨 75℃의 시험기안에 48시간 넣어두고 줄어드는 양을 측정할 것

(3) 측정 결과 줄어드는 양이 1/100이하인 것은 안정성이 있는 것으로 한다.

가. 유리제 칭량병
나. 밀어마치는 뚜껑
다. 밀어마치는 부분
라. 시료

그림 가열시험(시행규칙 별표 11)

출처: 고등학교 화약발파 교과서

-기출로 연습하기 제조산업기사 02년-

가열시험의 판별기준을 서술하시오.

라. 안정도 시험의 보고

안정도시험 결과를 보고할 때에는 아래의 사항을 포함해야 한다.

① 시험을 실시한 화약류의 종류 · 수량 및 제조일 (종, 수, 제)

② 시험실시연월일 (년, 월, 일)

③ 시험방법 및 시험성적 (방법, 성적)

④ 수입허가 번호(수입한 화약류의 경우만 해당한다)

-기출로 연습하기 산업기사 12년 1회 산업기사 15년 1회-

화약류제조, 수입후 대통령이 정하는 기간을 지난 화약류를 소지한 사람은 대통령령에 의해 그 안정도를 시험해야 하는데 안정도시험의 결과보고에 포함될 사항 3가지는?
(단, 총포도검화약류단속법 내용에 관한 사항일 것)

-기출로 연습하기 제조산업기사 16년-

안정도 시험에서 관찰, 조사 항목 3가지를 쓰시오.

(2)감도시험

폭약의 종류에 따라서 적은 에너지로 폭발하는 것도 있지만 어떤 것은 상당히 큰 에너지가 필요한 것도 있다. 이와 같이 폭발의 용이성을 감도라 한다. 즉, 외부에서 어떤 에너지를 주어서 폭발시키려 할 때 그 저항성의 척도를 감도라고 할 수 있다. 크게 충격, 마찰, 열에 대해서 감도시험을 실시한다.

-기출로 연습하기 제조산업기사 04년-

화약의 감도 3가지를 쓰시오.

가. 충격감도 또는 타격감도 시험

충격에는 기계적 충격과 폭약이 폭발할 때 발생하는 폭발 충격이 있다.

* 기계적 충격에 대한 감도는 타격감도로서 낙추시험, 폭발충격에 대한 감도는 감응감도로서 순폭시험으로 측정

-기출로 연습하기 제조산업기사 16년-

감도시험법 2가지를 쓰시오.

① 낙추시험

㉮ 시험방법

추를 사용하는 충격 감도 시험으로서 추의 무게는 보통 5kg

㉯ 낙추감도

완폭점 : 동일한 높이에서 10회 철추를 떨어뜨려 10회 모두 폭발하였을 때(100%)
의 최소높이

불폭점 : 한번도 폭발을 일으키지 않는 최소의 고도

임계폭점 : 폭발을 일으키는데 필요한 평균 높이로 폭발과 불폭이 각각 50%일 때의
높이(아래 그래프 A점)

$\frac{1}{6}$폭점 : 6회 낙추시험하여 1회만 폭발하거나 폭발할 것으로 예상되는 높이

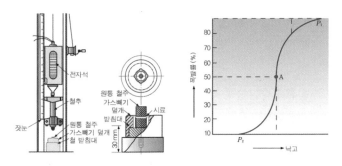

그림 낙추시험

출처: 고등학교 화약발파 교과서

-기출로 연습하기 1 2017 5회-

다음 그림은 타격감도 시험 중 낙추감도 곡선이다. A점을 무엇이라 하는지 쓰시오

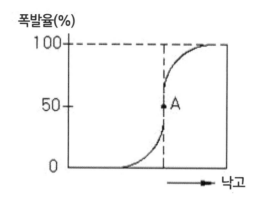

폭발율(%)

낙고

-기출로 연습하기 제조기사 04년 제조산업기사 15년-

낙추감도의 3가지 측점을 도시하고 각각 설명하시오

-기출로 연습하기 제조기사 19년-

$\frac{1}{6}$폭점을 설명하시오

-기출로 연습하기 기사 19년 1회-

낙추시험에서 완폭점 불폭점에 대한 정의를 설명하시오

② 순폭시험

　폭발충격에 대한 감응감도로서 사상순폭시험과 밀폐순폭시험이 있으며 보통은 모래위에서 시험하는 방법이 널리 사용되고 있다.

　㉮ 순폭 : 1개의 약포가 그 옆에 있는 다른 약포의 폭굉에 의하여 감응폭발하는 현상을 순폭이라 한다.

　㉯ 시험법의 종류 : 사상순폭시험, 밀폐순폭시험, 카드갭시험, 반약포시험 등이 있다.

　㉰ 사상순폭 시험방법

　모래위에서 반원형의 홈을 파서 그 가운데에 2개의 폭약 A,B를 일직선상으로 늘어놓는다. A는 뇌관부 약포로서 A가 유폭할 때 B가 완폭하는 최대거리 S를 측정하며 이것을 순폭거리라 한다.

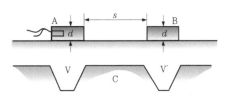

A : 뇌관을 꽂은 약포   s : 순폭 거리
B : 뇌관이 없는 약포   V : A의 폭발 구멍
C : 모랫바닥   V' : B의 폭발 구멍
d : 약포지름

그림 사상순폭시험

출처: 고등학교 화약발파 교과서

㉘ 순폭도(n)

순폭도는 순폭거리(S)를 약포의 지름(d)의 배수로 나타낸 값이다.

$$순폭도 = \frac{s}{d}$$

-기출로 연습하기 1 2017년 5회-

다이나마이트(약경 32mm, 약량120g) 순폭시험 결과 순폭도가 7이었다. 얼마후 다시 시험하였더니 순폭거리가 128mm가 되었다. 순폭도는 얼마나 감소하였는가?

$$S = nd에서 \ n = \frac{s}{d} = \frac{128}{32} = 4$$

순폭도 감소 = 7-4 = 3

-기출로 연습하기 2 2019년 5회-

화약에 대해 순폭시험을 실시하였다. 약포 지름이 50 mm이고 제1약포의 폭발로 순폭하는 최대거리가 100 mm일 때 순폭도를 구하시오.

○ 계산과정 :

○ 답 :

-기출로 연습하기 제조산업기사 15년-

순폭도에 대해서 설명하시오

-기출로 연습하기 제조산업기사 16년-

약경이 32mm일 때 순폭도가 4인 경우 순폭거리를 구하시오

(3) 마찰감도 시험

마찰에 의한 폭발 감도를 나타내는 것으로 모르타르시험과 마찰감도시험을 통해서 측정할 수 있다.

-기출로 연습하기 제조기사 19년-
마찰감도시험법 4가지를 써라

③ 동적위력시험

동적작용이란 화약류가 폭발시 발생하는 충격파에 의한 파괴작용으로 맹도에 따라 다르며 폭발속도의 영향을 받는다.

가. 맹도

맹도란 화약류의 폭력을 나타내며 폭발하여 최대 압력을 나타낼 때까지의 시간과도 깊은 관계가 있으며 동적작용의 강도로서 파괴효과를 나타낸다.

◆케스트(kast) 맹도시험(동주압축시험), 헤스(hess) 맹도계(연주압궤시험)◆

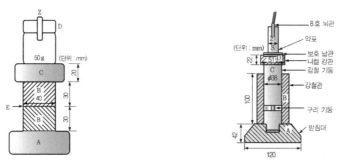

그림 헤스시험 그림 케스트시험

출처: 고등학교 화약발파 교과서

-기출로 연습하기 1 16년 5회 20년 5회 22년 5회-
화약류가 폭발하여 최대의 압력을 나타낼 때의 시간의 기울기를 맹도라고 한다. 화약류의 대표적인 맹도시험법 2가지를 쓰시오.

나. 폭발속도 시험

① 시험법의 종류와 방법

㉮ 도트리쉬법

1. 시료폭약을 강철관 속에 넣고 철관의 한쪽 끝 Z(점폭용 뇌관)에 8호 뇌관을 꽂는다.
2. 옆면의 A, B에는 폭발속도가 미리 알려진 도폭선 끝을 끼어 놓는다.
3. 도폭선의 중심 M은 납판 C위에 새겨진 E와 일치시킨다.
4. 점폭용 뇌관 Z를 점폭하면 폭약 속에 폭굉파가 진행하여 A와 B에 있는 뇌관을 거쳐서 도폭선으로 폭굉파가 전파된다. A B 두 방향으로부터 전파되어 온 폭굉파가 납판 위에서 서로 만나면 그 충동에 의하여 납판 위에 자국을 남긴다. 이 회합점을 F로 하고 EF의 거리 X를 측정한다.

-기출로 연습하기 제조기사 19년-
도트리쉬법의 식을 쓰고 각 변수의 의미를 설명하라

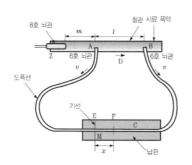

$$V = \frac{vL}{2x}$$

X: 기선부터 두 도폭선이 만난거리
m: 뇌관부터 A지점까지의 거리
L: A, B지점간의 거리(10cm)
V: 시료약의 폭발속도
v: 도폭선의 폭발속도(5,500m/s)

그림 도트리쉬 폭속법

출처: 고등학교 화약발파 교과서

㉯ 다른 속도시험법은 메테강법, 오실로그래프법, 전자관계수기법 등이 있다.

-기출로 연습하기 제조산업기사 16년-
폭속 시험법 4가지를 쓰시오.

다. 정적위력 시험
정적작용이란 폭발 생성가스가 단열팽창을 할 때 외부에 대한 일의 효과(추진효과)를 말하며 화약의 힘과 관계가 깊다.
① 폭력시험
일반적으로 정적위력시험이라고 부른다.(폭약의 에너지 측정) 폭력시험방법에는 트라우줄 연주시험, 탄동진자시험, 탄동구포시험 등이 있다.

㉮ 트라우즐 연주시험(연주확대시험, trauzle lead block test)

㉯ 탄동구포시험

상대 위력(relative weight strength)'이라 부른다, 여기서 기준 폭약 (블라스팅 젤라틴, NG = 92%, NC = 8%)의 위력을 100으로 가정한다.

탄동구포시험 : $RWS(\%) = \dfrac{1-\cos\theta_{시료}}{1-\cos\theta_{기준}} \times 100(\%)$

$\theta_{기준}$: 기준폭약(블라스팅 젤라틴 다이너 마이트)의 구포각

$\theta_{시료}$: 시료폭약의 구포각

(※기준폭약이 TNT로 주어진 경우 위식의 결과값은 탄동구포비가 된다.)

탄동구포비 = RWS ÷ 1.6

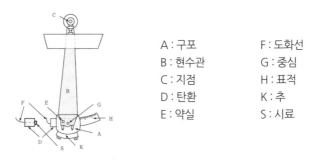

A : 구포   F : 도화선
B : 현수관   G : 중심
C : 지점   H : 표적
D : 탄환   K : 추
E : 약실   S : 시료

그림 탄동구포시험

출처: 고등학교 화약발파 교과서

-기출로 연습하기 1 24년 4회, 13년 5회-

폭약의 위력을 측정하기 위해 탄동구포시험을 실시하였다. 시험결과 기준폭약인 블라스팅 젤라틴(NG 92%, NC8%) 10g으로 실시하였을 때의 구포진자 후퇴각은 20°이었고, 시료폭약에 의한 시험결과는 13°였다. 시료폭약의 상대중량강도(RWS, %)를 구하시오

$(RWS(\%)) = \dfrac{1-\cos 13}{1-\cos 20} \times 100 = 42.49\%$

-기출로 연습하기 기사 10년 1회-

N/G 60% DY의 후퇴각이 18도 이고 시료의 후퇴각이 14도일 때 RWS는?

-기출로 연습하기 산업기사 13년 1회-

어떤 폭약에 대해 탄동구포시험을 실시하였다. 기준폭약(NG 92%, NC 8%)의 진자이동각이 30°이고, 시험폭약의 진자 이동각이 20°로 차이난 경우 시험폭약의 탄동구포비를 구하시오

-기출로 연습하기 기사 18년 1회-

탄동구포 시험 시 블라스팅 젤라틴에서 구포가 30° 시료는 10도°일 때 RWS는?

-기출로 연습하기 기사 19년 1회-

시료약으로 인한 후퇴각이16°일 때 탄동구포시험을 하였다. 탄동구포비는 얼마인가?
(기준시료는 TNT 후퇴각 18°)

라. 뇌관의 성능시험

① 뇌관의 성능시험(KS M 4809)

㉮ 전기뇌관 시험법

표 전기뇌관 시험법

시험 종류	성 능
납판 시험	두께 4mm의 납판을 뚫어야 한다.
둔성 폭약 시험	TNT 70% 활석 분말 30%를 배합하여 만든 둔성 폭약을 환전히 폭발 시켜야 한다.
점화 전류 시험	규정된 시간에 0.25A의 직류 전류에서는 발화되지 않고, 1.0A의 직류 전류에서는 발화되어야 한다.
단열 발화 시험	단발 전기 뇌관은 단수가 적은 차례로 폭발되어야 한다.
내수성 시험	물의 깊이 1m에서 1시간 이상 담갔을 때에도 폭발하여야 한다.

-기출로 연습하기1-

다음에 열거한 시험 중 전기뇌관의 성능시험법에 해당하는 것을 모두 골라 아래에 쓰시오.

(납판시험, 석탄가루시험, 둔성폭약시험, 유리산시험, 내수성시험, 내열시험)

답 : 납판시험, 둔성폭약시험, 내수성시험

④ 납판시험(연판시험)

공업용 뇌관과 전기뇌관 넓이 1600mm², 두께 4mm 납판을 뚫을 수 있어야 한다.

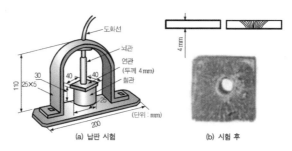

그림 납판시험

출처: 고등학교 화약발파 교과서

-기출로 연습하기 2019년 5회-

공업용 뇌관의 납판시험은 납판 위에 생긴 폭발흔적과 천공상태를 조사하여 뇌관의 위력을 비교하는 것이다. 여기서 폭발흔적과 천공상태는 무엇을 나타내는지 쓰시오.

가. 폭발흔적

○ 뇌관의 가로방향 위력

나. 천공상태

○ 뇌관의 세로방향 위력

-기출로 연습하기 제조산업기사 16년

납판 시험방법을 설명하시오.

④ 둔성폭약 시험

공업용뇌관과 전기뇌관은 TNT 70%에 활석가루 30%를 배합하여 만든 시험체를 전폭할 수 있어야 한다.

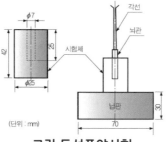

그림 둔성폭약시험

출처: 고등학교 화약발파 교과서

MEMO

에너지자원 기술자 양성을 위한 시리즈 II

한국산업인력공단, NCS 출제기준에 따른

화약 취급 기능사

PART 2

발파공학

Contents

Chapter I 발파 기본 이론

1-1. 발파의 개념 및 기초

일반적으로 발파라함은 폭약을 사용하여 목적하는 물체를 파괴하는 작업이다, 즉 화약류의 폭발에 의하여 급격히 발생하는 충격압과 고열로 인한 생성가스의 팽창에 의해서 피폭발물을 파괴시키는 것으로 우리나라에서는 이것을 발파라고 부른다.

가. 기초 용어 정의

(1) 자유면(Free face)

발파 작업을 할 때 장약의 중심으로부터 공기에 노출된 면을 자유면(지표면, 물, 공기)이라 하는데, 발파로 분리되는 면이 하나일 때를 1자유면이라 하고, 둘일 때를 2자유면이라 한다. 6자유면까지 존재하며 자유면의 수가 많아질수록 발파 효과는 커지며 이유는 자유면 쪽은 저항이 없기 때문에 같은 양의 암반을 발파하는 데 자유면의 수가 많을수록 장약량은 감소한다.

자유면의 수와 파쇄량과의 관계식은 다음과 같다.

Daw씨의 실험

1자유면 $V = 1\dfrac{1}{3}W^3$ 4자유면 $V = 3W^3$

2자유면 $V = 1\dfrac{2}{3}W^3$ 5자유면 $V = 4W^3$

3자유면 $V = 2\dfrac{1}{3}W^3$ 6자유면 $V = 8W^3$

-기출로 연습하기 1 2007년 5회-

자유면, 최소저항선, 누두공에 대해서 서술하시오.

-기출로 연습하기 2 2018년 5회-

갱내광산의 막장면은 몇 자유면인가?

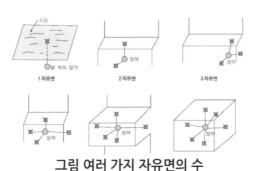

그림 여러 가지 자유면의 수

출처: 고등학교 화약발파 교과서

(2) 최소 저항선(W, Minium burden)

장약공에 장전된 폭약의 모양에 관계 없이, 폭약의 중심으로부터 자유면까지의 가장 가까운 거리

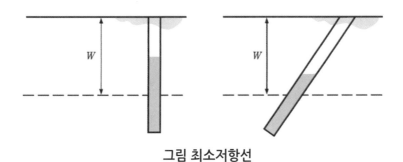

그림 최소저항선

출처: 고등학교 화약발파 교과서

-기출로 연습하기1 2016년 5회-

일자유면의 암반을 천공하여 발파할 때 최소저항선이 0.8m, 장약장이 0.3m이다. 천공된 공의 공심(D)은 얼마인지 구하시오

-기출로 연습하기 2 2017년 1회-

장약의 중심에서의 자유면까지의 최단거리를 무엇이라 하는지 쓰시오

-기출로 연습하기 3 20년 5회-

천공장 0.9m, 장약장 0.2m로 수평면과 60° 경사지게 하향천공을 실시하여 계단발파를 하고자 할 때 최소저항선(m)을 구하여라.

(3) 비천공장(specipic drilling)

단위체적당 천공장(m/m^3)을 말한다.

(4) 비장약량(specipic charge)

단위체적당 장약량(kg/m^3)을 말하며 비장약량을 크게 하면 파쇄효과가 크다.

-기출로 연습하기 산업기사 15년 4회-

터널 직사각형 패턴에서 폭 5m, 높이 4m, 천공장 2.5m, 굴진장 2m라고 한다. 공당 장약량은 1kg이며, 총 공수는 30공이다. 비장약량과 비천공장을 구하여라.

-기출로 연습하기 기사 16년 1회-

천공구멍지름 32mm이고 장약장이 32cm 일 때 폭약의 비중이 1.5이다. 장약량을 구하시오.

나. 누두공 이론(Crater theory)

균질한 암반에 적당한 깊이로 천공한 다음 폭약을 장전하여 발파하면 원뿔모양의 파쇄공이 생기게 된다. 이것을 누두공이라 한다.

(1) 누두공시험(Crater test)

일정량의 폭약을 암반의 내부에서 폭발시켰을 경우, 장약된 위치가 너무 깊으면 폭굉 효과를 볼 수 없으나, 장약 위치를 점점 지표면에 가깝게 하면 자유면에 균열이 생긴다. 균질한 암반에 적당량의 폭약을 적당한 깊이에 장전하여 발파하며 원뿔 모양의 파쇄공이 생기는데, 이를 누두공이라 한다. 이러한 누두공의 크기와 모양을 관측하여 폭약량을 결정하는 자료를 얻기 위한 시험이다.

(2) 누두공의 모양과 크기를 결정하는 요인

(가) 암반의 종류

(나) 폭약의 위력(폭파력)

(다) 전색(메지)의 정도

(라) 약실의 위치

(마) 자유면의 거리

(3) 누두공 이론

(가) 누구공 용어 정리

① 누두공 : 폭약의 폭발시 자유면(지표면) 쪽으로 생기는 원추공

② 누두공의 반지름(R)

③ 누두지수: 발파된 누두공의 모양을 표시하는 지수(n = R/W)

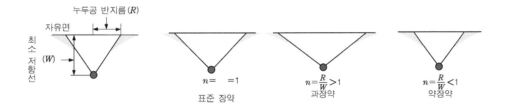

그림 시험발파 누두공의 형상

출처: 고등학교 화약발파 교과서

-기출로 연습하기 기사 18년 1회-

누두공 반경 3m, 최소저항선1.3m, 장약공 직경 30mm일 때 누두지수를 구하시오

(나) 표준장약

누두공의 꼭지각이 90°가 되는 경우(n = 1)

R/W = n = 1 (R = W)

(다) 과장약

최소 저항선의 길이에 비해 장약량이 많은 상태(n > 1)

R/W = n > 1 (R > W)

(라) 약장약

최소 저항선의 길이에 비해 장약량이 적은 상태(n < 1)

R/W = n < 1 (R < W)

-기출로 연습하기 1 2019년 5회-

다음 ( )안에 알맞은 용어를 쓰시오.

누두공의 반지름을 R, 장약의 중심에서 자유면까지의 최단 거리(최소 저항선)를 W라고 하면, 누두공의 형상은 R과 W의 비인 누두 지수 n 으로 표시할 수 있다. 이 때, 누두지수

n(=R/W)의 값에 따라서, n=1이면 (①), n>1이면 (②), n<1이면 (③)이라 한다.

① :　　　② :　　　③ :

-기출로 연습하기 산업기사 18년 4회-

누두반경 1m일 때 채석되는 암석의 무게를 구하시오. (단, 암석 단위중량 2.7ton/m³)

1-2. 발파에 의한 암반파괴 이론

가. 파괴 이론

(1) 폭약의 위력권(암석의 파괴상황)

일반적으로 발파시의 암석 파괴 단계는 다음의 4단계로 구분되며 폭굉 -> 충격파 또는 응력파의 전파(동적효과) -> 가스압 팽창(정적효과) -> 암석 파괴순으로 구분된다. 천공 발파시 장약의 중심으로 부터의 파괴현상이 암석내부에서 전파(분쇄→소괴→대괴→균열→ 진동)되어 파괴가 진행된다.

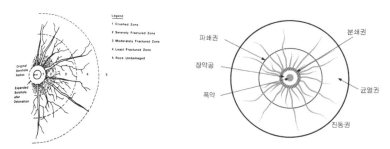

그림 암석의 폭발상황

출처: EXPLOSIVES AND ROCK BLASTING, 고등학교 화약발파 교과서

(2) 폭굉압의 전개와 그 전달

폭약은 기폭되면 폭발반응이 폭약 분자 사이에 연쇄적으로 일어나 미반응부로 그 반응이 진행되고 그 결과 폭굉압이 생성된다.

(가) 폭굉압의 전개 상태

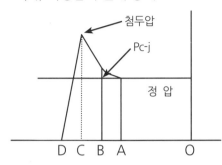

① B점

폭발반응이 끝난 직후의 점으로 폭굉속도의 최소 값이고 채프만 쥬게 (Chapman-Jouguet)라고 하며 압력은 Pc-j이다.

② BC대 : 폭발반응이 일어나는 부분

③ CD대 : 미분해층으로 반응이 일어나기 전 큰 충

동을 받아서 이로 인하여 첨두압이 생기고 C점에서의 첨두압은 Pc-j에 비해서 몇%의 증가로부터 2배에 가까운 수치를 나타내지만 곧 Pc-j의 값으로 저하되면 이 Pc-j 압력이 동적 폭굉압으로 추정된다.

④ AB대

폭발 반응에 의한 가스 생성물이 팽창 유동하고 있는 부분

⑤ AO대

가스의 유동이 완료된 후의 가스압의 상태를 나타내며 이를 정적압력이라 한다.

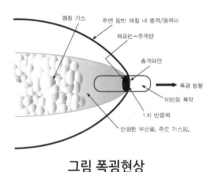

그림 폭굉현상

출처: 고등학교 화약발파 교과서

-기출로 연습하기 기사 10년 4회 기사 16년 4회-

C-J면을 도시하고 설명하시오

(3) 폭파에 의한 암반의 인장파괴 이론

폭약의 폭굉으로 인하여 폭원 근방에 강력한 충격압으로 분쇄되고 암석은 취성물질로 압강도에 비해서 인장강도에 더 연약하기에 충격파가 자유면에 도달된 후는 그 반사파로 인하여 자유면에 평행인 판상으로 인장파괴를 일으키된다.

(4) 홉킨슨 효과(Hopkinson effect)

폭약이 폭발하면 그 폭굉에 따라서 응력파가 발생하고 이 응력파가 전파되어 자유면에 도달하면 인장파로 반사되며 암석은 일반적으로 인장강도가 압축강도보다 훨씬 낮으므로 (그리피스 이론 기준 압축강도의 1/10) 입사할 때의 압력파에는 그다지 파괴되지 않아도 반사할 때의 인장파에는 보다 많이 파괴된다.

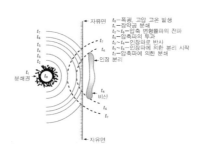

그림 홉킨스 효과

출처: 고등학교 화약발파 교과서

(5) 노이만 효과(Neumann effect, Munro effect)

폭약을 원추형, 반구형의 금속라이너를 갖는 안쪽에 채우고 폭발시키면 라이너의 파괴로 말미암아 금속 미립자가 방출되고 이것이 제트기류를 생성한다. 이 제트기류에 의한 폭약의 위력이 한곳으로 집중되는 현상을 노이만 효과 또는 먼로효과라고 한다.

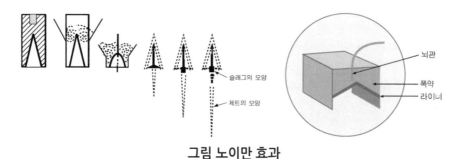

그림 노이만 효과

출처: 고등학교 화약발파 교과서

-기출로 연습하기1-

성형 폭약은 폭약에 금속 라이닝을 쐐기 모양으로 배열하여 만든 것으로, 그 원리는 폭발 시 금속의 미립자가 방출되고 집중되어 제트의 흐름을 형성한다. 이것을 (   ) 효과라 한다. 제트의 흐름이 목표물에 충돌하면 깊은 구멍을 뚫게 되므로 군사용 또는 산업용으로 사용할 수 있다.

1-3 발파 효과

(1) 디커프링 효과와 디카프링 지수

(가) 디커프링 효과(Decoupling effect) 좋은효과

발파에서 천공내부의 폭약주위에 공극효과를 가르키는 말이다. 천공경에 비해 장전한 폭약의 약경이 작을때에 장약실내에 생기는 픽크(peak)압이 밀장전에 비해 작으므로 천공내의 압력은 암석 압쇄에 필요한 압력에 이르지 못한다.

(나) 디커프링 지수(DI : Decoupling index)

발파시 천공경에 비해 작은 약경을 사용하여 약경과 공벽사이에 간극을 인위적으로 만들어 주므로 폭약일 폭발할 때 충격파가 간극 중의 공기를 통과 한 후 공벽에 전달 되므로 폭약의 폭력이 공기에 의해 완충되어 폭발효과가 감소된다. 디커프링 지수의 값이 크게 되면 천공내벽에 작용하는 폭굉압은 급격히 저하하고, 폭약에서 일정거리로 측정한 외파와 진폭이 지수적으로 감소하여 조절 발파 효과가 나쁘게 된다.

$$\text{디카프링 지수(DI)} = \frac{\text{발파공의 직경(공경)}}{\text{폭약의 직경(약경)}}$$

그림 디커플링 효과를 이용한 정밀폭약

출처: 한화 제품 카탈로그 인용

-기출로 연습하기1 16년 1회 21년 5회-

암석계수가 0.015인 암체에 지름 50mm의 발파공을 천공하고, 여기에 지름 25mm의 폭약을 장전하여 발파하고자 한다. 디커프링 지수를 구하시오.

-기출로 연습하기2 19년 5회-

조절발파에서 폭약의 지름(de)에 대한 공의 지름(d)의 비를 무엇이라 하는지 쓰시오.

○

(2) 측벽효과(Channel effect, 플라즈마 효과) 나쁜효과

공경과 장약된 폭약의 약경과 지름 차이가 있으면 공기층이 생겨 공기층을 통해 전파하는 충격파의 속도가 폭약 속의 폭발 속도보다 훨씬 빠르기 때문에 저항을 받아서 폭약이 완전히 폭발되지 못하는 현상을 말한다.

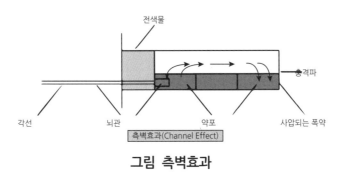

그림 측벽효과

출처: 발파설계방법 및 화약류 안전관리(한화)

(3) 천공간격과 발파효과 [Cut off 현상]

발파시 천공간격이 좁으면 인접공의 폭발열과 압력에 의해서 유폭되거나 충격파로인해 사압이 되기도 하는데 도폭선이 떨어져 나가던가 같은 차시의 전기뇌관이라 하더라도 2개의 폭발시간에는 제조상의 오차가 있기에 같은 시간에 터지지 않는 경우가 있어서 인접공의 영향을 받아 전기뇌관에 부착된 기폭약포가 폭발하기 이전에 공중으로 튀어나가서 공중에서 폭발하고 나머지 폭약은 잔류되는 현상을 말한다.

-기출로 연습하기1 2010년 5회-

Cut Off의 정의 및 원인 3가지를 서술하시오.

(가) Cut off가 일어나는 일반적인 원인
 ① 천공간격의 협소
 ② 기폭약포 위치가 너무 공구 가까이 있을 때
 ③ 암반에 예기치 못한 균열이 있을 때
 ④ 갱내의 심발발파에서 주변공의 장약이 길 때 등이다.

(나) Cut off 방지 대책
 ① 공간격을 정확히 유지한다.

② 전기발파에서 주변공의 전폭약포를 중간이나 공저에 둔다.

③ 균열 유무를 조사하여 그 원인을 없앤다.

1-4. 시험발파(표준발파)

발파작업에 있어서 계수의 결정방법으로서는 1자유면을 갖는 암체에다 저항선을 달리하면서 해당하는 것을 선택하여 발파계수를 구하고 발파진동 추정식을 산출하고 발파공법 적용구간 설정 및 발파패턴을 설계하는 자료로 활용 할 수 있다.

가. 장약량 산정공식

(1) Hauser의 발파식

하우저는 실험적으로 장약량은 최소저항선의 세제곱에 비례 한다는 것을 알아내었다.

$$L = CW^3$$

최소저항선이 1m의 경우에 가장 이상적이고 1자유면 발파, 장약은 집중방식, 암석은 균질하며 균열등이 전혀 없는 이상적인 상태를 가정하고 실험하였다. C는 발파 계수로 폭약의 위력(e), 암석저항(g), 전색(d)에 영향을 받는다.

-기출로 연습하기 1 2016년 1회-

어떤 암석을 천공 발파하여 장약량 130g으로 1.6m³의 채석량을 얻었다면 동일한 조건에서 장약량 300g으로 천공 발파하여 얻을 수 있는 채석량(m³)을 구하시오.

-기출로 연습하기 2 16년 5회 20년 5회 22년 5회-

최소저항선이 0.9m일 때 4kg의 표준장약량이 소요되었다면 같은 장소에서 저항선이 1.2m일 때의 장약량은 얼마인지 구하시오.

-기출로 연습하기 3 2017년 1회-

최소저항선이 1.5m 일 때 장약량 1.2kg으로 시험발파에서 표준발파가 되었다면 발파계수 C는 얼마인지 구하시오

-기출로 연습하기 4 2019년 5회-

1자유면 발파에서 C(발파계수)가 0.3이고 W(최소저항선)이 2m 일 경우 장약량을 구하시오.(단, 하우저의 공식을 이용하시오.)

○ 계산과정 :

○ 답 :

(2) 발파계수(C)

발파계수(C)는 발파대상 암석의 발파에 필요한 장약량을 계산하는데 중요한 계수로써 폭약위력계수(e), 암석저항계수(g), 공의 충전에 대한 전색계수(d)를 알아야 하며 발파계수는 이들 계수의 곱으로 나타내는 값이기도 하다. 즉, $C = e \cdot g \cdot d$ 이며
누두지수함수 을 고려할 경우의 장약량은 다음과 같이 사용된다.

$$L = f(n) \cdot e \cdot g \cdot d \cdot W^3$$

(가) 폭약위력계수(폭파계수)(e)

폭약계수는 기준이 되는 어떤 폭약에 대하여 다른 폭약의 폭파효력을 비교하는 계수로서 강력한 폭약일수록 폭파계수(e)의 값은 작게 된다.(강력한 폭약일수록 장약량이 작아지기 때문)

(나) 암석항력계수(g)

암석항력계수 g는 폭파에 대한 저항성을 나타내는 계수로서 암석 1m3를 폭파할 때 필요로 하는 폭약량 이라는 뜻을 가진다

(다) 전색계수(d)

전색이 충분하면 폭발할 때 발생된 고온 고압의 가스가 유효하게 쓰여 좋은 효과를 얻게 된다. 폭약을 발파공 안에 완전 밀폐 시킨 경우 d=1

-기출로 연습하기1 2017년 1회-

화강암(암석의 항력계수 g=1.0)을 ANFO 폭약(위력계수 e = 1.4)을 사용하여 시험발파 하고자 한다. 최소저항선이 1.2m 일 때의 표준 장약량을 Lares 식을 이용하여 구하시오.
(단, 완전전색이다.)

-기출로 연습하기 2 2017년 5회-

암석계수(g) 2.09kg/m³ 인 화강암 발파에 있어서 최소저항선 1.5m, 누두지름 3.0m, 폭약위력계수(e) 1.2, 전색계수(d) 0.6의 조건으로 발파할 때 장약량(kg)을 구하시오.

-기출로 연습하기 3 22년 5회-

발파계수와 관련된 것을 고르시오

암석의 항력계수, 폭약의 위력계수, 전색계수

-기출로 연습하기 기사 16년 4회-

하우저 공식을 나열하고, 그 인자들이 어떠한 상관관계를 가지고 있는지 설명하시오.

(3) 최소저항선이 일정한 경우의 누두공의 수정

(가) 누두지수의 수정치

하우저 공식은 표준장약에만 적용되기에 과장약 또는 약장약발파가 된 경우 최소저항선을 바꾸지 않고 약량을 어느 정도로 증감하면 표준장약이 되는지를 계산하는 공식으로 아래와 같은식이 있다.

덤브런(Dambrum) 식 : $f(n) = (\sqrt{(1+n^2)} - 0.41)^3$

라레식 : $f(w) = (\sqrt{1 + \dfrac{1}{w}} - 0.41)^3$　　　(최소저항선이 바뀔 때 사용)

-기출로 연습하기 1 2017년 1회 2018년 5회-

누두지수 n= 1.3인 경우 누두지수 함수 f(n) 값을 구하시오.(단, 담브런(Dambrum)의 제안식을 사용할 것)

-기출로 연습하기 2 16년 1회 21년 5회-

장약량 1kg, 최소저항선 1m일 때 누두지수 n=1.0 인 표준발파가 되었다. 최소저항선을 동일하게 하고 누두반지름을 1.2m가 되게 발파하고자 할 때 필요한 장약량(kg)을 구하시오. (단, 누두지수의 함수는 담브런(Dambrun)의 제안식을 이용)

Chapter II 발파 방법

2-1 제발발파(일제발파, 순발발파)

2개의 자유면을 가지는 암석발파에서 2개 이상의 발파공을 동시에 발파하는 방법으로공사이의 인장력으로 인해 공사이 중간부분도 파쇄되지만 최소저항선과 장약공사이의 간격이 고려되지 않으면 제발발파 효과가 없다.

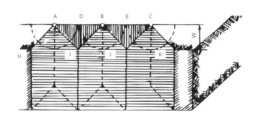

그림 제발발파

출처: 산업화약과 발파공학 김재극 저

※제발발파의 특징
(1) 폭약의 절약
(2) 천공수의 감소
(3) 채석량의 증가
(4) 지발발파에 비해 소음증가

2-2 집중발파

큰 구멍 지름으로 천공하는 대신 작은 구멍 지름으로 발파공의 수를 늘려 수개를 인접(15~30 ㎝)시켜 서로 평행 또는 자유면에 평행하게 하면 상당히 큰 저항선에서도 발파를 시행하여 채석량을 증대시킬 수 있다. 이러한 발파를 집중발파 또는 조합발파라고 한다. 환산직경은 아래와 같이 구할 수 있다.

환산직경= $\sqrt{n}$ * 천공경 n: 천공 수

-기출로 연습하기1 2016년 5회-

터널의 심빼기 발파를 위해 150mm 대구경 1개를 무장약공으로 하는 실린더 심빼기와 같은 효과를 얻기 위하여 2개의 무장약공을 천공하려고 할 때 적정한 무장약공의 지름(mm)은 얼마인가?

-기출로 연습하기 2 2019년 5회-

102 mm 대구경공 1개를 무장약공으로 하는 평행공 심빼기와 같은 효과를 얻기 위해서는 공경 72 mm 무장약공을 몇 개 천공하여야 하는지 구하시오. (단, 기타 조건은 동일하다.)

○ 계산과정 :

○ 답 :

가. 집중 발파의 장점

(1) 작은 구멍 지름의 2발파공과 큰 구멍 지름 1발파공에 있어서 장약량을 동일하게 하여 주면 파괴암석의 분쇄가 적어진다.

(2) 작은 구멍지름의 발파공은 큰 구멍지름의 발파공에 비하여 천공비가 절약 된다.

(3) 폭약의 소비가 감소한다.

(4) 파괴 암석의 비산이 작다.

2-3 지발발파(Delay blasting)

지발 발파법은 지연발파로써 지연시간의 크기에 따라 데시세컨드 발파법(Decisecond 또는 DS 발파법)과 밀리세컨드 발파법(Millisecond 또는 MS 발파법)으로 나눈다.

가. 지발발파 방법

(1) 보통 지발발파법(Decisecond 또는 DS폭파법)

DS뇌관을 사용하며 시차의 간격은 0.1 - 0.5초로 한다.

(2) 밀리세컨드발파법(Millsecond 또는 MS폭파법)

MS뇌관을 사용하며 시차의 간격이 일반적으로 20 - 25MS 이다.

(3) 위의 방법 지연발파를 하는 방법

다단발파기를 사용하여 타이머를 사용하여 시간을 변경 할 수 있다.

(420단까지 구성가능 42단 * 10)

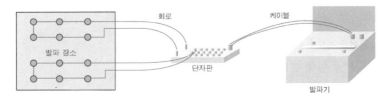

그림 다단발파기를 이용한 회로 구성

출처: 고등학교 화약발파 교과서

나. 초시간격과 암석의 파쇄도, 비산거리의 한계

8ms 미만의 초시간격이면 제발발파로 보며 (USBM 연구결과) 초시간격이 짧을수록 암석이 작게 분쇄되고 비산거리가 크다. 따라서 대발파 등에서 비산거리가 커서 인접건물에 피해를 준다든가, 갱내에서 지주의 손상가능성이 있는 경우 MS(millisecond) 발파는 바람직하지 못하다. 이와 같이 천공장 및 갱내 환경 및 광석의 파쇄도, 운반 등을 고려하여 초시간격을 정한다.

다. MS발파(Millisecond blasting)

밀리세컨드(millisecond) 지발전기뇌관 또는 임의 시간차를 보낼 수 있는 타이머(timer)를 이용하며 20~25MS의 시간차로 다수의 발파공을 순차적으로 기폭시키는 발파를 MS발파라고 한다. 첫 번째 폭약의 폭발에 의한 충격작용에 의해 균열이 생기고 가스압에 의해서 다시 그 파괴작용이 진행되는 상태일 때 두 번째 폭약의 폭발에 의한 충격작용이 첨가되기에 파쇄 입도가 작다.

(1) MS발파의 특징

① 파쇄효과가 크고 균일하며 소할 발파의 필요가 없다.(발파된 암석의 크기가 적당)
② 제발발파에 비해 분진 및 비산이 적다.
③ 파쇄상황이 양호하여 파단면이 상하지 않아 막장에 부석이 적다.
④ 제발발파에 비해 진동 및 폭발음이 적고 보안상 안전하다.
⑤ 파쇄 암석이 막장 근처에 높이 쌓이지 않고 멀리 날아간다.
⑥ 인접공을 압괴시키지 않고 Cut off가 적어진다.

(2) MS발파의 적용장소

① 벤치발파 (석회석 광산이나 노천 채굴광산)
② 터널에서 소음 진동을 저감 시켜야 할 때
③ 대발파 및 수중 발파를 할 때

2-4 벤치발파(Bench blasting, 계단식 발파 OR 노천발파)

사면의 상부로부터 평탄한 여러 단의 계단을 조성하고 채굴이 진행됨에 따라서 깊게 파내려가는 2자유면 발파(계단채굴)로서 노천에서 석회석 채굴이나 채석, 채광을 목적으로 한다.

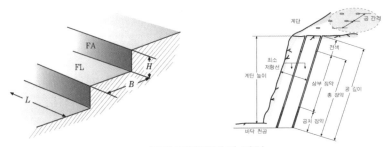

그림 벤치발파의 명칭

출처: 고등학교 화약발파 교과서

가. 벤치 발파의 장단점

(1) 벤치 발파의 장점

① 노천에서 작업이 가능하고 대량생산이 가능하고 갱내채굴에 비해 안전하다.

② 장공발파를 위해 저비중의 안포폭약(ANFO) 등 을 사용해 사압현상을 방지한다.

(2) 벤치 발파의 단점

① 계절의 영향을 받는다.(강우, 낙뢰, 강설, 태풍 등)

② 초시가 큰 경우 비석이 크고 파쇄 효과가 작아진다.

③ 표토층이 두꺼운 경우 비경제적이다.

나. 장약량 및 최대저항선 계산

(1)장약량

2자유면 발파이므로

$L = CW^2H$ 또는 $L = CW\ SH$

L : 약량(kg), S : 공간격(m), H : 계단의 높이(m)

C : 발파계수, $\overline{W}$: 최소저항선(m)

-기출로 연습하기1-

2개의 자유면이 직교하는 암석발파에서 구멍지름이 32mm이고 암석계수가 0.012일 때 최소 저항선을 구하시오.(단, 장약길이는 구멍지름의 12배임)

-기출로 연습하기 2 2017년 1회-

벤치발파에서 천공장이 3.0m, 공간격이 1.4m, 저항선이 1.6m일 때, 10공 발파 시 하우저의 식을 이용하여 총 장약량을 구하시오(단, 발파계수는 0.2이다.)

-기출로 연습하기 3 2017년 5회-

채석장에서 벤치발파를 실시하고자 한다. 벤치높이 10m, 최소저항선 3m, 공간격 2m 일 때 자유면에 대해서 60° 각도로 천공 시 천공장은 얼마인지 구하시오.

-기출로 연습하기 기사 12년 1회-

공저깊이(sub-drilling) 1m, 최소저항선 3m, 공간격 3m의 패턴으로 천공하여 길이 18m, 폭9m, 폭이 9m, 높이 10m인 수직벤치를 절취하려고 한다. 이 패턴에 대한 비천공장(m/m³)은?

-기출로 연습하기 기사 15년 1회-

수직벤치의 높이 10m, 공저깊이(sub-drilling 1m, 최소저항선 3m, 공간격 3m의 정사각형 패턴으로 수직 천공하여 길이 18m , 폭 9m, 높이 10m를 절취 하려고 계획 한다면 이 패턴에 대한 천공장을 구하시오.

(2) 최대저항선

B_{max}최대저항선(Langerfors)

$d(mm)$ 천공직경

$P(kg/l)$ 장전밀도

$$B_{max} = \frac{d}{33} \sqrt{\frac{P \cdot S}{C \cdot f \cdot S/B}}$$

Sr 폭약계수(에멀견0.95)

c 암석계수(계단고가 1.4m 15m인 경우 c+ 0.05)

f 경사보정계수(수직공 13:1 경사공 0.95)

S/B 전항선에 대한 공간격의 비

B_{max} = 폭약상수 × $\sqrt{I_b}$ × R_1 × R_2

표

폭약상수 에멀견: 1.45 다이너마이트: 1.47 ANFO: 1.36				
R1			R2	
수직	0.95	0.3		1.15
10:1	0.96	0.4		1.0
5:1	0.98	0.5		0.9
3:1	1.00			
2:1	1.03			
1:1	1.10			

다. 천공각도

천공은 수직으로 하는 경우도 있지만 경사를 두는 경우가 많다. 일반적으로 경사각도는 60~70°로 한다.

천공각도를 두게 되면 파쇄효과도 약간 좋게 되고 공저부 뿌리의 절단효과가 좋아지며, 채굴장에 경사가 만들어져 붕괴의 위험이 적어진다.

-기출로 연습하기 1 2018년 5회-
노천발파에서의 경사천공의 장점을 쓰시오.

라. 천공경 및 장약

한 폭약의 암석체적에 대한 양을 비장약량이라고 하며 공저부분을 어떤 비장약량이 필요한가를 결정해야 한다. 천공경을 크게 하면 최소저항선을 크게 할 수가 있으므로 채석입도는 약간 크게 되지만 채석량은 그만큼 증대한다. 그러나 천공경을 크게 하면 천공속도가 떨어지므로 적당한 직경으로 해야 한다.

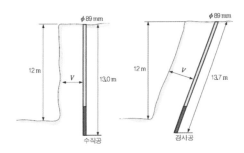

그림 수직공천공 및 경사공 천공

출처: 고등학교 화약발파 교과서

마. 뿌리깍기 방법

발파시 암저 부분이 남는데(약 10%정도) 남는 것을 방지하기 위하여 서브드릴링 또는 토우홀(스네크홀)을 실시한다.

(1) 서브드릴링(sub-drilling)
바닥면보다 약간 깊게 천공한다. 서브드릴링을 하지 않으면 바닥이 솟아 오른 것 같이 남게 되고 서브드릴링을 행하면 점선부가 절삭되므로서 뿌리 절단을 잘하는 것이 된다.

(2) 토우홀(toe hole)

뿌리깍기를 잘해서 상부계단을 평편하게 하며 마인트럭, 쇼벨 등의 중장비의 움직임을 원활하게 하기 위하여 막장을 향해서 수평 혹은 약간 하부(5 ~ 10°)로 천공하며 마지막 공열 아래까지 천공해야 한다.

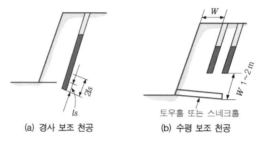

(a) 경사 보조 천공　　(b) 수평 보조 천공

그림 경사보조천공(Sub drilling)과 toe hole(수평보조천공)

과출처: 고등학교 화약발파 교과서

-기출로 연습하기1 2017년 5회-

계단식 발파시 공저(뿌리)부분을 잘 절삭하기 위한 천공방법 2가지를 쓰시오.

○ 서브드릴링　○ 토우홀

바. 장전(약)법

(1) 연속장약

사압현상을 줄이기 위하여 비중이 큰 폭약을 밑에서부터 차례로 장전하는 일반적인 방법을 말한다

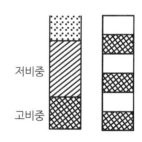

그림 분산장약

(2) 분산장약(deck charge)

비중이 큰 폭약을 사용할 때 이용하는 방법으로 장약과 매지를 적당한 간격을 두고 작업하며 개별적인 기폭장치를 작업한다.(뇌관 또는 도폭선)

전색장 공식 건조공: S=6d 습윤공: S=12d d:발파공경

사. 백브레이크(Back break)와 오버행(Overhang)

(1) 백브레이크(Back break)

발파 특히 계단발파 또는 터널발파에서 발파충격으로 내부 암석에 균열이 생기는 현상

최소저항선(W)가 벤치높이(H)보다 극히 클 때 발생하며 다음 발파에 지장을 준다. 오버 브레이크(Over break)라고도 한다.

*백 브레이크의 방지방법
① 벤치의 높이에 적합한 최소 저항선을 설정할 것
② 계단면(또는 막장면)을 수직으로 하지 말고 경사지게 할 것
③ 천공간격을 너무 넓게 잡지 않는다(암석을 파쇄하지 못하고 균열만 생기게 된다.)

(2) 오버행(Overhang)
계단면 하부를 발파하여 상부의 암석을 중력으로 파괴시킬 때, 상부의 암석이 떨어지지 않고 매달려(hang) 있는 형태로 계단발파에서는 벤치높이(H)가 최소저항선(W)보다 극히 클 때 발생하는 현상이다.

2-5 심빼기발파(심발발파 : Center cut 터널발파)
갱도굴진 발파로 굴진면의 중앙에 갱도의 인접면에 대한 천공하고 인위적으로 자유면을 만드는 방법이다. 크게 2종류(경사공과 평행공)로 본다. 인위적으로 자유면을 만들어 효율과 능률을 향상시킬 수 있으며 심빼기의 위치는 단면의 중심에 두는게 심빼기 이후 공을 설계하는데 용이하며 때로는 절리(불연속면), 층리, 편리 등이 있는 곳에서는 파쇄되기 쉬운 것을 고려하여 중심으로부터 우측이나 좌측에 한쪽으로 치우치게 하는 경우도 있다.

-기출로 연습하기 2 2017년 1회-
터널 발파에서 자유면의 증대를 위해 터널의 한 부분을 집중 장약하여 발파하는 것을 무엇이라 하는지 쓰시오.

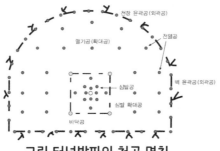

그림 터널발파의 천공 명칭

출처: 고등학교 화약발파 교과서

가. 경사공 심발(Angle Cut)

(1) 경사공 심발(Angle Cut)의 특징

① 발파 작업면에서 경사공을 천공하는 방식으로 위치, 경사, 방향등이 정확하지 못하면 발파효과가 떨어지므로 숙련된 천공기술을 요한다.(경사와 방향이 가장 중요!)

② 심빼기를 해야하기 때문에 폭약의 위력이 강해야 하며 제발발파로 발파한다.
　(제발발파기에 심빼기공은 같은 단차 뇌관을 사용한다.)

③ 경사로 인해 터널 폭에 따라 천공장의 제약(터널폭의 1/2정도) 1회 굴진장이 한정

(2) 경사공심발(Angle Cut)의 종류

(가) 브이컷(Wedge cut, V-cut)

가장 오래되었고 현재까지도 사용되고 있는 방법으로 그림에서 보는 바와 같이 천공저가 일직선이 되도록 하며, 그 단면은 V형이다.

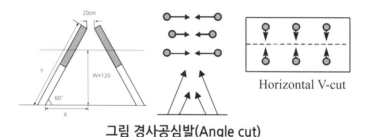

그림 경사공심발(Angle cut)

출처: 고등학교 화약발파 교과서

천공각도는 일반적으로 60~70°이며 막장과 평행하게 천공하고 공저에서의 공 간격은 10 ~ 20㎝정도로 한다. 경사공 심빼기 발파에는 뇌관의 같은 단차를 이용하여 제발발파를 하기에 대괴의 암석이 튀어나와 지주 등을 파손시킬 수 있으며 심발공의 용적이 커서 경사공 안에 추가적으로 천공을 해서 용적과 소음 진동을 줄일 수 있다.

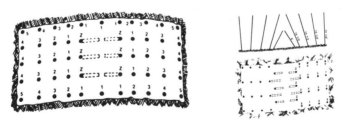

그림 브이컷의 활용 (좌 일반적인 브이컷 우 베이비컷 포함)

출처: EXPLOSIVES AND ROCK BLASTING

-기출로 연습하기 산업기사 11년 4회-

V컷 심빼기에서 천공수 6공, 공당 장약량 1kg, 천공장 2.5m, 열간격 1.0m, 폭 2.5m 굴진장 2m시 비장약량과 비천공장을 구하시오

-기출로 연습하기 기사 16년 1회-

터널 심빼기 발파에서 자유면과의 경사가 70°로 천공하였을 시, 천공길이가 170cm이다. 자유면(막장면)과의 수직거리는 얼마인가?

(나) 피라미드 컷(Pyramid cut)

아래 그림에서와 같이 3~4개의 발파공을 피라미드(pyramid)형으로 천공하는 방법으로 실제로는 곤란하나 강인한 암석의 심발에 적당하며, 상향굴진 또는 하향굴진을 할 때 사용하며 이때 심발공은 제발발파에 의한 발파를 하여야 효과적이다.

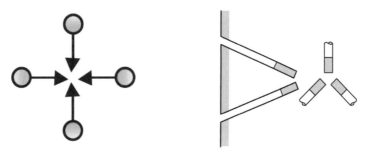

그림 추형심발(pyramid cut)

출처: 고등학교 화약발파 교과서

피라미드 컷의 특징

① 피라미드형의 천공을 정점(끝)이 집중하도록 한다.(천공저는 만나면 안된다.)

② 강인한 암석의 심발에 적당하다.

③ 뇌관의 같은 단차를 사용하여 제발발파를 하여야 효과적이다.

④ 제발발파로 인해 암석이 비산한다.

⑤ 위치, 경사, 방향에 따라 발파효과가 달라지기에 천공에 숙련을 요한다

⑥ 천공장에 제한이 있어 1m 이상 굴진이 어렵다(갱도 폭의 50%)

⑧ 수평갱도에서는 천공이 불편하나 상향굴진이나 하향굴진에는 매우 효과적이다.

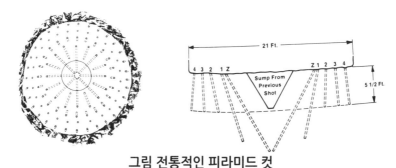

그림 전통적인 피라미드 컷

출처: EXPLOSIVES AND ROCK BLASTING

(다) 부채살 심빼기(fan cut)

천공을 부채꼴로 하여 암석의 층상을 이용하는 것으로, 주로 미국에서 사용된다. ㎥당 폭약량이 적게 들며 부채모양을 만들어야 하기에 단면이 적을 때에는 부적당하다. 트렌치 발파에서 사용하기도 한다.

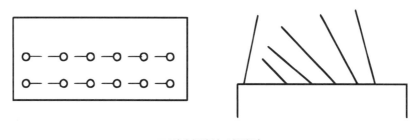

그림 부채살 심빼기

(라) 노르웨이 심발 (Norway cut)

브이컷과 피라미드컷을 조합한 것으로 비교적 좁은 작업 구역에서 사용된다. 천공수가 많으므로 심빼기 효과가 크고 굳은 암석에 적합하고, 다수의 천공을 해야 해서 작업 시간이 다른 경사공 심빼기발파에 비해 상대적으로 길다.

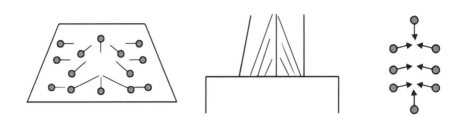

그림 노르웨이 컷

출처: 고등학교 화약발파 교과서

나. 평행공 심발(Parallel cut)

(1) 평행공심발(Parallel cut)의 특징

발파 작업면에서 모든 공을 자유면과 수직공으로 천공하기 때문에 1회 발파 진행장의 제한을 적게 받는다. 심빼기 공 중 근처의 몇 개의 공은 무장약공(심빼기 공의 안쪽과 바깥쪽에 위치 가능)으로 하여 발파시 일어나는 균열권 안에 무장약공이 위치하게 하여 새로운 자유면을 형성해 주는 방식이다. 파석의 비산이 적고 막장 부근에 집중되므로 파암처리가 편리하다. 장약의 형식은 장공장약이며 너무 강력한 폭약을 이용하거나 뇌관시차가 너무 짧으면 암석이 무장약공의 벽에 강하게 충돌하여 소결(재응결, 암분이 무장약공에서 재결합)하거나 장약이 유도폭발되거나 사압현상(cut-off)으로 불발이 될 수 있기에 너무 강력한 폭약이나 적당한 지연시차(40ms 이상)를 주는 것이 좋고 무장약공의 크기가 클수록 위의 현상은 줄어든다.

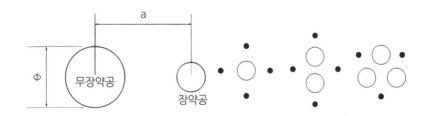

그림 좌 무장약공과 장약공과의 거리 우 심빼기공의 형태

-기출로 연습하기 기사 18년 1회-

실린더 번컷에서 사압현상과 유폭현상이 일어나는 원인을 쓰시오.

(2) 평행공 심발(Parallel cut)의 종류

(가) 번-컷(Burn cut)

번-컷(burn cut)의 특징

㉮ 심빼기공은 자유면에 대하여 수직으로 서로 평행되게 천공한다.

㉯ 무장약공과 장약공과의 거리는 무장약공의 지름의 1.5배 이하로 한다.(장약공 폭발시 무장약공이 균열권안에 있게 하기 위하며 약 10~30cm 정도가 대부분이다.)

㉰ 기폭순서는 심발 면적을 확대해가는 순서로 하며 심빼기 공중 상부에 위치한 공을 먼저 발파한다.(무장약공이 2공이상일 때는 더 넓은 쪽을 먼저 발파한다.)

㉱ 비중이 적고 순폭도가 큰 폭약을 사용(저비중의 폭약사용) 장전한다. 암반에 수직으로 평행하도록 일정하게 천공하고 심빼기 공의 근처에 무장약공으로 남겨 둔다. 심빼기 공은 지연발파를 해서 소결 현상(안에서 굳어지는 현상)을 최대한 줄인다.

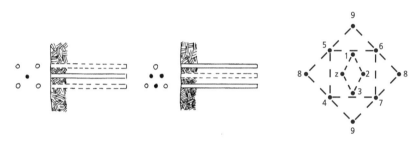

↑ 그림 번-컷의 종류

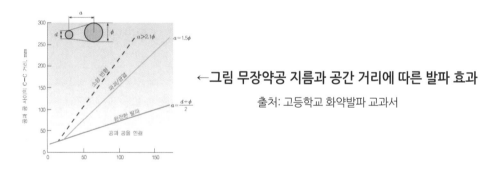

←그림 무장약공 지름과 공간 거리에 따른 발파 효과

출처: 고등학교 화약발파 교과서

-기출로 연습하기 1 24년 4회, 12년 5회-
평행공 경사공 심빼기 종류를 각각 2가지씩 쓰시오.

-기출로 연습하기2 2018년 5회-
번컷에서 무장약공과 장약공 사이의 거리를 쓰시오

① 번-컷 발파의 장단점

표 번-컷 발파의 장단점

장 점	- 1폭파당 굴진량이 많다(갱도 폭에 제한을 받지 않으며 장공발파 심발에 유리하고 터널에서 점보드릴을 이용하여 약 4m정도 굴진한다.) - 쇄석 1m³당 폭약 소비량이 적다(굴진장이 2m이상인 경우) - 암석의 비산이 적다. (파괴방향이 무장약공 방향이므로 암석의 비산이 적고 지주 등의 파손이 없다) - 천공 위치 선정에 많은 시간이 절약 된다. - 자유면에 대하여 수직천공이므로 천공작업이 용이하고 천공에 정확을 기할 수 있다. - 잔류공이 거의 없다.
단 점	- 천공장이 길어지므로 Cut-off나 일으키기 쉽다. (Cut off를 방지하기 위하여 전폭약포의 위치는 공구에 두지 말고 DS뇌관 보다 MS뇌관을 사용하는 편이 좋다) - 천공이 근접됨에 따라 장약이 유폭되거나 사압현상을 일으키거나 하여 불발 잔류하는 일이 있다.(스파이럴 컷을 이용하면 상대적으로 괜찮다.) - 너무 강력한 폭약을 사용하거나 뇌간의 MS시간이 짧으면 소결현상을 일으킨다. - 천공장이 짧을 때에는 비효율적이고 경사공 심발 보다 효과가 나쁘다

② 번-컷(Burn Cut) 발파법의 적용

  95% 굴진율을 얻기위한 천공장

  $L(m) = 0.15 + 34.1ø - 39.4ø^2$

  $(ø = 무장약공의 길이 단위 : m)$

-기출로 연습하기 기사 11년 1회-

 터널발파 중 심빼기 발파에서 장약공이 33mm인 경우 무장약공(공경76mm)의 천공장과 심빼기공의 천공장이 동일한 경우 약 95%의 굴진율을 얻기 위한 천공장은 얼마인가

-기출로 연습하기 기사 14년 4회-

 장약공 33mm, 무장약공 76mm 2공을 천공하여 평행공 심빼기 (번컷)을 할 때 굴진율 95%를 얻기 위한 천공장을 구하라. (단, 계산과정에서 소수 2째 자리까지 계산하고 천공장은 소수 첫째 자리까지만 기입할 것)

-기출로 연습하기 기사 18년 4회-

 터널발파 중 심빼기 발파에서 무장약공 (공경ø 102mm)의 천공장과 심빼기공의 천공장이 동일한 경우 약 95%의 굴진율을 얻기 위한 천공장을 구하시오.

(나) 스파이랄 컷(Spiral Cut)

소결현상을 방지하기 위하여 대구경 천공(무장약공)의 주위에 나선형(spiral)으로 천공하여 무장공에서 가까운 공부터 순차적으로 발파하는 방법

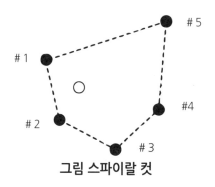

그림 스파이랄 컷

(다) 코로만트 심빼기(Coromant Cut)

숙련되지 않는 작업자도 작업할 수 있도록 천공 예정 암벽에 안내판(template)을 사용하며 중심부의 자유면 효과를 좀더 크게 하기 위한 방법으로 두 개의 큰 무장약공을 서로 접촉시키고 주위의 4~6개의 심빼기 발파 장약공으로 발파하는 방법

그림 코로만트심빼기

출처: 고등학교 화약발파 교과서

(라) 대구경 평행공 심빼기(실린더 컷)

최근에는 천공기계가 대형화, 자동화되고 무장약공의 크기가 커질수록 발파효과가 좋아지기에 터널 중심에 대구경의 무장약공을 1~3개 정도 천공하여 자유면으로 활용하는 발파법

대구경 평행공 패턴(1공)   대구경 평행공 패턴(2공)   대구경 평행공 패턴(3공)

그림 대구경 평행공 심발

출처: 고등학교 화약발파 교과서

④ 실린더 컷(Burn Cut)의 적용

㉮ 실린더컷의 장약밀도

$$l(kg/m) = 1.5 \times 10^{-3} \times (\frac{a}{\emptyset})^{1.5} \times (a-\frac{\emptyset}{2})$$

㉯ 실린더컷의 첫 번째 사각형의 선형 장약집중도

$$l(kg/m) = \frac{55 \times d \times (\frac{1.5\emptyset}{\emptyset})^{1.5} \times (1.5\emptyset - \frac{\emptyset}{2}) \times \frac{c}{0.4})}{S_{ANFO}}$$

㉰ 두번째 장약공의 주상장약밀도

$$\theta = tan^{-1}(\frac{W}{2B}) \quad I_b = \frac{0.35B}{sin\,\theta^{1.5}}$$

2-6. 조절발파(Controlled blasting , 제어발파)

발파 예정 파단면을 초과하는 지나친 굴착을 적게 하여 암반을 상하지 않도록 발파하는 방법으로 터널, 지하공동, 도로개착, 건물기초를 위한 사면공사, 주의를 요하는 장소(매끈한 발파면이 나와야 하는 곳), 수로 또는 파이프 매설, 채석장에서 사용되며 조절발파방법은 라인드릴링(line drilling)법, 쿠션블라스팅(cushion blasting)법, 프리스플리팅(pre-splitting)법, 스무스블라스팅(smooth blastion)법으로 4가지가 있다.

-기출로 연습하기 1 2013년 5회 2018년 5회-

발파시 예정 파단면의 지나친 굴착을 방지하기 위하여 실시하는 조절발파법의 종류 4가지를 쓰시오

가. 라인 드릴링(Line drilling), 줄천공법

(1) 원리 및 적용

라인 드릴링의 개념은 인접발파에 의해 깨뜨려질 수 있도록 최종 굴착 예정면을 따라 좁은 간격으로 천공하여 암반에 취약대를 만들어 놓은 것이다. 무장약공의 공간격은 천공경의 2~4배 이어야 한다. 천공의 정밀은 좋은 결과를 얻기 위해서 중요하며 강한 암반보다 연약한 암반에서 효과가 좋으며 대부분 갱외 굴착에 적용한다. 최종 굴착면에 인접한 공은 약장약을(50% 정도) 해야 한다.

(2) 라인 드릴링의 장단점

(가) 장점

① 줄 천공된 부분으로 인해 발파로 인해 뒤쪽 암반에 영향을 주는 것이 차단되기에 매끈한 면을 얻을 수 있다.

② 약장약일 경우에도 굴착선에 영향을 줄 수 있는 곳에서는 적용가능하다.

(나) 단점

① 매우 균일한 암반을 제외하고는 발파결과를 예측하기 어렵다.

② 천공을 밀접 많이 하게 하기 때문에 천공 비용이 많이 든다.

(노천 크롤러드릴 비트가 76mm라면 천공경의 4배인 약 30cm 간격으로 천공)

③ 아주 적은 천공오차에도 나쁜 결과를 초래한다.

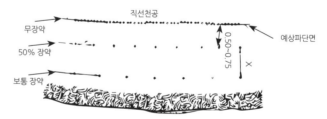

그림 라인드릴링의 천공간격과 장약량

출처: 산업화약과 발파공학 김재극 저

나. 쿠션 블라스팅(Cushion blasting)

(1) 원리 및 적용

발파공들을 굴착예정면을 따라 천공하고, 발파공의 공경은 50~165㎜로 하며 발파공에 약포를 도폭선에 연결하여(분산장약) 장약하고 발파공 전체를 모래로 채우며 약포는 자유면 쪽으로 잘 파쇄되게 치우쳐서 장약한다. 주 발파가 이루어진 다음 점화한다. 자유면 반대쪽에 위치한 메지는 폭약으로부터 충격을 완화시키고 틈과 응력을 최소화한다. 천공 사이의 점화간격은 최대로 짧게 해야 하며 도폭선은 소음이 크기에 소음이 문제가 되지 않는 곳에서는 발파하는 것이 좋다. 곡면의 발파를 원한다면 라인드릴링과 쿠션블라스팅을 조합하여 사용하면 결과가 좋다. 주로 갱외 굴착에 적용된다.

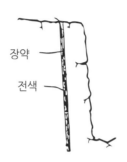

그림 쿠션블라스팅

(2). 쿠션 블라스팅의 장 단점

(가) 장점

① 공 간격을 크게 할 수 있고, 천공을 적게 한다.

② 암반이 불균일한 곳에 잘 적용된다.

(나) 단점

① Cushion 발파공이 점화되기 전에 주발파공이 발파되어야 한다.

② 다른 방법, 즉 Pre-splitting과의 결함 없이 90°된 코너에 적용하기 어렵다.

그림 쿠션블라스팅

출처: 고등학교 화약발파 교과서

다. 프리 스프리팅(Pre-splitting method), 선균열발파

(1) 원리 및 적용

(가) 프리(pre)는 먼저라는 뜻으로 주 발파공을 발파하기 전 가장자리를(굴착 예정면) 먼저 발파하는 것이다. 스프리팅 이론은 동시에 인접된 발파공들 사이에 충격파가 발생하면, 암반 내에 인장력이 발생되어 균열이 발생하고 균열선들을 따라 암반을 이완시키는 것이다. 장약공과 무장약공을 교대로 배치하면 원하는 결과를 향상시킬 수 있다.

(나) 프리 스프리팅의의 가장 중요한 것은 대상 암반의 특성에 알맞은 공간격과 장약량을 결정하는 것이다. 층리가 존재하게 되면 그 벽개면을 따라 분열(쪼개짐)이 쉽게 일어나기에 같은 장약량으로 공간격을 좁혀야 한다.(암석의 형성된 층리의 방향대로 쪼개지기 쉽기에 공간격을 좁히면 공열의 방향에 따라 균열이 생성되기 쉽고 절리가 심한 경우 약장약을 해야 한다.)

(다) 가장 좋은 결과를 얻기 위해서 제발발파가 좋고 도폭선을 사용하거나 만약 소음과 진동 때문에 MS발파를 시행해야 한다면 공간격을 짧게 하고 시차를 최대한 줄여서 뇌관을 공에 하부에 놓고 공저장약을 해 발파한다. 동일한 암반에서 여러 벤치에서 시행되어야 하는 경우에는 공저장약량을 줄여야 한다.

(라) 쿠션 블라스팅은 메지를 하지만 프리 스프리팅의 발파공은 메지를 하지 않는다. 발파작업에서 프리 스프리팅 공과 인접공과의 간격은 주발파공들 공 간격의 1/2이 되어야 하며 프리스프리팅을 하면 지표층이 변형되기에 그 이후 주발파공 천공을 실시하는게 좋다.

(마) 프리 스프리팅 발파에서는 타이어 매트 덮개를 해서 비산을 막아야 하며 암반표면에 너무 밀착시키지 않아야 한다. 트렌치(trench)발파에서 프리 스프리팅 적용시 천공깊이가 1.5m 보다 짧은 경우 공간격을 줄여야 하며 변의 길이가 1m 이상인 경우는 fan-cut을 사용 할 수 있고 5m 정도까지 적용가능하며 경계면 밖으로 여굴(overbreak) 되는 것을 줄일 수 있다.

(바) 2개의 평행한 프리 스프리팅 발파를 할 경우 수평선간의 간격이 4.0m이하에서는 동시에 발파해서는 안 된다. 2개열 프리 스프리팅 발파에서 발생한 충격파가 서로서로 방해를 일으키므로 열에 있는 발파공들 사이에서는 실제적인 인장파괴가 일어나지 않는다. 만약 이 2개의 평행한 프리 스프리팅을 동시에 점화시켜야 한다면 1열은 적어도 50ms 간격을 두어서 점화하여야 한다.

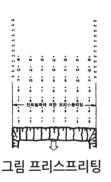

그림 프리스프리팅

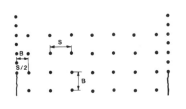

그림 프리스프리팅을 위한 천공패턴

출처: 고등학교 화약발파 교과서

(2) 프리 스프리팅의 장 단점

(가) 장점

① 균일암반은 물론 불균일 암반에서도 다른 발파방법보다 좋은 결과를 얻는다.

② 조절발파면의 공간격을 라인드릴링(line drilling)법 보다 넓게 할 수 있다.

③ 다른 조절발파에 비해 천공수가 적어 천공비가 절약된다.

(나) 단점

① 파단선 발파 후 본 발파로 2회에 걸쳐 발파해야 한다.

② 암반상태는 미확인 상태에서 주 발파를 시행해야 한다.

(3) 프리 스프리팅의 장약량

프리 스프리팅은 폭약 에너지가 균열발달에 소비되는 효율이 높고 1공당 약량은 적게 된다. 프리 스프링팅에서의 약량과 천공경에 따른 장약량은 다음 식으로 계산한다.

$L = C \cdot D \cdot L$ L = 1공 당의 약량(kg) C : 발파계수 D : 공간격(m) L = 천공 길이	$Wm = \dfrac{D_b^2}{0.12}$ W : 약량(g/m) D : 천공경(cm)

(4) 프리 스프리팅의 화약력 및 폭발비중

pre-splliting 폭약의 화약력

$$f = P_s\left[\left(\frac{공경}{약경}\right)^2 \times \frac{1}{폭약의\ 비중} - \alpha\right] \quad P_s = \sigma_t \times \left(\frac{\frac{2r_t}{\varnothing_b}-1}{3}\right)2 \quad r_t : 균열반경, \ \varnothing_b : 공경$$

$$\alpha = \frac{1.5}{1.33 + 1.26 \times \rho_e} \quad \rho_e : 폭약의\ 비중$$

-기출로 연습하기 산업기사 11년 1회-

조절발파인 프리스프리팅을 하였다. 암석의 단축압축강도 $1875kg/cm^2$, 비에너지가 $9,000l \cdot kg/cm^2$, 공경이 $65mm$, 약경이 $25mm$, 폭약비중이 1.2일 때 균열반경은 얼마인가? (단, 암반의 인장강도는 압축강도의 1/20으로 설정)

-기출로 연습하기 산업기사 12년 1회-

조절발파인 프리스프리팅을 하였다. 암석의 단축압축강도 $1875kg/cm^2$, 공경이 $65mm$, 약경이 $25mm$, 일 때 균열반경을 $45cm$로 하기 위해서는 사용할 폭약의 화약력이 얼마여야 하는가? (단, 암반의 인장강도는 압축강도의 1/20으로 설정하고, 폭약의 비중이 1.2로 가정함)

-기출로 연습하기 기사 19년 1회-

인장강도가 80kgf/cm2인 암반을 선균열 (Pre-splitting) 발파하려고 한다. 직경 $75mm$의 장약공 내 작용압력이 $720kgf/cm^2$ 이라면 장약공 간의 최대 간격은?

라. 스무스 블라스팅(Smooth blasting, SB공법)

(1) 원리 및 적용

인접한 2개의 천공중에 장약을 동시에 기폭하면 각각의 폭약으로부터 충격파의 충돌로 인장파를 발생시킴으로서 천공선과 직각방향으로 파단이 생긴다.

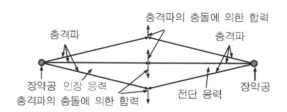

그림 스무스블라스팅의 이론

(가) 스무스 블라스팅의 효과는 천공의 정확도가 가장 중요한 요소이며 좋은 결과를 얻고 자 한다면 S/B≦0.8(S:공간격 B:저항선)이고 스무스 블라스팅 공간격이 최대한 동일 해야 하며 공간격은 저항선의 0.8배정도가 적당하다. 갱내 갱외 굴착에 적용된다.

(나) 스무스 블라스팅공은 동시기폭이 좋으며 장약은 약포 1개 정도로 공저장약하고 뇌관 은 초시 오차가 상대적으로 적은 MS뇌관을 이용하고 정밀폭약을 연결해 발파하거나

약포1개에 도폭선을 이용하여 발파한다. 전폭약의 위치는 Cut-off가 우려될 때 역기폭을 이용 한다.

(다) 스무스 블라스팅공에는 약장약을 하고 천공지름과 약포 지름의 차를 크게 하여 폭약을 기폭하면 장시간에 걸쳐 공벽에 정적인 압력으로 서로 연결하는 선상에 원활한 균열을 생기게 하기 때문에 디카플링(decoupling) 효과 이용된다.

(2) 스무스 블라스팅의 장 단점

(가) 장점

① 발파면을 고르게 한다.

② 균열 발생이 줄어들며 암반의 표면을 강하게 하여 보강의 필요성을 줄인다.

③ 여굴이 적어 측벽 및 충전에 필요한 콘크리트 양이 줄어든다.

④ 발파 예정선에 일치하는 발파면을 얻을 수 있다.

(나) 단점

① 다공성. 절리, 층리, 편리, 등이 발달한 암석에서는 디커플링효과(폭발가스의 정적인 효과)를 얻기가 어렵기 때문에 효과가 적다.

② SB공의 공간격과 최소저항선과의 사이에 정확도를 요구(고도의 천공기술이 요구)

③ SB공의 천공간격이 보통의 발파법보다 좁기 때문에 천공수가 많게 된다.

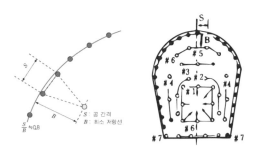

암질 : 경질화강암
S ≦ 0.8B
B = 0.7 - 0.8m
⊙ SB 공
사용뇌관 MSD
천공장 260cm
장약 : 공저에 고성능 GD 200g/공
　　　 주약 SB 정밀폭약 4분/공

그림 스무스 블라스팅(Smooth Blasting)
출처: 발파공학 A to Z 242P

-기출로 연습하기 산업기사 14년 4회-

조절발파에서 스무스블라스팅의 장점과 단점 각각 2가지를 쓰시오.

2-7. 소괴 대괴를 얻는 발파

가. 와이드스페이스 발파(Wide Space Blasting, W.S.B) - 소괴를 얻는 발파법

와이드 스페이스 발파란 천공 간격을 넓히고 반대로 저항선을 작게 함으로써 파쇄 암석을 작게 또는 비교적 균일하게 하는 발파법을 말한다.

저항선 길이(W) × 천공 간격(D) 즉, 평면적으로는 1공당 담당하는 파쇄면적을 종래방법과 같은 크기로 취하고 D/W의 비율을 4~8배로 지금까지 상식에 비교해서 매우 크게 취하는 천공패턴으로 하는 것이며, 천공길이, 장약량은 그대로 변경하지 않고 실시한다. 따라서 굴착 m³당의 화약량 및 천공길이는 변함이 없다. 이와 같은 천공패턴에 의하여 파쇄암석을 잘게 또한 비교적 균일하게 하는 것이 가능한 발파법이다.

-기출로 연습하기 1 2008년 1회-

와이드 스페이스 발파에 대해서 서술하시오

그림 와이드스페이스 발파법과 전화 순서

출처: 고등학교 화약발파 교과서

나. 대괴를 얻기 위한 발파법

댐의 원석 채석, 항만의 매립, 교각들의 건설에 사용하는 재료로서 이용하는 경우에는 대괴를 얻기 위하여 아래와 같이 발파를 시행한다.

① 낮은 비장약량
② 최소저항선을 천공간격보다 크게 한다.
③ 일제점화(제발발파)
④ 1회당 1열씩 기폭시킨다.

-기출로 연습하는 1 2017년 1회-

대규모 항만 매립을 위한 계단식 발파시 큰 파쇄입도를 가진 암석을 얻는 것이 중요하며 암반이 균질할수록 보다 쉽게 얻을 수 있다. 이러한 큰 파쇄입도를 얻을 수 있는 발파방법을 2

가지만 쓰시오.
○
○

-기출로 연습하기 산업기사 11년 1회, 기사 12년 1회, 기사 15년 4회-
균질채석장에서 댐, 항만 건설용 대괴원석을 얻기 위한 발파방법을 4가지 쓰시오.

2-8. 소할발파법(Secondary blasting)

1차 발파에 의하여 파괴된 암체의 크기가 필요로 하는 크기 이상일 때(크라샤에 들어갈 수 없을 때 등) 그 암괴를 다시 발파 하는 것을 소할발파라 한다.

가. 소할발파법(Secondary blasting)의 종류

(1) 천공법
천공 후 그 속에 폭약을 넣어 폭파시키는 방법으로, 복토법보다 효과적이며 천공은 암석 두께의 1/3정도로서, 약량이 가장 적게 든다.

(2) 외부장약(복토법)
암석의 외부에 폭약을 장전하고 그 위에 점토를 덮고 폭파시키는 방법으로, 폭약은 폭속과 맹도가 큰 것을 선택한다.

(3) 사혈법
암석 밑의 땅을 경사지게 파고 거기에 폭약을 장전하는 방법이다.

(a) 천공법   (b) 외부 장약   (c) 사혈법

그림 소할발파의 종류
출처: 고등학교 화약발파 교과서

나. 소할발파의 장약량

소할발파의 장약량 계산은 보통 다음 식을 사용한다.

$$L = C \cdot D^2 (규모가 적은 것)$$

여기서, L : 약량(g)

C : 발파 계수

D : 암석의 최소 지름(cm)

-기출로 연습하기 1 24년 4회, 13년 5회-

다음 그림과 같이 암괴를 소할발파할 때 필요한 장약량(g)을 구하시오.

(단, 소할방법은 사혈법이고, 발파계수 C : 0.03, 암괴 최소 직경 : 100cm, 암괴 최대 직경 : 150cm)

2-9. 수중 발파

(1) 수중발파 개요

수중에서 콘크리이트, 암석, 암초, 교각 등을 폭파하는 방법 현수법(폭약을 수중에 띄워서 발파), 부착법(폭약을 대상에 부착해서 발파), 천공법(천공해서 장약해서 발파)이 있다. 수중폭파 물질은 대기중보다 약700배 이상의 수압을 받고 있으며 수중에서 천공 발파를 할 경우 지상에서 하는 발파보다 공저부분이 많이 남기 때문에 더 깊이 천공하고 메지를 하지 않고 발파한다.

-기출로 연습하기 기사 12년 1회 기사 16년 1회 19년 1회-

수중발파의 방법 중에서 장약방법에 따른 3종류에 대하여 쓰고 간단히 설명하시오

(2) 수중발파 장약량(Langerfors)

수직공 비장약량 :

$(1.1kg/m^3)$ + 0.01 × 수심(m) + 0.02 × 진흙두께 + 0.03 × 암반의 높이

경사공 비장약량 :

$(1.0kg/m^3)$ + 0.01 × 수심(m) + 0.02 × 진흙두께 + 0.03 × 암반의 높이

-기출로 연습하기1-

수심 10m에 위치한 1m 두께의 진흙층이 쌓여있는 높이 6m 암반을 계단식 발파하고자 한다. 수직천공을 실시하여 발파를 시행하고자 할 경우, 비장약량(kg/m³)을 구하시오.
(단, 수중발파에서 수직천공에 대한 비장약량은 1.0kg/m^3으로 한다.)

-기출로 연습하기 기사 16년 4회-

아래의 A지점과 B지점에서의 수중발파 시 두 곳의 비장약량의 차는 얼마인가? (단 Stig O. Olofsson의 제안식 사용, 사용폭약은 에멀젼으로 가정)

구분	수심	진흙두께	벤치높이	경사도
A	5m	3m	5m	경사
B	10m	5m	10m	경사

2-10. 발파 해체 공법

- 전도방향의 제어로 계획된 공간 내에서 전도붕괴가능
- 기술적으로 간단한 공법
- 대상구조물로는 주로 굴뚝, 고가수조, 송전탑
- 전도방향으로 충분한 공간필요

그림 전도공법(Felling)

출처: 고등학교 화약발파 교과서

- 일반적으로 2~3열을 기둥을 가진 건물을 한쪽 방향으로 붕괴시키는 공법
- 전도와 붕괴가 동시에 발생
- 일방향 또는 이방향의 여유공간이 있을 경우 적용

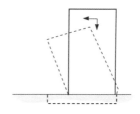

그림 상부붕락공법(Toppling)

출처: 고등학교 화약발파 교과서

- 구조물이 위치한 제자리에 그대로 붕괴되도록 하는 공법
- 주변의 여유공간이 없을 경우에 적용
- 대상구조물이 초기 거동을 시작하여 계속적인 붕괴를 유도

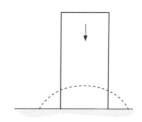

그림 단축붕괴공법(Telescoping)

출처: 고등학교 화약발파 교과서

-제한된 공간을 가진 도심지에서 인접건물의 거리가
가까운 경우 구조물이 중심방향으로 붕괴되도록 구조
물의 외벽을 중심부로 끌어당기면서 붕락

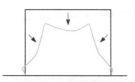

그림 내파공법

출처: 고등학교 화약발파 교과서

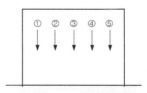

**그림 점진붕괴공법
(Progressive collapse)**

출처: 고등학교 화약발파 교과서

- 기술적으로 내파공법과 근접되어 있는 공법
- 중심방향으로 붕괴가 이루어지는 내파공법과는 달리
  이 공법은 선형적으로 붕괴가 진행
- 아파트와 같이 길이방향으로 긴 구조물에 대해 적용

-기출로 연습하기1 2015년 1회-

발파 해체 공법 중 기술적으로 가장 간단한 공법으로, 충분한 공간이 확보되었을 때 그 방
향으로 구조물을 넘어뜨리는 것이며, 충격으로 인한 지반진동의 제어가 어려운 단점이 있
는 공법을 쓰시오

-기출로 연습하기 기사 10년 1회 기사 13년 1회-

상부붕락공법과 점진붕괴 공법을 간단히 설명하시오.

2-11. 트렌치 발파(Trench, 시가지 발파)

참호발파라고 하며 2~4m의 폭에 가스관 등을 매설하기 위해 발파를 하는 것으로 심빼기
발파처럼 하향으로 자유면 확보 후 인접공을 발파시킨다.

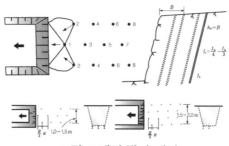

그림 트렌치 발파 패턴

출처: 고등학교 화약발파 교과서

2-12. 미진동 파쇄제(비폭성 파쇄제)

(1)팽창성 파쇄제의 개요

생석회가 물과 반응해 팽창작용을 하게 되어 소석회가 된다. 이때 팽창압이 약 300kgf/㎠ 정도가 발생하며 인장력을 발휘하여 암석을 균열 파쇄 체적팽창에 걸리는 시간은 30분 ~ 1시간 정도 소요된다.

반응식 : $CaO + H_2O \rightarrow Ca(OH)_2$

-기출로 연습하기 기사 16년 1회-

팽창성 파쇄제의 파괴원인을 재료적 측면에서 설명하시오.

(2) 팽창성 파쇄제 특징 및 사용량

표 팽창성 파쇄제 특징 및 사용량

장 점	용 도	질소량
지반진동소음이 거의 없다	가격이 고가(비경제적)	$S = \alpha \times \beta \times D \times \sqrt{2\gamma \times \dfrac{P}{\sigma_t}}$
사용시 폭발사고(안전사고)가 없다		S = 공간격
비산이 없다	작업 능률이 낮다	α = 자유면수에 따른 점수
모암(원암반)의 손상이 거의 없다		β = 파쇄체 종류별 점수
화약류 단속법에 저촉되지 않는다		P = 팽창압
		σ_t = 파쇄체 인장강도
		D = 천공경(mm)

-기출로 연습하기 기사 15년 4회-

팽창성 파쇄제를 사용하여 3자유면 상태의 경암반을 굴착하려고 한다. 적정한 천공간격을 구하시오

(단, 팽창성 파쇄제의 팽창압 300kg/㎠ 암반의 인장강도 150kg/㎠ 천공경 50mm 자유면 수에 따른 보정정수(α) 1.5 파쇄체 종류별 정수(β) 1.0 파쇄체 분류별 정수(γ) 5.0 이다)

Chapter III 발파 작업 및 안전

3-1. 천공 발파

가. 천공발파의 기본 순서

1cycle : 천공위치선정 → 천공 → 전폭약포의 제작 → 천공점검 → 장전 및 장약 →

전색 → 대피 → 경계 → 점화 → 발파확인 → 버럭처리

나. 발파를 실시함에 있어서 주의할 사항(시행령 18조 기술상의 기준 참조)

발파는 자격자에 의해서 이루어져야 하며 광산에서 발파는 발파계원이 실시하여야 한다. 화약류는 전류가 흐르는 곳 부근에서 취급해서는 안 되며, 그리고 탄광에서는 발파할 때마다 발파 장소의 메탄가스를 점검하고, 0.5% 이상 있는 곳에서는 발파해서는 안 된다

(1) 화약 또는 폭약과 뇌관은 동일인이 동시에 운반하지 아니하도록 할 것. 다만, 각각 다른 용기에 넣어 운반하는 경우에는 그러하지 아니하다.

(2) 발파장소에서 휴대할 수 있는 화약류의 수량은 그 발파에 사용하고자 하는 예정량을 초과하지 아니하도록 할 것

(3) 한번 발파한 천공된 구멍에 다시 장전하지 아니할 것

(4) 화약류 근처에서 화기 사용 및 흡연 금지

(5) 발파준비작업이 끝난 후 화약류가 남는 때에는 지체없이 화약류저장소에 반납할 것

다. 천공 위치 선정

암석의 질, 분포상태 및 굴진방향, 갱도의 크기, 1회 발파의 굴진 길이 등을 생각하여 발파설계에서 요구하는 위치를 고른다. 암반에 필요한 깊이로 천공한다. 천공한 발파공의 깊이 및 공경의 균일 여부, 공저에 암분 및 수분의 유무를 확인하고 천공된 공에 흙 등의 발파에 영향이 있을 만한 요인이 있다면 귀어리대를 이용하던지 압축공기 또는 물로 공청소를 해야 한다.

Look-out

천반공, 벽공 및 바닥공과 같은 외곽공들을 굴착예정면 밖으로 경사져서 천공하는 것
Look-out은 다음 발파시 천공장비 운용을 위해 공간을 충분히 허용해야 함
터널 설계 단면 유지를 위해서 Look - out을 해야한다.

적용 공식: 기본 10cm + 1m 당 3cm씩 더할 것.

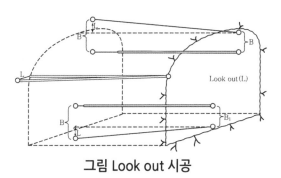

그림 Look out 시공

출처: 고등학교 화약발파 교과서

-기출로 연습하기 1 2016년 1회-

이것은 설계된 터널의 단면적을 확보하기 위하여 천반공, 벽공, 바닥공과 같은 굴착선공(윤곽공)들을 굴착선 밖으로 경사천공하는 것을 의미하는 것이다.

-기출로 연습하기 산업기사 15년 1회-

터널굴진에 있어서 look-out을 하는 이유를 쓰시오

라. 발파 전 준비 선정

(1) 전폭약포(기폭약포)의 설치

 (가) 전폭약포는 폭약과 뇌관을 결합한 것으로 전기뇌관을 가지고 전폭약포를 제조하고자 할 때 그림을 참고로 한다.

그림 전폭약포의 제작

출처: EXPLOSIVES AND ROCK BLASTING

-기출로 연습하기1 2016년 5회-

화약을 안전하고 정확하게 폭발시키기 위해서 뇌관을 삽입한 폭약을 만드는데 이를 무엇이라 하는지 쓰시오.

(2) 천공 점검 후 전폭약포 장약

완전한 발파가 이루어지게끔 천공된 공을 점검하는데 수직공은 중력에 의해서 떨어지지만 수평공과 하향공은 압축공기 또는 압력수를 이용하여 청소하며 작은 돌 같은 경우에는 귀어리대를 사용한다.

전폭약포 장약 위치 및 특성

(가) 정기폭(공구기폭)

구멍 입구쪽에 기폭점을 두는 것이 공저에 두는 것보다 충격파가 자유면에 도달하는 시간이 빠르기 때문에 자유면에서 반사하는 반사파의 세기가 크다는 점으로부터 정기폭이 역기폭보다 발파위력이 크다고 주장되고 있으며, 순폭성에 있어서도 정기폭이 우수하다고 할 수 있다. ANFO의 경우 장전기 사용시 정기폭을 실시한다.

그러나 cut off가 발생할 우려가 있고, 폭파시 장약의 앞부분이 튀어나오거나 폭약이 연소 되는 경향이 있다.

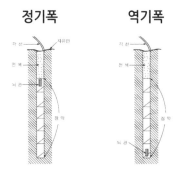

출처: 고등학교 화약발파 교과서

(나) 중간기폭

기폭점을 공입구와 공저의 중간부분에 두는 것이다. 장약장이 긴 경우에 택하는 방법이다.

(다) 역기폭(공저기폭)

기폭약포(전폭약포)를 공저(제일 먼저)에 넣는 방법이다. 기폭점이 안쪽에 있으므로 폭발위력이 내부에 더욱 크게 작용하여 잔류공을 남기는 일은 없다. 뿌리절단을 목적으로 할 때 역기폭을 시행한다.

장전시 기폭약포의 뇌관이 공저에 충돌할 위험이 있어 다져 넣는데 주의해야 하며 ANFO 폭약을 장전기로 장전하는 경우에는 정전기에 의한 위험성이 있어 역기폭법을 사용해서는 안 된다. 도폭선이나 각선이 길어지며 경제상 불리하다.

(3) 전색물(메지)

폭약을 장전한 후 모래 또는 점토 기타 발화성 또는 인화성이 없는 전색물을 사용하여 채우는 것으로 전색물의 알갱이가 작을수록 발파 효과가 커진다. 폭발에 폭발생성 가스압의 유출을 방지하여 폭약의 에너지가 암석파괴에 사용되도록 도와주며 발파가 완전히 일어나 완폭이 되도록 한다. 전색물의 효과는 다음과 같다.

① 밀폐에 의한 천공내 폭약의 완폭
② 폭발에너지의 밀폐에 의한 효과상승
③ 탄광 등에 있어서 Gas, 탄진에 대한 안정성의 향상

-기출로 연습하기 1 2007년 5회-
전색의 효과 3가지를 서술하시오.

-기출로 연습하기 2 2018년 5회-
전색의 장점을 쓰시오.

(가) 전색물의 구비조건
① 폭발 공벽과의 마찰이 커서 폭파에 의한 발생가스의 압력을 이겨낼 수 있는 것
② 압축율이 작지 않아서 단단하게 다져질 수 있는 것
③ 장전하기 쉽고 빠르게 빈틈없이 메울 수 있는 것
④ 재료의 구입과 운반이 쉽고 값이 싼 것
⑤ 연소되지 않고 유독 가스를 발생하지 않는 것
⑥ 불발이나 잔류약이 생길 때 회수하기에 안전할 것

(나) 전색물의 종류
① 점토를 전색물로 사용할 경우에는 함수율 20~25% 정도의 것
② 모래와 점토를 혼합한 전색물은 함수율 13%정도, 혼합비 1:1의 것
③ 모래는 함수율 10%, 크기 50mesh 이하를 50% 함유한 해사
④ 비닐 주머니에 물을 담은 것(분진억제, 폭염억제, 메탄가스에 안전도 상승)

-기출로 연습하기1 2016년 5회-
전색물로 사용되는 재료 중 2가지만 쓰시오.

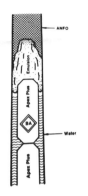

그림 물을 전색물로 이용하는 응용 방법

Explosive AND ROCK BLASTING

(4) 대피

위의 조작이 완료되면 발파에 필요한 사람 이외에 대피하고 적당한 곳은 아래와 같다.

① 발파의 진동으로 천반이나 측벽이 무너지지 않는 곳

② 발파로 인한 암석이 날아오지 않는 곳

③ 경계원으로부터 연락을 받을 수 있는 곳

-기출로 연습하기1 2015년 1회 2017년 1회-

화약 장전과 결선 작업이 끝나면, 발파에 관계없는 사람은 안전한 장소에 대피해야 한다. 대피장소가 갖추어야할 조건을 2가지만 쓰시오.

○

○

○

(5) 경계

화약류관리보안책임자가 경계원에게 확인시켜야 할 사항은

① 경계하는 위치

② 경계하는 구역

③ 발파 회수

④ 발파 완료 후의 연락방법

작업형시 예문

작업자들 대피가 모두 확인되었습니다. 30분후 발파를 시작하도록 하겠습니다. 김씨는 A구역에서 A구역에서 B구역을 경계하여 주시고 박씨는 B구역에서 B구역에서 C구역을 경계하여 주시기 바랍니다. 발파횟수는 1회 발파 후 연락은 무전기로 하도록 하겠습니다.

(6) 발파

대피가 충분하다고 인정되면 "발파"라고 경고하여 대피에 철저를 기한 다음 발파(전기식: 전기뇌관, 전자뇌관 비전기식: 도폭선, 비전기식뇌관) 를 시작한다.

(7) 발파의 확인

점화 후 화약류관리보안책임자 폭발음으로 장전된 폭약의 불발 여부를 확인할 것이며, 완폭되었다 하여도 법에 명시된 시간 내(전기발파 5분, 도화선발파 15분, 대발파 30분)에는 막장에 들어가지 말아야 하며 분진으로 인해 시야확보가 되지 않아 위험하다. 일정시간이 경과한 후라도 화약류관리보안책임자가 점검하여 안전하다고 인정한 후가 아니면 막장에 들어가서는 안된다.

-기출로 연습하기 산업기사 15년 4회-

장전된 화약류 점화 후에 (   )분, 전기발파의 경우 (   )분, 대발파의 경우 (   )분 후에 접근해야 한다.

(8) 불발공 처리

① 불발된 천공된 구멍으로부터 60cm이상(손으로 뚫은 구멍인 경우에는 30cm)이상의 간격을 두고 평행으로 천공하여 다시 발파하고 불발한 화약류를 회수할 것.

② 불발된 천공된 구멍에 고무호스로 물을 주입하고 그 물의 힘으로 메지와 화약류를 흘러나오게 하여 불발된 화약류를 회수할 것.

③ 불발된 발파공에 압축공기를 넣어 메지를 뽑아내거나 뇌관에 영향을 미치지 아니하게 하면서 조금씩 장전하고 다시 점화할 것(ANFO의 경우 압축공기 사용 ×)

④ 위의 방법에 의하여 불발된 화약류를 회수할 수 없을 때에는 그 장소에 적당한 표시를 한 후 화약류 관리보안책임자의 지시를 받을 것.

-기출로 연습하기1 2018년 5회-

불발된 장약의 처리방법을 쓰시오.

○

○

○

○

나. 전기발파(Electric blasting)

(1) 발파용 기재

(가) 발파기

① 발파기의 성능

㉮ 경량 소형일 것(휴대가 편리하기 때문)

㉯ 절연성이 좋을 것(습도가 높거나 용수가 있는 곳에서 사용가능)

㉰ 확실하게 제발할 것(발파가 실패하지 않도록)

㉱ 파손되기 어려울 것(갱내 환경이 열악하여 취급이 난폭하여도 견딜 수 있을 것)

㉲ 메탄(CH_4), 탄진에 안전할 것(스파크로 인한 방폭구조)

㉳ 발파기의 능력이 클 것(완폭을 위해 최대 제발 수의 반수를 생각하고 발파할 것)

② 발파기의 종류

㉮ 콘덴서식 발파기

전기에너지를 일단 콘덴서에 충전하여 일정한 전압으로 되었을 때 발파 회로에 순간적으로 방전시키는 방식이므로, 항상 일정한 규격에 맞는 제발능력을 발휘할 수 있으며, 조작도 간단하다.

㉯ 다단식 발파기

소음진동을 제어하고 발파전류를 발파기에서 임의의 시간차를 두고 발파회로에 송전하여 점화를 단계적으로 실시하는 발파기로 대발파에 사용되고 최대 420단까지 가능하다.(전기뇌관 단차 42단 * 10개 회로)

(나) 도통 시험기

전기발파를 실시할 때 결선 상황을 조사하기 위하여 약간의 전류를 발파회로에 통하여 회로의 도통 저항을 조사하는 것이다.(안전법 시행령 제19조) 작업자가 안전한 장소인가를 확인한 후 30m 이상 떨어진 안전한 점화장소(발파기 설치장소)에서 도통시험을 해야 하며 (막장앞에서 도통시험을 하면 안된다.) 도통 시험기는 내압방폭형 구조로 되었으며, 터미널 사이의 단락 최대 전류가 0.01A를 넘어서는 안된다.

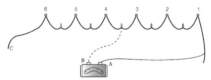

그림 시험기에 의한 점검

출처: 고등학교 화약발파 교과서

-기출로 연습하기1 2015년 1회-
전기발파를 위한 뇌관 상호간 및 발파모선과의 결선작업이 끝나고 발파회로가 완성된 후 회로의 단선여부를 확인하기 위해 사용되는 발파전용의 기기를 2가지 쓰시오.
○ 도통시험기 ○ 저항측정기

(다) 누설전류 검지기
전기뇌관의 전기저항은 1.2m 각선으로 약 1Ω, 발화하는 최소전류는 0.3A의 이상이면 위험한 것이며, 직류에서는 0.1A 이상이면 위험 상태이므로 발파를 중지해야 한다.

(라) 저항측정
측정중에 만일 폭발이 있더라도 위해를 받지 않도록 작업자가 안전한 장소인가를 확인한 30m 이상 떨어진 안전한 점화장소(발파기 설치장소)에서 발파모선에 도통시험기를 이용하여 도통여부를 확인하고 저항측정기를 이용하여 저항치를 읽어 회로가 정상적인지 대략 계산이 가능하다. 직렬 결선의 경우 도통시험만 해도 된다. 발파회로의 전기저항과 전압은 다음과 같이 계산한다.

(1) 직렬 결선

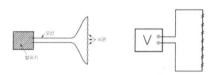

그림 직렬결선

출처: 고등학교 화약발파 교과서

$$V = I(R_1 + n R_2 + R_3)$$

V : 전압, I : 전류, R_1: 모선저항, R_2: 뇌관 저항, R_3: 발파기저항

장점	단점
1. 결선이 틀리지 않고 불발시 조사가 쉽다. 2. 모선과 각선의 단락이 일어나지 않는다. 3. 1군데라도 불량한 곳이 있으면 전부 불발한다.	1. 전기뇌관의 저항이 동일해야 함. 2. 저항이 큰 것이 있으면 그것이 먼저 폭발한다. 3. 각선의 길이 및 뇌관의 형식을 통일해야 한다.

(2) 병렬 결선
뇌관 저항이 모두 같을 때 : $V = nI(R_1 + \dfrac{R_2}{n} + R_3)$

n : 뇌관의 개수, R_1 : 모선저항, R_2 : 뇌관저항, R_3 : 발파기저항

그림 병렬결선

출처: 고등학교 화약발파 교과서

장점	단점
1. 전원에 전등선, 동력선 사용 가능. 2. 전기뇌관의 저항이 조금씩 다르더라도 상관없다. 3. 대형발파에 이용된다.	1. 결선이 복잡하여 틀리기 쉽다. 2. 도통시험 및 불발조사가 어렵다. 3. 모선과 각선의 단락이 일어나기 쉽다. 4. 가스나 탄진의 위험이 있는 곳에서는 사용할 수 없다. 5. 전류가 여러 뇌관에 고루 흘러야 한다. 6. 많은 전류가 필요하다.

(3) 직병렬 결선

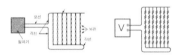

그림 직병렬 결선

출처: 고등학교 화약발파 교과서

뇌관 저항이 모두 같을 때 : $V = bI(R_1 + \dfrac{a}{b} R_2 + R_3)$

a : 직렬 뇌관 개수, b : 병렬 연결 단수, R_1 : 모선저항, R_2 : 뇌관저항, R_3 : 발파기저항

장점	단점
1. 적당한 전력으로 다수의 뇌관 점화 2. 각각의 직렬회로 및 전 회로를도통시험 가능	1. 직렬, 병렬로 결선해야 하는 작업상의 복잡성 2. 분로저항에 유의해야 한다

분로균형: 직병렬회로에서는 모든 분로에 전류를 균등하게 배분하기 위하여 각 분로의 저항을 일치시켜야 원만한 발파가 이루어지는데 이를 분로균형이라 한다.

-기출로 연습하기1 2019년 5회-

다음 (   )안에 알맞은 결선방법을 쓰시오.

전기뇌관을 이용하여 제발발파를 실시할 경우의 결선방법으로 (①), (②), (③)이 있다.
①: ②: ③:

-기출로 연습하기 2 20년 5회-
전기발파기를 사용하여 발파시 직렬, 병렬, 직병렬 중 가장 불발된 가능성이 적은 것은?

-기출로 연습하기 기사 18년 1회-
4m각선 뇌관 20개를 4개씩 5열 직병렬 연결시 저항값은?
(단, 각선포함 뇌관1개 저항은 1.3Ω이다.)

(마) 결선(모선과 보조모선, 뇌관각선)
발파 모선과 보조모선이 있으며 모선은 발파기와 보조모선까지 연결하고 보조모선으로 뇌관까지 연결하며 보조모선은 1회 사용 후 버리는 편이다. 발파모선은 고무등으로 절연된 전선 30미터이상의 것을 사용하되, 사용전에 그 선이 끊어졌는지의 여부를 검사해야 하고 한쪽 끝은 점화할 때까지 점화기에서 떼어 놓고, 전기뇌관의 각선에 연결하고자 할 때 합선되지 아니하도록 하고 정전기를 일으킬 염려가 많은 것으로부터 거리를 띄워서 설치해야 한다.

뇌관의 각선과 모선의 연결할 때는 모선에 10회 이상 감은 후 필요하면 비닐테이프로 감는다(침수로 인한 불폭 방지) 선의 끝을 구부려 놓는다.

그림 각선 연결방법 및 모선과 각선 연결방법

출처: 고등학교 화약발파 교과서

(1) 발파
(가) 발파 작업
발파 준비 작업이 완료되면 작업원 등이 안전한 장소에 대피한 것을 확인하고 저항측정치를 재확인하여 규정된 저항이 얻어진 후 발파모선을 발파기의 단자에 연결한다. 발파기의 핸들, 혹은 키(key)에 의해 발파기를 조작하고 콘덴서식 발파기를 사용할 때는 표시등에 의해 콘덴서가 충전된 것을 확인하고 점화한다.
(나) 발파후의 처리

① 폭발음을 듣고 난 후 발파기 키를 뽑은 후 모선을 발파기 단자에서 뽑아내고 양쪽 끝을 단락시켜 재 점화가 되지 않도록 한다.

② 발파기의 키는 발파할 때를 제외하고는 고정식은 자물쇠를 채우고, 이탈식은 필히 발파책임자가 휴대하며 보안에 유의해야 한다.

③ 발파 후 법에서 정한 시간이 경과하여 안전한 것을 확인한 후가 아니면 발파장소에 접근하지 말 것, 또한 다른 작업자를 접근시켜서도 안된다.

④ 불발화약류가 있는 경우에는 화약류관리보안 책임자의 입회하에 처리하여야 한다.

다. 도폭선 발파(Detonating fuse blasting)

천둥, 번개가 많이 있는 지방이나, 누설전류의 위험이 있는 경우 또는 전기뇌관의 각선이 충격파에 잘릴 우려가 있는 경우 조절발파, 동시발파, 채석장, 대구경 장공발파 등 전기발파가 실용적이 되지 못할 때, 실시할 수 있는 발파법으로 도폭선에 뇌관을 묶고 이것을 전기적으로 발파시키거나 전용 발파기를 사용한다.

(1) 결선법

▶도폭선 결선법은 총 5가지로 아래와 같은 방법으로 결선 후 발파시킨다.

▶도폭선간 연결법 8자매듭 또는 테이핑

▶도폭선간 분기법 T매듭(90도) 또는 테이핑

▶도폭선과 폭약을 연결하는 방법

▶도폭선에 뇌관을 연결하는 방법

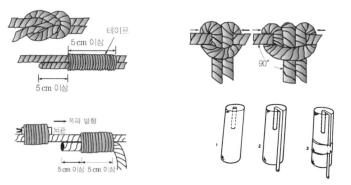

그림 도폭선과 뇌관을 연결하는 방법   **그림 도폭선과 폭약을 연결하는 방법**

출처: 고등학교 화약발파 교과서

라. 대발파

300kg이상의 폭약을 사용하여 발파하는 경우(각 약실의 폭약량의 합계가 300kg이상으

로서 동시 또는 단계적으로 발파하는 경우를 포함한다.(시행령 20조 기술상의 기준 참조) 1급 화약류관리보안 책임자에 의해서 발파해야 한다.

3-2. 발파 후 작업

가. 발파의 이상

(1) 발파 후 점검사항

(가) 점화 후 안전한 장소에 대피하여 폭파음을 세면서 점화 된 발파공 수와 폭음수가 일치한지 확인한다.

(나) 폭발음을 듣고 난후 즉시 발파기의 키와 모선을 발파기 단자에서 분리하고 그 끝을 단락시켜 재 점화가 되지 않도록 한다.

(다) 폭파의 진동 및 파석의 비산상황

(라) 막장에서의 암석 파쇄상황, 후가스, 불발, 잔류약의 유무 확인

(마) 노천에서 발파 결과 조사 후 산사태, 낙석 등의 위험이 있는 곳은 출입금지구역으로 설정하여, 관계자 이외의 사람은 출입을 금하여야 한다.

(2) 불발 시 원인

① 발파선 절단 또는 동결

② 사압 : 일정압 이상의 압력이 작용하면 불폭

③ 연소 : 순폭되지 않고 연소

④ 뇌관 각선의 절단

⑤ 결선 부적당 또는 발파기 용량 부족 등 발파 실패

(3) 공발(Blown-out shot : 철포현상)

(가) 공발의 정의

발파를 하였을 때 폭발은 하였지만 폭력이 주위의 암석을 파괴하지 못하고 메지만 날려 버리는 현상을 공발이라 한다.

-기출로 연습하기1 2013년 5회 2018년 5회-

공발(철포) 현상에 대하여 설명하시오

(나) 원인

① 폭력이 모자라거나 많을 때(약장약이나 과장약)

② 전색의 불충분

③ 발파 계획이 나쁜 경우

④ 장약실에 많은 균열층이 존재할 때

⑤ 뇌관의 위치불량 등의 원인

⑥ 균열, 부석과 발파위치의 부적당에 의한 발파공 입구 절단

⑦ 심발 발파의 실패에 의한 자유면 형성이 불가능할 때

-기출로 연습하기 기사 13년 1회-

A지역 발파패턴을 B지역에 적용시 효과가 좋지 않았다 그 이유를 간략하게 쓰시오.

(4) 비산

(가) 비산의 원인

① 단층 균열 연약면 등에 의한 암반의 강도저하.

② 천공시 잘못으로 인한 국부적인 집중현상

③ 점화순서와 뇌관 시차 선택의 착오에 의한 지나치는 시간

④ 과장약

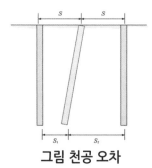

그림 천공 오차

출처: 고등학교 화약발파 교과서

-기출로 연습하기 1 2010년 1회-

비산의 원인에 대해서 서술하시오.

-기출로 연습하기 2 2018년 5회-

비석의 발생 원인에 대해서 서술하시오.

-기출로 연습하기 산업기사 14년 1회-
발파 작업시 비산의 주요원인 3가지를 쓰시오

(나) 대책
　① 과장약보다는 약간 약장약
　② 전색을 충분히 해서 공발되지 않도록
　③ 천공오차를 줄인다.
　④ 벤치의 경우 공저부분 비산을 막기 위해 이전 발파의 파쇄암석을 그대로 둔다.
　⑤ 기폭 순서를 조절하여 비산의 방향을 조정한다.

그림 기폭 순서에 따른 파쇄암 이동 방향
출처: 고등학교 화약발파 교과서

(다) 비산거리 공식
　(최대비산 거리는 45°일 때 최대이다.)

-기출로 연습하기 산업기사 13년 1회-
노천 발파시 비석의 초속도가 38m/sec이고, 사각도가 30일 때 비산거리는 얼마인가?

-기출로 연습하기 산업기사 15년 4회 산업기사 18년 4회-
열과 열 사이의 지연초시를 짧게 하였을 때, 발파결과를 적으시오.

Chapter **IV** **소음진동**

4-1. 발파 소음 진동 기초

가. 소음진동의 기초

(1). 파동의 특성

(1) 주파수 : 진동이 1초에 반복되는 수를 말하며 f로 표시 단위는 Hz(헤르츠 : 초당 반복 횟수)

※ 가청주파수 20 ~ 20,000 Hz

1초에 몇 번 진동했는가? ⇨ $f = \dfrac{1}{T(주기)} = \dfrac{c(속도)}{\lambda(파장)}$　단위$[Hz]$

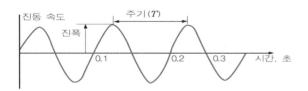

그림 파동의 전파

출처: 고등학교 화약발파 교과서

(2) 주　기 : 한 파장이 전파하는데 걸리는 시간

주파수의 역수

⇨ $T(주기) = \dfrac{1}{f(주파수)}$

(3) 파　장 : 파동에서 같은 위상을 가진 서로 이웃한 가장 가까운 두 점 사이의 거리

⇨ $\lambda(파장) = \dfrac{c(속력)}{f(주파수)}$

(4) 파동의 가장 높은 곳을 마루 가장 낮은 곳을 골이라 하며 진동의 중앙에서 마루 또는 끝까지의 거리를 진폭이라 한다.

(5) P파 : 종파, 가장 먼저 도착하는 파

　S파 : 횡파, 중간에 도착하는 파, 자유면이나 다른 매질을 만나서 수직 진동으로 변환함

　R파 : 레일리파, 수직파로 전형적인 지표면 이동파

(6) 탁월 주파수(주진동주파수) : 일반적인 파의 여러 파형 중에서 가장 우세한 성분의 주파수 1/2 주기를 구한 다음 이 값을 2배로 하여 1회 진동하는데 걸리는 시간인 1주기(T)를 구하며 주파수는 주기의 역수이므로 이 값의 역수를 취하여 탁월주파수로 사용하기 함.

(7) 실효값 : 진폭의 $\frac{1}{\sqrt{2}}$의 값, 정현파 중심에서 정점까지의 크기를 진폭이라고 하고 피크치(Peak to Peak)라고 한다.

나. 음의 성질 및 특성

(1) 반사음 : 한 매질중의 음파가 다른 매질의 경계면에 입사한 후 진행방향을 변경하여 본래의 매질중으로 되돌아오는 음

(2) 음의 굴절 : 파동이 전파될 때 매질의 변화로 인하여 음파의 진행방향이 변하는 것
※밤에 거리감쇠가 적다(밤에 잘들린다.)

(3) 음의 회절 : 파동이 진행할 때 장애물 뒤쪽으로 음이 전파되는 현상

(4) 공명 : 두 개의 고유진동수가 같을 때 한 쪽 진동체를 울리면 다른 쪽도 울리는 현상

(5) 음선 : 음의 진행방향을 나타내는 선으로 파면에 수직이다.

(6) masking효과(음폐효과)
: 어떤 큰 소리가 또 다른 작은 소리를 들을 수 있는 능력을 감소시키는 현상
큰 소리만 듣고 작은 소리는 듣지 못하는 현상으로 음파의 간섭에 의해 발생 ⇨ 맥동(X)
※ 두음의 주파수가 거의 같을 때는 공명이 생겨 마스킹 효과가 감소한다

(7) 도플러효과 : 음원이 움직일 때 진동수의 변화가 생겨서 그 진행방향 쪽에서는 발생음 보다 고음으로, 진행방향의 반대쪽에서는 저음으로 들리는 현상

(8)소음으로 인한 청력 이상
① 일시적 변위 (일시적 난청)＊
- 큰소리를 들은 후에 순간적으로 일어나는 청력 저하현상 몇 초에서 몇 일 휴식 후 청력복구
② 영구적 변위(영구적 난청, 소음성 난청)
- 소음을 들은 직후 2일에서 3주정도 후에도 정상적인 회복이 되지 않음

-기출로 연습하기 기사 13년 4회-
소음이 청력에 미치는 영향 중 일시역변위와 영구역변위에 대해 서술하시오

-기출로 연습하기1 20년 5회-

공진효과를 설명하시오.

다. 소음의 전파

(1) 지향성 (Directivity)

지향성 : 음원에서 방사되는 음의 강도 또는 mic폰의 감도가 방향에 따라 변화하는 상태

지향성의 측정은 점음원으로 간주될 정도로 충분한 거리 취할 것

지향 계수(Q) : 지향성을 수치로 나타내기 위해 -> 무지향성 음원으로 바꿨을 때의 각 방향의 강도를 기준 -> 각 방향의 강도를 비로 나타낸 것

지향 지수(DI) : 지향성이 큰 경우, 특정 방향의 음압레벨 SPL과 평균 음압레벨 SPL의 차이

: $DI = SPL(i) - SPL(average) = 10logQ$

*자유공간에 있는 지향성 점음원이 있고 임의의 거리 r에서 음압레벨 SPL일 때 음향 파워레벨 PWL 거리가 2배로 증가하게 되면 선음원은 3dB, 점음원은 6dB 감소 (거리에 의한 감쇠)

-기출로 연습하기 기사 11년 4회-

소음의 지향계수와 지향지수에 대해 설명하시오.

(2) 점음원

음원은 어떤 크기를 가지고 있음 -> 충분히 이격된 지점에서 -> 1개의 점으로 볼 수 있음

점음원에서 나오는 음파의 파면 -> 구면파라고도 함

(3) 선음원

점음원의 집합, 자동차처럼 소음원이 다수 연속하여 이어지는 경우

(4) 면음원

벽을 투과하여 소음이 생기는 경우처럼 음원이 넓게 펼쳐진 경우

이상적으로 점음원이 무수하게 연속적으로 분포하는 것으로 생각됨

라. 소음의 측정

(1) 손으로 소음계를 잡고 소음을 측정할 경우 소음계는 측정자의 몸으로부터 최소 0.5m 이상 떨어져야 한다.(몸에 부딪혀서 반사되는 영향을 줄이기 위해 떨어뜨린다.)

(2) 소음계의 마이크로폰은 주소음원 방향으로 향하도록 한다.

(3) 옥외측정이 원칙이다.(풍속 2m/s이상 mic에 방풍망 부착 풍속 6m/s이상 측정X)

(4) 지면으로부터 1.2m ~ 1.5m높이

(5) 장애물이 있는 경우 : 장애물로부터 소음원 방향으로 1 ~ 3.5m 떨어진 지점

(6) 일반지역의 경우 장애물이 없는 지점의 지면 위 1.2 ~ 1.5m 높이로 한다.

(7) 암소음의 영향에 대한 보정표

대상음이 있을 때와 없을 때의 레벨 차	3	4~5	6 ~ 9
보정값	-3	-2	-1

※ 2dB(A)이하일 때는 재측정 한다.

※ 배경소음의 보정없이 측정소음레벨을 대상소음레벨로 하는 것은 측정소음레벨이 배경소음 레벨보다 최소 10dB이상 큰 경우이다

-기출로 연습하기 기사 10년 4회-

배경소음과 측정소음의 차이가 12db인 곳에서 소음 보정하는 방법에 대하여 간단히 서술하시오

-기출로 연습하기 기사 15년 4회 19년 1회-

배경소음이 11dB일때 보정하는 방법과 재측정에 대하여 아래 괄호를 채우시오.

가. 배경소음과 측정소음 차가 (   )이면 (   ) 측정소음을 대상소음으로 한다.

나. 배경소음과 측정소음의 차이가 (   )미만이면 재측정 한다.

2. 소음의 평가 척도

데시벨 : 데시(d) -> 1/10이라는 의미, 벨 -> 두 양의 비의 단위

: $dB = 10\log(A/A_o)$

소음도는 dB(A)로 표시하고 진동레벨은 dB(V)로 표시

음의 세기레벨(SIL), 음압레벨(SPL), 음향파워레벨(PWL)과 같은 소음공해에 사용됨

(1) 등가소음레벨(L_{eq}) : 임의의 측정시간동안 발생한 변동소음의 같은 시간으로 나눈 값

-기출로 연습하기1 2012년 5회-

등가소음도에 대해서 서술하시오.

-기출로 연습하기 산업기사 11년 4회 기사 16년 4회-

발파현장에서 200m 떨어진 곳에 연속해서 30분간 소음을 계측한 결과, 평가보정을 한 소음레벨이 다음과 같을 때 등가 소음도를 구하시오.

순서	측정소음	측정시간	순서	측정소음	측정시간
1	65dB	14분	3	75dB	4분
2	70dB	10분	4	80dB	2분

(2) 소음레벨 : 소음계의 주파수 보정 회로를 A에 놓고 측정하였을 때의 지시값

(3) 정상소음 : 시간적으로 변동하지 아니하거나 또는 변동폭이 작은 소음

(4) 대상소음도 : 측정소음도에서 배경소음을 보정한 후 얻어지는 소음도

(5) 음의 세기 레벨 (sound Intensity Level)

음의 세기 : 음파의 진행 방향에 직각인 단위면적 (m^2)을 1초간에 통과하는 에너지의 양

$$SIL = 10log\left(\frac{l}{l_o}\right)dB \quad ※ \ l_o(최소 \ 가청음의 \ 세기) : 10^{-12}w/m^2$$

(6) 음압레벨 (sound power level)

음의 세기 레벨과 실제 의미상 같은 것, 근래에는 주로 음압레벨로서 사용하는 경우 많음

음압레벨

$$SPL = 20log\left(\frac{P}{P_o}\right)dB \quad ※ \ P_o(최소 \ 음압 \ 실효치) : 2\times10^{-5}w/m^2$$

P : 음압의 실효치,   : 기준 음압의 실효치

-기출로 연습하기 산업기사 14년 4회-

소음점과 100m 이격된 거리에서 음향파워 레벨이 135dB, 110dB인 브레이커와 천공기가 동시에 작업하고 있을 때 이 지점에서의 음압레벨은 얼마인가?
(단, 음원은 점음원이며 반구면파이다.)

-기출로 연습하기 산업기사 15년 4회-

음압레벨(SPL)은 음압(P)으로부터 구할 수 있다. 음압이 2배로 증가될 시에 음압레벨의 변화량은 얼마인가? (단, log2=0.3으로 가정한다.)

4-2. 발파 소음 진동 측정

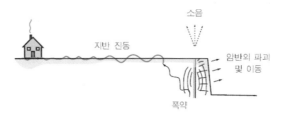

그림 발파 소음 진동

출처: 고등학교 화약발파 교과서

가. 발파진동의 특성

지반운동: 3성분(변위, 입자속도, 가속도)과 주파수로 표시

변위 진폭: 실제로 계측할 수 있는 것 (mm, cm)

입자속도: 변위의 시간에 대한 변화 비율 (mm/s)

가속도: 입자속도의 시간에 대한 변화 비율 (mm/s^2)

성 분	기본 단위	참 고
변 위	cm, mm, μm	$\mu m=10\text{^}{-}6\ cm=10\text{^}{-}3mm$
속 도	cm/sec, mm/sec	$1cm/sec=1$카인(kine) 발파진동 단위
가속도	m/sec^2, cm/sec^2,	$1gal=1cm/sec^2$, $1G=980cm/sec^2\fallingdotseq 1000gal$

-기출로 연습하기 산업기사 18년 4회-

다음의 단위를 쓰시오.

1)일반적인 진동수준 측정단위 (   )

2)공해진동 규제기준에 따른 진동레벨 단위   (   )

 발파 소음도 파동의 문제지만 심리적인 것에 한정

 폭풍압은 공기의 압력파로서 구조물의 운동을 일으킴 (창문 깨짐, 벽의 균열) -> 인간에 미치는 영향 분석 어렵다.

-기출로 연습하기 1 2016년 1회-

발파로 인하여 발생되는 지반진동의 입자속도와 폭풍압의 강도를 표시하는 단위를 각각 1가지만 쓰시오.

입자속도 : Kine(cm/sec)   폭풍압 : kPa

-기출로 연습하기 2 2017년 1회-

다음 (   )안에 들어갈 알맞은 내용을 쓰시오.

지반진동에 의해 지반중의 입자가 움직이는 진폭을 (   )라 하고,

단위 시간당 입자움직임의 거리를 (   )라 한다.

나. 발파공해 특성

(1) 감각공해   (2) 국소적, 다발적   (3) 축적성이 없다. (4) 처리할 물질 X

-기출로 연습하기 1 2019년 5회 2016년 5회-

발파공해의 종류 3가지를 쓰시오.

다. 발파 폭풍압(Air blast)의 표현

폭풍압: 발파에 의해 생성되는 폭발가스의 압력

APP - 발파에 의한 암반 자체의 변위로 인한 기압파(공기 압력파)

RPP - 지반진동에 의해 공기로 전달되는 암석반압파

GRP - 파쇄된 암석 틈을 통해 누출되는 분출파

SPP - 불완전한 전색에 의해 전색물이 분출되며 나오는 가스 분출

-기출로 연습하기 산업기사 11년 4회-

발파폭풍압 5가지를 쓰시오

라. 발파 진동 평가에 사용되는 에너지율

진동 에너지 비(E) = $\dfrac{a^2}{f^2}$ ← 진동가속도   ← 주파수

진동에너지 비는 진동속도 전번을 진동주파수 제공으로 나눈 비

에너지비가 3보다 작으면 안전. 3보다 크고 6보다 작으면 주의(6보다 크면 위험)

마. 발파진동에 영향을 주는 조건의 주요 요소

① 사용 화약류의 종류 및 특성

② 지발당 장약량

③ 기폭 방법 및 뇌관의 종류

④ 폭원과 보안물건(측점)과의 거리
⑤ 전색상태와 장전밀도
⑥ 자유면의 수
⑦ 전파경로와 지반상태(지형, 암질, 지하수상태)

-기출로 연습하기 1 2017년 1회-
발파진동에 영향을 주는 요소 중 5가지만 쓰시오.

바. 발파진동식

$$V = K\left(\frac{D}{W^b}\right)^{-n}$$

V : 진동속도(cm/sec)
D : 폭원으로 부터 측정 지점까지의 거리(m)
W : 지발당 최대 장약량(kg)
K : 발파입지조건상수, 자유면의 상태, 폭약의 종류, 암질 등에 따른 상수
n : 감쇄지수
b : 장약지수

거리와 지발당 장약량의 관계로부터 DW^{b}를 환산거리(scaled distance, SD)라고 하며, b의 값이 1/2이면 자승근 환산거리(square root scaled distance), 1/3이면 삼승근 환산거리(cube root scaled distance)라고 한다.

-기출로 연습하기 1 20년 5회 19년 5회 15년 1회 -
발파진동 예측식에서 환산거리(scaled distance)를 설명하시오.
답 : 발파진동을 예측하기 위하여, 지발당장약량(W)과 발파지점에서 진동 측정점까지의 거리(D)가 변화할 때 최대입자거리를 예측하는데 자승근, 삼승근 환산거리를 사용함

$$SD(환산거리) = \frac{D}{Wb}$$

D : 폭원에서의 거리
W : 지발당 장약량

-기출로 연습하기 24년 4회, 19년 5회, 16년 1회-
발파현장에서 시험발파를 통하여 그 현장에 적합한 진동예상식을 도출한 결과 다음과 같았다. 발파지점으로부터 200m 거리에서 진동속도 0.2cm/sec가 되기 위한 지발당 장약량(kg)을 구하시오
진동예상식 V(cm/sec) = $250(D/\sqrt{W})^{-1.5}$

-기출로 연습하기 기사 16년 1회-

발파지점으로부터 100m 일때의 v=1cm/sec 일 때 발파지점으로부터 75m일때의 V(cm/sec)는 얼마인가?

단, $V = 70(\dfrac{D}{\sqrt{W}})^{-1.6}$

-기출로 연습하기 기사 17년 4회 산업기사 18년 4회-

발파 진동을 고려한 안전기준이 제곱근 환산거리로 20이 주어졌다면 500m 거리가 확보되었을 때 지발당 장약량은 최대 얼마까지 사용할 수 있는지 장약량을 구하시오.

-기출로 연습하기 기사 17년 4회-

거리 70m 일 때 진동속도가 7mm/sec, 130m 일 때 3mm/sec라면 자승근 환산거리에서 지발당 최대 장약량이 4kg일 때 n값을 구하여라

-기출로 연습하기 14년 1회 21년 5회 22년 5회-

발파작업표준안전작업지침(고용노동부고시 제2012-99호)에는 발파구간 인접 구조물에 대한 피해 및 손상을 예방하기 위하여 다음 표와 같이 진동기준을 설정하여 제시하였다. 아래에 알맞은 수치를 쓰시오.

구분	문화재	주택, 아파트	상가(금이 없는 상태)	철근 콘크리트 빌딩 및 상가
건물기초에서의 허용 진동치 (cm/sec)				1.0 ~ 4.0

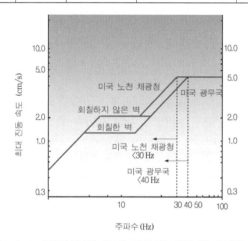

그림 USBM(미광무국) 주거 가옥에 대한 발파진동 허용치

출처: 고등학교 화약발파 교과서

※동일한 진동의 세기를 가지더라도 낮은 주파수에서 건물에 대해서 더 치명적이기에 허용치가 더 낮다.

-기출로 연습하기 기사 11년 1회-

PPV에 의한 미국 OSMRE의 발파진동규제는 발파지점과의 거리가 멀수록 허용최대입자속도를 맞게 경감한다. 발파지점과의 거리가 멀어질수록 허용최대입자속도를 낮게 하는 이유를 적으시오.

바. 측정 및 기록

진동의 크기는 진동하는 매질의 변위, 속도, 가속도로 표시(gal)

변위 (기준치로부터의 이동거리), 진동속도 (진동변위의 시간의 대한 변화율), 진동가속도 (진동속도에 대한 변화율)

진동수 : 발파 진동 > 지진 또는 핵폭발 진동

발파 진동은 상대적으로 진동 시간이 짧음 → 작은 에너지를 수반 , 그리고 진동수 범위가 더 큼 (0.5~200Hz)

Peak Particle Velocity (PPV) 와 Peak Vector Sum (PVS)의 적용

PPV : 지반진동을 입자속도로 측정하였을 때 직교하는 세 방향의 측정성분 [x(t), y(t), z(t)] 별 최대 입자 속도 → L, V, T

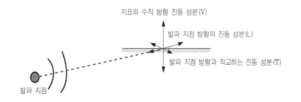

지표와 수직 방향 진동 성분(V)

발파 지점 방향의 진동 성분(L)

발파 지점 방향과 직교하는 진동 성분(T)

발파 지점

그림 발파 진동 종류

출처: 고등학교 화약발파 교과서

수직방향파(Vertical Component, V): 수직성분 파를 말하며 R파가 이에 속하며 지반진동의 문제가 되는 파

① 진행방향파(Longitudinal Component, L):진행성분 파를 말하며, P파가 이에 속한다.

② 접선방향파(Transverse Component, T): 접선성분 파를 말하며 S파가 이에 속한다.

③ 얻은 3개의 PPV 값들 가운데 가장 큰 값 = max(PPV) = max(L, T, V)라 부름

④ 최대 백터합 (PVS) : 세 측정성분들의 PPV 값들 (L, T, V의 벡터합)을 말함

PVS(Peak Vector Sum) = $\sqrt{L^2 + V^2 + T^2}$

최대 실벡터합 : 세 측정 성분들을 샘플링 시간간격 단위로 실시간 벡터합한 값들 중에서 최대값

-기출로 연습하기1 2014년 5회-

발파진동계측기로 진동을 측정한 결과 같은 시간대에 수직성분(V) 0.12kine, 접선성분(T) 0.15kine, 진행성분(L), 0.11kine 로 나타났을 때 최대합성진동치(kine)는 얼마인가

-기출로 연습하기2 14년 5회 20년 5회-

발파진동계측기로 진동을 측정한 결과 같은 시간대에 수직성분(V) 0.12kine, 접선성분(T)0.15kine, 진행성분(L), 0.11kine 로 나타났을 때 그림으로 그려서 표시하시오.

사. 계측기 설정

(1)계측기 설치: 진동센서 설치장소는 충분히 다져서 굳어진 지반을 선정한다. 진동센서를 암반에 설치할때는 모래주머니를 올려 놓는다. 마이크폰은 지면에서 1.2~1.5m에 설치

(2) 케이블 연결 및 계측기 스위치를 켠다.

(3) 계측기 설정

그림 계측기 설정법

계측 변수	설정 방법 및 범위	설 정
트리거 방법	지반 진동 또는 음압 또는 모두	지반 진동
트리거 수준	0.6~30mm/s	1.0~2.0mm/s
초당 샘플링 수	초당 1,000~9,000개	초당 1,000~2,000개
기록 시간	1~15초	3~5초

출처: 고등학교 화약발파 교과서

① 트리거 방법 : 발파진동측정기는 지반진동의 신호로 결정하는 방법(Geo)과 발파음으로 결정하는 방법(Mic)이 있다

② 트리거 수준 : 트리거 수준은 계측할 진동의 최소수준

③ 기록 시간 : 기록시간은 지반진동을 계측하기 시작한 후 계속 계측할 총시간으로서 단차가 많아 진동이 오래 지속될 경우에는 높게 설정한다.

(4) 계측모드 설정(Continue 트리거 이상 계속 측정, single 트리거 이상 한번만 측정)

(5) 발파 시행 및 계측결과 확인 및 자료 처리

(6) 보정회로는 A회로에 보정하여 측정(사람에 대한 소음) 저주파 음(5hz이하의)의 경우 주파수 스펙트럼을 보면 5Hz이하의 dB(A), dB(C)의 경우는 저주파음을 기록 하는데 적당하지 않고 실제값에 근접한 dB(L)보다 낮게 나타난다. 발파진동은 L회로에 보정하여 측정

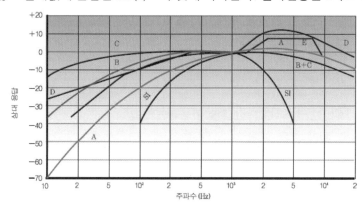

그림 소음 레벨 보정 회로

출처: 고등학교 화약발파 교과서

-기출로 연습하기 기사 10년 4회 14년 1회-

발파음압의 주파수가 50Hz일 때 A모드나 C모드를 쓰지 않고 L모드 사용하는 이유는?

-기출로 연습하기 산업기사 18년 4회-

주파수 50Hz 발파음압이 구조물 피해여부를 판단할 때 A모드나 C모드를 사용하지 않고 L모드를 사용하는 이유와 제일 높은 음압으로 부터 순서를 쓰시오

-기출로 연습하기 기사 19년 1회-

미광무국 (USBM) 등에서 저주파 진동에 관하여 매우 엄격하게 관리 하고 있다. 그 이유에 관하여 2가지를 기술하시오

아. 발파음 및 발파진동 경감대책

발파음의 경우는 매질이 공기인 발파진동은 매질이 지반이다.

(1) 발파음 경감대책

① 저폭속의 폭약을 사용

② Decoupling장약

③ 지발발파가 유효

④ 발패매트 또는 발파팬스를 설치한다든지 방음벽을 설치하여 차단하는 것이 효과적
⑤ 전색물 사용
⑦ 정기폭 보다 역기폭 사용

(2) 발파원에서 진동의 발생을 억제하는 방법
① 화약류 선택에 의한 경감법
② 장약량 조정에 의한 방법
③ 분할발파.
④ MSD에 의한 진동의 상호간섭을 이용하는 방법
⑤ 자유면을 최대 활용

(3) 전파하는 진동을 차단하는 방법
① 방진구 설치
② 인공적인 이완영역 형성(제어발파)

(4) 특수발파 (Slot drill 공법, 기계굴착과 발파를 병행하는 공법
① 특수화약류를 이용하는 방법 : 팽창성 파쇄제나 미진동파쇄기 등.

그림 방진구 설치

출처: 고등학교 화약발파 교과서

MEMO

에너지자원 기술자 양성을 위한 시리즈 II

한국산업인력공단, NCS 출제기준에 따른

화약 취급 기능사

암석지질학

Contents

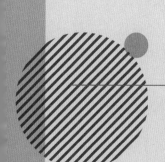

Chapter I 암석학

1-1. 암석학 기본 이론

암석이란 지각을 구성하고 있는 단단한 물질로서, 광물 또는 유기물로 구성된 물질 중 흙을 제외한 것

(1) 암석학 개요

분류	생성 원인	분류 예		
화성암	화성광상 마그마의 신출 및 냉각 속도의 차에 의하여 다른 형태로 고결됨.	화산암	반심성암	심성암
		현무암 안신암 유문암	휘록암 섬록반암 석영빈암	반려암 섬록암 화강암
퇴적암	퇴적광상 지표의 흙, 암석이 풍화 및 침식되고 이들이 퇴적 및 고화됨	쇄설성 퇴적암	화학성 퇴적암	유기성 퇴적암
		역암, 사암, 세일, 응회암	암염, 석회암, 처트	규조토, 석탄
변성암	변성광상 고열, 고압에 의하여 암석의 광물 조성이나 구조에 변화가 발생하여 생성됨.	접촉(열) 변성암	광역(압력) 변성암	
		혼펠스, 대리암, 규암	점판암, 천매암, 편암, 편마암	

(2) 암석의 윤회

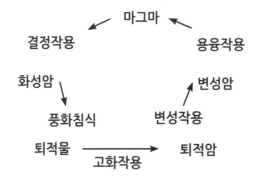

1-2. 화성암

가. 화성암의 종류

색		밝은색(담색) ---------------------------------- 어두운색(암색)		
SiO₂ 함량		산 성 암	중 성 암	염 기 성 암
조직	고결속도	66% 이상(규장질암)	66~52%	52~45%(고철질암)
입상	심성암	화강암(화강섬록암)	섬록암	반려암
반상	반심성암	화강반암(석영반암)	섬록반암(안산반암)	휘록암(반려반암)
유리질	화산암	유문암(석영조면암)	안산암	현무암
주성분 광물		석영, 정장석, 흑운모	사장석, 각섬석, 흑운모	Ca사장석, 휘석

(암기법 심성고운 화섬반 화산고 유안현)

-기출로 연습하기1 2015년 1회-

마그마의 분출 또는 관입에 의해서 생성된 화성암을 산성암, 중성암, 염기성암 등으로 분류하는데 기준이 되는 화학성분을 쓰시오.　　답 : SiO₂

-기출로 연습하기 산업기사 15년 1회-

화성암을 함량에 따라 분류할 때 산성, 중성, 염기성암 가지씩을 적으시오. 산성에서 염기성으로 갈수록 색깔은(진해, 연해)지며 밀도는 (　)한다.

-기출로 연습하기 기사 18년 1회-

다음의 화성암을 SiO₂ 함량에 따라 산성암, 중성암, 염기성암으로 분류하시오.

안산암, 화강암, 현무암, 반려암, 유문암, 섬록암

① 화강암 : 세계적으로 그 분포가 가장 넓고 옅은색을 띠며 완정질이며 조립질이다.
　　　　　주성분 광물 부피 값은 대략적으로 석영 30%, 장석 60%, 흑운모 10%로 구성
② 섬록암 : 녹회색을 띠며 광물 알갱이들의 크기는 1~5mm 정도이고 완정질이다. 사장석과 각섬석이 주성분 광물이며 간혹 흑운모와 휘석을 포함하고 석영과 정장석을 포함한다.
③ 유문암 : 석영조면암에 유상구조가 보이면 이를 유문암이라 한다.

④ 안산암 : 현무암 다음으로 흔한 화산암은 안산암이다.

⑤ 현무암 : CaO 성분을 가장 많이 포함하는 화성암

⑥ 영운암 : 화강암이 열수의 작용을 받으면 석영과 백운모만으로 된 암석

⑦ 우백질화강암 : 유색광물을 거의 포함하지 않은 화강암

⑧ 휘록암 : 조립 현무암의 성분광물이 다소 변화하여 녹색을 띄는 암석

⑨ 포획암 : 화성암속에 주변 암석이 박혀있을 때 이를 포획암이라 한다.

⑩ 흑요암 : 흑색의 유리질 화산암으로서 깨진 자국이 유리광택을 내며 조개의 모양을 한 암석

⑪ 규장질(felsic) 암석 : 밝은 색을 띄며, 실리카() 및 마그네슘과 철의 함량이 높은 편이다. 간혹 석영의 반정을 가지며 비현정질의 치밀한 암석, 화성암으로 산성암에 해당한다.

-기출로 연습하기 산업기사 14년 4회-

다음 보기 중에서 화성암 3가지를 고르시오.

[보기 : 천매암, 셰일, 유문암, 화강편마암, 미사암, 응회암, 안산암, 점판암, 섬록암, 각력암]

나. 화성암의 구조

① 유상구조 : 화산암이 유동한 흔적 평행구조

② 유동구조 : 심성암이 유동한 흔적 평행구조

③ 호상구조 : 색을 달리하는 광물들이 층상으로 번갈아 나타나거나 석리의 차로 만들어지는 평행구조

④ 구상구조 : 심성암의 구조에서 광물들이 동심원상으로 모여 크고 작은 공모양의 집합체를 이룬 구조

⑤ 구과상구조 : 산성분출암에서 볼 수 있는 방사상의 구조

⑥ 다공상구조 : 화산암에서 흔히 볼 수 있는 구조로 기공을 갖고 있는 구조

⑦ 행인상구조 : 화성암의 구조중 기공이 다른 광물질로 채워진 구조로, 주로 현무암의 크고 작은 구멍에 다른 광물이 채워지면 생성된다.

다. 화성암의 조직

화성암을 분류하는 기준은 SiO_2의 성분비와 산출상태에 따라 나타내는 조직에 의하여 결정된다.

(1) 육안으로 화성암의 종류와 그 이름을 알아내기 위한 방법으로 입상조직, 반상조직, 유

리질조직을 관찰한다.

① 현정질조직 : 심성암은 광물 알갱이들을 육안으로 구별할 수 있을 정도로 광물의 크기가 크다.

② 비현정질조직 : 화산암은 광물 알갱이들을 육안으로 구별할 수 없을 정도로 광물의 크기가 작은 것.

③ 유리질조직 : 현미경으로도 미정이 거의 발견되지 않고 전부 비결정질로 되어있는 것

④ 반상조직 : 현정질, 비현정질 조직에서 상대적으로 유난히 큰 광물 알갱이들이 반점 모양으로 들어 있는 조직. 반점모양의 큰 알갱이를 반정, 바탕을 석기라 한다.

⑤ 입상조직 : 현정질이며 완정질인 광물의 입자로 구성된 화성암의 조직

⑥ 포이킬리틱조직 : 한 개의 큰 광물 중에 다른 종류의 작은 결정들이 다수 불규칙 하게 들어있는 조직

⑦ 취반상조직 : 반상조직을 가진 암석의 반정이 다수 광물의 집합체로 되어있는 조직

⑧ 문상조직 : 2종 또는 그 이상의 광물들로 되어있는 화성암에서 동종의 광물들은 각각 일정한 방향을 가지고 나타나서 고대 상형문자 모양의 배열상태를 보여주는 암석이 가지는 조직

라. 화성암의 산출상태

A - 분출암상   B - 병반
C - 관입암상   D - 암맥
E - 저반(단, 200km^2 이하이면 암주이다)

① 병반 : 만두모양 또는 렌즈상의 관입암체

② 암맥 : 마그마가 다른 암석에 관입하여 굳어지면 판 모양의 화성암체가 만들어진다. 이렇게 기존 암석의 틈을 따라 관입한 판상의 화성암체를 암맥이라 한다.

③ 저반 : 화강암과 같은 심성암체를 형성하고 있으며 가장 규모가 크게 산출되는 화성암체. 지표에 나타난 심성암체의 면적이 200km^2 이상이며, 현수체(루프팬던트 : Roof pendant)와 관련이 깊다.

④ 암주 : 심성암체의 면적이 200km^2 이하이다.

마. 화성광상

마그마(Magma)는 복잡한 화학조성을 가진 용융체이고, 굳어질 때의 화학조성에 따라

암석의 종류가 결정된다. 하나의 규산염(Sio_2)용체로서 50~200km의 깊이에 있는 상부 멘틀이나 또는 5~10km 깊이의 비교적 얕은 지각에서 생성된다. 맨틀에서 생성되는 것은 대체로 실리카가 적으며 지각에서 생성되는 것은 실리카의 함유가 높은 편이다.

마그마의 분화에 따른 고결단계는 시간이 지날수록 정마그마 단계(600℃ 이상), 페그마타이트단계(500~600℃), 기성단계(374~500℃), 열수단계(374℃이하) 순서로 나눌 수 있다.

① 정마그마 광상 : 자철석, 티탄철석, 백금, 크롬철석, 니켈
② pegmatite 광상 : 석영, 장석, 운모, 희소원소
③ 기성 광상 : 석석(Sn), 휘수연석(Mo), 철망간중석, 회중석(W), 형석(F)
④ 열수 광상 : Au, Cu, Pb, Zn, Ag

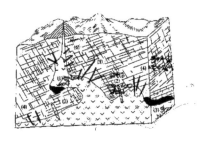

그림 광상의 성인과 종류(정창희, 1986)

출처: 광해방지 공학 내 논문삽화

화성암을 구성하고 있는 광물입자의 크기를 좌우하는 요인은 마그마의 냉각속도이며 화성암의 결정입자가 크게 산출되었다면 원인은 냉각속도가 느리기 때문이다.

암석의 생성은 고온에서 저온으로 갈수록 반려암 - 섬록암 - 화강암 순으로 정출된다.

보웬(Bowen)의 계열은 감람석 →휘석 →각섬석 →흑운모 →정장석 →백운모 →석영(Sio_2) 순서이며 이 순서에 따라 마그마의 정출과정 중 가장 높은 온도일 때 정출된 것은 감람석이고 가장 낮은 온도일 때 정출된 것은 석영이다. 그래서 석영이 가장 풍화에 저항력이 강하며, 감람석이 가장 풍화에 약하다. 따라서 화강암이 풍화를 받으면 상대적으로 석영의 양이 많아진다.

화성암의 주요 구성광물 중 유색광물은 감람석, 휘석, 각섬석, 흑운모 등이며, 무색광물은 석영, 백운모, 장석(Ca사장석, Na사장석, K장석(정장석) 공통적으로 SiO_2, Al_2O_3를 갖는다) 등이 있다.

-기출로 연습하기1 2015년 5회-

지하의 마그마가 지표에 분출하거나 지각에 관입하여 굳어진 암석을 화성암이라고 한다. 화성암을 주로 구성하고 있는 조암 광물 중 유색광물과 무색광물의 종류를 각각 2가지씩 쓰시오.

1-3. 퇴적암

가. 퇴적암의 분류

(가) 쇄설성 퇴적암 : 기존 암석이나 광물의 파편들이 모여서 이루어진 암석

(1) 수성쇄설암

- 역암(자갈) : 둥근 자갈들 사이를 모래나 점토가 충진하여 교결된 것으로 자갈 콘크리트와 같은 암석

지름이 2mm이상인 둥근 자갈이 25% 이상 포함, 기질은 모래, 점토

기원에 의한 분류		구성물질	종류
쇄설성퇴적암		자갈 (> 2mm) 모래 (1/16 - 2mm) 미사 (1/256 - 1/16mm) 점토 (< 1/256mm) 화산진, 화산회 (< 4mm) 화산력, 화산탄 (> 4mm)	역암, 각력암(자갈) 사암(모래) 이암 셰일(진흙) 응회암 집괴암
비쇄설성 퇴적암	화학적 퇴적암	$CaCO_3$ SiO_2 nH_2O $CaSO_4$ $2H_2O$ NaCl $NaNO_3$ $CaMg(CO_3)_2$	석회암 쳐어트 석고 암염 칠레초석(NaCl) 돌로마이트
	유기적 퇴적암	식물체 산호, 패각류, 방추충 규질 생물체	석탄 석회암, 돌로마이트 쳐어트, 규조토

- 사암(모래) : 석영사암(기질이 15% 이하, 95% 이상이 석영, 분급 양호), 장석사암
- 셰일(점토) : 지름이 1/16 ㎜이하인 작은 알갱이로 된 퇴적암이고 주성분은 작은 석영 알갱이와 점토(고령토)로 이루어진 암석

(2) 화성쇄설암 (화산분출시 생긴 쇄설물이 퇴적되어 형성된 퇴적암)

- 응회암(화산회), 집괴암

(3) 풍성쇄설암 : 황토(분급이 좋고, 수직절리 발달)

(4) 빙성쇄설암 : 호상점토, 빙성암

-기출로 연습하기 기사 13년 1회-

다음 중에서 쇄설성 퇴적암 3가지를 고르시오.

석회암, 사암, 현무암 , 쳐트 ,천매암 , 응회암 , 규암, 역암, 화강암, 편마암

(나) 화학적 퇴적암

(1)석회암(방해석, 대리석등은 염산에 반응하여 CO_2를 발생 :

$CaCO_3+2HCl \rightarrow CaCl_2+H_2O+CO_2$ 쳐어트(SiO_2), 석고, 경석고, 철광층

※쳐어트(chert) : 수석 또는 각암이라고 불리며 규질의 화학적 침전물로서 치밀하고 굳은 암석, 지층을 이룬 것을 층상 쳐어트라 한다.

(다) 유기적 퇴적암(생물의 유해가 쌓여서 만들어진 퇴적물)

- 석탄, 백악, 규조, 석회암, 쳐어트

┌ 무연탄(석탄의 종류 중 에서 휘발성 함유량이 가장 적다)
│   ┌ 역청탄
└ 유 연 탄 ┼ 갈탄
                            └ 토탄

탄화 순서: 토탄 -→ 갈탄 -→ 역청탄 -→ 무연탄

나. 퇴적암의 특징

① 층리 : 여러 종류의 지층이 쌓여 이루어진 평행구조
② 화석 : 암석의 생성 시대에 살던 생물의 흔적
③ 연흔 : 물결모양의 울퉁불퉁한 자료
④ 건열 : 건조하여 표면에 생기는 다각형의 균열
⑤ 사층리 : 퇴적암에서 퇴적당시의 물의 흐른 방향을 알 수 있는 구조
⑥ 결핵체 : 퇴적층에 구형, 편두상, 불규칙상 들이 자갈처럼 발견되는 것
⑦ 점이층리 : 퇴적물의 퇴적시 아래로는 굵은 알갱이가 쌓이고 위로는 점차 작은 알갱이들이 쌓이는 구조

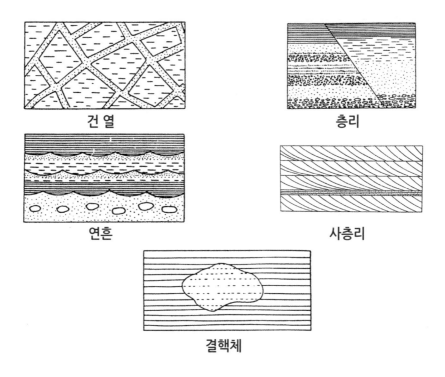

건 열

층리

연흔

사층리

결핵체

다. 퇴적암의 속성작용

① 퇴적물이 쌓인 후 단단한 암석으로 되기까지 여러 단계를 걸쳐 일어나는 작용

② 퇴적물은 오랜시간이 경과함에 따라 물리적, 무기화학적, 생화학적 변화를 받아 퇴적물의 성분과 조직에 변화가 생기면서 퇴적암으로 되는데 이러한 변화를 속성작용이라한다.

③ 다져짐작용, 교결작용, 재결정작용

라. 풍화와 침식

① 암석의 붕괴를 촉진하는 물이 얼게 되면 부피가 9% 증가한다.

② 점토는 공극률(%)이 가장 크다.

③ 근원지에서 멀리 떨어진 하천의 하류에서 형성된 쇄설성 퇴적암이 갖는 특징

　　1. 분급이 양호　2. 퇴적물 입자들의 원마도가 양호　3. 주성분 광물은 석영

④ 지하수가 이동할 때에는 퇴적작용 보다 침식작용이 더 현저하게 일어난다. 그것은 지하수에 이산화탄소(CO_2)가 들어있어 암석을 용해하기 때문이다.

⑤ 화학적 풍화작용은 주로 습윤 온난한 지대에서 잘 일어난다.

⑥ 기계적 풍화작용이 우세한 지역 : 한랭한 극지방, 건조한 사막지방, 고산지대

⑦ 장석이 풍화작용을 받아 흰색 가루의 고령토로 변하고, 이 고령토는 다시 **보오크사이트로 변한 장석이 풍화작용을 받아 고령토로 변하는 화학식**

$$2KAlSiO_8 + 2H_2O + CO_2 \rightarrow AlSiO_5(OH)_4 + K_2CO_3 + 4SiO_2$$

고령토가 보오크사이트 로 변하는 화학식

$$Al_2Si_2O_5(OH)_4 + 5H_2O \rightarrow Al_2O_3 \cdot 3H_2O + 2H_4SiO_4$$

⑧ 퇴적암이 적색 또는 황색을 나타내는 경우는 주로 산화제이철 때문이다.

⑨ 저탁암이 생성되기에 가장 적합한 지질적 환경은 심해저

  *저탁암 : 저탁류에 의해 운반된 퇴적물이 고화된 암석. 점이 층리를 보이며 기저부의 사암 저면에는 수류에 의해 저흔(底痕)을 수반한다. 대륙사면의 바닥에 근접해 있는 퇴적된 심해선상지에 쌓여 형성된다.

1-4. 변성암

변성암

고열, 고압에 의하여 암석의 광물 조성이나 구조에 아래와 같은 변화가 발생하여 생성

① 재결정작용 구성광물 알갱이의 형태를 변화시켜 새로운 광물이 만들어지는 작용

② 압쇄작용 암석의 구성 광물들이 파쇄되는 작용

③ 교대작용 새로운 물질이 첨가

④ 재배열작용 위와 같은 변성작용의 가장 중요한 2가지 요인은 온도와 압력이다.

접촉(열) 변성암	광역(압력) 변성암
혼펠스, 대리암, 규암	점판암, 천매암, 편암, 편마암

가. 접촉변성암 : 열의 작용만으로 일어나는 열변성작용

① 호온펠스 : 셰일이 발달된 지역에 마그마가 관입하였을 때 접촉부를 따라 형성되는 변성암 셰일이 접촉 변성작용에 의해 생성된 암석

② 스카른 : 석회암이나 염기성 화성암에 화강암이 관입하면 접촉대에서 교대작용이 일어나 석류석, 녹렴석, 양기석, 투휘석, 규회석과 같은 Ca 성분을 많이 함유한다.

③ 접촉변성작용으로 생성된 암석은 대체로 치밀, 견고하고, 단단한 조직을 가지며, 편리의 발달이 거의 없다.

나. 광역변성암(동력변성암: 구성광물들이 일정한 방향으로 배열) - 편리를 갖는다.

* 셰일이 넓은 지역(광역)에 변성작용을 받아 생성되며 특정 축에 평행한 방향으로 갈라지는 경향을 가지고 있으며 이방성(방향성)을 가진다.

(1)암석의 순서
셰일(shale)-> 점판암(슬레이트)-> 천매암(phylite)-> 편암(schist) -> 편마암(gneiss)
① 슬레이트(점판암)
② 천매암 - 구성 광물입자가 육안으로 식별이 곤란한 암석
③ 편암 - 편리가 발달되며, 편리 방향으로 운모, 녹니석 등이 배열되어 있는 암석 육안으로 결정이 구별되나 편마암보다는 작은 결정질로 되어있다.
④ 편마암 - 유색광물과 무색광물이 서로 교대로 나타나는 편마구조를 갖는다.

-기출로 연습하기 1 2010년 5회-
접촉변성암, 광역변성암 2개씩 적기

-기출로 연습하기 기사 11년 4회-
이방성 구조를 나타내는 암석을 쓰시오.
천매암, 편암, 점판암

-기출로 연습하기 산업기사 10년 1회 기사 14년 4회-
다음 중에서 광역변성암 3가지를 고르시오
천매암, 편암, 편마암, 점판암, 각력암, 섬록암 현무암, 응회암, 사암

-기출로 연습하기 기사 15년 1회-
발파결과에 영향을 미치는 편리, 벽개, 엽리에 의한 이방성구조를 갖는 암석을 선택하여 모두 쓰시오. (화강암, 현무암, 편암, 천매암, 혼펠스, 점판암, 안산암, 응회암, 섬록암)

다. 파쇄암
파쇄작용을 받아 형성된 변성암 - 안구상 편마암, 압쇄암

라. 원암과 변성암의 관계
① 사암 → 규암(사암이 변하여 재결정된 암석으로 깨짐면이 평탄한 암석)
② 화강암 → 편마암

③ 세일 → 점판암(슬레이트) > 천매암 > 편암 > 편마암

④ 응회암 → 천매암

⑤ 석회암, 돌로마이트 → 대리암(석회암이나 고회암이 압력과 열의 작용으로 방해석의 결정 집합체로 변성됨)

마. 변성암의 구조

① 선구조 - 변성암에서 바늘 모양의 광물이나 주상의 광물이 한 방향으로 평행하게 배열되어 나타나는 구조

② 벽개구조(쪼개짐) - 점판암, 슬레이트

③ 엽리(천매암)

④ 편리(편암) - 변성암에서 구성 광물들이 세립이고 균질하게 배열되어 있는 엽리

⑤ 편마구조(편마암) - 변성암에서 유색광물과 무색광물이 서로 교대로 나타나는 줄 무늬

⑥ 반상 변정질 조직 - 변성암이 가지는 조직

⑦ 편마암은 구조에 따라 안구편마암, 호상편마암, 압쇄편마암등으로 나눌 수 있다.

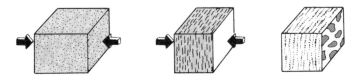

그림 편리와 편마구조가 생기는 원리

바. 변성암과 광물

① Al_2SiO_5의 동질이상의 관계를 갖는 변성광물의 화학적 평형 관계에서 A-B-C 의 광물은 A-남정석, B-홍주석, C-규선석이다. (남,홍,규)

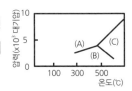

② 변성광물 - 석류석, 녹니석, 백운모, 십자석, 전기석 + A, B, C

③ 편마암에는 장석이 가장 많이 포함되어 있다.

④ 사문암 : 듀나이트나 감람암 같은 초염기성 암석이 열수의 작용을 받아 생성된 변성암으로서 암록색, 암적색, 녹황색 등을 띠며 지방광택을 보여준다.

MEMO

Chapter II 암석역학 기초

2-1. 단위(Unit)

절대단위 : 절대단위에는 MKS 단위와 CGS 단위가 있다. 길이, 질량, 시간의 단위를 나타내는데 CGS 단위(centimeter, gram, second)와 MKS 단위(meter, kilogram, second)

중력단위 : 길이와 시간의 단위로는 m와 s를 사용하고, 힘의 단위로서는 1 kg
(1 kg 질량에 작용하는 중력 즉, 질량 1 kg의 물체의 무게)을 사용한다. 힘을 표시하는 단위를 절대단위에서는 N(Newton)을 사용하는데, 중력단위인 kgf와의 관계는 다음과 같다.
1 kgf = 9.8 N

2-2. 강도(=응력)

물체가 견딜 수 있는 힘의 양을 그 힘(압력)을 받고 있는 면적의 크기로 나눈 값으로 응력(stress)이라 하며, 크기와 방향이 있는 값으로 같은 차원을 갖는 스칼라양인 압력(pressure)과 구분하여 사용

$$S_C = \frac{P_C}{A}$$

$$\text{시료에 가해진 힘} = 50tf$$
$$= 50 \times 1000 kgf$$
$$= 50000 kg \times 9.8 m/s_2$$
$$= 490000 kg \cdot m/s_2 = 490000 N$$

$$\text{가해진 힘을 받는 면적} = \pi \times (0.054m/2)^2$$
$$= 2.2 \times 10^{-3} m^2$$

$$\text{시료의 강도} = 490000 N/2.2 \times 10^{-3} m^2$$
$$= 2.2 \times 10^8 N/m^2$$
$$= 220 \times 10^6 pa$$
$$= 220 MPa$$

-기출로 연습하기 산업기사 18년 4회-

다음의 정의를 쓰시오   1)응력   2)강도

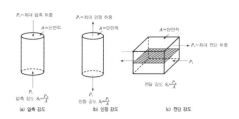

그림 여러 가지 강도

출처: 고등학교 화약발파 교과서

2-3. 밀도(density)와 공극률(porosity)

밀도(density)는 단위 체적당 질량의 비로 정의되며 자연 상태의 암석은 광물 입자와 빈공간(공극)으로 이루어져 있다. 겉보기밀도(ρ)는 암석의 전체 질량(M)을 전체 부피(V)로 나눈 값이다.

$$\text{겉보기밀도}(\rho) = \frac{M}{V}$$

암석 내부 공극의 부피가 암석 시료 전체 부피 중에서 차지하는 비율의 백분율로 나타내는 값으로, 일반적으로 퇴적암보다 화성암이 상대적으로 작은 크기의 공극률을 가진다.

$$\text{공극률} = \frac{V_v}{V} \times 100(\%)$$

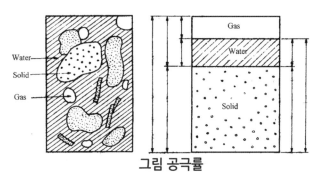

그림 공극률

출처: 고등학교 화약발파 교과서

-기출로 연습하기1 2013년 5회-

공극률이 37%인 모래가 물로 완전히 포화되어 있다. 모래의 포화단위중량(t/m^3)을 구하시오.(단, 모래의 비중은 2.65 이다.)

-기출로 연습하기 산업기사 15년 1회-

어떤 암석 시험편의 부피가 200, 건조질량은 500g, 포화질량은 508g인 경우 공극률과 입자 밀도를 구하시오. (단, 물의 밀도는 1g/cm³로 한다.)

-기출로 연습하기 기사 13년 1회 기사 19년 1회-

어떤 셰일이 녹니석 30%, 황철석70%로 구성되어 있으며 공극률은 36%이다. 이 셰일의 겉 보기 밀도를 구하시오. (단, 녹니석의 입자 밀도는 2.8g/cm³이고 황철석의 입자 밀도는 5.05g/cm³이다.)

2-4. 변형률

변위값을 시료의 원래 길이로 나눈 비율을 주로 사용하며, 이를 변형률(strain)이라 한다.

$$\varepsilon_a = \frac{\Delta d}{l} , \ \varepsilon_l = \frac{\Delta d}{d}$$

포아송비는 다음과 같이 구하며 포아송수의 역수 이다.

$$v(포아송비) = -\frac{\varepsilon_l}{\varepsilon_a}$$

응력을 장기간 일정하게 유지하였을 때 시간의 경과에 따라 변형률이 증가하는 현상을 Creep이라고 한다.

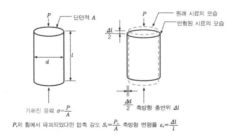

그림 변형률

출처: 고등학교 화약발파 교과서

-기출로 연습하기 1 2017년 1회-

일전한 압력하에서 응력이 일정할 때 시간이 경과함에 따라 변형률이 증가하는 현상을 무엇이라 하는지 쓰시오.

2-5. 탄성계수(Young's modulus)

암석 시료를 원주형으로 성형하여 축방향 하중을 점차 증가시키면 축방향으로 변형이 발생한다. 이 때, 축방향으로 가해지는 응력(σ)과 그에 따른 축방향 변형률(ε) 사이에는 훅의 법칙 (Hooke's law)에 의해 다음의 식과 같은 관계가 성립한다.

$$E(탄성계수) = \frac{\sigma(응력)}{\varepsilon(변형률)}$$

-기출로 연습하기 1 24년 4회, 16년 1회-

직경이 5cm, 길이가 8cm인 원주형 암석 시험편에 인장하중 50kg이 작용했을 때 길이 방향으로 0.001cm 늘어났다. 이 시험편의 영률(kg/cm^2)을 구하시오.

-기출로 연습하기 2 2016년 5회-

탄성한계 내에서 재료의 응력은 변형률에 비례하는 특성을 보인다. 이 관계를 수학적으로 표현할 때 비례상수를 무엇이라고 하는가?

-기출로연습하기 3 20년 5회-

영률이 $8 \times 10^4 \, MPa$ 인 암석에 180Mpa의 수직응력이 작용이 암석의 수직 변형률은?

2-6. 암석시험법

가. 점하중시험법(point load strength test)

일축압축강도나 인장강도를 추정하는데 이용하는 방법으로 휴대가 용이하며 현장이나 실험장에서 사용이 가능하다.

$$I_S = (점화중강도) = \frac{P(파괴하중)}{De^2(등가코아직경)} \quad De(환산직경) = \sqrt{\frac{4WD}{\pi}} \quad W : 직경, \ D : 두께$$

$$I_{S(50)} = F \times I_S$$

$$F = (\frac{De}{50})^{0.45}$$

$$\sigma_c = 24 \times I_{S(50)} \qquad \sigma t = 0.8 \times I_{S(50)}$$

-기출로 연습하기 기사 12년 1회-

직경 40mm, 두께 30mm인 코어 시험편에 대해 축방향 점하중 강도시험을 실시한 경과 15kN에 파괴가 발생하였다. 이 시험편의 인장강도를 추정하면 얼마인가?

-기출로 연습하기 기사 10년 1회 18년 4회-

점하중 강도 시험시 NX코어(54mm)를 이용하여 시험하였다. 압축하중이 8KN일 때 일축 압축강도는 얼마인가?

-기출로 연습하기 기사 19년 1회-

직경42mm 두께 30mm 인 코어 시험편에 대해 축 방향 점하중 강도 시험을 실시한 결과 10KN 에서 파괴가 발생하였다. 이때 크기보정 점하중강도 일축압축강도 및 인장강도를 구하시오

-기출로 연습하기 기사 18년 1회-

직경 40mm, 높이 30mm 시료 축 방향 점하중 강도 시험을 실시하였을 때, 12KN에서 파괴가 발생하였다. 이때 직경50mm 기준 인장강도를 구하시오

나. 일축압축시험법

일축압축시험에서는 시료의 한 방향에만 응력을 주어서 변형 및 강도 특성을 구하며 ISRM (국제암반 역학회)에서 일축압축시험을 실시하는 경우 아래의 조건을 만족해야 한다.

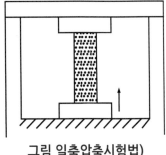

그림 일축압축시험법)

⑥ 자연 상태와 함수비

⑦ capping 재료 사용금지 (암석과 시험기 사이에 무언가 끼우지 말 것)

(1) 시험조건

① 암석 내 가장 큰 입자보다 시험편의 크기가 10배이상 되어야 한다.

② 2.0 ~ 3.0 (L/D) 직경 D에 대한 높이

③ 0.5 ~ 1.0 (MPa) 재하속도

④ NX코아 (54mm)이상의 원추형 시험편 사용

⑤ 편평도 = 0.002mm이내, 수질로 0.001radian

-기출로 연습하기 산업기사 11년 1회 기사 16년 4회-

국제암반역학회(ISRM)에서 일축압축시험을 실시하는 경우 다음과 같은 시험 절차상의 유의점을 준수하여야 하는데 빈칸을 채워 넣어라

① 시험편의 직경은 암석에 존재하는 가장 큰 입자보다 (   )배 이상 커야 한다.

② 시험편의 직경(D)에 대한 높이(L)의 비(L/D)는 (   ) ~ (   )로 한다.

③ 시험편에 대한 재하속도는 (~   ) Mpa/sec 가 되도록 한다.

(2) 강도에 영향을 미치는 요인

가)형태효과

나)크기효과

다)시험편의 가공도와 상하 가공면의 편평도

라)시험기의 가압판과 시험편의 가압면과의 접촉상태.

마)건조정도

바)재하속도

-기출로 연습하기 기사 13년 1회 산업기사 18년 4회-

일축압축강도 시험시 강도에 영향을 미치는 요인을 4가지 구하시오.

(3) 일축압축시험 강도

$$\sigma_c = \frac{P(\text{파괴하중})}{A(\text{단면적})}$$

-기출로 연습하기 산업기사 18년 4회-

일축압축강도 시험에서 직경 4cm 높이 8cm로 제작하여 압축하중을 가했을 때 일축압축강도가 940kg/cm^2 이었다면, 이 시험편의 종횡비 1:1 일 때 압축강도를 구하시오.

다. 삼축 압축시험(Triaxial compressive test)

삼축 압축시험에서는 원주형의 시료를 이용하여 세 방향(σ_1, σ_2, σ_3)에서 응력을 가하며 횡방향으로 구속압을 가하게 되는데 이 경우 수평의 두 방향의 압력은 같다.

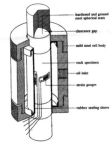

$$T_{max} = \frac{R_1 \times \sigma_{0(2)} - R_2 \times \sigma_{0(1)}}{\sqrt{(\sigma_{0(2)} - \sigma_{0(1)})^2 - (R_2 - R_1)^2}} \qquad \emptyset = \frac{R_2 - R_1}{\sqrt{(\sigma_{0(2)} - \sigma_{0(1)})^2 - (R_2 - R_1)^2}}$$

$$\sigma_{0(1)} = 0.5 \times (\sigma_{1(1)} + \sigma_{3(1)}) \qquad\qquad \sigma_{0(2)} = 0.5 \times (\sigma_{1(2)} + \sigma_{3(2)})$$

$$R_1 = 0.5 \times (\sigma_{0(1)} + \sigma_{3(1)}) \qquad\qquad R_2 = 0.5 \times (\sigma_{0(2)} + \sigma_{3(2)})$$

그림 삼축압축시험

-기출로 연습하기 기사 14년 1회-

암석 시험편에 대해 삼축압축시험을 2회 Ø실시 하였다. 주어진 구속압에 대한 삼축압축강도가 다음과 같고, 파괴포락선을 직선으로 가정한 경우 전단강도와 내부마찰각을 구하시오. (구속압 6MPa, 12MPa일 때 각각 100MPa, 130MPa에서 파괴)

라. 압열 인장시험(Brazilian test)

간접 인장시험으로 직접 인장시험은 시료의 제작이 쉽지 않으므로, 암석의 인장 강도를 구하는데 시료의 제작 및 하중의 재하 방법이 직접 인장시험에 비하여 쉬운 압열 인장시험이 자주 사용된다.

$$\sigma_t = \frac{2P}{\pi dt} \qquad \sigma_c = 3\sigma_t \qquad \text{취성도} = \frac{\text{압축강도}}{\text{인장강도}}$$

P : 파괴시의 하중, d : 시료의 직경, t : 시료의 두께

-기출로 연습하기 기능사 22년 5회-

암석강도 시험결과 인장강도 10MPa, 압축강도 90MPa 나왔다. 이 암석의 취성도(브라질리언 테스트)는 얼마인가?

-기출로 연습하기 산업기사 11년 1회-

어떤 암석에 일축압축시험/압열인장시험을 실시하였다.
-일축압축시험시 : D=5cm, 원추형 시험편, 파괴하중 18ton
-압열인장시험이 : D=4cm, 길이 4mm, 파괴하중 2ton일 때 취성도는 얼마인가?

마. 휨시험

시험편이 휨 하중을 받는 경우 발생한 인장응력이 인장강도에 도달하게 되면 시험편에 인장파괴가 발생하게 되며 휨파괴가 발생할 것으로 예상되는 지점의 파괴 거동을 해석하는데 사용 된다.

	시험편 원형	시험편 사각형
4점 굴곡 시험	$\sigma_t = \dfrac{16Pl}{3\pi D^3}$	$\sigma_t = \dfrac{PL}{bt^2}$
3점 굴곡 시험	$\sigma_t = \dfrac{8Pl}{\pi D^3}$	$\sigma_t = \dfrac{3PL}{2bt^2}$

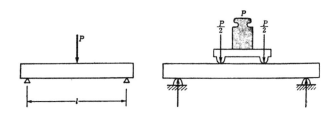

그림 파괴 원리

-기출로 연습하기 산업기사 12년 1회-

직경 50mm인 암석코어로 4점 굴곡방식으로 휨시험시 휨강도는 얼마인가?
(단, 지간거리 40cm이고, 하중은 10,000N임)

-기출로 연습하기 기사 13년 1회-

직경 4cm인 암석코어에 대해 지간거리를 20cm로 하여 3점 굴곡시험 할 때, 파괴 하중이 30kN이면 휨 강도는?

-기출로 연습하기 산업기사 10년 1회-

3점 굴곡시험을 실시하였다. 두께, 폭이 10cm, 길이가 30cm이고, 하중 32KN을 주었을 때 인장강도는 얼마인가?

2-7. 암석파괴이론

가. 파괴의 종류

지연파괴 〈 - 〉피로파괴

① 지연파괴: 일정한 하중을 지속적으로(정피로 하중)

② 파괴하중보다 낮은 하중을 지속적으로 가하여 어느 정도 시간이 경과한 후 파괴가 일어나는 현상

③ 피로파괴 : 반복하중 파괴하중보다 낮은 응력하에서 반복적으로 가하여 파괴하는 현상

④ 취성파괴 〈 - 〉연성파괴

⑤ 취성파괴: 암석에 하중을 가했을 때 변형이 일어나기 전에 파괴되는 것

⑥ 연성파괴: 암석에 하중을 가했을 때 변형이 일어난 후 파괴되는 것

-기출로 연습하기 2006년 5회-

취성파괴와 연성파괴를 설명하시오

-기출로 연습하기 기사 16년 1회-

다음을 응력-변형률 그래프로 그리고 설명하시오

(1) 취성파괴 (2) 연성파괴

나. 모어쿨럼 파괴조건 식

암반의 파괴 기준으로 널리 쓰이는 모어-쿨럼(Mohr-Coulomb) 파괴 조건식은 이 파괴 기준에 따르면, 우변의 값이 암반의 전단 강도를 넘어설 때 암반의 파괴가 발생하게 된다.

$$\tau = c + \sigma tan\phi$$

-기출로 연습하기 기사 13년 4회-

내부마찰각45도, 전단강도(c=20MPa인 경우 모어-쿨롱 파괴이론을 이용하여 일축압축강도를 구하시오.

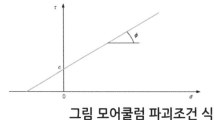

그림 모어쿨럼 파괴조건 식

출처: 고등학교 화약발파 교과서

여기서, τ전단 응력(shear stress), c는 점착력(cohesion), σ는 수직 응력(normal stress), 는 마찰각(friction angle)이며 모어원 파괴이론에서 일축압축강도와 일축인장강도를 이용하여 모아 응력원을 그린 후 이들 응력원을 지나는 파괴포락선을 직선으로 가정하여 교차하는 점을 전단강도라 한다. 정수압인 경우($\sigma_1 = \sigma_2 = \sigma_3$ 파괴 X)에는 파괴가 일어나지 않는다.

-기출로 연습하기 산업기사 11년 1회 기사 12년 4회-

정수압이 가해지는 경우 파괴가 발생하지 않는 이유는?
모어파괴이론(응력포락선)을 이용하여 설명하시오.

2-8. 굴착공학

가. 암반사면 파괴의 종류

① 원호파괴
② 평면파괴   점판암, 질서구조를 가치는
③ 전도파괴   급경사 불연속면
④ 쐐기파괴   교차하는 두 불연속면존재(두 개의 불연속면이 경사면을 비스듬히 가로질러 존재하고 그 교선이 경사면에 드러나 있을 때)

-기출로 연습하기1 2017년 5회-

암반사면에서 두 개의 불연속면이 경사면을 비스듬히 가로질러 존재하고 그 교선이 경사면에 드러나 있을 때 발생하기 쉬운 사면파괴의 양상은 무엇인지 쓰시오.

-기출로 연습하기 산업기사 13년 1회-

전도파괴가 발생하는 조건

-기출로 연습하기 산업기사 14년 1회-

암반사면 파괴종류 4가지를 쓰시오

나. 지반침하, 지표함락, 광해 3가지 발생원인

① 지하광물자원의 채굴 (금속광-Cu, Au, Ag, 석탄광)
② 지하수의 과다 채취 - 지하수레벨 저하
③ 지하터널굴착 =>도심 토사터널

다. 지표침하

① 지표침하-함몰형 침하

② 기하학적 형태에 대한 침하 분류

③ 연속침하 - 예측가능 불연속침하 - 함몰형침하

④ 불연속침하 - 함몰형침하

　㉠ 지표면의 제만 범위 내에서 대규모의 지표면의 변위와 침하곡선 상에는 계단 또는 불연속상이 형성되는 특징이 있다.

　㉡ 침하량이 크고, 예측이 어려움

　㉢ 침하량이 형태는 급경사로 이득 본 원통형 또는 원추형이다.

　㉣ 침하량이 수 미터에서 수 십미터에 달함.

　㉤ 침하의 범위는 작으나 침하향이 크고 인명이나 지표시설에 심각한 타격을 줄 수 있는 침하이다.

⑤ 형태: 크라운 홀형(왕관형), 잔주붕괴형, 굴뚝형, 플러그형, 용식형(싱크홀), 깔대기형

-기출로 연습하기 기사 12년 4회-

지표침하의 원인 중, 골형침하에 대하여 서술하시오

-기출로 연습하기 기사 13년 4회-

지표침하의 원인 중, 함몰형 침하에 대하여 서술 하시오.

라.안전률 및 심도계수

$$F(안전률) = \frac{미끄러짐에\ 저항하는\ 전단강도}{파괴면을\ 따라\ 작용하는\ 전단응력}$$

안식각: 물체가 사면에서 머물 수 있는 최대각

마. 보강법

(1) 록볼트(rock bolt)

　록볼트는 NATM 도입 이전부터 사용되어오던 지보구조로 그 초기 단계에서는 경암 지반을 대상으로한 선단고정형이 이용되었다. 그후 전면 접착형이 개발되어 연암지반에서도 사용되고 있는데 현재에는 광범위한 지반을 대상으로 숏크리트와 함께 널리 채택되고 있다.

록볼트의 지보효과는 암괴의 매달림 또는 빔 형성 효과, 봉합효과, 내압효과, 원지반 아치 형성 효과, 지반개량 효과 등이 있다.

-기출로 연습하기 기사 10년 4회 기사 16년 1회-
록볼트의 효과 4가지를 기술하시오

-기출로 연습하기 기사 17년 4회-
길이 40m 폭 30m 두께 2m 밀도 2.6g/cm³인 주방식 형태의 지하공동에 길이 4m 폭 6m 간격으로 록볼트를 설치할 경우 록볼트 1개가 받는 최종 하중은?. (단, 매달림 효과만 고려한다.)

(2)숏크리트(shotcrete)
숏크리트는 굴착후 몰타르를 분사시켜 암반에 밀착하고, 임의 형상에 시공할 수 있고, 지반의 이완을 방지하는 지보부재로서 중요한 역할을 지니고 있다.
숏크리트의 작용효과는 낙석의 방지, 내압 효과, 응력 집중의 완화, 풍화(약화)방지, 지반 아치 형성 등이 있다.

구분	건식	습식
품질		품질관리 용이
작업의제약	건식 제약적음	
압송거리	길다(장거리O)	짧다(장거리X)
분진	많다	적다
리바운드율(반사되는 양)	많다	적다
청소/보수용이	소형/보수쉬움	대형/호스막힐경우청소곤란

-기출로 연습하기 1 2007년 5회-
숏크리트의 효과 2가지를 쓰시오.

-기출로 연습하기 기사 11년 1회-
숏크리트 습식공법의 장점 4가지를 쓰시오

-기출로 연습하기 기사 14년 1회-
숏크리트의 시공법중 건식공법과 비교한 습식공법의 장점과 단점 2가지씩을 쓰시오

-기출로 연습하기 기사 15년 1회-

터널내 천장에 할 수 있는 보조공법 2가지를 쓰시오

사. 터널 굴착 방법 및 계측

(1) 굴착방법

굴착방법은 크게 2가지 기계식굴착과 발파식 굴착으로 볼 수 있다. 대표적인 기계식 굴착 방법인 T.B.M(Tunnel Boring Machine)은 터널을 기계식으로 굴착하는 장비의 일종이다. 즉 종래의 천공 및 발파를 반복하는 발파방법과는 달리 자동화된 기계로써 터널굴착단면에 상응하는 대형원형보링기계를 사용하여 터널 전단면을 동시에 굴착하고 이를 뒤따라 가면서 숏크리트를 타설함으로써 원지반의 손상을 최소화할 수 있는 비폭파작업인 기계식 굴착 공법이다.

NATM(New Austrain Tunneling Method) 공법에서는 지반이 갖고 있는 지지력을 최대한 활용할 수 있으며 현장 계측에 의한 관리가 가능하여 오늘날 거의 모든 발파식 터널굴착에서 이 NATM공법을 적용하고 있다.

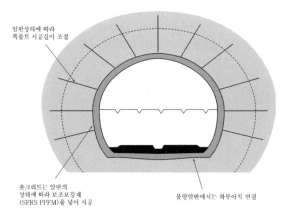

그림 N.A.T.M 터널

(2) 계측 방법 및 목적

① 지반 및 터널의 안정평가와 사전 대책

② 설계의 타당성 확인과 최적설계 변경

③ 주변 구조물의 영향 평가 및 사전
책

일상계측(계측A)	정밀계측(계측B)
갱내관찰조사: 전연장, 각막장	지반시료시험 200~500m마다
내공변위 10~50m마다	지중변위 200~500m마다
천단침하측정 10~50m마다	록볼트축력
록볼트인발	복공응력측정
	지표침하측정
	갱내탄성파측정

-기출로 연습하기 산업기사 15년 1회-

NATM 공법에 있어 정밀계측 항목 중 지보에 관한 계측항목 2개만 쓰시오

-기출로 연습하기 산업기사 15년 4회-

일상계측 항목 중에서 지보와 관련된 계측사항은 무엇인가?

-기출로 연습하기 기사 16년 1회-

터널계측시 암반의 변위에 대하여 알 수 있는 일상계측 항목 2가지를 쓰시오.

2-9. 암반의 분류

(1) 암질 지수 (RQD)에 의한 분류

암질 지수 (RQD, rock quality designation)는 가장 널리 사용되는 암반의 정량적인 평가 지수로서, 시추된 코어의 회수율인 TCR(total core recovery)를 발전시킨 개념이다. 암질 지수는 길이가 10cm 이상인 코어들의 길이의 합을 총 시추 길이에 대한 비율로 나타낸 값이며, 다음의 식과 같이 정의된다.

$$RQD = \frac{10cm \text{ 이상인 코어 길이의 합}}{\text{총시추길이}} \times 100(\%)$$

$$TCR = \frac{\text{회수된 코어 길이의 합}}{\text{총시추길이}} \times 100(\%)$$

RQD 값과 암질의 관계

RQD (%)	암 질
〈 25	매우 불량 (very poor)
25~50	불량 (poor)
50~75	보통 (fair)
75~90	양호 (good)
90~100	매우 양호 (excellent)

-기출로 연습하기 1 14년 5회-

시추 코어에 의한 암반 분류법인 TCR(Total Core Recovery)을 구하는 수식을 쓰시오.

답 : $TCR = \dfrac{\text{회수된 시추코어 전체 길이의 합}}{\text{전체 시추 길이}}$

-기출로 연습하기 2 15년 1회-

지반조사를 위해 시추작업을 실시하였다. 회수된 코어 길이의 합이 8.9m이고, 이중 10cm 이상인 코어 길이의 합이 8.1m 이었다. TCR(total core recovery, %)을 구하시오. (단, 총 시추 길이는 10m이다.)

계산과정 = $RQD = \dfrac{\text{회수된 시추코어 전체 길이의 합}}{\text{전체 시추 길이}} \times 100(\%)$

$= 8.9m/10m*100 = 89\%$

-기출로연습하기 3 20년 5회 21년 5회-

지반조사를 위해 시추작업을 실시하였다. 회수된 코어 길이의 합이 89cm이고, 이 중 10cm 이상인 코어 길이의 합이 66cm이었다. RQD(%)을 구하시오. (단, 총 시추 길이는 1m이다.)

계산과정 :

-기출로 연습하기 기사 17년 4회-

RQD의 정의를 쓰시오.

그림 EXPLOSIVES AND ROCK BLASTING

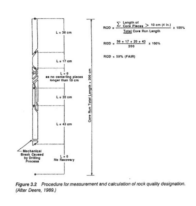

Figure 3.2 Procedure for measurement and calculation of rock quality designation. (After Deere, 1989.)

(2) RMR 분류법

RMR 분류법은 초기에는 터널과 광업용으로 개발되었지만, 이후 다양한 응용을 거쳐 암반을 대상으로 한 거의 모든 분야로 그 적용이 확대되었다. RMR 분류는 다음과 같은 6개의 인자들로 구성되어 있는데, 각 항목은 기존에 제시된 기준표에 따라 배점이 매겨지게 된다. '불연속면의 방향성' 항목을 제외한 5개 항목의 점수를 합한 것을 RMRbasic이라 하며, 여기에 '불연속면의 방향성' 항목을 보정하여 총 RMR 값을 계산하게 된다. 이렇게 해서 구한 RMR 값의 평점에 따른 암반 등급이 표에 나타나 있다.

RMR 점수		RMR 등급	암반 분류
1)무결함의 일축압축 강도	15	81 - 100 (I)	매우 양호 very good rock
2)암질 지수(RQD)	20	61 - 80 (II)	양호 good rock
3)불연속면의 간격	20	41 - 60 (III)	보통 fair rock
4)불연속면의 상태	30		
5)지하수 상태	15	21 - 40 (IV)	불량 poor rock
6)불연속면의 방향성	보정값	0 - 20 (v)	매우 불량 very poor rock

1) 주향이 터널의 축방향과 수직인 경우 경사 방향 굴진		2) 주향이 터널의 축방향과 수직인 경우 경사 역방향 굴진	
경사 45-90	매우 유리 0	경사 45-90	보통 -5
경사 20-45	유리 -2	경사 20-45	불리 -10
3) 주향이 터널축과 평행인 경우		4) 주향과 무관	
경사 45-90	매우 불리 -12	0-20 보통 -5	
경사 20-45	보통 -5		

-기출로연습하기 24년 4회, 14년 5회, 21년 5회-

RMR 법은 암반을 종합적으로 분류하는 방법으로 다음 5개의 기초 항목으로 구성되어 있다. 다음 ( )안에 알맞은 분류 항목을 쓰시오. (단, 기초 RMR의 분류 항목에 한한다.)
① 무결암의 일축압축강도   ② (   )   ③ (   )
④ 불연속면 상태   ⑤ (   )

-기출로 연습하기 기사 16년 1회-

RMR과 Q-system의 차이점을 2가지 쓰시오.

(3) Q 분류법(Q-system)

Q 분류법은 북유럽 스칸디나비아 반도의 212개 터널의 사례 연구를 근거로 제안된 정량적인 분류 체계로, 터널의 붕괴 방지를 위한 지보 설계를 용이하게 해 주는 공학적 분류 방법이다. Q 분류는 6개의 서로 다른 인자들로 구성되어 있는데, 이 인자들을 3개의 항으로 나누어 이들의 곱으로 표현한 것이 암반 등급 Q 값이며 다음의 식으로 표현된다.

$$Q\text{-}system = \frac{RQD}{J_n} \times \frac{J_r}{J_a} \times \frac{J_w}{SRF}$$

여기서,   RQD = 암질 지수
         Jn = 절리군의 수
         Jr = 절리의 거칠기 계수
         Ja = 절리의 풍화 · 변질 계수
         Jw = 지하수에 의한 저감 계수
         SRF = 응력 저감 계수(stress reduction factor)

위 식에서 우변의 첫 항인 $\dfrac{RQD}{J_n}$은 암반의 크기 및 형상에 관련된 항이고, 둘째 항인 $\dfrac{J_r}{J_a}$는 암석 블록 간의 전단 강도 특성에 관련된 항이며, 마지막의 $\dfrac{J_w}{SRF}$는 지하수의 압력과 흐름 등의 환경적인 요인과 관련된 항이다.

Q값에 의한 암반 등급 분류

1.0 미만	1.0-4.0	4.0-10.0	10-40	40 이상
very poor	poor	fair	good	very good
매우 불량	불량	보통	양호	매우 양호

-기출로 연습하기 산업기사 2013년 1회-

Q-시스템에서 3항의 의미를 적으시오

-기출로 연습하기1 2013년 5회-

암반의 공학적 분류법 중 Q 분류법의 구성인자를 3가지만 쓰시오

기출로 연습하기 2 2019년 5회 2014년 5회-

다음 주어진 조건에서 Q-System에 의한 Q 값을 구하여라.
암질지수(RQD) : 60%, 절리군의 수(Jn) : 6.0, 절리의 거칠기 계수(Jr) : 1.5
절리의 풍화ㆍ변질 계수(Ja) : 1.0, 응력 저감 계수(SRF) : 2.5,
지하수에 의한 저감 계수(Jw) : 1.0

-기출로연습하기 3 20년 5회-

다음 주어진 조건에서 Q-System에 의한 Q 값 구하는 공식을 완성하여라.

$$Q = \frac{(①)}{Jn} \times \frac{Jr}{Ja} \times \frac{Jw}{SRF}$$

-기출로 연습하기 기사 14년 1회-

Q-system에서 RQD가 60%, 절리군의수 Jn=6.0, 절리면의 거칠기계수 Jr= 2.0, 절리면의 변질정도계수 Ja = 1.0, 응력저감계수 SRF = 2.0, 지하수 보정계수 Jw = 2일 때 다음을 계산하시오
1) Q 값
2) 블록의 대략적인 크기
3) 블록간의 맞물림 정도
4) 활동응력수준

(4) SMR 분류법

$$SMR = R_{basic} + (f_1 \times f_2 \times f_3) + f$$

① (RMR basic)암반의 일반적인 특성

② f_1 절리의 주향과 사면의 주향에 관한 보정치 (절주사주)

③ f_2 절리의 경사 간에 관한 보정치 (절경)

④ f_3 사면의 경사각과 절리의 경사각에 대한 보정치 (사경절경)

⑤ f_4 사면의 채굴방법

-기출로 연습하기 산업기사 10년 1회 산업기사 12년 1회-

SMR에서의 보정 요소 5가지를 적으시오

-기출로 연습하기 기사 12년 1회-

기본 RMR평점이 60이고, F_1=0.7, F_2=0.4, F_3=-50 F_4=8(또는 Smooth blasting시)일 경우 SMR(Slope Mass Rating)분류법에 의한 평점은 얼마인가?

-기출로 연습하기 기사 18년 4회-

다음을 이용하여 SMR을 구하시오.

○ RMRbasic = 60

○ 사면의 주향과 절리의 주향에 따른 보정값 (F1) 0.7

○ 절리의 경사각에 따른 보정값 (F2) 0.4

○ 절리의 경사각과 사면의 경사각에 따른 보정값 (F3) -50

○ 사면 굴착방법에 따른 보정값 (F4) 8

(5) USBM(미광무국) RSR(Rock Structuve Rating) 분류법 3가지요소

RSR 등급점수 = A + B + C

A : 암석의 종류 등 일반지질상황

① 암석의 종류 : 화성암, 변성암, 퇴적암

② 강도 : 극경암, 경암, 연암, 보통암

③ 지질구조 : 습곡, 단층

B : 터널의 굴진 방향과 연관된 절리양산

① 절리간격

② 절리의 방향성(주향, 경사)

③ 굴진방향

C : 지하수의 영향

① 지하수 유입량

-기출로 연습하기 기사 11년 1회 산업기사 15년 4회-

미광무국(USBM)의 Wickham과 Tiedeman(1972)등이 터널공사 사례를 분석하여 터널공사의 철제지보를 설계하기 위하여 개발된 방법인 RSR(Rock Structure System)분류법에 사용되는 3가지 요소(변수)는 무엇인가?

2-10. 흙의 성질과 분류

가. 토양 통일분류법

성분	분류
입경	G : 자갈(gravel) S : 모래(sand) M : 미사(silt) C : 점토(clay) O : 유기질 흙(organic soil)
가소성	W : 입도분포가 양호함(well graded) P : 입도분포가 불량함(poorly graded) M : 소성이 없음(non-plastic) C : 소성이 있음(plastic) H : 소성이 높음(high plasticity) L : 소성이 낮음(low plasticity)

-기출로 연습하기1 2019년 5회-

흙의 통일분류법에서 다음과 같은 경우, 분류 기호를 쓰시오.

주요 구분	흙의 입도분포 상태
깨끗한 자갈	입도분포가 양호한 자갈, 균등계수(Cu)≥4 그리고 1≤곡률계수(Cc)≤3이다.

-기출로연습하기 2 22년 5회-

통일분류법 중 입도가 불량인 모래의 기호는? 입도가 양호한 자갈의 기호는?

Chapter III 지질학

3-1 지질구조

가. 습 곡 : 지층이 횡압력을 받아 물결처럼 굴곡된 단면을 보여주는 구조

습곡구조가 가장 잘 관찰되는 암석은 층리로 된 퇴적암이며, 엽리와 편리가 발달된 변성암에서도 잘 관찰된다.(화성암은 어렵다)

① 배사 : 습곡의 단면에서 구부러진 모양의 정상부

② 향사 : 습곡에서 구부러져 내려간 부분, 가장 낮은 부분.

③ 날개 : 배사와 향사 사이의 기울어진 부분

④ 습곡축 - 양쪽 날개가 만나는 선(배사축, 향사축)

*습곡의 종류

① 정습곡 : 축면 수직, 두 날개는 반대방향 같은 각도로 경사 대칭인 습곡

② 경사습곡 : 습곡 축면이 기울고 윙의 기울기가 대칭이 아닌 습곡

③ 급사습곡 : 윙의 경사가 45° 이상

④ 완사습곡 : 윙의 경사가 45° 이하

⑤ 등사습곡 : 습곡축면과 윙(wing)이 같은 방향으로 거의 평행하게 기울어진 습곡

⑥ 횡와습곡 : 습곡의 축면이 거의 수평으로 기울어져 있는 습곡

⑦ 셰브론습곡 : 소규모의 습곡이 W자형으로 예리하게 꺾인 습곡

⑧ 복배사, 복향사 : 대규모의 습곡에 작은 습곡을 동반하는 습곡으로, 배사가 다수의 습곡으로 이루어진 습곡을 복배사, 향사가 다수의 습곡으로 이루어진 습곡을 복향사라 한다.

⑨ 드랙습곡 : 횡압력을 받은 단단한 지층사이에 약한 지층에 끼어 있으면 약한 지층에만 소규모 습곡이 생긴다. 강성지층과 연성지층이 교호하는 곳에서 횡압력을 받을 때 생성된다.

⑩ 배심습곡, 향심습곡 : 한 지점을 정점으로 해서 부풀어 오르거나 내려앉은 습곡으로 습곡축이나 습곡축면이 없으며, 평탄한 지표면에서 지층들이 둥근 모양으로 나타나는 습곡

나. 단 층

단층의 발견이 쉽고 잘 일어나는 암층은 퇴적암이다.

상반 : 단층면의 윗부분

하반 : 단층면의 아랫부분

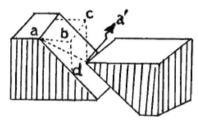

a - a` : 실이동

b - d : 낙차

b - c : 수평이동

a - d : 경사이동

그림 단층의 이동량

* 단층의 종류

① 정단층 : 경사된 단층면에서 상반이 하반에 대해 아래로 내려간 단층으로 인장력에 의해 생성

② 역단층 : 경사된 단층면에서 상반이 하반에 대해 위로 올라간 단층으로 압축력(횡압력)에 의해 생성

③ 주향이동단층 : 단층 좌우 지괴가 단층면의 주향 방향으로 이동한 것.

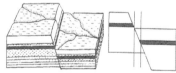  

그림 정단층　　　　**그림 주향이동단층**　　　　**그림 힌지**

④ 주향단층 : 단층면의 주향이 지층의 주향과 같은 단층(0°)

⑤ 경사단층 : 단층면의 주향이 지층의 주향과 직교하는 단층(90°)

⑥ 사교단층 : 단층면의 주향이 지층의 주향과 사교하는 단층(45°)

⑦ 힌지단층 : 한 지점을 중심으로 지괴의 움직임이 한쪽만 있고 다른 한쪽은 움직이지 않은 단층

⑧ 회전단층 : 한 지점을 중심으로 양 지괴가 반대로 회전한 것

⑨ 지루와 지구 : 각 지괴의 상승과 하강의 기복, 상승부를 지루, 하강부를 지구라 한다.

⑩ 오버 드러스트 : 단층면이 수평에 가까운 역단층, 강력한 횡압력으로 형성, 알프스와 같은 습곡산맥에서 많이 발견, 습곡-횡와습곡-역단층의 단계로 형성된다.

⑪ 계단단층 : 여러개의 평행한 정단층

다. 절 리(불연속면, joint) : 암석이 압력이나 장력을 받아서 생기는 것으로 암석에서 관찰되는 쪼
개진 틈

* 형태에 의한 절리의 분류 3가지
① 주상절리(현무암) : 주로 현무암에서 발견되며 용암이 분출하여 냉각 수축되면서 형성
되는 기둥 모양의 다각형(6각의 쪼개짐 현상)의 절리
② 판상절리(심성암) : 지표면이 침식에 의해 삭박되면 하부암석은 점차 위에서 누르는 압
력이 제거되어 장력효과를 일으킨다, 이때 생기는 절리를 판상절리라 한다.
③ 불규칙절리(석회암, 규암)

* 힘에 의한 절리의 분류 3가지 : 전단절리, 장력절리, 신장절리

* 절리의 특징 : 지표수가 지하로 흘러들어가는 통로가 된다.
풍화 , 침식작용을 촉진시키는 원인이 된다.
채석장에서 암석 절리를 이용하여 효율적인 작업을 할 수 있다.

* 절리(불연속면)의 특징을 정량적으로 표현
① 방향성(orientation), ② 길이(length), ③ 간격(spacion), ④ 연속성(persistence)
⑤ 거칠기(roughness), ⑥ 간극(aperture), ⑦ 충전물(filling)
⑧ 절리군의 수(unmber of joint set)

-기출로 연습하기 기사 11년 4회 16년 4회-
불연속면 조사 시 고려사항 4개만 쓰시오.

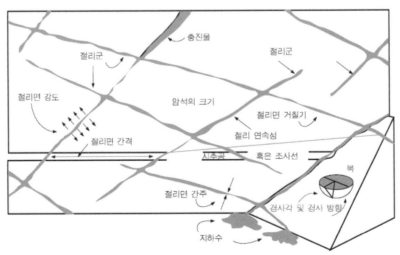

그림 불연속면의 특성
출처: 고등학교 화약발파 교과서

라. 부정합의 종류

① 난정합 : 기반암이 화강암이며 그 위에 퇴적층이 쌓이며, 부정합면 아래 결정질 암석 (심성암, 변성암)이 존재한다.

② 경사부정합 : 부정합면 아래 심한 습곡 및 단층작용을 받은 지층이 존재한다.

③ 평행 부정합(비정합) : 신지층 퇴적 전에 조륙 운동과 침식작용, 부정합면이 뚜렷하고 상, 하층이 평행

④ 준정합 - 부정합면이 발견되지 않고, 큰 결층이 있다.

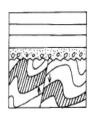

그림 경사부정합

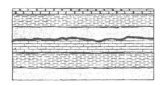

그림 평행 부정합

마. 주향, 경사 표시법

① 주향(strike) : 경사된 지층면과 수평면과의 교차선 방향, 퇴적면과 수평면과의 교선이 남북 선(線)과 이루는 각도를 기준으로 주향은 항상 진북을 기준으로 측정한다(기구에서는 자북으로 측정됨)

② 경사(dip) : 성층면과 수평면이 이루는 각 중 90°보다 작은 각.

③ 경사방향(dip direction) : 경사의 방향

측정기구 클리노미터, 브란톤컴퍼스 클리노 컴퍼스

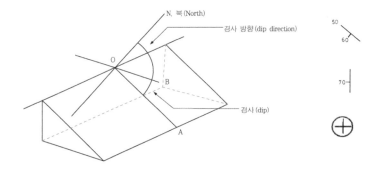

그림 주향 경사

출처: 고등학교 화약발파 교과서

-기출로 연습하기 기사 10년 1회 -

주향이 N45E, 경사가 40NW 일 때 경사방향과 경사를 표시하시오

-기출로 연습하기 기사 12년 1회-

050/45를 주향과 경사로 표현하시오

-기출로 연습하기 기사 13년 1회-

사면을 N40E/50NW로 표시할 때 평사투영도에 경사방향/경사, 극점을 작도하시오.

-기출로 연습하기 기사 15년 1회-

주향은 동일하나 경사방향이 상이한 다음 불연속면의 방향성을 각각 경사방향/경사로 표시하시오

구분	불연속면 I	불연속면 II
주향/경사	N30° E/60° SE	N30° E/60° NW
경사방향/경사		

바. 지형 단면도

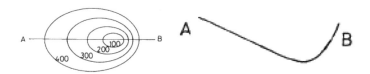

3-2 지질 구조 및 한국의 지질구조

가. 지질시대의 구분

(1)지질시대 구분 기준

시 대	지 층
Eon (누대)	eonthem (누대층)
Era (대)	Erathem (대층)
Period (기)	System (계)
Epoch (세)	Series (통)
Age (절)	Stage (조)
Zone time (대시)	Zone (대)

(2)지질시대 구분

현생누대	신생대	제4기
		제3기
	중생대	백악기
		쥐라기
		트라이아스기
	고생대	페름기
		석탄기
		데본기
		실루리아기
		오르도비스기
		캄브리아기
은생누대	선캄브리아대	원생대
		시생대

나. 한국의 지질

신생대	제4기	연일층군	제4계	현무암, 충적층, 홍적층 인류	
	제3기	양북층군	제3계	불국사, 화강암, 화폐석(석유)	
중생대	백악기	경상누층군	경상계	낙동통 ,신라통, 불국사통	불국사 화강암, 파충류, 속씨식물
	쥐라기	대동누층군	대동계	유경통	대보 화강암 공룡, 겉씨식물, 양치식물
	트라이아스기	대동누층군	대동계	선연통	포유류, 악어, 암모나이트
고생대	페름기	평안누층	평안계	녹암통 , 고방산통 , 사동통	사암, 셰일(석탄, 무연탄, 흑연), 파충류, 양서류
	석탄기	평안누층군	평안계	홍점통	사암, 셰일, 곤충, 양서류, 파충류
	데본기	대결층	고사리식물, 완족동물, 산호		
	실루리아기	회동리층	관다발조직육상생물, 갑주어	대석회암통	석회암, 사암, 셰일, 무척추동물, 필석
	오르도비스기	조선누층군	조선계		
	캄브리아기	조선누층군	조선계	양덕통	석회암, 사암, 셰일, 삼엽충, 최초척추동물
원생대			상원계		석회암, 규암, 셰일
시생대		결정편암계	화강편마암계		화강편마암류
			변성암류		

○ 대보조산운동 : 쥐라기 말기에 한반도의 지질시대 중 가장 강력한 조산운동과 큰 규모의 화성활성
○ 우리나라에서 가장 맹위를 떨친 지각 변동은 대동계 퇴적한 후
○ 우리나라에서 화산 활동이 가장 활발하게 일어났던 시기는 신생대 제4기
○ 한반도에 일어난 지각운동 중 불국사 운동은 백악기말기
○ 우리나라 대보 화강암과 관련이 가장 깊은 지질시대는 중생대
○ 절대연령 측정에 의한 우리나라에서 가장 오래된 암석은 선캄브리아대의 편마암류로 우리나라 전면적의 약 50%를 차지한다. 또한 화강암, 화강편마암이 전 지역의 반 이상을 차지하고 있다.

다. 지각구성 8대원소

산소(O), 규소(Si), 알루미늄(Al), 철(Fe), 칼슘(Ca), 마그네슘(Mg), 나트륨(Na), 칼륨(K)
산 > 규 > 알 > 철 > 칼 > 마 > 나 > 칼

라. 모스 경도계

활(석) 잘 쏘는 석(고) 방(해석) 형(석)이 인(회석) 정(장석) 없는 석영 을 황(옥) 급히 강(옥) 금(강석) 했다.
1 활석 2 석고 3 방해석 4 형석 5 인회석 6 정장석 7 석영 8 황옥 9 강옥 10 금강석

마. 지사학의 5대 법칙

1) 동일과정의 법칙 : 현재 일어나는 일은 과거에도 발생함
   (The present is the key to the past) => 현재는 과거의 열쇠(James Hutton)
2) 지층누중의 법칙 : 하부의 지층은 상부지층보다 오래되었다 (Steno)
3) 동물군천이의 법칙 : 화석의 동물군이 변화 : 하등에서 고등으로
4) 부정합의 법칙 : 부정합이 있으면 시간적인 간격을 나타낸다
5) 관입의 법칙 : 관입한 암석은 관입당한 암석보다 젊다

MEMO

에너지자원 기술자 양성을 위한 시리즈 Ⅱ

한국산업인력공단, NCS 출제기준에 따른

화약 취급 기능사

PART

4

화약류 안전 법규

Chapter I　　　　　화약류 안전법규

Chapter I 화약류 안전 법규

1-1 화약류 안전 법규

법제처의 국가법령정보센터에서 검색해서 볼 수 있음.

총포 도검 화약류 등 안전법규의 제정

① 총포 도검 화약류 등 안전법 : 법률

② 총포 도검 화약류 등 안전법 시행령 : 대통령령

③ 총포 도검 화약류 등 안전법 시행규칙 : 안전행정부령

(1) 총포 도검 화약류 안전법

화약류 안전법은 안전행정부 소관이며 허가관청은 경찰 관청

경찰청장	총포 화약류 제조 수출 수입허가
지방경찰청장	도검 분사기 전기충격기 석궁 제조 수입허가 화약류 제조 및 관리 보안책임자 면허 안정도 시험 보고
경찰서장	화약류 사용, 폐기, 운반 관리 화약류 양도, 양수 허가 간이 저장소 설치 허가 운반신고 (발송지 관할 서장) 관리보안책임자 선임 (사용지 관할 서장)

* 기본용어 정리

  ◉ 공실: 화약류의 제조작업을 하기 위하여 제조소안에 설치된 건축물

  ◉ 위험공실 : 발화 또는 폭발할 위험이 있는 공실

  ◉ 화약류 일시저치장 : 화약류의 제조과정에서 화약류를 일시적으로 저장하는 장소

  ◉ 정체량 : 동일공실에 저장할 수 있는 화약류의 최대수량

  ◉ 정원 : 동시에 동일장소에서 작업할 수 있는 종업원의 최대인원수

(2) 화약류 저장소 별 저장량(시행령 별표 12)

화약류의 종류 \ 저장소의 종류	1급 저장소	2급 저장소	3급 저장소	수중 저장소	간이 저장소
화약	80톤	20톤	50kg	400톤	30kg
폭약	40톤	10톤	25kg	200톤	15kg
공업뇌관및 전기뇌관	4,000만개	1,000만개	1만개		5,000개
신호뇌관	1,000만개		1만개		5,000개
도폭선	2,000km	500km	1,500m		1,000m
총용뇌관	5,000만개		10만개		30,000개
실탄및공포탄	8,000만개	2,000만개	6만개		30,000개
신관및화관	200만개		3만개		10,000개
미진동 파쇄기	400만개	100만개	1만개		300개

위의 저장량은 최대저장량을 뜻한다.

-기출로 연습하기 산업기사 13년 1회-

1급 저장소의 최대 저장량은 얼마인가?

1급 저장소	
화약류의 종류	저장량
공업뇌관 및 전기뇌관	
총용뇌관	
신관 및 화관	
미진동파쇄기	

-기출로 연습하기 산업기사 14년 1회-

다음의 화약류 저장소의 최대 저장량을 빈칸에 채우시오.

구 분	1급 저장소	3급 저장소	간이 저장소
폭약	40톤	25kg	
실탄 및 공포탄	8,000만개		30,000개
미진동파쇄기		1만개	
신호뇌관			
총용뇌관	5,000만개		

(3)화약 취급소(시행령 제17조)

화약류의 관리 및 발파의 준비에 전용되는 건물을 말한다.(전폭약포를 만들거나 취급하는
작업을 해서는 안 된다.) 저장할 수 있는 최대 수량은 1일 사용 예정량 이하
①화약류 사용허가를 받은 사람으로 사용장소 부근에 화약류 취급소를 설치
②광물 채취를 위하여 화약류를 사용하는 사람

*화약취급소 정체량(3,3,6)
*화약 폭약 300kg (ANFO는 400Kg)
*공업용뇌관, 전기뇌관 3000개
*도폭선 6km

(4)폭약 1톤 환산수량(시행령 별표2)

화약 및 화공품의 종류	폭약 1톤으로 환산하는 수량
화약	2톤
실탄 또는 공포탄	200만개
신관 또는 화관	5만개
총용뇌관	250만개
공업용뇌관 또는 전기뇌관	100만개
신호뇌관	25만개
도폭선	50km
미진동파쇄기	5만개
그 밖의 화공품	당해 화공품의 원료가 되는 화약 2톤 또는 폭약 1톤

-기출로 연습하기 산업기사 14년 1회 산업기사 18년 4회 기능사 18년 5회-

다음의 화약 및 화공품의 종류에 대한 폭약1톤으로 환산한 수량을 적으시오.

번호	화약 및 화공품의 종류	폭약1톤으로 환산하는 수량
1	실탄 또는 공포탄	( )
2	총용뇌관	( )
3	공업용뇌관 및 전기뇌관	( )
4	도폭선	( )
5	미진동파쇄기	( )

(5) 운반방법의 기술상의 기준(시행령 제 50조)

화약류를 자동차에 의하여 200km 이상의 거리를 운반하는 때에는 운송인은 도중에 운전자를 교체할 수 있도록 예비 운전자 1명 이상을 태워야 하며, 야간이나 앞을 분간하기 힘든 경우에 주차하고자 하는 때에는 전방과 후방 15m 지점에 적색 등불을 달아야 한다. 또 화약류를 실은 차량이 서로 진행하는 때(앞지르는 경우 제외)에는 100m 이상, 주차하는 때에는 50m이상의 거리를 둔다.

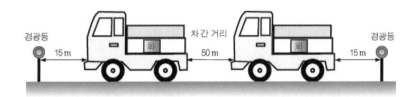

출처: 고등학교 화약발파 교과서

(6)운반신고 및 운반신고필증의 휴대 및 반납

화약류를 운반하고자 하는 사람은 특별한 사정이 없는 한 운반개시 4시간 전까지 발송지를 관할하는 경찰서장에게 신고(화약류운반신고서 제출)하여야 한다.

1. 화약류를 운반하는 사람은 화약류 운반신고필증을 지니고 있어야 한다.
2. 신고필증을 지체없이 반납하여야 하는 경우
  ①그 화약류를 운반하지 아니하게 된 때
  ②운반기간이 경과한 때
  ③운반을 완료할 때
3. 신고필증의 반납은(발송지를 관할하는 경찰서장)에게 하되, 운반을 완료한 때에는 도착지를 관할하는 경찰서장에게 반납하고 반납받은 경찰서장은 신고필증을 교부한 경찰서장에게 이를 통지하여야 한다.

제　　　　　　호	화약류 운반 신고 필증		
① 양수허가 번호		② 양 수 허 가 　　연 월 일	
신고인 (발송인) ③ 성 명		④ 생 년 월 일	
⑤ 주 소			(전화:　　　　　)
⑥ 화약류의 종류 　　및 수량			

(7)운반신고 없이 운송할 수 있는 화약류(시행령 별표 13)

총용뇌관 10만개

포경용 뇌관, 화관 3만개

실탄 10만개

공포탄 5만개

도폭선 1500m

폭발천공기 600개

미진동파쇄기 5천개

장난감용 꽃불류 500kg

기타의 꽃불류 150kg

상기 이외의 화공품 25kg

기출로 연습하기 산업기사 10년 1회

운반신고를 하지 않고 화약류를 운반할 경우 미진동 파쇄기 2500개, 총용뇌관 2만개를 운반한다면 동일 차량에 함께 운반할 수 있는 도폭선의 운반수량은 얼마인가?

기출로 연습하기 기사 14년 4회

다음 화약류를 운반할 때, 운반신고를 하지 아니하고 운반가능한 최대수량을 기입하시오.

총용뇌관( ) 폭발천공기( ) 미진동파쇄기( ) 도폭선( ) 장난감용 꽃불류( )

기출로 연습하기 산업기사 14년 4회

운반신고를 하지 아니하고 화약류를 운반할 때, 신호용화공품 10kg, 총용뇌관 20,000개를 운반할 경우 도폭선은 얼마까지 운반가능한가?

(8)운반표지(시행령 제51조)

주간에는 가로, 세로 각 35cm 이상의 붉은 색 바탕에 "화"라고 희게 쓴 표지를 차량의 앞뒤와 양옆의 보기 쉬운 곳에 붙일 것 야간에는 반사체 표지로 붙이고 150m 이상의 거리에서 확인할 수 있는 광도의 붉은 색 등을 차량의 앞뒤의 보기 쉬운 곳에 달 것

(9) 운반표지 하지 않고 운송할 수 있는 양(1,1,1,1,1)

화약 10kg 이하(폭약 5kg 이하)

공업용뇌관 전기뇌관 100개 이하

총용뇌관 1만개 이하

실탄, 공포탄, 미진동파쇄기 1000개 이하

도폭선 100m 이하

-기출로 연습하기 기사 12년 4회-

운반표지를 하지 않고 운반할 수 있는 화약량을 기술 하시오.

화약류 구분		수량
화공품	총용뇌관	10만개
	포경용뇌관, 포경용화관	3만개
	실탄 1개 장약량 0.5그램 이하	
	공포탄 1개 장약량 0.5그램 이하	
	도폭선	
	폭발천공기	600개
	미진동파쇄기	

-기출로 연습하기 기사 15년 1회-

화약류를 운반하고자 할 때 운반표지를 하지 아니하고 운반할 수 있는 다음 화약류의 최대 수량을 쓰시오

폭약(   ), 전기뇌관(   ),   총용뇌관(   ),   미진동파쇄기(   )

(10) 보안거리 및 안전거리(시행령 제30조)(기사 및 기능사 기출)

산술 공식 $D = K \times \sqrt[3]{W}$

D : 거리(m) K : 계수 W : 화약량(kg)

	계수	흙둑	보안물건
1종	K=16		국보, 시가지 주택, 학교, 병원, 교회, 사찰, 경기장 등
2종	K=14	K=10	촌락의 주택, 공원 (촌,주,공)
3종	K=8	K=5	1종 2종에 속하지 않는 주택, 철도, 궤도, 석유저장 시설, 선박의 궤도, 발전소, 변전소 등
4종	K=5	K=4	국도, 지방도, 고압전선, 화기 취급소 화약류 취급소 등 (국, 지, 고, 화, 화)

보안물건은 화약류의 취급상의 위해로부터 보호가 요구되는 장비·시설등을 말하며 화약류저장소의 부속시설에 대한 보안거리는 제3종 보안물건에 해당하는 거리의 2분의 1로 한다. 다만, 경비실의 경우에는 8분의 1로 한다.

*안전거리

발파시 발생하는 비석에 의한 발파 작업자, 장비 차량 등이 피해가 발생하지 않도록 하기 위한 발파지점과 발파작업자 및 차량, 장비 사이의 최소한의 거리

-기출로 연습하기1 24년 4회, 22년 5회, 15년 1회-
총포·도검·화약류 등 단속법에 규정된 제1종 보안물건의 종류를 3가지만 쓰시오.
답 : 국보로 지정된 건조물, 시가지의 주택, 학교, 보육기관, 병원, 사찰, 교회 및 경기장

-기출로 연습하기2 16년 1회-
화약류 저장소에서 보안물건까지의 거리가 200m이다. 이 저장소에 저장할 수 있는 화약류의 최대저장량(kg)을 구하시오. (단, 보안물건과의 거리가 100m일 때 최대 저장량은 200kg이다.)

-기출로 연습하기 3 24년 4회, 산업기사 11년 1회-
3종, 4종 보안물건 2가지씩 기술 하시오.

(11)화약류관리보안책임자의 결격사유
① 미성년자
② 색맹이거나 색약인 사람, 앞을 보지 못하는 사람, 듣지 못하는 사람, 그 밖의 팔, 다리의 활동이 뚜렷이 온전하지 못하는 사람.
③ 면허가 취소된 날로부터 1년이 지나지 않은 사람.
④ 심신상실자, 마약, 대마, 향정신성 의약품 또는 알코올중독자 그 밖의 이에 준하는 정신장애자
※ 면허는 5년마다 갱신해야 한다.

(12)화약류관리보안책임자의 선임기준(시행령 별표 16)
① 1급 화약류 관리 면허는 화약류관리기술사·화약류관리기사 자격취득자
  1급 제조 면허는 화약류제조기사 자격취득자

② 2급 화약류 관리 면허는 화약류관리산업기사 자격취득자

　 2급 제조 면허는 화약류제조산업기사 자격취득자

③ 3급 화약류 관리 면허는 화약취급기능사 자격취급자

　 3급 제조 면허는 화약류제조기능사 자격취득자

구분	저장또는사용합계량	관리보안책임자의 자격
화약류저장소(꽃불류저장소·장난감용꽃불류저장소 및 도화선 저장소를 제외)의 설치자	1년 동안 40ton 이상의 폭약	1급화약류관리보안책임자 면허취득자
	1년 동안 40ton 미만의 폭약	2급 또는 1급화약류관리보안책임자 면허취득자
꽃불류저장소·장난감용 꽃불류저장소 또는 도화선 저장소의 설치자		2급 또는 1급화약류관리보안책임자 면허취득자
사용자	1개월 동안 2톤이상의 화약 또는 폭약	1급화약류관리보안책임자 면허취득자
	1개월 동안 50킬로그램이상 2톤미만의 화약 또는 폭약	2급 또는 1급화약류관리보안책임자 면허취득자
	1개월 동안 50킬로그램미만이나 6월이상 장기 사용시	3급·2급 또는 1급화약류관리보안책임자 면허취득자

비고 : 사용자는 화약류사용장소마다 관리보안책임자를 선임하여야 한다. 다만, 화약류사용장소가 2개소 이상인 경우에 있어 그 화약류사용장소의 상호간의 거리 및 화약류의 사용량으로 보아 1인으로 가능하거나 그 화약류사용장소의 수보다 적은 수의 관리책임자로서 관리할 수 있을 경우에는 예외로 하되, 밤낮을 계속하여 작업하는 사용장소에는 2인이상의 관리보안책임자를 선임하여야 한다.

(13)화약류폐기의 기술상의 기준 (시행령 제 24조)

① 화약 또는 폭약은 조금씩 폭발 또는 연소시킬 것. 다만, 질산염·과염소산염등의 수용성분을 주로 하는 화약 또는 폭약은 안전한 수용액으로 하여 강물 등에 흘려버릴 수 있다.

② 얼어 굳어진 다이나마이트는 완전히 녹여서 연소처리하거나 500그램이하의 적은 양으로 나누어 순차로 폭발처리할 것

③ 화공품(도화선 및 도폭선을 제외한다)은 적은 양으로 포장하여 땅속에 묻고 공업용 뇌
  관 또는 전기뇌관으로 폭발처리할 것

④ 도화선은 연소처리하거나 물에 적셔서 분해처리할 것

⑤ 도폭선은 공업용뇌관 또는 전기뇌관으로 폭발처리할 것

-기출로 연습하기 1 2017년 5회-

다음 화약류 폐기의 기술상의 기준(폐기방법)을 쓰시오.

가. 화공품(도화선 및 도폭선 제외) :

나. 도화선 :

다. 얼어 굳어진 다이나마이트 :

*폭발 또는 연소처리를 할 때

① 그 화약류의 전량이 동시에 폭발하여도 위해가 생기지 아니하도록 폐기장소 주위에 높
  이 2미터이상의 흙둑을 설치할 것

② 폐기장소 주위의 적당한 곳에 붉은색 기를 달고, 감시원을 배치하여 작업에 필요한 사
  람외의 통행을 금지할 것

③ 폭발 또는 연소시키고자 하는 화약류는 남은 양을 안전한 장소에 두고 폐기를 시작하
  되, 앞의 처리가 끝나기 전에는 다음 처리에 착수하지 아니할 것

④ 연소시키고자 하는 때에는 바람이 적은 날을 택하여 바람이 불어오는 쪽을 향하여 점
  화하고, 누구든지 연소중인 화약류에 접근하지 아니하도록 할 것

⑤ 전기뇌관을 사용하여 폭발시키고자 하는 때에는 폭발장소로부터 따로 떨어진 곳에서
  미리 도통시험을 할 것

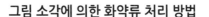

그림 소각에 의한 화약류 처리 방법

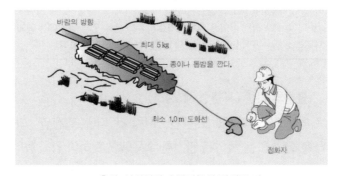

출처: 산업화약과 발파공학 김재극 저

(14)화약류 벌금 및 과태료 행정처분(안전법 제8장 벌칙)

1) 10년 이하 징역 또는 2000만원 벌금

① 판매업을 허가 받지 아니하고 판매하는 경우

2) 5년 이하 징역 1000만원 벌금

② 사용허가 없이 발파 또는 연소한 경우

③ 화기 취급 밑 흡연 금지 위반한 경우

④ 화약류의 양수, 양도 허가없이 주고받은 경우

⑤ 용도 변경 허가 없이 변경하여 화약을 사용한 경우

⑥ 화약관리책임자가 감독업무 게을리 한 경우

3) 3년 이하 징역 700만원 벌금

① 화약류 저장소 위치, 구조 허가 없이 임의 변경

4) 2년 이하 징역 500만원 벌금

① 화약류 운반신고 하지 않거나 거짓으로 신고한 경우

② 화약류 보안책임자의 지시감독에 따르지 않는 경우

5) 300만원 과태료

① 운반 과정에서 운반신고 필증 없을 시

② 안정도 시험결과 기준 미달한 화약류 폐기하지 않은 시

③ 화약류 출납부를 비치하지 않거나 부실 기재한 경우

④ 화약 운반시 화약류 운반 신고필증을 지니지 않았을 경우

(15)화약류 법규위반시 행정처분

제조업자	취소	6개월	3개월	1개월	15일	경고
법에 의한 지시 명령 위반	4회 위반	3회 위반		2회 위반		1회 위반
이유없이 1년 이상 휴업	1회 위반					
안정도 시험 불이행	4회 위반	3회 위반	2회 위반		1회 위반	
안전교육,점검 불이행				2회 위반	1회 위반	

판매업자	취소	6개월	3개월	1개월	15일	경고
법에 의한 지시 명령 위반	4회 위반	3회 위반		2회 위반		1회 위반
양수허가 X 사람에게 양도	3회 위반	2회 위반	1회 위반			
질서를 해할 이유가 있는 경우		3회 위반	2회 위반	1회 위반		
분실, 도난 신고 불이행					1회 위반	
자체 안전점검 불이행				2회 위반	1회 위반	

저장소 설치 사용자	취소	6개월	3개월	1개월	15일	경고
법에 의한 지시 명령 위반	4회 위반	3회 위반		2회 위반		1회 위반
보안거리 미달	감량 또는 이전 명령					

제조,관리 보안 책임자	취소	6개월	3개월	1개월	15일	경고
법에 의한 지시 명령 위반	4회 위반	3회 위반		2회 위반		1회 위반
면허증 대여	1회 위반					
과실로 인명사상한 경우		10회 위반	5회 위반	1회 위반		

화약류 사용자	취소	6개월	3개월	1개월	15	경고
법에 의한 지시 명령 위반	4회 위반	3회 위반		2회 위반		1회 위반
화약류 취급소 미설치 사용				2회 위반	1회 위반	
분실, 도난 신고 불이행					1회 위반	
운반신고 , 적재방법 위반				2회 위반	1회 위반	

MEMO

에너지자원 기술자 양성을 위한 시리즈 II

한국산업인력공단, NCS 출제기준에 따른

화약 취급 기능사

PART

5

화약취급
기능사 1차

Chapter I

기출문제
2016년 ~ 2004년

정답지

화약취급기능사 1차 문제 유
형별 정리

*1차 기출문제 구성

(1) 화약발파 25문제
(2) 암석지질 25문제
(3) 법규 10문제

-1차 필기시험의 빠른 합격을 위해 암석 지질
및 화약 발파를 먼저 공부하면 된다

-2차 기출문제는 대부분 화약 발파 위주로 나
온다.

-3차 발파공학 위주로 나온다.

화약취급기능사 2016년 제1회 필기시험

01 초유폭약(AN-FO)에 대한 설명 중 옳지 않는 것은?

① 질산암모늄과 경유를 혼합하여 제조한다.
② 흡습성이 없어 장기저장이 가능하다.
③ 별도의 전폭약포 없이 뇌관으로 기폭이 가능하다.
④ 석회석의 채석 등 노천채굴에 사용하기가 적합하다.

02 화약의 폭발생성가스가 단열팽창을 할 때에 외부에 대해서 하는 일의 효과를 설명하는 것은?

① 동적효과
② 정적효과
③ 충격 열 효과
④ 파열효과

03 발파원으로 부터 진동 발생을 억제하는 방법으로 틀린 것은?

① 폭약의 선정 시 폭속 이 빠른 폭약을 사용하는 것이 효과적이다.
② 계단식 발파의 경우 암반높이를 줄이고, 발파 당 굴착량을 감소시킨다.
③ 지발뇌관을 사용하여 전체 장약량을 시차를 두고 나누어 발파한다.
④ 터널발파의 경우 한 발파당 굴진장 감소 및 굴착단면을 분할하여 발파한다.

04 공기 속을 통과하는 충격파가 폭약 속을 통과하는 충격파를 방해하여 완전폭발 되지 못하는 현상을 무엇이라 하는가?

① 노이만효과
② 홉킨슨효과
③ 측벽효과
④ 먼로효과

05 암석의 특성에 따라 알맞은 성능을 가진 폭약의 선정방법으로 틀린 것은?

① 굳은 암석에는 정적효과가 큰 폭약을 사용해야 한다.
② 강도가 큰 암석에는 에너지가 큰 폭약을 사용해야 한다.
③ 장공발파에는 비중이 작은 폭약을 사용해야 한다.
④ 고온 막장에는 내열성 폭약을 사용해야 한다.

06 용도에 의한 화약류를 분류할 때 전폭약에 해당하는 것은?

① 무연화약, 흑색화약
② 테트릴, 헥소겐
③ 다이너마이트, ANFO 폭약
④ 풀민산수은(Ⅱ), 아지화납

07 골재생산을 위한 발파현장에서 공경 75mm 발파공을 사용하여 발파를 실시하고 있다. 디커플링 지수(Decoupling Index) 1.5를 적용하였을 때 사용폭약의 약경은 얼마인가?

① 25mm
② 40mm
③ 50mm
④ 75mm

08 전색물의 조건으로 틀린 것은?

① 발파공벽과의 마찰이 커서 발파에 의한 발생가스의 압력을 이겨 낼 수 있어야 한다.
② 틈새를 쉽게, 그리고 빨리 메울 수 있어야 한다.

③ 불에 타지 않아야 한다.

④ 압축률이 작아서 단단하게 다져지지 않아야 한다

09 RQD에 대한 설명으로 틀린 것은?

① RQD는 암질을 나타내는 지수를 뜻한다.

② 암반의 시추조사에서 전 시추 길이에 대한 회수된 10cm 이상의 코어를 합한 길이와의 비를 말한다.

③ 암석의 풍화가 심하고, 절리와 같은 역학적 결함이 많을수록 RQD 값은 커진다.

④ 암석의 강도가 클수록 RQD 값이 커진다.

10 니트로글리콜(Ng)에 대한 설명으로 옳은 것은?

① 감도가 니트로글리세린보다 예민하다.

② 니트로셀룰로오스와 혼합하면 -30℃에서도 동결하지 않는다.

③ 순수한 것은 무색이나 공업용은 담황색으로 유동성이 좋다

④ 뇌관 기폭에 둔감하다.

11 전기뇌관의 결선법 중 직렬식 결선법의 특징으로 옳지 않은 것은?

① 결선작업이 용이하고, 불발 시 조사하기가 쉽다.

② 각 뇌관의 저항이 조금씩 다르더라도 상관 없다.

③ 모선과 각선의 단락이 잘 일어나지 않는다.

④ 한군데라도 불량한 곳이 있으면 전부 불발된다.

12 암석 1m³를 발파할 때 필요로 하는 폭약량을 의미하는 용어는 무엇인가?

① 암석계수(g)   ② 폭약계수(e)

③ 누두지수(n)   ④ 전색계수(d)

13 카알릿(Carlit)폭약에 폭발 시 발생하는 염화수소 가스를 제거하기 위하여 배합해 주는 것은?

① 질산암모늄   ② 질산에스테르

③ 알루미늄   ④ 질산바륨

14 탄광용 폭약제조 시 감열소염제로 주로 사용되는 성분은?

① 염화나트륨   ② 질산바륨

③ 염소산칼륨   ④ 알루미늄가루

15 화약류의 안정도시험에 해당하지 않는 것은?

① 유리산 시험   ② 가열시험

③ 내열시험   ④ 발화점시험

16 조절발파법의 종류에 해당하지 않는 것은?

① 평활면 발파(smooth blasting)

② 측벽 발파(channel blasting)

③ 선 균열 발파(pre-splitting)

④ 완충 발파(cushion blasting)

17 표준 장약을 나타내는 식으로 옳지 않은 것은?

① $n = \dfrac{W}{R} \geq 1$ ② $n = \dfrac{R}{W} = 1$

③ $n = \dfrac{R}{W} > 1$ ④ $n = \dfrac{R}{W} < 1$

18 경사공 심빼기의 종류가 아닌 것은?

① 코로만트 심빼기   ② 노르웨이식 심빼기

③ 피라미드 심빼기   ④ 부채살 심빼기

19 암반분류 방법 중 Q분류법을 구성하는 요소에 해당하지 않는 것은?

① 암질지수
② 절리군의 수
③ 지하수에 의한 저감 계수
④ 불연속면의방향성

20 계단식 노천발파의 특징으로 옳지 않은 것은?

① 비가 올 때나 겨울에 작업 능률이 향상된다.
② 평지에서 작업이 가능하고, 발파설계가 단순하며 작업 능률이 높다.
③ 계획적 발파가 가능하여 대규모 발파에 유리하다.
④ 장공발파에 값이 싼 폭약을 사용할 수 있다.

21 측정시간 동안의 변동 소음에너지를 시간적으로 평균하여 대수로 변환한 것으로 Leq dB로 표시하는 것은?

① 최고 소음 레벨
② 최저 소음 레벨
③ 평균 소음 레벨
④ 등가 소음 레벨

22 부동 다이너마이트에 대한 설명으로 맞는 것은?

① 니트로글리세린의 약 5%를 니트로글리콜로 대치한 것
② 니트로글리세린의 약10%를 니트로글리콜로 대치한 것
③ 니트로글리세린의 약20%를 니트로글리콜로 대치한 것
④ 니트로글리세린의 약25%를 니트로글리콜로 대치한 것

23 최대지름이 80cm, 최소지름이 50cm인 암석을 천공법 으로 소할발파 할 때 장약량은 얼마인가?(단, 발파계수는 0.02 이다.)

① 22g
② 32g
③ 50g
④ 128g

24 낙추 시험 에 대한 설명으로 옳은 것은?

① 폭약의 폭발속도를 측정하는 시험
② 폭약의 충격감도를 측정하는 시험
③ 폭약의 마찰계수를 측정하는 시험
④ 폭약의 순폭도 를 측정하는 시험

25 다음은 전기뇌관의 성능시험 결과를 나타낸 것이다. 전기뇌관의 성능기준을 충족시키지 못하는 것은 어느 것인가?

① 납판 시험 시 두께 4mm의 납판을 관통하였다.
② 점화 전류 시험 시 규정된 시간에 0.25A의 직류 전류에서 발화되었다.
③ 둔성 폭약 시험 시 TNT 70%, 활석 분말 30%를 배합하여 만든 둔성 폭약을 완전히 폭발시켰다.
④ 내수성 시험 시 수심 1m에서 1시간 이상 침수시킨 후에도 폭발하였다.

26 보안물건의 구분으로 옳지 않은 것은?

① 제1종 보안물건 : 학교
② 제2종 보안물건 : 공원
③ 제3종 보안물건 : 발전소
④ 제4종 보안물건 : 석유저장시설

27 쏘아 올리는 불꽃류 는 최소 얼마 이상의 높이에서 퍼지도록 하여야 하는가?

① 28m
② 50m
③ 20m
④ 10m

28 화약류저장소 주위에 간이흙둑을 설치하는 경우 간이흙둑의 경사의 기준으로 맞는 것은?

① 45도 이하　② 55도 이하
③ 65도 이하　④ 75도 이하

29 화약류저장소 외의 장소에 저장할 수 있는 화약류의 수량은?(단, 판매업자가 판매를 위하여 저장하는 경우)

① 화약10kg　② 화약 20kg
③ 전기뇌관 1,000개　④ 전기뇌관 2,000개

30 화약류저장소에 설치하는 피뢰장치 중 피뢰침을 보호건물로부터 독립하여 설치하는 경우 피뢰침의 각 부분은 피보호 건물로 부터 최소 얼마 이상의 거리를 두어야 하는가?

① 1.5m 이상　② 2.0m 이상
③ 2.5m 이상　④ 3.0m 이상

31 화약류관리보안책임자가 면허를 다른 사람에게 대여한 경우 행정처분기준 으로 옳은 것은?

① 취소　② 6월 효력정지
③ 3월 효력정지　④ 1월 효력정지

32 화약류 폐기의 기술상의 기준으로 옳지 않은 것은?

① 얼어 굳어진 다이너마이트는 물에 녹여서 연소처리하거나 10kg 이상의 양으로 나누어 순차로 폭발처리 한다.
② 화약 또는 폭약은 조금씩 폭발 또는 연소시킨다.
③ 전기뇌관은 적은 양으로 포장하여 땅속에 묻고 공업용 뇌관 또는 전기뇌관으로 폭발 처리한다.
④ 도화선은 연소처리하거나 물에 적셔서 분해처리 한다.

33 운반신고를 하지 아니하고 운반할 수 있는 화약류의 종류 및 수량으로 맞는 것은?

① 총용 뇌관 10만개　② 도폭선 2000m
③ 화약 3kg　④ 폭약 1.5kg

34 경찰서장의 허가를 받아 설치 할 수 있는 화약류저장소는?

① 간이 저장소　② 수중 저장소
③ 도화선 저장소　④ 불꽃류 저장소

35 화약류의 취급에 대한 설명으로 옳지 않은 것은?

① 화약폭약과 화공품은 각각 다른 용기에 넣어 취급할 것
② 굳어진 다이너마이트는 손으로 주물러서 부드럽게 할 것
③ 사용하다가 남은 화약류는 즉시 폐기 처리할 것
④ 낙뢰의 위험이 있는 때에는 전기뇌관에 관계되는 작업을 하지 아니할 것

36 상대적으로 유난히 큰 광물 알갱이들이 반점 모양으로 들어 있는 화성암의 조직은?

① 반상조직　② 문상조직
③ 포이킬리 조직　④ 다공질조직

37 다음 중 변성정도가 가장 낮은 암석은?

① 편마암　② 점판암
③ 천매암　④ 편암

38 화성암의 분류에서 심성암에 속하는 암석은?

① 현무암　② 유문암
③ 안산암　④ 섬록암

39 석탄의 기원과 관련이 깊은 퇴적암은?

① 화학적 퇴적암 ② 쇄설성 퇴적암
③ 기계적 퇴적암 ④ 유기적 퇴적암

40 지표면에 나타난 심성암체의 면적이 100㎢이하이며, 대체로 원형의 분포를 보이는 관입 화성암체는?

① 병반 ② 암경
③ 암주 ④ 암상

41 주향과 경사에 대한 설명으로 맞는 것은?

① 주향은 지층면과 수평면이 이루는 각이다.
② 경사는 경사된 지층면과 수평면과의 교차선의 방향이다.
③ 주향은 항상 진북방향을 기준으로 기록한다.
④ 경사각을 기재할 때 기울기가 50°이고 기울어진 쪽의 방향이 남동쪽이면S50°E가 된다.

42 퇴적물이 쌓인 후 퇴적물이 단단한 암석으로 되기까지에 일어나는 모든 작용을 무엇이라 하는가?

① 교대작용 ② 풍화작용
③ 침식작용 ④ 속성작용

43 셰일이 발달된 지역에 마그마가 관입하였을 때 접촉부를 따라 형성되는 변성암은?

① 대리암 ② 규암
③ 혼펠스 ④ 사문암

44 단층면의 주향이 지층의 주향과 평행 또는 직교하지 않고 30°~60°정도로 교차하는 단층은?

① 주향단층 ② 회전단층
③ 계단단층 ④ 사교단층

45 대규모의 습곡에 작은 습곡을 동반하는 다음 그림과 같은 지질구조의 명칭은?

① 침강습곡
② 복배사, 복향사
③ 횡와 습곡
④ 드래그습곡

46 다음에서 설명하는 것은?

이것은 하나의 규산염용융체로서 50~200km의 깊이에 있는 상부 멘틀 이나 또는 5~10km 깊이의 비교적 얕은 지각에서 생성된다.
맨틀에서 생성되는 것은 대체로 실리카가 적으며 지각에서 생성되는 것은 실리카의 함유가 높은 편이다.

① 시마(sima) ② 멜랑지
③ 마그마 ④ 오피올라이트

47 화성암의 조암광물 중 유색광물에 속하는 것은?

① 각섬석 ② 석영
③ 정장석 ④ 백운모

48 지층이 직각 변동으로 역전되어 있는 경우 지층의 위아래를 판단하는데 도움이 되는 퇴적 구조에 해당하지 않는 것은?

① 편리 ② 건열
③ 물결자국 ④ 사층리

49 다음에서 설명하는 절리는 무엇인가?

지하 심부 암석이 침식을 받아 지표에 노출되면 암석에 작용하던 상부하중이 제거되면서 형성되는 여러 겹의 얇은 수평 절리이다.

① 반상절리 ② 수직절리

③ 판상절리　　　　④ 주상절리

50 암석이 재결정작용을 받아 운모와 같은 판상의 광물이 평행하게 배열되면 변성암은 평행 구조를 나타내게 되는데 이런 구조를 무엇이라 하는가?

① 연흔　② 엽리　③ 층리　④ 박리

51 광역변성작용과 관련된 설명으로 옳지 않은 것은?

① 대표적인 광역변성암에는 편암과 편마암이 있다.
② 광역변성작용에 의해 생성된 암석의 구성광물은 일정한 방향성을 갖는다.
③ 광역변성작용은 일반적으로 넓은 지역에 걸쳐 일어난다.
④ 광역변성작용의 대표적인 예는 스카른화이다.

52 화산쇄설암에 해당하는 퇴적암은?

① 역암　　　　　　② 응회암
③ 규조토　　　　　④ 석회암

53 SiO_2의 함유량이 45% 이하인 화성암을 무엇이라 하는가?

① 산성암　　　　　② 중성암
③ 염기성암　　　　④ 초염기성암

54 마그마의 정출과정과 분화작용 중 높은 온도에서 낮은 온도로 현무암질 마그마의 분화작용에 따른 암석의 생성 순서로 좋은 것은?

① 반려암→섬록암→화강암
② 반려암→화강암→섬록암
③ 섬록암→반려암→화강암
④ 화강암→섬록암→반려암

55 부정합면아래 경정질인 암석(심성암 · 변성암)이 있는 부정합은?

① 난정합　　　　　② 준정합
③ 비정합　　　　　④ 사교부정합

56 화학적 퇴적작용과 유기적 퇴적작용 모두에 의해 형성될 수 있는 퇴적암은?

① 각력암　　　　　② 사암
③ 석회암　　　　　④ 암염

57 현무암에 대한 설명으로 옳은 것은?

① 변성암의 일종이다.
② 현정질이다.
③ 산성암으로 밝은 색을 띤다.
④ 제주도, 울릉도 등에 분포한다.

58 한반도에서 지질시대 중 가장 강력한 조산운동인 대보조산운동이 일어난 시기는?

① 백악기 말기　　　② 쥐라기 말기
③ 석탄기 말기　　　④ 캄브리아기 말기

59 오버스러스트는 다음 단층의 종류 중 어디에 속하는가?

① 정단층　　　　　② 역단층
③ 추향이동단층　　④ 수직단층

60 변성암을 생성하는 변성작용의 주요인에 포함되지 않은 것은?

① 압력　　　　　　② 공극률
③ 온도　　　　　　④ 화학성분

화약취급기능사 2015년 제5회 필기시험

01 2자유면 계단식 발파를 실시하는 채석장 발파에서 벤치높이 5m, 최소저항선 2m, 천공간격 2m 일 경우 장약량은? (단, 발파계수 : 0.2)

① 3.2kg
② 4kg
③ 12.8kg
④ 16kg

02 발파 시 대피장소의 조건으로 적당하지 않은 것은?

① 발파로 인한 파쇄석이 날아오지 않는 곳
② 경계원 으로 부터 연락을 받을 수 있는 곳
③ 발파로 인한 암석의 파쇄 상태를 육안으로 관찰할 수 있는 발파개소에서 가까운 곳
④ 발파의 진동으로 천반이나 측벽이 무너지지 않는 곳

03 심빼기 발파법 중 수평갱도에서는 천공하기 곤란하거나 상향 굴착이나 하향굴착에 유리한 방법은?

① 피라미드 심빼기
② 대구경 평행공 심빼기
③ 코로만트 심빼기
④ 번 커트 심빼기

04 터널굴착 시 조절발파를 실시하는 이유로 틀린 것은?

① 암반의 강도를 증가시키기 위하여 실시한다.
② 발파 후 파단면을 평활하게 유지시키기 위하여 실시 한다.
③ 발파 주위 암반이 과 굴착되는 것을 감소시키기 위 하여 실시한다.

④ 폭약의 에너지를 제어하기 위하여 실시한다.

05 암반 분류법인 RMR 분류법의 구성 인자에 해당하지 않은 것은?

① 암석의 전단강도
② 암질지수(RQD)
③ 지하수 상태
④ 분연속면 상태

06 한 개의 약포가 폭발할 때 발생하는 에너지에 의하여 근접한 약포가 감응하여 폭발하는 현상을 무엇이라 하는가?

① 순폭
② 기폭
③ 완폭
④ 자연폭발

07 전기뇌관의 성능시험 기준으로 옳은 것은?

① 납판시험 : 두께 5mm의 납판을 뚫어야 한다.
② 점화전류시험 : 규정된 시간에 0.25A의 직류전류에서 발화 되어야 한다.
③ 내수성시험 : 물의 깊이 1m에서 2시간이상 담갔을 때에도 폭발하여야 한다.
④ 둔성 폭약 시험 : TNT 70%, 활석 분말 30%를 배합하여 만든 둔성 폭약을 완전히 폭발시켜야 한다.

08 기폭약을 장전하는 방법 중 역기폭과 비교하여 정기폭에 대한 설명으로 옳은 것은?

① 장공발파에서 효과가 우수하다.
② 폭약을 다지기가 유리하다.

③ 순폭성이 우수하다.

④ 장전폭약을 회수하는데 불리하다.

09 화약류의 타격감도 를 확인하기 위한 낙추시험에서 임계폭점을 폭발률 몇%의 평균높이를 의미하는가?

① 25% ② 50%

③ 75% ④ 100%

10 화약류의 폭발 속도 측정시험법에서 해당하지 않은 것은?

① 도트리쉬 법 ② 메테강 법

③ 노이만법 ④ 전자관 계수기 법

11 혼합화약류에 속하지 않은 것은?

① T.N.T ② 흑색화약

③ 초유폭약 ④ 카알릿

12 수중발파의 특성으로 옳지 않은 것은?

① 착점이 수면아래이므로 천공이 곤란하다.

② 공의 방향과 정밀도를 확인하기 곤란하다.

③ 수중에서는 충격파가 효과적으로 전달되어 수중생물의 영향에 대한 사전검토가 필요하다.

④ 노천발파에 비해 비장약량이 감소한다.

13 비전기식 뇌관의 특징으로 옳지 않은 것은?

① 외부로부터의 충격, 마찰 등의 기계적인 작용에 안전하다.

② 도통시험, 저항측정 등 결선 후 확인이 안 되는 단점이 있다.

③ 플라스틱 튜브가 연소되어 잔재물이 남지 않는다.

④ 정확한 연시 초기로 정밀발파가 가능하다.

14 발파소음의 감소대책으로 옳지 않은 것은?

① 전색을 철저히 한다.

② 지발 전기뇌관보다 순발 전기뇌관을 사용하여 동시에 발파한다.

③ 노천계단식발파의 경우 벤치높이를 감소시킨다.

④ 방음벽을 설치하여 소리의 전파를 차단한다.

15 발파진동을 측정하는 단위로 옳지 않은 것은?

① cm/sec ② Kine

③ dB(A) ④ dB(V)

16 총 시추길이 가 20m이고 10cm 이상인 코어길이의 합이 14m이였다. 암질지수(RQD)는 얼마인가?

① 50% ② 60%

③ 70% ④ 80%

17 발파계수 (C)에 대한 설명으로 옳은 것은?

① 발파계수는 작업자가 과거 경험에 의하여 결정한다.

② 전색을 충분히 하여 완전 적색한 경우 적색계수(d)의 값은 1보다 커진다.

③ 경암일수록 암석계수(g)의 값은 작아진다.

④ 강력한 폭약일수록 폭약계수(e)의 값은 작아진다.

18 발파의 기초이론에 적용되고 있는 용어의 설명으로 옳지 않은 것은?

① 과장약이란 누두공의 반경과 최소저항선의 비가 1미만인 경우이다.

② 표준장약이란 누두공의 반경과 최소저항선의 비가 1인 경우이다.

③ 최소저항선이란 장약의 중심으로부터 자유면까지의 최단거리를 의미한다.

④ 자유면 이란 암석의 외계(공기 또는 물)와 접하고 있는 표면을 의미한다.

19 니트로글리세린에 대한 설명으로 옳지 않은 것은?

① 글리세린을 질산과 황산으로 처리한 무색 또는 담황색의 액체이다.
② 상온에서는 무미, 무취하지만 인체에 흡수하면 유해하므로 취급에 주의 하여야 한다.
③ 벤젠, 알코올 아세톤 등에 녹고 순수한 것은 10℃에서 동결한다.
④ 충격에 둔감하여 액체 상태로 운반할 수 있다.

20 평면적으로는 한 공당 담당하는 파쇄면적을 재래식 방법과 같은 크기로 하고, 최소저항선의 길이(B), 공의 간격(S)의 비율, S/B를 4~8배로 매우 크게 설정하여 발파하는 발파법을 무엇이라 하는가?

① 확대발파
② 선균열발파
③ 스무스 발파
④ 와이드 스페이스 발파

21 초유폭약(AN-FO)에 대한 설명 중 틀린 것은?

① 질산암모늄과 경유를 혼합하여 제조한다.
② 발파작업시에는 반드시 전폭약포가 필요하다.
③ 석회석의 채석 등 노천채굴에 적합하다.
④ 흡습성이 없어 장기저장이 가능하다.

22 탄동구포시험 중 상대위력(RWS)을 구하는 식으로 맞는 것은?(단 θ는 시료폭약의 폭발로 진자가 움직인 각도, β는 기준폭약의 폭발로 진자가 움직인 각도)

① $RWS = \dfrac{1-sin\theta}{1-sin\beta} \times 100$

② $RWS = \dfrac{1-cos\theta}{1-cos\beta} \times 100$

③ $RWS = \dfrac{1+sin\theta}{1+sin\beta} \times 100$

④ $RWS = \dfrac{1+cos\theta}{1+cos\beta} \times 100$

23 안내판을 천공예법 암반에 고정 시킨 후 천공하는 방법으로 번 컷(Burn cut)의 천공 시 단점을 보완한 심빼기 발파법은?

① 부채살 심빼기
② 코로만트 심빼기
③ 삼각 심빼기
④ 노르웨이 심빼기

24 노천 계단식 대발파에서 초유폭약(ANFO)의 완폭과 발파공 전체의 폭력을 고르게 하기 위해 사용할 수 있는 것은?

① 미진동파쇄기　　② 도화선
③ 도폭선　　④ 흑색화약

25 균질한 경망의 내부에 구상이 장약실을 만들고 폭발시켰을 때 암석내부의 파괴현상을 장약실 중심으로부터 순서대로 올바르게 나열한 것은?

① 분쇄-소괴-대괴-균열-진동
② 분쇄-소괴-균열-진동-대괴
③ 진동-균열-대괴-소괴-분쇄
④ 균열-진동-소괴-대괴-분쇄

26 화약류를 발파 또는 연소시키려는 사람은 누구에게 사용허가를 받아야 하는가?
(단, 광업법에 의한 경우 등 예외상황 제외)

① 시 · 도지사

② 경찰청장
③ 사용지 관할 경찰서장
④ 사용지 관할 지방결찰청장

27 화약류 저장소의 위치, 구조 및 설비를 허가없이 임의로 변경하였을 때 벌칙기준으로 맞는 것은?

① 300만원 이하의 과태료
② 1년 이하의 징역 또는 300만원 이하의 벌금형
③ 2년 이하의 징역 또는 500만원 이하의 벌금형
④ 3년 이하의 징역 또는 700만원 이하의 벌금형

28 경찰서장의 허가를 받아 설치 할 수 있는 화약류 저장소는?

① 1급 저장소
② 3급 저장소
③ 도화선 저장소
④ 장난감용 꽃불류 저장소

29 수중저장소에 화약류를 저장하는 경우 화약류는 수면으로부터 수심 얼마 이상의 물속에 저장하여야 하는가?(단, 최소수심)

① 20cm ② 30cm
③ 50cm ④ 100cm

30 다음은 초유폭약에 의한 발파의 기술상의 기준에 관한 사항이다,( )안에 알맞은 내용은?

> 초유폭약은 가연성 가스가 ( )이상이 되는 장소에서는 발파하지 아니할 것

① 0.1% ② 0.5%
③ 1.0% ④ 1.5%

31 화약류 운반방법의 기술상의 기준으로 옳지 않은 것은?

① 야간이나 앞을 분간하기 힘든 경우에 주차할 때에는 차량의 전·후방 50m 지점에 적색 등불을 달 것
② 화약류 운반은 자동차(2륜 자동차 및 택시 제외)에 의하여야 하며 200km 이상의 거리를 운반하는 때에는 운송인은 도중에 운전자 교체가 가능하도록 예비운전자 1명 이상을 태울 것
③ 화약류를 실은 차량이 서로 진행하는 때 (앞지르는 경우는 제외)에는 100m 이상, 주차하는 때에는 50m 이상의 거리를 둘 것
④ 화약류 특별한 사정이 없는 한 야간에 싣지 아니할 것

32 화약류저장소가 보안거리 미달로 보안건물을 침범했을 경우 행정처분기준은?

① 허가취소
② 감량 또는 이전명령
③ 6개월간 정지 명령 후 조치 불이행 시 허가취소
④ 1년간 정지 명형 후 조치 불이행 시 허가취소

33 화약류 운반용 디젤차의 배기관의 배기가스 온도는 얼마 이하로 유지하여야 하는가?

① 35℃ ② 45℃
③ 50℃ ④ 80℃

34 화약류 저장소에 흙둑을 쌓는 경우의 기준으로 틀린 것은?

① 2개 이상의 저장소가 인접하여 중간의 흙둑을 같이 사용하는 때에는 그 흙둑에 통로를 설치 할 것
② 흙둑의 경사는 45℃ 이하로 하고, 정상의 폭은 1m 이상으로 할 것

③ 흙둑은 저장소 바깥쪽 벽으로부터 흙둑의 안쪽벽밑 까지 1m 이상 2m 이내의 거리를 두고 쌓을 것
④ 흙둑의 표면에는 가능한 한 잔디를 입힐 것

35 다음은 화약류 취급에 관한 사항이다. (　)안의 내용으로 옳은 것은?

> 전기뇌관의 경우에는 도통시험 또는 저항시험을 하되, 미리 시험전류를 측정하여 (　)암페어를 초과하지 아니하는 것을 사용하는 등 충분한 위해예방조치를 할 것

① 0.1
② 0.5
③ 0.01
④ 0.05

36 습곡은 날개의 경사와 습곡축면의 경사에 따라 여러 가지 종류로 구분된다. 날개의 경사가 45°이하로서 파장에 비하여 파고가 낮은 습곡은?

① 경사습곡
② 완사습곡
③ 급사습곡
④ 셰브론습곡

37 화성암의 결정입자의 크기에 영향을 미치는 요인은?

① 마그마의 냉각속도
② 마그마의 비중
③ MgO 성분의 함량
④ SiO_2 성분의 함량

38 쇄설성 퇴적암인 사암에 대한 설명으로 옳은 것은?

① 알갱이의 지름이 2mm 이상인 둥근 자갈을 25%이상 포함하고 있다.
② 모래로 된 암석으로서 모래알갱이들은 주로 석영이고, 장석이 섞이는 경우도 있다.
③ 화산에서 분출된 알갱이들이 모여 굳어진 암석이다.
④ 주로 동·식물의 유해로 구성된 암석이다.

39 보웬(Bowen)의 반응계열 중 가장 마지막에 정출되는 유색광물은 무엇인가?

① 감람석
② 휘석
③ 흑운모
④ 각섬석

40 화산활동, 조산운동과 같은 지각 변동으로 발생하는 높은 열과 압력에 의해 넓은 지역에 걸쳐 일어나는 변성작용은?

① 접촉변성작용
② 광역변성작용
③ 열변성작용
④ 열수변작용

41 다음 평면도와 같은 지형을 AB로 자른 단면도는?

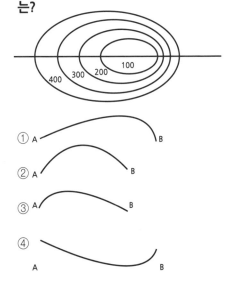

42 하반이 떨어지거나 상반이 상승한 단층으로서 지각에 횡압력이 가해질 때에 생겨날 수 있는 다음 그림과 같은 단층의 종류는?

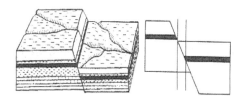

① 정단층 　　　　 ② 역단층
③ 수직단층 　　　　④ 주향이동단층

43 지층의 주향과 경사를 측정하는 데 쓰이는 것은?

① 토탈스테이션 　　② 아네모미터
③ 신틸로미터 　　　④ 클리노미터

44 지사학의 5대 법칙에 속하지 않는 것은?

① 동일과정의 법칙
② 지층누중의 법칙
③ 믹물군 집중의 법칙
④ 관입의 법칙

45 CaO 성분(무게%)을 가장 많이 포함하는 화성암은?

① 유문암 　　　　　② 안산암
③ 현무암 　　　　　④ 화강암

46 현수체(roof pendant)와 관련이 깊은 것은?

① 암주 　　　　　　② 병반
③ 저반 　　　　　　④ 암경

47 화성암의 주성분 광문 중 고용체가 아닌 것으로 화학성분이 SiO_2 인 것은?

① 석영 　　　　　　② 정장석
③ 흑운모 　　　　　④ 각섬석

48 우리나라 대보 화강암과 관련이 가장 깊은 지질시대는?

① 신생대 　　　　　② 중생대
③ 고생대 　　　　　④ 시생대

49 퇴적물의 퇴적 시 아래에는 굵은 알갱이가 쌓이고 위쪽으로는 점차 작은 알갱이들이 쌓이는 구조는?

① 연흔 　　　　　　② 사층리
③ 점이층리 　　　　④ 건열

50 다음에서 설명하는 화성암의 구조는?

> 심성암의 구조에서 광물들이 동심원상으로 모여 크고 작은 공모양의 집합체를 이룬 구조

① 유상구조 　　　　② 다공질구조
③ 엽리상구조 　　　④ 구상구조

51 둥근 자갈들이 사이를 모래나 점토가 충진하여 교결케 한 자갈 콘크리트 같은 암석은?

① 쳐트 　　　　　　② 사암
③ 역암 　　　　　　④ 셰일

52 심성암이나 변성암의 침식면 위에 퇴적암이 쌓이면서 만들어지는 부정합은?

① 준정합 　　　　　② 난정합
③ 경사부장힙 　　　④ 평행부정합

53 지구의 역사가 고환경을 해석하는 데 이용되는 퇴적암의 특징들로 구성되어 있는 것은?

① 층리면, 화석 　　② 화석, 편리
③ 층리면, 엽리 　　④ 편리, 엽리

54 다음 중 평균적으로 화성암에 가장 많이 포함되어 있는 화학 성분은?

① Al_2O_3 ② FeO
③ CaO ④ H_2O

55 다음( )안에 들어갈 내용으로 옳은 것은?

> 화성암의 반상조직에 있어서 반점모양A의 큰 알갱이를 (Ⓐ), 바탕을 (Ⓑ)(이)라 한다.

① Ⓐ석기, Ⓑ반정 ② Ⓐ반정, Ⓑ석기
③ Ⓐ편리, Ⓑ절리 ④ Ⓐ절리, Ⓑ편리

56 셰일이 광역변성작용을 받아서 변성정도가 커짐에 따라 생성되는 변성암의 순서로 옳은 것은?

① 천매암 → 슬레이트 → 편암 → 편마암
② 천매암 → 슬레이트 → 편마암 → 편암
③ 슬레이트 → 천매암 → 편마암 → 편암
④ 슬레이트 → 천매암 → 편암 → 편마암

57 화성암을 분류할 때 염기성암에 해당하는 것은?

① 반려암 ② 화상암
③ 섬록암 ④ 유문암

58 다음과 같은 특징을 갖는 단층은 무엇인가?

> • 알프스와 같은 습곡산맥에서 많이 발견된다.
> • 단층면의 경사가 45° 이하로 수평에 가깝다.
> • 강력한 횡압력에 의해 형성된다.
> • 습곡 - 횡와습곡 - 역단층의 단계로 형성된다.

① 오버스러스트 ② 성장단계

③ 변환단층 ④ 계단단층

59 화성암에서 용암에 들어 있던 휘발 성분이 분리되면서 굳어져 기공이 남아 있는 구조인 다공질구조를 관찰할 수 있는 암석은?

① 화강암 ② 현무암
③ 반려암 ④ 섬록암

60 지질구조를 지칭하는 용어가 아닌 것은?

① 단층 ② 단정
③ 층리 ④ 습곡

MEMO

화약취급기능사 2015년 제1회 필기시험

01 화공품 시험에서 납판시험과 관계가 깊은 것은?

① 폭약의 위력시험 ② 뇌관의 성능시험
③ 폭약의 함수시험 ④ 도화선의 성능시험

02 화약류의 혼합성분 중 발열제에 속하는 것은?

① 염소산칼륨 ② 질산암모늄
③ 염화나트륨 ④ 알루미늄

03 넓이가 18m, 높이가 8.5m인 터널이세 스무스 블라스팅(Smooth Blasting)을 실시하려고 한다. 디커플링(Decoupling)지수를 2.0으로 하고 천공경을 45mm로 하였을 때 적당한 폭약의 지름은?

① 12.5mm ② 22.5mm
③ 45mm ④ 90mm

04 트렌치(trench) 발파의 용도로 가장 거리가 먼 것은?

① 송유관 매설 ② 상·하수도관 매설
③ 터널 심빼기 발파 ④ 가스관 매설

05 저항 1.2[Ω]의 전기뇌관 20개를 직렬 결선하고 발파모선 총연장 200[m]([m]당 저항 = 0.006[Ω])에 연결하여 발파할 때 소요전압[V]은? (단, 전류 = 2[A], 기타 조건 무시함)

① 22 ② 26.4
③ 46.4 ④ 50.4

06 발파작업장 주변에 전기공작물이 있어서 미주 전류가 예상되거나 정전기, 낙뢰 등의 위험이 잇는 곳에서 안전하게 사용할 수 있는 뇌관은?

① 순발전기뇌관 ② DS지발전기뇌관
③ MS지발전기뇌관 ④ 비전기식뇌관

07 풀민산수은(Ⅱ)이 폭발하면 일산화탄소가 생성되는데 일산화탄소의 생성을 막기 위해 배합해 주는 것은?

① 염소산칼륨 ② 염화나트륨
③ 진살바륨 ④ 수산화암모늄

08 산소 평형값(g) + 값을 갖는 물질은?

① 니트로글리세린 ② 나프탈렌
③ 테트릴 ④ 트리니트로톨루엔

09 어떤 암체 에 천공 발파결과 100g의 장약량으로 $2m^3$의 채석량을 얻었다면 300g의 장약량으로는 몇 m^3의 채석량을 얻을 수 있는가? (단, 기타 조건은 동일하다.)

① $3m^3$ ② $4m^3$
③ $5m^3$ ④ $6m^3$

10 조절 발파법 중 줄 천공법(line-drilling)에 대한 설명으로 틀린 것은?

① 목적하는 파단선에 따라서 근접한 다수의 무장약공을 천공하여 인위적인 파단면을 만드는 방법이다.
② 벽면 암반의 파손은 적으나 많은 천공이 필요하므로 천공비가 많이 든다.

③ 천공은 수직으로 같은 간격으로 하여야 하므로 우수한 천공기술이 필요하다.

④ 층리, 절리 등을 지닌 이방성이 심한 암반구조에 가장 효과적으로 적용되는 방법이다.

11 전기뇌관을 사용한 병렬식 결선방법의 장점으로 틀린 것은?

① 불발된 뇌관 또는 위치발견이 용이하다.
② 전원으로 동력선, 전등선의 이용이 가능하다.
③ 저기뇌관의 저항이 조금씩 달라도 상관없다.
④ 대형발파에 이용한다.

12 계단식 노천발파에서 발생할 수 있는 비산의 원인으로 옳지 않은 것은?

① 단층, 균열, 연약면 등에 의한 암석의 강도 저하
② 천공시 잘못으로 인한 국부적인 장약동의 집중현상
③ 전기뇌관의 저항이 조금씩 달라도 상관없다.
④ 대형발파에 이용된다.

13 화약류를 조성에 의해 분류할 경우 혼합화약류에 해당하지 않는 것은?

① 흑색화약
② 초유폭약
③ 카알릿
④ 니트로셀룰로오스

14 발파진동을 감소시키는 방법으로 틀린 것은?

① 지발발파보다 제발발파를 실시한다.
② 지발당 장약량을 감소시킨다.
③ 폭속이 낮은 폭약을 사용한다.
④ 기폭방법에서 역기폭보다 정기폭을 사용한다.

15 화약류의 일효과(동적효과)를 측정하는 시험 방법은?

① 유리산 시험
② 둔성폭약 시험
③ 맹도 시험
④ 낙추 시험

16 암질지수(RQD)에 대한 설명으로 옳지 않은 것은?

① 암반의 정량적인 평가지수로서 시추된 코어의 회수율인 TCR을 발전시킨 개념이다.
② RQD 값이 커질수록 암질은 불량해진다.
③ RQD 값은 암반의 역학적 결함이 적고 강도가 클수록 크다.
④ RQD 값은 풍화작용을 적게 받은 암반일수록 크다.

17 폭약의 폭발속도에 영향을 주는 요소로 가장 거리가 먼 것은?

① 약포의 지름
② 발파기의 용량
③ 폭약의 양
④ 폭약의 장전밀도

18 암반의 공학적 분류법인 RMR(Rock Mass Rating)분류법의 기준 항목에 해당하지 않는 것은?

① 탄성파 속도
② 불연속면 간격
③ 일축압축강도
④ 지하수 상태

19 화약류의 낙추 감도 곡선에서 50% 폭발률점을 무엇이라고 하는가?

① 불폭점
② 임계폭점
③ 완폭점
④ 1/6 폭점

20 다음과 같은 현상을 설명하는 효과는 무엇인가?

> 폭약이 폭발하면 그 폭굉에 따라서 응력파(충격파)가 발생하고, 이 응력파가 전파되어 자유면에 도달된 후 발사되는 인장파에 의하여 자유면에 평행인 판상으로 암반의 파괴를 일으킨다

① 디커플링 효과   ② 홉킨스 효과

③ 측벽효과   ④ 노이만 효과

21 니트로글리세린(NG)에 대한 설명으로 맞는 것은?

① 글리세린을 질산과 황산으로 처리한 무색 또는 담황색의 액체이다.
② 인체에 흡수되어도 해롭지 않다.
③ 동결온도는 -10℃ 이다.
④ 물에 녹으나 알코올, 아세톤에는 녹지 않는다.

22 누두공 시험에 의한 결과에서 약장약의 경우를 옳게 나타낸 것은? (단, W = 최소저항선, R = 누두공의 반지름, a = 누두공의 각도)

① W = R, a = 90°　　② W = R, a > 90°
③ W < R, a > 90°　　④ W > R, a < 90°

23 평면적으로는 한 공당 담당하는 파괴 면적을 재래식 방법과 같은 크기로 하지만, 최소저항선의 길이 (B), 공의 간격(S)의 비율, S/B를 4~8배로 매우 크게 설정하여 파쇄암의 크기를 작고 균일하게 하는 발파법은?

① 확대발파
② 선균열 발파
③ 스무스 발파
④ 와이드 스페이스 발파

24 평행공 심빼기에 대한 설명으로 틀린 것은?

① 터널 단면의 크기가 작아야 사용할 수 있는 제약점이 있다.
② 수평공을 평행으로 뚫고 장약하지 않는 공을 두어 이를 자유면 대신에 활용하는 방식이다.
③ 경사공 심빼기에 비해 1 발파당 굴진량이 많다.
④ 경사공 심빼기에 비해 단위 부피당 폭약 소비량이 적다.

25 초유폭약(ANFO)의 단점으로 옳지 않은 것은?

① 전폭약 필요   ② 흡습성
③ 충격에 민감   ④ 장기저장 곤란

26 화약류저장소 주위에 간이 흙둑을 설치하는 경우 설치기준으로 옳지 않은 것은?

① 간이 흙둑의 정상의 폭은 1m 이상으로 할 것
② 간이 흙둑의 높이는 3급 저장소에 있어서는 지붕의 높이 이상으로 할 것
③ 간이 흙둑의 경사는 75도 이하로 할 것
④ 간이흙둑의 정상은 빗물이 스며들지 아니하도록 판자 등으로 씌우거나 잔디를 입힐 것

27 화약류 양수허가의 유효기간에 대한 설명으로 옳지 않은 것은?

① 6개월을 초과할 수 없다.
② 1년을 초과할 수 없다.
③ 2년을 초과할 수 없다.
④ 3년을 초과할 수 없다.

28 화약류의 안정도를 시험한 사람은 그 시험 결과를 누구에게 보고하여야 하는가?

① 행정자치부장관   ② 경찰청장
③ 지방경찰청장   ④ 경찰서장

29 화약류 1급 저장소에 저장할 수 있는 폭약의 최대 저장량은 얼마인가?

① 50톤   ② 40톤
③ 30톤   ④ 20톤

30 제4종 보안물건에 해당하는 것은?

① 보육기관   ② 고압전선
③ 촌락의 주택   ④ 석유저장시설

31 화약류 취급소의 설치기준으로 옳지 않은 것은?

① 지붕은 스레트, 기와 그 밖의 불에 타지 아니하는 재료를 사용할 것.
② 문짝 외면에 두께 2mm이상의 철판을 씌우고, 2중 자물쇠 장치를 할 것.
③ 난방장치를 하는 때에는 화약류의 변질을 방지하기 위해 증기 또는 열기를 이용하지 말 것.
④ 단층 건물로서 철근 콘크리트조, 콘크리트 블록조 또는 이와 동등 이상의 견고한 재료를 사용하여 설치할 것.

32 화약류의 사용지를 관할하는 경찰서장의 사용 허가를 받지 아니하고 화약류를 발파 또는 연소시킬 경우의 처벌로 옳은 것은? (단, 광업법에 의하여 광물의 채굴을 하는 사람과 그 밖의 대통령령으로 정하는 사람은 제외)

① 5년 이하의 징역 또는 1천만 원 이하의 벌금형
② 3년 이하의 징역 또는 900만 원 이하의 벌금형
③ 2년 이하의 징역 또는 500만 원 이하의 벌금형
④ 1년 이하의 징역 또는 300만 원 이하의 벌금형

33 화약류 폐기의 기술상의 기준으로 틀린 것은?

① 얼어서 굳어진 다이너마이트는 완전히 녹여서 연소처리 할 것
② 화약 또는 폭약은 조금씩 폭발 또는 연소시킬 것
③ 도폭선은 공업용뇌관 또는 전기뇌관으로 폭발처리 할 것
④ 도화선은 땅속에 매몰하거나 습윤 상태로 분해처리 할 것

34 화약류의 운반방법에 대한 기술상의 기준으로 옳은 것은?

① 야간이나 앞을 분간하기 힘든 경우의 주차 시에는 차량의 전・후방 30미터 지점에 적색등불을 달아야 한다.
② 화약류를 실은 차량이 서로 진행하는 때9앞지르기 경우제외)에는 50미터 이상 거리를 둔다.
③ 화약류는 특별한 사정이 없는 한 인적이 드문 야간에 차량에 적재하여야 한다.
④ 화약류를 다룰 때에는 갈고리 등을 사용하지 않아야 한다.

35 피 보호 건물로 부터 독립하여 피뢰침 및 가공지선을 설치하는 경우 피뢰침 및 가공지선의 각 부분은 피보호 건물로부터 최소 몇 m 이상의 거리를 두어야 하는가?

① 4.5m ② 3.5m
③ 2.5m ④ 1.5m

36 근원지에서 멀리 떨어진 하천의 하류에서 형성된 쇄설성퇴적암이 갖는 특징으로 옳지 않은 것은?

① 분급이 양호하다.
② 장석을 많이 함유한다.
③ 퇴적물 입자들의 원마도가 양호하다.
④ 주성분 광물은 석영이다.

37 습곡축면이 수직이고 축이 수평이며 양쪽 위이 대칭을 이루는 습곡인?

① 정습곡 ② 경사습곡
③ 급사습곡 ④ 침강습곡

38 습곡 구조가 발달한 조산대에서는 주로 높은 온도와 압력에 의한 광역 변성 작용이 일어난

다. 이와 관련되어 형성되는 변성암은?

① 혼펠스   ② 편마암
③ 석회암   ④ 대리암

39 다음의 단층에서 상하운동은 거의 없이 수형으로만 이동한 단층은?

① 정단층   ② 단층
③ 주향이동단층   ④ 경사단층

40 마그마가 지하 깊은 곳에 관입하여 굳어진 화성암은 무엇인가?

① 분출암   ② 화산암
③ 쇄설암   ④ 심성암

41 SiO_2 함유량이 45~52%이며 구성광물이 사장석, 휘석, 감람석인 심성암은?

① 반려암   ② 유문암
③ 화강암   ④ 안산암

42 화성암의 현정질, 비현정질 조직에 있어서 상대적으로 유난히 큰 광물 알갱이들이 반점 모양으로 들어 있는 경우 조직명으로 옳은 것은?

① 반상조직   ② 구상조직
③ 미정질조직   ④ 유리질조직

43 신생대의 기에 해당하는 것은?

① 오르도비스기   ② 실루리아기
③ 트라이아스기   ④ 제3기

44 소규모의 습곡이 W자형으로 예리하게 꺾인 습곡은?

①경사습곡(inclined fold)
②완사습곡(open fold)
③셰브론습곡(chevronfold)
④횡와습곡(recumbentfold)

45 유기적 퇴적암에 해당하는 암석은?

① 석고   ② 규조토
③ 셰일   ④ 응회암

46 슬레이트에 대한 설명으로 맞는 것은?

① 쪼개짐이 잘 발달되어 있다.
② 장석에 가장 많이 포함하고 있다.
③ 변성정도가 가장 높다.
④ 입자의 식별이 육안으로 가능하다

47 화성암을 구성하고 있는 주성분 광물이 아닌 것은?

① 휘석   ② 백운모
③ 자철석   ④ 감람석

48 기존 암석 중의 틈을 따라 관입한 판상의 화성 암체를 무엇이라 하는가?

① 암판   ② 암주
③ 암맥   ④ 암경

49 사암이 변하여 만들어진 암석으로 사암과 다르게 깨짐면이 평탄한 암석은?

① 편암   ② 편마암
③ 점판암   ④ 규암

50 퇴적암 중 쉽게 풍화되어 지표에 구덩이나 싱크홀을 형성하는 암석은?

① 사암   ② 석회암
③ 실트암   ④ 응회암

51 다음 ( )안에 내용으로 적절한 것은?

지표면이 침식에 의해 삭박되면 하부의 암석은 점차 위에서 누르는 압력이 제거된다. 이 때에는 제거된 압력이 장력의 효과를 일으키므로 지표가까이 있는 암석에는 지표면과 거의 평행한 쪼개짐이 생기게 된다. 이것이 (　　)이다.

① 판상절리　　　　② 전단절리
③ 압축절리　　　　④ 신장절리

52 변성암에서 나타나는 조직이 아닌 것은?

① 압력에 의한 압쇄 조직
② 재결정에 의한 재결정 조직
③ 침식작용에 의한 쇄설성 조직
④ 고대작용에 의한 반상 변정질 조직

53 심성암이나 변성암의 침식면 위에 퇴적암이 쌓인 부정합을 무엇이라 하는가?

① 난정합　　　　② 사교부정합
③ 평행부정합　　④ 준정합

54 지층의 퇴적 순서를 판단하거나 과거의 환경을 연구하는데 사용될 수 있는 특정이 아닌 것은?

① 점이층리　　　　② 연흔
③ 건열　　　　　　④ 편리

55 화성암을 구성하고 있는 광물입자의 크기를 좌우 하는 요인은 무엇인가?

① 마그마의 화학성분　② 마그마의 밀도
③ 마그마의 광물성분　④ 마그마의 냉각속도

56 주향의 북에서 동으로 55°, 경사가 남동으로 60°일 경우 주향 · 경사의 기입법 으로 옳은 것은?

① N55° E. 60° SE　　② E55° N, 60° SE
③ 55° NE, S60° E　　④ 55° NE, E60° S

57 단층을 확인하는 증거에 해당하지 않는 것은?

① 단층활면　　　　② 단층점토
③ 단층각력　　　　④ 유상구조

58 쇄설성 퇴적암을 분류하는데 이용되는 대표적인 기준은?

① 구성입자의 크기　② 화학성분
③ 퇴적구조　　　　④ 화석의 종류

59 다음 그림은 암석의 윤회과정을 나타낸 것이다. A, B, C, D에 해당되는 작용은 무엇인가?

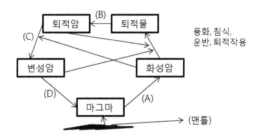

① A-결정작용, B-고화작용, C-용융작용, D-변성작용
② A-결정작용, B-고화작용, C-변성작용, D-용융작용
③ A-용융작용, B-변성작용, C-용융작용, D-고화작용
④ A-용융작용, B-고화작용, C-변성작용, D-결정작용

60 화성암의 화학분석 결과 중 가장 많은 양을 보이는 성분은?

① K_2O　　　　② Fe_2O_3
③ SiO_2　　　　④ Na_2O

화약취급기능사 2014년 제5회 필기시험

01 자유면(Free Face)에 대한 설명으로 옳은 것은?

① 암반에 폭약을 장전하여 폭파할 때 생기는 원추형 파쇄면
② 장약공에 장전된 폭약의 중심을 지나는 축과 평행한 암반면
③ 발파하려고 하는 암석 또는 암반이 공기 또는 물에 접해있는 면
④ 장약공에 장전된 폭약의 중심으로부터 가장 가까운 파쇄대상 암반의 구속된 면

02 노천발파를 위한 경사천공의 장점으로 옳지 않은 것은? (단, 수직천공과 비교)

① 발파공의 직선성 유지가 용이하다.
② 천공 및 화약 비용을 절감할 수 있다.
③ 자유면 반대방향의 여굴을 예방할 수 있다.
④ 최소저항선을 크게 할 수 있다.

03 전기뇌관 12개를 그림과 같이 결선하여 발파하고자 한다. 이때 필요한 소요전압은 얼마인가? (단, 뇌관 1개 저항은 1.2[요], 발파모선의 총길이는100[m], 발파모선의 저항은 0.02[요/m]이며, 소요 전류는 1.5[A]이고 내부저항은 고려치 않는다.)

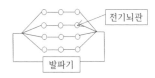

① 7.2[V]   ② 17.4[V]
③ 21.6[V]   ④ 28.8[V]

04 발파 진동의 일반적인 특성으로 옳지 않은 것은?

① 진원의 깊이는 지표 또는 깊지 않은 지하이다.
② 진동의 파형은 지진동에 비해 단순한 편이다.
③ 진동주파수의 범위는 수 Hz 또는 그 이하로 지진동에 비해 낮다.
④ 진동 지속시간은 0.5~2초 이내에 지진동에 비해서 짧다.

05 다음과 같은 반응에서 니트로글리세린 1몰 (227.1g)이 반응해서 얻어지는 산소평형값 (g)은? (단, $C_3H_5N_3O_9 \rightarrow 3CO_2 + 2.5H_2O + 1.5N_2 + 0.25O_2$)

① +0.035   ② +0.003
③ +1.022   ④ +0.102

06 천공의 위치, 깊이, 크기를 결정하는 요소가 아닌 것은?

① 사용폭약   ② 암반의 성질
③ 전색재의 종류   ④ 자유면의 상태

07 다음의 낙추감도 곡선에서 화약시료의 임계폭점을 나타내는 지점은?

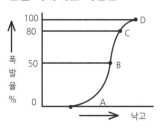

① A점   ② B점
③ C점   ④ D점

08 암석의 발파에 대한 저항성을 나타내는 계수는 무엇인가?

① 누두지수
② 암석계수
③ 전색계수
④ 폭약계수

09 암반 분류법인 RMR 분류법의 구성 인자에 해당하지 않은 것은?

① 암석의 전단강도
② 암질지수
③ 불연속면 간격
④ 지하수 상태

10 흑색화약에 대한 설명으로 옳지 않은 것은?

① 폭발할 때 연기가 발생하기 때문에 유연화약이라고 한다.
② 주성분은 질산칼륨, 황, 숯이다.
③ 충격이나 마찰에 대해서 예민하다.
④ 내수성이 있어 물이 있는 곳에 주로 사용한다.

11 터널굴착 시 터널 외곽공의 천공 길이가 3m일 때 필요한 천량 Look-out은 얼마인가?

① 19cm
② 29cm
③ 39cm
④ 49cm

12 탄광용 폭약의 감열소염제로 주로 쓰이는 것은?

① 질산칼륨
② 염화바륨
③ 염화나트륨
④ 질산암모늄

13 전기뇌관의 성능 시험법인 것은?

① 납판시험
② 둔성폭약시험
③ 점화전류시험
④ 연주확대시험

14 화약류의 선정방법에 대한 설명으로 옳은 것은?

① 고온의 막장에는 내수성 폭약을 사용한다.
② 굳은 암석에는 정적효과가 큰 폭약을 사용한다.

③ 강도가 큰 암석에는 에너지가 작은 폭약을 사용한다.
④ 장공발파에는 비중이 작은 폭약을 사용한다.

15 혼합 화약류에 해당하는 것은?

① 니트로글리세린
② 초유폭약
③ 피크르산
④ 헥소겐

16 경사공 심빼기에 대한 설명으로 옳지 않은 것은?

① 터널 단면이 크지 않고, 장공 천공을 위한 장비투입이 어려운 경우에 적용한다.
② 암질의 변화에 대응하여 심빼기 방법을 변경할 수 있다.
③ 경사공 심빼기에는 V형 심빼기와 코로만트형 심빼기가 있다.
④ 사용되는 폭약은 강력한 폭약이 적당하다.

17 화약류의 폭발속도를 측정하는 방법이 아닌 것은?

① 도트리쉬법
② 메테강법
③ 전자관계수기법
④ 캐스트법

18 다이너마이트의 동결을 방지하기 위하여 첨가하는 것은?

① 니트로셀룰로오스
② 과염소산칼륨
③ 니트로글리세린
④ 니트로글리콜

19 조절 발파의 종류에 해당하지 않는 것은?

① 평활면 발파(smooth blasting)
② 줄천공법(line drilling)
③ 선균열 발파(pre-splitting)
④ 계단식 발파(bench blasting)

20 폭발생성가스가 단열 팽창을 할 때에 외부에 대해서 하는 일의 효과를 나타내는 것은?

① 동적효과　　　　② 정적효과
③ 측벽효과　　　　④ 쿠션효과

21 발파작업 시 발파매트(Blasting mat)를 사용하는이유로 가장 적합한 것은?

① 발파에 의한 비석방지
② 발파진동 최소화
③ 발파시간 절감
④ 발파비용 절감

22 발파작업 시 불발, 잔류약 발생의 주된 원인으로 옳지 않은 것은?

① 직렬 결선에 의존한 발파작업
② 발파모선의 절단 또는 절연 불량
③ 폭약의 습윤, 변질 또는 동결
④ 뇌관의 습윤 또는 저항 이상

23 풀민산수은(II)에 대한 설명으로 옳지 않은 것은?

① 용도에 의한 분류상 폭파약에 해당한다.
② 100℃ 이하로 가열하면 폭발하지 않고 분해된다.
③ 감도가 예민하여 작은 충격이나 마찰에도 즉시 기폭한다
④ 물속에서 안전하므로 저장할 때는 물속에 넣어 보관　한다.

24 전색물(메지)의 구비 조건으로 적당하지 않은 것은?

① 틈새를 쉽게, 그리고 빨리 메울 수 있는 것
② 압축률이 작지 않아서 단단하게 다져질 수 있는 것
③ 정전기 발생을 방지하기 위하여 발파공벽과 마찰이 적은 것
④ 불발이나 잔류폭약을 회수하기에 안전한 것

25 토립자의 비중이 2.6이고 공극비가 1.5인 흙의 포화도는? (단, 흙의 함수비는 15% 이다.)

① 26%　　　　② 36%
③ 46%　　　　④ 56%

26 화약류 취급소의 설치기준으로 옳지 않은 것은?

① 지붕의 스레트, 기와 그 밖의 불에 타지 아니하는 재료를 사용할 것
② 난방장치를 하는 때에는 온수. 증기를 사용하고, 열기를 이용하지 말 것
③ 문짝 외면에 두께 2mm이상의 철판을 씌우고, 2중 자물쇠 장치를 할 것
④ 단층 건물로서 도난이나 화재를 방지할 수 있는 구조로 설치할 것

27 화약류의 안정도시험을 한 사람은 그 시험결과를 누구에게 보고하여야 하는가?

① 안전행정부장관　　② 경찰청장
③ 지방경찰청장　　　④ 경찰서장

28 다음은 화약류 운반방법에 대한 설명이다.( ) 안에 들어갈 내용으로 옳은 것은?

* 화약류 운반 시 야간에 주차하고자 할 때 차량의 전방과 후방(a) 지점에 (b)을 달아야 한다.

① a 15m　　b 황색등불
② a 15m　　b 적색등불
③ a 30m　　b 황색등불
④ a 30m　　b 적색등불

29 다음은 불발된 장약에 대한 조치와 관련된 설명이다. ( )에 들어갈 내용으로 옳은 것은?

장전된 화약류를 점화하여도 그 화약류가 폭발되지 아니하거나 폭발여부의 확인이 곤란한 때에는 점화후(a)이상 전기발파에 있어서는 발파 모선을 점화기로부터 떼어서 다시 점화가

되지 아니하도록 한 후(b)이상을 경과한 후가 아니면 화약류를 장전한 곳에 사람의 출입이나 접근을 금지하여야 한다.

① a 15분 b 5분　　② a 15분 b 10분
③ a 30분 b 5분　　④ a 30분 b 10분

30 화약류 운반신고를 거짓으로 한 사람에 대한 벌칙으로 옳은 것은?

① 300만 원 이하의 과태료
② 2년 이하의 징역 또는 500만 원 이하의 벌금형
③ 3년 이하의 징역 또는 700만 원 이하의 벌금형
④ 5년 이하의 징역 또는 1천만 원 이하의 벌금형

31 화약류 운반용 축전지차 및 디젤차의 구조 기준으로 옳지 않은 것은?

① 디젤차의 배기관에는 배기가스의 온도를 80℃이하로 유지할 수 있는 배기가스냉각장치 및 소염장치를 할 것
② 디젤차의 적재함 아래면과 배기관의 간격이 300mm미만인 경우 적당한 방열장치를 할 것
③ 축전지차의 차바퀴에는 고무 타이어를 사용할 것
④ 축전지차의 전기단자 등 불꽃이 생길 염려가 있는 전기장치에는 적당한 차폐장치를 할 것

32 초유폭약에 의한 발파의 기술상의 기준으로 옳지 않은 것은?

① 기폭량에 적합한 전폭약을 같이 사용할 것
② 발파장소에서는 발파가 끝난 후 발생하는 가스에 주의 할 것
③ 장전 후에는 가급적 신속하게 점화할 것
④ 뇌관이 달린 폭약은 장전용 호스로 조심스럽

게 장전 할 것

33 화약류를 운반하는 차량이 규정에 의한 운반표지를 하지 않아도 되는 화약류의 수량으로 맞는 것은?

① 10kg 이하의 화약
② 2000개 이하의 미진동 파쇄기
③ 200개 이하의 전기뇌관
④ 500m 이하의 도폭선

34 화약류저장소와 설치허가권자의 연결로 옳은 것은?

① 장난감용 꽃불류저장소 - 경찰서장
② 도화선저장소 - 경찰서장
③ 수중저장소 - 경찰서장
④ 3급저장소 - 경찰서장

35 피뢰침 및 가공지선을 피보호 건물로부터 독립하여 설치하는 경우 피뢰침 및 가공지선의 각 부분은 피보호 건물로부터 얼마 이상의 거리를 두어야 하는가?(단, 법령상의 최소기준임)

① 1.5m 이상　　② 2.0m 이상
③ 2.5m 이상　　④ 3.0m 이상

36 현무암에 대한 설명으로 옳지 않은 것은?

① 색깔이 검고 치밀한 심성암이다.
② 다공질 구조를 가진다.
③ 제주도, 울릉도 등에 분포한다.
④ SiO_2의 함유량에 따라 분류할 때 염기성암에 해당한

37 암석 중에 생긴 틈을 말하며 양쪽 지반의 상대적 변위가 없는 것은?

① 단층　　　　② 부정합
③ 습곡　　　　④ 절리

38 다음 그림은 암석의 윤회과정을 나타낸 것이다. A,B,C,D에 해당하는 작용으로 옳지 않은 것은?

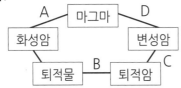

① A : 결정작용 　　② B : 고화작용
③ C : 변성작용 　　④ D : 파쇄작용

39 속성작용(diagenesis)에 대한 설명으로 옳은 것은?

① 마그마로부터 화성암이 형성되는 과정
② 화성암이 변성작용을 받아 변성암이 되는 과정
③ 퇴적암이 변성작용을 받아 변성암이 되는 과정
④ 퇴적물로부터 퇴적암이 형성되는 과정

40 강성지층과 연성지층이 교호하는 곳에서 횡압력을 받을 때 그림과 같이 주름이 생기는 습곡은?

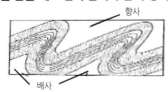

① 복배사 　　② 복향사
③ 배심습곡 　　④ 드래그습곡

41 다음 중 변성되기 전 원암과 변성암의 연결이 옳지 않은 것은? (단, 원암 - 변성암 순서임)

① 현무암 - 대리암 　　② 사암 - 규암
③ 화강암 - 편마암 　　④ 셰일 - 점판암

42 쇄설성 퇴적암에 해당하지 않는 것은?

① 역암 　　② 각력암
③ 규조토 　　④ 셰일

43 주향이 북에서 50° 서, 경사가 북동으로 30°일 때 주향, 경사의 표기방법으로 옳은 것은?(단, 주향, 경사의 순서임)

① S50° E, 30° SE 　　② E50° S, 30 ES
③ N50° W, 30° NE 　　④ W50° N, 30° EN

44 다음 ( )안의 a, b를 순서대로 옳게 나열한 것은?

화성암의 구성 광물이 작아서 육안으로 구별되지 않으나 현미경으로 볼 수 있는 것을 (a)이라 하고, 현미경으로도 광물감정이 불가능할 만큼 작은 결정들로 이루어진 것을 (b)이라 한다.

① 비현정질, 입상 　　② 미정질, 은미정질
③ 현정질, 입상 　　④ 유리질, 현정질

45 지층이 지각변동으로 역전되어 있는 경우 지층의 상하를 알아내는데 사용할 수 있는 구조가 아닌 것은?

① 사층리 　② 정리 　③ 물결자국 　④ 건열

46 화성암을 구성하는 무색광물이 아닌 것은?

① 석영 　② 정장석 　③ 휘석 　④ 백운모

47 셰일이 접촉변성작용을 받아 생성된 암석으로 다음과 같은 특징을 갖는 것은?

- 치밀, 견고하다
- 편리의 발달이 거의 없다.
- 파면이 꺼칠꺼칠한 모양을 보여준다.

① 편암(Schist) 　　② 혼펠스(Hornfels)
③ 천매암(Phyllite) 　　④ 편마암(Gneiss)

48 변성작용을 일으키는 중요한 요인 2가지는 무엇인가?

① 풍화작용, 속성작용 　② 온도, 압력
③ 결정작용, 침식작용 　④ 결정작용, 속성작용

49 다음 그림에서 단층의 경사이동을 나타내는 것은?

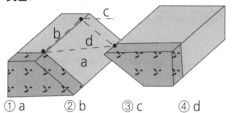

① a　　② b　　③ c　　④ d

50 화성암의 육안감정 시 가장 밝은 색을 나타내는 것은?

① 초염기성암　　② 염기성암
③ 중성암　　④ 산성암

51 다음 그림은 어떤 단층을 나타낸 것인가?

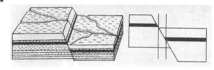

① 정단층　② 역단층　③ 주향단층　④ 사교단층

52 불연속면의 주향과 경사를 측정하는데 주로 사용하는 것은?

① 레벨(level)
② 트랜식(transit)
③ 클리노미터(clinometer)
④ 세오돌라이트(theodolite)

53 다음 중 고생대에 속하지 않는 것은?

① 쥐라기　　② 오드로비스기
③ 데본기　　④ 페름기

54 다음의 지질도에서 나타나는 부정합은 무엇인가?

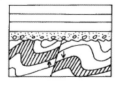

① 경사부정합　　② 평행부정합
③ 비정합　　④ 준정합

55 퇴적암 중에 관입암상처럼 들어간 화성암체의 일부가 더 두꺼워져서 렌즈상 또는 만두 모양으로 부풀어 오른 것은 무엇인가?

① 포획암　② 병반　③ 암맥　④ 암주

56 이암(mudstone)과 셰일(shale)의 차이점은?

① 엽층 또는 박리　　② 입자의 크기
③ 분급정도　　④ 입자의 모양

57 변성작용에 의하여 생성된 규산염 광물은?

① 인회석　② 석류석　③ 황철석　④ 방연석

58 화성암의 산출상태와 관련이 없는 것은?

① 저반　② 병반　③ 연흔　④ 암상

59 퇴적암 중 물에 쉽게 용해되어 지표에 구덩이나 싱크홀을 형성하는 암석은?

① 역암　② 사암　③ 실트암　④ 석회암

60 화성암에서 SiO₂의 양과 CaO 및 K₂O + Na₂O의 양과의 관계에 대한 설명으로 맞는 것은?

① SiO_2가 증가할수록 CaO, $K_2O + Na_2O$는 증가한다.
② SiO_2가 증가할수록 $K_2O + Na_2O$는 증가하고 CaO는 감소한다.
③ SiO_2가 증가할수록 CaO는 증가하고 $K_2O + Na_2O$는 감소한다.
④ SiO_2가 증가할수록 CaO, $K_2O + Na_2O$는 감소한다.

화약취급기능사 2014년 제1회 필기시험

01 다음 중 도통 시험의 목적이 아닌 것은?

① 전기뇌관과 약포와의 결합여부 확인
② 전기뇌관 각선의 단선 여부 확인
③ 발파모선과 보조모선과의 연결누락 여부확인
④ 발파모선과 전기뇌관 각선과의 연결누락 여부확인

02 파단 예정면 에 다수의 근접한 무장약공 을 천공하여 인위적인 파단면을 형성한 뒤에 발파하는 조절발파 방법은?

① 스무스 발파법(smooth blasting)
② 프리스플리팅(prespillting)
③ 줄천공법(line drilling)
④ 완충발파법(cushin blasting)

03 다음 중 전색을 실시하여 얻게 되는 효과로 옳지 않은 것은?

① 발파 위력이 증대된다.
② 가스, 석탄가루 등의 인화가 방지된다.
③ 천공수를 줄일 수 있어 경제적인 발파가 된다.
④ 발파 후 가스의 발생이 줄어든다.

04 화약류의 성분인 산화제의 종류에 해당하지 않는 것은?

① 염화수소
② 질산암모늄
③ 염소산칼륨
④ 과염소산칼륨

05 다음 중 니트로셀룰로오스(면약)에 대한 설명으로 옳은 것은?

① 아세톤에는 용해되지 않고, 에테르에 용해된다.
② 건조한 니트로셀룰로오스는 30℃ 이상의 온도에서도 운반할 수 있다.
③ 햇빛, 산, 알칼리에 자연 분해되지 않는다.
④ 질산기의 수에 따라 강면약과 약면약으로 구분한다.

06 다음에서 설명하는 성형폭약에 적용된 이론은 무엇인가?

> 성형폭약은 폭약에 금속 라이닝을 쐐기모양으로 배열하여 만든 것으로, 폭발시 금속의 미립자가 방출되고 집중되어 제트의 흐름을 형성한다. 제트의 흐름이 목표물에 충돌하면 깊은 구멍을 뚫게 되므로 군사용 또는 산업용으로 사용할 수 있다.

① 흡킨슨 효과
② 디커플링 효과
③ 노이만 효과
④ 측벽 효과

07 다음 중 도폭선의 심약으로 사용되지 않는 것은?

① 트리니트로톨루엔
② 질화납
③ 피크린산
④ 펜트리트

08 수중발파의 특징으로 옳지 않은 것은?

① 노천발파에 비해 천공작업이 어렵다.
② 확실한 기폭을 위해 사용되는 폭약 및 뇌관은 내수성 이 있어야 한다.
③ 대상암석의 일부 또는 전부가 물로 덮여 있는 상태에서 발파를 실시한다.
④ 노천발파보다 비장약량이 줄어든다.

09 누두공 시험에서 누두공의 모양과 크기에 영향을 미치는 요소로 옳지 않은 것은?

① 암반의 종류　　② 발파기의 성능
③ 폭약의 위력　　④ 전색의 정도

10 암석의 특성에 따른 폭약의 선정방법으로 맞는 것은?

① 굳은 암석에는 정적효과가 큰 폭약을 사용해야 한다.
② 장공발파에는 비중이 큰 폭약을 사용해야 한다.
③ ANFO 폭약은 용수가 있는 곳이나 통기가 나쁜곳에서 사용하면 안 된다.
④ 고온의 막장에서는 내열성이 약한 폭약을 사용해야 한다.

11 발파 진동 속도의 단위로 카인(kine)을 사용한다. 다음 중 카인(kine)과 같은 값으로 옳은 것은?

① 1mm/sec　　② 1cm/sec
③ 1m/sec　　④ 1km/sec

12 다음 심빼기의 종류 중 경사공 심빼기가 아닌 것은?

① 피라미드 심빼기　　② 노르웨이식 심빼기
③ 부채살 심빼기　　④ 코르만트 심빼기

13 다음 중 화약류를 용도에 의해 분류할 때 전폭약에 해당되는 것은?

① 테트릴　　② 다이너마이트
③ 무연화약　　④ 함수폭약

14 흑색화약의 주성분에 해당하지 않는 것은?

① 질산칼륨(KNO_3)
② 질산암모늄(NH_4NO_3)
③ 황(S)
④ 숯(C)

15 암석계수가 1.04인 암석발파에 있어서 누두지수가 1이고, 누두지름 4m, 폭약계수 0.89, 모래로 완전 전색했을 때 장약량은 얼마인가?

① 14.7kg　　② 7.4kg
③ 3.7kg　　④ 1.9kg

16 다음과 같이 회수된 코어 길이의 합을 총 시추 길이에 대한 비율로 나타낸 값은 무엇인가?

① RQD　　② RMR
③ TCR　　④ Q-syste

17 공당 장약량이 50kg이고, 지발당 최대 장약량이 100kg 이며 발파지점에서 측정지점까지의 거리가 400m일 때 자승근 환산거리는 얼마인가?

① 10m/kg$^{1/2}$　　② 20m/kg$^{1/2}$
③ 30m/kg$^{1/2}$　　④ 40m/kg$^{1/2}$

18 화약류의 인장도 시험법 중 가열시험에서 시험기의 온도를 75°C로 유지하고 48시간 가열한 결과, 줄어드는 양이 얼마 이하일 때 안전성이 있는 것으로 보는가?

① 1/50　　② 1/100
③ 1/150　　④ 1/200

19 스무스 블라스팅에서 공경이 45mm이고, 사용폭약은 정밀폭약으로 약경은 22mm일 때 디커플링 지수(Decoupling index)는?

① 4　　② 3　　③ 2　　④ 0.5

20 전류1.2 {A}. 내부저항 3.0 {Ω}인 소형 발파기를 사용하여 1.2m 각선이 달린 뇌관 6개를 직렬로 접속하여 100m 거리에서 발파하려고 할 때 소요 전압은? (단, 전기뇌관 1개의 저항 0.97 {Ω}, 모선 1m의 저항은 0.021 {Ω}이다.)

① 10.1[v]
② 12.3[v]
③ 13.8[v]
④ 15.6[v]

21 다음 중 외부작용의 종류에 따른 강도의 분류로 옳은 것은?

① 열적 작용 - 안정도
② 화학적 작용 - 순폭감도
③ 기계적 작용 - 타격감도
④ 폭발충동 - 전기적 감도

22 다음 중 조절발파의 장점에서 대한 설명으로 옳지 않은 것은?

① 여굴이 많이 발생하여 다음 발파가 용이하다.
② 발파면이 고르게 된다.
③ 균열의 발생이 줄어든다.
④ 발파 예정선에 일치하는 발파면을 얻을 수 있다.

23 다음 중 단순사면(유한사면)의 파괴형태가 아닌 것은?

① 사면선단파괴
② 사면내파괴
③ 사면저부파괴
④ 사면상부파괴

24 다음 중 화약류의 일 효과(동적효과)를 측정하는 시험방법은?

① 맹도시험
② 연판시험
③ 낙추시험
④ 유리산시험

25 난동 다이너마이트는 니트로글리세린의 얼마 정도를 니트로글리콜로 대치시킨 것을 말하는가?

① 약 10%
② 약20%
③ 약30%
④ 약40%

26 화약류 저장소에 설치하는 피뢰장치 중 피뢰도선은 직선으로 설치하되 부득이 곡선으로 할 때에 곡률 반경으로 옳은 것은?

① 5cm 이상으로 한다.
② 10cm 이상으로 한다.
③ 15cm 이상으로 한다.
④ 20cm 이상으로 한다.

27 꽃불류 사용의 기술상의 기준 중 쏘아 올리는 꽃불류는 얼마 이상의 높이에서 퍼지도록 하여야 하는가?

① 50m
② 30m
③ 20m
④ 10m

28 화약류의 사용허가를 받은 사람이 화약류를 허가받은 용도와 다르게 사용하였을 경우 벌칙은? (단, 화약류의 사용허가를 다시 받지 않은 경우)

① 5년 이하의 징역이나 1천만 원 이하의 벌금
② 3년 이하의 징역이나 700만 원 이하의 벌금
③ 2년 이하의 징역이나 500만 원 이하의 벌금
④ 300만 원 이하의 과태료

29 화약류관리보안 책임자의 결격사유로 틀린 것은.

① 20세 미만인 사람
② 운전면허가 없는 사람
③ 색맹이거나 색약인 사람
④ 듣지 못하는 사람

30 화약류저장소 주위에 간이흙둑을 설치하는 경우 그 설치 기준으로 옳지 않은 것은?

① 간이흙둑의 경사는 45도 이하로 하여야 한다.
② 간이흙둑의 높이는 3급 저장소에 있어서는 지붕의 높이 이상으로 하여야 한다.
③ 정상의 폭은 60cm 이상으로 하여야 한다.
④ 정상은 빗물이 스며들지 아니하도록 판지 등으로 씌우거나 잔디를 입혀야 한다.

31 다음 중 제2종 보안물건에 해당하는 것은?

① 촌락의 주택
② 경기장
③ 석유저장시설
④ 화약류취급소

32 운반신고를 하지 아니하고 운반할 수 있는 화약류의 종류 및 수량으로 옳은 것은?

① 총용뇌관- 20만개
② 미진동파쇄기 - 1만개
③ 도폭선-1500m
④ 장난감용꽃불류- 1000kg

33 화약류저장소에 따른 허가권자의 연결로 옳지 않은 것은?

① 1급 저장소 - 지방경찰청장
② 3급 저장소 - 지방경찰청장
③ 꽃불류저장소 - 지방검찰총장
④ 간이저장소 - 경찰서장

34 화약류를 양도 또는 양수 하고자 하는 사항은 안전행정부령이 정하는 바에 의하여 누구의 허가를 받아야 하는가?(단, 예외사항은 제외)

① 사용지 관할 지방경찰청장
② 양수지 관할 지방경찰청장
③ 주소지 관할 경찰서장
④ 사용지 관할 시·도지사

35 지상1급 저장소의 창은 저장소의 기초로부터 얼마이상의 높이로 하여야 하는가?

① 50cm이상
② 70cm이상
③ 120cm이상
④ 170cm이상

36 다음에서 설명하는 조산운동은 무엇인가?

쥐라기 말기에 한반도에서는 지질시대 중 가장 강력한 지각 변동과 큰 규모의 화성활동이 있었으며,이 결과 남한에 큰 규모의 화강암류가 관입하였다.

① 송림운동
② 연일운동
③ 대보운동
④ 불국사운동

37 다음 중 방향성을 가진 변성암으로 이루어진 것은?

① 혼펠스, 규암
② 편암, 규암
③ 혼펠스, 편마암
④ 편암, 편마암

38 화학적 퇴적암인 쳐트(chert)에 대한 설명으로 옳지 않은 것은?

① 규질의 화학적 침전물로서 치밀하고 굳은 암석이다.
② SiO_2 함량은 15% 정도이다.
③ 쳐트중에서 지층을 이룬 것을 층상쳐트라 한다.
④ 쳐트는 수석 또는 각암이라고 한다.

39 다음 중 주향에 대한 설명으로 맞는 것은?

① 지층면과 수평면이 이루는 각이다.
② 경사된 지층면의 기울기이다.
③ 경사된 지층면과 수평면과의 교차된 방향이다.
④ 주향은 항상 자북 방향을 기준으로 한다.

40 변성암에서 볼 수 있는 구조적 특징에 해당하지 않는 것은?

① 연흔   ② 편마구조
③ 편리   ④ 엽상구조

41 화성암에서 초염기성암의 SiO_2의 함량은 얼마인가?(단, 무게 %)

① 66%이상   ② 52~66%
③ 45~52%   ④ 45%이하

42 다음 중 화학적 풍화에 대한 화성암의 조암광물로 안정성이 가장 큰 것은?

① 감람석   ② 흑운모
③ 석영   ④ 휘석

43 퇴적암의 층리를 따라 관입한 화성암체의 일부가 더 두꺼워져서 볼록렌즈 모양 또는 만두 모양으로 부풀어 오른 것을 무엇이라 하는가?

① 암경   ② 저반
③ 병반   ④ 암주

44 기계적 풍화작용이 우세한 지역에 속하지 않는 것은?

① 한랭한 극지방   ② 습윤 온난한 지대
③ 건조한 사막지방   ④ 고산지대

45 기반암이 화강암이며 그 위에 퇴적층이 쌓였다면 이들 상호관계를 무엇이라 하는가?

① 난정합   ② 준정합
③ 경사부정합   ④ 평행부정합

46 다음 중 단층 양쪽 지괴의 상하운동이 가장 적은 단층은 어느 것인가?

① 정단층(normal fault)
② 역단층(reverse fault)
③ 주향이동단층(strike-slip fault)
④ 오버트러스트(overthrust)

47 화성암에서 흔히 발견되는 광물이 아닌 것은?

① 장석   ② 석영
③ 점토   ④ 흑운모

48 화성암체의 산출상태 중 지하 깊은 곳에서 가장 규모가 크게 나타나는 것은?

① 저반   ② 병반
③ 암맥   ④ 용암류

49 암석의 윤회 과정 중 마그마(Magma)에서 화성암이 생성되는 작용은?

① 고화작용   ② 결정작용
③ 침식작용   ④ 변성작용

50 복향사(synclinorium)에 대한 설명으로 옳은 것은?

① 배사가 다수의 작은 습곡으로 이루어진 지질구조
② 향사가 다수의 작은 습곡으로 이루어진 지질구조
③ 주경사의 방향으로 급곡축들이 발달한 지질구조
④ 배사가 계속 반복되는 지질구조

51 암석이 변성작용을 받으면 그 내부에서 물리적, 화학적 변화가 일어나 변성암이 생성된다. 암석이 변성작용을 받을 때 일어나는 작용이 아닌 것은?

① 속성작용   ② 재결정 작용
③ 교대작용   ④ 암쇄 작용

52 광물입자의 크기와 유색광물의 함유량에 따라 화성암을 분류할 때 다음 그림에서 현무암에 가장 가까운 것은?

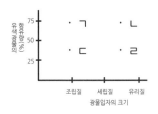

① ㄱ   ② ㄴ   ③ ㄷ   ④ ㄹ

53 다음 중 퇴적암을 분류하는 특징이 아닌 것은?

① 입자 크기   ② 경도
③ 화학 성분   ④ 물질의 기원

54 다음 중 단층면의 경사가 수평에 가까운 대규모의 역단층은?

① 주향이동단층   ② 성장단층
③ 층상단층   ④ 힌지단층

55 다음 중 결정질 조직을 가지는 퇴적암은?

① 석회암   ② 사암
③ 역암   ④ 응회암

56 다음 중 화산암에 속하지 않는 암석은?

① 유문암   ② 안산암
③ 현무암   ④ 반려암

57 다음 중 결정과 유리가 섞여있는 화성암의 조직은?

① 입상조작   ② 현정질조직
③ 유리질조직   ④ 반정질조직

58 다음 중 주로 주상절리가 발달하는 암석은?

① 화강암   ② 반려암
③ 섬록암   ④ 현무암

59 세일이 광역 변성작용을 받아 생성되는 암석의 순서로 맞는 것은?

① 슬레이트 → 천매암 → 편암 → 편마암
② 슬레이트 → 편암 → 편마암 → 천매암
③ 슬레이트 → 편마암 → 편암 → 천매암
④ 슬레이트 → 편암 → 천매암 → 편마암

60 다음에서 설명하는 습곡의 종류로 옳은 것은?

> 가. 습곡측면이 수직방향으로 놓인다.
> 나. 양 날개의 경사각이 같다.
> 다. 양 날개의 경사방향은 반대이다.
> 라. 습곡측면에 대하여 대칭을 이룬다

① 경사습곡   ② 횡와습곡
③ 등사습곡   ④ 정습곡

화약취급기능사 2013년 제5회 필기시험

01 다음 중 경사공 심빼기에 해당하는 것은?

① 번 심빼기
② 부채살 심빼기
③ 코로만트 심빼기
④ 대구경 평행공 심빼기

02 다음 중 ( )안에 알맞은 내용은?

> ( )효과란 폭약 속을 진행하는 충격파의 속도가 공기 중을 전파하는 파의 속도보다 훨씬 빠르기 때문에 저항을 받아서 폭약이 완전히 폭발되지 못하는 현상을 말한다.

① 플라즈마
② 측벽
③ 소결
④ 인장

03 발파기가 갖추어야 할 성능으로 옳지 않은 것은?

① 분실되지 않게 무겁고 대형일 것
② 절연성이 좋을 것
③ 메탄, 탄진 등에 안전할 것
④ 파손되기 어려울 것

04 다음 중 뇌관의 기폭약으로 사용되지 않는 것은?

① 아지화납
② 풀민산수은 (Ⅱ)
③ 카알릿
④ 디아조디니트로페놀

05 도폭선에 대한 설명으로 옳지 않은 것은?

① 도폭선은 폭약을 금속 또는 섬유로 피복한 끈모양의 화공품이다
② 제1종 도폭선의 심약은 TNT 또는 테트릴이다
③ 제2종 도폭선의 심약은 펜트리트 또는 헥소겐이다
④ 도폭선은 폭약의 폭속을 측정할 때 기준폭약

으로서 사용한다

06 풀민산수은 (Ⅱ) 은 폭발반응을 일으킬 때에 일산화탄소가 생성되는데 그 반응식은 다음과 같다. ( )안에 알맞은 것은?

$$Hg(ONC)_2 \rightarrow Hg + (\quad) + 2CO$$

① NO_2
② N_2
③ H_2O
④ O_2

07 누두공 시험에 누두공의 모양과 크기는 다음 사항에 의하여 달라진다 관계없는 것은?

① 암반의 종류
② 발파모선의 저항
③ 폭약의 폭력
④ 메지의 정도

08 다음 중 흑색화약의 주성분인 질산칼륨, 황, 숯의 표준배합률(%)로 옳은 것은?

① 질산칼륨 : 황 : 숯 = 75 : 10 : 15
② 질산칼륨 : 황 : 숯 = 75 : 15 : 10
③ 질산칼륨 : 황 : 숯 = 65 : 25 : 10
④ 질산칼륨 : 황 : 숯 = 65 : 10 : 25

09 다음 중 폭약계수(e)에 관한 설명으로 옳지 않은 것은?

① 기준폭약과 다른 폭약과의 발파 효력을 비교하는 계 수이다
② 강력한 폭약일수록 폭약계수 값은 작게 된다
③ 기준폭약으로 니트로글리세린 90%인 블라스팅 젤라틴 다이너마이트를 사용한다
④ 발파계수를 구성하는 요소 중 하나이다

10 화약류에 사용되는 물질 중 산소 공급제에 해당 하지 않는 것은?

① 질산칼륨   ② 질산암모늄
③ 알루미늄   ④ 과염소산칼륨

11 발파로 인하여 발생되는 진동속도와 폭풍압의 강도를 표시하는 단위는?
(단, 진동속도, 폭풍압 순서임)

① cm/sec, dB   ② cm/sec², kine
③ mm/min, dB   ④ dB, kg/cm²

12 어느 암반의 시추 코어를 이용하여 산출한 RQD(암질지수)가 50~70%였다면 이 암반의 암질상태로 옳은 것은?

① 매우불량(Very Poor) ② 불량(Poor)
③ 보통(Fair)   ④ 양호(good)

13 도트리쉬(Dautriche)시험법으로 알수 있는 것은?

① 폭약의 폭속
② 폭약의 맹도
③ 폭약의 충격파속도
④ 폭약의 비에너지크기

14 다음 중 폭약의 선택에 있어서 옳지 않은 것은?

① 강도가 큰 암석에는 에너지가 큰 폭약을 사용한다.
② 갱내에서는 후생가스가 작은 폭약을 사용한다.
③ 수중발파에서는 내수성 폭약을 사용한다.
④ 장공발파에서는 고비중 폭약을 사용한다.

15 누두공시험 이론에서 과장약을 나타내는 것은?(단, w : 최소저항선, R : 누두공의 반경)

① R/w=1   ② R/w<1

③ R/w>1   ④ R=w=1

16 수심 15m에 표토 2m가 쌓여있는 높이 10m의 암반을 수직천공하여 계단식 발파를 할 때 비장약량은 얼마인가?(단, 수직천공에 따른 비장약량은 1kg/m²으로 한다.)

① 0.99kg/m²   ② 1.49kg/m²
③ 1.99kg/m²   ④ 2.49kg/m²

17 토질사면 중 유한사면의 파괴형태에 해당하지 않는 것은?

① 사면저부파괴   ② 사면선단파괴
③ 사면내파괴   ④ 사면전도파괴

18 전기뇌관의 시험법 중 점화 전류 시험의 합격 기준으로 옳은 것은?

① 규정된 시간에 0.1A의 직류전류에는 발화되지않고, 0.5A의 직류전류에서는 발화 되어야 한다
② 규정된 시간에 0.25A의 직류전류에는 발화되지않고, 1.0A의 직류전류에서는 발화 되어야 한다
③ 규정된 시간에 0.5A의 직류전류에는 발화되지않고, 1.5A의 직류전류에서는 발화 되어야 한다
④ 규정된 시간에 1.0A의 직류전류에는 발화되지않고, 2.5A의 직류전류에서는 발화 되어야 한다

19 각선을 포함한 전기뇌관의 저항이 1.1Ω, 발파모선의 전체저항이 5Ω, 발파기의 내부저항이 8Ω일 때, 뇌관 30개를 직렬 결선하여 발화시키기 위한 소요전압은?(단, 소요전류는 3A이다)

① 118V   ② 126V

③ 138V   ④ 150V

20 충분한 발파 효과를 얻기 위한 전색물의 조건으로 옳지 않은 것은?

① 공벽과의 마찰이 클 것
② 압축률이(다짐능력)이 우수할 것
③ 틈새가 잘 메워질 것
④ 불에 잘 타서 남은 전색물의 처리가 편리할 것

21 다음 중 화약류의 안정도 시험방법에 속하지 않는 것은?

① 동결시험   ② 가열시험
③ 내열시험   ④ 유리산시험

22 공발현상이 발생하는 원인으로 옳지 않은 것은?

① 전색이 불충분할 때
② 자유면에 경사 천공할 때
③ 약장약일 때
④ 발파공 주변에 균열층이 많을 때

23 다음 중 지하수가 많은 갱내에서 사용하기에 가장적합한 폭약은?

① 질산암모늄 폭약   ② 에멀젼 폭약
③ 초유폭약   ④ 흑색화약

24 다음 중 조절발파의 종류에 해당하지 않는 것은?

① 평활면 발파   ② 선균열 발파
③ 완충발파   ④ 소할발파

25 다음 중 비전기식 뇌관의 특징으로 옳지 않은 것은?

① 미주전류가 있거나 번개가 쳐도 안전하다

② 점화 단차를 무한하게 할 수 있다
③ 충격 등에 강하다
④ 결선 후 확인은 도통 시험기를 사용한다

26 화약류 저장소 외의 장소에 저장할 수 있는 폭약량은? (단 판매업자가 판매를 위해 저장하는 경우)

① 5kg   ② 10kg
③ 15kg   ④ 20kg

27 간이저장소의 화약류 최대 저장량으로 옳은 것은?

① 화약 30kg, 폭약 15kg
② 화약 50kg, 폭약 25kg
③ 화약 2톤, 폭약 1톤
④ 화약 20톤, 폭약 10톤

28 정원의 정의로 옳은 것은?

① 동시에 공실에서 제조할 수 있는 화약류의 최대 수량
② 동시에 공실에서 제조할 수 있는 화약류의 최소 수량
③ 동시에 동일 장소에서 작업할 수 있는 종업원의 최대 인원수
④ 동시에 동일 장소에서 작업할 수 있는 종업원의 최소 인원수

29 화약류 발파의 기술상의 기준으로 옳지 않은 것은?(단, 초유폭약은 제외)

① 발파는 현장소장의 책임하에 한다
② 화약 또는 폭약을 장전하는 때에는 그 부근에서 담배를 피우거나 화기를 사용해서는 안된다
③ 한번 발파한 천공된 구멍에 다시 장전하지 않는다
④ 발파하고자 하는 장소에 누전이 되어 있는

때에는 전기발파를 하지 않는다

30 다음 ( ) 안에 알맞은 내용은?

> 화약류운반신고를 하고자 하는 사람은 화약류 운반 신고서를 특별한 사정이 없는 한 운반개시(ⓐ)전까지 (ⓑ)를 관할하는 경찰서장에게 제출 하여야 한다

① ⓐ 2시간, ⓑ도착지 ② ⓐ 2시간, ⓑ발송지
③ ⓐ 4시간, ⓑ도착지 ④ ⓐ 4시간, ⓑ발송지

31 꽃불류 저장소 주위의 방폭벽 은 두께 몇 ㎝ 이상의 철근콘크리트조로 하여야 하는가?

① 10㎝　　　　　② 15㎝
③ 20㎝　　　　　④ 25㎝

32 화약류관리보안책임자의 면허를 받은 사람은 그면허를 받은 날로부터 얼마마다 안전행정부령이 정하는 바에 의하여 갱신하여야 하는가?

① 7년　　② 5년　　③ 3년　　④ 2년

33 화약류 폐기의 기술상 기준으로 옳지 않는 것은?

① 얼어 굳어진 다이너마이트는 적은 양으로 포장하여 땅속에 묻을 것
② 화약 또는 폭약은 조금씩 폭발 또는 연소시킬 것
③ 도화선은 연소처리하거나 물에 적셔서 분해 처리할 것
④ 도폭선은 공업용뇌관 또는 전기뇌관으로 폭발 처리할 것

34 다음 중"제1종 보안물건"만으로 구성된 것은?

① 국도, 화기취급소
② 철도, 석유저장시설
③ 촌락의 주택, 공원

④ 학교, 경기장

35 화약류의 정체 및 저장 등에 있어서 폭약 1톤에 해당하는 화공품에 수량으로 옳은 것은?

① 실탄 또는 공포탄 : 400만 개
② 신호뇌관 : 25만 개
③ 총용뇌관 : 100만 개
④ 미진동 파쇄기 : 10만 개

36 다음 중 형태에 의해 절리를 구분할 때 해당하지 않는 것은?

① 주상절리　　　　② 판상절리
③ 인장절리　　　　④ 원주상절리

37 지질도상에 +의 부호로 표기된 지층이 있다. 이 지층의 주향과 경사는?

① NS, 90°EW　　② NW, 90°SE
③ EW, 90°NS　　④ 수평인 지층

38 심성암의 구조에서 그림과 같이 광물들이 동심원상으로 모여 크고 작은 공모양의 집합체를 이룬 구조를 무엇이라 하는가 ?

① 비현정질구조　　② 구상구조
③ 다공질구조　　　④ 행인상구조

39 퇴적암이 갖는 특징적인 구조에 해당하지 않는 것은?

① 층리　　　　② 편리
③ 연흔　　　　④ 건열

40 마그마가 지층면에 평행하게 관입하여 굳어진 암체의 두께가 거의 일정하게 판상을 이루는 것은?

① 저반 ② 암경
③ 병반 ④ 관입암상

41 변성작용이 일어나게 되는 가장 중요한 2가지 요인은?

① 압력, 온도 ② 공극, 화학성분
③ 밀도, 압력 ④ 물(H_2O), 온도

42 화성암 중 산성암의 SiO_2 함유량으로 옳은 것은?

① SiO_2 함유량이 45% 미만
② SiO_2 함유량이 45~52%
③ SiO_2 함유량이 52~65%
④ SiO_2 함유량이 66% 이상

43 화산분출 때에 분출된 입자들로 만들어진 퇴적암은?

① 석회암 ② 역암
③ 암염 ④ 응회암

44 마그마의 분화에 따른 고결단계 중 최종 단계는?

① 기성단계 ② 열수단계
③ 정마그마단계 ④ 페그마타이트단계

45 습곡구조의 부분 명칭 중 구부러진 모양의 가장 낮은 부분을 무엇이라 하는가?

① 윙 ② 향사
③ 배사 ④ 향사축

46 다음 그림은 무슨 단층을 나타낸 것인가?

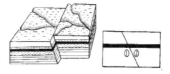

① 정단층 ② 수직단층
③ 역단층 ④ 주향이동단층

47 다음 화성암 중 가장 검은색을 띄는 암석은?

① 화강암 ② 유문암
③ 반려암 ④ 섬장암

48 석탄의 종류 중에서 탄소(C)의 함유량이 가장 적은 것은?

① 토탄 ② 갈탄
③ 역청탄 ④ 무연탄

49 기존암석의 파편이나 점토물이 쌓여서 굳어진 암석으로 또는 퇴적물이 굳은 암석으로 되는 과정을 속성작용이라 한다. 다음 중 속성작용의 순서로 옳은 것은?

① 다져짐 → 교결 → 결정질화
② 다져짐 → 결정질화 → 교결
③ 교결 → 다져짐 → 결정질화
④ 결정질화 → 교결 → 다져짐

50 다음의 화성암 중에서 심성암만으로 연결된 것은?

① 화강암, 현무안, 휘록암
② 섬록암, 휘록암, 유문암
③ 유문암, 안산암, 현무암
④ 반려암, 섬록암, 화강암

51 다음 중 석회암이나 고회암은 압력과 열의 작용으로 변성되어 만들어지는 방해석 결정들의 집합체인 결정질 석회암은?

① 점판암   ② 대리암
③ 편마암   ④ 응회암

52 다음 중 암석의 변성작용에 포함되진 않는 것은?

① 암석의 구성광물 알갱이의 형태를 변화시켜 새로운 광물이 만들어지는 재결정작용
② 암석의 구성광물들이 파쇄되는 압쇄작용
③ 새로운 물질이 첨가되는 교대작용
④ 마그마의 정출작용

53 사암이 큰 압력을 받아 생성된 변성암은?

① 편암   ② 혼펠스
③ 규암   ④ 편마암

54 다음과 같은 특징을 갖는 화성암은?

○ 주로 용암류가 산출된다
○ 주로 주상절리가 잘 발달된다
○ 주성분 광물은 Ca-사장석, 휘석 등이다

① 화강암   ② 반려암
③ 현무암   ④ 유문암

55 다음 중 규조토는 어떤 퇴적암에 해당하는가?

① 쇄설성 퇴적암   ② 화학적 퇴적암
③ 유기적 퇴적암   ④ 구조적 퇴적암

56 셰일이 광역 변성작용을 받아 변성정도가 커짐에 따라 생성되는 변성암의 순서로 옳은 것은?

① 세일→ 천매암 → 슬레이트 → 편암
② 세일→ 편암 → 천매암 → 슬레이트
③ 세일 → 슬레이트 → 편암 → 천매암
④ 세일 → 슬레이트 → 천매암 → 편암

57 다음 중 스카른광물(Skarn minerals)에 해당하는 것은?

① 흑연   ② 황철석
③ 석류석   ④ 중정석

58 다음 중 사층리에 대한 설명으로 옳지 않은 것은?

① 석회암 또는 암염으로 된 지층에서 흔히 볼 수 있다
② 바람이나 물이 한 방향으로 유동하는 곳에 쌓인 지층 에서 흔히 볼 수 있다
③ 사층리를 이용하여 지층의 역전여부를 판단할 수 있다
④ 사층리는 수심이 대단히 얕은 수저 또는 사막의 사구 에서 흔히 볼 수 있는 퇴적구조이다

59 광역변성작용에 의하여 생성된 암석의 특징으로 옳은 것은?

① 구성광물들이 일정한 방향으로 배열된다
② 구성광물들이 방향성을 가지지 못한다
③ 구성광물들이 불규칙하게 배열된다
④ 구성광물들이 점토질화 된다

60 다음 중 지질시대 구분에 해당하지 않는 것은?

① 쥐라기   ② 빙하기
③ 백악기   ④ 캄브리아기

화약취급기능사 　2013년 제1회 필기시험

01 암석의 발파에 필요한 장약량을 계산하는데 중요한 발파계수 C와 관계없는 것은?

① 체적계수　　　② 암석계수
③ 폭약계수　　　④ 전색계수

02 다음 중 화약류를 용도에 의해 분류할 때 기폭약이 아닌 것은?

① 풀민산수은(Ⅱ)　② DDNP
③ 아지화연　　　④ 테트릴

03 다음 중 습기에 가장 취약한 폭약은?

① 질산암모늄 폭약
② 슬러리폭약
③ 에멀젼폭약
④ 젤라틴 다이너마이트

04 다음 그림과 같은 암석을 소할발파 할 때의 장약량은? (단, 방법은 천공법이고, 발파계수 c = 0.02이다)

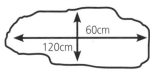

① 32g　　　② 72g
③ 162g　　　④ 288g

05 발파에 의한 파쇄도에 영향을 미치는 요인으로 옳지 않은 것은?

① 폭약의 종류　② 폭약의 사용량
③ 발파방법　　　④ 뇌관의 크기

06 다음에서 설명하는 발파에 의한 파괴이론은?

> 폭약이 폭발하면 그 폭굉에 따라서 응력파가 발생한다 암석은 압축강도보다 인장강도에 훨씬 약하므로, 입사할 때의 압력파에는 그다지 파괴되지 않아도 반사할 때의 인장파에는 보다 많이 파괴된다

① 노이만 효과　② 홉킨슨 효과
③ 측벽 효과　　④ 먼로 효과

07 화약류 1g이 부족하여 최종 화합물이 만들어질 때에 필요한 산소의 과부족량을 g 단위로 나타낸 것을 무엇이라 하는가?

① 산소평형　　　② 발열량
③ 기폭감도　　　④ 안정도

08 다음에서 설명하는 전기뇌관의 성능시험은?

> TNT 70%, 활석분말 30%를 배합하여 만든 폭약을 완전히 폭발 시켜야 한다

① 납판시험　　　② 점화전류시험
③ 단열발화시험　④ 둔성폭약시험

09 다음중 조절발파법에 속하지 않는 것은?

① 라인드릴링법　② 프리스플리팅법
③ 쿠션발파법　　④ 코로만트컷법

10 누두공시험에서 표준장약량은 최소저항선의 몇 승에 비례하는가?

① 2승　　　　② 3승

③ 4승   ④ 5승

11 풀민산수은(Ⅱ)의 폭발 후 일산화탄소의 생성을 막기 위해 배합해주는 성분은?

① 알루미늄   ② 목탄
③ 알콜   ④ 염소산칼륨

12 균질한 경암의 내부에 구상의 장약실을 만들고 폭발시켰을 때 암석내부의 파괴현상을 장약실 중심으로 부터 순서대로 올바르게 나열한 것은?

① 분쇄-소괴-대괴-균열-진동
② 분쇄-소괴-균열-진동-대괴
③ 진동-균열-대괴-소괴-분쇄
④ 균열-진동-소괴-대괴-분쇄

13 발파풍압의 감소방안으로 옳지 않은 것은?

① 완전전색이 이루어지도록 한다
② 방음벽을 설치한다
③ 지발단 장약량을 줄인다
④ 역기폭보다는 정기폭을 실시한다

14 탄광용 폭약의 감열소염제로 주로 쓰이는 것은?

① 알루미늄   ② 염화나트륨
③ 염화바륨   ④ 질산암모늄

15 조성에 의한 화약류를 분류할 때 질산에스테르류에 해당하는 것은?

① 카알릿   ② 초유폭약
③ 피크린산   ④ 니트로글리세린

16 암질지수(RQD) 값에 대한 설명으로 옳지 않은 것은?

① 암반의 강도가 클수록 커진다
② 암반의 풍화가 적을수록 커진다
③ 균질보다는 이방성인 암반일수록 커진다
④ 절리와 같은 역학적 결함이 적은 암반일수록 커진다

17 사상 순폭시험에서 약경 32mm인 다이너마이트의 최대순폭거리가 160mm이었다면 순폭도는 얼마인가?

① 0.2   ② 5
③ 10   ④ 5120

18 다음 중 토질사면의 파괴형태와 관련이 없는 것은?

① 사면저부파괴   ② 사면선단파괴
③ 사면전도파괴   ④ 사면내파괴

19 한 개의 약포가 폭발할 때 발생하는 에너지에 의하여 근접한 약포가 감응하여 폭발하는 현상을 무엇이라 하는가?

① 순폭   ② 맹도
③ 공발   ④ 소결화

20 충분한 발파효과를 얻기 위한 전색물의 조건으로 옳지 않은 것은?

① 불에 타지 않을 것
② 재료의 구입과 운반이 쉬울 것
③ 발파공 벽과의 마찰이 적을 것
④ 압축률(다짐능력)이 우수할 것

21 터널발파에서 수평공을 평행으로 뚫고 장약하지 않는 공을 두어 이를 자유면 대신에 활용하는 심빼기 공법은?

① 피라미드 심빼기   ② 부채살 심빼기
③ 번 심빼기   ④ 삼각 심빼기

22 다음 중 폭약의 선정방법으로 옳지 않은 것은?

① 굳은 암석에는 동적효과가 큰 폭약을 사용한다
② 강도가 큰 암석에는 에너지가 큰 폭약을 사용한다
③ 장공발파에는 비중이 큰 폭약을 사용해야 한다
④ 고온 막장에는 내열성 폭약을 사용해야 한다

23 계단식 노천발파에서 경사천공의 장점으로 옳지 않은 것은?

① 천공배열과 공의 직선성을 유지하기 쉽다
② 계단 뒷면의 여굴을 예방할 수 있다
③ 채굴장에 경사가 만들어져 붕괴의 위험이 적어진다
④ 수직천공에 비해 단위 천공길이당 발파량이 많아진다

24 전기뇌관을 이용한 발파 시 직렬결선의 장점으로 틀린 것은?

① 불발시 조사하기가 쉽다
② 모선과 각선의 단락이 쉽게 일어나지 않는다
③ 전기뇌관의 저항이 조금씩 다르더라도 상관없다
④ 결선작업이 용이하다

25 발파에 의해 발생되는 발파공해 중 비산의 원인으로 가장 거리가 먼 것은?

① 점화순서의 착오에 의한 지나친 지발시간
② 천공작업 시 경사천공 실시
③ 과다한 장약량
④ 단층, 균열, 연약면, 등에 의한 암석의 강도 저하

26 화약류의 운반을 위한 적재방법의 기술상의 기준으로 옳지 않은 것은?

① 운반중에 마찰이 일어나지 않도록 한다
② 화약류는 방수 도는 내화성이 있는 덮개로 덮는다
③ 화약류(초유폭약, 실탄, 공포탄 및 포탄은 제외)는 싣고자 하는 차량의 적재정량의 90퍼센트까지 적재한다
④ 운반 중에 동요하거나 굴러 떨어지지 않도록 한다

27 화약류 취급소의 설치기준으로 옳지 않은 것은?

① 단층건물로서 철근콘크리트조, 콘트리트 블록조 또는 이와 동등 이상의 견고한 재료를 사용하여 설치할 것
② 지붕은 화재 시 불에 타지 않는 재료를 사용할 것
③ 문짝 외면에 두께 2mm 이상의 철판을 씌우고, 2중 자물쇠 장치를 할 것
③ 난방장치를 하는 때에는 온수, 증기 또는 열기를 이용 하는 것만을 사용할 것

28 폭약 1톤에 해당하는 화공품의 수량으로 옳은 것은?

① 실탄 또는 공포탄 : 200만개
② 신관 또는 화관 10만개
③ 총용뇌관 100만개
④ 도폭선 100km

29 화약류의 운반신고를 하지 아니하거나 거짓으로 신고한 사람의 벌칙으로 옳은 것은?(단, 대통령령이 정 하는 수량이하의 화약류를 운반하는 경우 제외)

① 2년 이하의 징역 또는 500만 원 이하의 벌금형
② 3년 이하의 징역 또는 700만 원 이하의 벌금형

③ 5년 이하의 징역 또는 1000만 원 이하의 벌금형

④ 10년 이하의 징역 또는 2000만 원 이하의 벌금형

30 화약류 사용자는 화약류 출납부를 비치 보존하여야 한다. 화약류 출납부의 보존기간으로 옳은 것은?

① 기입을 완료한 날부터 5년
② 기입을 완료한 날부터 3년
③ 기입을 완료한 날부터 2년
④ 기입을 완료한 날부터 1년

31 화약류관리보안책임자의 면허를 받은 사람은 그 면허를 받은 날로부터 몇 년마다 갱신하여야 하는가?

① 2년   ② 3년   ③ 4년   ④ 5년

32 화약류 양수허가의 유효기간에 대한 설명으로 옳은 것은 ?

① 양수허가의 유효기간은 6개월을 초과할 수 없다
② 양수허가의 유효기간은 1년을 초과할 수 없다
③ 양수허가의 유효기간은 2년을 초과할 수 없다
④ 양수허가의 유효기간은 3년을 초과할 수 없다

33 다음 (   )안의 내용으로 옳은 것은?

> 대발파는 (   ) 이상의 폭약을 사용하여 발파하는 경우를 말한다.

① 200kg   ② 300kg
③ 400kg   ④ 500kg

34 화약류 저장소별 폭약의 최대저장량으로 옳지 않은 것은?

① 1급 저장소 : 40톤
② 2급 저장소 : 10톤
③ 3급 저장소 : 25kg
④ 수중 저장소 : 100톤

35 화공품의 안정도 시험 중 전기뇌관의 제품시험 항목에 해당하지 않는 것은?

① 납판시험   ② 내수시험
③ 연소시험   ④ 내정전기시험

36 다음 ( )안에 들어갈 내용으로 옳은 것은?

> 화성암의 반상조직에 있어서 반점모양의 큰 알갱이를 (①), 바탕을 (②)라 한다

① ①석기, ②반정   ② ①반정, ②석기
③ ①편리, ②절리   ④ ①절리, ②편리

37 석영을 주성분으로 하는 사암이 열과 압력을 받아 변성되면 무슨 암석이 되는가?

① 편마암   ② 규암
③ 혼펠스   ④ 대리암

38 다음 중 절리를 성인별로 분류할 때 해당하지 않는 것은?

① 전단절리   ② 주상절리
③ 인장절리   ④ 신장절리

39 다음 중 화학적 퇴적암에 해당하는 것은?

① 역암   ② 응회암
③ 각력암   ④ 석회암

40 주향이 북에서 55° 동, 경사가 남동으로 60°일 때 기입법으로 올바른 것은?

① N55°E, 60°SE ② N55°W, 60°SW
③ S55°E, 60°NE ④ S55°W, 60°WE

41 다음에서 설명하는 화성암의 구조는?

> 심성암의 구조에서 광물들이 동심원상으로 모여 크고 작은 공모양의 집합체를 이루고 있는 구조이다.

① 유상구조 ② 다공질구조
③ 엽리상구조 ④ 구상구조

42 다음 중 변성암에 해당하지 않는 암석은?

① 혼펠스 ② 규암
③ 감람암 ④ 대리암

43 다음 중 변성암의 조직과 관계있는 것은 ?

① 교대작용에 의한 반상 변정질 조직
② 압력에 의한 압쇄 조직
③ 분급작용에 의한 분급 조직
④ 재결정에 의한 재결정조직

44 지구의 역사를 밝히는데 사용하는 지사학의 법칙에 해당하지 않는 것은?

① 둔각의 법칙 ② 관입의 법칙
③ 지층 누중의 법칙 ④ 부정합의 법칙

45 기존 암석이 풍화되어 생성된 퇴적물이 기계적으로 운반되어 주 구성성분이 된 퇴적암은?

① 화학적퇴적암 ② 유기적퇴적암
③ 물리적퇴적암 ④ 쇄설성퇴적암

46 보웬(Bowen)의 반응계열 중 가장 마지막에 정출되는 유색광물은 무엇인가?

① 감람석 ② 휘석
③ 흑운모 ④ 각섬석

47 화강암과 같은 심성암체를 형성하고 있으며 가장 규모가 크게 산출되는 화성암체는 무엇인가 ?

① 병반 ② 저반
③ 암주 ④ 용암류

48 다음 중 중생대에 해당하지 않는 지질시대는 ?

① 백악기 ② 석탄기
③ 쥐라기 ④ 트라이아스기

49 다음의 화성암 중 염기성암으로만 이루어진 것은?

① 현무암, 반려암 ② 안산암, 섬록암
③ 유문암, 화강암 ④ 섬록암, 유문암

50 둥근 자갈들 사이를 모래나 점토가 충진 하여 교결된 것으로 자갈 콘크리트와 같은 암석은?

① 역암 ② 사암 ③ 편암 ④ 이회암

51 다음 중 저탁암이 생성되기에 가장 적합한 지질적 환경은?

① 사막 ② 습지 ③ 평야 ④ 심해저

52 화성암의 결정입자의 크기에 영향을 미치는 요인은?

① 마그마의 냉각속도 ② 마그마의 비중
③ MgO 성분의 함량 ④ SiO_2 성분의 함량

53 화성암을 산성암, 중성암, 염기성암으로 분류하는 기준으로 옳은 것은?

① 구성광물의 크기   ② 화성암의 무게
③ 마그마의 냉각위치   ④ SiO_2의 함량

54 다음 그림과 같이 한 지점을 중심으로 지괴의 움직임이 한쪽만 있고 다른 한쪽은 움직이지 않은 단층의 이름은?

① 주향이동단층   ② 층상단층
③ 사교단층   ④ 힌지단층

55 다음 중 심성암이나 변성암의 침식면 위에 퇴적암이 쌓이면서 만들어지는 부정합은?

① 준정합   ② 난정합
③ 사교부정합   ④ 평행부정합

56 다음 중 화성암의 현정질 조직에 대한 설명으로 옳은 것은?

① 현미경으로도 미정이 거의 발견되지 않는 조직
② 구성 광물의 알갱이들을 육안으로 구별할 수 있는 조직
③ 한 개의 큰 광물 중에 다른 종류의 작은 결정들이 들어있는 조직
④ 결정과 유리가 섞여있는 조직

57 다음 중 화성암의 주성분 광물은 어느 것인가?

① 전기석   ② 인회석
③ 정장석   ④ 자철석

58 퇴적암의 특징적인 구조로 옳은 것은

① 점이층리   ② 건열
③ 암맥   ④ 연흔

59 습곡의 축면이 수직이며 축이 수평이며 양쪽 날개가 대칭을 이루는 습곡은?

① 정습곡   ② 횡와습곡
③ 경사습곡   ④ 경사습곡

60 변성암중 편암에 대한 설명으로 옳은 것은?

① 육안으로 결정이 구별되나 편마암보다는 작은 결정질로 되어있다
② 편마구조가 발달되어 있고, 편마구조에 따라 잘 쪼개진다.
③ 구성광물로 장석을 가장 많이 포함하고 있으며,석영의 함량이 가장 적다
④ 접촉변성암에 해당하는 암석이다

화약취급기능사 2012년 제5회 필기시험

01 저항 1.4[Ω]의 전기뇌관 10개를 병렬결선 하여 제발시키려면 소요전압은 얼마인가?
(단, 발파모선의 1m당 0.021[Ω], 발파모선의 총연장 100m, 발파기의 내부저항 0, 소요전류는 2[A]이다)

① 32.2[V]
② 44.8[V]
③ 56.3[V]
④ 112[V]

02 질산암모늄을 함유하지 않은 스트레이트 다이너마이트를 장기간 저장하면 NG과 NC의 콜로이드화가 진행되어 내부의 기포가 없어져서 다이너마이트는 둔감하게 되고 결국에는 폭발이 어렵게 된다. 이와 같은 현상을 무엇이라 하는가?

① 고화
② 노화
③ 질산화
④ 니트로화

03 다음과 같은 조건에서 2자유면 계단식발파(bench blasting)를 실시하고자 한다 장약량은 얼마인가?
(최소저항선 : 3m, 천공간격 : 3m, 벤치높이 : 4m, 발파계수 : 0.4)

① 11.4kg
② 12.4kg
③ 13.4kg
④ 14.4kg

04 흙의 전단강도를 감소시키는 요인과 거리가 먼 것은?

① 공극수압의 증가
② 팽창에 의한 균열
③ 흙다짐의 불충분
④ 굴착에 의한 흙의 일부제거

05 비전기식 뇌관의 특징에 대한 설명으로 틀린 것은?

① 결선이 단순, 용이하여 작업능률이 높다
② 무한단수를 얻을 수 있다
③ 전기뇌관과 다르게 내부에 연시장치를 가지고 있지 않다
④ 도통시험기나 저항시험기로 뇌관의 결선여부를 확인 할 수 없다

06 다음중 경사공 심빼기 발파법이 아닌 것은?

① 코로만트 심빼기
② 부채살 심빼기
③ 노르웨이식 심빼기
④ 삼각 심빼기

07 하나의 약포가 폭발하였을 때 공기, 물, 기타의 것을 거쳐서 다른 인접한 약포가 감응 폭발하는 현상을 무엇이라 하는가?

① 기폭
② 순폭
③ 전폭
④ 불폭

08 발파 시 대피장소의 조건으로 적합하지 않는 것은?

① 경계 원으로부터 연락을 받을 수 있는 곳
② 발파로 인한 비석이 날아오지 않는 곳
③ 발파지점이 가까워서 쉽게 접근할 수 있는 곳
④ 발파의 진동으로 천반이나 측벽이 무너지지 않는 곳

09 화약류의 선정방법에 대한 설명으로 옳지 않은 것은?

① 강도가 큰 암석에는 에너지가 큰 폭약을 사용해야 한다
② 후생가스가 문제되는 광산에서는 후생가스가 적은 초유폭약(ANFO)을 사용하여야 한다
③ 장공발파에는 비중이 작은 폭약을 사용해야 한다
④ 번 심빼기(Burn cut)에는 순폭도가 좋은 폭약을 사용해야 한다

10 발파를 이용하여 옥석을 파쇄 하는 것을 소할발파라 한다 다음 중 소할발파법에 속하지 않는 것은?

① 미진동법
② 복토법
③ 사혈법
④ 천공법

11 다음 중 쿠션 블라아스팅법(Cushion blasting)의 특징에 대한 설명으로 틀린 것은?

① 라인 드릴링보다 천공 간격이 좁아 천공비가 많이 든다
② 견고하지 않은 암반의 경우나 이방성 암반에도 좋은 결과를 얻을 수 있다
③ 파단선의 발파공에는 구멍의 지름에 비하여 작은 약포지름의 폭약을 장전한다
④ 주요 발파공을 발파한 후에 쿠션 발파공을 발파한다

12 다음 중 집중발파(조합발파)의 특징으로 옳지 않은 것은?

① 암석이 강인하고 일정한 절리가 없는 암석에 이용할 수 있다
② 단일발파보다 동일 장약량에 비해 많은 채석량을 얻는다
③ 파괴암석의 비산이 적다
④ 최소저항선을 감소시킬 수 있다

13 화약류를 용도에 의해 분류할 때 다음중 발사약에 해당 하는 것은?

① 무연화약
② 뇌홍
③ TNT
④ 테트릴

14 전기뇌관의 성능시험 중 납판시험에서 사용되는 납판의 두께로 옳은 것은?

① 4mm
② 4cm
③ 6mm
④ 6cm

15 암반 분류법인 RMR 분류법의 구성인자에 해당하지 않는 것은?

① 암질지수(RQD)
② 불연속면 상태
③ 지하수상태
④ 암석의 인장강도

16 다음 중 비산의 중요한 원인으로 해당하지 않는 것은?

① 단층, 균열, 연약면, 등에 의한 암석의 강도 저하
② 발파 작업 시 지나치게 큰 용량의 발파기 사용
③ 점화순서 착오에 의한 지나치게 긴 지발시간
④ 과다한 장약량

17 다음 중 발열제로 사용되는 것은?

① DNN
② Al
③ NaCl
④ DDNP

18 누두공 시험에서 누두공의 모양과 크기에 영향을 주는 요소로 옳지 않은 것은?

① 발파기의 용량
② 암반의 종류
③ 폭약의 위력
④ 약실의 위치

19 전색물(메지)의 구비 조건으로 옳지 않은 것은?

① 발파공벽과 마찰이 적을 것

② 단단하게 다져질 수 있을 것
③ 재료의 구입과 운반이 쉬울 것
④ 연소되지 않을 것

20 다음 발파이론 중 자유면에서 반사 응력파에 의한 인장파괴와 가장 관계가 깊은 것은?

① 홉킨슨효과　　　　② 노이만효과
③ 측벽효과　　　　　④ 디커플링효과

21 다음 중 화약류의 폭발속도 측정시험법에 해당하지 않는 것은?

① 노이만법　　　　　② 도트리시법
③ 메테강법　　　　　④ 전자관 계수기법

22 다음 중 질산에스테르에 속하는 것은?

① 피크린산　　　　　② 펜트라이트
③ 테트릴　　　　　　④ 헥소겐

23 펜트라이트를 심약으로 사용하는 P-도폭선은 몇 종 도폭선에 해당되는가?

① 제1종 도폭선　　　② 제2종 도폭선
③ 제3종 도폭선　　　④ 제4종 도폭선

24 다음은 통일분류법에 의한 흙의 분류기호이다 입도분포가 양호한 모래 또는 자갈 섞인 모래를 나타내는 기호는?

① GW　　② GP　　③ SW　　④ SP

25 최소저항선을 변화시킬 경우, 장약량은 최소 저항선에 비례하여 변화하게 되는데, 최소저항선이 2배로 늘어나면 장약량은 몇 배로 증가하는가?(단, 기타 조건은 동일하다)

① 2배　　② 4배　　③ 8배　　④ 16배

26 화약류 저장소에 설치하는 피뢰장치 중 피뢰침 및 가공지선을 피보호건물로부터 독립하여 설치하는 경우 피뢰침 및 가공지선의 각 부분은 피보호건물로부터 얼마 이상의 거리를 두어야 하는가?

① 1.5m 이상　　　　② 2.0m 이상
③ 2.5m 이상　　　　④ 3.0m 이상

27 화약류 양수허가의 유효기간은 얼마를 초과할 수 없는가?

① 3개월　　　　　　② 6개월
③ 1년　　　　　　　④ 2년

28 다음 중 제4종 보안물건에 해당하지 않는 것은?

① 지방도　　　　　　② 변전소
③ 고압전선　　　　　④ 화약류취급소

29 화약류관리보안책임자 면허를 반드시 취소해야 하는 경우에 해당하지 않는 것은?

① 속임수를 쓰거나 그 밖의 옳지 못한 방법으로 면허를 받은 사실이 드러난 때
② 공공의 안녕질서를 해칠 염려가 있다고 믿을 만한 상당한 이유가 있는 때
③ 면허를 다른 사람에게 빌려준 때
④ 국가기술자격법에 의하여 자격이 취소된 때

30 지상1급 저장소의 마루는 기초에서부터 몇 ㎝ 이상의 높이로 설치하는가?

① 20㎝　　　　　　② 30㎝
③ 40㎝　　　　　　④ 50㎝

31 동일 차량에 함께 실을 수 있는 화약류 중"화약"과 함께 실을 수 없는 것은?

① 공업용뇌관, 전기뇌관(특별용기에 들어 있는 것)

② 실탄, 공포탄

③ 신관(포경용제외)

④ 도폭선

32 화약과 비슷한 추진적 폭발에 사용될 수 있는 것으로서 대통령령이 정하는 것에 해당하지 않는 것은?

① 질산요소를 주로 한 화약

② 크롬산납을 주로 한 화약

③ 황산알루미늄을 주로 한 화약

④ 브로모산염을 주로 한 화약

33 2급 화약류저장소의 설치 허가권자는 누구인가?

① 지방경찰청장　　② 경찰청장

③ 경찰서장　　　　④ 행정안전부장관

34 도폭선을 폐기처리 하고자 할 때 가장 올바른 방법은?

① 연소처리 한다.

② 물에 적셔서 분해 처리한다.

③ 소량씩 땅속에 매몰한다.

④ 공업용 뇌관 또는 전기 뇌관으로 폭발시킨다.

35 폭약 1톤에 해당하는 화공품의 환산수량으로 옳은 것은?

① 실탄 또는 공포탄 : 200만개

② 총용뇌관 : 250만개

③ 신호뇌관 : 250만개

④ 공업용뇌관 또는 전기뇌관 : 100만개

36 다음은 암석의 윤회과정을 그림으로 나타낸 것이다 ⓑ가 지하심부에서 ⓐ작용에 의해 만들어지는 대표적 암석은?

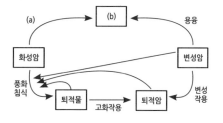

① 현무암　　　　　② 화강암

③ 편마암　　　　　④ 천매암

37 셰일(Shale)이 광역변성작용을 받으면 다음과 같은 순으로 변성정도가 큰 변성암이 생성된다 ( )안에 알맞은 것은?

셰일 → 점판암 → 천매암 → ( ) → 편마암

① 대리암　　　　　② 슬레이트

③ 편암　　　　　　④ 혼펠스

38 암석이 변성작용을 받을 때 암석 내에서 일어나는 작용으로 옳지 않은 것은?

① 압쇄작용　　　　② 재결정작용

③ 교대작용　　　　④ 분별정출작용

39 퇴적물이 퇴적분지에 운반·퇴적된 후 단단한 암석으로 굳어지기까지 물리·화학적 변화를 포함하는 일련의 변화 과정을 무엇이라 하는가?

① 분화작용　　　　② 교결작용

③ 속성작용　　　　④ 재결정작용

40 현무암에서와 같이 암석에 크고 작은 구멍이 다른 광물로 채워져서 만들어진 구조는?

① 유상 구조　　　　② 구상 구조

③ 다공질 구조　　　④ 행인상 구조

41 중생대 쥐라기 말기에 한반도에서 일어난 지질시대 중 가장 강력한 조산운동은 무엇인가?

① 송림조산운동   ② 연일조산운동
③ 대보조산운동   ④ 묘봉조산운동

42 현무암질 마그마의 분화작용에 따른 암석의 생성 순서로 좋은 것은?

① 화강암 → 섬록암 → 반려암
② 섬록암 → 화강암 → 반려암
③ 화강암 → 반려암 → 섬록암
④ 반려암 → 섬록암 → 화강암

43 다음 중 염기성암인 동시에 심성암에 해당되는 것은?

① 유문암   ② 반려암
③ 현무암   ④ 섬록암

44 다음과 같은 특징을 가지고 있는 암석은?

> 유기적 및 화학적 퇴적암에 해당한다.
> 주 구성 물질은 탄산칼슘이다.
> 동물의 화석을 많이 포함한다.
> 묽은 염산에 거품이 발생하며 녹는다.

① 셰일   ② 석회암
③ 응회암   ④ 석탄

45 다음 중 쇄설성 퇴적암으로만 나열된 것은?

① 역암, 각력암   ② 셰일, 응회암
③ 쳐트, 규조토   ④ 석고, 암염

46 배사와 향사가 반복되는 경우 습곡축면과 양쪽날개의 경사방향이 거의 평행하게 기울어진

습곡은 ?

① 경사습곡   ② 복배사
③ 침강습곡   ④ 등사습곡

47 지하수가 이동할 때에는 퇴적작용보다 침식작용이 더 현저하게 일어나는데 지하수에 포함된 성분 중 침식작용에 관여하는 것은?

① 이황화탄소(CS_2)
② 이산화탄소(CO_2)
③ 이산화황(SO_2)
④ 이산화질수(NO_2)

48 다음 중 화성암의 주성분 광물에 해당하는 것은?

① 인회석   ② 저어콘
③ 각섬석   ④ 자철석

49 다음 그림은 어떤 지질구조를 나타낸 것인가?

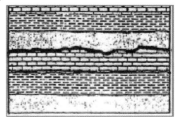

① 트러스트   ② 부정합
③ 습곡   ④ 단층

50 다음 중 평균적으로 화성암에 가장 많이 포함되어 있는 화학성분은?

① Al_2O_3 ② FeO
③ CaO ④ H_2O

51 기존 암석 중의 틈을 따라 관입한 판상의 화성암체를 무엇이라 하는가?

① 암판   ② 암주
③ 암맥   ④ 암경

52 다음 평면도와 같은 지형을 AB로 자른 단면도는?

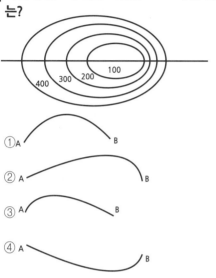

53 암석이 광역변성작용을 받으면 온도와 압력의 변화로 광물알갱이들이 평행한 배열을 하게 되는데 이러한 구조를 무엇이라 하는가?

① 엽리   ② 층리   ③ 절리   ④ 암맥

54 유수 및 파도의 작용으로 침식되고 운반된 물질이 수저에 퇴적된 암석 중 점토질암에 해당되는 암석은?

① 역암   ② 각력암   ③ 사암   ④ 이암

55 다음 ( )안에 알맞은 내용은 무엇인가?

> 지표면이 침식에 의해 깎여지면 하부의 암석은 점차 위에서 누르는 압력이 제거된다. 이때에는 제거된 압력이 장력의 효과를 일으키므로 지표 가까이에 있는 암석에는 지표면과 거의 평행한 쪼개짐이 생긴다. 이것이( )이다.

① 주상절리   ② 판상절리
③ 침식절리   ④ 압축절리

56 광물조성은 화강암과 같으나 평행구조를 가진 것이 특징인 변성암은?

① 압쇄암   ② 화강편마암
③ 혼펠스   ④ 천매암

57 주향이 북에서 55°, 경사가 남동으로 60° 일 경우 주향, 경사의 기입법 으로 옳은 것은?

① N55° E, 60° SE   ② E55° N, 60° SE
③ 55° NE, S60° E   ④ 55° NE, E60° S

58 현미경으로도 미정이 거의 발견되지 않고 전부 비결정질로 구성되어 있는 화성암의 조직은 ?

① 반상 조직   ② 문상 조직
③ 유리질 조직   ④ 현정질 조직

59 상반이 하반에 대하여 상대적으로 하향 이동한 단층으로 단층면의 경사각이 일반적으로 45° ~ 90° 인 것은?

① 정단층   ② 역단층
③ 오버드러스트   ④ 회전단층

60 다음 중 변성암에서 볼 수 없는 조직은?

① 엽리 조직
② 다이아블라스틱 조직
③ 반상 조직
④ 입상변정질 조직

화약취급기능사 2012년 제1회 필기시험

01 다음 중 암반사면의 파괴형태에 속하지 않는 것은?

① 평면파괴
② 취성파괴
③ 쐐기파괴
④ 전도파괴

02 발파대상 암반의 표준장약량을 구하기 위한 시험발파(crater test)에서 장약량 0.75kg, 최소저항선 0.7m 조건으로 시험한 결과 누두지수가 1.05였다면 이 암반에 대한 표준장약량은? (단, 기타조건은 동일하며 Dambrun의 누두지수함수 이용)

① 1.12kg ② 0.78kg ③ 0.67kg ④ 0.55kg

03 스무스 블라스팅을 위한 발파공의 지름이 45mm이고, 사용폭약은 정밀폭약으로 지름은 17mm일 때 디커플링지수(Decouping Index)는 얼마인가?

① 0.4 ② 1.5 ③ 2.7 ④ 4.5

04 기폭약을 장전하는 방법 중 역기폭과 비교하여 정기폭 에 대한 설명으로 옳지 않는 것은?

① 장공발파에서 효과가 우수하다
② 폭약을 다지기가 유리하다
③ 순폭성이 우수하다
④ 장전폭약을 회수하는데 불리하다

05 다음 중 발파작업장 주변에 전기공작물이 있어서 미주전류가 예상되거나 정전기, 낙뢰 등의 위험이 있는 곳에서 안전하게 사용할 수 있는 뇌관은?

① 순발전기뇌관
② DS지발전기뇌관
② MS지발전기뇌관
④ 비전기식뇌관

06 다음 중 조성에 의한 혼합 화약류의 분류로 옳지 않는 것은?

① 니트라민류,: 헥소겐
② 질산염 화약 : 흑색화약
③ 염소산염 폭약 : 스프링겔 폭약
④ 과염소산염 폭약 : 칼릿

07 다음 중 폭약의 겉보기 비중과 감도에 대한 설명으로 옳지 않는 것은?

① 폭약은 비중이 클수록 폭발 속도나 맹도가 크다.
② 겉보기 비중이란 폭약량을 약포의 부피로 나눈 값이다
③ 폭약은 비중이 작을수록 기폭하기 어렵다.
④ 저비중 폭약은 탄광 및 장공발파에 사용된다.

08 단위무게에 대한 폭발열을 높이고, 폭발 후 일산화탄소의 생성을 막기 위해 제조하는 뇌홍폭분의 혼합비는?

① 뇌홍:KNO_3 = 80:20
② 뇌홍:$KClO_3$ = 80:20
③ 뇌홍:KNO_3 = 70:30
④ 뇌홍:$KClO_3$ = 70:30

09 초유폭약(AN-FO)에 대한 설명 중 틀린 것은?

① 질산암모늄과 경유를 혼합하여 제조한다
② 흡습성이 있어 장기저장이 어렵다
③ 뇌관으로 기폭이 가능하여 별도의 전폭약포

가 필요없다

④ 석회석의 채석 등 노천채굴에 적합하다

10 도폭선의 내수시험에서 사용되는 도폭선의 길이와 수압 및 침수시간으로 옳은 것은?

① 길이 1.0m, 수압 0.1kg/㎠, 침수시간 1시간이상
② 길이 1.3m, 수압 0.2kg/㎠, 침수시간 2시간이상
③ 길이 1.5m, 수압 0.3kg/㎠, 침수시간 3시간이상
④ 길이 2.0m, 수압 0.5kg/㎠, 침수시간 4시간이상

11 터널발파의 심빼기 공법 중 평행공 심빼기에 해당하는 것은?

① 피라미드 심빼기   ② 부채살 심빼기
③ 노르웨이식 심빼기   ④ 코로만트 심빼기

12 다음 중 트랜치 발파에 대한 설명으로 옳지 않는 것은?

① 석유 송유관이나 가스 공급관 등을 묻기위한 도랑을 굴착하기 위한 발파이다
② 계단의 높이에 비해 계단의 폭이 좁은 형태의 발파이다.
③ 정상적인 계단식 발파보다 비장약량이 감소된다.
④ 트렌치 발파에서 발파공은 경사천공을 실시한다.

13 발파 위험구역 안의 통행을 막기 위해서 배치하는 경계원 에게 확인시켜야 할 사항으로 옳지 않은 것은?

① 비석의 상태 점검
② 경계하는 위치
③ 경계하는 구역
④ 발파 완료 후의 연락방법

14 다음 중 폭약의 폭발 온도를 저하시키기 위하여 사용되는 감열소염제로 옳은 것은?

① 염화나트륨(NaCl)   ② 염화수소(HCl)

③ 질산바륨($Ba(NO_3)_2$)   ④ 질산칼륨(KNO_3)

15 다음 중 〈보기〉의 설명에 해당하는 것은?
　　〈보기〉: 화약류를 어느 목적에 적합하게 가공한 것(도화선, 도폭선 등)

① 발사약   ② 파괴약
③ 기폭약   ④ 화공품

16 폭약의 폭발속도에 영향을 주는 요소로 옳지 않는 것은?

① 약포의 지름   ② 발파기의 용량
③ 폭약의 양   ④ 폭약의 장전밀도

17 화약의 폭발생성가스가 단열팽창을 할 때에 외부에 대해서 하는 일의 효과를 설명하는 것은?

① 동적효과   ② 정적효과
③ 충격열효과   ④ 파열효과

18 니트로셀룰로오스에 대한 설명으로 옳은 것은?

① 산, 알칼리에 자연 분해되지 않는다
② 건조하면 안전하나 습하면 타격이나 마찰에 의해 폭발한다.
③ 에테르에 용해되지 않는다.
④ 외관은 솜과 같고 암실에서 인광을 발한다.

19 측정시간 동안의 변동에너지를 시간적으로 평균하여 대수로 변환한 것으로 Leq dB로 표기하는 것은?

① 최고 소음 레벨   ② 최저 소음 레벨
③ 평균 소음 레벨   ④ 등가 소음 레벨

20 자유면에 평행한 여러 개의 발파공을 구멍지름, 공간간격, 천공길이를 동일하게 하여 전기뇌관으로 동시에 발파하는 방법을 무엇이라

하는가?

① 분한발파　　② 기발발파
③ 정밀발파　　④ 제발발파

21 발파진동속도를 표시할 때 카인(kine)이라는 단위를 쓴다. 다음 중 1카인(kine)과 동일 한 것은?

① 1cm
② 1cm/sec
③ 1cm/sec^2
④ 1gal

22 낙추시험에 대한 설명으로 옳은 것은?

① 폭약의 폭발속도를 측정하는 시험
② 폭약의 충격감도를 측정하는 시험
③ 폭약의 마찰계수를 측정하는 시험
④ 폭약의 순폭도를 측정하는 시험

23 다음 중 발파진동에 대한 설명으로 옳지 않는 것은?

① 발파로 인하여 발생하는 총에너지 중에서 일부가 탄성파로 변환되어 발파진동으로 소비된다.
② 발파에 의한 지반진동은 변위, 입자속도, 가속도와 주파수로 표시된다.
③ 발파진동의 진동파형은 자연지진에 비해 비교적 단순하다.
④ 발파진동의 주파수 대역은 1Hz 이하이다.

24 최대지름이 130cm, 최소지름이 120cm인 암석을 소할 발파할 때의 장약량은 얼마인가? (단, 발파계수 C의 값은 0.01로 한다)

① 120g
② 130g
③ 144g
④ 169g

25 암반분류법인 Q분류법에서 Q값을 구하는 식으로 옳은 것은?

RQD : 암질지수
Jn : 절리군의 수
Jr : 절리군의 거칠기 계수
Ja : 절리의 풍화, 변질계수
Jw : 지하수에 의한 저감계수
SRF : 응력저감계수

① $Q = \dfrac{RQD}{J_n} \times \dfrac{J_r}{J_a} \times \dfrac{J_w}{SRF}$

② $Q = \dfrac{J_n}{RQD} \times \dfrac{J_a}{J_r} \times \dfrac{SRF}{J_w}$

③ $Q = \dfrac{RQD}{J_n} \times \dfrac{J_r}{J_a} \times \dfrac{SRF}{J_w}$

④ $Q = \dfrac{RQD}{J_n} \times \dfrac{J_a}{J_r} \times \dfrac{J_w}{SRF}$

26 운반표지를 하지 않고 운반할 수 있는 화약류의 수량으로 옳은 것은?

① 10kg 이하의 폭약
② 200개 이하의 공업용뇌관 또는 전기뇌관
③ 2만개 이하의 총용 뇌관
④ 100m 이하의 도폭선

27 화약류를 수출 또는 수입하고자 하는 사람은 그때마다 누구의 허가를 받아야 하는가?

① 경찰서장
② 지방경찰청장
③ 경찰청장
④ 행정안전부장관

28 화약류 운반신고 방법에 대한 설명으로 옳은 것은?

① 특별한 사정이 없는 한 화약류 운반개시 12시간전까지 발송지 관할 경찰서장에게 신고해야 한다.

② 화약류의 운반기간이 경과한 때에는 운반신고필증을 도착지 관할 경찰서장에게 반납해야 한다.

③ 화약류를 운반하지 아니하게 된 때에는 운반신고필 증을 발송지 관할 경찰서장에게 반납할 필요가 없다.

④ 화약류의 운반을 완료한 때에는 운반신고필증을 도착지 관할 경찰서장에게 반납해야 한다.

29 꽃불류저장소의 위치구조 및 설비의 기준 중 저장소의 마루 밑에는 몇 개 이상의 환기통을 설치해야 하는가?

① 1개 이상   ② 2개 이상

③ 3개 이상   ④ 4개 이상

30 화약류의 정체 및 저장에 있어 폭약 1톤에 해당하는 화공품의 환산수량으로 맞는 것은?

① 실탄 또는 공포탄 300만개

② 공업용뇌관 또는 전기뇌관 100만개

③ 도폭선 100km

④ 미진동파쇄기 10만개

31 전기발파의 기술상의 기준 중 동력선 또는 전등선을 전원으로 사용하고자 할 때 전선에 몇 암페어 이상의 전류가 흐르도록 하여야 하는가?

① 4암페어 이상   ② 3암페어 이상

③ 2암페어 이상   ④ 1암페어 이상

32 다음 중 법령상 용어의 정의로 옳지 않은 것은?

① 정원이라 함은 동시에 동일 장소에서 작업할 수 있는 종업원의 최소인원수를 말한다.

② 공실이라 함은 화약류의 제조 작업을 하기 위하여 제조소 안에 설치된 건축물을 말한다.

③ 전체량이라 함은 동일공실에 저장할 수 있는 화약류의 최대수량을 말한다.

④ 보안물건이라 함은 화약류의 취급상의 위해로부터 보호가 요구되는 장비 시설 등을 말한다.

33 화약류저장소가 보안거리 미달로 보안건물을 침범했을 경우 행정처분기준은?

① 허가취소   ② 감량 또는 이전명령

③ 6월 효력정지   ④ 3월 효력정지

34 다음 중 경찰서장의 허가를 받아 설치할 수 있는 화약류저장소는?

① 1급 저장소

② 3급 저장소

③ 장난감용 꽃불류저장소

④ 도화선저장소

35 화약류의 사용지를 관찰하는 경찰서장의 사용허가를 받지 아니하고 화약류를 발파 또는 연소시킬 경우의 벌칙으로 옳은 것은? (단, 예외 사항은 제외)

① 5년 이하의 징역 또는 1천만 원 이하의 벌금형

② 3년 이하의 징역 또는 700만 원 이하의 벌금형

③ 2년 이하의 징역 또는 500만 원 이하의 벌금형

④ 300만 원 이하의 과태료

36 다음 중 암석의 윤회에 관한 설명으로 옳지 않은 것은?

① 암석윤회는 지구의 내부, 외부의 상호작용으로부터 일어난다.

② 암석윤회는 지구가 생성된 이래로 오랜 시간 동안 계속적으로 반복되고 있다.

③ 암석윤회에 소요되는 시간은 지질시대와 상관없이 항상 일정하다.

④ 암석윤회과정을 통하여 화성암은 퇴적암이 될 수 있고, 퇴적암은 변성암이 될 수 있으며, 변성암은 화성암이 될 수 있다.

37 다음은 화성암의 주 구성 광물이다. 경도(굳기)가 가장 큰 것은?

① 석영   ② 백운모   ③ 정장석   ④ 휘석

38 다음 중 쇄설성 조직을 나타내는 퇴적암은?

① 석회암   ② 암염   ③ 역암   ④ 규조토

39 화학조성에 의한 화성암의 분류 중 산성암에 해당 하는 암석은?

① 화강암   ② 섬록암
③ 현무암   ④ 감람암

40 절리의 특징에 대한 설명으로 옳지 않은 것은?

① 단층, 습곡의 원인이 된다.
② 지표수가 지하로 흘러 들어가는 통로가 된다.
③ 풍화 , 침식작용을 촉진시키는 원인이 된다.
④ 채석장에서 암석 채굴시 절리를 이용하여 효율적인 작업을 할 수 있다.

41 주향이 북에서 50° 서, 경사가 북동으로 30°일 때 주향, 경사의 표시방법으로 옳은 것은? (단, 주향, 경사의 순서임)

① S50°E, 30°SE   ② E50°S, 30°ES
③ N50°W, 30°NE   ④ W50°N, 30°EN

42 습곡구조에서 구부러져 내려간 가장 낮은 부분을 무엇이라 하는가?

① 배사   ② 윙   ③ 향사   ④ 축

43 흐른 무늬가 있는 암석이라는 뜻으로, 화산에서 분출된 마그마가 흘러내리면서 굳어져서 평

행구조를 가진 화산암은?

① 현무암   ② 화강암
③ 유문암   ④ 안산암

44 다음 그림에서 단층의 경사이동을 나타낸 것은?

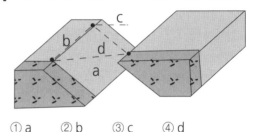

① a   ② b   ③ c   ④ d

45 우리나라에서 가장 규모가 큰 지각변동인 대보조산운동이 일어난 시기로 옳은 것은?

① 제3기   ② 트라이아스기
③ 페름기   ④ 쥐라기

46 다음 중 지하 심부 암석이 침식을 받아 지표에 노출되면 암석에 작용하던 상부하중이 제거되면서 지표면과 평행하게 형성되는 절리는?

① 신장절리   ② 주상절리
③ 판상절리   ④ 구상절리

47 다음의 지질도에서 나타나는 부정합은 무엇인가?

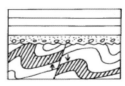

① 평행부정합   ② 사교부정합
③ 비정합   ④ 준정합

48 세일이 광역변성작용을 받아 변성정도가 높아짐에 따라 형성되는 변성암의 순서로 옳은 것은?

① 슬레이트→천매암→편암→편마암
② 천매암→편마암→슬레이트→편암

③ 편암→천매암→편마암→슬레이트

④ 편마암→편암→슬레이트→천매암

49 다음 중 현미경으로도 미정이 거의 발견되지 않고 전부 비결정질로 구성되어 있는 화성암의 조직은 ?

① 현정질 조직
② 입상 조직
③ 유리질 조직
④ 반상 조직

50 화성암체의 산출상태에 있어서 모암과 조화적 관입(concordant intrusion)관계인 것은?

① 암상, 병반
② 암맥, 암상
③ 암맥, 저반
④ 암주, 저반

51 다음 중 규장암에 대한 설명으로 옳지 않은 것은?

① 간혹 석영의 반정을 가진다.
② 식물의 화석을 포함하는 경우가 많다.
③ 흰색이며 비현정질의 치밀한 암석이다.
④ 화성암으로 산성암에 해당한다.

52 다음 중 야외에서 단층을 확인하는 증거로 사용되지 않는 것은?

① 단층점토
② 단층면의 주향,경사
③ 단층각력
④ 단층면의 긁힌 자국

53 습곡의 축면이 거의 수평으로 기울어져 있는 습곡은?

① 배심습곡
② 횡와습곡
③ 향심습곡
④ 동형습곡

54 다음 ( )안에 내용으로 알맞은 것은?

광택이나 색이 비슷한 광물을 구분하기 위하여 백색 자기판에 광물을 그어 나타나는 ( )을/를 확인하여 광물을 구분한다.

① 냄새
② 경도
③ 조흔색
④ 투명도

55 다음 중 접촉변성암에 해당하는 것은?

① 편암
② 혼펠스
③ 편마암
④ 천매암

56 파쇄작용이 주원인이 되어 이루어진 변성암은?

① 규암
② 편암
③ 대리암
④ 압쇄암

57 다음 중 고생대의 마지막 기(紀)는 어느 것인가?

① 페름기
② 데본기
③ 캄브리아기
④ 실루리아기

58 다음과 같은 특징을 갖는 변성작용은 무엇인가?

엽리구조가 잘 발달된다.
높은 압력과 열에 기인한다.
넓은 지역에 걸쳐 나타난다.

① 접촉변성작용
② 열변성작용
③ 파쇄변성작용
④ 광역변성작용

59 다음과 같은 특징을 갖는 단층은 무엇인가?

알프스와 같은 습곡산맥에서 많이 발견된다.
단층면의 경사가 45° 이하로 수평에 가깝다.
강력한 횡압력으로 형성된다.
습곡-횡와습곡-역단층의 단계로 형성된다.

① 오비스러스트
② 성장단층
③ 변환단층
④ 계단단층

60 다음 ( )안의 내용으로 가장 적합한 것은?

화성암을 분류하는 기준은(Ⓐ)의 성분비와 산출상태에 따라 나타나는 (Ⓑ)에 의하여 결정된다

① Ⓐ MgO Ⓑ색상
② Ⓐ CaO Ⓑ 반점
③ Ⓐ FeO Ⓑ 압력
④ ⒶSiO_2 Ⓑ 조직

화약취급기능사 2011년 제5회 필기시험

01 노천발파를 위한 경사천공의 장점으로 옳지 않는 것은?

① 발파공의 직선성 유지 용이
② 느슨한 암석의 자유면 보호
③ 자유면 반대 방향의 후면 파괴 감소
④ 1자유면에서의 문제성 감소

02 다음 그림과 같은 암체를 천공법을 이용하여 소할발파 하고자 한다. 장약량은 얼마로 하여야 하는가?(단, 발파계수 c = 0.01)

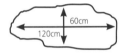

① 20g ② 36g ③ 81g ④ 144g

03 전기발파 결선법 중 병렬식 결선법의 장점으로 옳지 않는 것은?

① 대형발파에 이용된다.
② 전기뇌관의 저항이 조금씩 달라도 큰 문제가 없다.
③ 전원에 동력선, 전등선을 이용할 수 있다.
④ 결선이 틀리지 않고 불발 시 조사하기 쉽다.

04 다음 중 화공품에 속하지 않는 것은?

① 도화선
② 미진동 파쇄기
③ 도폭선
④ 면약

05 폭약은 폭발하였지만 폭약의 파괴량이 극히 적거나 전면 파괴가 일어나지 않고 폭발가스만이 균열층을 통해서 새어나가는 현상을 무

엇이라 하는가?

① 사압현상
② 유폭현상
③ 소결현상
④ 공발현상

06 다음 중 발파 진동의 감소대책으로 옳지 않는 것은?

① 지발발파를 실시한다.
② 방진구를 설치한다.
③ 자유면을 더 많이 확보한다.
④ 방음벽을 설치한다.

07 화약류의 타격 감도를 확인하기 위한 낙추시험에서 임계폭점은 폭발률 몇%의 평균높이를 의미하는가?

① 25% ② 50% ③ 75% ④ 100%

08 폭약이 폭발할 때 자유면으로 입사하는 압력파 에는 그다지 파괴되지 않아도 반사할 때의 인장파 에는 많이파괴된다 이와 같은 현상을 무엇이라 하는가?

① 홉킨슨 효과
② 노이만 효과
③ 먼로 효과
④ 도플러 효과

09 다음 중 전기뇌관의 성능시험법이 아닌 것은?

① 납판시험
② 둔성폭약시험
③ 점화전류시험
④ 연주확대시험

10 화약류의 안정도 시험 중 내열시험에서 합격품으로 규정되는 기준은?

① 65℃에서 8분 이상의 내열시간

② 65℃에서 6분 이상의 내열시간
③ 85℃에서 8분 이상의 내열시간
④ 85℃에서 6분 이상의 내열시간

11 다음 중 뇌홍을 사용하는데 사용되는 주원료는?

① 목분(c)　　　　② 유황(S)
③ 수은(Hg)　　　④ 납(Pb)

12 공의 지름이 45mm가 되도록 천공을 하고 약경17mm의 정밀 폭약 1호를 사용하여 발파작업을 하려 한다. 디커플링지수는 얼마인가?

① 2.65　　　　② 2.05
③ 1.88　　　　④ 0.37

13 다음 중 폭약계수(e)의 값이 가장 작은 폭약은?

① NG93% 스트렝스 다이너마이트
② 카알릿(carlit)
③ 질산암모늄 다이너마이트
④ 탄광용 질산암모늄 폭약

14 암반 분류 방법 중 RMR 값을 산정하기 위한 주요인자가 아닌 것은?

① 암석의 전단강도　　② 불연속면 간격
③ 암질지수(RQD)　　④ 지하수상태

15 비전기식 뇌관에 대한 설명으로 옳지 않는 것은?

① 점화단차를 무한하게 할 수 있다
② 작업이 신속하고 정확하다
③ 회로시험기로 결선의 확인이 용이 하다
④ 미주전류에 안전하고 충격에 강하다.

16 구조물에 대한 발파 해체 공법 중 제약된 공간, 특히도심지에서 적용할 수 있는 것으로 구조물 외벽을 중심부로 끌어당기며 붕락시는 공

법은?

① 전도공법　　　② 내파공법
③ 단축붕괴공법　　④ 상부붕락공법

17 어떤 흙의 자연 함수비가 그 흙의 액성 한계비 보다높다면 그 흙의 상태는?

① 소성상태　　　② 액체상태
③ 반고체상태　　④ 고체상태

18 다음 중 조건에서 폭약의 선택이 가장 올바른 것은?

① 수분이 있는 곳에서는 내열성 폭약을 사용한다.
② 장공발파에는 비중이 큰 폭약을 사용한다.
③ 굳은 암석에는 동적효과가 작은 폭약을 사용한다.
④ 강도가 큰 암석에는 에너지가 큰 폭약을 사용한다.

19 다음 중 뇌관의 첨장약으로 사용되지 않은 것은?

① 테트릴　　　② 헥소겐
③ 카알릿　　　④ 펜트리트

20 다음 중 표준장약을 나타내는 것은?

① $n = \dfrac{W}{R} \geq 1$　　② $n = \dfrac{R}{W} = 1$

③ $n = \dfrac{R}{W} > 1$　　④ $n = \dfrac{R}{W} < 1$

21 폭약을 발파공에 장전한 후 전색물 로 발파공을 메워 틈새 없이 완전 전색하였다면 전색계수(D)는 일반적으로 얼마인가?

① D = 0.5　　　② D = 1.0
③ D = 1.25　　　④ D = 1.5

22 다음 중 계단식 발파의 장점으로 옳지 않는 것은?

① 계획적인 발파기 기능하여 대규모 발파에 유리하다.
② 장공발파에 값이 싼 폭약을 사용할 수 있다.
③ 발파설계가 단순하며, 작업능률이 높다.
④ 날씨나 계절변화에 영향을 받지 않는다.

23 다음 중 질산암모늄 폭약의 예감제로 사용되지 않는것은?

① DNN
② TNT
③ 니트로글리세린
④ 목분

24 저항 1.2Ω의 전기뇌관 10개를 직렬결선하여 제발시키기 위한 필요 전압은 얼마인가?(단, 발파모선의 저항은 0.01Ω/m, 발파모선의 총 연장200m, 발파기의 내부 저항은 0, 소요전류는 1A로 한다)

① 8V
② 14V
③ 29V
④ 34V

25 다음 중 니트로글리콜(Ng)에 대한 설명으로 옳은 것은?

① 감도가 니트로글리세린보다 예민하다
② 니트로셀룰로오스와 혼합하면 -30℃에서도 동결하지 않는다.
③ 순수한 것은 무색이나 공업용은 담황색으로 유동성이 좋다.
④ 뇌관의 기폭에는 둔감하다.

26 다음 중 화약류 취급에 대한 설명으로 가장 옳지 않는 것은?

① 사용하다가 남은 화약류는 즉시 폐기처리할 것
② 화약ㆍ폭약과 화공품은 각각 다른 용기에 넣어 취급할 것
③ 굳어진 다이너마이트는 손으로 주물러서 부

드럽게 할 것
④ 낙뢰의 위험이 있는 때에는 전기뇌관에 관계되는 작업을 하지 말 것

27 화약류사용자가 비치하여야 하는 화약류출납부는 그 기입을 완료한 날로부터 몇 년간 보존하여야 하는가?

① 1년
② 2년
③ 3년
④ 4년

28 일시적인 토목공사를 하거나 그 밖의 일정한 기간의 공사를 하는 사람이 그 공사에 사용하기 위하여 화약류를 저장하고자 하는 때에 한하여 설치할 수 있는 화약류저장소는?

① 간이 저장소
② 2급 저장소
③ 3급 저장소
④ 수중 저장소

29 화약류 양수허가의 유효기간에 대한 설명으로 옳은 것은?

① 6개월을 초과할 수 없다
② 1년을 초과할 수 없다
③ 2년을 초과할 수 없다
④ 3년을 초과할 수 없다

30 화약류관리보안책임자 면허를 반드시 취소해야 하는 경우에 해당하지 않는 것은?

① 국가기술자격법에 의하여 자격이 취소된 때
② 면허를 다른 사람에게 빌려준 때
③ 공공의 안녕질서를 해칠 염려가 있다고 믿을 만한 상당한 이유가 있는 때
④ 속임수를 쓰거나 그 밖의 옳지 못한 방법으로 면허를 받은 사실이 드러난 때

31 화약류저장소 주위에 간이흙둑을 설치하는 경우 그 설치기준으로 옳지 않은 것은?

① 간이흙둑의 경사는 45도 이하로 하여야 한다.

② 간이흙둑의 높이는 3급 저장소에 있어서는 지붕의 높이 이상으로 하여야 한다.
③ 정상의 폭은 60cm 이상으로 하여야 한다.
④ 정상은 빗물이 스며들지 아니하도록 판자 등으로 씌우거나 잔디를 입혀야 한다.

32 운반신고를 하지 아니하고 운반할 수 있는 화약류의 수량으로 옳은 것은?

① 총용뇌관 100만개   ② 도폭선 1500m
③ 화약 50kg   ④ 미진동파쇄기 1만개

33 화약류저장소의 위치, 구조 및 설비를 허가 없이 임의로 변경하였을 경우에 그 벌칙은?

① 5년 이하의 징역 또는 1천만 원 이하의 벌금
② 3년 이하의 징역 또는 700만 원 이하의 벌금
③ 2년 이하의 징역 또는 500만 원 이하의 벌금
④ 300만 원 이하의 과태료

34 다음 중 보안물건의 구분으로 옳지 않은 것은?

① 제1종 보안물건 : 학교
② 제2종 보안물건 : 공원
③ 제3종 보안물건 : 발전소
④ 제4종 보안물건 : 석유저장시설

35 화약류 안정도시험을 실시한 사람은 시험결과를 누구에게 보고하여야 하는가?

① 행정안전부장관   ② 경찰청장
③ 지방경찰청장   ④ 경찰서장

36 화학조성에 따른 화성암의 분류 중 SiO_2의 함유량이 45%(wt %) 미만인 것을 무엇이라 하는가?

① 산성암   ② 중성암
③ 염기성암   ④ 초염기성암

37 일반적인 화성암이 갖는 대표적인 구조와 조직에 해당하지 않는 것은?

① 압쇄구조   ② 유상구조
③ 반상조직   ④ 유리질조직

38 다음 중 단층의 발견이 쉽고 전이의 양까지도 알아낼 수 있는 암층은?

① 퇴적암   ② 변성암
③ 화성암   ④ 심성암

39 다음 그림에서 단층의 실 이동거리를 나타낸 것은?

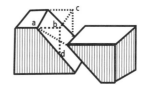

① aa   ② bd   ③ bc   ④ ad

40 화학적 퇴적물 중 칠레 초석의 화학조성은 무엇인가?

① $CaCO_3$ ② $NaCl$
③ $NaNO_3$ ④ $CaSO_3$

41 경사진 단층면에서 상반이 위로 올라간 단층으로 주로 압축력의 작용으로 생긴 단층은?

① 수직단층   ② 주향이동단층
③ 역단층   ④ 정단층

42 다음 중 유기적 퇴적암이 아닌 것은?

① 석탄   ② 석회암
③ 각력암   ④ 정단층

43 변성작용을 일으키는 중요한 요인 2가지는 무엇인가?

① 풍화작용, 속성작용 ② 온도, 압력
③ 결정작용, 침식작용 ④ 융기, 침강작용

44 규장질(felsic) 암석에 대한 설명으로 옳지 않은 것은?

① 일반적으로 밝은 색을 띤다
② 실리카(SiO_2)의 함량이 높은 편이다
③ 마그네슘과 철의 함량이 높은 편이다
④ 대표적인 암석으로 화강암을 들 수 있다

45 다음 중 지층의 주향과 경사를 측정하는데 쓰이는 것은?

① 토탈스테이션 ② 아네모미터
③ 신틸로미터 ④ 클리노미터

46 다음 중 화산분출 때 분출된 입자들로 만들어진 화성쇄설암에 해당하는 것은?

① 응회암 ② 석회암
③ 역암 ④ 규조토

47 정장석이 화학적 풍화작용을 받으면 어떤 광물로 변하는가?

① 석회석 ② 고령토
③ 형석 ④ 인회석

48 화학성분은 이고, 규장질 암에는 부피로 전체의 30%를 차지하나 중성 및 고철질암에는 극히 적거나 없는 광물은?

① 장석 ② 흑운모
③ 석영 ④ 각섬석

49 다음 중 엽리를 보이는 변성암에 해당하지 않는 것은?

① 점판암 ② 편암
③ 편마암 ④ 규암

50 지각을 구성하고 있는 8대 원소에 포함되지 않는 것은?

① 수소(H) ② 나트륨(Na)
③ 알루미늄(Al) ④ 철(Fe)

51 습곡을 이룬 지층의 단면에서 구부러진 모양의 정상부 명칭과 가장 낮은 부분의 명칭 순서대로 바르게 연결된 것은?

① 배사, 향사
② 향사, 배사
③ 윙(wing), 림(limb)
④ 림(limb), 윙(wing)

52 지름 2mm 이상의 자갈들 사이에 모래, 점토 등이채워져서 고결되어 있는 암석은?

① 역암 ② 사암
③ 실트스톤 ④ 셰일

53 다음 중 셰일이 분포하는 지역에 화강암이 관입하면서 관입암 주위의 셰일에 저촉변성작용이 일어나 생성된 변성암은?

① 혼펠스 ② 슬레이트
③ 편마암 ④ 천매암

54 결정질 석회암이라고도 하며, 묽은 염산에 넣으면 거품을 관입암 주위의 셰일에 접촉변성작용이 일어나 생성된 변성암은?

① 천매암 ② 대리암
③ 점판암 ④ 섬록암

55 부정합면이 발견되지 않고 성층면으로 대표되나 그 사이에 큰 결층이 있는 부정합은?

① 준정합　　　　② 비정합
③ 사교부정합　　④ 난정합

56 다음 중 화성암을 구성하는 유색광물이 아닌 것은?

① 감람석　　　　② 휘석
③ 각섬석　　　　④ 정장석

57 한반도에서 지질시대 중 가장 강력한 조산운동인 대보조산운동 이 있었던 시기는?

① 쥐라기　　　　② 트라이아스기
③ 페름기　　　　④ 석탄기

58 다음 그림은 암석의 윤회과정을 나타낸 것이 A, B, C, D에 해당되는 작용은 무엇인가?

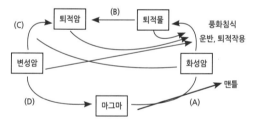

① A-결정작용, B-고화작용, C-융융작용, D-변성작용
② A-결정작용, B-고화작용, C-변성작용, D-융융작용
③ A-융융작용, B-변성작용, C-결정작용, D-고화작용
④ A-융융작용, B-고화작용, C-변성작용, D-결정작용

59 화성암에서 용암에 들어있던 휘발 성분이 분리되면서 굳어져 기공이 남아있는 구조인 다공질 구조를 관찰할 수 있는 암석은?

① 화강암　　　　② 현무암
③ 반려암　　　　④ 섬록암

60 다음 중 지하 깊은 곳의 화강암이 침식을 받아 지표에 노출됨에 따라 작용하던 상부하중이 제거되면서 형성되는 절리는 무엇인가?

① 주상 절리　　　② 판상 절리
③ 수직 절리　　　④ 단층 절리

화약취급기능사 2011년 제1회 필기시험

01 과염소산염을 주성분으로 한 카알릿 을 폭발 후 염화수소 가스를 방출하므로 이것을 방지 하기 위해 혼합해 주는 것은?

① 질산바륨
② 니트로글리콜
③ 질산암모늄
④ 염소산나트륨

02 다음 중 니트로글리세린에 대한 설명으로 틀린 것은?

① 상온에서 순수한 것은 무색, 무취, 투명하며, 냄새와 맛은 없다
② 분자량은 227, 비중은 1.6, 10℃에서 동결한다.
③ 다이너마이트 제조용, 무연화약의 원료로 사용된다.
④ 벤젠, 알코올, 아세톤 등에 녹지 않고, 물에는 녹는다.

03 총 시추 길이 20m에서 10cm 이상인 코어 길이의 합이 10m 이다 이때 RQD(%)값은 얼마인가?

① 40%
② 50%
③ 60%
④ 70%

04 조성에 의한 화약류의 분류 중 혼합화약류에 속하는 것은?

① 트리니트로톨루엔
② 니트로셀룰로오스
③ 니트로글리세린
④ 초안유제폭약

05 발파모선을 배선할 때에 주의하여야 할 사항으로 옳지 않은 것은?

① 전기뇌관의 각선에 연결하고자 하는 발파모선의 심선은 서로 사이가 떨어지지 않도록 하여야 한다.
② 모선이 상할 염려가 있는 곳은 보조모선을 사용한다.
③ 결선부는 다른 선과 접촉하지 않도록 주의한다.
④ 물기가 있는 곳에서는 결선부를 방수테이프 등으로 감아준다.

06 다음 중 자연분해를 일으키기 쉬운 화약류는?

① 트리니트로톨루엔
② 피크린산
③ 헥소겐
④ 니트로글리세린

07 암반의 공학적 분류법인 RMR 분류법은 6개의 인자로구성되어 있는데 다음 중 배점이 가장 높은 인자는?

① 암석의 일축압축강도
② 불연속면 상태
③ 불연속면 간격
④ 지하수상태

08 다음 중 노천 계단식 대발파에서 초유폭약(ANFO)의 완폭과 발파공 전체의 폭력을 고르게 하기 위해 사용할 수 있는 것은?

① 미진동파쇄기
② 도화선
③ 도폭선
④ 흑색화약

09 화약류의 선정방법에 대한 설명으로 옳은 것은?

① 고온의 막장에서는 내수성폭약을 사용한다.
② 굳은 암석에는 정적효과가 큰 폭약을 사용한다.
③ 강도가 큰 암석에는 에너지가 작은 폭약을

사용한다.
④ 장공발파에는 비중이 작은 폭약을 사용한다.

10 전기뇌관의 결선법 중 직렬 결선법 에 대한 설명으로 옳은 것은?

① 각 뇌관의 각선을 한데모아 모선에 연결하는 방법이다
② 전기뇌관의 저항이 조금씩 다르더라도 상관없다
③ 결선이 틀리지 않고, 불발 시 조사가 쉽다
④ 전원으로 동력선, 전등선을 이용할 수 있다

11 누두공 시험에서 누두공의 반지름이 최소저항선보다 작을 때의 장약은 어떤 경우인가?

① 외부장약　　　　② 표준장약
③ 약장약　　　　　④ 과장약

12 갱도굴착 단면적이 20㎡이고, 천공장 2m, 폭약위력계수 1.0, 암석항력계수 1.0, 전색계수 1.0인 조건에서 암석터널을 굴진하려고 할 때 단위 부피당 폭약량(kg/m^3)은?(단, 발파 규모 계수 f(w)는 0.59이며, 1발파당 굴진장을 천공장의 90%로 본다)

① 0.59　　② 1.00　　③ 1.16　　④ 2.88

13 외부 작용의 종류에 따른 화약류 감도의 연결로 옳지 않은 것은?

① 화학적작용 - 안정도
② 열적작용 - 내화감도
③ 전기적작용 - 기폭감도
④ 기계적작용 - 마찰감도

14 다음 중 평행공 심빼기 에 해당하는 것은?

① 피라미드 심빼기　　② 노르웨이 심빼기
③ 코로만트 심빼기　　④ 부채살 심빼기

15 발파작업장 주변의 보안물건에 대한 피해를 고려하지 않아도 되는 노천식 계단(벤치)발파에서 단위체적당 폭약비용이 가장 저렴한 폭약은?

① 함수폭약　　　　② 에멀전폭약
③ ANFO폭약　　　④ 교질 다이너마이트

16 다음 중 집중발파를 하는 가장 큰 목적은 무엇인가?

① 최소저항선을 증대시키기 위하여
② 공경을 크게 하기 위하여
③ 자유면을 증가시키기 위하여
④ 장약량을 크게 하기 위하여

17 원호 활동에 의한 유한사면의 파괴의 종류에 해당하지 않은 것은?

① 사면저부파괴　　② 사면선단파괴
③ 사면내파괴　　　④ 사면외파괴

18 다음 중 기폭약으로 사용되지 않는 것은?

① 풀민산수은(Ⅱ)　　② 테트릴
③ 아지화납　　　　　④ 스티판산납

19 다음과 같은 현상을 무엇이라 하는가?

> 폭약이 폭발하면 그 폭굉에 따라서 응력파(충격파)가 발생하고 이 응력파가 전파되어 자유면에 도달된 후 반사되는 인장파에 의하여 자유면에 평행인 판상으로 암반의 파괴를 일으킨다.

① 디커플링 효과　　② 홉킨슨 효과
③ 측벽 효과　　　　④ 노이만 효과

20 조절발파 중 목적하는 파단선을 따라 근접한 다수의무장약공을 천공하여 인공적인 파단면을 형성한 뒤 발파하는 방법은?

① 라인 드릴링법　　② 프리 스플리팅법
③ 쿠션 블라스팅법　④ 스무스 블라스팅법

21 토립자의 비중이 2.55이고 간극비가 1.3인 흙의 포화도는? (단, 이 흙의 함수비는 18%이다)

① 25.3%　　② 35.3%
③ 45.3%　　④ 55.3%

22 시가지 주변 발파에서 발파진동을 감소시키기 위한 방법으로 가장 적당한 것은?

① 제발 발파효과를 최대한 이용하여 발파한다
② 많은 자유면을 조성하여 발파한다
③ 폭속이 높은 폭약을 사용하여 발파한다
④ 천공작업 시 천공방향을 주변 구조물로 향하게 하여 발파한다

23 다음 중 화약류의 일 효과(동적작용)를 측정하는 시험법은?

① 맹도시험　　② 연판시험
③ 낙추시험　　④ 유리산시험

24 다음 중 폭발속도가 가장 빠른 것은?

① 트리니트로톨루엔(TNT)
② 니트로글리세린(NG)
③ 아지화납
④ 디아조디니트로페놀(DDNP)

25 어느 보안물건의 허용진동기준이 0.5cm/sec 이고, 시험발파 결과 환산거리를 65m/kg 1/2로 제한하여 발파하도록 하였다면 보안물건과 이격거리 130m 지점에서 사용할 수 있는 지발당 최대 장약량은 얼마인가?

① 1.15kg　　② 2.37kg
③ 3.00kg　　④ 4.00kg

26 화약류의 사용허가를 받은 사람이 허가받은 용도와다르게 사용하였을 경우 벌칙은?

① 5년 이하의 징역 또는 1천만 원 이하의 벌금
② 3년 이하의 징역 또는 700만 원 이하의 벌금
③ 2년 이하의 징역 또는 500만 원 이하의 벌금형
④ 300만 원 이하의 과태료

27 화약류 폐기의 기술상의 기준 중 도화선의 처리방법으로 옳은 것은?

① 연소처리 하거나 물에 적셔서 분해처리 한다.
② 500g 이하의 적은 양으로 나누어 순차로 폭발처리 한다.
③ 300g 이하의 적은 양으로 포장하여 땅속에 묻는다.
④ 안전한 수용액과 함께 강물에 흘려 버린다.

28 화약류의 정체 및 저장에 있어서 폭약 1톤에 해당하는 도폭선의 수량으로 맞는 것은?

① 10km　　② 50km
③ 100km　　④ 200km

29 화약과 비슷한 추진적 폭발에 사용될 수 있는 것으로서 대통령령이 정하는 것에 해당하지 않는 것은?

① 과염소산염을 주로 한 화약
② 질산요소를 주로 한 화약
③ 황산알미늄을 주로 한 화약
④ 브로모산염을 주로 한 화약

30 다음 중 제4종 보안물건에 해당하는 것은?

① 시가지의 주택　　② 화약류취급소

③ 공원　　　　　　④ 석유저장시설

31 화약류를 운반하고자 하는 사람은 행정안전부령이 정하는 바에 의하여 누구에게 운반신고를 하여야 하는가?(단, 대통령령이 정하는 수량 이하의 화약류 운반 제외)

① 도착예정지 관할 경찰서장
② 도착예정지 관할 지구대장
③ 발송지 관할 경찰서장
④ 발송지 관할 지구대장

32 화약류 폐기시 화약류의 전량이 동시에 폭발하여도 위해가 생기지 않도록 폐기 장소 주위에 높이 몇 m이상의 흙둑을 설치하여야 하는가?(단, 법령상 최소기준임)

① 2m　　② 3m　　③ 4m　　④ 5m

33 화약류 양수허가의 유효기간에 대한 설명으로 옳은 것은?

① 3개월을 초과할 수 없다
② 6개월을 초과할 수 없다
③ 1년을 초과할 수 없다
④ 2년을 초과할 수 없다

34 간이저장소에 저장할 수 있는 폭약의 최대저장량이 맞는 것은?

① 50kg　　　　　② 30kg
③ 25kg　　　　　④ 15kg

35 화약류사용자가 비치하여야 하는 화약류출납부의 보존기간으로 맞는 것은?

① 기입을 완료한 날부터 2년간
② 기입을 완료한 날부터 3년간
③ 기입을 완료한 날부터 4년간
④ 기입을 완료한 날부터 5년간

36 다음 화성암 중 산성암으로 이루어진 것은?

① 유문암, 화강암　　② 현무암, 반려암
③ 안산암, 섬록암　　④ 휘록암, 감람암

37 근원지에서 멀리 떨어진 하천의 하류에서 형성된 쇄설성 퇴적암이 갖는 특징으로 옳지 않는 것은?

① 분급이 양호하다
② 장석을 많이 함유한다
③ 퇴적물 입자들의 원마도가 양호하다
④ 주성분 광물은 석영이다

38 암석의 윤회에서 퇴적물이 퇴적암으로 되는 작용은?

① 풍화작용　　　　② 결정작용
③ 용융작용　　　　④ 고화작용

39 다음 중 화학적 풍화에 가장 저항력이 큰 것은?

① 감람석　　　　　② 장석
③ 휘석　　　　　　④ 석영

40 화학적 퇴적암의 화학성분이 옳지 않는 것은?

① 석회암 - $CaCO_3$　　② 암염 - $NaCl$
③ 처트 - FeO　　　④ 석고 - $CaSO_4$

41 다음에서 설명하는 암석은 무엇인가?

> 듀나이트나 감람암 같은 초염기성 암석이 열수의 작용 을 받아 생성된 변성암으로서 암록색, 암적색, 녹황색 등을 띠며 지방광택을 보여준다

① 혼펠스　　　　　② 사문암
③ 섬장암　　　　　④ 유문암

42 접촉변성작용에 대한 설명으로 옳지 않은 것은?

① 열에 의한 작용이다
② 원인은 주로 마그마의 관입으로 생긴다
③ 범위는 마그마가 관입한 부분으로 좁은 편이다
④ 접촉변성작용을 밤은 암석은 엽리가 발달하고 밀도가 커진다

43 현무암질 용암이 분출하여 냉각 수축되면서 형성되는 기둥 모양의 다각형의 절리는 무엇인가?

① 주상절리　　　② 판상절리
③ 빙상절리　　　④ 수평절리

44 습곡의 축면이 수직이고 축이 수평이며 양쪽 윙의 기울기가 대칭인 습곡은 ?

① 경사습곡　　　② 완사습곡
③ 등사습곡　　　④ 정습곡

45 한 개의 큰 광물 중에 다른 종류의 작은 결정들이 다수 불규칙 하게 들어있는 화성암의 조직은?

① 반상조직　　　② 문상조직
③ 취반상조직　　④ 포이킬리틱조직

46 마그마의 정출과 분화작용 중 높은 온도에서 낮은온도로 정출된 암석순서로 맞는 것은 ?

① 반려암 - 화강암 - 섬록암
② 화강암 - 섬록암 - 반려암
③ 섬록암 - 반려암 - 화강암
④ 반려암 - 섬록암 - 화강암

47 기반암이 화강암이며 그 위에 퇴적층이 쌓였다면 이들 상호관계를 무엇이라고 하는가?

① 난정합　　　　② 준정합
③ 경사부정합　　④ 평행부정합

48 변성암에서 구성광물들이 세립이고 균질하게 배열되어 있는 엽리의 평행구조를 무엇이라 하는가?

① 층리　　　　　② 호상구조
③ 편리　　　　　④ 편마구조

49 둥근 자갈들 사이를 모래나 점토가 충진하여 교결케한 자갈 콘크리트와 같은 암석은?

① 쳐트　　　　　② 사암
③ 역암　　　　　④ 셰일

50 석탄의 종류 중 에서 휘발성 함유량이 가장 적은 것은?

① 토탄　　　　　② 갈탄
③ 역청탄　　　　④ 무연탄

51 다음 중 화성암을 구성하고 있는 주성분 광물이 아닌 것은?

① 휘석　　　　　② 백운모
③ 자철석　　　　④ 감람석

52 우리나라의 지층 중 대결층에 해당하는 지질 시대는?

① 중생대 쥐라기
② 중생대 백악기
③ 고생대 데본기
④ 선캄브리아대 원생대

53 다음 중 쇄설성 퇴적암인 사암에 대한 설명으로 옳은 것은?

① 알갱이의 지름이 2mm 이상인 둥근 자갈을 25%이상 포함하고 있다

② 모래로 된 암석으로서 모래알갱이들은 주로 석영이고, 장석이 섞이는 경우도 있다

③ 화산에서 분출된 알갱이들이 모여 굳어진 암석이다

④ 주로 동·식물의 유해로 구성된 암석이다

54 퇴적암 중에 관입암상처럼 들어간 화성암체의 일부가 더 두꺼워 렌즈상 또는 만두모양으로 부풀어 오른 것은 무엇인가?

① 저반   ② 병반

③ 암맥   ④ 암경

55 다음 중 용암에 들어있던 휘발성분이 굳어져 생긴 기공이 다른 광물질로 채워져 만들어진 구조는?

① 유상 구조   ② 다공질 구조

③ 행인상 구조   ④ 구상 구조

56 퇴적암의 특징적인 구조에 해당하지 않는 것은?

① 사층리   ② 연흔

③ 건열   ④ 엽상구조

57 단층면에서 볼 수 있는 특징에 대한 설명으로 옳지 않은 것은?

① 단층면은 서로 긁혀서 단층점토를 만든다.

② 단층면상에는 긁힌 자국이 남는다.

③ 단층면은 서로 긁혀서 단층 각력을 만든다.

④ 단층면의 경사가 수직일 경우 상 하반의 구별이 뚜렷하다.

58 경사된 단층면에서 상반이 내려간 것으로 장력에 의해 생긴 단층은?

① 정단층   ② 역단층

③ 수직단층   ④ 주향단층

59 주향(strike)에 대한 설명으로 옳은 것은?

① 퇴적면 과 수평면과의 교선이 남북 선(線)과 이루는 각도를 기준으로 나타낸 것이다

② 퇴적면 과 수평면이 이루는 각 중 90도 이하이면서 가장 큰 각을 말한다.

③ 지각 중에 생긴 틈을 경계로 하여 그 양측의 지괴가 상대적으로 전이하여 어긋나 있을 때 이를 지칭한다.

④ 상하 두 지층면 사이에 시간적인 간격이 있는불연속면을 지칭한다.

60 다음에서 설명하는 것은?

> 이것은 하나의 규산염용체로서 50~200km 의 깊이에 있는 상부 멘틀 이나 또는 5~10km 깊이의 비교적 얕은 지각에서 생성된다.
> 맨틀에서 생성되는 것은 대체로 실리카가 적으며 지각에서 생성되는 것은 실리카의 함유가 높은 편이다.

① 시마(sima)   ② 멜랑지

③ 마그마   ④ 오피올라이트

화약취급기능사 2010년 제5회 필기시험

01 일반적으로 발파시 암석파괴 단계는 4단계로 구분된다. 다음 중 각 단계의 순서가 올바르게 연결된 것은?

① 폭굉→가스압팽창→충격파의 전파→암석파괴
② 폭굉→충격파의 전파→암석파괴→가스압팽창
③ 충격파의 전파→폭굉→가스압팽창→암석파괴
④ 폭굉→충격파의 전파→가스압팽창→암석파괴

02 다음 중 조절발파의 직접적인 목적에 속하지 않는 것은?

① 굴진속도의 증가
② 진동, 비석의 제어
③ 과굴착의 제어
④ 가능한 한 평활한 벽면을 얻도록 발파

03 다음 중 자유면(Free face)에 대한 설명으로 옳은 것은?

① 암반에 폭약을 장전하여 폭파할 때 생기는 원추형파쇄면
② 발파하려고 하는 암석 또는 암반이 공기 또는 물에 접해있는 면
③ 장약공에 장전된 폭약의 중심을 지나는 축과 평행한 암반면
④ 장약공에 장전된 폭약의 중심으로부터 가장 가까운 파쇄대상 암반의 구속된 면

04 아지화납은 뇌관의 기폭약으로 많이 쓰이는데 이것으로 뇌관을 만들때 사용되는 관체의 재질은?

① 알루미늄
② 구리
③ 철
④ 납

05 다음 중 소할발파법에 속하지 않는 것은?

① 미진동법
② 복토법
③ 사혈법
④ 천공법

06 암반 분류 방법인 RMR법의 주요 인자가 아닌 것은?

① 암석의 일축압축강도
② 암질계수(RQD)
③ 지하수의 상태
④ 불연속면 상태

07 다음중 경사공 심빼기의 종류가 아닌 것은?

① 부채살 심빼기
② V컷 심빼기
③ 피라미드 심빼기
④ 코로만트 심빼기

08 다음 중 도폭선의 심약으로 사용되지 않는 것은?

① 트리니트로톨루엔(TNT)
② 헥소겐(RDX)
③ 테트릴(Tetryl)
④ 펜트리트(PETN)

09 다음 중 암석의 특성 및 발파조건에 따른 폭약의 선택으로 옳지 않은 것은?

① 강도가 큰 암석에는 에너지가 큰 폭약을 사용하였다
② 굳은 암석에는 동적효과가 큰 폭약을 사용하였다
③ 수분이 있는 곳이나 수중에서 내수성 폭약을 사용하였다
④ 장공발파에는 비중이 큰 폭약을 사용하였다

10 발파작업시 대피장소의 조건으로 적합하지 않는 것은?

① 발파로 인한 파쇄석이 날아오지 않는 곳
② 경계원으로부터 연락을 받을 수 있는 곳
③ 발파로 인한 암석의 파쇄 상태를 육안으로 관찰할 수 있는 발파개소에서 가까운 곳
④ 발파의 진동으로 천반이나 측벽이 무너지지 않는 곳

11 다음 중 흙의 컨시스틴스에 대한 설명으로 옳은 것은?

① 소성지수는 소성한계에서 액성한계를 뺀 것이다
② 액성한계란 반고체상태에서 고체상태로 넘어가는 경계의 함수비다
③ 수축한계란 액체상태에서 소성상태로 넘어가는 경계의 함수비다
④ 소성한계란 소성상태에서 반고체상태로 넘어가는 경계의 함수비다

12 제발발파와 비교하여 MS 발파의 특징으로 맞는 것은?

① 분진의 발생량이 비교적 많다
② 발파에 의한 진동이 크다
③ 발파에 의한 폭음이 크다
④ 파쇄효과가 크고 암석이 적당한 크기로 잘게 깨진다

13 다음 중 폭발속도가 가장 빠른 폭약은?

① TNT ② 피크린산
③ 헥소겐 ④ 니트로 나프탈렌

14 약포의 지름이 25mm인 폭약을 순폭시험 한 결과 두 약포간의 거리15cm 에서 완폭 되었다면 이 폭약의 순폭도는 얼마인가?

① 2.5　② 6.0　③ 12.5　④ 17.5

15 다음 중 토질 사면의 파괴형태와 관련이 없는 것은?

① 사면전도파괴　② 사면선단파괴
③ 사면저부파괴　④ 사면내파괴

16 다이너마이트의 동결을 방지하기 위하여 첨가하는 것은?

① 염화나트륨　② 질산암모늄
③ 니트로글리세린　④ 니트로 글리콜

17 공당 장약량이 50kg이고, 지발당 장약량이 100kg이며 발파지점에서 측정지점까지의 거리가 200m이면 자승근 환산거리는 얼마인가?

① $10m/kg^{1/2}$　② $20m/kg^{1/2}$
③ $30m/kg^{1/2}$　④ $40m/kg^{1/2}$

18 니트로글리세린의 분해반응은 다음과 같다. 니트로글리세린 1몰(227.1g)의 산소평형값은?

① -0.74g　② +0.001g
③ +0.017g　④ +0.035g

19 점토의 토질 시험결과 포화도 100% 함수비 50% 공극비는 1.5이었다. 이 점토의 비중은 얼마인가?

① 2.36　② 2.60　③ 2.75　④ 3.00

20 여러 개의 발파공을 간격, 지름 그리고 깊이를 동일하게 하여 동시에 기폭시키는 발파법은?

① 제발 발파법　② 지발 발파법
③ 단발 발파법　④ MS 발파법

21 소요전류 1.5[A], 발파기 내부저항 10[요], 저항 1.2[요]의 전기뇌관 30개를 직렬로 결선하여 제발하는데 필요한 소요전압은 얼마인가? (단, 발파모선의 저항은 무시한다)

① 15[V] ② 36[V] ③ 54[V] ④ 69[V]

22 화약류를 조성에 의해 화약류의 분류할 경우 혼합화약류에 해당하는 것은?

① 니트로글리세린(NG)
② 피크린산(PA)
③ 카알릿(Carlit)
④ 트리니트로톨루엔(TNT)

23 다음 중 폭약의 폭발속도를 측정하는 시험법으로 옳지 않은 것은?

① 카드갭시험법 ② 도트리시법
③ 오실로그래프법 ④ 메테강법

24 폭약에 원뿔 또는 반구형의 금속 라이너를 붙이고 폭굉시키면 라이너의 파괴로 말미암아 금속의 미립자가 방출하여 제트의 거센 흐름을 생성하는데 이러한 현상을 설명하는 것은?

① 노이만 효과 ② 디커플링 효과
③ 순폭도 효과 ④ 측벽효과

25 발파진동속도를 표시하는 카인(kine)의 단위는?

① mm/sec ② mm/sec^2
③ cm/sec ④ cm/sec^2

26 총포 · 도검 · 화약류 등 단속법상 화약류관리보안책임자면허를 반드시 취소하여야 하는 경우에 해당하는 것은?

① 화약류를 취급함에 있어 중대한 과실로 사고를 일으켰을 때

② 국가기술자격법에 의하여 자격이 정지된 때
③ 면허를 다른 사람에게 잠시 빌려 주었을 때
④ 지방경찰청장이 실시하는 교육을 받지 아니하였을 때

27 화약류 안정도 시험을 실시한 사람은 그 시험 결과를 누구에게 보고 하는가?

① 행정안전부장관 ② 경찰청장
③ 지방경찰청장 ④ 경찰서장

28 3급 저장소에 저장할 수 있는 화약류의 최대 저장량으로 옳은 것은?

① 화약 60kg ② 폭약 25kg
③ 전기뇌관 2만개 ④ 도폭선 2000m

29 화약류 판매업자가 소지 또는 양수허가를 받지 아니한 사람에게 양도하였을 경우 어떤 처분을 받는가?(단, 2회 위반시)

① 1월 효력정지 ② 3월 효력정지
③ 6월 효력정지 ④ 면허취소

30 화약류사용자는 출납부를 기입을 완료한 날부터 몇 년간 보존해야 하는가?

① 1년 ② 2년 ③ 3년 ④ 5년

31 화약류의 소유자 또는 관리자가 화약류 사용 중 도난 또는 분실사고가 발생한 경우 조치사항으로 가장 올바른 것은?

① 지체없이 국가 경찰관서에 신고하여야 한다.
② 12시간을 기한으로 찾아본 후 경찰관서에 신고한다.
③ 총포화약안전기술협회에 전문가를 동원한 조사를 의뢰한다.
④ 화약회사에 회수하도록 협조 요청한다.

32 화약류 취급소의 설치기준으로 옳지 않는 것은?

① 단층건물로서 철근 콘크리트조, 콘크리트블럭조 또는 이와 동등 이상의 견고한 재료를 사용하여 설치할 것
② 도난이나 화재를 방지할 수 있는 구조로 설치할 것
③ 문짝외면에 두께 3mm 이상의 철판을 씌우고, 2중 물쇠 장치를 할 것
④ 지붕은 슬레트, 기와 그 밖에 불에 타지 않는 재료로 사용할 것

33 화약류저장소와 보안물건 간의 보안거리의 정의로 맞는 것은?

① 저장소의 흙둑 내벽으로부터 보안물건에 이르기까지의 거리
② 저장소의 내벽으로부터 보안물건에 이르기까지의 거리
③ 저장소의 흙둑 외벽으로부터 보안물건에 이르기까지의 거리
④ 저장소의 외벽으로부터 보안물건에 이르기까지의 거리

34 화약류 취급에 관한 설명 중 옳지 않는 것은?

① 화약류를 취급하는 용기는 목재 그 밖의 전기가 통하지 아니하는 것으로 할 것
② 사용하다가 남은 화약류 또는 사용하기에 적합하지 아니한 화약류는 즉시 폐기할 것
③ 얼어서 굳어진 다이너마이트는 섭씨30도 이하의 온도를 유지하는 실내에서 누그러 트릴 것.
④ 전기뇌관에 대하여는 도통시험 또는 저항시험을 하되, 미리 시험전류를 측정하여 0.01[A]를 초과하지 아니하는 것을 사용 할 것

35 화약류를 취급하는 사람이 화약류관리보안책임자의 안전상의 지시감독을 거부하고 따르지 않을 경우의 처벌규정은?

① 2년 이하의 징역 또는 500만 원 이하의 벌금
② 3년 이하의 징역 또는 700만 원 이하의 벌금
③ 5년 이하의 징역 또는 1천만 원 이하의 벌금
④ 300만원의 과태료

36 현무암에서 가장 흔하게 볼 수 있는 절리는?

① 신장절리　　② 전단절리
③ 주상절리　　④ 판상절리

37 다음 그림은 암석의 윤회과정을 나타낸 것이다. A, B, C, D에 해당되는 작용으로 옳지 않는 것은?

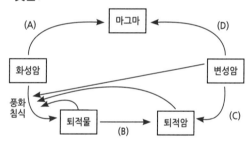

① A : 결정작용　　② B : 고화작용
③ C : 변성작용　　④ D : 파쇄작용

38 화학적 퇴적암인 쳐트(chert)에 대한 설명으로 옳지 않는 것은?

① 규질의 화학적 침전물로서 치밀하고 굳은 암석이다.
② SiO_2 함량은 15%정도이다.
③ 쳐트 중에서 지층을 이룬 것을 층상 쳐트 라고 한다.
④ 쳐트는 수석 또는 각암이라고 불린다.

39 다음 중 퇴적암에서 나타나는 특징이 아닌 것은?

① 건열　　　　② 물결자국
③ 편리　　　　④ 층리

40 다음 중 화성암에 해당하지 않는 것은?

① 응회암　　　② 반려암
③ 유문암　　　④ 섬록암

41 수평으로 퇴적된 지층이 횡압력을 받으면 물결처럼 굴곡된 단면을 보여준다. 이러한 구조를 무엇이라 하는가?

① 단층　② 절리　③ 　습곡　④ 편리

42 다음 중 변성암을 생성하는 변성작용의 주요인에 포함되지 않는 것은?

① 압력　　　　② 공극률
③ 온도　　　　④ 화학성분

43 지구의 역사를 밝히는데 사용하는 지사학의 법칙에 해당하지 않는 것은?

① 둔각의 법칙　　② 관입의 법칙
③ 지층 누중의 법칙　④ 부정합의 법칙

44 용암에 들어있던 휘발성분이 분리되면서 굳어지면서 만들어진 기공이 후에 다른 광물질로 채워져서 만들어진 화성암의 구조는?

① 유상구조　　　② 다공상구조
③ 구과상구조　　④ 행인상구조

45 다음 중 속성작용의 범주에 들어가지 않는 것은?

① 다져짐작용　　② 재결정작용
③ 교결작용　　　④ 분별정출작용

46 2종 또는 그 이상의 광물들로 되어있는 화성암에서 동종의 광물들은 각각 일정한 방향을 가지고 나타나서 고대 상형문자 모양의 배열상태를 보여주는 암석이 있다. 이런 암석이 가지는 조직을 무엇이라 하는가?

① 반상조직　　　② 문상조직
③ 포이킬리조직　④ 반정질조직

47 지질도에 그림과 같이 부호가 표기 되어 있다. 주향과 경사는 얼마인가?

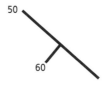

① N50E, 60SW　　② N50W, 50SE
③ N50E, 50SE　　④ N50W, 60SW

48 다음 퇴적암 중 수성쇄설암에 속하지 않는 것은?

① 역암　② 각력암　③ 사암　④ 석회암

49 현무암질 마그마가 냉각될 때 광물들의 생성순서를 보여주는 보웬(Bowen)의 반응계열은?

① 감람석 → 흑운모 → 각섬석 → 휘석
② 휘석 →각섬석 →흑운모 →감람석
③ 감람석 →휘석 →각섬석 →흑운모
④ 흑운모 →감람석 →휘석 →각섬석

50 다음의 지질도에서 나타나는 지질구조는 무엇인가?

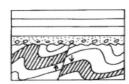

① 평행부정합
② 사교부정합
③ 비정합
④ 준정합

51 퇴적물이 쌓인 후 단단한 암석으로 되기까지 여러단계를 걸쳐 일어나는 작용을 말하는 것은?

① 교대작용 ② 분화작용
③ 윤회작용 ④ 속성작용

52 변성암에서 바늘 모양의 광물이나 주상의 광물이 한 방향으로 평행하게 배열되어 나타나는 구조는?

① 선구조 ② 층상구조
③ 유동구조 ④ 벽개구조

53 화성암의 산출상태에서 마그마가 지층면에 평행하게 관입할 때 만들어진 볼록렌즈 모양의 암체는?

① 저반 ② 병반 ③ 암경 ④ 암주

54 육안으로 화성암의 파면을 볼때 광물알갱이들이 하나하나 구별되어 보이는 조직을 무엇이라 하는가?

① 현정질조직 ② 유리질조직
③ 반상조직 ④ 행인상조직

55 화성암의 조암광물 중 유색광물에 해당하지 않는 것은?

① 휘석 ② 사장석
③ 각섬석 ④ 감람석

56 다음 그림은 무슨 단층을 나타낸 것인가?

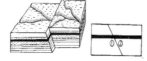

① 정단층
② 역단층
③ 주향이동단층
④ 수직단층

57 마그마(Magma)에 대한 설명 중 틀린 것은?

① 복잡한 화학조성을 가진 용융체이고, 그 성분은 지각의 주성분과 같다
② 염소, 플루오르, 황 등의 휘발성분은 포함하고 있다
③ 굳어질 때의 화학조성에 따라 암석의 종류가 결정된다.
④ 마그마가 지하 깊은 곳에서 굳어져 만들어진 암석의 광물 알갱이들의 크기는 지표에서 굳어진 암석의 광물 알갱이에 비해서 크기가 작다

58 화성암에서 SiO_2의 양과 CaO 및 $K_2O + Na_2O$의 양과의 관계에 대한 설명으로 맞는 것은?

① SiO_2가 증가할수록 CaO, 및 $K_2O + Na_2O$는 증가한다
② SiO_2가 증가할수록 $K_2O + Na_2O$ 는 증가하고 CaO는 감소한다
③ SiO_2가 증가할수록 CaO는 증가하고 $K_2O + Na_2O$는 감소한다
④ SiO_2가 증가할수록 CaO, $K_2O + Na_2O$ 는 감소한다

59 다음 암석중 초염기성암에 속하는 암석은?

① 유문암 ② 화강암
③ 안산암 ④ 감람암

60 변성암중 편암에 대한 설명으로 맞는 것은?

① 육안으로 결정이 구별되나 편마암보다는 작은 결정질로 되어있다
② 편마구조가 발달되어 있고, 편마구조에 따라 잘 쪼개진다.
③ 구성광물로 장석을 가장 많이 포함하고 있으며, 석영의 함량이 가장 적다
④ 접촉변성암에 해당하는 암석이다

화약취급기능사 2010년 제1회 필기시험

01 너비가 18m, 높이가 7.5m인 터널에서 스무스 블라스팅 (Smooth Blasting)을 실시하려고 한다. 디커플링(Decoupling) 지수를 1.5로 하고, 천공경을 45mm로 하였을 때 적당한 폭약의 지름은?

① 17mm   ② 22mm
③ 26mm   ④ 30mm

02 다음 화약류 성능 시험에 대한 설명 중 틀린 것은?

① 내열시험은 화약류의 안정도를 측정하는 시험이다
② 낙추시험은 화약류의 충격감도를 측정하는 시험이다
③ 정속가열 발화점 시험은 발화점을 측정하는 시험이다
④ 탄동진자 시험은 화약류의 폭발속도를 측정하는 시험이다

03 누두공 시험에서 누두공의 모양과 크기에 영향을 주는 요소로 틀린 것은?

① 암반의 종류   ② 폭약의 위력
③ 발파기의 종류   ④ 메지의 정도

04 흙에서 공극이 차지하는 부피와 흙 전체 부피의 비를 백분율로서 나타낸 값을 무엇이라 하는가 ?

① 공극율   ② 부피율
③ 함수율   ④ 포화율

05 다음 중 제발발파(동시발파)의 효과를 크게하기 위하여 가장 고려하여야 할 사항은 ?

① 천공직경과 전색물의 종류
② 천공길이와 전색의 길이
③ 산화제의 종류와 천공길이
④ 최소저항선과 천공간격

06 다음 중 시험발파를 실시하여 알아볼 수 없는 것은?

① 파괴암석의 크기   ② 비산 정도
③ 폭약비중   ④ 채석량

07 다음 중 뇌관의 기폭약으로 사용되는 뇌홍의 설명으로 틀린 것은?

① 회색 결정으로서, 겉보기비중은 1.2~1.7이다
② 600kg/㎠로 과압하면 사압에 도달하여 불을 붙여도 폭발하지 않는다.
③ 폭발감도는 민감하나 물속에서는 안전하므로 저장할 때는 물속에 넣어서 보관한다.
④ 단위무게에 대한 폭발열을 높이고 폭발 후 일산화탄소의 생성을 막기 위해 과염소산칼륨을 배합해준다.

08 다음 중 질산에스테르류에 속하는 것은?

① 피크린산   ② 펜트리트
③ 테트릴   ④ 헥소겐

09 공기 속을 통과하는 충격파가 폭약속을 통과하는 충격파를 방해하여 완전폭발을 방해하는 현상을 무엇이라 하는가?

① 노이만효과   ② 홉킨슨효과

③ 측벽효과   ④ 먼로효과

10 다음 중 비전기식 뇌관에 대한 설명으로 틀린 것은?

① 미주전류, 정전기 등에 안전하다

② 뇌관내부에 연시장치가 없는 것이 특징이며, 튜브의 길이를 변화시킴으로서 지발발파의 효과를 낼 수 있다

③ 커넥터를 사용하여 무한 단수를 얻을 수 있다

④ 결선 누락을 계측기로서 점검할 수 없고 눈에 의존할 수밖에 없다

11 아래 그림과 같은 심빼기 방법은?

① V형 심빼기(V cut)

② 피라미드 심빼기(Pyramid)

③ 삼각 심빼기(Triangle cut)

④ 노르웨이 심빼기(Norway cut)

12 일반적인 폭약의 기폭감도 등에 대한 설명으로 옳은 것은?

① 폭약알갱이의 크기가 작을수록 기폭감도는 작아진다.

② 폭약알갱이의 크기가 작을수록 폭발속도가 빠르다.

③ 폭약의 비중이 작을수록 기폭하기는 어렵다.

④ 폭약의 비중이 클수록 폭발속도와 맹도가 작다.

13 다음 중 수공(水孔)에 사용하기에 가장 적합한 폭약은?

① 초유폭약(ANFO)   ② 흑색화약

③ 슬러리폭약   ④ 황산암모늄폭약

14 다음 중 피크린산을 제조하는 방법이 아닌 것은?

① 페놀에 황산과 질산을 작용시키는 법

② 클로로벤젠에서 합성하는 방법

③ 수은을 촉매로 하고 벤젠에 직접 질산을 작용시키는 방법

④ 황산과 질산으로 3단계 니트로화 반응을 시키는 방법

15 RQD 값에 대한 설명으로 잘못된 것은?

① 암석의 질을 나타내는 지수를 뜻한다

② 암반의 시추조사에서 전 시추 길이에 대한 회수된10cm 이상의 코어를 합한 길이와의 비를 말한다

③ 암석의 풍화가 심하고, 절리와 같은 역학적 결함이 많을수록 RQD 값은 커진다

④ 강도가 클수록 RQD의 값은 커진다

16 계단식 노천 발파시 암석 비산의 중요한 원인으로 가장 관련이 적은 것은?

① 단층, 균열, 연약면, 등에 의한 암석의 강도 저하

② 과다한 장약량

③ 천공시 잘못으로 인한 국부적인 장약공의 분산현상

④ 점화순서의 착오에 의한 지나친 지발시간

17 암석의 특성에 따른 폭약의 선정방법에 대한 설명으로 맞는 것은?

① 굳은 암석에는 정적효과가 큰 폭약을 사용해야 한다.

② 장공발파에는 비중이 큰 폭약을 사용해야 한다.

③ ANFO폭약은 용수가 있는 곳이나 통기가 나쁜곳에서 사용하면 안 된다.

④ 고온의 막장에서는 내열성이 약한 폭약을 사용해야 한다.

18 목적하는 파단선에 따라서 인위적인 무장약공의 파단선(면)을 만들어 폭파응력이나 충격파의 전파를 차단하는 조절발파법은?

① 프리 스프리팅(Pre-spliting)법
② 라인 드릴링(Line drilling)법
③ 쿠션 블라스팅(Cushion blasting)법
④ 스무스 블라스팅(Smooth blasting)법

19 2자유면 상태인 암반을 대상으로 벤치발파를 실시하려고 한다 천공간격과 최소 저항선을 같은 길이로 했을 때 장약량은 얼마인가?(단, 발파 계수는 0.5이고 최소저항선 1.2m, 벤치의 벤치높이는 1.5m 이다)

① 약 1.1kg   ② 약 7.1kg
③ 약 5.1kg   ④ 약 3.1kg

20 구조물에 대한 발파 해체공법 중 제약된 공간, 특히 도심지에서 적용할 수 있는 것으로 구조물 외벽을 중심부로 끌어당기며 붕락시키는 공법은?

① 전도공법   ② 내파공법
③ 단축붕괴공법   ④ 상부붕락공법

21 구멍지름 32mm의 발파공을 공간격 9cm로 하여 3공을 집중 발파하였을 때 저항선의 비는?(단, 장약길이는 구멍지름의 12배로 한다)

① 1.0   ② 1.9   ③ 2.4   ④ 2.9

22 화약류의 반응에 관한 설명으로 틀린 것은?

① 화약류의 안정상태가 파괴될 때에 일어나는 화학변화를 폭발이라고 한다.
② 폭발속도란 폭속이라고도 하며, 폭발파가 전파되는 속도를 말한다.
③ 화약류의 폭발에는 폭발속도의 차에 의해 폭연과 폭굉으로 구분한다.

④ 보통 폭속이 2000m/sec 이상의 폭발을 폭연이라고 한다.

23 다음 중 폭발 생성 가스가 단열팽창을 할 때에 외부에 대해서 하는 일의 효과를 나타내는 것은?

① 동적효과   ② 정적효과
③ 측벽효과   ④ 쿠션효과

24 다음 중 단순사면(유한사면)의 파괴형태가 아닌 것은?

① 사면선단파괴   ② 사면내파괴
③ 사면저부파괴   ④ 사면외파괴

25 전기뇌관을 이용한 발파시 직렬식 결선법의 장점이 아닌 것은?

① 불발시 조사하기가 쉽다
② 모선과 각선의 단락이 쉽게 일어나지 않는다
③ 전기뇌관의 저항이 조금씩 다르더라도 상관없다
④ 결선작업이 용이하다

26 다음 중 수분 또는 알코올분이 25% 정도 머금은 상태로 운반해야 하는 것은?

① 테트라센   ② 펜타에리스리트
③ 뇌홍   ④ 니트로셀룰로우스

27 초유폭약에 의한 발파의 기술상의 기준에 대한 기술상의 기준에 대한 설명 중 잘못된 것은?

① 기폭량에 적합한 전폭약을 같이 사용할 것
② 발파장소에서는 발파가 끝난 후 발생하는 가스에 주의할 것
③ 뇌관이 달린 폭약은 장전용 호스로 조심스럽게 장전할 것
④ 장전 후에는 가급적 신속히 점화할 것

28 사용허가를 받지 아니하고 화약류를 사용할 수 있는 사람이 건축, 토목 공사용으로 1일 동일한 장소에서 사용할 수 있는 수량으로 맞는 것은?

① 미진동 파쇄기 1500개 이하
② 광쇄기 200개 이하
③ 산업용 실탄 100개 이허
④ 폭발병 1500개 이하

29 폭약1톤에 대한 화약류의 환산수량으로 틀린 것은?

① 화약 : 2톤
② 실탄 또는 공포탄 : 200만개
③ 도폭선 : 100㎞
④ 미진동 파쇄기 : 5만개

30 화약류 운반용 디젤차의 구조 기준에 대한 설명으로 틀린 것은?

① 배기관에는 배기가스의 온도를 80℃ 이하로 유지할 수 있는 배기가스 냉각장치 및 소염장치를 할 것
② 적재함 아래면과 배기관의 간격이 300mm 미만인 경우 적당한 방열장치를 할 것
③ 차바퀴에는 고무타이어를 사용할 것
④ 전기단자 등의 불꽃이 생길 염려가 있는 전기장치에는 적당한 차폐장치를 할 것

31 화약류의 사용허가를 받은 사람이 허가 없이 허가받은 용도와 다른 용도로 화약류를 사용하였을 경우 벌칙은?

① 5년 이하의 징역 또는 1000만 원 이하의 벌금형
② 3년 이하의 징역 또는 700만 원 이하의 벌금형
③ 2년 이하의 징역 또는 500만 원 이하의 벌금형
④ 1년 이하의 징역 또는 300만 원 이하의 벌금형

32 화약류를 운반하는 차량이 규정에 의한 운반표지를 하지 않아도 되는 화약류의 수량으로 맞는 것은?

① 10kg 이하의 화약
② 2000개 이하의 미진동 파쇄기
③ 200개 이하의 전기뇌관
④ 500m 이하의 도폭선

33 화약류를 발파 또는 연소시키려는 사람은 누구에게 사용허가를 받아야 하는가?(단, 광업법에 의한 경우 등 예외사항 제외)

① 시 · 도지사
② 경찰청장
③ 사용지 관할 경찰서장
④ 사용지 관할 지방결찰청장

34 화약류양수허가의 유효기간에 대한 설명으로 맞는 것은?

① 2년을 초과할 수 없다
② 1년을 초과할 수 없다
③ 6개월을 초과할 수 없다
④ 3개월을 초과할 수 없다

35 다음 용어에 대한 설명으로 틀린 것은?

① 공실 : 화약류의 제조작업을 하기 위하여 제조소 안에 설치된 건축물
② 위험공실 : 발화 또는 폭발할 위험이 있는 공실
③ 화약류 일시저장 : 화약류 취급과정에서 화약류를 일시적으로 저장하는 장소
④ 정체량 : 동일공실에서 저장할 수 있는 화약류의 최대수량

36 다음 ( )안에 들어갈 내용으로 맞는 것은?

> 화성암의 반상조직에 있어 반점모양의 큰 알갱이를 (a), 바탕을 (b)라 한다

① a : 석기, b : 반정 　② a : 반정, b : 석기

③ a : 편리, b : 절리 　④ a : 절리, b : 편리

37 현무암과 같은 화산암에 있는 기공이 다른 광물로 채워졌을 때 이 구조를 무엇이라 하는가?

① 구상구조 　　　② 유상구조

③ 구과상구조 　　④ 행인상구조

38 변성작용이 일어나게 되는 가장 중요한 2가지 요소는?

① 압력, 온도 　　　② 공극, 화학성분

③ 밀도, 날씨 　　　④ 물(H_2O), 산소

39 다음에서 설명하는 심성암은?

> 녹회색을 띠며 광물 알갱이들의 크기는 1~5mm 정도이고 완정질이다. 사장석과 각섬석이 주성분 광물이며 간혹 흑운모와 휘석을 포함하고 석영과 정장석을 포함한다

① 유문암 　② 현무암 　③ 안산암 　④ 섬록암

40 다음 중 주향에 대한 설명으로 맞는 것은?

① 지층면과 수평면이 이루는 각이다
② 경사된 지층면의 기울기이다
③ 경사된 지층면과 수평면과의 교차선 방향이다
④ 주향은 항상 자북 방향을 기준으로 한다

41 다음 중 지질 단면도에서 화성암체 ⓐ의 명칭은?

① 암맥
② 저반
③ 병반
④ 광맥

42 지질 조사시 클리노미터와 브란톤컴퍼스는 무엇을 측정하기 위한 기구인가?

① 고도
② 불연속면의 길이
③ 암석의 연령
④ 불연속면의 주향과 경사

43 습곡구조에서 구부러져 내려간 가장 낮은 부분을 무엇이라 하는가?

① 배사 　　② 윙 　　③ 향사 　　④ 축

44 변성암에서 유색광물과 무색광물이 서로 교대로 거친 줄무늬를 보여주는 것을 무엇이라 하는가?

① 유상구조 　② 편리 　③ 편마구조 　④ 층리

45 우리나라 대보 화강암과 관련이 가장 깊은 지질시대는?

① 신생대 　② 중생대 　③ 고생대 　④ 시생대

46 현무암질 마그마가 냉각될 때 광물들의 생성순서를 보여주는 보웬(Bowen)의 반응계열은?

① 감람석→휘석→각섬석→흑운모
② 감람석→각섬석→흑운모→휘석
③ 각섬석→감람석→흑운모→휘석
④ 각섬석→감람석→휘석→흑운모

47 다음 중 저탁암이 생성되기에 가장 적합한 지질적 환경은?

① 사막 　　② 습지 　　③ 평야 　　④ 심해저

48 암석의 윤회 과정 중 마그마(Magma)에서 화성암이 생성되는 작용은?

① 고화작용 　　　　② 결정작용
③ 침식작용 　　　　④ 변성작용

49 다음 보기에서 화학적 퇴적암만을 골라 올바르게 나열한 것은?

> 암염, 규조토, 각력암, 응회암, 쳐트, 석탄, 석회암, 셰일, 석고

① 각력암, 응회암, 쳐트 ② 암염, 석회암, 석고
③ 규조토, 석탄, 셰일 ④ 암염, 응회암, 석탄

50 화성암의 육안 감정 시 가장 밝은 색을 나타내는 것은 다음 중 어느 것인가?

① 염기성암   ② 초염기성암
③ 중성암   ④ 산성암

51 다음 중 쇄설성 퇴적암에 대한 설명으로 맞는 것은?

① 구성광물 알갱이들이 용액에서 미립자로 침전되어 만들어진 암석이다
② 기존 암석이나 광물의 파편들이 모여서 이루어진 암석이다
③ 화성암의 조직과 비슷한 결정질 조직을 가진다
④ 크고 작은 생물의 유해로 되어 있다

52 다음 중 경도(굳기)가 가장 큰 광물은?

① 석고   ② 석영   ③ 형석   ④ 인회석

53 지구의 역사나 고환경을 해석하는데 이용되는 퇴적암의 특징들로 구성되어 있는 것은?

① 층리면, 화석   ② 화석, 편리
③ 층리면, 엽리   ④ 편리, 엽리

54 화성암의 화학조성에서 SiO_2의 함유량이 45~52% 정도이면 다음 중 어느 암에 속하는가?

① 산성암   ② 염기성암
③ 초염기성암   ④ 중성암

55 화성암이나 퇴적암이 만들어 진 후에 뜨거운 마그마와 접촉하면 열에 의해 접촉변성암으로 변하게 된다. 다음 중 접촉변성암에 해당하는 것은?

① 편마암   ② 편암   ③ 대리암   ④ 천매암

56 현무암이 냉각하면서 부피가 줄어들면 6각의 쪼개짐이 생기는 현상이 나타난다. 이와 같은 지질구조는?

① 경사 습곡   ② 수직단층
③ 주상절리   ④ 정단층

57 다음 광물 중 화학조성이 SiO_2인 것은?

① 석영   ② 백운모   ③ 각섬석   ④ 정장석

58 생물의 유해가 쌓여서 만들어진 퇴적물과 관계가 깊은 것은?

① 화학적 퇴적물   ② 쇄설성 퇴적물
③ 풍화적 퇴적물   ④ 유기적 퇴적물

59 다음 단층의 이동거리를 나타내는 그림에서 단층의 낙차를 나타낸 것은?

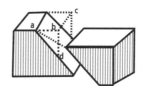

① a - a
② b - d
③ b - c
④ a - d

60 다음 중 부정합면 아래에 결정질인 암석(심성암, 변성암)이 있는 부정합은?

① 경사부정합   ② 준정합
③ 평행부정합   ④ 난정합

화약취급기능사 2009년 제5회 필기시험

01 충격에 예민하나 마찰에 둔감하고 화염만으로는 점화하기 힘들며, 뇌관의 첨장약과 도폭선의 심약으로 사용되는 것은?

① 테트릴
② 니트로셀룰로오스
③ 니크로글리세린
④ 펜트리트

02 암석의 특성에 따라 알맞은 성능을 가진 폭약의 선정방법으로 틀린 것은?

① 강도가 큰 암석에는 에너지가 큰 폭약을 사용해야 한다.
② 굳은 암석에는 정적효과가 큰 폭약을 사용해야 한다.
③ 장공발파에는 비중이 작은 폭약을 사용해야 한다.
④ 고온의 막장에서는 내열성 폭약을 사용해야 한다.

03 암질지수(RQD)는 전체 시추 길이에 대한 회수된 몇 cm 이상의 코어를 합한 길이의 비인가?

① 1cm
② 5cm
③ 10cm
④ 15cm

04 계단식 발파에서 파쇄 입도에 영향을 미치는 요인으로 가장 거리가 먼 것은?

① 암반특성
② 비장약량
③ 단위천공률
④ 발파기 성능

05 안내판을 천공예정 암반에 고정 시킨 후 천공하는 방법으로 번 컷(Burn cut)의 천공 시 단점을 보완한 심빼기 발파법은?

① 팬(fan) 컷
② 코로만트 컷
③ 피라미드 컷
④ 노르웨이 컷

06 소할 발파(secondary blasting)법 중 암석외부의 움폭 파헤쳐진 부분에 폭약을 장전하고 점토 등으로 두껍게 그위를 덮은 다음 발파하는 방법은?

① 복토법
② 천공법
③ 제발법
④ 사혈법

07 다음 중 니크로셀룰로오스(면약)에 대한 설명으로 맞는 것은?

① 아세톤에는 용해되지 않고, 에테르에 용해된다.
② 건조한 니트로셀룰로오스는 30℃이상의 온도에서도 운반할 수 있다.
③ 햇빛, 산, 알칼리에 자연 분해되지 않는다.
④ 질산기의 수에 따라 강면약과 약면약으로 구분한다

08 화약류의 타격감도를 확인하기 위한 낙추시험에서임계폭점은 폭발률 몇%의 평균 높이를 의미하는가?

① 25%
② 50%
③ 75%
④ 100%

09 다음 화약류의 혼합성분 중 예감제에 속하는 것은?

① NaCl
② $KClO_3$

③ $Na_4B_4O_7$ ④ DNN

③ $KClO_3$ ④ NH_4NO_3

10 다음 중 무연화약을 용도에 의해 분류할 때 해당하는 것은?

① 발사약 ② 기폭약
③ 폭파약 ④ 전폭약

11 전기뇌관을 사용한 병렬식 결선방법의 장점으로 틀린 것은?

① 불발된 뇌관 또는 위치발견이 용이하다.
② 전원으로 동력선, 전등선의 이용이 가능하다.
③ 전기뇌관의 저항이 조금씩 달라도 상관없다.
④ 대형발파에 이용된다.

12 천공지름 25mm의 발파공을 공간격 9cm로 하여 3공을 집중발파 하였을 때 저항선의 비를 구하면 얼마인가? (단, 장약길이는 구멍지름의 12배로 한다)

① 0.96 ② 1.76
③ 1.85 ④ 2.09

13 균질한 경암의 내부에 구상의 장약실을 만들고 폭발시켰을 때 암석 내부의 파괴상황을 장약실 중심으로부터 순서대로 올바르게 나열한 것은?

① 분쇄 - 소괴 - 대괴 - 균열 - 진동
② 분쇄 - 소괴 - 균열 - 진동 - 대괴
③ 진동 - 균열 - 대괴 - 소괴 - 분쇄
④ 균열 - 진동 - 소괴 - 대괴 - 분쇄

14 다음 중 단위무게에 대한 폭발열을 높이고, 폭발 후 일산화탄소의 생성을 막기 위해 기폭약인 뇌홍에 배합하여 사용하는 것은?

① DDNP ②$NaNO_3$

15 다음 중 집중 발파의 목적에 해당하는 것은?

① 최소저항선의 증대 ② 발파 공경의 증대
③ 신자유면의 증대 ④ 장약 길이의 증대

16 다음중 폭발온도와 비에너지 값이 가장 큰 폭약은?

① 니트로글리콜 ② 테트릴
③ 펜트리트 ④ TNT

17 어떤 현장 모래의 습윤밀도가 1.80g/㎤, 함수비가 32.0%로 측정되었다면 건조밀도는?

① 0.65g/㎤ ② 0.95g/㎤
③ 1.36g/㎤ ④ 2.72g/㎤

18 암반의 공학적 분류법인 RMR(Rock Mass Rating)분류법의 기준 항목에 해당하지 않은 것은?

① 탄성파속도 ② 절리면 간격
③ 일축압축강도 ④ 지하수 상태

19 다음 중 전기뇌관의 성능시험에 해당하지 않는 것은?

① 납판시험 ② 둔성폭약시험
③ 점화전류시험 ④ 탄동구포시험

20 다음 그림과 같은 단순 사면에서의 심도계수는?

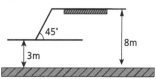

① 2.7 ② 1.6 ③ 0.6 ④ 0.4

21 시가지 주변 발파에서 발파 진동을 감소시키기 위한 방법으로 가장 적당한 것은?

① 제발발파 효과를 최대한 이용하여 발파한다.
② 많은 자유면을 조성하여 발파한다.
③ 폭속이 높은 폭약을 사용하여 발파한다.
④ 천공작업 시 천공 방향을 주변 구조물로 향하게하여 발파한다.

22 약경 32mm, 약장 400mm인 2개의 약포를 사용하여사상 순폭시험을 실시하였더니 약포 간 거리 200mm에서 두 개의 약포가 완전히 폭발하였다 이 폭약의 순폭도는 얼마인가?

① 2   ② 6.25
③ 12.5   ④ 20.25

23 전색물(메지)의 구비 조건으로 적당하지 않은 것은?

① 틈새를 쉽게, 그리고 빨리 메울 수 있다는 것
② 압축률이 작지 않아서 단단하게 다져질 수 있는 것
③ 불발이나 잔류폭약을 회수하기에 안전한 것
④ 정전기 발생을 방지하기 위하여 발파공벽과 마찰이 적은 것

24 다음 중 조절발파 방법에 속하지 않은 것은?

① 프리 스플리팅법   ② 더블 브이 컷법
③ 쿠션 블라스팅법   ④ 라인 드릴링법

25 발파에 의해 발생되는 발파공해 중 비산의 원인으로 가장 거리가 먼 것은?

① 점화순서 착오에 의한 지나치게 긴 지발시간
② 천공시 잘못으로 인한 장약공의 분산
③ 과다한 장약량
④ 단층, 균열, 연약면 등에 의한 암석강도의 저하

26 화약류관리보안책임자의 결격사유로 틀린 것은?

① 20세 미만의 사람
② 색맹이거나 색약인 사람
③ 운전면허가 없는 사람
④ 듣지 못하는 사람

27 화약류의 소지허가는 누구의 허가를 받아야 하는가?(단. 허가없이 화약류를 소지할 수 있는 경우 제외)

① 행정안전부장관
③ 주소지 관할 지방경찰청장
② 경찰청장
④ 주소지 관할 경찰서장

28 피뢰도선 및 가공지선의 전극 기준에 대한 설명으로 옳은 것은?

① 전극을 땅에 묻을 때에 그 부근에 가스관이 있을 경우에는 그로부터 2m 이상의 거리를 둘 것
② 전극은 피뢰도선마다 2개 이상으로 할 것
③ 전극은 구리판 또는 그 이상의 전도성이 있는금속으로 할 것
④ 전극의 접지저항은 피뢰도선이 1줄인 때에는 20[Ω]이하로 할 것

29 화약류를 양도. 양수하고자 할 때 경찰서장의 허가를 받지 않아도 되는 경우가 아닌 것은?

① 제조업자가 제조할 목적으로 화약류를 양수하거나 제련한 화약류를 양도하는 경우
② 화약류의 수출입 허가를 받은 사람이 그 수출입과 관련하여 화약류를 양도, 양수하는 경우
③ 판매업자가 판매할 목적으로 화약류를 양도, 양수하는 경우
④ 화약류관리보안책임자가 현장 발파용으로화약류를 양도, 양수하는 경우

30 전기뇌관에 대한 도통시험을 할 경우 시험전류는 몇 암페어를 초과하지 않은 것을 사용하여야 하는가?

① 0.1A   ② 0.01A
③ 0.001A   ④ 1A

31 다음 중 화공품에 속하지 않는 것은?

① 테트라센 등의 기폭제
② 자동차 에어백용 가스발생기
③ 시동약
④ 실탄 및 공포탄

32 화약류의 유리산 시험에 대한 설명으로 옳지 않은 것은?

① 시험하고자 하는 화약류를 유리산 시험기에 그 용적의 3/5이 되도록 채우고, 청색리트머스 시험지를 시료위에 매달고 봉한다
② 시료를 밀봉한 후 청색리트머스 시험지가 전면 적색으로 변하는 시간을 유리산 시험 시간으로 하여 이를 측정한다.
③ 폭약에 있어서는 유리산 시험시간이 4시간 이상인 것을 안정성이 있는 것으로 한다.
④ 질산에스텔 및 그 성분이 들어있는 화약에 있어서는 유리산 시험시간이 5시간 이상인 것을 안정성이 있는 것으로 한다.

33 화약류저장소 내에 화약류를 넣은 상자를 쌓아 저장할 때 저장소 안쪽 벽으로부터 이격거리 및 쌓은 높이는? (단, 수중저장소 및 3급 저장소는 제외)

① 안쪽 벽으로부터 30㎝, 높이는 2.0m 이하
② 안쪽 벽으로부터 20㎝, 높이는 2.0m 이하
③ 안쪽 벽으로부터 20㎝, 높이는 1.8m 이하
④ 안쪽 벽으로부터 30㎝, 높이는 1.8m 이하

34 화약류저장소가 보안거리 미달로 보안건물을 침범했을 경우 행정처분기준은?

① 허가취소   ② 감량 또는 이전명령
③ 6개월 효력정지   ④ 3개월 효력정지

35 전기발파의 기술상의 기준에 대한 설명으로 틀린 것은?

① 전기발파기 및 건전지는 습기가 없는 장소에 놓고 사용 전에 전력을 일으킬 수 있는 지를 확인할 것
② 발파모선은 고무 등으로 절연된 전선 20m 이상의 것 을 사용할 것
③ 전선은 점화하기 전에 화약류를 장전한 장소로부터 30m 이상 떨어진 안전한 장소에서 도통시험 및 저항시험을 할 것
④ 공기장전기를 사용하여 화약 또는 폭약을 장전하는 때에는 전기뇌관을 반드시 천공된 구멍 입구에 두도록 할 것

36 신지층 퇴적 전에 조륙운동과 침식작용이 있었음을 알려주는 부정합의 종류는?

① 비정합   ② 준정합
③ 사교부정합   ④ 난정합

37 암석의 윤회에서 퇴적물이 퇴적암으로 되는 작용은?

① 풍화작용   ② 결정작용
③ 변성작용   ④ 고화작용

38 화성암의 조암광물 중 무색광물에 속하지 않는 것은?

① 석영   ② 사장석
③ 백운모   ④ 휘석

39 다음 중 쇄설성 퇴적암에 해당되지 않는 것은?

① 역암   ② 각력암
③ 고회암   ④ 집괴암

40 절리의 특징에 대한 설명으로 틀린 것은?

① 단층, 습곡의 원인이 된다.
② 지표수가 지하로 흘러들어가는 통로가 된다.
③ 풍화 , 침식작용을 촉진시키는 원인이 된다.
④ 채석장에서 암석 채굴시 절리를 이용하여 효율적인 작업을 할 수 있다.

41 퇴적암에서 여러 종류의 지층이 쌓여 이루어진 평행구조를 무엇이라 하는가?

① 건열   ② 연흔
③ 층리   ④ 편리

42 접촉변성작용에 대한 설명으로 틀린 것은?

① 열에 의한 작용이다
② 원인은 주로 마그마의 관입으로 생긴다
③ 범위는 마그마가 관입한 부분으로 좁은 편이다
④ 접촉변성작용을 받은 암석은 엽리가 발달하고 밀도가 커진다

43 마그마의 분화에 따른 고결 단계 중 최종 단계는 어느 것인가?

① 기성산계   ② 열수단계
③ 정마그마단계   ④ 페그마타이트단계

44 다음 중 현무암에 대한 설명으로 틀린 것은?

① 화성암의 일종이다
② 다공질 구조가 잘 나타난다.
③ 산성암으로 검은색을 띤다.
④ 제주도, 울릉도 등에 분포한다.

45 현무암질 마그마가 냉각되면서 정출되는 광물 중 가장 높은 온도에서 정출되는 것은?

① 감람석   ② 각섬석
③ 휘석   ④ 석영

46 다음 중 중생대에 속하지 않는 지질시대는?

① 백악기   ② 쥐라기
③ 데본기   ④ 트라이아스기

47 광물 알갱이들을 육안으로 구별할 수 없는 화산암의 특징적인 조직을 무엇이라 하는가?

① 비현정질 조직   ② 현정질 조직
③ 입상 조직   ④ 등립질 조직

48 다음 중 화성암에 대한 설명으로 맞는 것은?

① 지표에 노출되어 있는 암석들이 풍화와 침식작용을 해서 생긴 암석을 말한다.
② 지하의 마그마가 지표에 분출하거나 지각에 관입하여 굳어진 암석을 말한다.
③ 일단 형성된 암석이 지각변동에 의하여 압력이나 열을 받아서 생긴 암석을 말한다.
④ 재결정작용에 의하여 파쇄되었던 암석들이 다시 모여 접촉변성을 일으켜 생긴 암석을 말한다.

49 육안으로 변성암의 종류와 그 이름을 알아내기 위한 방법으로 맞는 것은?

① 쇄설성 조직, 층리, 화석을 관찰한다
② 입상 조직, 반상 조직, 유리질 조직을 관찰한다
③ 편리, 편마 구조, 혼펠스 구조를 관찰한다
④ 쇄설성 조직, 편마 구조, 편리를 관찰한다

50 셰일이 접촉 변성작용을 받아서 생성된 암석은?

① 혼펠스 ② 편마암
③ 천매암 ④ 슬레이트

51 다음 중 단층 양쪽 지괴의 상하운동이 가장 적은 단층은 어느 것인가?

① 정단층 ② 역단층
③ 주향이동단층 ④ 오버트러스트

52 둥근 자갈들의 사이를 모래나 점토가 충진하여 교결케 한 자갈 콘크리트 같은 암석은?

① 쳐트 ② 사암
③ 역암 ④ 셰일

53 퇴적물이 쌓인 후 단단한 암석으로 되기까지에 일어나는 모든 작용을 의미하는 것은?

① 속성작용 ② 분급작용
③ 변성작용 ④ 분화작용

54 다음 중 불연속면의 주향과 경사를 측정하는 데 주로 사용하는 것은?

① 레벨(level)
② 트랜싯(transit)
③ 클리노미터(clinometer)
④ 세오돌라이트(theodolite)

55 석탄의 종류 중에서 탄소(C)의 함유량이 가장 낮은 것은?

① 갈탄 ② 토탄
③ 역청탄 ④ 무연탄

56 점토와 미사크기의 입자로 구성된 암석으로서 미사암과 합하여 전 퇴적암의 55%를 차지하는 가장 흔한 암석은?

① 석회암 ② 셰일
③ 사암 ④ 응회암

57 화성암 중에서 SiO_2를 몇 %를 함유하면 산성암이라고 하는가?

① 45% 이하 ② 52% 정도
③ 60% 정도 ④ 66% 이상

58 다음 중 용암에 들어 있던 휘발성분이 분리되면서 굳어져 생긴 가공이 다른 광물로 채워져서 만들어진 구조는?

① 유상 구조 ② 다공질 구조
③ 행인상 구조 ④ 구상 구조

59 변성암과 그 변성암에서 특징적으로 나타나는 구조의 연결로 틀린 것은?

① 편마암 - 편마구조
② 편암 - 편리구조
③ 점판암 - 벽개구조
④ 대리암 - 안구상구조

60 습곡측면이 수직이고 축이 수평이며 두 날개는 반대방향으로 같은 각도로 경사진 습곡은?

① 정습곡 ② 경사습곡
③ 침강습곡 ④ 셰브론습곡

화약취급기능사 2009년 제1회 필기시험

01 탄광용 폭약의 감열소염제로 주로 쓰이는 것은?

① 알루미늄   ② 염화나트륨
③ 염화바륨   ④ 질산알모늄

02 다음 중 뇌관의 첨장약으로 사용되지 않은 것은?

① 테트릴(Tetryl)   ② 헥소겐(Hexogen)
③ 카알릿(Carlit)   ④ 펜트리트(Pentrite)

03 $Hg(ONC)_2$는 무엇인가?

① 초유폭약   ② 피크린산
③ 질화납   ④ 뇌홍

04 니트로셀룰로오스(NG)에 대한 설명으로 옳은 것은?

① 인체에 흡수되어도 해롭지 않다
② 글리세린을 질산과 황산으로 처리한 무색 또는 담황색 액체이다
③ 동결온도는 -10℃이다
④ 물에 녹으나, 알콜, 아세톤에는 녹지 않는다

05 다음 중 폭약의 선정방법으로 틀린 것은?

① 강도가 큰 암석에는 에너지가 큰 폭약을 사용한다.
② 장공발파에는 비중이 큰 폭약을 사용해야 한다.
③ 굳은 암석에는 동적효과가 큰 폭약을 사용한다.
④ 고온의 막장에는 내열성 폭약을 사용해야 한다.

06 누두공 시험에서 누두공의 모양과 크기에 영향을 미치는 요소로 틀린 것은?

① 뇌관각선의 길이
② 암반의 종류
③ 폭약의 위력 및 메지의 정도
④ 약실의 위치와 자유면의 거리

07 계단식 노천 발파 시 암석 비산의 중요한 원인으로 가장 관련이 적은 것은?

① 단층, 균열, 연약면, 등에 의한 암석의 강도 저하
② 과다한 장약량
③ 초시가 빠른 비전기식 뇌관 사용
④ 점화순서의 착오에 의한 지나친 지발시간

08 ANFO 폭약의 폭발 반응식은 다음과 같다 ( ) 안에 알맞은 것은?

$$3NH_4NO_3+CH_2{\rightarrow}3N_2+7H_2O+(\ \ )+82(kcal/mol)$$

① O_2 ② NO_3
③ CH_4 ④ CO_2

09 질산암모늄을 함유하지 않은 스트레이트 다이나마이트를 장기간 저장하면 NG과 NC의 콜로이드화가 진행되어 내부의 기포가 없어져서 다이나마이트는 둔감하게 되고 결국에는 폭발이 어렵게된다 이와 같은 현상을 무엇이라 하는가?

① 고화   ② 노화
③ 질산화   ④ 니트로화

10 다음 중 화약의 폭발속도를 측정하는 방법이 아닌 것은?

① 도트리시법   ② 메테강법

③ 오실로그래프법　　④ 크루프식법

11 전색물(메지)의 구비 조건으로 적당하지 않는 것은?

① 발파공벽과 마찰이 적을 것
② 단단하게 다져질 수 있을 것
③ 재료의 구입과 운반이 쉬울 것
④ 연소되지 않을 것

12 다음 중 라인드릴링법(line-drilling)에 대한 설명으로 틀린 것은?

① 목적하는 파단선에 따라서 근접한 다수의 무장약을 천공하여 인공적인 파단면을 만드는 방법이다.
② 벽면 암반의 파손이 적으나 많은 천공이 필요하므로 천공비가 많이 든다.
③ 천공은 수직으로 같은 간격으로 하여야 하므로 천공 기술이 필요하다.
④ 층리, 절리 등을 지닌 이방성이 심한 암반구조에 가장 효과적으로 적용되는 방법이다.

13 전기뇌관 12개를 그림과 같이 결선하고 제발시키려 한다. 이때 필요한 소요전압은 얼마인가?(단, 뇌관 1개 저항은 1.2[Ω], 발파모선의 총길이100[m], 모선의 저항은 0.02[Ω/m]이며, 소요전류는 2[A]이고 내부저항은 고려치 않는다)

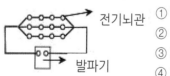

전기뇌관

발파기

① 7.2[V]
② 17.4[V]
③ 21.6[V]
④ 28.8[V]

14 건조단위중량이 1.70t/㎥ 이고 비중이 2.80인 흙의 공극비(e)는 얼마인가?

① 0.32　　　　② 0.47
③ 0.55　　　　④ 0.65

15 초유폭약(AN-FO)에 대한 설명 중 틀린 것은?

① 질산암모늄과 경유를 혼합하여 제조한다.
② 발파작업 시에는 반드시 전폭약포가 필요하다.
③ 석회석의 채석 등 노천채굴에 적합하다.
④ 흡습성이 없어 장기저장이 가능하다.

16 한 개의 약포가 그 옆에 있는 다른 약포의 폭굉에 의하여 감응 폭발하는 현상을 무엇이라 하는가?

① 순폭　　　　② 기폭
③ 완폭　　　　④ 불폭

17 어떤 암반에 대한 시험발파에서 장약량 700g으로 누두지수 n=1.2인 발파가 되었다면 동일 암반에서 같은 최소저항선으로 n=1인 표준발파가 되도록 하기 위한 장약량은?

① 395.19g　　　② 425.11g
③ 457.82g　　　④ 506.12g

18 2자유면 계단식 발파를 실시하는 채석장 발파에서 벤치높이 4m, 최소저항선 2m 천공간격 2m일 경우 장약량은? (단, 발파계수 : 0.15)

① 1.8kg　　　　② 4.05kg
③ 24kg　　　　④ 36kg

19 다음 중 소할발파법에 속하지 않는 것은?

① 미진동법　　　② 복토법
③ 사혈법　　　　④ 천공법

20 암반 분류 방법 중 RMR 값을 산정하기 위한 주요 인자가 아닌 것은?

① 암석의 일축인장강도　② 암질계수(RQD)
③ 지하수 상태　　　　④ 불연속면 상태

21 번컷(Burn-Cut)에 대한 설명이다. 틀린 것은?

① 심발공 내에 무장약공을 천공한다.
② 장약공은 메지를 하지 않고 공 전체에 폭약을 장전한다.
③ 심발공 내에 천공한 무장약공은 자유면 역할을 한다.
④ 번컷(Burn-Cut)은 평행공 심발공법에 해당한다.

22 어느 보안물건과의 허용진단기준이 0.3cm/sec 이고, 시험발파 결과 65m/kg½로 제한하여 발파하도록 하였다. 이 보안물건과 이격거리 100m 지점에서 사용할 수 있는 지발당 장약량은 얼마인가?(단, 자승근 환산거리를 적용하여 계산)

① 1.15kg
② 2.37kg
③ 3.00kg
④ 6.50kg

23 20kg/cm² 의 수압에서 젤라틴 다이나마이트를 완전히 폭발시키기 위하여 첨가해 주는 것은?

① 황산바륨
② 알루미늄
③ 목분
④ 염화나트륨

24 다음 중 암반사면의 파괴형태에 속하지 않는 것은?

① 평면파괴
② 취성파괴
③ 쐐기파괴
④ 전도파괴

25 다음 중 집중발파(조합발파)의 특징으로 틀린 것은?

① 파괴암석의 분쇄가 적어진다
② 단일발파보다 동일 장약량에 비해 많은 채석량을 얻는다
③ 파괴암석의 비산이 적다
④ 최소저항선을 감소시킬 수 있다

26 화약류 운반신고를 하는 자는 화약류 운반신고서를 특별한 사정이 없는 한 운반개시 몇 시간 전까지 발송지를 관할하는 경찰서장에게 제출하여야 하는가?

① 1시간
② 4시간
③ 8시간
④ 24시간

27 화약류 취급소의 정체량으로 맞는 것은?(단, 1일 사용 예정량 이하임)

① 화약 400Kg
② 폭약(초유폭약 제외) 400Kg
③ 전기뇌관 3500개
④ 도폭선6Km이하

28 다음 중 정기안전검사를 받아야 하는 대상시설에 해당하지 않는 것은?

① 꽃불류제조소의 제조시설중 위험공실
② 1급 화약류 저장소
③ 2급 화약류 저장소
④ 3급 화약류 저장소

29 총포 · 도검 · 화약류 등 단속법 위반에 의한 과태료 처분에 불복(不服)이 있는 사람은 그 처분이 있음을 안 날로부터 며칠 이내에 관할 관청에 이의(異議)를 제기할 수 있는가?

① 15일 이내
② 20일 이내
③ 30일 이내
④ 60일 이내

30 꽃불류저장소 주위의 방폭벽은 두께 몇 cm 이상의 철근콘크리트조로 하여야 하는가?

① 10cm
② 15cm
③ 20cm
④ 25cm

31 사용허가를 받지 아니하고 화약류를 사용할 수 있는 사람으로서 건축, 토목공사용으로 1일 동일한 장소에서 사용할 수 있는 수량은?

① 산업용 실탄 200개 이하
② 미진동 파쇄기 1500개 이하
③ 광쇄기 200개 이하
④ 건설용 타정총용 공포탄 5000개 이하

32 양수허가의 유효기간은 얼마를 초과할 수 없는가?

① 3개월　　　　② 6개월
③ 1년　　　　　④ 2년

33 간이저장소의 위치·구조 및 설비의 기준으로 틀린 것은?

① 벽과 천정(2층 이상의 건물인 경우에는 그 층의 바닥을 포함한다)의 두께는 10㎝ 이상의 철근 콘크리트로 할 것
② 지붕은 10㎝ 이상의 철근 콘크리트로 할 것
③ 출입문은 두께 2mm 이상의 철판으로 2중 문을 설치할 것
④ 자동소화 설비를 갖출 것

34 "공실"에 대한 정의로 맞는 것은?

① 발화 또는 폭발할 위험이 있는 화약고 등의 시설을 하기 위한 건축물
② 화약류의 제조작업을 하기 위하여 제조소안에 설치된 건축물
③ 화약류의 제조과정에서 화약류를 일시적으로 저장하는 장소
④ 화약류의 취급상의 위해로부터 보호가 요구되는 건축물

35 화약류를 발파 또는 연소시키려는 사람은 누구에게 사용허가를 받아야 하는가? (단, 예외

사항은 제외)

① 사용지 관할 지방경찰청장
② 사용지 관할 경찰서장
③ 사용자 관할 구청장
④ 사용지 관할 시장

36 지각을 구성하고 있는 8대 원소에 포함하지 않는 것은?

① 수소(H)　　　　② 나트륨(Na)
③ 알루미늄(Al)　　④ 철(Fe)

37 암석이 재결정작용을 받아 운모와 같은 판상의 광물이 평행하게 배열되면 변성암은 평행구조를 나타내게 되는데 이런 구조를 무엇이라 하는가?

① 연흔　　　　② 엽리
③ 총리　　　　④ 박리

38 대규모의 습곡에 작은 습곡을 동반하는 습곡의 이름은 무엇인가?

① 침강습곡
② 복배사, 복향사
③ 횡와 습곡
④ 드래그습곡

39 현무암이나 반려암보다 화강암이나 유문암에 많은 화학성분은 무엇인가?

① CaO, MgO, Fe_2O_3
② $K_2O. Na_2O. SiO_2$
③ CaO, SiO_2, MgO
④ $FeO. K_2O. Na_2O$

40 지각 변동 때 발생하는 응력이나 양석이 고화될 때 수축에의해 생기는 것으로 암석에서 관찰되는 쪼개진 틈을 무엇이라 하는가?

① 습곡　　　　　② 단층
③ 정합　　　　　④ 절리

41 다음그림은 암석의 윤회과정을 나타낸 것이다. A, B, C, D에 해당되는 작용은 무엇인가?

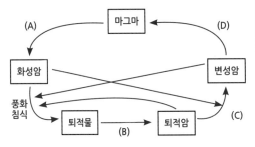

① A-결정작용, B-고화작용, C-용융작용, D-변성작용
② A-결정작용, B-고화작용, C-변성작용, D-용융작용
③ A-용융작용, B-변성작용, C-결정작용, D-고화작용
④ A-용융작용, B-고화작용, C-변성작용, D-결정작용

42 화성암을 산성암, 중성암 및 염기성암 등으로 분류하는데 기준이 되는 화학성분은?

① K_2O, Na_2O
② FeO, Fe_2O_3
③ Al_2O_3
④ SiO_2

43 화산암에 있어서 마그마가 유동하면서 굳어진 구조를 무엇이라 하는가?

① 유상구조　　　② 다공상구조
③ 행인상구조　　④ 구상구조

44 다음 중 화학적 퇴적암으로만 나열된 것은?

① 역암, 각력암　② 셰일, 응회암
③ 쳐어트, 규조토　④ 석고, 암염

45 지각은 화성암, 퇴저암, 변성암으로 구성되어

있는데, 변성암을 변성되기 전의 원암으로 계산할 때 지구표면 근처에는 표토를 제외하고 퇴적암과 화성암의 양적비율이 어떻게 되는가?

① 퇴적암 75% : 화성암 25%
② 화성암 75% : 퇴적암 25%
③ 화성암 95% : 퇴적암 2%
④ 퇴적암 95% : 화성암 5%

46 다음 중 한반도에서 아직 발견되지 않고 있는 지질 시대는?

① 제3기　　　　② 데본기
③ 쥐라기　　　　④ 페름기

47 다음 중 야외에서 단층을 확인하는 증거로 사용되지 않는 것은?

① 단층 점토
② 단층면의 주향, 경사
③ 단층각력
④ 단층면의 긁힌 자국

48 현정질 및 비현정질 조직에 있어서 상대적으로 유난히 큰 광물알갱이들이 반점 모양으로 들어있는 경우 이러한 화성암의 조직은?

① 반상조직　　　② 구상조직
③ 미정질조직　　④ 유리질조직

49 다음에서 설명하는 것은?

> 이것은 하나의 규산염용체로서 50-20Km의 깊이에 있는 상부 맨틀이나, 또는 5-10Km 깊이의 비교적 얕은 지각 에서 생성된다. 맨틀에서 생성되는 것은 대체로 실리카가 적으며 지각에서 생성되는 것은 실리카의 함유가 높은 편이다

① 시마(sima)　　② 멜랑지

③ 마그마 ④ 오피올라이트

50 지하의 마그마가 지표에 분출하거나 지각에 관입하여 굳어진 암석은 무엇인가?

① 화성암 ② 퇴적암
③ 변성암 ④ 편마암

51 다음 중 규산염 광물이 아닌 것은?

① 홍주석 ② 석영
③ 방해석 ④ 정장석

52 다음 중 엽리를 찾아보기 어려운 변성암은?

① 슬레이트 ② 편암
③ 편마암 ④ 규암

53 다음 중 쇄설성 퇴적암을 분류하는데 이용되는 대표적인 기준은?

① 구성입자의 크기 ② 화학성분
③ 퇴적구조 ④ 화석의 종류

54 주로 셰일로부터 변성된 접촉변성암으로서 흑색 세립의 치밀, 견고한 암석을 무엇이라 하는가?

① 대리암 ② 혼펠스
③ 천매암 ④ 편마암

55 현무암질 마그마의 분화작용에 따른 암석의 생성 순서로 좋은 것은?

① 화강암 → 섬록암 → 반려암
② 섬록암 → 화강암 → 반려암
③ 화강암 → 반려암 → 섬록암
④ 반려암 → 섬록암 → 화강암

56 다음 중 규장암에 대한 설명으로 틀린 것은?

① 간혹 석영의 반정을 가진다.

② 식물의 화석을 포함하는 경우가 많다.
③ 흰색이며 비현정질의 치밀한 암석이다.
④ 절리면에는 모수석(dendrite)이 생겨 있는 경우가 많다.

57 다음 중 부정합면 아래에 결정질은 암석(심성암.변성암)이 있는 부정합은?

① 난정합 ② 준정합
③ 사교부정합 ④ 평행부정합

58 다음 중 주향과 경사에 대한 설명으로 맞는 것은?

① 주향은 지층면과 수평면이 이루는 각이다
② 경사는 경사된 지층면과 수평면과의 교차선의 방향이다
③ 주향은 항상 자북방향을 기준으로 측정한다
④ 경사각을 기재할 때 기우기가 50° 이고 기울어진 쪽의 방향이 남동쪽이면 50°SE가 된다

59 다음 보기에서 광역변성암에 해당하는 것을 옳게 표시한 것은?

----〔보기〕----
Ⓐ 편마암 Ⓑ규암 Ⓒ 대리암 Ⓓ 편암 Ⓔ 천매암

① 편마암, 규암, 대리암 ② 규암, 대리암, 편암
③ 편마암, 편암, 천매암 ④ 규암, 편암 천매암

60 다음과 같은 특징을 가지고 있는 퇴적암은?

*겉모양은 층리가 잘 보이며 판상이다
*주성분은 석영 알갱이와 점토 광물이다
*보통 노랑. 붉은색. 갈색. 회색. 검정색을 띈다
*입자의 크기는 보통 1/16mm 이하로 육안 구별이 어렵다

① 응회암 ② 석회암.
③ 역암 ④ 셰일

화약취급기능사 2008년 제5회 필기시험

01 전기발파의 결선방법과 거리가 먼 것은?

① 직렬결선　　　　② 직병렬결선
③ 병렬결선　　　　④ 조합결선

02 다음 발파이론 중 자유면에서 반사 응력파에 의한 인장파괴와 가장 관계가 깊은 것은?

① 홉킨슨효과(Hopkinson effect)
② 노이만효과
③ 측벽효과
④ 디커플링효과

03 측정시간동안의 변동 소음 에너지를 시간적으로 평균하여 대수로 변환한 것으로 Leq dB로 표기한 것은?

① 최고 소음 레벨　　② 최저 소음 레벨
③ 평균 소음 레벨　　④ 등가 소음 레벨

04 다음 낙추 감도 곡선에서 화약시료의 임계폭점은 나타내는 것은?

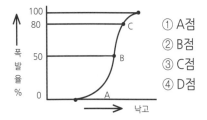

① A점
② B점
③ C점
④ D점

05 다음 중 집중발파를 하는 가장 큰 목적은?

① 최소저항선을 증대시키기 위하여
② 공경을 크게 하기 위하여
③ 자유면을 증대시키기 위하여
④ 장약량을 크게 하기 위하여

06 조성에 의한 화약류의 분류 중 혼합화약류에 속하는 것은?

① 트리니트로톨루엔　② 니트로셀룰로우스
③ 니트로글리세린　　④ 질산암모늄폭약

07 다음 중 뇌홍을 사용하는데 사용되는 주원료는?

① 목분(C)　② 유황(S)　③ 수은(Hg)　④ 납(Pb)

08 초유폭약(ANFO)에 관한 설명으로 틀린 것은?

① 질산암모늄과 경유를 혼합하여 제조한다.
② 흡습성이 있어 장기저장이 어렵다.
③ 뇌관으로 기폭이 가능하여 별도의 전폭약포가 필요없다.
④ 석회석 및 채석 등 노천채굴에 사용하기가 적합하다.

09 암석의 압열인장시험법(Brazilian test)에 의하여 인장강도 측정시 알맞은 식은?(단 St : 인장강도, P : 최대하중, D : 시험편의 지름, L : 시험편의 길이)

① $St=\dfrac{P}{D \cdot L}$　　　　② $St=P \cdot D \cdot L$

③ $St=\dfrac{2P}{\pi \cdot DL}$　　　　④ $St=\dfrac{\pi \cdot DL}{2P}$

10 다음 중 노천 계단식 대발파에서 초유폭약(ANFO)의 완폭과 발파공 전체의 폭력을 고르게 하기 위해 사용할 수 있는 것은?

① 미진동파쇄기　　② 도화선
③ 도폭선　　　　　④ 흑색화약

11 다음 중 전색재료에 대한 설명으로 틀린 것은?

① 알갱이가 고체로 구성된 전색물에 있어서는 전색물의 알갱이가 작을수록 일반적으로 발파효과는 높아진다.
② 점토의 경우 일반적으로 수분함유량이 증가할수록 발파 효과는 높아진다.
③ 물은 일반적으로 점토나 모래보다 전색물로서 발파효과가 크다.
④ 전색재료는 압축률이 작아서 단단하게 다져지지않아야 한다.

12 최소 저항선이 2m, 발파계수는 0.2인 경우 표준발파시 시장약량은 얼마인가? (단,Hauser 발파식을 이용)

① 1.6kg ② 1.2kg ③ 0.8kg ④ 0.4kg

13 화약류의 반응에 관한 설명으로 틀린 것은?

① 화약류의 안정상태가 파괴될 때에 일어나는 화학변화를 폭발이라고 한다.
② 폭발속도란 폭속이라고도 하며, 폭발파가 전파 되는 속도를 말한다.
③ 화약류의 폭발에는 폭발소도의 차에 의해 폭연과 폭굉으로 구분한다.
④ 보통 폭속이 2000m/sec 이상의 폭발을 폭연이라고 한다.

14 갱내 발파시 발파계원이 경계원에게 확인시켜야 하는 사항으로 틀린 것은?

① 경계하는 구역 ② 발파 횟수
③ 발파 완료 후의 연락방법
④ 경계하는 시간

15 직경 32㎜ 폭약의 사상 순폭시험 결과 순폭이 이루어진 약포간의 거리가 50㎜, 100㎜, 128㎜였다면 이 시험폭약의 순폭도는 얼마인가?

① 2   ② 3   ③ 4   ④ 5

16 다음 중 제발발파의 효과를 크게 하기 위하여 가장 고려하여야 할 사항은?

① 천공직경과 전색물의 종류
② 천공길이와 전색의 길이
③ 전색재의 종류와 천공길이
④ 최소저항선과 천공간격

17 다음 중 조절발파에 속하지 않는 것은?

① 라인드릴링(Line drilling)
② 노이만 블라스팅(Neumann blasting)
③ 쿠션 블라스팅(Cushion blasting)
④ 프리스플리팅(Presplitting)

18 폭약의 폭발속도에 영향을 주는 요소로 틀린 것은?

① 약포의 지름   ② 뇌관의 길이
③ 폭약의 양   ④ 폭약의 장전밀도

19 제발발파와 비교하여 MS발파의 특징으로 맞는 것은?

① 분진의 발생량이 비교적 많다.
② 발파에 의한 진동이 크다.
③ 발파에 의한 폭음이 크다.
④ 파쇄효과가 크고 암석이 적당한 크기로 잘게깨진다.

20 다음 중 수공(水孔)에 사용하기에 가장 적합한 폭약은?

① 초유폭약(ANFO)   ② 흑색화약
③ 슬러리 폭약   ④ 질산암모늄 폭약

21 테트릴에 대한 설명으로 틀린 것은?

① 엷은 노랑색 결정으로 흡수성이 없다.
② 페놀에 황산과 질산을 작용시켜 만든다.
③ 물에 잘 녹지 않는다.
④ TNT보다 예민하고 위력도 강하다.

22 흙에서 공극이 차지하는 부피와 흙 전체 부피의 비를 백분율로서 나타낸 값을 무엇이라 하는가?

① 공극율   ② 부피율   ③ 함수율   ④ 포화율

23 다음 중 평행공 심빼기에 속하는 것은?

① V형 심빼기(V cut)
② 코로만트 심빼기(Coromant cut)
③ 피라미드 심빼기(Pyramid cut)
④ 삼각 심빼기(Triangle cut)'

24 어떤 암반에 대한 시험발파에서 장약량 700g으로 누두지수 n=1.2인 빌파가 되었다. 이 암반에서 동일한 조건으로 n=1인 표준발파가 되도록 하기 위한 장약량은?

① 350.53g   ② 457.52g
③ 550.53g   ④ 657.52g

25 암반사면에서의 파괴 형태는 크게 4가지로 분류 할수 있다. 다음 중 암반사면에서 일어나는 일반적인 파괴형태로 옳지 않은 것은?

① 전도파괴   ② 취성파괴
③ 쐐기파괴   ④ 평면파괴

26 화약류 제조업자가 안정도 시험을 한후 그 시험결과를 누구에게 보고하여야 하는가?

① 행정안전부장관   ② 경찰청장
③ 지방경찰청장   ④ 경철서장

27 지상 복토식 1급 저장소의 위치, 구조 및 설비의 기준으로 틀린 것은?

① 마루는 기초에서 30㎝이상의 높이로 설치해야 한다.
② 저장소의 안쪽 벽과 바깥쪽 벽과의 공간에 습기가 차지 않도록 배수설비를 하여야 한다.
③ 저장소의 복토(출입구쪽의 부분은 제외)는 45°이하의 경사로 하여야 한다.
④ 복토의 두께는 2m 이상으로 하여야 한다.

28 동력선 또는 전등선을 전원으로 하여 전기발파를 하고자 할 때 전선에는 얼마 이상의 적당한전류가 흐르도록 하여야 하는가?

① 0.1[A]이상   ② 0.5[A]이상
③ 1.0[A]이상   ④ 5.0[A]이상

29 꽃불류의 사용허가 신청의 경우 허가신청서에 첨부하여야 할 서류로 틀린 것은?

① 사용순서대장
② 제조소명
③ 사용장소 및 그 부근약도
④ 화약류저장소의 설치허가증 사본

30 화약류 운반용 축전지차에 사용하는 축전지의 사용전압은?

① 50[V]이하   ② 75[V]이하
③ 100[V]이하   ④ 120[V]이하

31 착암기를 사용하여 불발한 화약류를 회수하려고 한다. 불발된 천공된 구멍으로부터 얼마 이상의 간격을 두고 평행으로 천공하여 다시 발파하고 불발한 화약류를 회수하는가? (단, 법령상의 기준임)

① 20㎝   ② 40㎝   ③ 60㎝   ④ 80㎝

32 화약류 저장소의 위치, 구조 및 설비를 허가없 이 임의로 변경하였을 때 벌칙기준으로 맞는 것은 ?

① 100만 원 이하의 과태료
② 1년 이하의 징역 또는 300만 원 이하의 벌 금형
③ 2년 이하의 징역 또는 500만 원 이하의 벌 금형
④ 3년 이하의 징역 또는 700만 원 이하의 벌 금형

33 화약류 운반신고 방법에 대한 설명으로 옳은 것은 ?

① 특별한 사정이 없는 한 화약류 운반개시 12 시간 전까지 발송지 관할 경찰서장에게 신 고해야 한다.
② 화약류의 운반기간이 경과한 때에는 운반신 고필증을 도착지 관할 경찰서장에게 반납해 야 한다.
③ 화약류를 운반하지 아니하게 된 때에는 운반 신고필증을 발송지 관할 경찰서장에게 반납 할 필요가 없다.
④ 화약류의 운반을 완료한 때에는 운반신고필 증을 도착지 관할 경찰서장에게 반납해야 한 다.

34 다음 중 각 용어에 대한 설명으로 틀린 것은 ?

① 공실 : 화약류의 제조 작업을 하기 위하여 저 장소 안에 설치된 건축물
② 정체량 : 동일공실에 저장할 수 있는 화약류 의 최대수량
③ 화약류 일시저치장 : 화약류의 제조과정에서 화약류를 일시적으로 저장하는 장소
④ 보안물건 : 화약류의 취급상의 위해로부터 보호가 요구되는 장비·시설

35 화약류의 소유자 또는 관리자가 화약류 사용 중 도난 또는 분실사고가 발생한 경우 조치사 항으로 가장 올바른 것은 ?

① 지체없이 국가경찰관서에 신고하여야 한다.
② 12시간을 기한으로 찾아본 후 국가경찰관서 에 신고한다.
③ 총포화약안전기술협회에 전문가를 동원한 조사를 의뢰한다.
④ 화약회사에 회수도록 협조 요청한다.

36 섬록암에 대한 설명 중 틀린 것은 ?

① 주 구성 광물은 사장석과 각섬석이다.
② 광물 알갱이들의 크기는 1~5㎜정도이다.
③ 완정질이며 녹회색을 띤다.
④ 석영을 50%이상 포함하고 있다.

37 절대연령 측정에 의하면 우리나라에서 가장 오래된 암석은 무엇인가 ?

① 편마암류   ② 화강암류
③ 석회암류   ④ 현무암류

38 다음 중 신생대의 기를 바르게 나타낸 것은 ?

① 오르드비스기   ② 실루리아기
③ 트라이아스기   ④ 제3기

39 기존 암석 중의 틈을 따라 관입한 판상의 화성 암체를 무엇이라 하는가 ?

① 암상   ② 암주   ③ 암맥   ④ 암경

40 마그마의 정출과 분화작용 중 높은 온도에서 낮은 온도로 마그마가 냉각될 때 생성되는 암석의 순서로 맞는 것은 ?

① 반려암→화강암→섬록암
② 화강암→섬록암→반려암
③ 섬록암→반려암→화강암
④ 반려암→섬록암→화강암

41 다음 중 퇴적암의 특징이 아닌 것은 ?

① 층리   ② 연흔   ③ 건열   ④ 절리

42 화학적 풍화작용은 일반적으로 어느 곳에서 주로 일어나는가 ?

① 한랭한 극지방   ② 습윤·온난한 지대
③ 건조한 사막지방   ④ 고산지대

43 다음 절리의 분류 중 힘에 의한 분류가 아닌 것은 ?

① 전단절리   ② 장력절리
③ 주상절리   ④ 신장절리

44 다음 ( )안의 a와 b로 옳은 것은 ?

화성암을 분류하는 기준은(a)의 성분비와 산출상태에 따라 나타내는 (b)에 의하여 결정된

① (a) mgO, (b) 구조   ② (a) CaO, (b) 반점
③ (a) FeO, (b) 압력   ④ (a) SiO_2, (b) 조직

45 다음은 어떤 광물이 화학적 풍화작용을 받을때 나타나는 현상이다. 다음에서 올바른 것은 ?

$$2KAlSi_3O_8 + 2H_2O + CO_2$$
$$\rightarrow Al_2Si_2O_5(OH)_4 + K_2CO_3 + 4SiO_2$$

① 정장석이 풍화작용을 받으면 고령토가 만들

어 진다.
② 방해석이 풍화작용을 받으면 대리암이 만들어 진다.
③ 석영이 풍화작용을 받으면 모래가 만들어 진다.
④ 고령토가 풍화작용을 받으면 보크사이트가 만들어 진다.

46 마그마(Magma)에 대한 설명 중 틀린 것은 ?

① 복잡한 화학조성을 가진 용융체이고, 그 성분은 지각의 주성분과 같다.
② 염소, 플루오르, 황 등의 휘발성분은 포함하고 있다.
③ 굳어질 때의 화학조성에 따라 암석의 종류가 결정된다.
④ 마그마가 지하 깊은 곳에서 굳어져 만들어진 암석의 광물 알갱이들의 크기는 지표에서 굳어진 암석의 광물 알갱이에 비해서 크기가 작다.

47 석회암이 열과 압력을 받아 변성되면 무슨 암석이 되는가 ?

① 편마암   ② 셰일   ③ 혼펠스   ④ 대리암

48 배사와 향사가 반복되는 경우 습곡축면과 윙(wing)이같은 방향으로 거의 평행하게 기울어진 습곡은 ?

① 정습곡   ② 경사습곡
③ 등사습곡   ④ 침강습곡

49 암석을 육안으로 감정할 때 입상조직, 반상조직, 유리질조직이 관찰되었다면 이 암석은 무슨 암에 속하는가 ?

① 퇴적암   ② 화성암
③ 변성암   ④ 동력변성암

50 부정합면 아래에 결정질인 암석(심성암 · 변성암)이 있는 부정합은 ?

① 난정합 ② 준정합
③ 비정합 ④ 사교부정합

51 다음 중 화성암의 조암 광물은 어느 것인가 ?

① 전기석 ② 인회석 ③ 각섬석 ④ 자철석

52 규조토는 다음 중 어떤 퇴적암에 속하는가 ?

① 쇄설성 퇴적암 ② 화학적 퇴적암
③ 유기적 퇴적암 ④ 구조적 퇴적암

53 다음 그림과 같은 지질구조는 무엇인가 ? (단, 상반이 떨어진 것임)

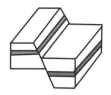

① 역단층 ② 주향이동단층
③ 수직단층 ④ 정단층

54 다음에서 설명하는 특징들과 가장 잘 맞는 암석의 종류는 ?

* 겉모양 : 모래가 굳어 거칠은 느낌
* 색 상 : 밝은색부터 검은색까지 다양함
* 입자크기 : 육안으로 구분이 가능
* 구성광물 : 석영, 장석
* 기타특징 : 단단함, 쇄설성

① 셰일 ② 사암 ③ 석회암 ④ 유문암

55 화학조성에 따른 화성암의 분류 중 SiO_2의 함유량이 무게 %로 45%보다 적게 포함된 것을 말하는 것은 ?

① 산성암 ② 중성암
③ 염기성암 ④ 초염기성암

56 퇴적암이 적색 또는 황색을 나타내는 경우는 주로 어떠한 성분에 기인하는가?

① 산화제일철 ② 산화제이철
③ 탄소 ④ 산화구리

57 제주 지방에서 산출되는 현무암에서 흔히 나타나는 구조로 옳은 것은 ?

① 구상구조 ② 동심원상구조
③ 층상구조 ④ 다공질구조

58 지층의 주향측정시 어느 방향을 기준으로 하여 측정하는가 ?

① 자북 ② 남극 ③ 진북 ④ 적도

59 변성암의 엽상구조에서 유색광물과 무색광물이 서로 교대로 거친 줄무늬를 보여 주는 것을 무엇이라 하는가 ?

① 안구상구조 ② 유상구조
③ 편마구조 ④ 벽개

60 변성암의 조직과 변성작용에 대한 다음의 설명중 틀린 것은 ?

① 접촉변성작용은 열의 작용만으로 일어나는 열변 성작용이다.
② 세일이 접촉변성작용을 받으면 혼펠스가 된다.
③ 접촉변성작용으로 생성된 암석은 대체로 치밀하고 단단한 조직을 가진다.
④ 접촉변성작용으로 생성된 모든 암석의 구성광물은 반드시 방향성을 가진다.

화약취급기능사 2008년 제1회 필기시험

01 다음과 같은 반응에서 니트로글리세린 1몰 (227.1g)이 반응해서 얻어지는 산소평형값은?

(단, $C_2H_5N_3O_9 \rightarrow 3CO_2 + 2.5H_2O + 1.5N_2 + 0.25O_2$)

① +0.035
② +0.0035
③ +0.1.022
④ +0.102

02 흙의 기본적인 구성성분과 관련이 없는 것은?

① 흙입자
② 공극
③ 공기
④ 물

03 다음 중 단순사면(유한사면)의 파괴형태가 아닌 것은?

① 사면선단파괴
② 사면내파괴
③ 사면저부파괴
④ 사면외파괴

04 다음 중 도통 시험의 목적이 아닌 것은?

① 전기뇌관과 약포와의 결합여부 확인
② 전기뇌관 백금선의 단선 여부 확인
③ 모선과 보조모선과의 연결누락 여부 확인
④ 보조모선과 각선과의 연결누락 여부 확인

05 조절발파의 장점에 대한 설명으로 틀린 것은?

① 여굴이 많이 발생하여 다음 발파가 용이하다.
② 발파면이 고르게 된다.
③ 균열의 발생이 줄어든다.
④ 발파 예정선에 일치하는 발파면을 얻을 수 있다.

06 너비가 18m, 높이가 7.5m인 터널에서 스무스 블라스팅을 실시하려고 한다. 디커플링 지수를

1.6으로 하고, 천공경을 45mm로 하였을 때 적당한 폭약의 지름은 대략 몇 mm인가?

① 17
② 22
③ 25
④ 28

07 다음 중 뇌홍(풀민산수은(Ⅱ))에 대한 설명으로 틀린 것은?

① 100℃이하로 오랫동안 가열하면 폭발하지 않고 분해한다.
② 600kg/cm²로 과압하면 사압에 도달하여 불을 붙여도 폭발하지 않는다.
③ 폭발하면 이산화탄소를 방출한다.
④ 저장 시 물속에 넣어서 보관한다.

08 구멍지름 32mm의 발파공을 공간격 9cm로 하여 3공을 집중 발파하였을 때 저항선의 비는? (단, 장약길이는 구멍지름의 12배로 한다.)

① 1.0
② 1.9
③ 2.4
④ 2.9

09 암석의 발파에 필요한 장약량을 계산하는데 중요한 발파계수 C와 관계없는 것은?

① 체적계수
② 암석계수
③ 폭약계수
④ 전색계수

10 다음 중 시험발파를 실시하여 알아볼 수 없는 것은?

① 파괴암석의 크기
② 비산 정도
③ 폭약비중
④ 채석량

11 여러 개의 발파공을 동시에 기폭 시키는 발파 방법은?

① 제발 발파법   ② 지발 발파법
③ 단발 발파법   ④ MS 발파법

12 다음 중 기폭약이 아닌 것은?

① 질화납
② 테트릴
③ 테트라센
④ 디아조디니트로페놀

13 2자유면 계단식 발파를 실시하는 채석장 발파에서벤치높이 4m, 최소저항선 2m 천공간격 2m 일 경우 장약량은? (단, 발파계수 : 0.2)

① 3.2kg   ② 6.4kg   ③ 12.8 kg   ④ 16kg

14 화약류의 정의 및 일반적인 특징에 대한 설명으로 틀린 것은?

① 고체, 액체 및 기체 상태의 폭발성 물질을 말한다.
② 화약, 폭약, 관련 화공품을 총칭한다.
③ 가열, 충격, 마찰 등에 급격한 화학 반응을 일으킨다.
④ 외부에서 공기나 산소를 공급하지 않더라도 연소 또는 폭발한다.

15 다음 중 전기뇌관의 성능시험법이 아닌 것은?

① 납판(연판)시험   ② 둔성폭약시험
③ 점화전류시험   ④ 연주확대시험

16 폭약에 원뿔 또는 반구형의 금속 라이너를 붙이고 폭굉시키면 라이너의 파괴로 말미암아 금속의 미립자가 방출하여 제트의 거센 흐름을 생성하는데 이러한 현상을 설명하는 것은?

① 노이만 효과   ② 디커플링 효과
③ 순폭도 효과   ④ 측벽효과

17 전류 1.2[A], 내부저항 3.0[Ω]인 소형 발파기를사용하여 2m 각선이 달린 뇌관 6개를 직렬로 접속하여 50m거리에서 발파하려고 할 때 소요전압은?(단, 전기뇌관 1개의 저항 0.97[Ω], 모선 1m의 저항은 0.021[Ω]이다.)

① 11.1[V]   ② 12.1[V]
③ 13.1[V]   ④ 14.1[V]

18 과염소산염을 주성분으로 한 카아릿을 폭발 후 염화수소 가스를 방출하므로 이것을 방지하기 위해 혼합해 주는 것은?

① 질산바륨   ② 니트로글리콜
③ DNN   ④ 염산

19 다음 중 부동다이너마이트에 관한 설명으로 맞는 것은?

① 니트로글리세린의 약 5%를 니트로글리콜을 대치한 것
② 니트로글리세린의 약 10%를 니트로글리콜을 대치한 것
③ 니트로글리세린의 약 15%를 니트로글리콜을 대치한 것
④ 니트로글리세린의 약 25%를 니트로글리콜을 대치한 것

20 암석 시료를 원주형으로 성형하여 축방향 하중을 점차 증가시키면 축방향으로 변형이 발생한 이때,축방향으로 가해지는 응력(σ)과 그에 따른 변형률(ε)사이에는 $\sigma = E\varepsilon$가 성립한다. 여기서 상수 E를 무엇이라 하는가?

① 탄성계수   ② 응력계수
③ 전단계수   ④ 인장계수

21 화약의 폭발 생성 가스가 단열팽창을 할 때에 외부에 대해 하는 일의 효과를 말하는 것은?

① 동적효과
② 정적효과
③ 충격열효과
④ 파열효과

22 다음 중 쿠션 블라스팅법의 특징에 대한 설명으로 틀린 것은?

① 라인 드릴링보다 천공 간격이 좁아 천공비가 많이 든다.
② 견고하지 않은 암반의 경우나 이방성 암반에도 좋은 결과를 얻을 수 있다.
③ 파단선의 발파공에는 구멍의 지름에 비하여 작은 약포지름의 폭약을 장전한다.
④ 주요 발파공을 발파한 후에 쿠션 발파공을 발파한다.

23 다음 심발발파법 중 평행공 심발방법인 것은?

① V-컷
② 번컷
③ 피라미드 컷
④ 부채살 심빼기

24 최대지름이 80cm, 최소지름이 40cm 인 암석을 천공법으로 소할발파할 때 장약량은 얼마인가? (단, 발파계수는 0.02이다.)

① 10g
② 22g
③ 32g
④ 42g

25 암석의 특성에 따라 알맞은 성능을 가진 폭약의 선정 방법으로 틀린 것은?

① 강도가 큰 암석에는 에너지가 큰 폭약을 사용한다.
② 굳은 암석에는 동적효과가 큰 폭약을 사용한다.
③ 장공발파에는 비중이 큰 폭약을 사용해야 한다.
④ 고온의 막장에는 내열성 폭약을 사용해야 한다.

26 건설업자 '갑'은 월3톤의 폭약을 사용하는 터파기 공사를 하고자 한다. 선임하여야 하는 화약류관리보안책임자로 맞는 것은?

① 1급화약류관리보안책임자
② 2급화약류관리보안책임자
③ 3급화약류관리보안책임자
④ 2급화약류제조보안책임자

27 화약류 취급에 관한 설명 중 틀린 것은? (단, 초유폭약은 제외)

① 사용에 적합하지 아니한 화약류는 화약류저장소에 반납한다.
② 얼어서 굳어진 다이너마이트는 손으로 주물러서 부드럽게 하여 사용한다.
③ 화약류를 취급하는 용기는 목재 그밖의 전기가 통하지 아니하는 것으로 하고 견고한 구조로 하여야 한다.
④ 화약, 폭약과 화공품은 각각 다른 용기에 넣어 취급한다.

28 피보호 건물로부터 독립하여 피뢰침 및 가공지선을 설치하는 경우 피뢰침 및 가공지선의 각 부분은 피보호 건물로부터 몇 m 이상의 거리를 두어야하는가? (단, 법령상 기준임)

① 4.5
② 1.5
③ 3.5
④ 2.5

29 화약류 저장소의 설치허가 신청을 할 때 저장소 및 그 부근의 약도를 첨부하여야 하는데 그 약도의 기준으로 적당한 것은?

① 사방 200m 이내
② 사방 300m 이내
③ 사방 4000m 이내
④ 사방 500m 이내

30 화약류를 발파 또는 연소시키려는 사람은 누구의 허가를 받아야 하는가? (단, 광업법에 의한 경우 등 예외사항 제외)

① 주소지 관할경찰서장　② 시·도지사
③ 사용지 관할경찰서장　④ 지방경찰청장

31 화약류의 정체 및 저장에 있어 폭약 1톤에 해당하는 화공품의 환산수량으로 맞는 것은?

① 실탄 또는 공포탄 300만개
② 공업용뇌관 150만개
③ 신호뇌관 30만개
④ 총용뇌관 250만개

32 3급 저장소의 화약류 최대 저장량으로 틀린 것은?

① 도폭선 2000m　② 폭약 25kg
③ 미진동파쇄기 1만개　④ 전기뇌관 1만개

33 화약류저장소 주위에 간이흙둑을 설치하는 경우 간이흙둑의 경사의 기준으로 맞는 것은?

① 45도 이하　② 55도 이하
③ 65도 이하　④ 75도 이하

34 화약류 저장소가 보안거리 미달로 보안물건을 침범했을 경우 처분기준은?

① 허가취소
② 감량명령
③ 6개월간 정지 명령 후 조치 불이행시 허가 취소
④ 1년간 허가 취소 후 재조치

35 화약류를 운반하는 사람이 화약류 운반신고필증을 지니지 아니하고 운반하였을 경우의 벌칙은?

① 2년 이하 징역 또는 500만원 이하 벌금의 형
② 1년 이하 징역 또는 200만원 이하 벌금의 형
③ 6월 이하 징역 또는 50만원 이하 벌금의 형
④ 300만원 이하 과태료

36 쇄설물과 그에 해당되는 쇄설성 퇴적암의 연결이 옳지 못한 것은?

① 자갈 - 역암　② 모래 - 사암
③ 점토 - 셰일　④ 실트 - 석회암

37 습곡의 형태에 따른 분류 중 습곡축면이 수직이고 축이 수평이며 양쪽 윙이 대칭을 이루는 습곡은?

① 정습곡　② 경사습곡
③ 급사습곡　④ 침강습곡

38 암석 내에 존재하는 틈이나 균열로서 갈라진 면을 경계로 이동량이 극미하거나 또는 아무런 이동이 없는 경우를 지칭하는 지질구조는?

① 절리(joint)
② 단층(fault)
③ 오버트러스트(overthrust)
④ 지구(graben)

39 육안으로 화성암의 종류와 그 이름을 알아내기 위한 방법으로 맞는 것은?

① 쇄설성조직, 층리, 화석을 관찰한다.
② 입상조직, 반상조직, 유리질조직을 관찰한다.
③ 편리, 편마구조, 호온펠스 구조를 관찰한디.
④ 쇄설성 조직, 편마구조, 편리의 구조를 관찰한다.

40 다음 ( )안의 a, b를 순서대로 옳게 나열한 것은?

> 육안으로 화성암의 파면을 볼 때 광물 알갱이들이 하나 하나 구별되어 보이는 것을 (a)조직이라 하고, 이를 (b)조직이라고도 한다.

① 비현정질, 반상　② 미정질, 반정

③ 현정질, 입상   ④ 유리질, 석기

41 생물의 유해가 쌓여서 만들어진 퇴적물과 관계가깊은 것은 ?

① 화학적 퇴적물   ② 쇄설성 퇴적물
③ 풍화적 퇴적물   ④ 유기적 퇴적물

42 다음 중 퇴적암에서 볼 수 있는 특징으로 거리가 먼 것은 ?

① 층리   ② 절리   ③ 건열   ④ 물결자국

43 다음 그림은 암석의 윤회과정을 그림으로 나타낸것이다. a와 b를 바르게 나타낸 것은 ?

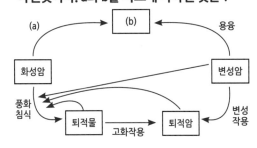

① 화산작용, 분출암
② 동력변성작용, 반심성암
③ 운반작용, 심성암
④ 결정작용, 마그마

44 용암에 들어 있던, 휘발성문이 분리되면서 굳어져기공이 남고, 후에 기공에 다른 광물로 채워져 생긴 구조를 무엇이라 하는가?

① 구상구조   ② 유상구조
③ 행인상구조   ④ 편마구조

45 다음에서 변성암의 조직과 관계 없는 것은 ?

① 교대작용에 의한 반상변정질 조직
② 압력에 의한 압쇄 조직
③ 분급작용에 의한 분급 조직

④ 재결정에 의한 재결정 조직

46 경사된 단층면에서 상반이 아래로 내려간 것으로, 장력에 의해 생긴 단층으로 맞는 것은 ?

① 수직단층   ② 회전단층
③ 역단층   ④ 정단층

47 다음 중 중생대에 속하지 않는 지질시대는 ?

① 백악기   ② 쥐라기
③ 트라이아스기   ④ 오르도비스기

48 화성암체의 산출상태 중 가장 규모가 크게 나타나는 것은?

① 암맥   ② 병반   ③ 저반   ④ 용암류

49 다음 그림은 어떤 부정합을 나타낸 것인가?

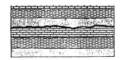

① 난정합   ② 사교부정합
③ 평행부정합   ④ 경사부정합

50 변성암을 변성되기 전의 원암으로 계산할 때 육지표면에 분포되어 있는 암석의 약 75%를 차지하는 것은?

① 퇴적암   ② 화성암
③ 변성암   ④ 심성암

51 셰일이 접촉 변성작용에 의해 생성된 암석은 ?

① 호온펠스   ② 편마암
③ 천매암   ④ 슬레이트

52 화성암이 풍화작용과 침식작용을 받아 생성된 알갱이들이 운반 퇴적되어 고화작용을 받으면

무엇이 되는가?

① 화산암 ② 변성암
③ 퇴적암 ④ 분출암

53 다음 광물 중 화학 조성이 SiO_2 인 것은 ?

① 석영 ② 백운모
③ 각섬석 ④ 정장석

54 다음 중 지각내부에서 암걱중의 광물질 사이에 변화를 일으키게 하는 변성작용의 요인에 포함하지 않는 것은?

① 압력 ② 공극률
③ 온도 ④ 화학성분

55 화성암의 주성분 광물 중 백운모에 대한 설명으로 틀린 것은?

① 유리광택이다.
② 결정계는 삼사정계이다.
③ 경도는 2.5 정도이다.
④ 완전한 벽개(쪼개짐)가 특징이다.

56 다음 중 현무암에 대한 설명으로 틀린 것은?

① 변성암의 일종이다.
② 다공질 구조가 잘 나타난다.
③ 염기성암으로 검은색을 띤다.
④ 제주도, 울릉도 등에 분포한다.

57 다음 중 주향에 대한 설명으로 맞는 것은?

① 지층면과 수평면이 이루는 각이다.
② 경사된 지층면의 기울기이다.
③ 경사된 지층면과 수평면과의 교차선 방향이다.
④ 주향은 힝상 자북 방향을 기준으로 한다.

58 현무암질 마그마가 냉각될 때 광물들의 생성 순서를 보여주는 보웬(Bowen)의 반응계열은?

① 감람석 →휘석 →각섬석 →흑운모
② 감람석 →각섬석 →흑운모 →휘석
③ 각섬석 →감람석 →흑운모 →휘석
④ 각섬석 →감람석 →휘석 →흑운모

59 퇴적물이 퇴적분지에 운반·퇴적된 후 단단한 암석으로 굳어지기까지 물리·화학적 변화를 포함하는 일련의 변화 과정을 무엇이라 하는가?

① 분화작용 ② 교결작용
③ 속성작용 ④ 재결정작용

60 다음 중 심성암끼리 짝지어진 것은 ?

① 안산암, 반려암 ② 화강암, 섬록암
③ 현무암, 유문암 ④ 현무암, 화강암

화약취급기능사 **2007년 제5회 필기시험**

01 구조물에 대한 발파 해체 공법 중 제약된 공간, 특히 도심지에서 적용할 수 있는 것으로 구조물 외벽을 중심부로 끌어당기며 붕락시키는 공법은?

① 전도 공법
② 내파 공법
③ 단축붕괴 공법
④ 상부붕락 공법

02 조절발파 중 목적하는 파단선을 따라 근접한 다수의 무장약공을 천공하여 인공적인 파단면을 만드는 발파방법은?

① 라인 드릴링 법
② 프리 스플리팅 법
③ 쿠션 블라스팅 법
④ 스무스 블라스팅 법

03 전기발파시 불발이 생기는 원인 중 틀린 것은?

① 전류의 누설
② 발파모선의 결함
③ 도화선의 흡습
④ 발파기의 능력(용량)부족

04 폭약을 발파공에 장전한 후 전색물로 발파공을 메워 틈새 없이 완전 전색하였다면 전색계수(d)는 일반적으로 얼마인가?

① d = 0.5
② d = 1.0
③ d = 1.25
④ d = 1.5

05 지발전기뇌관의 구조를 개략적으로 나타낸 다음 그림에서 A, B, C, D, E의 명칭을 순서대로 옳게 설명한 것은?

① 색전(마개), 백금선교, 연시장치, 첨장약, 기폭약
② 색전(마개), 각선, 기폭약. 연시장치, 첨장약
③ 기폭약, 각선, 색전(마개), 연시장치, 첨장약
④ 색전(마개), 백금선교, 연시장치, 기폭약, 첨장약

06 다음 중 니트로글리세린에 대한 설명으로 틀린 것은?

① 상온에서 순수한 것은 무색, 무취, 투명하다.
② 분자량은 227, 비중은 1.6, 14℃에서 동결한다.
③ 다이나마이트 제조용, 무연화약의 원료로 사용된다.
④ 벤젠, 알코올, 아세톤 등에 녹는다.

07 다음 그림과 같은 암석을 천공법으로 소할발파할 때 장약량은 얼마인가? (단, 발파계수는 0.02)

① 80g
② 100g
③ 128g
④ 288g

08 구멍지름 30mm의 발파공을 공간격 10cm로 하여 3공을 집중 발파하였을 때 저항선의 비를 구하면 얼마인가? (단, 장약장은 구멍지름의 10배로 한다.)

① 1.0
② 1.7
③ 2.6
④ 3.7

09 폭발생성가스가 단열 팽창을 할 때에 외부에

대해서 하는일의 효과를 말하는 것은?

① 동적효과　　　② 정적효과
③ 측벽효과　　　④ 쿠션효과

10 동일한 장약량으로서 가장 많은 파쇄량을 가져올 수 있는 조건은?(단, 기타 조건은 같은 것으로 본다.)

① 자유면 6개의 경우　② 자유면 4개의 경우
③ 자유면 2개의 경우　④ 자유면 1개의 경우

11 노이만 효과를 이용해서 견고한 물체에 구멍을 뚫거나 절단하는데 사용하는 폭발 천공기(Jet tapper)의 전폭약으로 잘 사용되지 않는 것은?

① 초유폭약　　　② 테트릴
③ 헥소겐　　　　④ TNT

12 암석의 인장강도는 압축강도와 비교할 때 보통 어떠한가?

① 압축강도보다 훨씬 크다.
② 압축강도와 비슷하다.
③ 압축강도보다 훨씬 작다.
④ 길이보다 직경이 크면 클수록 인장강도는 압축강도 보다 훨씬 크다.

13 발파계원이 경계원에게 확인시켜야 할 사항으로 틀린 것은?

① 비석의 상태 점검
② 경계하는 위치
③ 경계하는 구역
④ 발파 완료 후의 연락방법

14 안내판을 천공예정 암반에 고정 시킨 후 천공하는방법으로 번 컷(Burn cut)의 천공 시 단점을 보완한 심빼기 발파 법은?

① V 컷　　　　② 코로만트 컷
③ 피라미드 컷　④ 노르웨이 컷

15 비전기식 뇌관의 특징에 대한 설명으로 틀린 것은?

① 결선이 단순, 용이하여 작업능률이 높다.
② 정전기, 미주전류 등에 안전하다.
③ 양호한 초시 정밀도로 지발발파를 할 수 있다.
④ 저항값 측정 및 불발뇌관의 확인이 쉽다.

16 그림과 같은 단순사면의 경우 심도계수는 얼마인가?

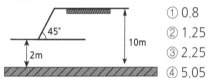

① 0.8
② 1.25
③ 2.25
④ 5.05

17 발파모선을 배선할 때에는 다음 사항에 주의하여야 한다. 틀린 것은?

① 전기뇌관의 각선에 연결하고자 하는 발파모선의 심선은 서로 사이가 떨어지지 않도록 하여야 한다.
② 모선이 상할 염려가 있는 곳은 보조모선을 사용한다.
③ 결선부는 다른 선과 접촉하지 않도록 주의한다.
④ 물기가 있는 곳에서는 결선부를 방수테이프 등으로 감아준다.

18 다음 중 기폭약으로 사용되지 않는 것은?

① 디아조디니트로페놀
② 스티판산납
③ 뇌홍
④ 헥소겐

19 폭약이 폭발하면 응력파(충격파)가 발생하여 자유면에 도달된 후 반사되는 인장파에 의하여 자유면에 평행인 판상으로 암반의 파괴를 일으킨다. 이와 같은 현상을 무엇이라 하는가?

① 디커플링 효과　　② 홉킨슨 효과
③ 측벽 효과　　　　④ 노이만 효과

20 몇 개의 발파공들이 공저부분에서 만나는 형태로 수평갱도에서는 천공하기 불편하나 상향이나 하향갱도에서는 매우 유효한 심빼기 방법은?

① 번 컷　　　　　② 피라미드 컷
③ 코로만트 컷　　④ 집중식 노컷

21 질산암모늄 폭약 제조시 고화방지제로 사용하는 것은?

① 알루미늄　　　② 철분
③ 나뭇가루　　　④ 알코올

22 암질지수(RQD)는 전체 시추 길이에 대한 회수된 몇 cm 이상의 코어를 합한 길이의 비인가?

① 1cm　　② 5cm　　③ 10cm　　④ 15cm

23 풀민산수은(Ⅱ)은 폭발반응을 일으킬 때에 일산화탄소가 생성되는데 그 반응식은 다음과 같다. (　)안에 알맞은 것은?

$$Hg(ONC)_2 \rightarrow Hg + (\quad) + 2CO$$

① Hg2　　② N2　　③ H2O　　④ O2

24 암반 분류 방법 중 RMR 값을 산정하기 위한 주요인자가 아닌 것은?

① 암석의 일축압축강도　② 암질 지수(RQD)
③ 지하수의 상태　　　　④ 버럭의 파쇄입도

25 다음 중 화약류의 안정도 시험방법의 종류가 아닌 것은?

① 내열시험　　　② 가열시험
③ 낙추시험　　　④ 유리산시험

26 불이 날 위험이 있는 일광건조장과 다른 시설과의 거리가 20m이상인 때에는 그 시설간의 사이에는 어떻게 하여야 하는가?

① 흙둑을 설치한다.
② 간이 흙둑을 설치한다.
③ 상록활엽수를 빽빽하게 심는다.
④ 방폭벽을 설치한다.

27 화약류 폐기의 기술상의 기준 중 틀린 것은?

① 화약 또는 폭약은 조금씩 폭발 또는 연소시킬 것
② 얼어 굳어진 다이나마이트는 1000g이하의 적은 양으로 나누어 순차로 폭발 처리할 것
③ 도화선은 연소처리 하거나 물에 적셔서 분해처리 할 것
④ 도폭선은 공업용뇌관 또는 전기뇌관으로 폭발처리 할 것

28 화약류 운반용 디젤차의 구조 기준에 대한 설명으로 틀린 것은?

① 배기관에는 배기가스의 온도를 80℃이하로 유지할 수 있는 배기가스냉각장치 및 소염장치를 할 것
② 적재함 아래면과 배기관의 간격이 300mm 미만인 경우 적당한 방열장치를 할 것
③ 차 바퀴에는 고무 타이어를 사용 할 것
④ 전기단자 등의 불꽃이 생길 염려가 있는 전기장치에는 적당한 차폐장치를 할 것

29 학교, 병원 등 공인된 기관이 물리, 화학상의 실험 또는 의료용으로 도폭선을 사용할 때 사용허가를 받지 아니하고 사용할 수 있는 1회의 수량은?

① 700m 이하　　② 600m 이하
③ 400m 이하　　④ 200m 이하

30 화약류를 양도 또는 양수 하고자 하는 사람은 행정자치부령이 정하는 바에 의하여 누구의 허가를 받아야 하는가?

① 사용지 관할 지방경찰청장
② 양수지 관할 지방경찰청장
③ 주소지 관할 경찰서장
④ 도착지 관할 경찰서장

31 간이저장소에 화약을 저장하고자 한다. 최대 저장량으로 맞는 것은?

① 50kg　　　② 30kg
③ 25kg　　　④ 15kg

32 화약과 비슷한 추진적 폭발에 사용될 수 있는 것으로서 대통령령이 정하는 것에 포함되지 않는 것은?

① 과염소산염을 주로 한 화약
② 산화납을 주로 한 화약
③ 피크린산을 주로 한 화약
④ 브로모산염을 주로 한 화약

33 화약류관리보안책임자가 화약류의 취급 전반에 관한 사항을 주관하면서 규정을 위반하여 대통령령이 정하는 안전상의 감독업무를 게을리 하였다면 어떤 처벌을 받는가?

① 5년 이하의 징역 또는 1000만원 이하의 벌금형
② 3년 이하의 징역 또는 700만원 이하의 벌금형
③ 2년 이하의 징역 또는 500만원 이하의 벌금형
④ 300만원 이하의 과태료

34 다음 중 운반신고를 하지 아니하고 운반할 수 있는 화약류의 종류 및 수량으로 맞는 것은?

① 총용뇌관 10만개　　② 도폭선 2000m
③ 화약 3kg　　　　　④ 폭약 1.5kg

35 초유폭약은 가연성 가스가 몇 %이상이 되는 장소에서 발파하면 안되는가? (단, 법적 기준임)

① 0.3%　② 0.4%　③ 0.5%　④ 0.6%

36 우리나라의 지층 중 대결층에 해당하는 지질 시대는?

① 중생대 쥐라기　　　② 중생대 백악기
③ 고생대 데본기
④ 선캄브리아대 원생대

37 화강암과 같은 심성암체를 형성하고 있으며 가장 규모가 크게 산출되는 화성암체는 무엇인가?

① 병반　　② 저반　　③ 암주　　④ 용암류

38 셰일이 접촉변성작용을 받아 생성된 암석으로 다음과 같은 특징을 갖는 것은?

1. 치밀 견고하다.
2. 편리의 발달이 거의 없다.
3. 파면이 꺼칠꺼칠한 모양을 보여준다.

① 점판암(Slate)　　② 혼펠스(Hornfels)
③ 대리암(Mable)　　④ 편마암(Gneiss)

39 변성암에서 바늘 모양의 광물이나 주상의 광물이 한 방향으로 평행하게 배열되어 나타나는 구조는?

① 선구조
② 층상구조
③ 유동구조
④ 벽개구조

40 단층면에서 볼 수 있는 특징에 대한 설명으로 틀린 것은?

① 단층면은 서로 긁혀서 단층 점토를 만든다.
② 단층면상에는 긁힌 자국이 남는다.
③ 단층면은 서로 긁혀서 단층 각력을 만든다.
④ 단층면의 경사가 수직일 경우 상, 하반의 구별이 뚜렷하다.

41 마그마가 지하 깊은 곳에서 냉각되면서 구성 광물입자가 육안으로 구별할 수 있을 정도의 큰 현정질 조직을 이루는 암석은?

① 화산암
② 심성암
③ 분출암
④ 퇴적암

42 변성작용이 일어나게 되는 가장 중요한 2가지 요인은?

① 압력, 온도
② 공극, 화학성분
③ 밀도, 날씨
④ 물(H_2O), 산소

43 용암 중에 포함되어 있던 기체가 빠져 나가다가 용암이 굳어지면서 생긴 기공들이 다른 광물질로 채워져서 만들어진 구조를 무엇이라 부르는가?

① 유상구조
② 다공질구조
③ 행인상구조
④ 구상구조

44 마그마의 분화에 따른 고결 단계 중 최종 단계는 어느 것인가?

① 기성단계
② 열수단계

③ 정마그마단계
④ 페그마타이트단계

45 다음 중 CaO 성분(무게 %)을 가장 많이 포함하는 화성암은?

① 유문암
② 안산암
③ 현무암
④ 화강암

46 화성암의 분류에서 심성암에 속하는 암석은?

① 현무암
② 유문암
③ 안산암
④ 섬록암

47 마그마가 지층면에 평행하게 관입하여 굳어진 암체로서 두께가 거의 일정하게 판상을 이루는 것은?

① 저반
② 암맥
③ 병반
④ 관입암상

48 암석이 변성작용을 받으면 그 내부에서 물리적, 화학적 변화가 일어나 변성암 이 생성된다. 암석이 변성작용을 받을 때 일어나는 작용이 아닌 것은?

① 압쇄작용
② 재결정작용
③ 교대작용
④ 속성작용

49 다음 중 가장 고 변성도의 암석은 어느 것인가?

① 셰일
② 슬레이트
③ 천매암
④ 편마암

50 화성암에 관한 설명이다 다음 중 틀린 것은?

① 표토를 제외한 지표에서의 분포율은 약 75%이다.
② 지하의 마그마가 지표에 분출하거나 지각에 관입하여 굳어져서 생성된다.
③ 마그마가 굳어질 때의 화학조성에 따라 화성

암의 종류가 결정된다.
④ 마그마가 굳는 속도에 따라 화성암을 구성하는 광물의 입자 크기가 다르다.

51 다음 그림은 무슨 단층을 나타낸 것인가?

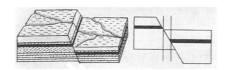

① 정단층　　　　　② 역단층
③ 주향이동단층　　④ 수직단층

52 신지층 퇴적 전에 조륙운동과 침식작용이 있었음을 알려주는 부정합의 종류는?

① 비정합　　　　　② 준정합
③ 사교부정합　　　④ 난정합

53 다음과 같은 화학적 작용의 설명으로 맞는 것은?

$$Al_2Si_2O_5(OH)_4+5H_2O \rightarrow Al_2O_3+3H_2O+2H_4SiO_4$$

① 정장석이 고령토로 변하는 작용이다.
② 고령토가 보크사이트로 변하는 작용이다.
③ 흑운모가 갈철석으로 변하는 작용이다.
④ 점토광물이 갈철석으로 변하는 작용이다.

54 다음 중 퇴적암에서 나타나는 특징이 아닌 것은?

① 건열　　　　　　② 물결자국
③ 편리　　　　　　④ 층리

55 근원지에서 멀리 떨어진 하천의 하류에서 형성된 쇄설성 퇴적암이 갖는 특징으로 가장 거리가 먼 것은?

① 분급이 양호하다

② 장석을 많이 함유한다
③ 퇴적물 입자들의 원마도가 양호하다.
④ 주성분 광물은 석영이다.

56 화성암을 구성하는 조암 광물 중 유색 광물로만 짝지어진 것은?

① 석영, 정장석　　② 감람석, 각섬석
③ 사장석, 흑운모　④ 휘석, 백운모

57 현미경으로도 미정이 거의 발견되지 않고 전부 비결정질로 되어있는 화성암의 조직은?

① 유리질 조직　　　② 조립질 조직
③ 등립질 조직　　　④ 완정질 조직

58 다음 중 유기적 퇴적암에 속하지 않는 것은?

① 석고　　　　　　② 석탄
③ 쳐트　　　　　　④ 규조토

59 알갱이 지름이 2mm이상인 둥근 자갈이 25% 이상 포함된 암석으로서, 기질은 모래, 점토 등으로 되어 잇는 암석은?

① 사암　　　　　　② 화강암
③ 세일　　　　　　④ 역암

60 다음 중 신생대의 기에 속하는 것은?

① 오르도비스기　　② 실루리아기
③ 트라이아스기　　④ 제3기

화약취급기능사   2007년 제1회 필기시험

01 단일자유면 발파에 있어서 누두공 부피(V)와 최소저항선(W)과의 관계식으로 맞는 것은?(단 r : 누두공 반지름)

① $V = \frac{1}{3}\pi r^2 W$ ② $V = \frac{1}{3}\pi r^2 W^2$

③ $V = \frac{1}{3}\pi r W^2$ ④ $V = \frac{1}{3}\pi r W$

02 아지화납은 뇌관의 기폭약으로 많이 쓰이는데, 이것으로 뇌관을 만들 때 사용되는 관체의 재질은?

① 알루미늄   ② 구리   ③ 철   ④ 납

03 화약류의 혼합성분 중 발열제에 속하는 것은?

① 글리세린   ② 디페닐아민
③ Nacl   ④ 알루미늄

04 발파 시 대피장소의 조건으로 적절하지 않은 것은?

① 경계원으로부터 연락을 받을 수 있는 곳
② 발파로 인한 비석이 날아오지 않는 곳
③ 발파지점이 가까워서 쉽게 접근할 수 있는 곳
④ 발파의 진동으로 천반이나 측벽이 무너지지 않는 곳

05 다음은 니트로셀룰로오스(면약)의 성질에 관한 설명이다. 옳은 것은?

① 질소함유량 12% 이상은 아세톤에 용해되지 않는다.
② 습면약보다 견면약의 취급이 안전하다

③ 산,알카리에 자연 분해되지 않는다.
④ 암실에서 인광을 발한다.

06 천공작업 후 장전을 하기 전에 발파공을 청소해야 한다. 다음 설명 중 틀린 것은?

① 수평공과 하향공의 경우 발파공내의 암석가루를 압축 공기로 불어낸다.
② 발파공내 작은 돌이 끼어 있을 경우 청소 귀어리대를 사용하여 꺼낸다.
③ 깊이 5m 이상의 상향공은 중력에 의해 암석가루 등이 떨어지므로 청소 할 필요가 없다.
④ 발파공을 청소한 후에는 발파공 입구를 막아 다시 막히지 않도록 한다.

07 다음 중 평행공 심빼기에 해당하는 것은?

① 노르웨이 심빼기   ② 부채살 심빼기
③ 코로만트 심빼기   ④ 피라미드 심빼기

08 전기발파 시 직렬식 결선법의 장점이 아닌 것은?

① 결선작업이 용이하고, 불발시 조사하기가 쉽다.
② 모선과 각선의 단락이 잘 일어나지 않는다.
③ 각 뇌관의 저항이 조금씩 다르더라도 상관없다.
④ 한군데라도 부량한 곳이 있으면 전부 불발된다.

09 최소저항선 0.8m로 512g의 폭약량을 사용하여 표준발파가 되었다. 동일조건에서 폭약량 1000g으로 표준발파가 되었다면 이때의 최소저항선은?

① 1.0m ② 1.5m ③ 2.0m ④ 2.5m

10 전색을 함으로써 발파에 미치는 영향을 가장 올바르게 설명한 것은?

① 외부와의 공기차단으로 폭연이 많이 발생한다.
② 충격파를 증대시켜 폭음을 크게 한다.
③ 불발을 방지 해준다.
④ 가스나 탄진에 인화될 위험을 적게 한다.

11 다음 중 화약의 폭발속도를 측정하는 방법이 아닌 것은?

① 도트리시법 ② 메테강법
③ 오실로그래프법 ④ 크루프식법

12 다음 폭약 중 폭발속도가 가장 빠른 것은?

① TNT ② 피크린산
③ 헥소겐 ④ 니트로나프탈렌

13 암질지수(RQD)를 바르게 설명한 것은?

① 암반의 시추조사에서 전 시추 길이에 대한 회수된 10cm 이상의 코어를 합한 길이와의 비
② 암반의 시추조사에서 전 시추 길이에 대한 회수된 10cm 이하의 코어를 합한 길이와 비
③ 암반의 시추조사에서 회수된 코어를 함으로 절리군의 수에 대한 길이의 합
④ 암반의 시추조사에서 회수된 코어의 길이 중 단층 및 절리의 수에 대한 길이의 비

14 다음 그림은 어느 사면에 속하는가?

① 직립사면
② 무한사면
③ 유한사면
④ 선단사면

15 ANFO 폭약의 폭발 반응식은 다음과 같다. ( ) 안에 알맞은 것은?

$$3NH_4NO_3 + CH_2 \rightarrow 3N_2 + 7H_2O + (\quad) + 82(kcal/mol)$$

① 0 ② NO_3 ③ $3N_2$ ④ CO_2

16 흑색화약에 대한 설명으로 틀린 것은?

① 작은 불꽃에도 용이하게 착화한다.
② 도화선의 심약 등으로 사용한다.
③ 화합화약류에 속한다.
④ 대표적인 조성은 질산칼륨, 목탄, 황이다.

17 화약류의 화학적 변화를 폭발속도에 따라 구분한 것으로 맞는 것은? (단, 빠른 순에서 늦은 순)

① 폭굉 - 폭발 - 폭연 - 연소
② 폭굉 - 폭연 - 폭발 - 연소
③ 폭굉 - 폭연 - 연소 - 폭발
④ 폭굉 - 연소 - 폭발 - 폭연

18 다음 중 화약류의 안정도 시험방법에 속하지 않는 것은?

① 유리산시험 ② 가열시험
③ 내열시험 ④ 모르타르시험

19 화약류의 선정방법에 대한 설명으로 맞는 것은?

① 고온의 막장에서 내수성폭약을 사용한다.
② 굳은 암석에서 정적효과가 큰 폭약을 사용한다.
③ 강도가 큰 암석에는 에너지가 작은 폭약을 사용한다.
④ 장공발파에는 비중이 작은 폭약을 사용한다.

20 천공 작업과 발파 효과에 대한 설명으로 틀린 것은?

① 천공 능률은 구멍의 지름이 작을수록 높아진다.
② 발파공이 단일 자유면에 직각일 경우 발파 효과가 최소로 된다.
③ 폭약의 지름이 작으면 폭속이 증가한다.
④ 폭약지름에 비해 천공구멍 지름이 너무 크지 않은 편이 좋다.

21 계단식 노천 발파시 암석 비산의 중요한 원인으로 가장 관련이 적은 것은?

① 단층, 균열, 연약면 등에 의한 암석의 강도 저하
② 과다한 장약량
③ 초시가 빠른 비전기식 뇌관 사용
④ 점화순서의 착오게 의한 지나친 지발시간

22 누두공의 지름이 3m 이고, 최소저항선이 1.5m라면 누두지수는 얼마인가?

① 0.5 ② 1 ③ 2 ④ 3

23 암반 굴착에 있어서 암반의 상태에 따라 지보재를 사용해야 한다. 다음 중 지보재가 아닌 것은?

① T.B.M ② 록볼트(Rock Bolt)
③ 숏크리트(Shotcrete) ④ 철망(Wire mesh)

24 약경 32mm의 다이너마이트를 순폭시험 한 결과 순폭도가 15였고, 얼마 후 다시 시험을 하였더니 최대 순폭거리가 32cm이었다. 순폭도 저하는 얼마인가?

① 5 ② 7 ③ 9 ④ 10

25 다음 중 조절발파의 종류에 해당되지 않는 것은?

① Pre-spliting법 ② Bench blasting법
③ Cushion blasting법 ④ Line drilling법

26 화약류저장소 주위에 간이흙둑을 설치하는 경우 간이흙둑의 경사의 기준으로 맞는 것은?(단, 법령상의 기준임)

① 45° 이하 ② 60° 이하
③ 75° 이하 ④ 90° 이하

27 화약류 안정도시험을 실시한 사람은 시험결과를 누구에게 보고하여야 하는가?

① 행정안전부장관 ② 경찰청장
③ 지방경찰청장 ④ 관할경찰서장

28 화약류의 운반신고를 하지 아니하거나 거짓으로 신고한 사람의 처벌로 맞는 것은?

① 2년 이하 징역 또는 500만 원 이하 벌금
② 3년 이하 징역 또는 700만 원 이하 벌금
③ 5년 이하 징역 또는 1000만 원 이하 벌금
④ 300만 원 이하 과태료

29 초유폭약의 발파 기술상의 기준에 대한 설명으로 틀린 것은?

① 기폭량에 적합한 전폭약을 같이 사용할 것
② 발파장소에서는 발파가 끝난후 발생하는 가스에 주의 할 것
③ 뇌관이 달린 폭약은 장전용 호스로 조심스럽게 장전 할 것
④ 장전 후에는 가급적 신속하게 점화할 것

30 도폭선을 폐기처리하고자 할 때 가장 올바른 방법은?

① 연소처리 한다.
② 습윤상태로 분해 처리한다.
③ 공업용 뇌관 또는 전기 뇌관으로 폭발시킨다.
④ 소량씩 땅속에 매몰한다.

31 화약류 취급소에 관한 설명으로 틀린 것은?

① 지붕은 스레트, 기와 그 밖의 불에 타지 않는 재료를 사용할 것
② 문짝 외면에는 두께 5mm 이상의 철판을 씌우고, 2중 자물쇠 장치를 할 것
③ 난방장치를 하는 때에는 온수·증기 또는 열기를 이용 하는 것만을 사용할 것
④ 건물 내면은 방습 방수제인 페인트나 나무판자로 하고, 철 물류가 건물내부 표면에 나타나지 아니하도록 할 것

32 운반표지를 하지 아니하고 운반할 수 있는 화약류의 수량으로 맞는 것은?

① 화약 20 kg 이하   ② 폭약 10 kg 이하
③ 공업용뇌관 1000개 이하
④ 도폭선 100m 이하

33 동일 차량에 함께 실을 수 있는 화약류를 나타낸 것 으로 틀린 것은?

① 폭약 - 화약   ② 화약 - 포경용 신관
③ 도폭선 - 공업용 뇌관 ④ 공포탄 - 꽃불류

34 지상1급 저장소의 흙둑 바깥면으로부터 몇 m 이상의 빈터를 두어 화재시에 연소를 방지할 수 있도록 해야 하는가? (단, 법령상의 기준임)

① 1.5m   ② 2m   ③ 2.5m   ④ 3m

35 화약류 저장소에 저장중인 다이나마이트에서 니트로글리세린이 스며나와 마루 바닥을 오염시키 경우 니트로글리세린을 분해하기 위한

용액의 제조 방법 으로 맞는 것은?

① 물 150밀리리터에 설탕 100그램을 녹인 용액
② 알코올 150밀리리터에 가성소다 100그램을 녹이고 순수 글리세린 1리터를 혼합한 액체
③ 물 150밀리리터에 가성소다 100그램을 녹이고 알코올 1리터를 혼합한 액체
④ 물 150밀리리터에 설탈 100그램을 녹이고 순수 글리세린 1리터를 혼합한 액체

36 다음 중 알칼리암에 많이 포함되어 있는 암석은?

① 정장석   ② 사장석
③ 휘석   ④ 각섬석

37 다음 중 주로 주상절리가 발달하는 암석은?

① 화강암   ② 사암
③ 편마암   ④ 현무암

38 육안으로 화성암의 파면을 볼 때 광물 알갱이들이 하나 하나 구별되어 보이는 조직을 무엇이라 하는가?

① 입상 조직   ② 유리질 조직
③ 반상 조직   ④ 행인상 조직

39 화성암을 구성하고 있는 광물입자의 크기를 좌우 하는 요인은 무엇인가 ?

① 마그마의 화학성분
② 마그마의 밀도
③ 마그마의 광물성분
④ 마그마의 냉각속도

40 다음과 같은 성질을 가지고 있는 광물은 어느 것인가

결정계	색 깔	광택	경도	비중	암석중에서의 산출상태	화학 조성
육방	무색,흰색, 어두운회색	유리	7	2.6	타형,자형	SiO_2

① 정장석　　　　② 석영
③ 사장석　　　　④ 각섬석

41 퇴적암의 주요한 특징과 관계없는 것은?

① 층리　　　　② 연흔
③ 엽리　　　　④ 건열

42 결정질 석회암이라고도 하며, 묽은 염산에 넣으면 거품을 내고 못으로 그으면 부드럽게 긁히는 암석은?

① 화강암　　　　② 대리암
③ 반려암　　　　④ 섬록암

43 다음 중 변성작용에 의하여 생성되는 특징적인 변성 광물이 아닌 것은?

① 녹니석　　　　② 홍주석
③ 석류석　　　　④ 사장석

44 다음 중 변성되기 전 원암과 변성암의 연결이 옳지 못한 것은 ?

① 현무암 - 대리암　　② 사암 - 규암
③ 화강암 - 편마암　　④ 셰일 - 점판암

45 암석의 윤회과정 중 마그마가 결정작용을 받으면어떻게 변화하는가?

① 풍화암　　　　② 변성암
③ 퇴적암　　　　④ 화성암

46 다음중 중생대에 속하지 않는 것은 ?

① 백악기　　　　② 쥐라기
③ 트라이아스기　　④ 석탄기

47 경사된 단층면에서 상반이 위로 올라간 단층으로 압축력의 작용으로 생기는 것은?

① 정단층　　　　② 역단층
③ 경사단층　　　④ 주향이동단층

48 절리의 특징에 대한 설명으로 틀린 것은?

① 단층, 습곡의 원인이 된다.
② 지표수가 지하로 흘러들어가는 통로가 된다.
③ 풍화 , 침식작용을 촉진시키는 원인이 된다.
④ 채석장에서 암석 채굴시 절리를 이용하여 효율적인 작업을 할 수 있다.

49 지질도상에 +의 부호로 표기된 지층이 있다. 이 지층의 주향과 경사는?

① NS, 90°EW　　② NW, 90°SE
③ EW, 90°NS　　④ 수평인 지층

50 화산암에 있어서 마그마가 유동하여 굳어질 때 가 지게 되는 평행구조를 무엇이라 하는가 ?

① 괴상구조　　　② 유상구조
③ 다공상구조　　④ 호상구조

51 다음 암석 중 화산암에 속하지 않는 것은?

① 유문암　　　　② 안산암
③ 반려암　　　　④ 현무암

52 심성암의 구조에서 광물들이 동심원상으로 모여 크고 작은 공모양의 집합체를 이룬 구조를 무엇이라 하는가 ?

① 비현정질구조   ② 구상구조
③ 다공질구조   ④ 행인상조직

53 다음의 지질 단면도에서 화성암체 A의 명칭은 ?

① 암맥   ② 저반
③ 병반   ④ 광맥

54 지하수가 이동할 때에는 퇴적작용 보다 침식작용이 더 현저하게 일어난다. 그것은 지하수에 어느 성분이 들어있어 암석을 용해하기 때문인가 ?

① 이산화탄소(CO_2)
② 이황화탄소(CS_2)
③ 이산화황(SO_2)
④ 이산화망간(MnO_2)

55 아래와 같은 조건을 갖는 습곡은?

> 1. 측면이 연직방향으로 놓인다.
> 2. 양 날개의 경사각이 같다.
> 3. 양 날개의 경사각은 반대이다.
> 4. 측면에 대하여 대칭이 된다.

① 경사습곡   ② 횡와습곡
③ 등사습곡   ④ 정습곡

56 다음 중 화산회가 쌓여서 만들어진 화성 쇄설암은 ?

① 현무암   ② 편암
③ 석회암   ④ 응회암

57 석탄의 기원과 관련이 깊은 퇴적암은 ?

① 화학적퇴적암   ② 유기적퇴적암
③ 기계적퇴적암   ④ 쇄설성퇴적암

58 다음 그림에서 수평 이동 거리를 나타낸 것은?

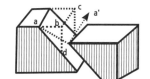

① a - a'
② b - d
③ b - c
④ a - d

59 둥근 자갈들 사이를 모래나 점토가 충진하여 교결케 한 자갈 콘크리트와 같은 암석은 ?

① 쳐트   ② 사암
③ 역암   ④ 세일

60 다음 중 광역변성작용과 관계 없는 것은?

① 대표적인 광역변성암에는 편암과 편마암이 있다.
② 광역변성작용에 의해 생성된 암석들은 광물들이 일정한 방향성을 갖는다.
③ 대개 넓은 지역에 걸쳐 일어난다.
④ 마그마의 관입과 관련된 열의 공급만으로만 일어나는 변성작용이다.

화약취급기능사 2006년 제5회 필기시험

01 화약류의 안정도 시험방법에 속하는 것은?

① 마찰시험   ② 순폭시험
③ 가열시험   ④ 낙추시험

02 다음 중 번커트 발파에 대한 설명으로 틀린 것은?(단, 쐐기 심빼기와 비교)

① 1발파당 굴진량이 많다
② 자유면에 대하여 경사 천공을 한다
③ 주변 발파시 저항선 측정이 용이하다
④ 천공위치 선정에 많은 시간이 절약된다

03 풀민산수은(Ⅱ)이 폭발하면 일산화탄소가 생성되는데 일산화탄소의 생성을 막기 위해 배합해 주는 것은?

① 염소산칼륨($KClO_3$)
② 질산칼륨(KNO_3)
③ 질산바륨($Ba(NO_3)_2$)
④ 수산화암모늄(NH_4OH)

04 카알릿(Carlit) 폭약에 폭발 시 발생하는 염화수소가스를 제거하기 위하여 배합해 주는 것은?

① 질산암모늄   ② 질산에스테르
③ 알루미늄   ④ 질산바륨

05 누두공 시험에서 누두공의 모양과 크기에 영향을 미치는 요소로 틀린 것은?

① 뇌관의 종류
② 암반의 종류
③ 폭약의 폭력 및 메지의 정도
④ 약실의 위치와 자유면의 거리

06 다음 ( )안에 들어갈 말로 옳은 것은?

> 암석의 물리적, 역학적 성질 중에 발파작업에서 천공에 대한 저항성은 (a)에 크게 관계되고, 발파할 때의 저항성은 (b)에 크게 관계된다.

① a 인성, b 경도   ② a 경도, b 인성
③ a 인성, b 전성   ④ a 전성, b 인성

07 어떤 암체에 천공 발파결과 100g의 장약량으로 1.5㎥의 채석량을 얻었다면 300g의 장약량으로는 몇 ㎥의 채석이 가능한가?

① 3.4㎥   ② 3.8㎥   ③ 4.0㎥   ④ 4.5㎥

08 토립자의 비중이 2.55이고 간극비가 1.3인 흙의 포화도는 ?(단, 이 흙의 함수비는 18%이다.)

① 25.3%   ② 35.3%   ③ 45.3%   ④ 55.3%

09 다음 중 사용상 안전성이 있는 반면에 흡습성이 심하여 수질공(水質孔)에서는 사용하기 어려운 폭약은?

① 슬러리(Slurry)폭약
② ANFO폭약
③ 교질다이너마이트
④ 에멀젼(Emulsion)폭약

10 아래 그림과 같은 심빼기 방법은?

① V형 심빼기(V cut)
② 피라미드 심빼기(Pyramid)
③ 삼각 심빼기(Triangle cut)
④ 노르웨이 심빼기(Norway cut)

11 발파계원은 발파 위험구역안의 통행을 막기 위해서 경계원을 배치하고 경계원에게 확인시켜야 할사항이 있다. 적당하지 않은 것은?

① 발파방법
② 경계하는 위치
③ 경계하는 구역
④ 발파완료 후의 연락방법

12 전기뇌관의 백금선 전교길이가 3mm일 때 뇌관 1개의 전기 저항은? (단, 각선 1개의 길이 : 1.5m, 각선 전기저항 : 0.084Ω/m, 전교선 저항 : 340Ω/m)

① 0.252Ω ② 2.52Ω ③ 0.127Ω ④ 1.27Ω

13 1차 발파에 의하여 파괴된 암괴가 필요 이상의 크기일 때 그 암괴를 다시 파괴하는 것을 소할발파라한 다음 중 소할 발파법에 속하지 않는 것은?

① W.S.B공법 ② 복토법 ③ 사혈법 ④ 천공법

14 공의 지름이 45mm가 되도록 천공을 하고 약경 17mm 의정밀 폭약 1호를 사용하여 발파작업을 하려 한다. 디커플링지수(Decoupling index)는 얼마인가?

① 2.65 ② 2.05 ③ 1.88 ④ 1.33

15 다음 중 질산에스테르류에 속하는 화약류는 어느 것인가?

① 흑색화약 ② ANFO폭약

③ 니트로셀룰로오스 ④ 피크린산

16 질산암모늄에 대한 설명 중 가장 옳은 것은?

① 흰색 결정으로 화학식은 $NaNO_3$로 표기한다.
② 물에 잘 녹고 흡습성이 크다.
③ 녹는점은 569℃이다.
④ 흑색화약의 산소 공급제이다.

17 발파 공경을 3mm로 하여 암석계수(Ca)가 0.015 인 암반에 천공하고 장약장(m)을 공의 12배로 폭발시켰을 때의 최소저항선은 얼마인가?

① 83.1cm ② 88.1cm ③ 93.1cm ④ 98.1cm

18 배면(背面)만이 모암(母岩)과 접속한 자유면은 몇 자유면인가?

① 2자유면 ② 3자유면
③ 4자유면 ④ 5자유면

19 전색물(메지)의 조건으로 적당하지 않는 것은?

① 연소되지 않는 것
② 단단하게 다져질 수 있는 것
③ 불발이나 잔류폭약을 회수하기에 안전한 것
④ 발파공벽과 마찰이 적은 것

20 전기발파 결선법 중 병렬식 결선법의 장점이 아닌것은?

① 대형발파에 이용된다.
② 전기뇌관의 저항이 조금씩 달라도 큰 문제가 없다.
③ 전원에 동력선, 전등선을 이용할 수 있다.
④ 결선이 틀리지 않고 불발시 조사하기 쉽다.

21 다음 중 내열 시험에서 중탕 냄비의 가열 온도로 맞는 것은?

① 45℃ ② 55℃ ③ 65℃ ④ 75℃

22 파단 예정면에 다수의 근접한 무장약공을 천공하여 인위적인 파단면을 형성한뒤에 발파하는 조절 발파 방법은?

① 스므스 발파법(smooth blasting)
② 프리스플리팅법(presplitting)
③ 완충발파법(cushion blasting)
④ 줄천공법(linedrilling)

23 가연성 가스나 석탄 가루에 의한 폭발반응을 막기위하여 폭약에 배합하여 주는 감열소염제는?

① 알루미늄 ② 염소산염
③ 염화나트륨 ④ 과염소산염

24 다음은 겉보기 비중과 감도에 대한 설명이다. 틀린 것은?

① 폭약은 비중이 클수록 기폭하기 쉽다.
② 비중이 작으면 폭발속도나 맹도가 낮다.
③ 화약의 비중은 겉보기 비중으로 나타낸다.
④ 비중이 작은 폭약을 저 비중 폭약이라 하며, 장공 발파 등에 사용된다.

25 최소저항선과 누두공 반지름이 같으면 누두지수 함수 f(n)은 얼마인가?

① 0.5 ② 1 ③ 1.5 ④ 2

26 안정도시험의 결과보고에 포함시키지 않아도 되는 사항은?

① 시험실시 연월일
② 시험을 실시한 장소
③ 시험을 실시한 화약류의 종류·수량 및 제조일
④ 시험방법 및 시험성적

27 피뢰침 및 가공지선을 피보호건물로부터 독립하여 설치하는 경우 피뢰침 및 가공지선의 각 부분은 피보호건물로 부터 몇 m이상의 거리를 두어야 하는가?(단, 법령상의 최소기준임)

① 1.5m 이상 ② 2.0m 이상
③ 2.5m 이상 ④ 3.0m 이상

28 화약류의 사용지를 관찰하는 경찰서장의 사용허가를 받지 아니하고 화약류를 발파 또는 연소시킬 경우의 처벌내용은?(단, 광업법에 의하여 광물의 채굴을 하는 사람과 대통령령으로 정하는 사람은 제외)

① 5년이하의 징역 또는 1천만원이하의 벌금형
② 3년이하의 징역 또는 700만원이하의 벌금형
③ 2년이하의 징역 또는 500만원이하의 벌금형
④ 1년이하의 징역 또는 300만원이하의 벌금형

29 화약류를 운반하는 사람이 화약류 운반 신고필증을 지니지 아니하였을 경우 처벌내용으로 맞는 것은?

① 2년이하의 징역 또는 200만원이하의 벌금
② 3년이하의 징역 또는 300만원이하의 벌금
③ 5년이하의 징역 또는 500만원이하의 벌금
④ 300만원이하의 과태료

30 지상 1급 저장소의 마루는 기초에서부터 얼마 이상의 높이로 설치하는가?(단, 법령상의 최소 기준임)

① 40cm 이상 ② 30cm 이상
③ 20cm 이상 ④ 10cm 이상

31 다음 중 수분 또는 알코올분을 20% 정도 머금은 상태로 운반해야 하는 것은?

① 테트라센　　　② 펜타에리스릿트
③ 뇌홍　　　　　④ 니트로셀룰로오스

32 화약류 발파의 기술상의 기준에 대한 설명으로 틀린 것은?(단, 초유폭약은 제외)

① 발파는 현장소장의 책임하에 해야 한다.
② 화약 또는 폭약을 장전하는 때에는 그 부근에서 담배를 피우거나 화기를 사용해서는 안 된다.
③ 한번 발파한 천공된 구멍에 다시 장전하지 않는다.
④ 발파하고자 하는 장소에 누전이 되어 있는 때에는 전기발파를 하지 않는다.

33 다음 중 꽃불류 사용에 관한 기술상의 기준으로 틀린 것은?

① 바람이 강하게 불 때에는 사용을 중지 할 것
② 꽃불류는 용기에 넣어 뚜껑을 덮고 그 용기에는 불기를 접근시키지 아니할 것
③ 쏘아 올리는 꽃불류는 20m 이상의 높이에서 퍼지도록 할 것
④ 발사통을 2개 이상 사용하는 때에는 발사통을 근접하여 나란히 둘 것

34 화약류 저장소에 따른 저장량으로 맞는 것은?(단, 화약류의 종류는 화약이다.)

① 1급 저장소 : 100톤
② 2급 저장소 : 50톤
③ 3급 저장소 : 25톤
④ 수중저장소 : 400톤

35 선박의 항로 또는 계류 소는 몇 종 보안물건에 해당하는가?

① 제1종 보안물건　② 제2종 보안물건
③ 제3종 보안물건　④ 제4종 보안물건

36 화성암의 육안감정시 가장 밝은 색을 나타내는 것은 다음 중 어느 것인가?

① 염기성암　　　② 초염기성암
③ 중성암　　　　④ 산성암

37 다음 중 접촉변성작용을 받아 만들어진 암석은?

① 혼펠스　② 천매암　③ 편마암　④ 편암

38 마그마가 다른 암석을 절단하는 틈을 따라 관입하여 굳어져서 만들어진 판 모양의 화성암체를 무엇이라 하는가?

① 용암　② 병반　③ 암맥　④ 포획

39 '흐른 무늬가 있는 암석'이라는 뜻으로, 화산에서 분출된 마그마가 흘러내리면서 굳어져서 평행구조를 가진 화산암은?

① 현무암　　　　② 화강암
③ 유문암　　　　④ 편마암

40 단층면의 주향이 지층의 주향과 평행 또는 직교하지 않고 30°~60°정도로 교차하는 단층은?

① 주향단층　　　② 경사단층
③ 사교단층　　　④ 계단단층

41 접촉변성작용의 특징과 관계가 없는 것은?

① 열에 의한 작용이다.
② 원인은 주로 마그마의 관입으로 생긴다.
③ 범위는 마그마가 관입한 부분으로 좁은 편이다.
④ 변화는 엽리가 발달하고 밀도가 커진다.

42 화산암에는 광물 알갱이들을 육안으로 구별할 수없는 것이 많다. 이러한 특징을 갖는 조직을 무엇이라 하는가?

① 비현정질 조직
② 현정질 조직
③ 입상 조직
④ 등립질 조직

43 SiO_2의 함유량이 45%이하인 화성암을 무엇이라 하는가?

① 산성암
② 중성암
③ 염기성암
④ 초염기성암

44 현정질 및 비현정질 조직에 있어서 상대적으로 유난히 큰 광물알갱이들이 반점모양으로 들어 있는 경우 이러한 조직은?

① 반상조직
② 구상조직
③ 미정질조직
④ 유리질조직

45 쇄설성 퇴적암을 다음의 보기에서 골라 옳게 짝지은 것은?

----[보기]----
A. 사암, B. 응회암, C. 석회암, D. 암염,
E. 석고, F. 셰일암

① B와 E
② C와 D
③ B와 C
④ A와 F

46 습곡의 축면이 거의 수평으로 기울어져 있는 습곡은?

① 배심습곡
② 횡와습곡
③ 향심습곡
④ 동형습곡

47 변성암에 바늘 모양의 광물이나 주상의 광물이 한 방향으로 평행하게 배열되는 특징을 무엇이라 하는가?

① 절리
② 선구조
③ 물결자국
④ 편마구조

48 다음은 화성암의 주 구성 광물이 경도(굳기)가 가장 큰 것은?

① 석영
② 백운모
③ 휘석
④ 각섬석

49 화학적 퇴적암인 쳐어트(chert)에 대한 설명으로 틀린 것은?

① 규질의 화학적 침전물로서 치밀하고 굳은 암석이다.
② SiO_2 함량은 15%정도이다.
③ 쳐어트 중에서 지층을 이룬 것을 층상 쳐어트 라고 한다.
④ 쳐어트는 수석 또는 각암이라고 불린다.

50 현무암과 같은 화산암에 있는 기공이 다른 광물로 채워졌을 때 이 구조를 무엇이라 하는가?

① 구상 구조
② 유상 구조
③ 구과상 구조
④ 행인상 구조

51 지질도상에 주향과 경사가 수평인 지층의 경우에 표시하는 기호는?

① ✳
② ╱
③ ╲
④ ⊕

52 쥐라기 말기에 한반도에서는 지질시대 중 가장 강력한 조산운동과 큰 규모의 화성활동이 있었다. 이를 무엇이라 하는가?

① 송림운동　　　　② 연일운동
③ 불국사운동　　　④ 대보조산운동

53 지각은 화성암, 퇴적암, 변성암으로 구성되어 있는데, 변성암을 변성되기 전의 원암으로 계산할 때 지구표면 근처에는 표토를 제외하고 퇴적암과 화성암의 양적비율이 어떻게 되는가?

① 퇴적암 75% : 화성암 25%
② 화성암 75% : 퇴적암 25%
③ 화성암 95% : 퇴적암 5%
④ 퇴적암 95% : 화성암 5%

54 다음 중 변성정도가 가장 낮은 암석은?

① 편마암　　　　② 슬레이트
③ 천매암　　　　④ 편암

55 광역변성작용에 의하여 생성된 암석들의 특징은?

① 구성 광물들이 일정한 방향으로 배열된다.
② 구성 광물들이 방향성을 가지지 못한다.
③ 구성 광물들이 불규칙하게 배열된다.
④ 구성 광물들이 방향성을 잃어버린다.

56 화성암에서 흔히 발견되는 광물이 아닌 것은?

① 장석　　② 석영　　③ 점토　　④ 흑운모

57 우리나라 지질의 특징을 설명한 것 중에서 틀린 것은?

① 선캄브리아대의 암석은 전 국토 면적의 약 50%를 차지하며, 주로 개마고원, 경기 등

에 분포한다.
② 고생대 지층에서 조선누층군은 육성층이고 평안층군은 해성층이 우세하다.
③ 중생대 지층은 트라이아스기 말기에서 쥐라기 중기에 형성된 대동층군과 백악기에 형성된 경상층군이 있다.
④ 신생대층은 분포가 가장 협소하며 해성층과 육성층이 교대로 이루어져 있다.

58 유색광물을 거의 포함하지 않은 화강암을 무엇이 라 하는가?

① 구상 화강암　　　② 반상 화강암
③ 세립질 화강암　　④ 우백질 화강암

59 다음 중 화성암을 바르게 설명한 것은?

① 지표에 노출되어 있는 암석들이 풍화와 침식작용을 받아서 생긴 암석을 말한다.
② 지하의 마그마가 지표에 분출하거나 지각에 관입하여 굳어진 암석을 말한다.
③ 일단 형성된 암석이 지각변동에 의하여 압력이나 열을 받아서 생긴 암석을 말한다.
④ 재결정작용에 의하여 파쇄되었던 암석들이 다시 모여 접촉변성을 일으켜 생긴 암석을 말한다.

60 퇴적암에서 특징적으로 나타나는 것들로만 나열되어 있는 것은?

① 편리, 엽리, 편마 구조
② 절리, 엽리, 사층리
③ 화석, 연흔, 건열
④ 유리질조직, 반상조직, 등립상조직

화약취급기능사 2006년 제1회 필기시험

01 다음 중 혼합화약류에 속하지 않는 것은?

① TNT ② 흑색화약
③ 초유폭약 ④ 카알릿

02 암반분류 방법 중 Q-SYSTEM은 6가지 매개 변수를 사용하여 수치적으로 분류하여 암반의 등급을 결정하고 갱도크기에 적합한 지보형태를 구하기 위한 것이다. 여기에 사용된 6가지 매개변수에 해당하지 않은 것은?

① 암질지수 ② 절리군의 수
③ 지하수에 의한 계수 ④ 불연속면의 방향

03 다이나마이트를 장기간 저장하면 NG과 NC의 콜로이드화가 진행되어 내부의 기포가 없어져서 다이나마이트는 둔감하게 되고 결국에는 폭발이 어렵게 된다. 이와 같은 현상을 무엇이라 하는가?

① 고화 ② 노화 ③ 초화 ④ 니트로화

04 발파모선을 배선할 때에는 다음 사항에 주의하여야 한다. 틀린 것은?

① 발파모선은 항상 두선이 합선되지 않도록 떼어 놓는다.
② 모선이 상할 염려가 있는 곳은 보조모선을 사용한다.
③ 결선부는 다른 선과 접촉하지 않도록 주의한다.
④ 물기가 있는 곳에서는 결선부를 방수테이프 등으로 감아준다.

05 다음 중 조절발파에 속하지 않는 것은?

① 라인드릴링(Line drilling)
② 노이만 발파(Neuman blasting)
③ 쿠션 블라스팅(Cushion blasting)
④ 프리스플리팅(Presplitting)

06 다음 각각의 조건에서 폭약의 선택이 가장 올바른 것은?

① 수분이 있는 곳에서는 내열성 폭약을 사용한다.
② 장공발파에는 비중이 큰 폭약을 사용한다.
③ 굳은 암석은 동적효과가 적은 폭약을 사용한다.
④ 강도가 큰 암석은 에너지가 큰 폭약을 사용한다.

07 그림과 같은 암석을 소할 발파할 때의 장약량은?(단, 방법은 천공법이고, 발파계수(C) = 0.02이다.)

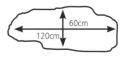

① 288g ② 72g
③ 14.4g ④ 4320g

08 다음의 설명 중 틀린 것은?

① 내열시험은 안정도 시험이다.
② 낙추시험은 충격감도 시험이다.
③ 폭굉에 의하여 감응폭발하는 현상을 순폭이라 한다.
④ 탄동진자 시험은 폭발속도 시험이다.

09 니트로글리세린의 특성을 가장 올바르게 설명한 것은?

① 약간 쓴맛이 있다.
② 액체상태로 취급하는 것이 안전하다.
③ 영하의 기온에서도 잘 얼지 않는다.
④ 증기나 액상인 것을 흡습하면 머리가 아프다.

10 여러개의 발파공을 동시에 기폭시키는 발파방법은?

① 제발발파법   ② 지발발파법
③ 단발발파법   ④ 확저발파법

11 지하에 공동을 만들면 공동의 주변에 2차지압이 발생하게 된다. 이와 같은 공동발생 후 2차지압이 발생하는 원인과 거리가 먼 것은?

① 암석의 중량
② 온도변화에 의한 팽창
③ 지하암석의 잠재력
④ 수분의 흡수

12 순발 전기뇌관과 지발 전기뇌관의 가장 큰 차이점은?

① 첨장약의 유무   ② 연시장치의 유무
③ 뇌관관체의 길이   ④ 뇌관관체의 재질

13 저항선이 60cm일 때 3kg의 폭약을 사용하여 표준발파가 되었다면 동일한 조건에서 저항선을 1m로하였을 때 표준 발파시키려면 얼마의 폭약이 필요한가?

① 3.89kg ② 7.03kg ③ 1.8kg ④ 13.89kg

14 노천채굴 계단식 대발파에서 ANFO폭약의 완폭과 발파공 전체의 폭력을 고르게 하기 위해 사용할 수 있는 것은?

① 미진동파쇄기   ② 도화선
③ 도폭선   ④ 흑색화약

15 다음 중 정전기에 가장 예민한 것은?

① 건면약   ② 다이나마이트
③ T.N.T   ④ 니트로글리세린

16 폭약의 폭발시 암석의 파괴현상을 약실 중심으로부터 순서대로 올바르게 나열한 것은?

① 분쇄-소괴-대괴-균열-진동
② 분쇄-소괴-균열-진동-대괴
③ 진동-균열-대괴-소괴-분쇄
④ 균열-진동-소괴-대괴-분쇄

17 다음은 풀민산수은(Ⅱ)의 성질에 대한 설명이다. 틀린 것은?

① 100℃이하로 오랫동안 가열하면 폭발하지 않고 분해한다.
② 600kg/㎠로 과압하면 사압에 도달하여 불을 붙여도 폭발하지 않는다.
③ 폭발하면 이산화탄소를 방출한다.
④ 저장시 물속에 넣어서 보관한다.

18 탄광용 폭약제조시 감열소염제를 배합하여 사용한다. 다음 중 감열소염제로 주로 사용되는 성분은?

① 나뭇가루   ② 질산바륨
③ 염화나트륨   ④ 알루미늄가루

19 암석은 입사할 때의 압력파에는 그다지 파괴되지않아도 반사할 때의 인장파에는 보다 많이 파괴된다. 이와 같은 이론은?

① 노이만 효과   ② 홉킨슨 효과
③ 측벽 효과   ④ 먼로 효과

20 구멍지름 32mm의 발파공을 공간격 9cm로 하여 3공을 집중 발파히였을 때 저항선의 비는?(단, 장약길이는 구멍지름의 12배로 한다)

① 1 ② 1.9 ③ 2.4 ④ 2.9

21 흑색화약 제조와 가장 관련이 적은 성분(물질)은?

① 질산칼륨(KNO_3) ② 목탄(C)
③ 황(S) ④ 수은(Hg)

22 다음 중 유한 사면의 파괴와 거리가 먼 것은?

① 사면선단파괴 ② 사면내파괴
③ 사면외파괴 ④ 저부파괴

23 냄새가 없고 흰색의 결정으로 아세톤에만 녹으며 열에 대해서 안전한 것은? (단, 폭발열은 1460kcal/kg 정도임)

① 헥소겐 ② 트리니트로 톨루엔
③ 피크린산 ④ 펜트리트

24 다음 중 평행공 심빼기에 속하는 것은?

① 피라미드 심빼기 ② 노르웨이식 심빼기
③ 코르만트 심빼기 ④ 부채살 심빼기

25 배면만이 모암과 접촉된 암체는 몇 자유면인가?

① 3 자유면 ② 4 자유면
③ 5 자유면 ④ 6 자유면

26 화약류 사용자는 화약류출납부를 비치·보존하여야 한다. 보존 기간으로 옳은 것은?

① 기입을 완료한 날로부터 5년
② 기입을 완료한 날로부터 3년
③ 기입을 완료한 날로부터 2년
④ 기입을 완료한 날로부터 1년

27 화약류저장소에 흙둑을 쌓는 경우의 기준으로 틀린 것은?

① 흙둑은 저장소 바깥쪽 벽으로부터 흙둑의 안쪽벽 밑까지 1m 이상 2m 이내의 거리를 두고 쌓을 것
② 흙둑의 경사는 45℃ 이하로 하고, 정상의 폭은 1m 이상으로 할 것
③ 흙둑의 높이는 저장소의 지붕 높이 이하로 할 것
④ 흙둑의 표면에는 가능한 한 잔디를 입힐 것

28 화약류운반신고를 하고자 하는 사람은 특별한 사정이 없는 한 운반개시 몇 시간전까지 화약류운반신고서를 발송지 관할 경찰서장에게 제출하여야 하는가?

① 24시간전 ② 15시간전
③ 8시간전 ④ 4시간전

29 다음 중 제1종 보안물건에 해당하는 것은?

① 촌락의 주택 ② 철도
③ 사찰 ④ 고압전선

30 폭약 1톤에 대한 화약류의 환산 수량으로 맞는 것은?

① 실탄 : 1000만개
② 총용뇌관 : 2500만개
③ 신호뇌관 : 250만개
④ 전기뇌관 : 100만개

31 화약류 저장소 내에 화약 상자를 쌓아 저장할 때 안쪽벽으로부터 이격거리 및 쌓는 높이는?

① 안쪽벽으로부터 30cm, 높이는 2.0m 이하

② 안쪽벽으로부터 20cm, 높이는 2.0m 이하

③ 안쪽벽으로부터 20cm, 높이는 1.6m 이하

④ 안쪽벽으로부터 30cm, 높이는 1.8m 이하

32 화약류 취급소의 정체량으로 맞는 것은? (단, 1일사용예정량 이하임)

① 화약 또는 폭약(초유폭약 제외) 250킬로그램 이하

② 공업용뇌관 또는 전기뇌관 2500개 이하

③ 도폭선 6킬로미터 이하

④ 도화선 250킬로미터 이하

33 이벤트 회사를 운영하는 '갑'은 사용지 관할 경찰서장의허가가 없이 하루 동안 꽃불류 2,000발을 월드컵 기념행사에 사용하다 경찰관서에 적발되었다. 그 처벌은?

① 10년 이하의 징역 또는 2천만 원 이하의 벌금

② 5년 이하의 징역 또는 1천만 원 이하의 벌금

③ 2년 이하의 징역 또는 5백만 원 이하의 벌금

④ 과태료 300만원

34 다음 중 화약류 일시저치장의 정의로 맞는 것은?

① 화약류의 판매업소에서 화약류를 일시적으로 저장하는 장소

② 화약류의 제조과정에서 화약류를 일시적으로 저장하는 장소

③ 화약류의 제조업자가 완제품의 화약류를 일시적으로 저장하는 장소

④ 화약류의 수입업자가 화약류를 일시적으로 저장하는 장소

35 화약류를 수출 또는 수입하고자 하는 사람은 그때 마다 누구의 허가를 받아야 하는가?

① 지방경찰청장　　② 경찰서장

③ 경찰청장　　④ 행정자치부장관

36 다음 중 고생대에 속하지 않는 것은?

① 쥐라기　　② 오르도비스기

③ 데본기　　④ 페름기

37 화성암의 주 구성 광물 중 백운모에 대한 설명으로 틀린 것은?

① 유리광택이다.

② 결정계는 삼사정계이다.

③ 경도는 2.5 정도이다.

④ 완전한 벽개(쪼개짐)가 특징이다.

38 주향은 항상 어느 방향을 기준으로 하여 기록하는가?

① 동　　② 서　　③ 남　　④ 북(진북)

39 습곡에 관한 아래의 서술 중 틀린 것은?

① 횡와습곡은 습곡축이 거의 수직하다.

② 습곡이 위로 향하여 구부러진 것을 배사라고 한다.

③ 수평으로 퇴적된 지층이 횡압력을 받으면 습곡이된다.

④ 침식 작용을 받은 배사구조에서는 축으로부터 멀어질수록 신(新)기의 지층들을 볼 수 있다.

40 다음 중 퇴적암의 특징이 아닌 것은?

① 편리　　② 화석　　③ 건열　　④ 층리

41 다음 광물 중 화학 조성이 SiO_2인 것은?

① 석영　　② 백운모

③ 각섬석　　④ 정장석

42 정장석이 화학적 풍화작용을 받으면 어떤 광물로변하는가?

① 석회석   ② 고령토
③ 형석   ④ 인회석

43 복향사(synclinorium)란 어떤 구조인가?

① 배사가 다수의 습곡으로 이루어진 지질구조
② 주경사의 방향으로 습곡축들이 발달한 지질구조
③ 향사가 다수의 습곡으로 이루어진 지질구조
④ 배사가 계속 반복되는 지질구조

44 다음 화성암 중 심성암과 가장 거리가 먼 것은?

① 현무암   ② 화강암
③ 섬록암   ④ 반려암

45 화산암에 있어서 마그마가 유동하면서 굳어진 구조를 무엇이라 하는가?

① 유상구조   ② 다공상구조
③ 행인상구조   ④ 구상구조

46 세일이 광역변성작용을 받는다면 그 변성도가 바른 것은?

① 점판암→천매암→편암→편마암
② 천매암→점판암→편암→편마암
③ 점판암→천매암→편마암→편암
④ 천매암→점판암→편마암→편암

47 다음 그림은 어떤 부정합을 나타낸 것인가?

→ 표는 부정합면임

① 난정합   ② 사교부정합
③ 평행부정합   ④ 경사부정합

48 다음 중 스카른 광물이라 할 수 없는 것은?

① 석류석   ② 양기석
③ 녹염석   ④ 석회석

49 다음 중 속성작용의 범주에 들어가지 않는 것은?

① 다져짐작용   ② 재결정작용
③ 교결작용   ④ 분별정출작용

50 아래의 조건에 해당되는 화성암은?

> ① 저반으로 산출되는 경우가 많다.
> ② 석영, 알칼리장석, 운모가 주성분 광물이다.
> ③ 옅은색을 띄며 완정질이며 조립질이다.

① 현무암   ② 반려암
③ 유문암   ④ 화강암

51 다음 광물 중 경도(굳기)가 가장 큰 광물은?

① 석고   ② 석영
③ 형석   ④ 인회석

52 반상조직을 가진 암석의 반정이 다수 광물의 집합체로 되어 있을 때 이 암석의 조직은?

① 반상조직   ② 문상조직
③ 취반상조직   ④ 포이킬리틱조직

53 습곡축면이 수직이고 축이 수평이며 양쪽 윙이 대칭을 이루는 습곡은?

① 정습곡   ② 경사습곡
③ 급사습곡   ④ 침강습곡

54 세계적으로 그 분포가 가장 넓고 보통 화강암이라고 부르는 것은?

① 각섬화강암　　② 흑운모 화강암
③ 화강섬록암　　④ 백운모 화강암

55 다음 평면도와 같은 지형을 AB로 자른 단면도는?

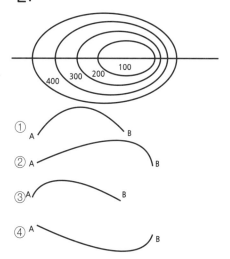

56 다음 중 퇴적암에 속하는 암석은?

① 사암　　　　② 대리암
③ 휘록암　　　④ 안산암

57 기존 암석 중의 틈을 따라 관입한 판상의 화성암체를 무엇이라 하는가?

① 암상　　　　② 암주
③ 암맥　　　　④ 암경

58 다음은 화성암의 조암광물들이 유색광물에 속하는 것은?

① 각섬석　　　② 석영
③ 정장석　　　④ 백운모

59 사층리에 관한 아래의 서술 중 틀린 것은?

① 석회암 또는 암염으로 된 지층에서 흔히 볼 수 있다.
② 바람이나 물이 한 방향으로 유동하는 곳에 쌓인지층에서 흔히 볼 수 있다.
③ 사층리를 이용하여 지층의 역전 여부를 판단할 수 있다.
④ 사층리는 수심이 대단히 얕은 수저 또는 사막의 사구에서 흔히 볼 수 있는 퇴적구조이다.

60 슬레이트에 대한 설명 중 맞는 것은?

① 쪼개짐이 잘 발달되어 있다.
② 장석을 가장 많이 포함하고 있다.
③ 변성정도가 가장 높다.
④ 입자의 식별이 육안으로 가능하다.

화약취급기능사 2005년 제5회 필기시험

01 발파진동속도를 표시하는 카인(kine)의 단위는?

① mm/sec
② mm/sec²
③ cm/sec
④ cm/sec²

02 다음 중 발열제에 속하는 것은?

① DNN
② Al
③ NaCl
④ DDNP

03 탄광용 폭약의 감열소염재로 주로 쓰이는 것은?

① 염화칼슘
② 염화나트륨
③ 염화바륨
④ 질산암모늄

04 발파작업시 대피장소로서 적당하지 않은 곳은?

① 발파로 인한 파석이 날아오지 않는 곳
② 경계원으로부터 연락을 받을 수 있는 곳
③ 폭음소리가 들리지 않는 안전한 장소
④ 발파의 진동으로 천반이나 측벽이 무너지지 않는 곳

05 사면의 활동형상을 직선상태로 보는 것은?

① 원호사면
② 직립면
③ 유한사면
④ 무한사면

06 발파 위험구역 내에서 발파계원이 경계원에게 주지(확인)시켜야 할 내용으로 틀린 것은?

① 발파방법

② 경계하는 구역
③ 발파 완료 후 연락방법
④ 발파 횟수

07 벤치커트(bench cut)를 실시하는 채석장 발파에서 벤치높이 4m, 최소저항선 2m, 천공간격 2m 일 경우 장약량은? (단, 발파계수 : 0.2)

① 3.2kg
② 6.4kg
③ 2.8kg
④ 16kg

08 피라미드 심빼기에 대한 설명 중 틀린 것은?

① 수평 갱도에서는 천공하기가 불편하다.
② 천공에 숙련을 요한다.
③ 안내판을 천공 예정 암벽에 고정시킨 후 안내판을 따라 천공한다.
④ 굴진면의 중앙에 3-4개의 발파공을 피라미드형으로 천공한다.

09 다음 중 폭발 속도가 가장 빠른 것은?(단, 모든 조건은 같다.)

① TNT
② 니트로글리세린
③ 아지화납
④ DDNP

10 다음 중 집중발파를 하는 가장 큰 목적은?

① 최소저항선을 증대시키기 위하여
② 공경을 크게하기 위하여
③ 자유면을 증가시키기 위하여
④ 장약량을 크게 하기 위하여

11 테트릴에 대한 설명으로 틀린 것은?

① 엷은 노랑색 결정으로 흡수성이 없다.
② 페놀에 황산과 질산을 작용시켜 만다.
③ 물에 잘 녹지 않는다.
④ TNT보다 예민하고 위력도 강하다.

12 그림과 같은 암석을 천공법으로 소할발파하고
자 한다 이때의 장약량은 얼마인가?(단, 발파
계수는 0.004이다)

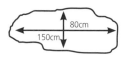

① 25.6g
② 27.6g
③ 48g
④ 90g

13 누두공 시험에서 누두공의 모양과 크기는 다
음 사항에 의해서 달라진다. 관계없는 것은?

① 암반의 종류
② 발파모선의 저항
③ 폭약의 폭력
④ 메지의 정도

14 다음 중 폭약의 선정방법에 대한 설명으로 틀
린 것은?

① 장공발파에는 비중이 큰 폭약을 사용해야 한
다.
② 강도가 큰 암석에는 에너지가 큰 폭약을 사
용해야 한다.
③ 굳은 암석에는 동적효과가 큰 폭약을 사용
해야 한다.
④ 고온 막장에서는 내열성 폭약을 사용해야 한
다.

15 폭약을 원추 또는 반구형 금속성 라이너에 넣
고 폭굉시키면 라이너의 붕괴와 함께 금속 미
립지가 방출되어 제트의 거센 흐름을 생성하
는데 이러한 현상을 설명하는 것은?

① 노이만효과
② 디커플링효과
③ 순폭도효과
④ 측벽효과

16 도화선을 점화력 시험하는 경우, 유리관내 두
도화선의 이격거리는 얼마인가?

① 5cm
② 10cm
③ 15cm
④ 20cm

17 전색을 하는 목적과 관계가 없는 것은?

① 발파위력을 크게하고 안정도를 높이기 위해
② 가연성 가스나 석탄가루에 대한 인화의 위험
을 방지 하기 위해
③ 발파 후 발생 가스를 적게 하기 위해
④ 화약을 넣은 발파공수를 알기 위해

18 채석량 1m³당 3kg의 폭약이 사용되었다면
6kg의 폭약을 사용하였을 때 채석량은 얼마인
가?

① 1.53m³
② 2m³
③ 4m³
④ 8m³

19 어떤 현장 모래의 습윤밀도가 1.80g/cm³, 함
수비가 32.0%로 측정되었다면 건조밀도는?

① 0.65g/cm³
② 0.95g/cm³
③ 1.36g/cm³
④ 2.72g/cm³

20 전기뇌관을 이용한 발파 시 직렬결선의 장점
으로 틀린 것은?

① 불발시 조사하기가 쉽다.
② 모선과 각선의 단락이 쉽게 일어나지 않는다.
③ 전기뇌관의 저항이 조금씩 다르더라도 상관
없다.
④ 결선작업이 용이하다.

21 다이너마이트의 동결을 방지하기 위하여 첨가하는 것은?

① NaCl
② 질산암모늄
③ 니트로글리세린
④ 니트로글리콜

22 어떤 흙의 자연 함수비가 그 흙의 액성 한계비보다 높다면 그 흙의 상태는?

① 소성상태
② 액체상태
③ 반고체상태
④ 고체상태

23 다음 화약 중 질산에스테르류에 속하는 것은?

① 피크린산
② 카알릿
③ ANFO
④ 니트로글리세린

24 화약류의 안정도를 시험하는 방법이 아닌 것은?

① 내열시험
② 가열시험
③ 유리산시험
④ 순폭시험

25 다음 중 혼합화약류가 아닌 것은?

① TNT
② ANFO
③ 흑색화약
④ 카알릿

26 화약류관리보안책임자의 결격사유로 틀린 것은?

① 20세 미만의 사람
② 색맹이거나 색약인 사람
③ 운전면허 없는 사람
④ 듣지 못하는 사람

27 화약류를 운반하는 사람이 화약류 운반신고필증을 지니지 아니하였을 경우 처벌 내용으로 맞는 것은?

① 2년이하의 징역 또는 200만 원 이하의 벌금
② 3년이하의 징역 또는 300만 원 이하의 벌금
③ 5년이하의 징역 또는 500만 원 이하의 벌금
④ 300만 원 이하의 과태료

28 간이저장소에 "폭약"을 저장하고자 한다 최대저장량으로 맞는 것은?

① 30kg
② 15kg
③ 10kg
④ 5kg

29 화약류 폐기의 기술상 틀린 것은?

① 얼어서 굳어진 다이너마이트는 완전히 녹여서 연소처리 할 것
② 화약 또는 폭약은 조금씩 폭발 또는 연소 시킬 것
③ 도화선은 땅속에 매몰하거나 습윤상태로 분해 처리 할 것
④ 도폭선은 공업용뇌관 또는 전기뇌관으로 폭발 처리 할 것

30 화약류의 취급에 대한 설명으로 틀린 것은?

① 사용하고 남은 화약류는 화약류 취급소에 반납한다.
② 전기 뇌관의 도통·저항시험의 시험 전류는 0.01A를 초과하지 않아야 한다.
③ 낙뢰의 위험이 있을 때는 전기뇌관 또는 전기도화선을 사용치 않는다.
④ 얼어서 굳어진 다이나마이트는 섭씨 30도 이하의 온도를 유지하는 실내에서 누그러 뜨린다.

31 초유폭약은 가연성 가스가 몇 % 이상인 장소에서는 발파를 하지 말아야 하는가?(단, 법적 최소한도 임)

① 0.5%
② 0.7%
③ 1.0%
④ 1.5%

32 다음 중 화약류 취급소의 정체량으로 맞는 것은?(단, 1일 사용량임)

① 공업용뇌관 - 4000개
② 도폭선 - 10km
③ 폭약(초유폭약제외) - 500kg
④ 화약 - 300kg

33 폭약 1톤에 대한 화약류의 환산수량으로 틀린 것은?

① 화약 : 2톤
② 실탄 또는 공포탄 : 200만개
③ 도폭선 : 100킬로미터
④ 미진동파쇄기 : 5만개

34 총포, 도검, 화약류 등 단속법에 의한 보안 물건중 학교 및 병원은 몇 종 보안물건에 속하는가?

① 제1종 보안물건
② 제2종 보안물건
③ 제3종 보안물건
④ 제4종 보안물건

35 피뢰도선 및 가공지선의 전극 기준으로 옳은 것은?

① 전극을 땅에 묻을 때 그 부근에 가스관이 있을 경우에는 그로부터 2m 이상의 거리에 둘 것
② 전극은 피뢰도선마다 2개 이상으로 할 것
③ 전극은 알루미늄판 또는 그이상의 전도성 금속으로 할 것
④ 전극의 접지저항은 피뢰도선이 1줄인 때에는 10 [Ω]이하로 할 것

36 보웬(Bowen)의 반응계열 중 가장 마지막에 정출되는 유색광물은 무엇인가?

① 감람석　　　　② 휘석
③ 흑운모　　　　④ 각섬석

37 화강암이나 페그마타이트에 흔히 발달하는 조직으로알카리 장석의 바탕에 석영의 작은 결정들이 고대의 상형문자 모양으로 일정하게 배열되어 있는 조직은?

① 문상조직　　　② 취반상조직
③ 구상조직　　　④ 행인상조직

38 화성암의 주성분 광물은 다음 중 어느 것인가?

① 전기석　　　　② 인회석
③ 각섬석　　　　④ 자철석

39 주향이 북에서 55° 동, 경사가 남동으로 60°일 경우의 기입법으로 바르게 된 것은?

① N55° E, 60° SE
② N55° W, 60° SW
③ S55° E, 60° NE
④ N55° W, 60° WE

40 화석이 많이 산출되는 암석은?

① 퇴적암　　　　② 변성암
③ 화성암　　　　④ 화산암

41 퇴적암이 갖는 가장 특징적인 구조는?

① 취반상조직　　② 엽리구조
③ 편리구조　　　④ 층리구조

42 다음 중 화성암에 속하는 암석은?

① 편암　　　　　② 쳐트
③ 암염　　　　　④ 현무암

43 단층의 종류에 속하지 않는 것은?

① 역단층 ② 전진단층
③ 수직단층 ④ 힌지단층

44 다음 중 화학적 풍화에 가장 저항력이 큰 것은?

① 감람석 ② 장석
③ 휘석 ④ 석영

45 파쇄작용이 주원인이 되어 이루어진 변성암은?

① 규암 ② 편암
③ 대리암 ④ 안구상 편마암

46 주향과 경사를 측정하는데 주로 사용하는 것은?

① 레벨(level)
② 트린싯(transit)
③ 클리노미터(clinometer)
④ 세오돌라이트(theodolite)

47 사암이 변하여 만들어진 암석으로 사암과 다르게 깨짐면이 평탄한 암석은?

① 편암 ② 천매암
③ 점판암 ④ 규암

48 화성암의 화학조성에서 SiO_2가 45~50% 정도이면 다음 중 어느 암에 속하는가?

① 산성암 ② 염기성암
③ 초염기성암 ④ 중성암

49 둥근자갈들 사이에 모래나 점토가 충진하여 교결된 것으로 자갈 콘크리트와 같은 암석은?

① 역암 ② 사암
③ 편암 ④ 이회암

50 석탄의 종류중에서 휘발분 함유량이 가장 적은 것은?

① 토탄 ② 갈탄
③ 역청탄 ④ 무연탄

51 다음 퇴적암 중 수성쇄설암에 속하지 않는 것은?

① 역암 ② 각력암
③ 사암 ④ 응회암

52 지사를 밝히는데 사용하는 지사학의 법칙과 거리가 먼 것은?

① 둔각의 법칙
② 관입의 법칙
③ 지층 누중의 법칙
④ 부정합의 법칙

53 다음 중 현무암에서 흔히 볼 수 있는 절리는?

① 신장절리 ② 전단절리
③ 주상절리 ④ 판상절리

54 다음 중 고생대의 마지막 기(紀)는 어느 것인가?

① 페름기 ② 데본기
③ 캄브리아기 ④ 실루리아기

55 단층면의 경사가 수평에 가까운 대규모의 역단층은?

① 점완단층   ② 성장단층
③ 충상단층   ④ 경첩단층

56 지질구조를 지배하는 주요한 구조적 요소와 관련이 적은 것은?

① 부정합   ② 조흔
③ 단층   ④ 습곡

57 다음 중 공극률(%)이 가장 큰 것은?

① 사암   ② 셰일
③ 점토   ④ 자갈

58 다음 중 화성암의 현정질 조직을 바르게 설명한 것은?

① 현미경으로도 미정이 거의 발견되지 않는 조직
② 구성 광물의 알갱이들을 육안으로 구별할 수 있는 조직
③ 한 개의 큰 광물중에 다른 종류의 작은 결정들이 들어 있는 조직
④ 결정과 다른 유리가 섞여있는 조직

59 변성의 정도가 커짐에 따라 셰일이 변하여 화학성분이 같은 변성암이 생성되는 순서로 맞는 것은?

① 셰일 -> 천매암 -> 슬레이트 -> 편암
② 셰일 -> 편암 -> 천매암 -> 슬레이트
③ 셰일 -> 슬레이트 -> 편암 -> 천매암
④ 셰일 -> 슬레이트 -> 천매암 -> 편암

60 다음에서 접촉변성암에 해당하는 것은?

① 편암   ② 혼펠스
③ 편마암   ④ 천매암

화약취급기능사 2005년 제1회 필기시험

01 다음 사항은 라인드릴링(line-drilling)법에 대한 특징이다 내용이 틀린 것은?

① 이 방법은 발파에 의하여 파단면을 만드는 것이 아니고 착암기로 파단면을 만드는 것이다
② 벽면 암반의 파손이 적으나 많은 천공이 필요하므로 천공비가 많이 든다
③ 천공은 수직으로 같은 간격으로 하여야 하므로 천공 기술이 필요하다
④ 층리, 절리 등을 지닌 이방성이 심한 암반구조에 가장효과적으로 적용되는 방법이다

02 조절발파의 장점이다 다음 중 거리가 먼 것은?

① 여굴이 많이 발생하여 차기 발파가 용이하다
② 발파면이 고르게 된다
③ 암반의 표면을 강하게 하여 보강의 필요성을 줄인다
④ 발파예정선에 일치하는 발파면을 얻을 수 있다

03 폭발 생성 가스가 단열팽창을 할 때에 외부에 대해서 하는 일의 효과를 말하는 것은?

① 동적효과
② 정적효과
③ 충격열효과
④ 파열효과

04 단순사면(유한사면)의 파괴형태가 아닌 것은?

① 사면 선단파괴
② 사면내 파괴
③ 사면 저부파괴
④ 사면외 파괴

05 디메틸아닐린을 진한 황산에 녹인 다음, 여기에 혼합산(질산과 황산)을 넣고 니트로화하면 생성되는 것은?

① 테트릴
② 헥소겐
③ 펜트리트
④ 피크린산

06 암석 $1m^3$를 발파할 때 필요로 하는 폭약량의 뜻을가지는 것은?

① 발파계수
② 폭약계수
③ 암석계수
④ 전색계수

07 비전기식 뇌관의 특징이 잘못된 것은?

① 튜브의 연결작업이 빠르다
② 정전기, 미주전류에 안전하다
③ 내수성이 좋고 시차 조절이 용이하다
④ 저항값 및 불발뇌관 확인이 쉽다

08 2자유면 이상의 발파에 있어서 최소저항선과 공심(천공장)관계가 옳은 것은 (단, D : 공심, W :최소저항선, m:장약장)

① $D = m + W$
② $D = W + \dfrac{m}{2}$
③ $D = \dfrac{m}{2} + \dfrac{W}{2}$
④ $D = \dfrac{m}{3} + W$

09 전기뇌관을 사용한 병렬식 결선방법의 장점과 거리가 먼 것은?

① 불발조사가 용이하다
② 전원으로 동력선, 전등선의 이용이 가능하다
③ 전기뇌관의 저항이 조금씩 달라도 상관없다

④ 대형발파에 이용된다

10 다음 중 발파작업의 3요소가 아닌 것은?

① 착암
② 대피
③ 발파
④ 쇄석운반

11 다음 화약류 중 전폭약은 어느 것인가?

① 무연화약, 흑색화약
② 테트릴
③ 다이너마이트, ANFO 폭약
④ 풀민산수은(II), 아지화납

12 조성에 의한 화약류의 분류 중 혼합화약류에 속하는 것은?

① 흑색화약
② 니트로글리세린
③ 피크린산
④ 헥소겐

13 다음의 설명 중 옳은 것은?

① 소성지수는 소성한계에서 액성한계를 뺀 값이다
② 액성한계란 반고체상태에서 고체상태로 넘어가는 경계의 함수비이다
③ 수축한계란 액체상태에서 소성상태로 넘어가는 경계의 함수비이다
④ 소성한계란 소성상태에서 반고체상태로 넘어가는 경계의 함수비를 말한다

14 공업뇌관용 뇌홍폭분 제조 시 풀민산 수은(II) (Hg(ONC)₂)과 염소산칼륨(KClO₃)의 배합비율은?

① 94 : 6
② 80 : 20
③ 20 : 80
④ 6 : 94

15 다음 폭약 중 폭발속도가 가장 빠른 것은?

① T.N.T
② 피크르산
③ 헥소겐
④ 니트로나프탈렌

16 누두지수 n=1.5일 때 누두지수의 함수 f(n)값을 덤브럼(Damburm)식으로 구하면 그 값은 얼마인가?

① 2.0
② 2.5
③ 2.7
④ 3.0

17 발파계원은 발파 위험구역안의 통행을 막기 위해서 경계원을 배치하고 경계원에게 확인시켜야 할 사항이 있다 적당하지 않은 것은?

① 발파방법
② 경계하는 위치
③ 경계하는 구역
④ 발파완료 후의 연락방법

18 니트로글리세린의 동결 온도는?

① -1℃
② 0℃
③ 8℃
④ 14℃

19 다음의 항목 중 집중 발파의 목적에 해당하는 것은 어느 것인가?

① 최소 저항선의 증대
② 발파공경의 증대
③ 신자유면의 증대
④ 장약 길이의 증대

20 암석의 간접인장시험법(Brazilian test)에 의하여 인장강도 측정시 알맞는 식은? (단, St : 인장강도, P: 최대하중, D : 시험편의 지름, L : 시험편의 길이)

① $St=\dfrac{P}{DL}$ ② $St=P \cdot D \cdot L$

③ $St=\dfrac{2P}{DL}$ ④ $St=\dfrac{DL}{2P}$

21 사상 순폭 시험에서 약경 32mm인 다이너마이트의 최대 순폭 거리가 160mm이었다면 순폭도는 얼마인가?

① 0.2 ② 5 ③ 10 ④ 5120

22 가연성 가스나 석탄 가루에 의한 폭발반응을 막기위하여 폭약에 배합하여 주는 감열소염제는?

① 질산염 ② 염소산염
③ 염화나트륨 ④ 과염소산염

23 발파에 의한 암반의 파괴 이론 중 인장파괴 효과를 나타내는 용어는?

① 홉킨슨효과(Hopkinson effect)
② Daw의 이론
③ 취성파괴(Brittle fracture)
④ 측벽효과(Channel effect)

24 전기발파의 결선방법과 거리가 먼 것은 ?

① 직렬결선 ② 직병렬결선
③ 병렬결선 ④ 조합결선

25 어떤 암체에 대한 천공 발파결과 100g의 장약량으로 1.5㎥의 채석량을 얻었다면 300g의 장약량으로는 몇㎥의 채석이 가능한가 ?

① 3.4㎥ ② 3.8㎥ ③ 4.0㎥ ④ 4.5㎥

26 화약류 판매업자가 판매를 위하여 저장하는 경우 저장소외의 장소에 저장할 수 있는 화약류의 수량 중 맞지 않는 것은 ?

① 화약 10kg ② 폭약 5kg
③ 도폭선 500m ④ 도화선 1,000m

27 화약류관리보안책임자가 이사를 하여 주소가 변경되었음에도 1년이 지나도록 관할 경찰서에 신고하지 않았을 경우에 받는 불이익은?

① 15일 면허정지 사유이다
② 300만 원 이하의 과태료를 부과 받는다
③ 면허취소 사유이다
④ 처벌은 없으나 제1차 경고의 사유이다

28 화약류 양수허가의 유효기간은 ?

① 6개월 ② 1년 ③ 2년 ④ 3년

29 초유폭약은 가연성 가스가 몇 % 이상이 되는 장소에서 발파하면 안되는가 ? (단, 법적 제한 수치임)

① 0.3% ② 0.4% ③ 0.5% ④ 0.6%

30 화약류 취급에 관한 사항 중 틀린 것은?

① 화약류를 취급하는 용기는 철재, 그 밖의 전기가 잘 통하는 견고한 구조로 할 것
② 화약·폭약과 화공품은 각각 다른 용기에 넣어 취급할 것
③ 굳어진 다이너마이트는 손으로 직접 주물러서 부드럽게 할 것

④ 낙뢰의 위험이 있을 시 전기뇌관작업을 하지 아니할 것

31 화약류저장소의 간이흙둑 경사는 ?

① 45°이하   ② 60°이하
③ 75°이하   ④ 30°이하

32 화약류를 실은 차량이 서로 주차하는 때에 앞차와 뒷차 와의 거리는 ? (단, 법령상 최단 기준임)

① 200미터   ② 150미터
③ 100미터   ④ 50미터

33 화약류 1급 저장소의 최대 저장량으로 틀린 것은?

① 총용뇌관 : 5000만개
② 전기도화선 : 무제한
③ 공업뇌관 : 6000만개
④ 화약 : 80톤

34 폭약 1톤으로 환산된 수량으로서 잘못된 항목은?

① 화약 : 2톤
② 공업용뇌관 : 100만개
③ 실탄 : 300만개
④ 도폭선 : 50km

35 화약류의 운반신고 없이 운반할 수 있는 수량으로 옳지 않은 것은?

① 도폭선 - 1,500미터
② 미진동파쇄기 - 5,000개
③ 장난감용꽃불류 - 500kg
④ 실탄(1개당 장약량 0.5g 이하) - 15만개

36 다음 중 심성암끼리 짝지어진 것은 ?

① 휘록암, 안산암, 반려암
② 화강암, 섬록암, 반려암
③ 안산암, 현무암, 유문암
④ 휘록암, 석영반암, 안산반암

37 석회암이나 고회암은 압력과 열의 작용으로 방해석의 결정 집합체인 어떤 암석으로 변성되는가 ?

① 슬레이트   ② 규암
③ 천매암   ④ 대리암

38 습곡이 아래로 향하여 구부러져 있는 것은?

① 향사   ② 배사   ③ 정부   ④ 윙

39 마그마의 정출과정 중 가장 높은 온도에서 정출된 것은?

① 감람석   ② 각섬석
③ 흑운모   ④ 석영

40 선캄브리아대의 암석은 우리나라 전면적의 얼마 정도를 차지하고 있는가 ?

① 약 20%   ② 약 35%
③ 약 50%   ④ 약 70%

41 화성암의 구조중 색을 달리하는 광물들이 층상으로 번갈아 나타나거나 석리의 차로 만들어지는 평행구조를 말하는 것은 ?

① 유문상구조   ② 행인상구조
③ 호상구조   ④ 구과상구조

42 지각을 구성하고 있는 8대 원소 중 가장 많은 것은?

① 수소(H) ② 산소(O)
③ 알루미늄(Al) ④ 철(Fe)

43 다음에서 변성암의 조직과 관계있는 것은 ?

① 분급작용에 의한 조직
② 쇄설성 조직
③ 반상 변정질 조직
④ 유리질 조직

44 우리나라에서는 고생대 중엽에 1억년간 지층이 쌓이지 않아 이 부분이 부정합으로 되어 있다 이 기는?

① 페름기 ② 데본기
③ 석탄기 ④ 실루리아기

45 퇴적물이 쌓인 후 단단한 암석으로 되기까지 여러 단계를 걸쳐 일어나는 작용을 말하는 것은 ?

① 속성작용 ② 분급작용
③ 변성작용 ④ 분화작용

46 주성분 광물이 Ca-사장석과 휘석으로 되어있는 암석은?

① 감람암 ② 현무암
③ 석영반암 ④ 규장암

47 다음 중 습곡구조 관찰이 가장 어려운 암석은 ?

① 화성암 ② 퇴적암
③ 변성암 ④ 편마암

48 현수체(roof pendant)와 관련이 깊은 것은 ?

① 암주 ② 병반 ③ 저반 ④ 암경

49 화성암의 주성분 광물 중 화강암에 대한 부피(%)값으로 맞는 것은 ? (단, 대략적인 값임)

① 석영<5%, 장석 60%, 흑운모 30%, 휘석 <5%
② 장석<30%, 휘석 70%
③ 석영 25%, 장석<30%, 석기>45%
④ 석영 30%, 장석 60%, 흑운모 10%

50 화성암의 분류와 명명에 직접 관계없는 요소는 ?

① 석영의 함유량
② 장석의 종류와 함유량
③ 수분의 함유량
④ 유색, 무색 광물의 함유량

51 변성암에 바늘모양의 광물이나 주상의 광물이 한방향으로 평행하게 배열되어 나타내는 구조를 뜻하는 것은 ?

① 엽리구조 ② 편리구조
③ 편마구조 ④ 선구조

52 어떤 암석이 변성작용을 받으면 천매암이 된다. 그 원암은 다음 중 어느 것인가 ?

① 규암 ② 사문암
③ 석회암 ④ 응회암

53 현무암 다음으로 흔한 화산암은 ?

① 안산암 ② 조면암
③ 유문암 ④ 석영조면암

54 퇴적물의 퇴적시 아래로는 굵은 알갱이가 쌓이고위로는 점차 작은 알갱이들이 쌓이는 구조는 ?

① 연흔 ② 사층리

③ 점이층리   ④ 건열

55 다음 중 중생대에 속하지 않는 것은 ?

① 백악기   ② 쥐라기
③ 트라이아스기   ④ 석탄기

56 암석을 분류하는 기준 중 가장 중요한 사항은?

① 구성광물과 조직
② 광물알갱이의 크기
③ 광물의 배열
④ 암석의 색

57 아래 그림은 Al_2SiO_5의 동질이상의 관계를 갖는변성광물의 화학적 평형관계를 나타낸 것이다.A,B,C에 해당되는 변성광물이 맞는 것은?

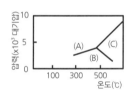

① A-홍주석, B-규선석, C-남정석
② A-규선석, B-남정석, C-홍주석
③ A-규선석, B-홍주석, C-남정석
④ A-남정석, B-홍주석, C-규선석

58 쇄설물과 그에 해당되는 쇄설성 퇴적암의 연결이 옳지 못한 것은?

① 자갈 - 역암   ② 모래 - 사암
③ 점토 - 셰일   ④ 실트 - 석회암

59 퇴적암에서 규조토는 어떤 퇴적물인가 ?

① 쇄설성 퇴적물   ② 화학적 퇴적물
③ 유기적 퇴적물   ④ 구조적 퇴적물

60 암석이 압력이나 장력을 받아서 생기는 것으로 암석에 서 관찰되는 쪼개진 틈을 무엇이라 하는가?

① 습곡   ② 단층
③ 정합   ④ 절리

화약취급기능사 2004년 제5회 필기시험

01 공업 뇌관용 뇌홍폭분 제조 시 풀민산 수은 (Ⅱ)(Hg(ONC)$_2$)와 염소산칼륨(KClO$_3$)의 배합 비율은 ?

① 94 : 6
② 80 : 20
③ 20 : 80
④ 6 : 94

02 니트로글리세린 약 얼마정도를 니트로글리콜로 대치하면 난동 다이너마이트라고 하는가?

① 10% ② 15% ③ 20% ④ 25%

03 뇌관에 대한 설명이다 틀린 것은?

① 뇌관은 관체와 내관으로 되어 있으며 내부에는 기폭약 및 첨장약이 충전되어 있다
② 뇌관의 규격은 안지름 6.2㎜, 바깥지름 6.5㎜로 되어있다
③ 전기뇌관은 보통 공업뇌관에 전교 장치를 한 것이다
④ 기폭약으로 풀민산수은(Ⅱ)를 사용할 때의 뇌관의 관체는 알루미늄을 사용한다.

04 다음 조건에서 폭약의 선택이 가장 올바른 것은?

① 수분이 있는 곳에서는 내열성 폭약을 사용한다.
② 장공폭파에는 비중이 큰 폭약을 사용한다.
③ 굳은 암석은 동적효과가 적은 폭약을 사용한다.
④ 강도가 큰 암석은 에너지가 큰 폭약을 사용한다.

05 암석의 폭파에 대한 저항성을 나타내는 계수는 ?

① 누두계수
② 암석계수
③ 전색계수
④ 폭약계수

06 다음 심빼기 발파에서 평행공 심발법에 해당하는 것은 어느 것인가 ?

① 노르웨이 심빼기
② 부채살 심빼기
③ 코로만트 심빼기
④ 피라미드 심빼기

07 오스트리아에서 개발된 터널 개착법으로 암반이 연약하고 지압이 큰 곳이나 도시의 지하철 공사장에서 많이 사용되며 우리나라에서도 1982년 서울 지하철공사에서 도입한 방법은 어느 것인가 ?

① 쉴드공법
② NATM 공법
③ 개착공법
④ TBM 공법

08 배면만이 모암과 접촉된 암체는 몇 자유면인가 ?

① 3 자유면
② 4 자유면
③ 5 자유면
④ 6 자유면

09 전기발파의 결선방법과 거리가 먼 것은 ?

① 직렬결선
② 직병렬결선
③ 병렬결선
④ 조합결선

10 기명전압 20[V], 전류 1.2[A], 내부저항 3.0[Ω]인 소형발파기를 사용하여 1.2m 각선이 달린 뇌관 6개를 직렬로 접속하여 50m 거

리에서 발파하려고 할 때 소요전압은?
(단, 전기뇌관 1개의 저항 0.97[Ω], 모선 1m
의 저항은 0.021[Ω]이다)

① 11.104[V]　　　② 12.104[V]
③ 13.104[V]　　　④ 14.104[V]

11 너비가 18m, 높이가 7.5m인 터널에서
Smooth Blasting (스무스 블라스팅)을 실시하
려고 한다. Decoupling (디커플링)지수를 1.6
으로 하고, 천공지름을 45㎜로 하였을 때 적당
한 폭약의 지름은 대략 몇 ㎜인가 ?

① 17　　② 22　　③ 25　　④ 28

12 암석의 간접인장시험법(Brazilian test)에 의하
여인장강도 측정시 알맞는 식은?
(단, St : 인장강도, P : 최대하중, D : 시험편의
지름,L : 시험편의 길이)

① $St = \dfrac{P}{DL}$　　　　② $St = P \cdot D \cdot L$

③ $St = \dfrac{2P}{DL}$　　　　④ $St = \dfrac{DL}{2P}$

13 사면파괴가 일어나는 원인 중 흙의 전단강도
를 감소시키는 요인에 해당되는 것은 ?

① 건물, 물, 눈과 같은 외력의 작용
② 굴착에 의한 흙의 일부의 제거
③ 지진, 폭파 등에 의한 진동
④ 수분증가에 의한 점토의 팽창

14 폭발생성가스가 단열팽창을 할 때에 외부에
대해서 하는 일의 효과와 관련이 깊은 것은 ?

① 동적효과　　② 정적효과
③ 압축효과　　④ 팽창효과

15 다이너마이트를 장기간 저장하면 NG과 NC의

콜로이드화가 진행되어 내부의 기포가 없어져
서 다이너마이트는 둔감하게 되고 결국에는
폭발이 어렵게된다. 이 와같은 현상을 무엇이
라 하는가 ?

① 고화　　② 노화　　③ 초화　　④ 니트로화

16 흑색화약의 설명으로 옳지 않은 것은 ?

① 혼합화약류이다
② 폭발할 때에 연기가 발생하지 않는다
③ 주성분은 질산칼륨, 황, 숯이다
④ 도화선의 심약, 발사약의 점화약 등에 사용
된다

17 화약의 감도시험법이 아닌 것은 ?

① 낙추시험　　　　② 가열시험
③ 순폭시험　　　　④ 마찰시험

18 도통 시험의 목적이 아닌 것은 ?

① 전기뇌관과 약포와의 결합 여부
② 전기뇌관 백금선의 연결누락 여부
③ 모선과 보조선과의 연결누락 여부
④ 보조모선과 각선과의 연결누락 여부

19 RQD(암질지수)값에 의한 현지암의 분류에서
RQD가 91 ~ 100%일 때의 암질은 ?

① 불량　　② 보통　　③ 양호　　④ 극히 양호

20 계단식 노천 발파시 암석비산의 중요한 원인
으로가장 관련이 적은 것은 ?

① 단층, 균열, 연약면 등에 의한 암석의 강도
저하
② 과다한 장약량
③ 초시가 빠른 비전기식 뇌관 사용
④ 점화순서의 착오에 의한 지나친 지발시간

21 누두공 시험발파 결과 장약량이 2.0kg일 때 누두 지수가 1.5가 되어 과장약이 되었다 최소 저항선을 동일하게하였을 때의 표준장약량은 몇 kg으로 하여야 하는가?
(단, 누두지수가 1.5일 때의 누두지수 함수의 값은 2.69이다)

① 0.543kg   ② 0.643kg
③ 0.743kg   ④ 0.843kg

22 중심부에서 심빼기 발파를 먼저하고 그 중심부 에서주위로 확대해 가면서 점화시키며 지하공동 굴착 시과 파쇄를 막기 위해 널리 사용되는 조절 발파법은?

① 라인드릴링방법(Line drilling method)
② 쿠션블라스팅법(Cushion blasting method)
③ 프리스프리팅법(Presplitting method)
④ 스무드월블라스팅법(Smooth wall blasting method)

23 다음 설명 중 틀린 것은?

① 발파로 인하여 발생하는 에너지 중에는 탄성파로 변환되어 발파진동으로 소비된다.
② 지반진동은 변위, 입자속도, 가속도의 3성분과 주파수로 표시된다.
③ 발파에 의한 지반진동은 수직방향, 진행방향, 접선방향으로 이루어진다
④ 발파진동의 진동주파수 대역은 1Hz정도 또는 그 이하 이다

24 다음 화약류 및 발파에 관한 설명 중 잘못된 것은?

① 교질 다이너마이트 동결온도는 8℃ 이다
② 뇌관의 납판시험에 사용되는 납판두께는 4mm이다
③ 발파계수(c)는 암석계수,전색계수,폭약계수

와 관련이 깊다
④ 안내판에 따라 천공하는 심빼기 발파는 노르웨이 커트(Norway Cut)법이다

25 다음에 열거한 항목 중 단순사면에서 사면선단 파괴(toe failure)가 일어날 수 있는 경우는?

① 기초지반 두께가 작을 때 또는 성토층이 여러 종류일 때
② 사면이 급하고 점착력이 작을 때
③ 사면이 급하지 않고, 점착력이 크고, 기초지반이 깊을 때
④ 사면의 하부에 굳은 지층이 있을 때

26 대발파를 끝낸 후 발파장소에 접근할 수 있는 시간은? (단, 최소시간)

① 도화선 발파 시 15분 이상 경과 후
② 전기 발파 시 5분 이상 경과 후
③ 도화선 및 전기 발파 시 30분 이상 경과 후
④ 도화선 발파 시 45분 이상 경과 후

27 화약류 운반에 관한 기술상의 기준 내용으로 올바른 것은?

① 화약류는 주변이 한가한 야간에 싣는다.
② 도폭선 1500m를 자동차로 운반할 경우에는 그 차량에 경계요원을 태우지 않아도 된다.
③ 화약류를 다룰 때는 철재 갈고리를 사용해야 한다.
④ 뇌홍 및 뇌홍을 주로 하는 기폭약은 수분 또는 알코올분이 23% 정도 머금은 상태로 운반한다.

28 화약류의 제조업을 영위하고자 하는 사람은 제조소마다 행정자치부령이 정하는 바에 의하여 누구의 허가를 받아야 하는가?

① 행정안전부장관　　② 경찰청장
③ 지방경찰청장　　　④ 경찰서장

29 화약류 사용자가 행하여야 되는 내용 중 올바른 것은?

① 화약류 사용 상황을 다음달 1일에 관할 경찰서장을 거쳐 허가관청에 보고 하여야 한다.
② 화약류 사용 상황을 다음달 7일까지 관할 경찰서장을 거쳐 허가관청에 보고 하여야 한다.
③ 화약류 사용 상황을 매월 말일에 관할 경찰서장을 거쳐 허가 관청에 보고 하여야 한다.
④ 화약류 사용 상황을 다음달 5일 이내에 관할 경찰서장에게 보고 하여야 한다.

30 피뢰침 및 가공지선을 피보호 건물로부터 독립하여설치할 경우 피뢰침 및 가공지선의 각 부분은 피보호건물로부터 몇 m 이상의 거리를 두어야 하는가?

① 1.5m　② 2.0m　③ 2.5m　④ 3.0m

31 도폭선 100킬로미터를 폭약으로 환산하면 ?

① 1톤　② 2톤　③ 3톤　④ 4톤

32 안정도시험의 결과보고에 포함시키지 않아도 되는 사항은?

① 시험실시 연월일
② 시험을 실시한 기기
③ 시험을 실시한 화약류의 수량
④ 시험을 실시한 화약류의 제조일

33 화약류제조, 관리보안 책임자 면허의 취소사유가 아닌 것은 ?

① 속임수를 쓰거나 옳지 못한 방법으로 면허를 받은 사실이 들어난 때
② 국가기술자격법에 의하여 자격이 취소된 때
③ 면허를 다른 사람에게 빌려준 때
④ 화약류를 취급함에 있어 고의 또는 과실로 폭발 사고를 일으켜 사람을 죽거나 다치게 한 때

34 화약류 운반표지를 하지 않아도 되는 것중 틀린 것은?

① 화약 10kg 이하
② 폭약 5kg 이하
③ 전기뇌관 200개 이하
④ 도폭선 100m 이하

35 화약류취급소의 정체량 기준 중 전기뇌관의 수량은?

① 6000개　　② 5000개
③ 4000개　　④ 3000개

36 마그마의 분화에 따른 고결단계 중 제일 늦은 단계는?

① 기성단계　　② 열수단계
③ 정마그마단계　　④ 페그마타이트단계

37 현정질이며 완정질인 광물의 입자로 구성된 화성암의 조직을 무엇이라 하는가 ?

① 입상조직　　② 유리질조직
③ 반상조직　　④ 행인상조직

38 생물의 유해가 쌓여서 만들어진 퇴적물과 관계가 깊은 것은 ?

① 화학적 퇴적물　　② 쇄설성 퇴적물
③ 풍화적 퇴적물　　④ 유기적 퇴적물

39 퇴적물은 오랜시간이 경과함에 따라 물리적, 무기 화학적, 생화학적 변화를 받아 퇴적물의 성분과 조직에 변화가 생기면서 퇴적암으로 되는데 이러한 변화를 무엇이라 하는가?

① 분화작용(differentitation)
② 교결작용(cementation)
③ 속성작용(diagenesis)
④ 재결정작용(recrystallization)

40 셰일이 광역 변성작용을 받아 생성되는 암석의 순서로 맞는 것은?

① 슬레이트 → 천매암 → 편암 → 편마암
② 슬레이트 → 편암 → 편마암 → 천매암
③ 슬레이트 → 편마암 → 편암 → 천매암
④ 슬레이트 → 편암 → 천매암 → 편마암

41 변성작용에 의하여 생성된 규산염 광물은?

① 인회석
② 석류석
③ 황철석
④ 방연석

42 유색광물과 무색광물이 서로 교대로 거친 줄무늬를 나타내는 구조는?

① 엽리
② 편리
③ 엽상구조
④ 편마구조

43 원암과 변성암의 연결이 옳지 못한 것은?

① 현무암 - 대리암
② 사암 - 규암
③ 화강암 - 편마암
④ 셰일 - 점판암

44 변성작용이 일어나게 되는 가장 중요한 2가지 요인은?

① 압력, 온도
② 공극, 화학성분
③ 밀도, 압력
④ 물(H_2O), 온도

45 경사된 단층면에서 상반이 하반에 대해 아래로 내려간 단층으로 장력에 의해 생성되는 것은?

① 역단층
② 주향단층
③ 정단층
④ 층상단층

46 페름기는 다음 중 어디에 속하는가?

① 고생대
② 중생대
③ 신생대
④ 시생대

47 지질도 상에 주향과 경사가 수평인 지층의 경우에 해당되는 것은?

① ✳
② ╱
③ ╲
④ ⊕

48 화산암이 유동하여 굳어질 때 가지게 되는 평행구조를 무엇이라 하는가?

① 괴상구조
② 유상구조
③ 유동구조
④ 호상구조

49 다음 중 화성암의 종류로 이루어진 것은?

① 화강암, 규암, 사암, 역암
② 유문암, 조면암, 현무암, 섬록암
③ 석회암, 응회암, 각력암, 규조토
④ 편마암, 천매암, 대리암, 편암

50 석영, 장석, 운모로 이루어진 화강암은 다음 어디에 해당 되는가?

① 염기성암과 심성암에 해당된다.
② 염기성암과 화산암에 해당된다.
③ 중성암과 반심성암에 해당된다.
④ 산성암과 심성암에 해당된다.

51 다음 ( )안의 a와 b로 옳은 것은?

화성암을 분류하는 기준은 (a)의 성분비와 산출 상태에 따라 나타내는 (b)에 의하여 결정된다.

① a: MgO, b: 구조 ② a: CaO, b: 반점
③ a: FeO, b: 압력 ④ a: SiO$_2$, b: 조직

52 유색광물을 거의 포함하지 않은 화강암을 무엇이라 하는가?

① 구상화강암 ② 반상화강암
③ 세립질화강암 ④ 우백질화강암

53 다음의 지질 단면도에서 화성암체 A의 명칭은?

① 암맥 ② 저반
③ 병반 ④ 광맥

향사

54 다음 중 유기적 퇴적암이 아닌 것은 ?

① 석고 ② 석탄
③ 쳐트 ④ 규조토

배사

55 강성지층과 연성지층이 교호하는 곳에서 횡압력을 받을 때 그림과 같이 주름이 생기는 습곡은 ?

① 복배사 ② 복향사
③ 배심습곡 ④ 드래그습곡

56 다음 중 단층을 확인하는 증거가 아닌 것은 ?

① 단층활면 ② 단층점토
③ 단층각력 ④ 유상구조

57 변성암에 바늘 모양의 광물이나 주상의 광물이 한 방향으로 평행하게 배열되는 특징을 무엇이라 하는가?

① 엽리 ② 선구조
③ 편리 ④ 편마구조

58 다음 중 화산회가 쌓여서 만들어진 화성 쇄설암은?

① 현무암 ② 편암
③ 석회암 ④ 응회암

59 둥근 자갈들의 사이를 모래나 점토가 충진하여 교결케 한 자갈 콘크리트 같은 암석은?

① 각력암 ② 사암
③ 역암 ④ 셰일

60 현무암질 마그마가 냉각될 때 광물들의 생성 순서를 보여주는 보웬(Bowen)의 반응계열은?

① 감람석 → 휘석 → 각섬석 → 흑운모
② 감람석 → 각섬석 → 흑운모 → 휘석
③ 각섬석 → 감람석 → 흑운모 → 휘석
④ 각섬석 → 감람석 → 휘석 → 흑운모

화약취급기능사 2004년 제1회 필기시험

01 다음 화약류를 용도에 의해 분류할 때 전폭약에 해 당되는 것은?

① 테트릴　　　　② 다이너마이트
③ 무연화약　　　④ TNT

02 화약류의 혼합성분 중 발열제에 속하는 것은?

① 글리세린　　　② 디페닐아민
③ NaCl　　　　④ 알루미늄

03 다음은 폭약의 겉보기 비중과 감도에 대한 설명이다. 틀린 것은?

① 폭약은 비중이 클수록 폭발속도나 맹도가 크다
② 겉보기 비중이란 약포의 부피를 화약량으로 나눈 값이다.
③ 폭약은 비중이 작을수록 기폭하기 쉽다.
④ 저비중 폭약은 탄광 및 장공 발파에 사용된다.

04 화공품 시험에서 납판시험과 관계가 깊은 것은?

① 폭약위력시험　　② 뇌관시험
③ 함수시험　　　　④ 도화선시험

05 아래와 같은 반응에서 니트로글리세린 1몰 (227.1g)이 반응해서 얻어지는 산소평형값은? (단, $C_3H_5N_3O_9 \rightarrow 3CO_2 + 2.5H_2O + 1.5N_2 + 0.25O_2$)

① +0.035　　　② +0.0035
③ +1.022　　　④ +0.102

06 다음 그림과 같은 역학적 모양은?

① Maxwell 물체
② Bingham 물체
③ St.Venant 물체
④ Voigt 물체

07 다음 심빼기 발파법 중 수평갱도에서는 천공이 불편하나 상향굴이나 하향굴의 천공에 매우 유효한 방법은?

① 피라미드 심빼기　　② 삼각 심빼기
③ 부채살 심빼기　　　④ 번 커트 심빼기

08 다음 중 제발발파(동시발파)의 효과를 크게하기 위하여 고려하여야 할 사항은?

① 천공직경과 천공길이
② 천공길이와 최소저항선
③ 폭약의 종류와 천공길이
④ 최소저항선과 천공간격

09 전기발파시 직렬식 결선법의 장점이 아닌 것은?

① 결선이 용이하고, 불발시 조사하기가 쉽다
② 모선과 각선의 단락이 잘 일어나지 않는다
③ 각 뇌관의 저항이 조금씩 다르더라도 상관없다
④ 한군데라도 불량한 곳이 있으면 전부 불발된다

10 다음 중 경사공 심빼기가 아닌 것은?

① 부채살 심빼기　　② V형 심빼기

③ 피라미드 심빼기   ④ 코로만트 심빼기

11 흙의 전단강도를 감소시키는 요인과 거리가 먼 것은?

① 공극수압의 증가
② 팽창에 의한 균열
③ 흙 다짐의 불충분
④ 굴착에 의한 흙의 일부제거

12 전색을 함으로써 발파에 미치는 영향을 가장 올바르게 설명한 것은 ?

① 외부와의 공기차단으로 폭연이 많이 발생한다
② 충격파를 증대시켜 폭음을 크게한다
③ 불발을 방지해준다
④ 가스나 탄진에 인화될 위험을 적게한다

13 다음 중 화약의 폭발속도를 측정하는 방법과 거리가 먼것은 ?

① 도트리시법   ② 메테강법
③ 오실로그래프법   ④ 크루프식법

14 다음 폭약 중 폭발속도가 가장 빠른 것은 ?

① TNT   ② 피크르산
③ 헥소겐   ④ 니트로나프탈렌

15 그림과 같은 단순사면의 경우 심도계수는 얼마인가?

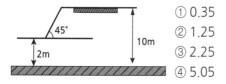

① 0.35
② 1.25
③ 2.25
④ 5.05

16 테트릴에 대한 설명으로 틀린 것은 ?

① 엷은 노랑색 결정으로 흡수성이 없다

② 페놀에 질산을 혼합 작용시켜 만든다
③ 물에 잘 녹지 않는다
④ 피크르산보다 예민하고 위력도 강하다

17 다음 중 기폭약이 아닌 것은 ?

① 아지화납
② 카리트(Carlit)
③ 풀민산수은(Ⅱ)
④ 디아조디니트로페놀

18 다음 중 발파장비와 사용목적이 틀린 것은 ?

① 누설전류측정기 - 발파현장의 누설전류 차단
② 도통시험기 - 발파모선과 보조모선의 단락여부 확인
③ 발파능력측정기 - 발파기의 용량부족여부 확인
④ 발파저항측정기 - 전기발파 회로의 저항측정

19 폭약계수(e)에 관한 설명이다 다음 중 틀린 것은?

① 기준폭약과 다른 폭약과의 발파 효력을 비교하는 계수이다.
② 강력한 폭약일수록 폭약계수 값은 작게 된다.
③ 기준폭약으로 니트로글리세린 70%인 스트렝스 다이너마이트를 사용한다.
④ 발파계수(C)를 구성하는 요소 중 하나이다.

20 RQD 값에 대한 설명으로 잘못된 것은?

① 강도가 클수록 커진다
② 풍화가 적을수록 커진다
③ 균질보다는 이방성일수록 커진다
④ 절리와 같은 역학적 결함이 적으면 커진다

21 불발, 잔류화약의 주된 원인을 나열한 것 중 서로의 관계가 잘못된 것은 ?

① 발파법 : 직렬, 직병렬 결선에 의존
② 도화선 : 심약의 일부 절단 및 흡습
③ 폭 약 : 변질, 흡습, 동결, 고화, 노화
④ 뇌 관 : 점폭약의 부족 또는 흡습

22 2m³를 채석하는데 500g의 폭약이 소요되었다면3m³의 채석을 할 경우 폭약소비량은 얼마인가 ?

① 550g   ② 650g   ③ 750g   ④ 850g

23 어떤 흙의 자연 함수비가 그 흙의 액성한계비보다 높다면 그 흙의 상태는 ?

① 소성상태   ② 액체상태
③ 반고체상태   ④ 고체상태

24 ANFO폭약 폭발시 후 가스가 가장 양호한 질산암모늄과 경유의 중량 혼합비율은?
(단, 질산암모늄:경유, 단위는 %)

① 50:50   ② 60:40
③ 75:25   ④ 94:6

25 발파모선을 배선할 때에는 다음 사항에 주의하여야 한다 틀린 것은 ?

① 발파모선은 항상 두선이 합선되지 않도록 떼어 놓는다
② 모선이 상할 염려가 있는 곳은 보조모선을 사용 한다
③ 결선부는 다른 선과 접촉하지 않도록주의한다
④ 물기가 있는 곳에서는 결선부를 방수테이프 등으로 감아준다

26 착암기로 천공하여 불발공을 처리하고자 할 때 불발공과의 천공간격은 ?

① 30cm   ② 50cm   ③ 60cm   ④ 20cm

27 저장소의 지반의 두께 기준중 저장하는 폭약이 25톤이하 일 경우 지반의 두께는 최소 얼마 이상이어야 하는가 ?

① 29m   ② 28m   ③ 26m   ④ 24m

28 화약류관리보안책임자가 화약류취급 전반에 관한사항을 주관하면서 규정을 위반하여 대통령령이 정하는 안전상의 감독업무를 게을리 하였다면 어떤 처벌을 받는가 ?

① 3년 이하의 징역
② 5년 이하의 징역
③ 700만원 이하의 벌금형
④ 300만원 이하의 과태료

29 전기뇌관의 도통 시험시 시험전류를 측정하여 몇 [A]를 초과하지 말아야 하는가 ?

① 0.1   ② 0.5   ③ 0.01   ④ 0.05

30 과태료 처분에 불복(不服)이 있는 사람은 몇 일 이내에 관할관청에 이의(異議)를 제기할 수 있는가?(단, 그 처분이 있음을 안 날부터)

① 15일이내   ② 20일이내
③ 30일이내   ④ 7일이내

31 표지를 하지 아니하고 운반할 수 있는 화약류의 수량 중 맞는 것은 ?

① 화약 20kg 이하
② 폭약 10kg 이하
③ 공업용뇌관 1000개 이하
④ 도폭선 100m 이하

32 화약류 운반시 뇌홍은 수분 또는 알코올분이 몇 % 정도머금은 상태로 운반하여야 하는가 ?

① 20% ② 23% ③ 25% ④ 15%

33 1급 저장소에 폭약 20톤을 저장하고자 한다. 주변에 촌락의 주택이 있을 경우 보안거리는 얼마 이상 두어야 하는가 ?

① 140m ② 220m
③ 380m ④ 440m

34 화약류관리보안책임자 1인으로 몇 개의 화약류 저장소를 관리할 수 있는가 ?

① 1개동 ② 2개동
③ 3개동 ④ 4개동

35 화약류 저장소의 위치, 구조 및 설비를 임의로 변경하였을 때 벌칙은 ?

① 100만 원 이하의 과태료
② 3년 이하의 징역 또는 300만 원 이하의 벌금형
③ 3년 이하의 징역 또는 500만 원 이하의 벌금형
④ 3년 이하의 징역 또는 700만 원 이하의 벌금형

36 현정질, 비현정질 조직에 있어서 상대적으로 유난히 큰 광물 알갱이들이 반점 모양으로 들어 있는 경우 이러한 조직은 ?

① 반상조직 ② 구상조직
③ 미정질조직 ④ 유리질조직

37 다음 중 화학적 풍화에 가장 저항력이 큰 것은 ?

① 감람석 ② 장석
③ 휘석 ④ 석영

38 석영조면암에 유상구조가 보이면 이를 무엇이라 하는가?

① 석영반암 ② 반화강암
③ 유문암 ④ 섬장암

39 화성암의 주성분 광물 중 고용체가 아닌 것으로 화학성분이 SiO_2인 것은 ?

① 석영 ② 정장석
③ 흑운모 ④ 각섬석

40 화강암과 같은 심성암체를 형성하고 있으며 가장 규모가 크게 산출되는 화성암체는 무엇인가 ?

① 병반 ② 저반
③ 암주 ④ 용암류

41 다음 중 CaO 성분이 가장 많은 화성암은?

① 유문암 ② 안산암
③ 현무암 ④ 감람암

42 우리나라 전 지역의 반 이상을 차지하고 있는 암석들은?

① 역암, 응회암
② 감람암, 현무암
③ 사암, 이암
④ 화강암, 화강편마암

43 마그마의 정출과 분화작용 중 높은 온도에서 낮은 온도로 정출된 암석순서가 바르게 된 것은 ?

① 반려암 - 화강암 - 섬록암
② 화강암 - 섬록암 - 반려암
③ 섬록암 - 반려암 - 화강암
④ 반려암 - 섬록암 - 화강암

44 다음의 화성암 중 염기성암으로만 이루어진 것은?

① 현무암, 휘록암, 반려암
② 안산암, 안산반암, 섬록암
③ 유문암, 석영반암, 화강암
④ 석영반암, 섬록암, 반려암

45 묽은 염산에 넣으면 거품을 내고 못으로 그으면 부드럽게 긁히는 광물의 암석명은?

① 화강암   ② 대리암
③ 반려암   ④ 섬록암

46 다음 중 변성작용에 의하여 생성되는 특징적인 변성광물이 아닌 것은?

① 녹니석   ② 백운모
③ 석류석   ④ 사장석

47 파쇄작용이 주원인이 되어 이루어진 변성암은?

① 규암   ② 편암
③ 대리암   ④ 안구상 편마암

48 습곡을 이룬 지층의 단면에서 구부러진 모양의 ① 정상부명칭과 ② 가장 낮은 부분의 명칭이 바르게 짝지어진 것은?

① 배사, 향사   ② 향사, 배사
③ 윙, 림(limb)   ④ 림(limb), 윙

49 쇄설성 퇴적암을 다음의 보기에서 골라 옳게 짝지은 것은?

----〔보기〕----
A. 사암, B. 응회암, C. 석회암, D. 암염, E. 석고, F. 셰일암

① B 와 E   ② C 와 D
③ B 와 C   ④ A 와 F

50 변성되기 전의 원암으로 계산할 때 지구표면 근처에는 표토를 제외하고 퇴적암과 화성암의 양적비율이 어떻게 되어 있는가?

① 퇴적암 75% : 화성암 25%
② 화성암 75% : 퇴적암 25%
③ 화성암 95% : 퇴적암 5%
④ 퇴적암 95% : 화성암 5%

51 다음 중 퇴적암의 특징과 거리가 먼 것은?

① 층리   ② 화석
③ 건열   ④ 절리

52 변성암에서 구성 광물들이 세립이고 균질하게 배열되어있는 엽리의 평행구조를 무엇이라 하는가?

① 층리   ② 절리
③ 편리   ④ 편마구조

53 화성암의 육안적 분류에서 가장 색갈(깔)이 진한 것은?

① 유문암   ② 섬록암
③ 조면암   ④ 감람암

54 단층면의 주향이 지층의 주향과 직교하는 단층은?

① 경사단층   ② 정단층
③ 역단층   ④ 수직단층

55 습곡의 축면이 수직이고 축이 수평이며 양쪽 윙의 기울기가 대칭인 습곡은?

① 경사습곡   ② 완사습곡
③ 등사습곡   ④ 정습곡

56 다음 그림은 암석의 윤회 과정을 그림으로 나타낸 것이다 ⓐ와 ⓑ 를 바르게 나타 낸 것은 ?

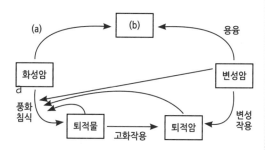

① a: 화산작용, b: 용암
② a: 동력변성작용, b: 반심성암
③ a: 운반작용, b: 심성암
④ a: 결정작용, b: 마그마

57 다음 그림에서 단층의 수평 이동 거리를 나타낸 것은?

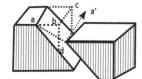

① aa'
② bd
③ bc
④ ad

58 다음 중 속성작용의 범주에 들어가지 않는 것은 ?

① 다져짐작용
② 재결정작용
③ 교결작용
④ 분별정출작용

59 다음 중 지각변동대에서 볼 수 있는 지질구조가 아닌 것은 ?

① 호른(horn)
② 단층(fault)
③ 습곡(fold)
④ 절리(joint)

60 흑색의 유리질 화산암으로서 깨진 자국이 유리광택을 내며 조개의 모양을 한 암석은 ?

① 규장암
② 흑요암

③ 안산암
④ 조면암

(2004년 1회)									
1	2	3	4	5	6	7	8	9	10
1	4	2	2	1	4	1	4	3	4
11	12	13	14	15	16	17	18	19	20
4	4	4	3	2	2	2	1	3	3
21	22	23	24	25	26	27	28	29	30
1	3	2	4	1	3	4	2	3	3
31	32	33	34	35	36	37	38	39	40
4	3	3	4	4	1	4	3	1	2
41	42	43	44	45	46	47	48	49	50
3	4	2	1	2	4	1	1	4	1
51	52	53	54	55	56	57	58	59	60
4	3	4	1	4	4	3	4	1	2

화약취급기능사 정답표

(2016년 1회)

1	2	3	4	5	6	7	8	9	10
3	2	1	3	1	2	3	4	3	3
11	12	13	14	15	16	17	18	19	20
2	1	4	1	4	2	2	1	4	1
21	22	23	24	25	26	27	28	29	30
4	4	3	2	2	4	3	4	1	3
31	32	33	34	35	36	37	38	39	40
1	1	1	1	3	1	2	4	4	3
41	42	43	44	45	46	47	48	49	50
3	4	3	4	2	3	1	1	3	2
51	52	53	54	55	56	57	58	59	60
4	2	4	1	1	3	4	2	2	2

(2014년 5회)

1	2	3	4	5	6	7	8	9	10
3	1	2	3	1	3	2	2	1	4
11	12	13	14	15	16	17	18	19	20
1	3	4	4	2	3	4	4	4	2
21	22	23	24	25	26	27	28	29	30
1	1	3	1	2	3	4	2	1	2
31	32	33	34	35	36	37	38	39	40
2	4	1	4	3	1	4	4	4	4
41	42	43	44	45	46	47	48	49	50
3	3	2	2	3	2	2	4	4	4
51	52	53	54	55	56	57	58	59	60
1	3	1	1	2	1	2	3	4	2

(2015년 5회)

1	2	3	4	5	6	7	8	9	10
2	3	1	1	1	1	4	1	2	3
11	12	13	14	15	16	17	18	19	20
1	4	3	2	3	3	4	1	4	4
21	22	23	24	25	26	27	28	29	30
4	2	2	3	1	3	4	2	3	2
31	32	33	34	35	36	37	38	39	40
1	2	4	1	3	2	1	2	3	2
41	42	43	44	45	46	47	48	49	50
4	2	4	3	3	3	1	2	3	4
51	52	53	54	55	56	57	58	59	60
3	2	1	1	2	4	1	1	2	2

(2014년 1회)

1	2	3	4	5	6	7	8	9	10
1	3	3	1	4	3	2	4	2	3
11	12	13	14	15	16	17	18	19	20
2	4	1	2	2	3	4	2	3	4
21	22	23	24	25	26	27	28	29	30
3	1	4	1	1	4	3	1	2	1
31	32	33	34	35	36	37	38	39	40
1	3	2	3	4	3	4	2	3	1
41	42	43	44	45	46	47	48	49	50
4	3	3	1	3	3	1	2	2	2
51	52	53	54	55	56	57	58	59	60
1	2	2	3	1	4	4	4	1	4

(2015년 1회)

1	2	3	4	5	6	7	8	9	10
2	4	2	3	4	4	1	1	4	4
11	12	13	14	15	16	17	18	19	20
1	4	4	1	3	2	2	1	2	2
21	22	23	24	25	26	27	28	29	30
1	4	4	1	3	1	2	3	2	2
31	32	33	34	35	36	37	38	39	40
3	1	4	4	3	2	2	2	3	4
41	42	43	44	45	46	47	48	49	50
1	1	4	3	2	1	3	3	4	2
51	52	53	54	55	56	57	58	59	60
1	3	1	4	4	1	4	1	2	3

(2013년 5회)

1	2	3	4	5	6	7	8	9	10
2	2	1	3	2	2	2	1	3	3
11	12	13	14	15	16	17	18	19	20
1	3	1	4	3	2	4	2	3	4
21	22	23	24	25	26	27	28	29	30
1	2	2	4	4	1	1	3	1	4
31	32	33	34	35	36	37	38	39	40
2	2	1	4	2	3	4	2	2	4
41	42	43	44	45	46	47	48	49	50
1	4	4	2	1	4	3	4	1	4
51	52	53	54	55	56	57	58	59	60
2	4	3	3	3	4	3	1	1	2

(2013년 1회)

1	2	3	4	5	6	7	8	9	10
1	4	1	2	4	2	1	4	4	2
11	12	13	14	15	16	17	18	19	20
4	1	4	2	4	3	2	3	1	3
21	22	23	24	25	26	27	28	29	30
3	3	1	3	2	3	2	1	1	3
31	32	33	34	35	36	37	38	39	40
4	2	2	4	3	2	2	2	4	1
41	42	43	44	45	46	47	48	49	50
4	3	3	1	4	3	2	2	1	4
51	52	53	54	55	56	57	58	59	60
4	1	4	4	2	2	3	3	1	4

(2011년 5회)

1	2	3	4	5	6	7	8	9	10
1	3	4	4	4	4	2	1	4	1
11	12	13	14	15	16	17	18	19	20
3	1	1	1	3	2	2	4	3	2
21	22	23	24	25	26	27	28	29	30
2	4	4	2	3	1	2	2	2	3
31	32	33	34	35	36	37	38	39	40
1	2	2	4	3	4	1	1	1	3
41	42	43	44	45	46	47	48	49	50
3	3	2	3	4	1	2	3	4	1
51	52	53	54	55	56	57	58	59	60
1	1	1	2	1	4	3	1	2	2

(2012년 5회)

1	2	3	4	5	6	7	8	9	10
2	2	4	4	3	1	2	3	2	1
11	12	13	14	15	16	17	18	19	20
1	4	1	1	4	2	2	1	1	1
21	22	23	24	25	26	27	28	29	30
1	2	2	3	3	3	3	2	2	2
31	32	33	34	35	36	37	38	39	40
3	1	1	4	4	2	3	4	3	4
41	42	43	44	45	46	47	48	49	50
3	4	2	2	1	4	2	3	2	1
51	52	53	54	55	56	57	58	59	60
3	4	1	4	2	2	1	3	1	3

(2011년 1회)

1	2	3	4	5	6	7	8	9	10
1	4	2	4	1	4	2	3	4	3
11	12	13	14	15	16	17	18	19	20
3	3	3	3	3	1	4	2	2	1
21	22	23	24	25	26	27	28	29	30
2	2	1	2	4	1	2	2	2	2
31	32	33	34	35	36	37	38	39	40
3	1	3	4	1	1	2	4	4	3
41	42	43	44	45	46	47	48	49	50
2	4	1	4	4	4	1	3	3	4
51	52	53	54	55	56	57	58	59	60
3	3	2	2	3	4	4	1	1	3

(2012년 1회)

1	2	3	4	5	6	7	8	9	10
2	3	3	1	4	1	3	2	3	3
11	12	13	14	15	16	17	18	19	20
4	3	1	1	4	2	2	4	4	4
21	22	23	24	25	26	27	28	29	30
2	2	4	3	1	4	3	4	2	2
31	32	33	34	35	36	37	38	39	40
4	1	2	2	1	3	1	3	1	1
41	42	43	44	45	46	47	48	49	50
3	3	4	3	4	3	2	1	3	1
51	52	53	54	55	56	57	58	59	60
2	2	2	3	2	4	1	4	1	4

(2010년 5회)

1	2	3	4	5	6	7	8	9	10
4	1	2	1	1	1	4	3	4	3
11	12	13	14	15	16	17	18	19	20
4	4	3	2	1	4	2	4	4	1
21	22	23	24	25	26	27	28	29	30
4	3	1	1	3	3	3	2	2	2
31	32	33	34	35	36	37	38	39	40
1	3	4	2	1	3	4	2	3	1
41	42	43	44	45	46	47	48	49	50
3	2	1	2	4	4	4	3	2	2
51	52	53	54	55	56	57	58	59	60
4	1	2	1	2	3	4	2	4	1

(2010년 1회)

1	2	3	4	5	6	7	8	9	10
4	4	3	1	4	3	4	2	3	2
11	12	13	14	15	16	17	18	19	20
2	2	3	4	3	3	3	2	1	2
21	22	23	24	25	26	27	28	29	30
2	4	2	4	3	3	3	3	3	2
31	32	33	34	35	36	37	38	39	40
1	1	3	2	3	2	4	1	4	3
41	42	43	44	45	46	47	48	49	50
3	4	3	3	2	1	4	2	2	4
51	52	53	54	55	56	57	58	59	60
2	2	1	2	3	3	1	4	2	4

(2008년 5회)

1	2	3	4	5	6	7	8	9	10
4	1	4	2	1	4	3	3	3	3
11	12	13	14	15	16	17	18	19	20
4	1	4	4	3	4	2	2	4	3
21	22	23	24	25	26	27	28	29	30
2	1	2	2	2	3	4	3	4	1
31	32	33	34	35	36	37	38	39	40
3	4	4	1	1	4	1	4	3	4
41	42	43	44	45	46	47	48	49	50
4	2	3	4	1	4	3	2	1	
51	52	53	54	55	56	57	58	59	60
3	3	4	2	4	2	4	3	3	4

(2009년 5회)

1	2	3	4	5	6	7	8	9	10
4	2	3	4	2	1	4	2	4	1
11	12	13	14	15	16	17	18	19	20
1	2	1	3	1	1	3	1	4	2
21	22	23	24	25	26	27	28	29	30
2	2	4	2	2	3	2	3	4	2
31	32	33	34	35	36	37	38	39	40
1	4	4	2	2	1	4	4	3	1
41	42	43	44	45	46	47	48	49	50
3	4	2	3	1	3	1	2	3	1
51	52	53	54	55	56	57	58	59	60
3	3	1	3	2	2	4	3	4	1

(2008년 1회)

1	2	3	4	5	6	7	8	9	10
1	2	4	1	1	4	3	2	1	3
11	12	13	14	15	16	17	18	19	20
1	2	1	1	4	1	3	1	4	1
21	22	23	24	25	26	27	28	29	30
2	1	2	3	3	1	2	4	4	3
31	32	33	34	35	36	37	38	39	40
4	1	4	2	4	4	1	1	2	3
41	42	43	44	45	46	47	48	49	50
4	2	4	3	3	4	4	3	3	1
51	52	53	54	55	56	57	58	59	60
1	3	1	2	2	1	3	1	3	2

(2009년 1회)

1	2	3	4	5	6	7	8	9	10
2	3	4	2	2	1	3	4	2	4
11	12	13	14	15	16	17	18	19	20
1	4	3	4	4	1	3	1	1	1
21	22	23	24	25	26	27	28	29	30
2	2	1	2	4	2	4	4	3	2
31	32	33	34	35	36	37	38	39	40
4	3	3	2	2	1	2	2	2	4
41	42	43	44	45	46	47	48	49	50
2	4	1	3	4	1	2	1	3	1
51	52	53	54	55	56	57	58	59	60
3	4	1	2	4	2	1	4	3	4

(2007년 5회)

1	2	3	4	5	6	7	8	9	10
2	1	3	2	4	2	3	2	2	1
11	12	13	14	15	16	17	18	19	20
1	3	1	2	4	2	1	4	2	2
21	22	23	24	25	26	27	28	29	30
3	3	2	4	3	3	2	2	4	3
31	32	33	34	35	36	37	38	39	40
2	3	1	1	3	3	2	2	1	4
41	42	43	44	45	46	47	48	49	50
2	1	3	2	3	4	4	4	4	1
51	52	53	54	55	56	57	58	59	60
1	1	2	3	2	2	1	1	4	4

(2007년 1회)

1	2	3	4	5	6	7	8	9	10
1	1	4	3	4	3	3	3	1	4
11	12	13	14	15	16	17	18	19	20
4	3	1	2	4	3	1	4	4	3
21	22	23	24	25	26	27	28	29	30
3	2	1	1	2	3	3	1	3	3
31	32	33	34	35	36	37	38	39	40
2	4	4	2	3	1	4	1	4	2
41	42	43	44	45	46	47	48	49	50
3	2	4	1	4	4	2	1	4	2
51	52	53	54	55	56	57	58	59	60
3	2	3	1	4	4	2	3	3	4

(2005년 5회)

1	2	3	4	5	6	7	8	9	10
3	2	2	3	4	1	1	3	2	1
11	12	13	14	15	16	17	18	19	20
2	1	2	1	1	1	4	2	3	3
21	22	23	24	25	26	27	28	29	30
4	2	4	4	1	2	4	2	3	1
31	32	33	34	35	36	37	38	39	40
1	4	3	1	4	3	1	3	1	1
41	42	43	44	45	46	47	48	49	50
4	4	2	3	4	3	4	2	1	4
51	52	53	54	55	56	57	58	59	60
4	1	3	1	3	2	3	2	4	2

(2006년 5회)

1	2	3	4	5	6	7	8	9	10
3	2	1	4	1	2	4	2	2	2
11	12	13	14	15	16	17	18	19	20
1	4	1	1	3	2	4	4	4	4
21	22	23	24	25	26	27	28	29	30
3	4	3	1	2	2	3	1	4	2
31	32	33	34	35	36	37	38	39	40
1	1	4	4	3	4	1	3	3	3
41	42	43	44	45	46	47	48	49	50
4	1	4	1	4	2	1	2	4	4
51	52	53	54	55	56	57	58	59	60
4	4	1	2	1	3	2	4	2	3

(2005년 1회)

1	2	3	4	5	6	7	8	9	10
4	1	2	4	1	3	4	2	1	2
11	12	13	14	15	16	17	18	19	20
2	1	4	2	3	3	1	3	1	3
21	22	23	24	25	26	27	28	29	30
2	3	1	4	3	2	2	3	1	3
31	32	33	34	35	36	37	38	39	40
3	4	3	3	4	2	4	1	1	3
41	42	43	44	45	46	47	48	49	50
3	2	3	2	1	2	1	3	4	3
51	52	53	54	55	56	57	58	59	60
4	4	1	4	1	4	4	3	4	4

(2006년 1회)

1	2	3	4	5	6	7	8	9	10
1	4	4	1	2	4	2	4	4	1
11	12	13	14	15	16	17	18	19	20
2	2	4	3	1	1	3	3	2	2
21	22	23	24	25	26	27	28	29	30
4	3	1	3	3	3	3	4	3	4
31	32	33	34	35	36	37	38	39	40
4	3	2	2	3	1	2	4	1	1
41	42	43	44	45	46	47	48	49	50
1	2	3	1	1	1	3	4	4	4
51	52	53	54	55	56	57	58	59	60
2	3	1	3	4	1	3	1	1	1

(2004년 5회)

1	2	3	4	5	6	7	8	9	10
2	1	4	4	2	3	2	3	4	3
11	12	13	14	15	16	17	18	19	20
4	3	4	2	2	2	2	1	4	3
21	22	23	24	25	26	27	28	29	30
3	4	4	4	3	2	3	2	2	3
31	32	33	34	35	36	37	38	39	40
2	2	4	3	4	2	1	4	3	1
41	42	43	44	45	46	47	48	49	50
2	4	1	3	1	4	2	2	4	4
51	52	53	54	55	56	57	58	59	60
4	4	3	1	4	4	2	4	3	1

화약학
용도에 의한 분류

080114. 화약류의 정의 및 일반적인 특징에 대한 설명으로 틀린 것은?
① 고체, 액체 및 기체 상태의 폭발성 물질을 말한다
② 화약, 폭약, 관련 화공품을 총칭한다
③ 가열, 충격, 마찰 등에 급격한 화학 반응을 일으킨다
④ 외부에서 공기나 산소를 공급하지 않더라도 연소 또는 폭발한다.

160106(050111). 용도에 의한 화약류를 분류할 때 전폭약에 해당하는 것은?
① 무연화약, 흑색화약
② 테트릴, 헥소겐
③ 다이너마이트, ANFO 폭약
④ 풀민산수은(II), 아지화납

12광산35. 화약류를 용도에 의하여 분류할 때 전폭약에 해당하는 것은?
① TNT
② 무연화약
③ 아지화납
④ 헥소겐

070511. 노이만 효과를 이용해서 견고한 물체에 구멍을 뚫거나 절단하는데 사용하는 폭발 천공기(Jet tapper)의 전폭약으로 잘 사용되지 않는 것은?
① 초유폭약 ② 테트릴 ③ 헥소겐 ④ TNT

120513. 화약류를 용도에 의해 분류할 때 다음중 발사약에 해당 하는 것은?
① 무연화약 ② 뇌홍 ③TNT ④ 테트릴

090510. 다음 중 무연화약을 용도에 의해 분류할 때 해당하는 것은?
① 발사약 ② 기폭약 ③ 폭파약 ④ 전폭약

140113(040101). 다음 중 화약류를 용도에 의해 분류할 때 전폭약에 해당되는 것은?
① 테트릴
② 다이너마이트
③ 무연화약
④ 함수폭약

110519(090102). 다음 중 뇌관의 첨장약으로 사용되지 않은 것은?
① 테트릴
② 헥소겐
③ 카알릿
④ 펜트리트

130115(050523). 조성에 의한 화약류를 분류할 때 질산에스테르류에 해당하는 것은?
① 카알릿
② 초유폭약
③ 피크린산
④ 니트로글리세린

120522. 다음 중 질산에스테르에 속하는 것은?
① 피크린산
② 펜트라이트
③ 테트릴
④ 헥소겐

100108. 다음 중 질산에스테르류에 속하는 것은?
① 피크린산
② 펜트리트
③ 테트릴
④ 헥소겐

060515. 다음 중 질산에스테르류에 속하는 화약류는 어느것인가?
① 흑색화약
② ANFO폭약
③ 니트로셀룰로오스
④ 피크린산

140523. 풀민산수은(II)에 대한 설명으로 옳지 않은 것은?
① 용도에 의한 분류상 폭파약에 해당한다.
② 100℃ 이하로 가열하면 폭발하지 않고 분해된다.
③ 감도가 예민하여 작은 충격이나 마찰에도 즉시 기폭한다.
④ 물속에서 안전하므로 저장할 때는 물속에 넣어 보관한다.

080107(060117). 다음 중 뇌홍(풀민산수은(II))에 대한 설명으로 틀린 것은?
① 100℃이하로 오랫동안 가열하면 폭발하지 않고 분해한다
② 600kg/㎠로 과압하면 사압에 도달하여 불을 붙여도 폭발하지 않는다.
③ 폭발하면 이산화탄소를 방출한다.
④ 저장시 물속에 넣어서 보관한다.

090103. $Hg(ONC)_2$는 무엇인가?
① 초유폭약
② 피크린산
③ 질화납
④ 뇌홍

110511(080507). 다음 중 뇌홍을 사용하는데 사용되는 주원료는?
① 목분(c) ② 유황(S) ③ 수은(Hg) ④ 납(Pb)

100126. 다음 중 수분 또는 알코올분이 25%정도 머금은 상태로 운반해야 하는것은?
① 테트라센
② 펜타에리스리트
③ 뇌홍
④ 니트로셀룰로오스

040132. 화약류 운반시에 뇌홍은 수분 또는 알코올분이 몇 % 정도 머금은 상태로 운반하여야 하는가?
① 20% ② 23% ③ 25% ④ 15%

120108(050114,040501). 단위무게에 대한 폭발열을 높이고, 폭발 후 일산화탄소의 생성을 막기 위해 제조하는 뇌홍폭분의 혼합비는?
① 뇌홍:KNO₃=80:20 ② 뇌홍:KClO₃=80:20
③ 뇌홍:KNO₃=70:30 ④ 뇌홍:KClO₃=70:30

090514. 다음 중 단위무게에 대한 폭발열을 높이고, 폭발 후 일산화탄소의 생성을 막기 위해 기폭약인 뇌홍에 배합하여 사용하는 것은?
① DDNP ② NaNO₃ ③ KClO₃ ④ NH₄NO₃

130504(040117). 다음 중 뇌관의 기폭약으로 사용되지 않는 것은?
① 아지화납 ② 풀민산수은 (Ⅱ)
③ 카알릿 ④ 디아조디니트로페놀

130102(110118,080112). 다음 중 기폭약으로 사용되지 않는 것은?
① 풀민산수은(Ⅱ) ② 테트릴
③ 아지화납 ④ 스티판산납

070518. 다음 중 기폭약으로 사용되지 않는 것은?
① 디아조디니트로페놀 ② 스티판산납
③ 뇌홍 ④ 헥소겐

100107. 다음 중 뇌관의 기폭약으로 사용되는 뇌홍의 설명으로 틀린 것은?
① 회색 결정으로서, 겉보기비중은 1.2~1.7이다
② 600kg/㎠로 과압하면 사압에 도달하여 불을 붙여도 폭발하지 않는다
③ 폭발감도는 민감하나 물속에서는 안전하므로 저장할 때는 물속에 넣어서 보관한다
④ 단위무게에 대한 폭발열을 높이고 폭발 후 일산화탄소의 생성을 막기 위해 과염소산칼륨을 배합해준다

110523. 다음 중 질산암모늄 폭약의 예감제로 사용되지 않는 것은?
① DNN ② TNT
③ 니트로글리세린 ④ 목분

090509. 다음 화약류의 혼합성분 중 예감제에 속하는 것은?
① NaCl ② KClO₃
③ Na₄B₄O₇ ④ DNN

폭발속도
100122(080513). 화약류의 반응에 관한 설명으로 틀린 것은?
① 화약류의 안정상태가 파괴될 때에 일어나는 화학변화를 폭발이라고 한다
② 폭발속도란 폭속이라고도 하며, 폭발파가 전파되는 속도를 말한다
③ 화약류의 폭발에는 폭발속도의 차에 의해 폭연과 폭굉으로 구분한다
④ 보통 폭속이 2000m/sec 이상의 폭발을 폭연이라고 한다

070117. 화약류의 화학적 변화를 폭발속도에 따라 구분한 것으로 맞는 것은?(단, 빠른 순에서 늦은 순)
① 폭굉 - 폭발 - 폭연 - 연소
② 폭굉 - 폭연 - 폭발 - 연소
③ 폭굉 - 폭연 - 연소 - 폭발
④ 폭굉 - 연소 - 폭발 - 폭연

21광산53. 화약류가 분해하면서 폭발반응을 일으키는 현상과 관계가 없는 것은?
① 폭굉 ② 연소 ③ 폭연 ④ 증발

080518. 폭약의 폭발속도에 영향을 주는 요소로 틀린 것은?
① 약포의 지름 ② 뇌관의 길이
③ 폭약의 양 ④ 폭약의 장전밀도

120116. 폭약의 폭발속도에 영향을 주는 요소로 옳지 않은 것은?
① 약포의 지름 ② 발파기의 용량
③ 폭약의 양 ④ 폭약의 장전밀도

110124(050509). 다음 중 폭발속도가 가장 빠른 것은?
① 트리니트로톨루엔(TNT)
② 니트로글리세린(NG)
③ 아지화납
④ 디아조디니트로페놀(DDNP)

100513(070112,050115,040114). 다음 중 폭발속도가 가장 빠른 폭약은?
① TNT ② 피크린산
③ 헥소겐 ④ 니트로 나프탈렌

산소평형

15018. 산소 평형값(g) + 값을 갖는 물질은?

① 니트로글리세린　　② 나프탈렌
③ 테트릴　　　　　　④ 트리니트로톨루엔

140505(100518,080101,040105). 니트로글리세린의 분해반응은 다음과 같다. 니트로글리세린 1몰(227.1g)의 산소평형값은? (단, $C_3H_5N_3O_9 \rightarrow 3CO_2 + 2.5H_2O + 1.5N_2 + 0.25O_2$)

① -0.74g ② +0.001g ③ +0.017g ④ +0.035g

130107. 화약류 1g이 부족하여 최종 화합물이 만들어질 때에 필요한 산소의 과부족량 을 g 단위로 나타낸 것을 무엇이라 하는가?

① 산소평형　　　　　② 발열량
③ 기폭감도　　　　　④ 안정도

화약 첨가제

160114(140512,130114,090101,0605230,60118). 탄광용 폭약제조시 감열소염제로 주로 사용되는 성분은?

① 염화나트륨　　　　② 질산바륨
③ 염소산칼륨　　　　④ 알루미늄가루

120114(050122). 다음 중 폭약의 폭발 온도를 저하시키기 위하여 사용되는 감열소염제로 옳은 것은?

① 염화나트륨(NaCl)　　　② 염화수소(HCl)
③ 질산바륨(Ba(NO_3)2)　　④ 질산칼륨(KNO_3)

140104. 화약류의 성분인 산화제의 종류에 해당하지 않는 것은?

① 염화수소　　　　　② 질산암모늄
③ 염소산칼륨　　　　④ 과염소산칼륨

130510. 화약류에 사용되는 물질 중 산소공급제에 해당하지 않는 것은?

① 질산칼륨　　　　　② 질산암모늄
③ 알루미늄　　　　　④ 과염소산칼륨

15012(050503,040102). 화약류의 혼합성분 중 발열제에 속하는 것은?

① 염소산칼륨　　　　② 질산암모늄
③ 염화나트륨　　　　④ 알루미늄

120517(070103). 다음 중 발열제로 사용되는 것은?

① DNN　② Al　③ NaCl　④ DDNP

150107(130111,060503). 풀민산수은(Ⅱ)이 폭발하면 일산화탄소가 생성되는데 일산화탄소의 생성을 막기 위해 배합해주는 것은?

① 염소산칼륨　　　　② 염화나트륨
③ 진살바륨　　　　　④ 수산화암모늄

130506(070523). 풀민산수은(Ⅱ)은 폭발반응을 일으킬 때에 일산화탄소가 생성되는데 그 반응식은 다음과 같다. ( )안에 알맞은 것은?

$Hg(ONC)_2 \rightarrow Hg + ( ) + 2CO$

① NO_2　② N_2　③ H_2O　④ O_2

흑색화약

140510. 흑색화약에 대한 설명으로 옳지 않은 것은?

① 폭발할 때 연기가 발생하기 때문에 유연화약이라고 한다.
② 주성분은 질산칼륨, 황, 숯이다.
③ 충격이나 마찰에 대해서 예민하다.
④ 내수성이 있어 물이 있는 곳에 주로 사용한다.

070116. 흑색화약에 대한 설명으로 틀린 것은?

① 작은 불꽃에도 용이하게 착화한다
② 도화선의 심약 등으로 사용한다
③ 화합화약류에 속한다
④ 대표적인 조성은 질산칼륨, 목탄, 황이다

040516. 흑색화약의 설명으로 옳지 않은 것은?

① 혼합화약류이다
② 폭발할 때에 연기가 발생하지 않는다
③ 주성분은 질산칼륨, 황, 숯이다
④ 도화선의 심약, 발사약의 점화약 등에 사용된다

140114. 흑색화약의 주성분에 해당하지 않는 것은?

① 질산칼륨(KNO_3)　　②질산암모늄(NH_4NO_3)
③ 황(S)　　　　　　　④숯(C)

060121. 흑색화약 제조와 가장 관련이 적은 성분(물질)은?

① 질산칼륨(KNO_3)　　② 목탄(C)
③ 황(S)　　　　　　　④ 수은(Hg)

130508. 다음 중 흑색화약의 주성분인 질산칼륨, 황, 숯의 표준배합률(%)로 옳은 것은?

① 질산칼륨 : 황 : 숯 = 75 : 10 : 15
② 질산칼륨 : 황 : 숯 = 75 : 15 : 10
③ 질산칼륨 : 황 : 숯 = 65 : 25 : 10
④ 질산칼륨 : 황 : 숯 = 65 : 10 : 25

④ 석회석의 채석 등 노천채굴에 적합하다

21광산48. 흑색화약의 폭발시 화학반응식은 다음과 같다. ( )안에 들어 가야 할 것은?

$2KNO_3 + 3C + S \rightarrow ($) $+ N_2 + 3CO_2$

① SO_2　②② K　③ $K2S$　④ KNO_3

초유폭약

160101. 초유폭약(ANFO)에 대한 설명 중 옳지 않은 것은?
① 질산암모늄과 경유를 혼합하여 제조한다.
② 흡습성이 없어 장기저장이 가능하다.
③ 별도의 전폭약포 없이 뇌관으로 기폭이 가능하다.
④ 석회석의 채석 등 노천채굴에 사용하기가 적합하다.

150521(090115,080508). 초유폭약(ANFO)에 대한 설명 중 틀린 것은?
① 질산암모늄과 경유를 혼합하여 제조한다
② 발파작업 시에는 반드시 전폭약포가 필요하다
③ 석회석의 채석 등 노천채굴에 적합하다
④ 흡습성이 없어 장기저장이 가능하다

17광산42. 초유폭약(ANFO폭약)의 설명으로 옳은 것은?
① 감도는 입도가 클수록 좋으며 연료유로서는 디젤유가 좋다.
② 흡습성이 심하여 수분을 흡수하면 폭력이 감소하는 결점이 있다.
③ 질산암모늄(6%)과 연료유(94 %)를 혼합 가공해서 만든다.
④ 예감제가 포함되어 취급이 예민하고 제조가공이 어렵다.

20광산39. 다음중 초안폭약을 설명한 것으로 틀린 것은?
① 예감제로 니트로 화합물을 첨가한다.
② 충격, 마찰 등에 둔감하여 취급이 쉽다.
③ 흡습성이 없어 수분이 많은 곳에서 사용한다.
④ 가연성 가스 폭발을 억제하기 때문에 탄광의 갱내에서 사용한다.

060516. 질산암모늄에 대한 설명 중 가장 옳은 것은?
① 흰색 결정으로 화학식은 $NaNO_3$로 표기한다
② 물에 잘 녹고 흡습성이 크다
③ 녹는점은 569°C이다
④ 흑색화약의 산소 공급제이다

120109. 초유폭약(ANFO)에 대한 설명 중 틀린 것은?
① 질산암모늄과 경유를 혼합하여 제조한다
② 흡습성이 있어 장기저장이 어렵다
③ 뇌관으로 기폭이 가능하여 별도의 전폭약포가 필요 없다

150125. 초유폭약(ANFO)의 단점으로 옳지 않은 것은?
① 전폭약 필요　② 흡습성
③ 충격에 민감　④ 장기저장 곤란

16광산28. 다음 중 초유폭약(ANFO)의 원료로서 흡습성이 강한 물질은?
① 염화암모늄　② 질산나트륨
③ 질산바륨　④ 질산암모늄

090108(070115). ANFO 폭약의 폭발 반응식은 다음과 같다. ( )안에 알맞은 것은?
[$3NH_4NO_3 + CH_2 \rightarrow 3N_2 + 7H_2O + ($)$+ 82(kcal/mol)$]
① O_2　② NO_3　③ CH_4　④ CO_4

110115. 발파작업장 주변의 보안물건에 대한 피해를 고려하지 않아도 되는 노천식 계단(벤치)발파에서 단위체적당 폭약비용이 가장 저렴한 폭약은?
① 함수폭약　② 에멀전폭약
③ ANFO폭약　④ 교질 다이나마이트

040124. ANFO폭약 폭발시 후가스가 가장 양호한 질산암모늄과 경유의 중량 혼합비율은? (단, 질산암모늄:경유, 단위는 %)
① 50:50　② 60:40　③ 75:25　④ 94:6

070521. 질산암모늄 폭약 제조시 고화방지제로 사용하는것은?
① 알루미늄 ② 철분 ③ 나뭇가루 ④ 알코올

카리트

160113(060504). 카알릿(Carlit)폭약에 폭발 시 발생하는 염화수소 가스를 제거하기 위하여 배합해 주는 것은?
① 질산암모늄　② 질산에스테르
③ 알루미늄　④ 질산바륨

110101(080118). 과염소산염을 주성분으로 한 카알릿을 폭발 후 염화수소 가스를 방출하므로 이것을 방지하기 위해 혼합해 주는 것은?
① 질산바륨　② 니트로글리콜
③ 질산암모늄　④ 염소산나트륨

150511(060101,050525). 혼합화약류에 속하지 않은 것은?
① T.N.T　② 흑색화약

③ 초유폭약　　　　　④ 카알릿

100522. 화약류를 조성에 의해 화약류의 분류할 경우 혼합 화약류에 해당하는 것은?
① 니트로글리세린(NG)　② 피크린산(PA)
③ 카알릿(Carlit)　　　④ 트리니트로톨루엔(TNT)

150113(050112). 화약류를 조성에 의해 분류할 경우 혼합화약류에 해당하지 않는 것은?
① 흑색화약　　　　　② 초유폭약
③ 카알릿　　　　　　④ 니트로셀룰로오스

140515. 혼합 화약류에 해당하는 것은?
① 니트로글리세린　　② 초유폭약
③ 피크르산　　　　　④ 헥소겐

110104(080504). 조성에 의한 화약류의 분류 중 혼합화약류에 속하는 것은?
① 트리니트로톨루엔　② 니트로셀룰로우스
③ 니트로글리세린　　④ 초안유제폭약

니트로셀룰로오스
140105(090507). 다음 중 니트로셀룰로오스(면약)에 대한 설명으로 옳은 것은?
① 아세톤에는 용해되지 않고, 에테르에 용해된다.
② 건조한 니트로셀룰로오스는 30℃ 이상의 온도에서도 운반할 수 있다.
③ 햇빛, 산, 알칼리에 자연 분해되지 않는다.
④ 질산기의 수에 따라 강면약과 약면약으로 구분한다.

070105. 다음은 니트로셀룰로오스(면약)의 성질에 관한 설명이다 옳은 것은?
① 질소함유량 12% 이상은 아세톤에 용해되지않는다
② 습면약보다 견면약의 취급이 안전하다
③ 산,알카리에 자연 분해되지 않는다
④ 암실에서 인광을 발한다

120118. 니트로셀룰로오스에 대한 설명으로 옳은 것은?
① 산, 알칼리에 자연 분해되지 않는다
② 건조하면 안전하나 습하면 타격이나 마찰에 의해 폭발한다
③ 에테르에 용해되지 않는다
④ 외관은 솜과 같고 암실에서 인광을 발한다.

060115. 다음 중 정전기에 가장 예민한 것은?

① 견면약　　　　　② 다이나마이트
③ T.N.T　　　　　④ 니트로글리세린

14광산58. 다음 물질 중 자연발화 또는 자연폭발을 가장 쉽게 일으킬 수 있는 것은?
① 면화약　② 헥소겐　③ TNT　④ ANFO

니트로글리세린
150519. 니트로글리세린에 대한 설명으로 옳지 않은 것은?
① 글리세린을 질산과 황산으로 처리한 무색 또는 담황색의 액체이다.
② 상온에서는 무미, 무취하지만 인체에 흡수하면 유해하므로 취급에 주의 하여야 한다.
③ 벤젠, 알코올 아세톤 등에 녹고 순수한 것은 10℃에서 동결한다.
④ 충격에 둔감하여 액체 상태로 운반할 수 있다.

050118. 니트로글리세린의 동결 온도는?
① -1℃　② 0℃　③ 8℃　④ 14℃

150121(090104). 니트로글리세린(NC)에 대한 설명으로 옳은 것은?
① 인체에 흡수되어도 해롭지 않다
② 글리세린을 질산과 황산으로 처리한 무색 또는 담황색 액체이다.
③ 동결온도는 -10℃이다.
④ 물에 녹으나, 알콜, 아세톤에는 녹지 않는다.

110102(070506). 다음 중 니트로글리세린에 대한 설명으로 틀린 것은?
① 상온에서 순수한 것은 무색, 무취, 투명하며, 냄새와 맛은 없다
② 분자량은 227, 비중은 1.6, 10℃에서 동결한다
③ 다이나마이트 제조용, 무연화약의 원료로 사용된다
④ 벤젠, 알코올, 아세톤 등에 녹지 않고, 물에는 녹는다
정답체크필요

060109. 니트로글리세린의 특성을 가장 올바르게 설명한 것은?
① 약간 쓴맛이 있다
② 액체상태로 취급하는 것이 안전하다
③ 영하의 기온에서도 잘 얼지 않는다
④ 증기나 액상인 것을 흡습하면 머리가 아프다

110106. 다음 중 자연분해를 일으키기 쉬운 화약류는?

① 트리니트로톨루엔　　② 피크린산
③ 헥소겐　　　　　　　④ 니트로글리세린

니트로글리콜

160110(110525). 니트로글리콜(Ng)에 대한 설명으로 옳은 것은?
① 감도가 니트로글리세린보다 예민하다.
② 니트로셀룰로오스와 혼합하면 -30℃에서도 동결하지 않는다.
③ 순수한 것은 무색이나 공업용은 담황색으로 유동성이 좋다
④ 뇌관의 기폭에는 둔감하다.

140518(100516,050521). 다이너마이트의 동결을 방지하기 위하여 첨가하는 것은?
① 염화나트륨　　　　　② 질산암모늄
③ 니트로글리세린　　　④ 니트로글리콜

160122(080119). 부동 다이너마이트에 대한 설명으로 맞는 것은?
① 니트로글리세린의 약5%를 니트로글리콜로 대치한 것
② 니트로글리세린의 약10%를 니트로글리콜로 대치한 것
③ 니트로글리세린의 약20%를 니트로글리콜로 대치한 것
④ 니트로글리세린의 약25%를 니트로글리콜로 대치한 것

140125(040502). 난동다이너마이트는 니트로글리세린의 얼마 정도를 니트로글리콜로 대치시킨 것을 말하는가?
① 약 10%　② 약20%　③ 약30%　④ 약40%

090123. 20kg/㎠ 의 수압에서 젤라틴 다이나마이트를 완전히 폭발시키기 위하여 첨가해 주는 것은?
① 황산바륨　② 알루미늄　③ 목분　④ 염화나트륨

화공품

150524(110108,080510,060114). 노천 계단식 대발파에서 촉유폭약(ANFO)의 완폭과 발파공 전체의 폭력을 고르게 하기 위해 사용할 수 있는 것은?
① 미진동파쇄기　　　　② 도화선
③ 도폭선　　　　　　　④ 흑색화약

110504. 다음 중 화공품에 속하지 않는 것은?
① 도화선　　　　　　　② 미진동 파쇄기
③ 도폭선　　　　　　　④ 면약

120115. 다음 중<보기>의 설명에 해당하는 것은?

<보기> : 화약류를 어느 목적에 적합하게 가공한 것 (도화선, 도폭선 등)
① 발사약 ② 파괴약 ③ 기폭약 ④ 화공품

070505. 지발전기뇌관의 구조를 개략적으로 나타낸 다음 그림에서 A, B, C, D, E의 명칭을 순서대로 옳게 설명한것은?

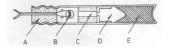

① 색전(마개), 백금선교, 연시장치, 첨장약, 기폭약
② 색전(마개), 각선, 기폭약, 연시장치, 첨장약
③ 기폭약, 각선, 색전(마개), 연시장치, 첨장약
④ 색전(마개), 백금선교, 연시장치, 기폭약, 첨장약

060112. 순발 전기뇌관과 지발 전기뇌관의 가장 큰 차이점은?
① 첨장약의 유무　　　　② 연시장치의 유무
③ 뇌관관체의 길이　　　④ 뇌관관체의 재질

040503. 뇌관에 대한 설명이다 틀린 것은?
① 뇌관은 관체와 내관으로 되어 있으며 내부에는 기폭약 및 첨장약이 충전되어 있다
② 뇌관의 규격은 안지름 6.2㎜, 바깥지름 6.5㎜로 되어있다
③ 전기뇌관은 보통 공업뇌관에 전교 장치를 한 것이다
④ 기폭약으로 풀민산수은(II)를 사용할 때의 뇌관의 관체는 알루미늄을 사용한다

140107. 다음 중 도폭선의 심약으로 사용되지 않는 것은?
① 트리니트로톨루엔　　② 질화납
③ 피크린산　　　　　　④ 펜트리트

090501. 충격에 예민하나 마찰에 둔감하고 화염만으로는 점화하기 힘들며, 뇌관의 첨장약과 도폭선의 심약으로 사용되는 것은?
① 테트릴　　　　　　　② 니트로셀룰로오스
③ 니크로글리세린　　　④ 펜트리트

100508. 다음 중 도폭선의 심약으로 사용되지 않는 것은?
① 트리니트로톨루엔(TNT) ② 헥소겐(RDX)
③ 테트릴(Tetryl)　　　　④ 펜트리트(PETN)

060123. 냄새가 없고 흰색의 결정으로 아세톤에만 녹으며 열에 대해서 안전한 것은? (단, 폭발열은1460kcal/kg 정도임)
① 헥소겐　　　　　　　② 트리니트로 톨루엔

③ 피크린산　　　　④ 펜트리트

100114. 다음 중 피크린산을 제조하는 방법이 아닌 것은?
① 페놀에 황산과 질산을 작용시키는 법
② 클로로벤젠에서 합성하는 방법
③ 수은을 촉매로 하고 벤젠에 직접 질산을 작용시키는 방법
④ 황산과 질산으로 3단계 니트로화 반응을 시키는 방법

080521(050511,040116). 테트릴에 대한 설명으로 틀린 것은?
① 엷은 노랑색 결정으로 흡수성이 없다
② 페놀에 황산과 질산을 작용시켜 만든다
③ 물에 잘 녹지 않는다
④ TNT보다 예민하고 위력도 강하다

050105. 디메틸아닐린을 진한 황산에 녹인 다음, 여기에 혼합산(질산과 황산)을 넣고 니트로화하면 생성되는 것은?
① 테트릴 ② 헥소겐 ③ 펜트리트 ④ 피크린산

060531. 다음 중 수분 또는 알코올분을 20% 정도 머금은 상태로 운반해야 하는 것은?
① 테트라센　　　　② 펜타에리스릿트
③ 뇌홍　　　　④ 니트로셀룰로오스

130105. 도폭선에 대한 설명으로 옳지 않은 것은?
① 도폭선은 폭약을 금속 또는 섬유로 피복한 끈모양의 화공품이다
② 제1종 도폭선의 심약은 TNT 또는 테트릴이다
③ 제2종 도폭선의 심약은 펜트리트 또는 헥소겐이다
④ 도폭선은 폭약의 폭속을 측정할 때 기준폭약으로서 사용한다

120523. 펜트라이트를 심약으로 사용하는 P-도폭선은 몇 종 도폭선에 해당되는가?
① 제1종 도폭선　　　② 제2종 도폭선
③ 제3종 도폭선　　　④ 제4종 도폭선

120110. 도폭선의 내수시험에서 사용되는 도폭선의 길이와 수압 및 침수시간으로 옳은 것은?
① 길이 1.0m, 수압 0.1kg/㎠, 침수시간 1시간이상
② 길이 1.3m, 수압 0.2kg/㎠, 침수시간 2시간이상
③ 길이 1.5m, 수압 0.3kg/㎠, 침수시간 3시간이상
④ 길이 2.0m, 수압 0.5kg/㎠, 침수시간 4시간이상

100504(070102). 아지화납은 뇌관의 기폭약으로 많이 쓰이는데 이것으로 뇌관을 만들때 사용되는 관체의 재질은?
① 알루미늄　② 구리　③ 철 ④ 납

17광산19. 다음 화약류 중 발화점이 가장 높은 것은?
① 아지화납 ② 헥소겐 ③ T.N.T ④ 피크르산

비전기뇌관
150513. 비전기식 뇌관의 특징으로 옳지 않은 것은?
① 외부로부터의 충격, 마찰 등의 기계적인 작용에 안전하다.
② 도통시험, 저항측정 등 결선 후 확인이 안 되는 단점이 있다.
③ 플라스틱 튜브가 연소되어 잔재물이 남지 않는다.
④ 정확한 연시 초기로 정밀발파가 가능하다.

100110. 다음 중 비전기식 뇌관에 대한 설명으로 틀린것은?
① 미주전류, 정전기 등에 안전하다
② 뇌관내부에 연시장치가 없는 것이 특징이며, 튜브의 길이를 변화시킴으로서 지발발파의 효과를 낼 수 있다
③ 커넥터를 사용하여 무한 단수를 얻을 수 있다
④ 결선 누락을 계측기로서 점검할 수 없고 눈에 의존할 수밖에 없다

070515(050107). 비전기식 뇌관의 특징에 대한 설명으로 틀린 것은?
① 결선이 단순, 용이하여 작업능률이 높다
② 정전기, 미주전류 등에 안전하다
③ 양호한 초시 정밀도로 지발발파를 할 수 있다
④ 저항값 측정 및 불발뇌관의 확인이 쉽다

150106(120105). 다음 중 발파작업장 주변에 전기공작물이 있어서 미주전류가 예상되거나 정전기, 낙뢰 등의 위험이 있는 곳에서 안전하게 사용할 수 있는 뇌관은?
① 순발전기뇌관　　　② DS지발전기뇌관
② MS지발전기뇌관　　④ 비전기식뇌관

110515. 비전기식 뇌관에 대한 설명으로 옳지 않는 것은?
① 점화단차를 무한하게 할 수 있다
② 작업이 신속하고 정확하다
③ 회로시험기로 결선의 확인이 용이 하다
④ 미주전류에 안전하고 충격에 강하다

120505. 비전기식 뇌관의 특징에 대한 설명으로 틀린 것은?
① 결선이 단순, 용이하여 작업능률이 높다
② 무한단수를 얻을 수 있다
③ 전기뇌관과 다르게 내부에 연시장치를 가지고 있지 않다

④ 도통시험기나 저항시험기로 뇌관의 결선여부를 확인할 수 없다

130525. 다음 중 비전기식 뇌관의 특징으로 옳지 않은 것은?
① 미주전류가 있거나 번개가 쳐도 안전하다.
② 점화 단차를 무한하게 할 수 있다.
③ 충격 등에 강하다.
④ 결선 후 확인은 도통 시험기를 사용한다.

19광산11. 비전기식(nonel) 발파의 특징을 바르게 설명한 것은?
① Tube는 전기뇌관의 각선과 같은 역할로 사용한다.
② 결선이 복잡하여 작업효율이 낮다.
③ Tube의 폭발음이 큰 편이며, 접하고 있는 물건에 큰 영향을 미친다.
④ 전기식이며 미주전류에는 취약하나 정전기에는 안전하다.

120106. 다음 중 조성에 의한 혼합화약류의 분류로 옳지 않는 것은?
① 니트라민류.: 헥소겐
② 질산염 화약 :흑색화약
③ 염소산염 폭약 : 스프링겔 폭약
④ 과염소산염 폭약 : 칼릿
정답확인필요

화약류의 선정 및 성질
140514(130514,130122,100509,090105,080125,050514). 다음 중 폭약의 선정방법으로 옳지 않은 것은?
① 굳은 암석에는 동적효과가 큰 폭약을 사용한다
② 강도가 큰 암석에는 에너지가 큰 폭약을 사용한다
③ 장공발파에는 비중이 큰 폭약을 사용해야 한다
④ 고온 막장에는 내열성 폭약을 사용해야 한다

160105(090502. 암석의 특성에 따라 알맞은 성능을 가진 폭약의 선정방법으로 틀린 것은?
① 굳은 암석에는 정적효과가 큰 폭약을 사용해야 한다.
② 강도가 큰 암석에는 에너지가 큰 폭약을 사용해야 한다.
③ 장공발파에는 비중이 작은 폭약을 사용해야 한다.
④ 고온 막장에는 내열성 폭약을 사용해야 한다.

140110(120509,100117). 암석의 특성에 따른 폭약의 선정방법에 대한 설명으로 맞는 것은?
① 굳은 암석에는 정적효과가 큰 폭약을 사용해야 한다
② 장공발파에는 비중이 큰 폭약을 사용해야 한다

③ ANFO폭약은 용수가 있는 곳이나 통기가 나쁜곳에서 사용하면 안 된다
④ 고온의 막장에서는 내열성이 약한 폭약을 사용해야 한다

110109(070119). 화약류의 선정방법에 대한 설명으로 옳은 것은?
① 고온의 막장에서는 내수성폭약을 사용한다
② 굳은 암석에는 정적효과가 큰 폭약을 사용한다
③ 강도가 큰 암석에는 에너지가 작은 폭약을 사용한다
④ 장공발파에는 비중이 작은 폭약을 사용한다

110518(060106,040504). 다음 중 조건에서 폭약의 선택이 가장 올바른 것은?
① 수분이 있는 곳에서는 내열성 폭약을 사용한다
② 장공발파에는 비중이 큰 폭약을 사용한다
③ 굳은 암석에는 동적효과가 작은 폭약을 사용한다
④ 강도가 큰 암석에는 에너지가 큰 폭약을 사용한다

18광산39. 굴진발파에서 폭약의 종류와 장약량에 대한 설명으로 옳지 않은 것은?
① 번컷 발파에서는 소결현상이 문제가 되므로 너무 강력한 폭약은 사용하지 않는 것이 좋다.
② 슬러리 폭약은 후가스가 많고 위험성이 높아 굴진 발파시에는 사용하지 않는다.
③ 부드러운 암석일 경우 사압현상이 발생하여 폭약이 폭굉하지 않는 경우가 있다.
④ 암벽의 벽개, 절리가 많은 경우 폭약이 폭굉하지 않고 날아가거나 공극에 남아 있는 경우가 있다.

120107(040103). 다음 중 폭약의 겉보기 비중과 감도에 대한 설명으로 옳지 않는 것은?
① 폭약은 비중이 클수록 폭발 속도나 맹도가 크다
② 겉보기 비중이란 폭약량을 약포의 부피로 나눈값이다
③ 폭약은 비중이 작을수록 기폭하기 어렵다
④ 저비중 폭약은 탄광 및 장공발파에 사용된다

100112. 일반적인 폭약의 기폭감도 등에 대한 설명으로 옳은 것은?
① 폭약알갱이의 크기가 작을수록 기폭감도는 작아진다
② 폭약알갱이의 크기가 작을수록 폭발속도가 빠르다
③ 폭약의 비중이 작을수록 기폭하기는 어렵다
④ 폭약의 비중이 클수록 폭발속도와 맹도가 작다

060524. 다음은 겉보기 비중과 감도에 대한 설명이다. 틀린 것은?

① 폭약은 비중이 클수록 기폭하기 쉽다
② 비중이 작으면 폭발속도나 맹도가 낮다
③ 화약의 비중은 겉보기 비중으로 나타낸다.
④ 비중이 작은 폭약을 저비중 폭약이라 하며, 장공 발파 등에 사용된다.

140121. 다음 중 외부작용의 종류에 따른 강도의 분류로 옳은 것은?
① 열적 작용 - 안정도
② 화학적 작용 - 순폭감도
③ 기계적 작용 - 타격감도
④ 폭발충동 - 전기적 감도

040117. 화약의 감도시험법이 아닌 것은?
① 낙추시험　　　② 가열시험
③ 순폭시험　　　④ 마찰시험

110113. 외부 작용의 종류에 따른 화약류 감도의 연결로 옳지 않은 것은?
① 화학적작용 - 안정도　　② 열적작용 - 내화감도
③ 전기적작용 - 기폭감도　　④ 기계적작용 - 마찰감도

130523. 다음 중 지하수가 많은 갱내에서 사용하기에 가장 적합한 폭약은?
① 질산암모늄 폭약　　② 에멀젼 폭약
③ 초유폭약　　　　　④ 흑색화약

130103. 다음 중 습기에 가장 취약한 폭약은?
① 질산암모늄 폭약　　② 슬러리폭약
③ 에멀젼폭약　　　　④ 젤라틴 다이나마이트

060509. 다음 중 사용상 안전성이 있는 반면에 흡습성이 심하여 수질공(水質孔)에서는 사용하기 어려운 폭약은?
① 슬러리(Slurry)폭약　　② ANFO폭약
③ 교질다이너마이트　　④ 에멀젼(Emulsion)폭약

100113(080520). 다음 중 수공(水孔)에 사용하기에 가장 적합한 폭약은?
① 초유폭약(ANFO)　　② 흑색화약
③ 슬러리폭약　　　　④ 황산암모늄폭약

안정도시험
120502(090109,060103,040515). 질산암모늄을 함유하지 않은 스트레이트 다이나마이트를 장기간 저장하면 NG과 NC의 콜로이드화가 진행되어 내부의 기포가 없어져서 다이나마이트는 둔감하게 되고 결국에는 폭발이 어렵게 된다. 이와 같은 현상을 무엇이라 하는가?
① 고화　　② 노화　　③ 질산화　　④ 니트로화

160115(130521,070118,070525,050524). 화약류의 안정도시험에 해당하지 않는 것은?
① 유리산 시험　　　　② 가열시험
③ 내열시험　　　　　④ 발화점시험

060501. 화약류의 안정도 시험방법에 속하는 것은?
① 마찰시험　　　　② 순폭시험
③ 가열시험　　　　④ 낙추시험

140118. 화약류의 인장도 시험법 중 가열시험에서 시험기의 온도를 75℃로 유지하고 48시간 가열한 결과, 줄어드는 양이 얼마 이하일 때 안전성이 있는 것으로 보는가?
① 1/50　　　　　　② 1/100
③ 1/150　　　　　　④ 1/200

110510. 화약류의 안정도시험 중 내열시험에서 합격품으로 규정되는 기준은?
① 65℃에서 8분 이상의 내열시간
② 65℃에서 6분 이상의 내열시간
③ 85℃에서 8분 이상의 내열시간
④ 85℃에서 6분 이상의 내열시간

060521. 다음 중 내열시험에서 중탕냄비의 가열 온도로 맞는 것은?
① 45℃　　　② 55℃　　③ 65℃　　④ 75℃

090532. 화약류의 유리산 시험에 대한 설명으로 옳지 않은 것은?
① 시험하고자 하는 화약류를 유리산 시험기에 그 용적의 3/5이 되도록 채우고, 청색리트머스 시험지를 시료위에 매달고 봉한다.
② 시료를 밀봉한 후 청색리트머스 시험지가 전면 적색으로 변하는 시간을 유리산 시험 시간으로 하여 이를 측정한다
③ 폭약에 있어서는 유리산 시험시간이 4시간 이상인 것을 안정성이 있는 것으로 한다
④ 질산에스텔 및 그 성분이 들어있는 화약에 있어서는 유리산 시험시간이 5시간 이상인 것을 안정성이 있는 것으로 한다

150128(140527,110535,100527,080526,070127).　화약류의

안정도를 시험한 사람은 그 시험 결과를 누구에게 보고하여야 하는가?
① 행정자치부장관　　　② 경찰청장
③ 지방경찰청장　　　　④ 경찰서장

060526(040532). 안정도시험의 결과보고에 포함시키지 않아도 되는 사항은?
① 시험실시 연월일
② 시험을 실시한 장소
③ 시험을 실시한 화약류의 종류,수량 및 제조일
④ 시험방법 및 시험성적

순폭도
150506(130119,120507,090116). 하나의 약포가 폭발하였을 때 공기, 물, 기타의 것을 거쳐서 다른 인접한 약포가 감응폭발하는 현상을 무엇이라 하는가?
① 기폭　　② 순폭　　③ 전폭　　④ 불폭

18광산16. 순폭시험에 대한 설명으로 옳은 것은?
① 순폭시험은 사상시험법으로만 시행한다.
② 사상 순폭시험 방법은 두 개의 약포를 별도의 평행한 중심선에 놓고 시험한다.
③ 약포가 임계약경에 이르면 순폭되지 않으며, 분상폭약은 비중이 커지면 순폭이 쉽게 일어난다.
④ 약포가 인접해 있는 약포의 충격파에 의하여 감응폭발 하는 것을 순폭이라 한다.

15광산57. 폭약의 순폭도란?
① 최대 순폭거리를 폭약의 길이와 합한 것
② 최대 순폭거리를 폭약의 직경으로 나눈 것
③ 최대 순폭거리를 폭약의 직경으로 곱한 것
④ 최대 순폭거리를 폭약의 길이로 나눈 것

130117(050121). 사상 순폭시험에서 약경 32mm인 다이나마이트의 최대순폭거리가 160mm이었다면 순폭도는 얼마인가?
① 0.2　　② 5　　③ 10　　④ 5120

070124. 약경 32mm의 다이너마이트를 순폭시험 한 결과 순폭도가 15였고, 얼마 후 다시 시험을 하였더니 최대 순폭거리가 32cm이었다. 순폭도 저하는 얼마인가?
① 5　　② 7　　③ 9　　④ 10

090522. 약경 32mm, 약장 400mm인 2개의 약포를 사용하여 사상 순폭시험을 실시하였더니 약포간 거리 200mm에서

두 개의 약포가 완전히 폭발하였다 이 폭약의순폭도는 얼마인가?
① 2　　② 6.25　　③ 12.5　　④ 20.25

100514. 약포의 지름이 25mm인 폭약을 순폭시험 한 결과 두 약포간의 거리 15cm에서 완폭 되었다면이 폭약의 순폭도는 얼마인가?
① 2.5　② 6.0　③ 12.5　④ 17.5

080515. 직경 32mm 폭약의 사상 순폭시험 결과 순폭이 이루어진 약포간의 거리가 50mm, 100mm, 128mm였다면 이 시험폭약의 순폭도는 얼마인가?
① 2　　② 3　　③ 4　　④ 5

낙추시험
150509(110507.090508). 화약류의 타격감도를 확인하기 위한 낙추시험에서 임계폭점은 폭발률 몇%의 평균높이를 의미하는가?
① 25%　　　　② 50%
③ 75%　　　　④ 100%

150119. 화약류의 낙추 감도 곡선에서 50% 폭발률 점을 무엇이라고 하는가?
① 불폭점　② 임계폭점　③완폭점　④ 1/6 폭점

140507(080504). 다음의 낙추감도 곡선에서 화약시료의 임계폭점을 나타내는 지점은?

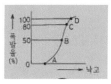

① A점　　② B점　　③ C점　　④ D점

160124(120122). 낙추시험에 대한 설명으로 옳은 것은?
① 폭약의 폭발속도를 측정하는 시험
② 폭약의 충격감도를 측정하는 시험
③ 폭약의 마찰계수를 측정하는 시험
④ 폭약의 순폭도를 측정하는 시험

탄동구포
150522. 탄동구포시험 중 상대위력(RWS)을 구하는 식으로 맞는 것은?(단 θ는 시료폭약의 폭발로 진자가 움직인 각도, β는 기준폭약의 폭발로 진자가 움직인 각도)

① $RWS = \dfrac{1-\sin\theta}{1-\sin\beta} \times 100$　　② $RWS = \dfrac{1-\cos\theta}{1-\cos\beta} \times 100$

③ $RWS = \dfrac{1+\sin\beta}{1+son\theta}\times 100$ ④ $RWS = \dfrac{1+\cos\theta}{1+\cos\beta}\times 100$

12광산37. 탄동 구포시험에서 시료폭약이 구포 진자를 움직여준 각도가 15°, 기준폭약이 움직여준 각도가 18°이었다면 R.W.S(Relative Weight Strength)는 얼마인가?
① 70%   ② 50%
③ 30%   ④ 10%

100102(060108). 다음 화약류 성능시험에 대한 설명 중 틀린 것은?
① 내열시험은 화약류의 안정도를 측정하는 시험이다
② 낙추시험은 화약류의 충격감도를 측정하는 시험이다
③ 정속가열 발화점 시험은 발화점을 측정하는시험이다
④ 탄동진자 시험은 화약류의 폭발속도를 측정하는 시험이다

뇌관 성능시험방법
160125. 다음은 전기뇌관의 성능시험 결과를 나타낸 것이다. 전기뇌관의 성능기준을 충족시키지 못하는 것은 어느 것인가?
① 납판 시험 시 두께 4mm의 납판을 관통하였다.
② 점화 전류 시험 시 규정된 시간에 0.25A의 직류 전류에서 발화되었다.
③ 둔성 폭약 시험 시 TNT 70%, 활석 분말 30%를 배합하여 만든 둔성 폭약을 완전히 폭발시켰다.
④ 내수성 시험 시 수심 1m에서 1시간 이상 침수시킨 후에도 폭발하였다.

150507. 전기뇌관의 성능시험 기준으로 옳은 것은?
① 납판시험 : 두께 5mm의 납판을 뚫어야 한다.
② 점화전류시험 : 규정된 시간에 0.25A의 직류전류에서 발화 되어야 한다.
③ 내수성시험 : 물의 깊이가 1m에서 2시간 이상 담겼을 때에도 폭발하여야 한다.
④ 둔성폭약 시험 : TNT70%, 활석 분말 30%를 배합하여 만든 둔성 폭약을 완전히 폭발시켜야 한다.

130518. 전기뇌관의 시험법 중 점화 전류 시험의 합격기준으로 옳은 것은?
① 규정된 시간에 0.1A의 직류전류에는 발화 되지 않고, 0.5A의 직류전류에서는 발화 되어야 한다.
② 규정된 시간에 0.25A의 직류전류에는 발화 되지 않고, 1.0A의 직류전류에서는 발화 되어야 한다.
③ 규정된 시간에 0.5A의 직류전류에는 발화 되지 않고, 1.5A의 직류전류에서는 발화 되어야 한다

④ 규정된 시간에 1.0A의 직류전류에는 발화 되지 않고, 2.5A의 직류전류에서는 발화 되어야 한다

140513. 전기뇌관의 성능 시험법인것은?
① 납판시험   ② 둔성폭약시험
③ 점화전류시험   ④ 연주확대시험

130135. 화공품의 안정도 시험 중 전기뇌관의 제품시험 항목에 해당하지 않는 것은?
① 납판시험   ② 내수시험
③ 연소시험   ④ 내정전기시험

150101(040104). 화공품 시험에서 납판시험과 관계가 깊은 것은?
① 폭약의 위력시험   ② 뇌관의 성능시험
③ 폭약의 함수시험   ④ 도화선의 성능시험

120514. 전기뇌관의 성능시험 중 납판시험에서 사용되는 납판의 두께로 옳은 것은?
① 4㎜   ② 4㎝   ③ 6㎜   ④ 6㎝

110509(080115). 다음 중 전기뇌관의 성능시험법이 아닌 것은?
① 납판시험   ② 둔성폭약시험
③ 점화전류시험   ④ 연주확대시험

090519. 다음 중 전기뇌관의 성능시험에 해당하지 않는 것은?
① 납판시험   ② 둔성폭약시험
③ 점화전류시험   ④ 탄동구포시험

130108. 다음에서 설명하는 전기뇌관의 성능시험은?
TNT 70%, 활석분말 30%를 배합하여 만든 폭약을 완전히 폭발 시켜야 한다.
① 납판시험   ② 점화전류시험
③ 단열발화시험   ④ 둔성폭약시험

150510(120521). 화약류의 폭발속도 측정시험법에 해당하지 않는 것은?
① 도트리쉬 법   ② 메테강 법
③ 노이만법   ④ 전자관 계수기 법

090110(070111,040113). 다음 중 화약의 폭발속도를 측정하는 방법이 아닌 것은?
① 도트리시법   ② 메테강법

③ 오실로그래프법　　　④ 크루프식법

100523. 다음 중 폭약의 폭발속도를 측정하는 시험법으로 옳지 않은 것은?
① 카드갭시험법　　　　② 도트리시법
③ 오실로그래프법　　　④ 메테강법

130513. 도트리쉬(Dautriche)시험법으로 알 수 있는 것은?
① 폭약의 폭속　　　　② 폭약의 맹도
③ 폭약의 충격파속도　④ 폭약의 비에너지크기

150117. 폭약의 폭발속도에 영향을 주는 요소로 가장 거리가 먼 것은?
① 약포의 지름　　　　② 발파기의 용량
③ 폭약의 양　　　　　④ 폭약의 장전밀도

140517. 화약류의 폭발속도를 측정하는 방법이 아닌 것은?
① 도트리쉬법　　　　② 메테강법
③ 전자관계수기법　　④ 캐스트법

050516. 도화선을 점화력 시험하는 경우, 유리관내 두 도화선의 이격거리는 얼마인가?
① 5cm　　② 10cm　　③ 15cm　　④ 20cm

동적효과 정적효과
160102(140520(120117,100123,080121,070509,050103,040514). 화약의 폭발생성가스가 단열팽창을 할 때에 외부에 대해서 하는 일의 효과를 설명하는 것은?
① 동적효과　　　　　② 정적효과
③ 충격 열 효과　　　④ 파열효과

150115(140124,110123). 다음 중 화약류의 일 효과(동적효과)를 측정하는 시험방법은?
① 맹도시험　　　　　② 연판시험
③ 낙추시험　　　　　④ 유리산시험

19광산30. 다음 중 정적위력을 측정하는 시험법은?
① 내화감도시험
② 크루프식 발화점 시험
③ 작열철제 도가니 시험
④ 트라우즐 연주(납기둥)시험

090516. 다음중 폭발온도와 비에너지 값이 가장 큰 폭약은?
① 니트로글리콜　　　　② 테트릴
③ 펜트리트　　　　　　④ TNT

13광산49. 폭약이 기폭되면 폭약 내부에서는 폭굉압이 발생하는데, 이 폭굉압은 동적 폭굉압과 정적 압력으로 나눌 수 있다. 이 중 정적 압력과 관계 없는 것은?
① 반응 속도　　　　　　② 용기의 크기
③ 폭팔반응 생성물의 양　④ 폭발반응 생성물의 상태

발파공학
발파이론(기본용어)
150518. 발파의 기초이론에 적용되고 있는 용어의 설명으로 옳지 않은 것은?
① 과장약이란 누두공의 반경과 최소저항선의 비가 1미만인 경우이다.
② 표준장약이란 누두공의 반경과 최소저항선의 비가 1인 경우이다.
③ 최소저항선이란 장약의 중심으로부터 자유면까지의 최단거리를 의미한다.
④ 자유면 이란 암석의 외계(공기 또는 물)와 접하고 있는 표면을 의미한다.

140501(100503). 다음 중 자유면(Free face)에 대한 설명으로 옳은 것은?
① 암반에 폭약을 장전하여 폭파할 때 생기는 원추형 파쇄면
② 발파하려고 하는 암석 또는 암반이 공기 또는 물에 접해있는 면
③ 장약공에 장전된 폭약의 중심을 지나는 축과 평행한 암반면
④ 장약공에 장전된 폭약의 중심으로부터 가장 가까운 파쇄대상 암반의 구속된 면

070510. 동일한 장약량으로서 가장 많은 파쇄량을 가져올 수 있는 조건은?(단, 기타 조건은 같은것으로 본다)
① 자유면 6개의 경우　② 자유면 4개의 경우
③ 자유면 2개의 경우　④ 자유면 1개의 경우

060518(060125,040508). 배면(背面)만이 모암(母岩)과 접속한 자유면은 몇 자유면인가?
① 2자유면　② 3자유면　③ 4자유면　④ 5자유면

16광산58. 다음 중 약장약에 대한 설명으로 옳은 것은?
① 누두반경이 최소저항선과 같다.
② 누두공의 꼭지각이 직각이다.
③ 누두반경이 최소저항선보다 작다.
④ 누두반경이 최소저항선보다 크다.

13광산37. 표준발파의 장약량은?
① 누두공 부피의 제곱에 비례한다.
② 누두공 부피의 제곱에 반비례한다.
③ 누두공의 부피에 비례한다.
④ 누두공의 부피에 반비례한다.

20광산19. 누두공 시험에 대한 설명으로 옳은 것은?
① 누두공 시험에서 누두반경(R)이 최소저항선(W)보다 클 경우는 약장약이다.
② 누두공 시험에서 누두반경(R)이 최소저항선(W)보다 작은 경우는 과장약이다.
③ 누두공 시험에서 표준장약은 누두반경(R)이 최소저항선(W)의 2배인 R = 2W로 표시할 수 있다.
④ 누두공 시험에서 누두반경(R)이 최소저항선(W)과 같을 때 표준장약이다.

14광산19. 누두공 시험결과 표준장약인 것은?
① 누두지수가 1.2일 때
② 누두공의 반경과 최소저항선이 같을 때
③ 누두공의 직경과 최소저항선이 같을 때
④ 누두공의 누두각이 100°일 때

150525(130112,090513,060116). 균질한 경망의 내부에 구상이 장약실을 만들고 폭발시켰을 때 암석내부의 파괴현상을 장약실 중심으로부터 순서대로 올바르게 나열한 것은?
① 분쇄-소괴-대괴-균열-진동
② 분쇄-소괴-균열-진동-대괴
③ 진동-균열-대괴-소괴-분쇄
④ 균열-진동-소괴-대괴-분쇄

100501. 일반적으로 발파시 암석파괴 단계는 4단계로 구분된다
다음 중 각 단계의 순서가 올바르게 연결된 것은?
① 폭굉→가스압팽창→충격파의 전파→암석파괴
② 폭굉→충격파의 전파→암석파괴→가스압팽창
③ 충격파의 전파→폭굉→가스압팽창→암석파괴
④ 폭굉→충격파의 전파→가스압팽창→암석파괴

17광산23. 충격파 및 폭굉파를 설명한 것 중 옳은 것은?
① 충격파란 매질을 통해 탄성파 속도보다 느리게 전달되는 파를 말한다.
② 폭약과 같이 순간적인 폭발반응으로 발생되는 초고속의 파를 폭굉파라 한다.
③ 반응성 충격파란 충격원에서 에너지를 받은 후 진행

하는 동안 다른 에너지를 더 이상 흡수하지 않는다.
④ 폭굉파와 충격파는 매우 다른 파형으로 비슷한 모양을 찾을 수 없다.

050108. 2자유면 이상의 발파에 있어서 최소저항선과 공심(천공장)관계가 옳은 것은 (단, D : 공심, W : 최소저항선, m : 장약장)
① $D = m + W$
② $D = m + \dfrac{W}{2}$
③ $D = \dfrac{m}{2} + \dfrac{W}{2}$
④ $D = \dfrac{m}{3} + W$

14광산15. 천공.발파에서 최소저항선을 1.5m, 장약길이를 40 cm로 하려고 할 때 적당한 천공장은?
① 1.7 m
② 3.5 m
③ 4.5 m
④ 5.3 m

집중발파
120512(090125). 다음 중 집중발파(조합발파)의 특징으로 옳지 않은 것은?
① 암석이 강인하고 일정한 절리가 없는 암석에 이용할 수 있다
② 단일발파보다 동일 장약량에 비해 많은 채석량을 얻는다
③ 파괴암석의 비산이 적다
④ 최소저항선을 감소시킬 수 있다

110116(090515,080505,050510,050119). 다음 중 집중발파를 하는 가장 큰 목적은 무엇인가?
① 최소저항선을 증대시키기 위하여
② 공경을 크게하기 위하여
③ 자유면을 증가시키기 위하여
④ 장약량을 크게 하기 위하여

120120(100520,080111,060110). 자유면에 평행한 여러개의 발파공을 구멍지름.공간간격, 천공길이를 동일하게 하여 전기뇌관으로 동시에 발파하는 방법을 무엇이라 하는가?
① 분할발파 ② 지발발파 ③ 정밀발파 ④ 제발발파

100512(080519). 제발발파와 비교하여 MS 발파의 특징으로 맞는 것은?
① 분진의 발생량이 비교적 많다
② 발파에 의한 진동이 크다
③ 발파에 의한 폭음이 크다
④ 파쇄효과가 크고 암석이 적당한 크기로 잘게 깨진다

16광산30. 다음 중 밀리세컨드발파(MS발파)의 특징을 옳게 설명한 것은?
① 소할효과가 우수하다.
② 분진의 비산이 많다.
③ 발파에 의한 진동이 크다.
④ 파단면이 상하여 부석이 많은 편이다.

100105(080516,040108). 다음 중 제발발파(동시발파)의 효과를 크게 하기 위하여 가장 고려하여야 할 사항은?
① 천공직경과 전색물의 종류
② 천공길이와 전색의 길이
③ 산화제의 종류와 천공길이
④ 최소저항선과 천공간격

100121(080108,060120). 구멍지름 32mm의 발파공을 공간격 9cm로 하여 3공을 집중 발파하였을 때 저항선의 비는? (단, 장약길이는 구멍지름의 12배로 한다)
① 1.0   ② 1.9   ③ 2.4   ④ 2.9

090512. 천공지름 25mm의 발파공을 공간격 9cm로 하여 3공을 집중발파 하였을 때 저항선의 비를 구하면 얼마인가? (단, 장약길이는 구멍지름의 12배로 한다.)
① 0.96   ② 1.76   ③ 1.85   ④ 2.09

070508. 구멍지름 30mm의 발파공을 공간격 10cm로 하여 3공을 집중 발파하였을 때 저항선의 비를 구하면 얼마인가? (단, 장약장은 구멍지름의 10배로 한다)
① 1.0   ② 1.7   ③ 2.6   ④ 3.7

홉킨스
150120(130106,110119,070519). 다음에서 설명하는 발파에 의한 파괴이론은?

폭약이 폭발하면 그 폭굉에 따라서 응력파가 발생한다 암석은 압축강도보다 인장강도에 훨씬 약하므로, 입사할 때의 압력파에는 그다지 파괴되지 않아도 반사할 때의 인장파에는 보다 많이 파괴된다

① 노이만 효과   ② 홉킨슨 효과
③ 측벽 효과   ④ 먼로 효과

120520(110508,080502,060119,050123). 폭약이 폭발할 때 자유면으로 입사하는 압력파에는 그다지 파괴되지 않아도 반사할 때의 인장파에는 많이 파괴된다. 이와 같은 현상을 무엇이라 하는가?
① 홉킨슨 효과   ② 노이만 효과
③ 먼로 효과   ④ 도플러 효과

하우저식
160112(140508,050106,040505). 암석 1㎥를 발파할 때 필요로 하는 폭약량을 의미하는 용어는 무엇인가?
①암석계수(g)   ② 폭약계수(e)
③누두지수(n)   ④ 전색계수(d)

150517. 발파계수 (C)에 대한 설명으로 옳은 것은?
① 발파계수는 작업자가 과거 경험에 의하여 결정한다.
② 전색을 충분히 하여 완전 적색한 경우 적색계수(d)의 값은 1보다 커진다.
③ 경암일수록 암석계수(g)의 값은 작아진다.
④ 강력한 폭약일수록 폭약계수(e)의 값은 작아진다.

130101(080109). 암석의 발파에 필요한 장약량을 계산하는 데 중요한 발파계수 C와 관계없는 것은?
① 체적계수   ② 암석계수
③ 폭약계수   ④ 전색계수

12광산40. 발파작업에서 암석계수란?
① 암석의 충격에 대한 폭파계수를 나타내는 계수
② 암석의 폭파에 대한 저항성을 나타내는 계수
③ 암석의 타격에 대한 저항력을 나타내는 계수
④ 암석발파의 진동에 대한 계수

130509(040119). 다음 중 폭약계수(e)에 관한 설명으로 옳지 않은 것은?
① 기준폭약과 다른 폭약과의 발파 효력을 비교하는 계수이다
② 강력한 폭약일수록 폭약계수 값은 작게 된다
③ 기준폭약으로 니트로글리세린 90%인 블라스팅 젤라틴 다이너마이트를 사용한다
④ 발파계수를 구성하는 요소 중 하나이다

110521(070504). 폭약을 발파공에 장전한 후 전색물로 발파공을 메워 틈새 없이 완전 전색하였다면 전색계수(D)는 일반적으로 얼마인가?
① D=0.5   ② D=1.0
③ D=1.25   ④ D=1.5

110513. 다음 중 폭약계수(e)의 값이 가장 작은 폭약은?
① NG 93% 스트렝스 다이나마이트
② 카알릿(carlit)
③ 질산암모늄 다이나마이트
④ 탄광용 질산암모늄 폭약

140109. 누두공 시험에서 누두공의 모양과 크기에 영향을 미치는 요소로 옳지 않은 것은?
① 암반의 종류   ② 발파기의 성능
③ 폭약의 위력   ④ 전색의 정도

130507(050513). 누두공 시험에서 누두공의 모양과 크기는 다음 사항에 의해서 달라진다. 관계없는 것은?
① 암반의 종류   ② 발파모선의 저항
③ 폭약의 폭력   ④ 메지의 정도

120518(100103). 누두공 시험에서 누두공의 모양과 크기에 영향을 주는 요소로 옳지 않은 것은?
① 발파기의 용량   ② 암반의 종류
③ 폭약의 위력   ④ 약실의 위치

090106. 누두공 시험에서 누두공의 모양과 크기에 영향을 미치는 요소로 틀린 것은?
① 뇌관각선의 길이
② 암반의 종류
③ 폭약의 위력 및 메지의 정도
④ 약실의 위치와 자유면의 거리

060505. 누두공 시험에서 누두공의 모양과 크기에 영향을 미치는 요소로 틀린 것은?
① 뇌관의 종류
② 암반의 종류
③ 폭약의 폭력 및 메지의 정도
④ 약실의 위치와 자유면의 거리

070101. 단일 자유면 발파에 있어서 누두공 부피(V)와 최소저항선(W)과의 관계식으로 맞는 것은?(단, r: 누두공 반지름)
① $V = \frac{1}{3}\pi r^2 W$ ② $V = \frac{1}{3}\pi r^2 W^2$
③ $V = \frac{1}{3}\pi r W^2$ ④ $V = \frac{1}{3}\pi r W$

160117(110520). 다음 중 표준장약을 나타내는 것은?
① $n = \frac{W}{R} \geq 1$ ② $n = \frac{R}{W} = 1$
③ $n = \frac{R}{W} > 1$ ④ $n = \frac{R}{W} < 1$

150122. 누두공 시험에 의한 결과에서 약장약의 경우를 옳게 나타낸 것은? (단, W = 최소저항선, R = 누두공의 반지름, a = 누두공의 각도)
① W = R, a = 90°   ② W = R, a > 90°
③ W < R, a > 90°   ④ W = R, a < 90°

110111. 누두공 시험에서 누두공의 반지름이 최소저항선보다 작을 때의 장약은 어떤 경우인가?
① 외부장약   ② 표준장약
③ 약장약   ④ 과장약

070122. 누두공의 지름이 3m 이고, 최소저항선이 1.5m 라면 누두지수는 얼마인가?
① 0.5   ② 1   ③ 2   ④ 3

060525. 최소저항선과 누두공 반지름이 같으면 누두지수함수 f(n)은 얼마인가?
① 0.5   ② 1   ③ 1.5   ④ 2

130110. 누두공시험에서 표준장약량은 최소저항선의 몇 승에 비례하는가?
① 2승   ② 3승   ③ 4승   ④ 5승

120525. 최소저항선을 변화시킬 경우, 장약량은 최소저항선에 비례하여 변화하게 되는데, 최소저항선이 2배로 늘어나면 장약량은 몇 배로 증가 하는가?(단, 기타 조건은 동일하다)
① 2배   ② 4배   ③ 8배   ④ 16배

18광산29. 1자유면 표준발파에서 장약량은 무엇의 세제곱에 비례하는가?
① 최소저항선   ② 천공경
③ 폭약의 직경   ④ 누두지수

060113. 저항선이 60cm일 때 3kg의 폭약을 사용하여 표준발파가 되었다면 동일한 조건에서 저항선을 1m로 하였을 때 표준 발파시키려면 얼마의 폭약이 필요한가?
① 3.89kg ② 7.03kg ③ 1.8kg ④ 13.89kg

060507(050125). 어떤 암체에 천공 발파결과 100g의 장약량으로 1.5㎥의 채석량을 얻었다면 300g의 장약량으로는 몇 ㎥의 채석이 가능한가?
① 3.4㎥   ② 3.8㎥   ③ 4.0㎥   ④ 4.5㎥

050518. 채석량 1m³당 3kg의 폭약이 사용되었다면 6kg의 폭약을 사용하였을 때 채석량은 얼마인가?
① 1.53m³   ② 2m³   ③ 4m³   ④ 8m³

150109. 어떤 암체에 천공 발파결과 100g의 장약량으로 2m³의 채석량 을 얻었다면 300g의 장약량으로는 몇m³의 채석량을 얻을 수 있는가? (단, 기타 조건은 동일하다.)

① 3m³ ② 4m³ ③ 5m³ ④ 6m³ kg

080512. 최소 저항선이 2M, 발파계수는 0.2인 경우 표준발파시 장약량은 얼마인가? (단,Hauser 발파식을 이용)

① 1.6kg ② 1.2kg ③ 0.8kg ④ 0.4kg

140115. 암석계수가 1.04인 암석발파에 있어서 누두지수가 1이고, 누두지름 4m, 폭약계수 0.89, 모래로 완전 전색했을 때 장약량은 얼마인가?

① 14.7kg ② 7.4kg
③ 3.7kg   ④ 1.9kg

070109. 최소저항선 0.8m로 512g의 폭약량을 사용하여 표준발파가 되었다 동일조건에서 폭약량 1000g으로 표준발파가 되었다면 이때의 최소저항선은?

①1.0m ②1.5m ③ 2.0m ④ 2.5m

060517. 발파 공경을 32mm로 하여 암석계수(Ca)가 0.015인 암반에 천공하고 장약장(m)을 공경의 12배로 폭발시켰을 때의 최소저항선은 얼마인가?

① 83.1cm ② 88.1cm ③ 93.1cm ④ 98.1cm

090117(080524). 어떤 암반에 대한 시험발파에서 장약량 700g으로 누두지수 n=1.2인 빌파가 되었다 이 암반에서 동일한 조건으로 n=1인 표준발파가 되도록 하기 위한 장약량은?

① 350.53g ②457.52g ③ 550.53g ④ 657.52g

120102. 발파대상 암반의 표준장약량을 구하기 위한 시험발파(crater test)에서 장약량 0.75kg, 최소저항선 0.7m 조건으로 시험한 결과 누두지수가 1.05였다면이 암반에 대한 표준장약량은? (단, 기타조건은 동일하며 Dambrun의 누두지수함수 이용)

① 1.12kg ② 0.78kg ③ 0.67kg ④ 0.55kg

050116. 누두지수 n=1.5일 때 누두지수의 함수 f(n)값을 덤브럼(Dambrun)식으로 구하면 그 값은 얼마인가?

① 2.0 ② 2.5 ③ 2.7 ④ 3.0

040521. 누두공 시험발파 결과 장약량이 2.0kg일 때 누두지수가 1.5가 되어 과장약이 되었다 최소저항선을 동일하게 하였을 때의 표준장약량은 몇 kg으로 하여야 하는가? (단, 누두지수가 1.5일 때의 누두지수 함수의 값은 2.69이다)

① 0.543kg ② 0.643kg ③ 0.743kg ④ 0.843

110112. 갱도굴착 단면적이 20㎡이고, 천공장 2m, 폭약위력계수 1.0, 암석항력계수 1.0, 전색계수 1.0인 조건에서 암석터널을 굴진하려고 할 때 단위 부피당폭약량(kg/㎥)은? (단, 발파 규모계수f(w)는 0.59이며, 1발파당 굴진장을 천공장의 90%로 본다)

① 0.59 ② 1.00 ③ 1.16 ④ 2.88

심빼기 발파

21광산49. 갱도의 발파굴착시, 1 자유면상태를 2 자유면으로 만들기 위해 가장 먼저 발파하는 작업은?

① 난장발파   ② 심발발파
③ 제발발파   ④ 선행이완발파

160118(140112,120506,100507,040110). 경사공 심빼기의 종류가 아닌 것은?

①코로만트 심빼기   ② 노르웨이식 심빼기
③ 피라미드 심빼기   ④ 부채살 심빼기

130501. 다음 중 경사공 심빼기에 해당하는 것은?

① 번 심빼기   ② 부채살 심빼기
③ 코로만트 심빼기   ④ 대구경 평행공 심빼기

150103. 심빼기 발파법 중 수평갱도에서는 천공하기 곤란하거나 상향 굴착이나 하향굴착에 유리한 방법은?

① 피라미드 심빼기   ② 대구경 평행공 심빼기
③ 코로만트 심빼기   ④ 번 커트 심빼기

100111(060510). 아래 그림과 같은 심빼기 방법은?

① V형 심빼기(V cut)
② 피라미드 심빼기(Pyramid)
③ 삼각 심빼기(Triangle cut)
④ 노르웨이 심빼기(Norway cut)

14광산42. 갱도굴진에서 인위적인 자유면을 만들어서 발파효과를 증대시키는 발파를 무엇이라고 하는가?

① 제발발파 ② 집중발파 ③ 확저발파 ④ 심발발파

070520(040107). 몇 개의 발파공들이 공저부분에서 만나는 형태로 수평갱도에서는 천공하기 불편하나 상향이나 하향갱

도에서는 매우 유효한 심빼기 방법은?

① 번 컷
② 피라미드 컷
③ 코로만트 컷
④ 집중식 노컷

140516. 경사공 심빼기에 대한 설명으로 옳지 않은 것은?

① 터널 단면이 크지 않고, 장공 천공을 위한 장비투입이 어려운 경우에 적용한다.

② 암질의 변화에 대응하여 심빼기 방법을 변경할 수 있다.

③ 경사공 심빼기에는 V형 심빼기와 코로만트형 심빼기가 있다.

④ 사용되는 폭약은 강력한 폭약이 적당하다.

050508. 피라미드 심빼기에 대한 설명 중 틀린 것은?

① 수평 갱도에서는 천공하기가 불편하다

② 천공에 숙련을 요한다

③ 안내판을 천공 예정 암벽에 고정시킨 후 안내판을 따라 천공한다.

④ 굴진면의 중앙에 3-4개의 발파공을 피라미드형으로 천공한다

130121. 터널발파에서 수평공을 평행으로 뚫고 장약하지 않는 공을 두어 이를 자유면 대신에 활용하는 심빼기 공법은?

① 피라미드 심빼기
② 부채살 심빼기
③ 번 심빼기
④ 삼각 심빼기

080123. 다음 심발발파법 중 평행공 심발 방법인 것은?

① V-컷
② 번컷
③ 피라미드 컷
④ 부채살 컷

120111(110114,080523,070107,060124,040506). 다음 중 평행공 심빼기에 해당하는 것은?

① 피라미드 심빼기
② 노르웨이 심빼기
③ 코로만트 심빼기
④ 부채살 심빼기

1501239(070514). 안내판을 천공예법 암반에 고정 시킨 후 천공하는 방법으로 번 컷(Burn cut)의 천공 시 단점을 보완한 심빼기 발파법은?

① 부채살 심빼기
② 코로만트 심빼기
③ 삼각 심빼기
④ 노르웨이 심빼기

040524. 다음 화약류 및 발파에 관한 설명 중 잘못된 것은?

① 교질 다이너마이트 동결온도는 8℃ 이다

② 뇌관의 납판시험에 사용되는 납판두께는 4mm이다

③ 발파계수(c)는 암석계수,전색계수,폭약계수와 관련이

깊다

④ 안내판에 따라 천공하는 심빼기 발파는 노르웨이 커트(Norway Cut)법이다.

150124. 평행공 심빼기에 대한 설명으로 틀린 것은?

① 터널 단면의 크기가 작아야 사용할 수 있는 제약점이 있다.

② 수평공을 평행으로 뚫고 장약하지 않는 공을 두어 이를 자유면 대신에 활용하는 방식이다.

③ 경사공 심빼기에 비해 1 발파당 굴진량이 많다.

④ 경사공 심빼기에 비해 단위 부피당 폭약 소비량이 적다.

090121. 번컷(Burn-Cut)에 대한 설명이다 틀린 것은?

① 심발공 내에 무장약공을 천공한다

② 장약공은 메지를 하지 않고 공 전체에 폭약을 장전한다

③ 심발공 내에 천공한 무장약공은 자유면 역할을 한다

④ 번컷(Burn-Cut)은 평행공 심발공법에 해당한다

060502. 다음 중 번커트 발파에 대한 설명으로 틀린 것은? (단, 쐐기 심빼기와 비교)

① 1발파당 굴진량이 많다

② 자유면에 대하여 경사 천공을 한다

③ 주변 발파시 저항선 측정이 용이하다.

④ 천공위치 선정에 많은 시간이 절약된다

계단발파(벤치발파)

160120(110522). 계단식 노천발파의 특징으로 옳지 않은 것은?

① 비가 올 때나 겨울에 작업 능률이 향상된다.

② 평지에서 작업이 가능하고, 발파설계가 단순하며 작업 능률이 높다.

③ 계획적 발파가 가능하여 대규모 발파에 유리하다.

④ 장공발파에 값이 싼 폭약을 사용할 수 있다.

140102(120123,110501). 노천발파를 위한 경사천공의 장점으로 옳지 않은 것은? (단, 수직천공과 비교)

① 발파공의 직선성 유지가 용이하다.

② 천공 및 화약 비용을 절감할 수 있다.

③ 자유면 반대방향의 여굴을 예방할 수 있다.

④ 최소저항선을 크게 할 수 있다.

150501. 2자유면 계단식 발파를 실시하는 채석장 발파에서 벤치높이 5m, 최소저항선 2m, 천공간격 2m일 경우 장약량

은? (단, 발파계수 : 0.2)

① 3.2kg ② 4kg ③ 12.8kg ④ 16kg

120503. 다음과 같은 조건에서 2자유면 계단식발파(bench blasting)를 실시하고자 한다. 장약량은 얼마인가?
(최소저항선 : 3m, 천공간격 : 3m, 벤치높이 : 4m, 발파계수 : 0.4)

① 11.4 kg ② 12.4kg ③ 13.4kg ④ 14.4kg

100119. 2자유면 상태인 암반을 대상으로 벤치발파를 실시하려고 한다 천공간격과 최소 저항선을 같은 길이로 했을 때 장약량은 얼마인가?
(단, 발파 계수는 0.5이고 최소저항선 1.2m, 벤치의 벤치높이는 1.5m 이다)

① 약 1.1kg ② 약 7.1kg ③ 약 5.1kg ④ 약 3.1kg

090118. 2자유면 계단식 발파를 실시하는 채석장 발파에서 벤치높이 4m, 최소저항선 2m, 천공간격 2m일 경우 장약량은? (단, 발파계수 : 0.15)

① 1.8kg ② 4.05kg ③ 24kg ④ 36kg

080113(050507). 2자유면 계단식 발파를 실시하는 채석장 발파에서벤치높이 4m, 최소저항선 2m, 천공간격 2m 일 경우장약량은? (단, 발파계수 : 0.2)

① 3.2kg ② 6.4kg ③ 12.8 kg ④ 16kg

디커플링효과
160107. 골재생산을 위한 발파현장에서 공경 75mm 발파공을 사용하여 발파를 실시하고 있다. 디커플링 지수(Decoupling Index) 1.5를 적용하였을 때 사용폭약의 약경은 얼마인가?

① 25mm ② 40mm
③ 50mm ④ 75mm

150103(130519). 넓이가 18m, 높이가 8.5m인 터널이세 스무스 블라스팅(Smooth Blasting)을 실시하려고 한다. 디커플링(Decoupling)지수를 2.0으로 하고 천공경을 45mm로 하였을 때 적당한 폭약의 지름은?

① 12.5mm ② 22.5mm ③ 45mm ④ 90mm

120103(110512,060514,040511). 공의 지름이 45mm가 되도록 천공을 하고 약경17mm의 정밀 폭약 1호를 사용하여 발파작업을 하려 한다 디커플링지수는 얼마인가?

① 2.65 ② 2.05 ③ 1.88 ④ 0.37

100101. 너비가 18m, 높이가 7.5m인 터널에서 스무스 블라스팅 (Smooth Blasting)을 실시하려고 한다 디커플링(Decoupling)지수를 1.5로 하고, 천공경을 45mm로 하였을 때 적당한 폭약의 지름은?

① 17mm ② 22mm ③ 26mm ④ 30mm

080106. 너비가 18m, 높이가 7.5m인 터널에서 스무스블라스팅을 실시하려고 한다 디커플링 지수를 1.6으로 하고, 천공경을 45mm로 하였을 때 적당한 폭약의 지름은 대략 몇 mm인가?

① 17 ② 22 ③ 25 ④ 28

측벽효과
160104(100109). 공기 속을 통과하는 충격파가 폭약속을 통과하는 충격파를 방해하여 완전폭발을 방해하는 현상을 무엇이라 하는가?

① 노이만효과 ② 홉킨슨효과
③ 측벽효과 ④ 먼로효과

130502. 다음 중 ( )안에 알맞은 내용은?

> ( )효과란 폭약 속을 진행하는 충격파의 속도가 공기 중을 전파하는 파의 속도보다 훨씬빠르기 때문에 저항을 받아서 폭약이 완전히 폭발되지 못하는 현상을 말한다.

① 플라즈마 ② 측벽
③ 소결 ④ 인장

노이만효과
140106(100524,080116,050515). 다음에서 설명하는 성형폭약에 적용된 이론은 무엇인가?

> 성형폭약은 폭약에 금속 라이닝을 쐐기모양으로 배열하여 만든 것으로, 폭발시 금속의 미립자가 방출되고 집중되어 제트의 흐름을 형성한다. 제트의 흐름이 목표물에 충돌하면 깊은 구멍을 뚫게 되므로 군사용 또는 산업용으로 사용할 수 있다.

① 홉킨슨 효과 ② 디커플링 효과
③ 노이만 효과 ④ 측벽 효과

조절발파
160116. 조절발파법의 종류에 해당하지 않는 것은?

① 평활면 발파(smooth blasting)
② 측벽 발파(channel blasting)
③ 선 균열 발파(pre-splitting)
④ 완충 발파(cushion blasting)

080517(060105). 다음 중 조절발파에 속하지 않는 것은?
① 라인드릴링(Line drilling)

② 노이만 블라스팅(Neumann blasting)
③ 쿠션 블라스팅(Cushion blasting)
④ 프리스플리팅(Presplitting)

140519(070125). 조절발파의 종류에 해당하지 않는 것은?
① 평활면 발파(smooth blasting)
② 줄천공법(line drilling)
③ 선균열 발파(pre-splitting)
④ 계단식 발파(bench blasting)

130524. 다음 중 조절발파의 종류에 해당하지 않는 것은?
① 평활면 발파   ② 선균열 발파
③ 완충발파   ④ 소할발파

130109. 다음중 조절발파법에 속하지 않는 것은?
① 라인 드릴링법   ② 프리스플리팅법
③ 쿠션 발파법   ④ 코로만트컷법

090524. 다음 중 조절발파 방법에 속하지 않은 것은?
① 프리 스플리팅법   ② 더블 브이 컷법
③ 쿠션 블라스팅법   ④ 라인 드릴링법

140102(110120,100118,070502,060522). 파단 예정면에 다수의 근접한 무장약공 을 천공하여 인위적인 파단면을 형성한 뒤에 발파하는 조절발파 방법은?
① 스무스 발파법(smooth blasting)
② 프리스플리팅(prespillting)
③ 줄천공법(line drilling)
④ 완충발파법(cushin blasting)

140122(080105,050102). 다음 중 조절발파의 장점에서 대한 설명으로 옳지 않은 것은?
① 여굴이 많이 발생하여 다음 발파가 용이하다.
② 발파면이 고르게 된다.
③ 균열의 발생이 줄어든다.
④ 발파 예정선에 일치하는 발파면을 얻을 수 있다.

150504. 터널굴착시 조절발파를 실시하는 이유로 틀린 것은?
① 암반의 강도를 증가시키기 위하여 실시한다.
② 발파 후 파단면을 평활하게 유지시키기 위하여 실시한다.
③ 발파 주위 암반이 과굴착되는 것을 감소시키기 위하여 실시한다.
④ 폭약의 에너지를 제어하기 위하여 실시한다.

100502. 다음 중 조절발파의 직접적인 목적에 속하지 않는 것은?
① 굴진속도의 증가
② 진동, 비석의 제어
③ 과굴착의 제어
④ 가능한 한 평활한 벽면을 얻도록 발파

150110(090112). 조절발파법 중 줄 천공법(line-drilling)에 대한 설명으로 틀린 것은?
① 목적하는 파단선에 따라서 근접한 다수의 무장약공을 천공하여 인위적인 파단면을 만드는 방법이다.
② 벽면 암반의 파손은 적으나 많은 천공이 필요하므로 천공비가 많이 든다.
③ 천공은 수직으로 같은 간격으로 하여야 하므로 우수한 천공기술이 필요하다.
④ 층리, 절리 등을 지닌 이방성이 심한 암반구조에 가장 효과적으로 적용되는 방법이다.

18광산59. 조절발파법 중 라인드릴링(line drilling)법에 대한 설명으로 옳은 것은?
① 파단선을 따라 천공된 발파공은 작은 지름의 약포를 사용하여 공기나 전색물이 쿠션역할을 하게 한다.
② 라인 드릴링법은 파단면을 따라 장약하는 등 복잡하다.
③ 목적으로 하는 파단선을 따라 무장약공을 인접하게 많이 늘어 놓아, 인위적으로 연약면을 만드는 공법이다.
④ 파단선을 따라 천공의 열에 장약한 후, 본 발파에 앞서 발파 함으로써 인위적인 파단선을 만든다.

120511(080122). 다음 중 쿠션 블라스팅법(Cushion blasting)의 특징에 대한 설명으로 틀린 것은?
① 라인 드릴링보다 천공 간격이 좁아 천공비가 많이 든다
② 견고하지 않은 암반의 경우나 이방성 암반에도 좋은 결과를 얻을 수 있다
③ 파단선의 발파공에는 구멍의 지름에 비하여 작은 약포지름의 폭약을 장전한다
④ 주요 발파공을 발파한 후에 쿠션 발파공을 발파한다

050101. 다음 사항은 라인드릴링(line-drilling)법에 대한 특징이다. 내용이 틀린 것은?
① 이 방법은 발파에 의하여 파단면을 만드는 것이 아니고 착암기로 파단면을 만드는 것이다.
② 벽면 암반의 파손이 적으나 많은 천공이 필요하므로

천공비가 많이 든다.

③ 천공은 수직으로 같은 간격으로 하여야 하므로 천공 기술이 필요하다.

④ 층리, 절리 등을 지닌 이방성이 심한 암반구조에 가장 효과적으로 적용되는 방법이다.

W.S.B

150520(150123). 평면적으로는 한 공당 담당하는 파쇄면적을 재래식 방법과 같은 크기로 하고, 최소저항선의 길이(B), 공의 간격(S)의 비율, S/B를 4~8배로 매우 크게 설정하여 발파하는 발파법을 무엇이라 하는가?

① 확대발파
② 선균열발파
③ 스무스 발파
④ 와이드 스페이스 발파

수중발파

150512. 수중발파의 특성으로 옳지 않은 것은?

① 착점이 수면아래이므로 천공이 곤란하다.

② 공의 방향과 정밀도를 확인하기 곤란하다.

③ 수중에서는 충격파가 효과적으로 전달되어 수중생물의 영향에 대한 사전검토가 필요하다.

④ 노천발파에 비해 비장약량이 감소한다.

140108. 수중발파의 특징으로 옳지 않은 것은?

① 노천발파에 비해 천공작업이 어렵다.

② 확실한 기폭을 위해 사용되는 폭약 및 뇌관은 내수성이 있어야 한다.

③ 대상암석의 일부 또는 전부가 물로 덮여 있는 상태에서 발파를 실시한다.

④ 노천발파보다 비장약량이 줄어든다.

130516. 수심 15m에 표토 2m가 쌓여있는 높이 10m의 암반을 수직천공하여 계단식 발파를 할 때 비장약량은 얼마인가?(단, 수직천공에 따른 비장약량은 1kg/m³으로 한다)

① 0.99kg/m³
② 1.49kg/m³
③ 1.99kg/m³
④ 2.49kg/m³

발파해체

110516(100120,070501). 구조물에 대한 발파 해체 공법 중 제약된 공간, 특히 도심지에서 적용할 수 있는 것으로 구조물 외벽을 중심부로 끌어당기며 붕락시는 공법은?

① 전도공법
② 내파공법
③ 단축붕괴공법
④ 상부붕락공법

천공

140506. 천공의 위치, 깊이, 크기를 결정하는 요소가 아닌 것은?

① 사용폭약
② 암반의 성질
③ 전색재의 종류
④ 자유면의 상태

140511. 터널굴착 시 터널 외곽공의 천공 길이가 3m일 때 필요한 LooK-out은 얼마인가?

① 19cm
② 29cm
③ 39cm
④ 49cm

070106. 천공작업 후 장전을 하기 전에 발파공을 청소해야 한다. 다음 설명 중 틀린 것은?

① 수평공과 하향공의 경우 발파공내의 암석가루를 압축공기로 불어낸다.

② 발파공내 작은 돌이 끼어 있을 경우 청소 귀어리대를 사용하여 꺼낸다.

③ 깊이 5m 이상의 상향공은 중력에 의해 암석가루 등이 떨어지므로 청소 할 필요가 없다.

④ 발파공을 청소한 후에는 발파공 입구를 막아 다시 막히지 않도록 한다.

070120. 천공작업과 발파 효과에 대한 설명으로 틀린 것은?

① 천공 능률은 구멍의 지름이 작을수록 높아진다.

② 발파공이 단일 자유면에 직각일 경우 발파 효과가 최소로 된다.

③ 폭약의 지름이 작으면 폭속이 증가한다.

④ 폭약지름에 비해 천공구멍 지름이 너무 크지 않은 편이 좋다.

장약

150508(120104). 기폭약을 장전하는 방법 중 역기폭과 비교하여 정기폭에 대한 설명으로 옳지 않은 것은?

① 장공발파에서 효과가 우수하다.

② 폭약을 다지기가 유리하다.

③ 순폭성이 우수하다.

④ 장전폭약을 회수하는데 불리하다.

16광산51. 천공하여 장약 발파하는 방법 중 기폭약포를 발파공 입구쪽에 두는 기폭법은?

① 정기폭
② 중간기폭
③ 반기폭
④ 역기폭

15광산17. 다음 중 분산장약(deck charge)에 대한 설명으로 옳지 않은 것은?

① 주상장약의 기폭시간을 달리하므로써 진동을 감소시킨다.

② 분할장약들 사이의 전색장은 천공경에 비례한다.

③ 습윤된 발파공의 삽입전색장은 건조한 경우의 2배로 한다.
④ 기폭순서는 상부자유면에서 멀리있는 폭약부터 기폭한다.

전색물

160108. 전색물의 조건으로 틀린 것은?
① 발파공벽과의 마찰이 커서 발파에 의한 발생가스의 압력을 이겨 낼 수 있어야 한다.
② 틈새를 쉽게, 그리고 빨리 메울 수 있어야 한다.
③ 불에 타지 않아야 한다.
④ 압축률이 작아서 단단하게 다져지지 않아야 한다

140524(130120,120519,090523,090111,060519). 전색물(메지)의 구비 조건으로 옳지 않은 것은?
① 발파공벽과 마찰이 적을 것
② 단단하게 다져질 수 있을 것
③ 재료의 구입과 운반이 쉬울 것
④ 연소되지 않을 것

140103. 다음 중 전색을 실시하여 얻게 되는 효과로 옳지 않은 것은?
① 발파 위력이 증대된다.
② 가스, 석탄가루 등의 인화가 방지된다.
③ 천공수를 줄이 수 있어 경제적인 발파가 된다.
④ 발파 후 가스의 발생이 줄어든다.

130520. 충분한 발파 효과를 얻기 위한 전색물의 조건으로 옳지 않은 것은?
① 공벽과의 마찰이 클 것
② 압축률이(다짐능력)이 우수할 것
③ 틈새가 잘 메워질 것
④ 불에 잘 타서 남은 전색물의 처리가 편리할 것

080511. 다음 중 전색재료에 대한 설명으로 틀린 것은?
① 알갱이가 고체로 구성된 전색물에 있어서는 전색물의 알갱이가 작을수록 일반적으로 발파효과는 높아진다
② 점토의 경우 일반적으로 수분함유량이 증가할수록 발파 효과는 높아진다
③ 물은 일반적으로 점토나 모래보다 전색물로서 발파효과가 크다
④ 전색재료는 압축률이 작아서 단단하게 다져지지 않아야 한다

070110(040112). 전색을 함으로써 발파에 미치는 영향을 가장 올바르게 설명한 것은?
① 외부와의 공기차단으로 폭연이 많이 발생한다.
② 충격파를 증대시켜 폭음을 크게 한다.
③ 불발을 방지해준다.
④ 가스나 탄진에 인화될 위험을 적게 한다.

결선방법

160111(070108,040109). 전기뇌관의 결선법 중 직렬식 결선법의 특징으로 옳지 않은 것은?
① 결선작업이 용이하고, 불발 시 조사하기가 쉽다.
② 각 뇌관의 저항이 조금씩 다르더라도 상관없다.
③ 모선과 각선의 단락이 잘 일어나지 않는다.
④ 한군데라도 불량한 곳이 있으면 전부 불발된다.

110110. 전기뇌관의 결선법 중 직렬결선법에 대한 설명으로 옳은 것은?
① 각 뇌관의 각선을 한데 모아 모선에 연결하는 방법이다
② 전기뇌관의 저항이 조금씩 다르더라도 상관없다
③ 결선이 틀리지 않고, 불발시 조사가 쉽다.
④ 전원으로 동력선, 전등선을 이용할 수 있다

100125(130124,050520). 전기뇌관을 이용한 발파시 직렬식 결선법의 장점이 아닌 것은?
① 불발시 조사하기가 쉽다
② 모선과 각선의 단락이 쉽게 일어나지 않는다
③ 전기뇌관의 저항이 조금씩 다르더라도 상관없다
④ 결선작업이 용이하다

150111(090511,050109). 전기뇌관을 사용한 병렬식 결선방법의 장점으로 틀린 것은?
① 불발된 뇌관 또는 위치발견이 용이하다.
② 전원으로 동력선, 전등선의 이용이 가능하다.
③ 전기뇌관의 저항이 조금씩 달라도 상관없다.
④ 대형발파에 이용한다.

110503(060520). 전기발파 결선법 중 병렬식 결선법의 장점으로 옳지 않는 것은?
① 대형발파에 이용된다
② 전기뇌관의 저항이 조금씩 달라도 큰 문제가 없다
③ 전원에 동력선, 전등선을 이용할 수 있다
④ 결선이 틀리지 않고 불발 시 조사하기 쉽다

140101(080104,040518). 다음 중 도통시험의 목적이 아닌 것은?

① 전기뇌관과 약포와의 결합여부 확인
② 전기뇌관 각선의 단선 여부 확인
③ 발파모선과 보조모선과의 연결누락 여부확인
④ 발파모선과 전기뇌관 각선과의 연결누락 여부확인

110105(070517). 발파모선을 배선할 때에 주의하여야 할 사항으로 옳지 않은 것은?
① 전기뇌관의 각선에 연결하고자 하는 발파모선의 심선은 서로 사이가 떨어지지 않도록 하여야 한다
② 모선이 상할 염려가 있는 곳은 보조모선을 사용한다
③ 결선부는 다른 선과 접촉하지 않도록 주의한다
④ 물기가 있는 곳에서는 결선부를 방수테이프 등으로 감아준다

060104(040125). 발파모선을 배선할 때에는 다음 사항에 주의하여야한다 틀린 것은?
① 발파모선은 항상 두선이 합선되지 않도록 떼어 놓는다
② 모선이 상할 염려가 있는 곳은 보조모선을 사용한다
③ 결선부는 다른 선과 접촉하지 않도록 주의한다
④ 물기가 있는 곳에서는 결선부를 방수테이프 등으로 감아준다

080501(050124,040509). 전기발파의 결선방법과 거리가 먼 것은?
① 직렬결선
② 직병렬결선
③ 병렬결선
④ 조합결선

소요전압
150105. 저항 1.2Ω의 전기뇌관 20개를 직렬 결선하고 발파모선 총연장 200m(m당 저항 = 0.006Ω)에 연결하여 발파할 때 소요전압[V]은?(단, 전류 = 2A, 기타 조건 무시함)
① 22
② 26.4
③ 46.4
④ 50.4

090113. 전기뇌관 12개를 그림과 같이 결선하고 제발시키려 한다. 이때 필요한 소요전압은 얼마인가?
(단, 뇌관 1개 저항은 1.2Ω, 발파모선의 총길이 100m, 모선의 저항은 0.02Ω/m이며, 소요전류는 2A이고 내부저항은 고려치 않는다)

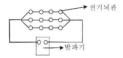

① 7.2[V]
② 17.4[V]
③ 21.6[V]
④ 28.8[V]

080117. 전류 1.2A, 내부저항 3.0Ω인 소형 발파기를 사용하여 2m 각선이 달린 뇌관 6개를 직렬로 접속하여 50m거리에서 발파하려고 할 때 소요전압은?(단, 전기뇌관 1개의 저항 0.97Ω, 모선 1m의 저항은 0.021Ω이다)
① 11.1[V]
② 12.1[V]
③ 13.1[V]
④ 14.1[V]

100521. 소요전류 1.5A, 발파기 내부저항 10Ω, 저항 1.2Ω의 전기뇌관 30개를 직렬로 결선하여 제발하는데 필요한 소요전압은 얼마인가?(단, 발파모선의 저항은 무시한다)
① 15[V]
② 36[V]
③ 54[V]
④ 69[V]

110524. 저항 1.2Ω의 전기뇌관 10개를 직렬결선하여 제발시키기 위한 필요 전압은 얼마인가?
(단, 발파모선의 저항은 0.01Ω/m, 발파모선의 총연장 200m, 발파기의 내부 저항은 0, 소요전류는 1A로 한다)
① 8V
② 14V
③ 29V
④ 34V

140503. 전기뇌관 12개를 그림과 같이 결선하여 발파하고자 한다. 이때 필요한 소요전압은 얼마인가?
(단, 뇌관 1개 저항은 1.2Ω, 발파모선의 총길이는 100m, 발파모선의 저항은 0.02Ω/m이며, 소요 전류는 1.5A이고 내부저항은 고려치 않는다.)

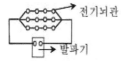

① 7.2V
② 17.4V
③ 21.6V
④ 28.8V

140120. 전류 1.2A. 내부저항 3.0Ω인 소형 발파기를사용하여 1.2m 각선이 달린 뇌관 6개를 직렬로 접속하여 100m 거리에서 발파하려고 할 때 소요전압은?(단, 전기뇌관 1개의 저항 0.97Ω, 모선 1m의 저항은 0.021Ω이다.)
① 10.1V
② 12.3V
③ 13.8V
④ 15.6V

130519. 각선을 포함한 전기뇌관의 저항이 1.1Ω, 발파모선의 전체저항이 5Ω, 발파기의 내부저항이 8Ω일 때, 뇌관 30개를 직렬결선하여 발화시키기 위한 소요전압은?(단, 소요전류는 3A이다)
① 118V
② 126V
③ 138V
④ 150V

060512. 전기뇌관의 백금선 전교길이가 3mm일 때 뇌관 1개의 전기 저항은? (단, 각선 1개의 길이 : 1.5m, 각선 전기저항 : 0.084Ω/m, 전교선 저항 : 340Ω/m)
① 0.252Ω
② 2.52Ω
③ 0.127Ω
④ 1.27Ω

(단, 발파계수 c = 0.01)

① 20g   ② 36g   ③ 81g   ④ 144g

080124. 최대지름이 80cm, 최소지름이 40cm인 암석을 천공법으로 소할발파할때 장약량은 얼마인가? (단, 발파계수는 0.02이다)

① 10g   ② 22g   ③ 32g   ④ 42g

070507. 다음 그림과 같은 암석을 천공법으로 소할발파할 때 장약량은 얼마인가? (단, 발파계수는 0.02)

① 80g   ② 100g   ③ 128g   ④ 288g

050512. 그림과 같은 암석을 천공법으로 소할발파하고자 한다 이때의 장약량은 얼마인가?(단, 발파계수는 0.004이다)

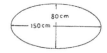

① 25.6g   ② 27.6g   ③ 48g   ④ 90g

120510(100505,090119). 발파를 이용하여 옥석을 파쇄 하는 것을 소할발파라 한다. 다음 중 소할발파법에 속하지 않는 것은?
① 미진동법   ② 복토법
③ 사혈법   ④ 천공법

090506. 소할 발파(secondary blasting)법 중 암석 외부의 움푹 파헤쳐진 부분에 폭약을 장전하고 점토 등으로 두껍게 그 위를 덮은 다음 발파하는 방법은?
① 복토법   ② 천공법   ③ 제발법   ④ 사혈법

060513. 1차 발파에 의하여 파괴된 암괴가 필요 이상의 크기일 때 그 암괴를 다시 파괴하는 것을 소할발파라한다. 다음 중 소할발파법에 속하지 않는 것은?
① W.S.B공법   ② 복토법   ③ 사혈법   ④ 천공법

트렌치
140504. 트렌치(trench) 발파의 용도로 가장 거리가 먼 것은?
① 송유관 매설   ② 상·하수도관 매설

③ 터널 심빼기 발파   ④ 가스관 매설

120112. 다음 중 트랜치 발파에 대한 설명으로 옳지 않는 것은?
① 석유 송유관이나 가스 공급관 등을 묻기위한 도랑을 굴착하기 위한 발파이다
② 계단의 높이에 비해 계단의 폭이 좁은 형태의 발파이다
③ 정상적인 계단식 발파보다 비장약량이 감소된다
④ 트렌치 발파에서 발파공은 경사천공을 실시한다

발파진동
140111(120121,100525,050501). 발파 진동 속도의 단위로 카인(kine)을 사용한다. 다음 중 카인(kine)과 같은 값으로 옳은 것은?
① 1mm/sec   ② 1cm/sec
③ 1m/sec   ④ 1km/sec

130511. 발파로 인하여 발생되는 진동속도와 폭풍압의 강도를 표시하는 단위는?(단, 진동속도, 폭풍압 순서임)
① cm/sec, dB   ② cm/sec², kine
③ ㎣/min, dB   ④ dB, kg/㎠

140117. 공당 장약량이 50kg이고, 지발당 최대 장약량이 100kg이며 발파지점에서 측정지점까지의 거리가 400m일 때 자승근 환산거리는 얼마인가?
① 10m/kg½   ② 20m/kg½
③ 30m/kg½   ④ 40m/kg½

100517. 공당 장약량이 50kg이고, 지발당 장약량이 100kg이며 발파지점에서 측정지점까지의 거리가 200m이면 자승근 환산거리는 얼마인가?
① 10m/kg½   ② 20m/kg½
③ 30m/kg½   ④ 40m/kg½

20광산05. 지발당 장약량 70kg, 진동 측정 거리가 124 m이면 환산거리는 얼마인가? (단, 제곱근 환산거리를 적용)
① 14.08   ② 14.82   ③ 15.08   ④ 15.82

110125. 어느 보안물건의 허용진동기준이 0.5cm/sec 이고, 시험발파 결과 환산거리를 65m/kg½로 제한하여 발파하도록 하였다면 보안물건과 이격거리 130m지점에서 사용할 수 있는 지발당 최대 장약량은 얼마인가?
① 1.15kg   ② 2.37kg   ③ 3.00kg   ④ 4.00kg

090122. 어느 보안물건과의 허용진단기준이 0.3㎝/sec이고, 시험발파 결과 65m/kg½로 제한하여 발파하도록 하였다 이 보안물건과 이격거리 100m 지점에서 사용할 수 있는 지발 당 장약량은 얼마인가?(단,자승근 환산거리를 적용하여 계산)
① 1.15kg ② 2.37kg ③ 3.00kg ④ 6.50kg

160121(120119,080502). 측정시간 동안의 변동에너지를 시 간적으로 평균하여 대수로 변환한 것으로 Leq dB로 표기하 는 것은?
① 최고 소음 레벨   ② 최저 소음 레벨
③ 평균 소음 레벨   ④ 등가 소음 레벨

진동억제
160103. 발파원으로부터 진동 발생을 억제하는 방법으로 틀 린 것은?
① 폭약의 선정 시 폭속이 빠른 폭약을 사용하는 것이 효과적이다.
② 계단식 발파의 경우 암반높이를 줄이고, 발파 당 굴착 량을 감소시킨다.
③ 지발뇌관을 사용하여 전체 장약량을 시차를 두고 나 누어 발파한다.
④ 터널발파의 경우 한 발파당 굴진장 감소 및 굴착단면 을 분할하여 발파한다.

110122(090521). 시가지 주변 발파에서 발파 진동을 감소시 키기 위한 방법으로 가장 적당한 것은?
① 제발발파 효과를 최대한 이용하여 발파한다
② 많은 자유면을 조성하여 발파한다
③ 폭속이 높은 폭약을 사용하여 발파한다
④ 천공작업 시 천공 방향을 주변 구조물로 향하게 하여 발파한다

110506. 다음 중 발파 진동의 감소대책으로 옳지 않는 것 은?
① 지발발파를 실시한다
② 방진구를 설치한다
③ 자유면을 더 많이 확보한다
④ 방음벽을 설치한다

21광산60. 다음 중 발파진동의 경감대책으로 옳은 것은?
① 폭원과 진동 수진점 사이에 도랑 등을 굴착하여 파 동의 전파를 차단한다.
② 폭속이 높은 폭약을 쓰는 등 동적파괴 효과가 높은 폭약을 사용한다.
③ 천공경과 비슷한 장약경의 폭약을 사용하여 충격

파를 완화할 수 있다.
④ 기폭방법으로 순발뇌관을 사용하여 발파한다.

17광산04. 다음 중 발파진동의 경감대책으로 옳은 것은?
① 폭원과 진동 수진점 사이에 도랑 등을 굴착한다.
② 폭속이 높은 폭약을 쓰는 등 동적파괴 효과가 높은 폭약을 사용한다.
③ 천공경과 비슷한 장약경의 폭약을 사용함으로써 충격 파를 완화할 수 있다.
④ 발파 시 기폭방법으로 순발뇌관인 MS뇌관 또는 DS뇌 관을 사용한다.

15광산59. 다음 중 발파 폭풍압에 대한 저감 대책으로 옳지 않은 것은?
① 전색을 충분히 한다.
② 정기폭으로 한다.
③ 방음벽을 설치한다.
④ MS뇌관을 이용 지발발파를 한다.

16광산19. 발파진동의 수준을 감소시키기 위한 대책으로 가 장 거리가 먼 것은?
① 밀리세컨드(MS)뇌관을 사용하여 진동의 상호 간섭효 과를 이용한다.
② 전색을 충분히 하고 최소저항선을 크게 한다.
③ 자유면 수를 늘릴 수 있도록 작업장을 조성한다.
④ 지발당 장약량을 작게 한다.

120123(040523). 다음 중 발파진동에 대한 설명으로 옳지 않는 것은?
① 발파로 인하여 발생하는 총에너지 중에서 일부가 탄 성파로 변환되어 발파진동으로 소비된다
② 발파에 의한 지반진동은 변위, 입자속도, 가속도와 주 파수로 표시된다
③ 발파진동의 진동파형은 자연지진에 비해 비교적 단순 하다
④ 발파진동의 주파수 대역은 1Hz 이하이다

130113. 발파풍압의 감소방안으로 옳지 않은 것은?
① 완전전색이 이루어지도록 한다
② 방음벽을 설치한다
③ 지발당 장약량을 줄인다
④ 역기폭보다는 정기폭을 실시한다

150114. 발파진동을 감소시키는 방법으로 틀린 것은?
① 지발발파보다 제발발파를 실시한다.

② 지발당 장약량을 감소시킨다.
③ 폭속이 낮은 폭약을 사용한다.
④ 기폭방법에서 역기폭보다 정기폭을 사용한다.

150514. 발파소음의 감소대책으로 옳지 않은 것은?
① 전색을 철저히 한다.
② 지발 전기뇌관보다 순발 전기뇌관을 사용하여 동시에 발파한다.
③ 노천계단식발파의 경우 벤치높이를 감소시킨다.
④ 방음벽을 설치하여 소리의 전파를 차단한다.

140504. 발파 진동의 일반적인 특성으로 옳지 않은 것은?
① 진원의 깊이는 지표 또는 깊지 않은 지하이다.
② 진동의 파형은 지진동에 비해 단순한 편이다.
③ 진동주파수의 범위는 수 Hz 또는 그 이하로 지진동에 비해 낮다.
④ 진동 지속시간은 0.5~2초 이내에 지진동에 비해서 짧다.

RQD & TCR
160109(100115). RQD에 대한 설명으로 틀린 것은?
① RQD는 암질을 나타내는 지수를 뜻한다.
② 암반의 시추조사에서 전 시추 길이에 대한 회수된 10cm 이상의 코어를 합한 길이와의 비를 말한다.
③ 암석의 풍화가 심하고, 절리와 같은 역학적 결함이 많을수록 RQD 값은 커진다.
④ 암석의 강도가 클수록 RQD 값이 커진다.

150116. 암질지수(RQD)에 대한 설명으로 옳지 않은 것은?
① 암반의 정량적인 평가지수로서 시추된 코어의 회수율인 TCR을 발전시킨 개념이다.
② RQD 값이 커질수록 암질은 불량해진다.
③ RQD 값은 암반의 역학적 결함이 적고 강도가 클수록 크다.
④ RQD 값은 풍화작용을 적게 받은 암반일수록 크다.

130116(040120). 암질지수(RQD)값에 대한 설명으로 옳지 않은 것은?
① 암반의 강도가 클수록 커진다
② 암반의 풍화가 적을수록 커진다
③ 균질보다는 이방성인 암반일수록 커진다
④ 절리와 같은 역학적 결함이 적은 암반일수록 커진다

070113. 암질지수(RQD)를 바르게 설명한 것은?
① 암반의 시추조사에서 전 시추 길이에 대한 회수된

10cm 이상의 코어를 합한 길이와의 비
② 암반의 시추조사에서 전 시추 길이에 대한 회수된 10cm 이하의 코어를 합한 길이와 비
③ 암반의 시추조사에서 회수된 코어를 함으로 절리군의 수에 대한 길이의 합
④ 암반의 시추조사에서 회수된 코어의 길이 중단층 및 절리의 수에 대한 길이의 비

140116. 다음과 같이 회수된 코어 길이의 합을 총 시추 길이에 대한 비율로 나타낸 값은 무엇인가?
① RQD   ② RMR
③ TCR   ④ Q-system

130512. 어느 암반의 시추 코어를 이용하여 산출한 RQD(암질지수)가 50~70%였다면 이 암반의 암질상태로 옳은 것은?
① 매우불량(Very Poor)   ② 불량(Poor)
③ 보통(Fair)   ④ 양호(good)

040519. RQD(암질지수)값에 의한 현지암의 분류에서 RQD가 91~100%일 때의 암질은?
① 불량   ② 보통   ③ 양호   ④ 극히 양호

150516. 총 시추길이 가 20m이고 10cm 이상인 코어 길이의 합이 14m이였다. 암질지수(RQD)는 얼마인가?
① 50%   ② 60%   ③ 70%   ④ 80%

110103. 총 시추 길이 20m에서 10cm 이상인 코어 길이의 합이 10m이다. 이 때 RQD(%)값은 얼마인가?
① 40%   ② 50%   ③ 60%   ④70%

090503(070522). 암질지수(RQD)는 전체 시추 길이에 대한 회수된 몇 cm 이상의 코어를 합한 길이의 비인가?
① 1cm   ② 5cm   ③ 10cm   ④ 15cm

Q시스템
160119(060102). 암반분류 방법 중 Q분류법을 구성하는 요소에 해당하지 않는 것은?
① 암질지수   ② 절리군의 수
③ 지하수에 의한 저감 계수   ④ 불연속면의 방향성

120125. 암반분류법인 Q분류법에서 Q값을 구하는 식으로 옳은 것은?
RQD : 암질지수, Jn : 절리군의 수
Jr : 절리군의 거칠기 계수, Ja : 절리의 풍화. 변질계수
Jw : 지하수에 의한 저감계수, SRF : 응력저감계수

가 $Q=\dfrac{RQD}{Jn}\times\dfrac{Jr}{Ja}\times\dfrac{Jw}{SRF}$ 나 $Q=\dfrac{Jn}{RQD}\times\dfrac{Ja}{Jr}\times\dfrac{SRF}{Jw}$

다 $Q=\dfrac{RQD}{Jn}\times\dfrac{Jr}{Ja}\times\dfrac{SRF}{Jw}$ 라 $Q=\dfrac{RQD}{Jn}\times\dfrac{Ja}{Jr}\times\dfrac{Jw}{SRF}$

RMR

150505(140509,110514). 암반 분류법인 RMR 분류법의 구성 인자에 해당하지 않은 것은?
① 암석의 전단강도　　② 암질지수(RQD)
③ 지하수 상태　　　④ 분연속면 상태

150118(090518). 암반의 공학적 분류법인 RMR(Rock Mass Rating) 분류법의 기준 항목에 해당하지 않는 것은?
① 탄성파 속도　　　② 불연속면 간격
③ 일축압축강도　　　④ 지하수 상태

120515. 암반 분류법인 RMR 분류법의 구성인자에 해당하지 않는 것은?
① 암질지수(RQD)　　② 불연속면 상태
③ 지하수상태　　　④ 암석의 인장강도

110107. 암반의 공학적 분류법인 RMR 분류법은 6개의 인자로 구성되어 있는데 다음 중 배점이 가장 높은 인자는?
① 암석의 일축압축강도　② 불연속면 상태
③ 불연속면 간격　　　④ 지하수상태

100506(090120.070524). 암반 분류 방법인 RMR법의 주요 인자가 아닌 것은?
① 암석의 일축압축강도　② 암질계수(RQD)
③ 지하수의 상태　　　④ 불연속면 상태

사면

140123.다음 중 단순사면(유한사면)의 파괴형태가 아닌 것은?
① 사면선단파괴　　　② 사면내파괴
③ 사면저부파괴　　　④ 사면상부파괴

130517(130118,100515,060122). 다음 중 토질사면의 파괴 형태와 관련이 없는 것은?
① 사면저부파괴　　　② 사면선단파괴
③ 사면전도파괴　　　④ 사면내파괴

110117(100124,080103,050104). 원호 활동에 의한 단순사면(유한사면)의 파괴의 종류에 해당하지 않은 것은?
① 사면저부파괴　　　② 사면선단파괴

③ 사면내파괴　　　④ 사면외파괴

120101(090124, 080525). 다음 중 암반사면의 파괴형태에 속하지 않는 것은?
① 평면파괴　② 취성파괴　③ 쐐기파괴　④ 전도파괴

070114. 다음 그림은 어느 사면에 속하는가?

① 직립사면　② 무한사면　③ 유한사면　④ 선단사면

050505. 사면의 활동형상을 직선상태로 보는 것은?
① 원호사면　② 직립면　③ 유한사면　④ 무한사면

040525. 다음에 열거한 항목 중 단순사면에서 사면선단 파괴(toe failure)가 일어날 수 있는 경우는?
① 기초지반 두께가 작을 때 또는 성토층이 여러 종류일 때
② 사면이 급하고 점착력이 작을 때
③ 사면이 급하지 않고, 점착력이 크고, 기초지반이 깊을 때
④ 사면의 하부에 굳은 지층이 있을 때

흙

120504(040111). 흙의 전단강도를 감소시키는 요인과 거리가 먼 것은?
① 공극수압의 증가
② 팽창에 의한 균열
③ 흙 다짐의 불충분
④ 굴착에 의한 흙의 일부제거

24. 다음은 통일분류법에 의한 흙의 분류기호이다. 입도분포가 양호한 모래 또는 자갈섞인 모래를 나타내는 기호는?
① GW ② GP ③ SW ④SP

110517(050522). 어떤 흙의 자연 함수비가 그 흙의 액성 한계비보다 높다면 그 흙의 상태는?
① 소성상태　　　　② 액체상태
③ 반고체상태　　　④ 고체상태

100511(050113). 다음 중 흙의 컨시스턴스에 대한 설명으로 옳은 것은?
① 소성지수는 소성한계에서 액성한계를 뺀 것이다
② 액성한계란 반고체상태에서 고체상태로 넘어가는 경계의 함수비다

③ 수축한계란 액체상태에서 소성상태로 넘어가는 경계의 함수비다
④ 소성한계란 소성상태에서 반고체상태로 넘어가는 경계의 함수비다

040513. 사면파괴가 일어나는 원인 중 흙의 전단강도를 감소시키는 요인에 해당되는 것은?
① 건물, 물, 눈과 같은 외력의 작용
② 굴착에 의한 흙의 일부의 제거
③ 지진, 폭파 등에 의한 진동
④ 수분증가에 의한 점토의 팽창

110121(060108). 토립자의 비중이 2.55이고 간극비가 1.3인 흙의 포화도는? (단, 이 흙의 함수비는 18%이다)
① 25.3% ② 35.3% ③ 45.3% ④ 55.3%

100519. 점토의 토질 시험결과 포화도 100% 함수비 50% 공극비는 1.5이었다. 이 점토의 비중은 얼마인가?
① 2.36 ② 2.60 ③ 2.75 ④ 3.00

090114. 건조단위중량이 1.70t/㎥ 이고 비중이 2.80인 흙의 공극비(e)는 얼마인가?
① 0.32 ② 0.47 ③ 0.55 ④ 0.65

090517(050519). 어떤 현장 모래의 습윤밀도가 1.80g/㎤, 함수비가 32.0%로 측정되었다면 건조밀도는?
① 0.65g/㎤ ② 0.95g/㎤
③ 1.36g/㎤ ④ 2.72g/㎤

100104(080522). 흙에서 공극이 차지하는 부피와 흙 전체 부피의 비를 백분율로서 나타낸 값을 무엇이라 하는가?
① 공극율 ② 부피율 ③ 함수율 ④ 포화율

080102. 흙의 기본적인 구성성분과 관련이 없는 것은?
① 흙입자 ② 공극 ③ 공기 ④ 물

심도계수
090520. 다음 그림과 같은 단순 사면에서의 심도계수는?

① 2.7 ② 1.6 ③ 0.6 ④ 0.4

070516(040115). 그림과 같은 단순사면의 경우 심도계수는 얼마인가?

① 0.8 ② 1.25 ③ 2.25 ④ 5.05

080509(050120,040512). 암석의 압열인장시험법(Brazilian test)에 의하여 인장강도 측정시 알맞은 식은?(단 St : 인장강도, P : 최대하중, D : 시험편의 지름, L : 시험편의 길이)
① $St = \frac{P}{DL}$ ② $St = PDL$
③ $St = \frac{2P}{DL}$ ④ $St = \frac{DL}{2P}$

080120. 암석 시료를 원주형으로 성형하여 축방향 하중을 점차 증가시키면 축방향으로 변형이 발생한다 이때,축방향으로 가해지는 응력(σ)과 그에 따른 변형률(ε)사이에는 σ=Eε가 성립한다 여기서 상수 E를 무엇이라 하는가?
① 탄성계수 ② 응력계수 ③ 전단계수 ④ 인장계수

070512. 암석의 인장강도는 압축강도와 비교할 때 보통 어떠한가?
① 압축강도보다 훨씬 크다
② 압축강도와 비슷하다
③ 압축강도보다 훨씬 작다
④ 길이보다 직경이 크면 클수록 인장강도는 압축강도보다 훨씬 크다

14광산59. 암석의 파괴시 암석은 어떤 힘에 가장 강한가?
① 휨력 ② 전단력 ③ 인장력 ④ 압축력

060111. 지하에 공동을 만들면 공동의 주변에 2차지압이 발생하게 된다. 이와 같은 공동발생 후 2차지압이 발생하는 원인과 거리가 먼 것은?
① 암석의 중량 ② 온도변화에 의한 팽창
③ 지하암석의 잠재력 ④ 수분의 흡수

보강
070123. 암반 굴착에 있어서 암반의 상태에 따라 지보재를 사용해야 한다. 다음 중 지보재가 아닌 것은?
① T.B.M ②록볼트(Rock Bolt)
③ 숏크리트(Shotcrete) ④ 철망(Wire mesh)

14광산49. 갱내 지보재로 사용되는 숏크리트의 작용효과로 옳지 않은 것은?

① 풍화방지 효과　　② 낙석방지 효과
③ 매달림 효과　　　④ 내압 효과

040507. 오스트리아에서 개발된 터널 개착법으로 암반이 연약하고 지압이 큰 곳이나 도시의 지하철 공사장에서 많이 사용되며 우리나라에서도 1982년 서울 지하철공사에서 도입한 방법은 어느 것인가?
① 쉴드공법　　　　② NATM 공법
③ 개착공법　　　　④ TBM 공법

21광산25. 다음 중 발파를 하지 않고 암반을 파쇄하면서 굴진하는 기계식 굴착공법에 사용하는 장비가 아닌 것은?
① 점보 드릴(jumbo drill)
② RBM(raise boring machine)
③ TBM(tunnel boring machine)
④ 로드 헤더(road header)

주요법규
법령상의 용어
130528. 정원의 정의로 옳은 것은?
① 동시에 공실에서 제조할 수 있는 화약류의 최대 수량
② 동시에 공실에서 제조할 수 있는 화약류의 최소 수량
③ 동시에 동일 장소에서 작업할 수 있는 종업원의 최대 인원수
④ 동시에 동일 장소에서 작업할 수 있는 종업원의 최소 인원수

120132. 다음 중 법령상 용어의 정의로 옳지 않는 것은?
① 정원이라 함은 동시에 동일 장소에서 작업할 수 있는 종업원의 최소인원수를 말한다
② 공실이라 함은 화약류의 제조작업을 하기 위하여 제조소 안에 설치된 건축물을 말한다
③ 정체량이라 함은 동일공실에 저장할 수 있는 화약류의 최대수량을 말한다
④ 보안물건이라 함은 화약류의 취급상의 위해로 부터 보호가 요구되는 장비 시설 등을 말한다

100135(080534). 다은 용어에 대한 설명으로 틀린 것은?
① 공실 : 화약류의 제조작업을 하기 위하여 제조소 안에 설치된 건축물
② 위험공실 : 발화 또는 폭발할 위험이 있는 공실
③ 화약류 일시저치장 : 화약류 취급과정에서 화약류를 일시적으로 저장하는 장소
④ 정체량 : 동일공실에서 저장할 수 있는 화약류의 최대수량

060134. 다음 중 화약류 일시저치장의 정의로 맞는 것은?
① 화약류의 판매업소에서 화약류를 일시적으로 저장하는 장소
② 화약류의 제조과정에서 화약류를 일시적으로 저장하는 장소
③ 화약류의 제조업자가 완제품의 화약류를 일시적으로 저장하는 장소
④ 화약류의 수입업자가 화약류를 일시적으로 저장하는 장소

090134. "공실"에 대한 정의로 맞는 것은?
① 발화 또는 폭발할 위험이 있는 화약고 등의 시설을 하기 위한 건축물
② 화약류의 제조작업을 하기 위하여 제조소안에 설치된 건축물
③ 화약류의 제조과정에서 화약류를 일시적으로 저장하는 장소
④ 화약류의 취급상의 위해로부터 보호가 요구되는 건축물

160126(110534). 보안물건의 구분으로 옳지 않은 것은?
① 제1종 보안물건 : 학교
② 제2종 보안물건 : 공원
③ 제3종 보안물건 : 발전소
④ 제4종 보안물건 : 석유저장시설

130534. 다음 중 "제1종 보안물건"만으로 구성된 것은?
① 국도, 화기취급소　　② 철도, 석유저장시설
③ 촌락의 주택, 공원　　④ 학교, 경기장

060129. 다음 중 제1종 보안물건에 해당하는 것은?
① 촌락의 주택　② 철도　③ 사찰　④ 고압전선

050534. 총포 . 도검 . 화약류 등 단속법에 의한 보안물건 중 학교 및 병원은 몇 종 보안물건에 속하는가?
① 제1종 보안물건　　　② 제2종 보안물건
③ 제3종 보안물건　　　④ 제4종 보안물건

140131. 다음 중 제2종 보안물건에 해당하는 것은?
① 촌락의 주택　　　　　② 경기장
③ 석유저장시설　　　　④ 화약류취급소

150130(110130). 제4종 보안물건에 해당하는 것은?

① 보육기관　　　　　② 고압전선
③ 촌락의 주택　　　　④ 석유저장시설

120528. 다음 중 제4종 보안물건에 해당하지 않는 것은?
① 지방도　　　　　　② 변전소
③ 고압전선　　　　　④ 화약류취급소

060535. 선박의 항로 또는 계류소는 몇 종 보안물건에 해당하는가?
① 제1종 보안물건　　② 제2종 보안물건
③ 제3종 보안물건　　④ 제4종 보안물건

040133. 1급 저장소에 폭약 20톤을 저장하고자 한다 주변에 촌락의 주택이 있을 경우 보안거리는 얼마 이상 두어야 하는가?
① 140m　　　　　　② 220m
③ 380m　　　　　　④ 440m

150129. 화약류 1급 저장소에 저장할 수 있는 폭약의 최대 저장량은 얼마인가?
① 50톤　　② 40톤　　③ 30톤　　④ 20톤

050133. 화약류 1급 저장소의 최대 저장량으로 틀린 것은?
① 총용뇌관 : 5000만개　② 전기도화선 : 무제한
③ 공업뇌관 : 6000만개　④ 화약 : 80톤

100528(080132). 3급 저장소에 저장할 수 있는 화약류의 최대저장량으로 옳은 것은?
① 화약 60kg　　　　② 폭약 25kg
③ 전기뇌관 2만개　　④ 도폭선 2000m

130134. 화약류 저장소별 폭약의 최대 저장량으로 옳지 않는 것은?
① 1급 저장소 : 40톤　② 2급 저장소 : 10톤
③ 3급 저장소 : 25kg　④ 수중 저장소 : 100톤

050528. 간이저장소에 "폭약"을 저장하고자 한다 최대 저장량으로 맞는 것은?
① 30kg　② 15kg　③ 10kg　④ 5kg

060534. 화약류 저장소에 따른 저장량으로 맞는 것은?(단, 화약류의 종류는 화약이다)
① 1급 저장소 : 100톤　② 2급 저장소 : 50톤
③ 3급 저장소 : 25톤　④ 수중저장소 : 400톤

090127. 화약류 취급소의 정체량으로 맞는 것은?
(단, 1일 사용 예정량 이하임)
① 화약 400Kg　　　② 폭약(초유폭약 제외) 400Kg
③ 전기뇌관 3500개　④ 도폭선6Km이하

050532. 다음 중 화약류 취급소의 정체량으로 맞는 것은?
(단, 1일 사용량임)
① 공업용뇌관 - 4000개　　② 도폭선 - 10km
③ 폭약(초유폭약제외) - 500kg　④ 화약 - 300kg

060132. 화약류 취급소의 정체량으로 맞는 것은?
① 화약 또는 폭약(초유폭약 제외) 250킬로그램 이하
② 공업용뇌관 또는 전기뇌관 2500개 이하
③ 도폭선 6킬로미터 이하
④ 도화선 250킬로미터 이하

040535. 화약류취급소의 정체량 기준 중 전기뇌관의 수량은?
① 6000개　② 5000개　③ 4000개　④ 3000개

환산수량

130128. 폭약 1톤에 해당하는 화공품의 수량으로 옳은 것은?
① 실탄 또는 공포탄 : 200만개
② 신관 또는 화관 10만개
③ 총용뇌관 100만개
④ 도폭선 100km

120535(120130,060130). 화약류의 정체 및 저장에 있어 폭약 1톤에 해당하는 화공품의 환산수량으로 맞는 것은?
① 실탄 또는 공포탄 300만개
② 공업용뇌관 또는 전기뇌관 100만개
③ 도폭선 100km
④ 미진동파쇄기 10만개

080131. 화약류의 정체 및 저장에 있어 폭약 1톤에 해당하는 화공품의 환산수량으로 맞는 것은?
① 실탄 또는 공포탄 300만개
② 공업용뇌관 150만개
③ 신호뇌관 30만개
④ 총용뇌관 250만개

100129(050533). 폭약 1톤에 대한 화약류의 환산수량으로 틀린 것은?
① 화약 : 2톤　　　　② 실탄 또는 공포탄 : 200만개

③ 도폭선 : 100km   ④ 미진동 파쇄기 : 5만개

올분이 23% 정도 머금은 상태로 운반한다

050134. 폭약 1톤으로 환산된 수량으로서 잘못된 항목은?

① 화약 : 2톤   ② 공업용뇌관 : 100만개
③ 실탄 : 300만개   ④ 도폭선 : 50km

150532(120133,090534,080134). 화약류저장소가 보안거리 미달로 보안건물을 침범했을 경우 행정처분기준은?

① 허가취소
② 감량 또는 이전명령
③ 6개월간 정지 명령 후 조치 불이행 시 허가취소
④ 1년간 정지 명형 후 조치 불이행 시 허가취소

150531. 화약류 운반방법의 기술상의 기준으로 옳지 않은 것은?

① 야간이나 앞을 분간하기 힘든 경우에 주차할 때에는 차량의 전·후방 50m 지점에 적색 등불을 달 것
② 화약류 운반은 자동차(2륜자동차 및 택시 제외)에 의하여야 하며 200km 이상의 거리를 운반하는 때에는 운송인은 도중에 운전자 교체가 가능하도록 예비운전자 1명 이상을 태울 것
③ 화약류를 실은 차량이 서로 진행하는 때 (앞지르는 경우는 제외)에는 100m 이상, 주차하는 때에는 50m 이상의 거리를 둘 것
④ 화약류 특별한 사정이 없는 한 야간에 싣지 아니할 것

150134. 화약류의 운반방법에 대한 기술상의 기준으로 옳은 것은?

① 야간이나 앞을 분간하기 힘든 경우의 주차시에는 차량의 전·후방 30미터 지점에 적색등불을 달아야 한다.
② 화약류를 실은 차량이 서로 진행하는 때9앞지르기 경우제외)에는 50미터 이상 거리를 둔다.
③ 화약류는 특별한 사정이 없는 한 인적이 드문 야간에 차량에 적재하여야 한다.
④ 화약류를 다룰 때에는 갈고리 등을 사용하지 않아야 한다.

040527. 화약류 운반에 관한 기술상의 기준 내용으로 올바른것은?

① 화약류는 주변이 한가한 야간에 싣는다
② 도폭선 1500m를 자동차로 운반할 경우에는 그 차량에 경계요원을 태우지 않아도 된다
③ 화약류를 다룰 때는 철재 갈고리를 사용해야 한다
④ 뇌홍 및 뇌홍을 주로 하는 기폭약은 수분 또는 알코

140128. 다음은 화약류 운반방법에 대한 설명이다. ( )안에 들어갈 내용으로 옳은 것은?

* 화약류 운반 시 야간에 주차하고자 할 때 차량의 전방과 후방(1) 지점에 (2)을 달아야 한다.

① 1: 15m 2: 황색등불   ② 1: 15m 2: 적색등불
③ 1: 30m 2: 황색등불   ④ 1: 30m 2: 적색등불

050132. 화약류를 실은 차량이 서로 주차하는 때에 앞차와 뒷차와의 거리는? (단, 법령상 최단 기준임)

① 200미터 ② 150미터 ③ 100미터 ④ 50미터

120531. 동일 차량에 함께 실을 수 있는 화약류 중 "화약"과 함께 실을 수 없는 것은?

① 공업용뇌관, 전기뇌관(특별용기에 들어 있는 것)
② 실탄, 공포탄
③ 신관(포경용제외)
④ 도폭선

정답체크

160134(150528,120134). 경찰서장의 허가를 받아 설치 할 수 있는 화약류저장소는?

① 간이 저장소   ② 수중 저장소
③ 도화선 저장소   ④ 불꽃류 저장소

120533. 2급 화약류저장소의 설치 허가권자는 누구인가?

① 지방경찰청장   ② 경찰청장
③ 경찰서장   ④ 행정안전부장관

운반신고

1500533(070534). 운반신고를 하지 아니하고 운반할 수 있는 화약류의 종류 및 수량으로 맞는 것은?

① 총용뇌관 10만개   ② 도폭선 2000m
③ 화약 3kg   ④ 폭약 1.5kg

140132. 운반신고를 하지 아니하고 운반할 수 있는 화약류의 종류 및 수량으로 옳은 것은?

① 총용뇌관- 20만개
② 미진동파쇄기 - 1만개
③ 도폭선-1500m
④ 장남감용꽃불류- 1000kg

050135. 화약류의 운반신고 없이 운반할 수 있는 수량으로 옳지 않은 것은?

① 도폭선 - 1,500미터
② 미진동파쇄기 - 5,000개
③ 장난감용꽃불류 - 500kg
④ 실탄(1개당 장약량 0.5g 이하) - 15만개

110131. 화약류를 운반하고자 하는 사람은 행정안전부령이 정하는 바에 의하여 누구에게 운반신고를 하여야 하는가? (단, 대통령령이 정하는 수량 이하의 화약류 운반 제외)
① 도착예정지 관할 경찰서장
② 도착예정지 관할 지구대장
③ 발송지 관할 경찰서장
④ 발송지 관할 지구대장

130530(090126,060128). 다음 ( ) 안에 알맞은 내용은?
화약류운반신고를 하고자 하는 사람은 화약류 운반 신고서를 특별한 사정이 없는 한 운반개시(①)전까지 (②)를 관할하는 경찰서장에게 제출 하여야 한다
① ① 1시간, ②도착지 ② ① 1시간, ②발송지
③ ① 4시간, ②도착지 ④ ① 4시간, ②발송지

120128(080533). 화약류 운반신고 방법에 대한 설명으로 옳은 것은?
① 특별한 사정이 없는 한 화약류 운반개시 12시간 전까지 발송지 관할 경찰서장에게 신고해야 한다
② 화약류의 운반기간이 경과한 때에는 운반신고필증을 도착지 관할 경찰서장에게 반납해야 한다
③ 화약류를 운반하지 아니하게 된 때에는 운반신고필증을 발송지 관할 경찰서장에게 반납할 필요가 없다
④ 화약류의 운반을 완료한 때에는 운반신고필증을 도착지 관할 경찰서장에게 반납해야 한다

080135(060529). 화약류를 운반하는 사람이 화약류 운반신고필증을 지니지 아니하고 운반하였을 경우의 벌칙은?
① 2년 이하 징역 또는 500만원 이하 벌금의 형
② 1년 이하 징역 또는 200만원 이하 벌금의 형
③ 6월 이하 징역 또는 50만원 이하 벌금의 형
④ 300만원 이하 과태료

140530(070128). 화약류 운반신고를 거짓으로 한 사람에 대한 벌칙으로 옳은 것은?
① 300만원 이하의 과태료
② 2년 이하의 징역 또는 500만원 이하의 벌금형
③ 3년 이하의 징역 또는 700만원 이하의 벌금형
④ 5년 이하의 징역 또는 1천만원 이하의 벌금형

운반표지
140533(100132). 화약류를 운반하는 차량이 규정에 의한 운반표지를 하지 않아도 되는 화약류의 수량으로 맞는 것은?
① 10kg 이하의 화약
② 2000개 이하의 미진동 파쇄기
③ 200개 이하의 전기뇌관
④ 500m 이하의 도폭선

120126. 운반표지를 하지 않고 운반할 수 있는 화약류의 수량으로 옳은 것은?
① 10kg 이하의 폭약
② 200개 이하의 공업용뇌관 또는 전기뇌관
③ 2만개 이하의 총용뇌관
④ 100m 이하의 도폭선

070132(040131). 운반표지를 하지 아니하고 운반할 수 있는 화약류의 수량으로 맞는 것은?
① 화약 20 kg 이하   ② 폭약 10 kg 이하
③ 공업용뇌관 1000개 이하   ④ 도폭선 100m 이하

040534. 화약류 운반표지를 하지 않아도 되는 것중 틀린 것은?
① 화약 10kg 이하   ② 폭약 5kg 이하
③ 전기뇌관 200개 이하   ④ 도폭선 100m 이하

설치허가권자, 저장소
140534. 화약류저장소와 설치허가권자의 연결로 옳은 것은?
① 장난감용 꽃불류저장소 - 경찰서장
② 도화선저장소 - 경찰서장
③ 수중저장소 - 경찰서장
④ 3급저장소 - 경찰서장

140133. 화약류저장소에 따른 허가권자의 연결로 옳지 않은 것은?
① 1급 저장소 - 지방경찰청장
② 3급 저장소 - 지방경찰청장
③ 꽃불류저장소 - 지방검찰총장
④ 간이저장소 - 경찰서장

110528. 일시적인 토목공사를 하거나 그 밖의 일정한 기간의 공사를 하는 사람이 그 공사에 사용하기 위하여 화약류를 저장하고자 하는 때에 한하여 설치할 수 있는 화약류저장소는?
① 간이 저장소   ② 2급 저장소
③ 3급 저장소   ④ 수중 저장소

면허

140129(090526). 화약류관리보안 책임자의 결격사유로 틀린 것은?

① 20세 미만인 사람
② 운전면허가 없는 사람
③ 색맹이거나 색약인 사람
④ 듣지 못하는 사람

130532(130131). 화약류관리보안책임자의 면허를 받은 사람은 그 면허를 받은 날로부터 얼마마다 안전행정부령이 정하는 바에 의하여 갱신하여야 하는가?

① 7년 ② 5년 ③ 3년 ④ 2년

120529. 화약류관리보안책임자 면허를 반드시 취소해야 하는 경우에 해당하지 않는 것은?

① 속임수를 쓰거나 그 밖의 옳지 못한 방법으로 면허를 받은 사실이 드러난 때
② 공공의 안녕질서를 해칠 염려가 있다고 믿을 만한 상당한 이유가 있는 때
③ 면허를 다른 사람에게 빌려준 때
④ 국가기술자격법에 의하여 자격이 취소된 때

100526. 총포.도검.화약류 등 단속법상 화약류관리보안책임자 면허를 반드시 취소하여야 하는 경우에 해당하는 것은?

① 화약류를 취급함에 있어 중대한 과실로 사고를 일으켰을 때
② 국가기술자격법에 의하여 자격이 정지된 때
③ 면허를 다른 사람에게 잠시 빌려 주었을 때
④ 지방경찰청장이 실시하는 교육을 받지 아니하였을 때

040533. 화약류제조.관리보안 책임자 면허의 취소사유가 아닌것은?

① 속임수를 쓰거나 옳지 못한 방법으로 면허를 받은 사실이 들어난 때
② 국가기술자격법에 의하여 자격이 취소된 때
③ 면허를 다른 사람에게 빌려준 때
④ 화약류를 취급함에 있어 고의 또는 과실로 폭발사고를 일으켜 사람을 죽거나 다치게 한 때

050127. 화약류관리보안책임자가 이사를 하여 주소가 변경되었음에도 1년이 지나도록 관할 경찰서에 신고하지 않았을 경우에 받는 불이익은?

① 15일 면허정지 사유이다
② 300만원 이하의 과태료를 부과 받는다
③ 면허취소 사유이다
④ 처벌은 없으나 제1차 경고의 사유이다

080126. 건설업자 '갑'은 월3톤의 폭약을 사용하는 터파기공사를 하고자 한다. 선임하여야 하는 화약류관리보안책임자로 맞는 것은?

① 1급화약류관리보안책임자
② 2급화약류관리보안책임자
③ 3급화약류관리보안책임자
④ 2급화약류제조보안책임자

수출수입

120527(060135). 화약류를 수출 또는 수입하고자 하는 사람은 그때마다 누구의 허가를 받아야 하는가?

① 경찰서장 ② 지방경찰청장
③ 경찰청장 ④ 행정안전부장관

양도양수

140134(070530). 화약류를 양도 또는 양수 하고자 하는 사항은 안전행정부령이 정하는 바에 의하여 누구의 허가를 받아야 하는가?(단, 예외사항은 제외)

① 사용지 관할 지방경찰청장
② 양수지 관할 지방경찰청장
③ 주소지 관할 경찰서장
④ 사용지 관할 시·도지사

130132(120527,110133,100134,090132,050128). 화약류 양수허가의 유효기간에 대한 설명으로 옳은 것은?

① 양수허가의 유효기간은 6개월을 초과할 수 없다
② 양수허가의 유효기간은 1년을 초과할 수 없다
③ 양수허가의 유효기간은 2년을 초과할 수 없다
④ 양수허가의 유효기간은 3년을 초과할 수 없다

130130(110126,100530,060126). 화약류 사용자는 화약류 출납부를 비치 및 보존 하여야 한다. 화약류 출납부의 보존기간으로 옳은 것은?

① 기입을 완료한 날부터 5년
② 기입을 완료한 날부터 3년
③ 기입을 완료한 날부터 2년
④ 기입을 완료한 날부터 1년

090529. 화약류를 양도. 양수하고자 할 때 경찰서장의 허가를 받지 않아도 되는 경우가 아닌 것은?

① 제조업자가 제조할 목적으로 화약류를 양수하거나 제련한 화약류를 양도하는 경우
② 화약류의 수출입 허가를 받은 사람이 그 수출입과 관련하여 화약류를 양도, 양수하는 경우

③ 판매업자가 판매할 목적으로 화약류를 양도, 양수하는 경우

④ 화약류관리보안책임자가 현장 발파용으로 화약류를 양도, 양수하는 경우

사용

120135(060528). 화약류의 사용지를 관찰하는 경찰서장의 사용허가를 받지 아니하고 화약류를 발파 또는 연소시킬 경우의 벌칙으로 옳은 것은? (단, 예외사항은 제외)
① 5년 이하의 징역 또는 1천만원 이하의 벌금형
② 3년 이하의 징역 또는 700만원 이하의 벌금형
③ 2년 이하의 징역 또는 500만원 이하의 벌금형
④ 300만원 이하의 과태료

110126(100131). 화약류의 사용허가를 받은 사람이 허가받은 용도와 다르게 사용하였을 경우 벌칙은?
① 5년 이하의 징역 또는 1천만원 이하의 벌금
② 3년 이하의 징역 또는 700만원 이하의 벌금
③ 2년 이하의 징역 또는 500만원 이하의 벌금형
④ 300만원 이하의 과태료

090527. 화약류의 소지허가는 누구의 허가를 받아야 하는가?(단. 허가없이 화약류를 소지할 수 있는 경우 제외)
① 행정안전부장관
② 경찰청장
③ 주소지 관할 지방경찰청장
④ 주소지 관할 경찰서장

기술상의 기준

110526. 다음 중 화약류 취급에 대한 설명으로 가장 옳지 않는 것은?
① 사용하다가 남은 화약류는 즉시 폐기처리 할 것
② 화약·폭약과 화공품은 각각 다른 용기에 넣어 취급할 것
③ 굳어진 다이나마이트는 손으로 주물러서 부드럽게 할 것
④ 낙뢰의 위험이 있는 때에는 전기뇌관에 관계되는 작업을 하지 말 것

100534. 화약류 취급에 관한 설명 중 옳지 않는 것은?
① 화약류를 취급하는 용기는 목재 그 밖의 전기가 통하지 아니하는 것으로 할 것
② 사용하다가 남은 화약류 또는 사용하기에 적합하지 아니한 화약류는 즉시 폐기할 것
③ 얼어서 굳어진 다이너마이트는 섭씨30도 이하의 온도를 유지하는 실내에서 누그러트릴 것.
④ 전기뇌관에 대하여는 도통시험 또는 저항시험을 하되,

미리 시험전류를 측정하여 0.01[A]를 초과하지 아니하는 것을 사용할 것

050530. 화약류의 취급에 대한 설명으로 틀린 것은?
① 사용하고 남은 화약류는 화약류 취급소에 반납한다.
② 전기뇌관의 도통·저항시험의 시험전류는 0.01A를 초과하지 않아야 한다
③ 낙뢰의 위험이 있을 때는 전기뇌관 또는 전기도화선을 사용치 않는다
④ 얼어서 굳어진 다이나마이트는 섭씨 30도 이하의 온도를 유지하는 실내에서 누그러뜨린다

130529(060532). 화약류 발파의 기술상의 기준으로 옳지 않은 것은?(단, 초유폭약은 제외)
① 발파는 현장소장의 책임하에 한다
② 화약 또는 폭약을 장전하는 때에는 그 부근에서 담배를 피우거나 화기를 사용해서는 안된다
③ 한번 발파한 천공된 구멍에 다시 장전하지 않는다
④ 발파하고자 하는 장소에 누전이 되어 있는 때에는 전기발파를 하지 않는다

130133. 다음 ( )안의 내용으로 옳은 것은?
대발파는 ( ) 이상의 폭약을 사용하여 발파하는 경우를 말한다
① 200kg ② 300kg ③ 400kg ④ 500kg

140529. 다음은 불발된 장약에 대한 조치과 관련된 설명이다. ( )에 들어갈 내용으로 옳은 것은?

> 장전된 화약류를 점화하여도 그 화약류가 폭발되지 아니하거나 폭발여부의 확인이 곤란한 때에는 점화후(1)이상 전기발파에 있어서는 발파모선을 점화기로부터 떼어서 다시 점화가 되지 아니하도록 한후 (2)이상을 경과한 후가 아니면 화약류를 장전한곳에 사람의 출입이나 접근을 금지하여야 한다.

① 1: 15분 2: 5분
② 1: 15분 2: 10분
③ 1: 30분 2: 5분
④ 1: 30분 2: 10분

040526. 대발파를 끝낸 후 발파장소에 접근할 수 있는 시간은? (단, 최소시간)
① 도화선 발파시 15분 이상 경과 후
② 전기 발파시 5분 이상 경과 후
③ 도화선 및 전기 발파시 30분 이상 경과 후
④ 도화선 발파시 45분 이상 경과 후

080531(040126). 착암기를 사용하여 불발한 화약류를 회수

하려고 한다. 불발된 천공된 구멍으로부터 얼마 이상의 간격을 두고 평행으로 천공하여 다시 발파하고 불발한 화약류를 회수하는가? (단, 법령상의 기준임)

① 20cm ② 40cm ③ 60cm ④ 80cm

150530(070535,050531,050129). 다음은 초유폭약에 의한 발파의 기술상의 기준에 관한 사항이다,(   )안에 알맞은 내용은?

> 초유폭약은 가연성 가스가 (   )이상이 되는 장소에서는 발파하지 아니할 것

① 0.1% ② 0.5% ③ 1.0% ④ 1.5%

140532(100127,070129). 초유폭약에 의한 발파의 기술상의 기준에 대한 기술상의 기준에 대한 설명 중 잘못된 것은?

① 기폭량에 적합한 전폭약을 같이 사용할 것
② 발파장소에서는 발파가 끝난 후 발생하는 가스에 주의할 것
③ 뇌관이 달린 폭약은 장전용 호스로 조심스럽게 장전할 것
④ 장전 후에는 가급적 신속히 점화할 것

150535(090530,040129). 다음은 화약류 취급에 관한 사항이다. (   )안의 내용으로 옳은 것은?

> 전기뇌관의 경우에는 도통시험 또는 저항시험을 하되, 미리 시험전류를 측정하여 (   )암페어를 초과하지 아니하는 것을 사용하는 등 충분한 위해 예방조치를 할 것

① 0.1 ② 0.5 ③ 0.01 ④ 0.05

120131(080528) 전기발파의 기술상의 기준 중 동력선 또는 전등선을 전원으로 사용하고자 할 때 전선에 몇 암페어 이상의 전류가 흐르도록 하여야 하는가?

① 4암페어 이상 ② 3암페어 이상
③ 2암페어 이상 ④ 1암페어 이상

090535. 전기발파의 기술상의 지준에 대한 설명으로 틀린 것은?

① 전기발파기 및 건전지는 습기가 없는 장소에 놓고 사용전에 전력을 일으킬 수 있는 지를 확인할 것
② 발파모선은 고무 등으로 절연된 전선 20m 이상의 것을 사용할 것
③ 전선은 점화하기 전에 화약류를 장전한 장소로부터 30m 이상 떨어진 안전한 장소에서 도통시험 및 저항시험을 할 것
④ 공기장전기를 사용하여 화약 또는 폭약을 장전하는

때에는 전기뇌관을 반드시 천공된 구멍 입구에 두도록 할 것

정답체크

160132. 화약류 폐기의 기술상의 기준으로 옳지 않은 것은?

① 얼어 굳어진 다이너마이트는 물에 녹여서 연소처리하거나 10kg 이상의 양으로 나누어 차로 폭발처리 한다.
② 화약 또는 폭약은 조금씩 폭발 또는 연소시킨다.
③ 전기뇌관은 적은 양으로 포장하여 땅속에 묻고 공업용 뇌관 또는 전기뇌관으로 폭발 처리한다.
④ 도화선은 연소처리하거나 물에 적셔서 분해처리 한다.

150133(130533,050529). 화약류 폐기의 기술상의 기준으로 틀린 것은?

① 얼어서 굳어진 다이너마이트는 완전히 녹여서 연소처리 할 것
② 화약 또는 폭약은 조금씩 폭발 또는 연소시킬 것
③ 도폭선은 공업용뇌관 또는 전기뇌관으로 폭발처리 할 것
④ 도화선은 땅속에 매몰하거나 습윤상태로 분해처리 할 것

110127. 화약류 폐기의 기술상의 기준중 도화선의 처리방법으로 옳은 것은?

① 연소처리 하거나 물에 적셔서 분해처리 한다
② 500g 이하의 적은 양으로 나누어 순차로 폭발처리 한다
③ 300g 이하의 적은 양으로 포장하여 땅속에 묻는다
④ 안전한 수용액과 함께 강물에 흘려 버린다

070130. 도폭선을 폐기처리하고자 할 때 가장 올바른 방법은?

① 연소처리 한다
② 습윤상태로 분해 처리한다
③ 공업용 뇌관 또는 전기 뇌관으로 폭발시킨다
④ 소량씩 땅속에 매몰한다

070527. 화약류 폐기의 기술상의 기준 중 틀린 것은?

① 화약 또는 폭약은 조금씩 폭발 또는 연소시킬 것
② 얼어 굳어진 다이나마이트는 1000g이하의 적은양으로 나누어 순차로 폭발 처리할 것
③ 도화선은 연소처리하거나 물에 적셔서 분해처리할 것
④ 도폭선은 공업용뇌관 또는 전기뇌관으로 폭발처리할 것

100531(080535). 화약류의 소유자 또는 관리자가 화약류 사용 중 도난또는 분실사고가 발생한 경우 조치사항으로 가장 올바른 것은?
① 지체없이 국가 경찰관서에 신고하여야 한다
② 12시간을 기한으로 찾아본 후 경찰관서에 신고한다
③ 총포화약안전기술협회에 전문가를 동원한 조사를 의뢰한다
④ 화약회사에 회수하도록 협조 요청한다

150526(100133,090135,080130). 화약류를 발파 또는 연소시키려는 사람은 누구에게 사용허가를 받아야 하는가?
(단, 광업법에 의한 경우 등 예외사항 제외)
① 시 . 도지사
② 경찰청장
③ 사용지 관할 경찰서장
④ 사용지 관할 지방결찰청장

070135. 화약류 저장소에 저장중인 다이나마이트에서 니트로글리세린이 스며나와 마루바닥을 오염시킬 경우 니트로글리세린을 분해하기 위한 용액의 제조 방법으로 맞는 것은?
① 물 150밀리리터에 설탕 100그램을 녹인 용액
② 알콜 150밀리리터에 가성소다 100그램을 녹이고 순수 글리세린 1리터를 혼합한 액체
③ 물 150밀리리터에 가성소다 100그램을 녹이고 알콜 1리터를 혼합한 액체
④ 물 150밀리리터에 설탕 100그램을 녹이고 순수 글리세린 1리터를 혼합한 액체

화성암(133~135P)

1-1 다음의 지질 단면도에서 화성암체 A의 명칭은?

　　　가. 암맥　나. 저반
　　　다. 병반　라. 광맥

1-2 다음 그림은 화성암과 산출상태의 모형도이다. 그림에서 E의 명칭으로 맞는 것은?

　　　가. 저반　나. 암경
　　　다. 암상　라. 병반

1-3 화강암과 같은 심성암체를 형성하고 있으며 가장 규모가 크게 산출되는 화성암체는 무엇인가?
가. 병반　　나. 저반　다. 암주　라. 용암류

1-4 현수체(roof pendant)와 관련이 깊은 것은?

가. 암주　　나. 병반　　다. 저반　　라. 암경

1-5 지표에 나타난 심성암체의 면적이 200Km²이상이면 무엇이라 하는가?
가. 병반　　나. 저반　　다. 암주　　라. 암상

1-6 지표에 나타난 심성암체의 면적이 200km²이하이면 무엇이라 하는가?
가. 암경(岩頸)　　　나. 병반(餅盤)
다. 암상(岩床)　　　라. 암주(岩株)

1-7 기존 암석의 틈을 따라 관입한 판상의 화성암체를 말하는 것은?
가. 암상　　나. 암주　다. 암맥　　라. 암경

1-8 마그마가 다른 암석에 관입하여 굳어지면 판 모양의 화성암체가 만들어진다. 이것을 무엇이라 하는가?
가. 용암　　나. 병반　다. 암맥　　라. 포획

1-9 퇴적암의 층리를 따라 관입한 화성암체의 일부가 더 두꺼워져서 볼록렌즈 모양 또는 만두모양으로 부풀어 오른 것을 무엇이라 하는가?
가. 암경　　나. 저반　다. 병반　　라. 암주

2-1 화성암의 구조중 색을 달리하는 광물들이 층상으로 번갈아 나타나거나 석리의 차로 만들어지는 평행구조를 말하는 것은?
가. 유문상구조　　　　나. 행인상구조
다. 호상구조　　　　　라. 구과상구조

2-2 화산암이 유동하여 굳어질 때 가지게 되는 평행구조를 무엇이라 하는가?
가. 괴상구조　나. 유상구조　다. 유동구조　라. 호상구조

2-3 화산암에서 흔히 볼 수 있는 구조로 기공을 갖고 있는 구조는 무엇인가?
가. 유동구조　　　　　나. 다공상구조
다. 호상구조　　　　　라. 구상구조

2-4 현무암에서와 같이 암석에 크고 작은 구멍이 다른 광물로 채워지면 무엇이라 하는가?
가. 엽상구조　　　　　나. 구상구조
다. 다공질구조　　　　라. 행인상구조

2-5 화성암의 구조중 기공이 다른 광물질로 채워진 것과

가장 관련이 깊은 구조는?

가. 포획암
나. 다공상 구조
다. 구과상 구조
라. 행인상 구조

2-6 심성암의 구조에서 광물들이 동심원상으로 모여 크고 작은 공모양의 집합체를 이룬 구조를 무엇이라 하는가?

가. 비현정질구조　나. 구상구조
다. 다공질구조　　라. 반상조직

2-7 구과상 구조는 어떤 암석에서 가장 많이 볼 수 있는가?

가. 염기성 분출암
나. 중성 분출암
다. 산성 분출암
라. 염기성 심성암

2-8 2종 또는 그 이상의 광물들로 되어있는 화성암에서 동종의 광물들은 각각 일정한 방향을 가지고 나타나서 고대 상형문자 모양의 배열상태를 보여주는 암석이 있다. 이런 암석이 가지는 조직을 무엇이라 하는가?

가. 반상조직
나. 문상조직
다. 포이킬리조직
라. 반정질조직

2-9 제주 지방에서 산출되는 현무암에서 흔히 나타나는 구조로 옳은 것은?

가. 구상구조
나. 동심원상구조
다. 층상구조
라. 다공질구조

2-10 다음 (　)안의 a, b를 순서대로 옳게 나열한 것은?

화성암의 구성 광물이 작아서 육안으로 구별되지 않으나 현미경으로 볼수 있는 것을 (a)이라 하고, 현미경으로도 광물감정이 불가능할 만큼 작은 결정들로 이루어진 것을 (b)이라 한다.

가. 비현정질, 입상
나. 미정질, 은미정질
다. 현정질, 입상
라. 유리질, 현정질

3-1 화성암을 분류하는 기준은 (a)의 성분비와 산출상태에 따라 나타내는 (b)에 의하여 결정된다. a와 b로 옳은 것은?

	(a)	(b)		(a)	(b)
가.	MgO	구조	나.	CaO	반점
다.	FeO	압력	라.	SiO_2	조직

3-2 화성암의 반상조직에 있어 반점모양의 큰 알갱이를 (a), 바탕을(b)라 한다. a와 b로 옳은 것은?

가. 절 리　엽 리
나. 반 정　석 기

다. 석 기　절 리
라. 행인상　편 리

3-3 화산암 중에는 광물 알갱이들을 육안으로 구별할 수 없는 것이 많다. 이러한 특징을 갖는 조직을 말하는 것은?

가. 비현정질조직
나. 현정질조직
다. 입상조직
라. 등립상조직

3-4 현정질이며 완정질인 광물의 입자로 구성된 화성암의 조직을 무엇이라 하는가?

가. 입상조직
나. 유리질조직
다. 반상조직
라. 행인상조직

3-5 현정질, 비현정질 조직에 있어서 상대적으로 유난히 큰 광물 알갱이들이 반점 모양으로 들어 있는경우 이러한 조직은?

가. 반상조직
나. 구상조직
다. 미정질조직
라. 유리질조직

3-6 한개의 큰 광물중에 다른 종류의 작은 결정들이 다수 불규칙 하게 들어있는 석리(조직)는?

가. 반상석리(조직)
나. 문상석리(조직)
다. 취반상석리(조직)
라. 포이킬리틱석리(조직)

3-7 현미경으로도 미정이 거의 발견되지 않고 전부 비결정질로 되어있는 것을 말하는 것은?

가. 유리질조직
나. 문상조직
다. 현정질조직
라. 반정질조직

3-8 반상조직을 가진 암석의 반정이 다수 광물의 집합체로 되어 있을 때 이 암석의 석리는?

가. 반상조직
나. 문상조직
다. 취반상조직
라. 포이킬리틱조직

3-9 육안으로 화성암의 종류와 그 이름을 알아내기 위한 방법으로 맞는 것은?

가. 쇄설성조직, 층리, 화석을 관찰한다.
나. 입상조직, 반상조직, 유리질조직을 관찰한다.
다. 편리, 편마구조, 호온펠스 구조를 관찰한다.
라. 쇄설성조직, 편마구조, 편리의 구조를 관찰한다.

4-0 다음 화성암 중 산성암으로 이루어진 것은?

가. 유문암, 화강암
나. 현무암, 반려암
다. 안산암, 섬록암
라. 휘록암, 감람암

4-1 다음중 화성암의 종류로 이루어진 것은?

가. 화강암, 규암, 사암, 역암

나. 유문암, 조면암, 현무암, 섬록암

다. 석회암, 응회암, 각력암, 규조토

라. 편마암, 천매암, 대리암, 편암

4-2 다음의 화성암 중 염기성암으로만 이루어진 것은?

가. 현무암, 휘록암, 반려암

나. 안산암, 안산반암, 섬록암

다. 유문암, 석영반암, 화강암

라. 석영반암, 섬록암, 반려암

4-3 다음 중 심성암끼리 짝지어진 것은?

가. 휘록암, 안산암, 반려암

나. 화강암, 섬록암, 반려암

다. 안산암, 현무암, 유문암

라. 휘록암, 석영반암, 안산반암

4-4 마그마가 지하 깊은 곳에서 굳어진 것은?

가. 심성암   나. 화산암 다. 분출암   라. 퇴적암

4-5 다음 암석중 초염기성암에 속하는 것은?

가. 유문암   나. 화강암 다. 안산암   라. 감람암

4-6 다음의 화성암중 심성암과 가장 거리가 먼 것은?

가. 현무암   나. 화강암 다. 섬록암   라. 반려암

4-7 다음 암석 중에서 염기성암인 동시에 화산암에 해당되는 것은?

가. 유문암   나. 석영반암 다. 현무암   라. 섬록암

4-8 화성암의 육안감정 시 가장 밝은색을 나타내는 것은 다음 중 어느 것에 속하는가?

가. 염기성암 나. 초염기성암 다. 중성암   라. 산성암

4-9 화성암의 육안적 분류에서 가장 색갈(깔)이 진한 것은?

가. 유문암   나. 섬록암 다. 조면암   라. 감람암

4-10 화성암의 분류중 석리에 따르면 굵은 알갱이이며 완정질이고 색깔에 따라 분류할 때는 어두운 색인 것은?

가. 화산암과 산성암   나. 심성암과 산성암

다. 심성암과 염기성암   라. 반심성암과 중성암

4-11 석영, 장석, 운모로 이루어진 화강암은 다음 어디에 해당 되는가?

가. 염기성암과 심성암에 해당된다.

나. 염기성암과 화산암에 해당된다.

다. 중성암과 반심성암에 해당된다.

라. 산성암과 심성암에 해당된다.

4-12 다음 중 CaO 성분이 가장 많은 화성암은?

가. 유문암   나. 안산암 다. 현무암   라. 감람암

4-13 화성암의 육안적 분류에서 SiO_2가 50~45% 정도이면 어느 암에 속하는가?

가. 산성암 나. 염기성암 다. 초염기성암 라. 중성암

4-14 SiO_2의 양이 45%보다 적게 포함된 것을 말하는 것은?

가. 산성암   나. 중성암 다. 염기성암   라. 초염기성암

4-15 화성암 중에서 SiO_2의 함유량이 52~66%의 암석은?

가. 초염기성암   나. 중성암 다. 산성암   라. 염기성암

4-16 SiO_2의 성분이 65~60% 정도이고 화산암인 것은?

가. 석영안산암   나. 현무암 다. 조면암   라. 화강암

4-17 화성암중에 SiO_2가 몇 % 함유하면 산성암이라고 하는가?

가. 45% 이하   나. 52% 정도

다. 60% 정도   라. 66% 이상

4-18 유문암의 SiO_2 양을 가장 근접하게 나타낸 것은?

가. 70%   나. 60%   다. 50%   라. 45%

4-19 다음 중 화성암을 구성하고 있는 주성분 광물이 아닌 것은?

가. 휘석   나. 백운모 다. 자철석 라. 감람석

4-20 다음에서 설명하는 심성암은?

> 녹회색을 띠며 광물 알갱이들의 크기는 1~5mm 정도이고 완정질이다. 사장석과 각섬석이 주성분 광물이며 간혹 흑운모와 휘석을 포함하고 석영과 정장석을 포함한다.

가. 유문암 나. 현무암 다. 안산암 라. 섬록암

5-1 화강암이 열수의 작용을 받으면 석영과 백운모만으로 된 암석으로 변한다. 이를 무슨암이라고 하는가?

가. 규회석   나. 혼펠스   다. 영운암   라. 공정석

5-2 유색광물을 거의 포함하지 않은 화강암을 무슨 화강암이라 부르는가?

가. 구상화강암   나. 반상화강암

다. 세립질화강암   라. 우백질화강암

5-3 아래의 조건에 해당되는 화성암은?

> ①저반으로 산출되는 경우가 많다.
> ②석영, 알칼리장석, 운모가 주성분 광물이다.
> ③옅은색을 띠며 완정질이며 조립질이다.

가. 현무암   나. 반려암   다. 유문암   라. 화강암

5-4 세계적으로 그 분포가 가장 넓고 보통 화강암이라고 부르는 것은?

가. 각섬석 화강암   나. 흑운모 화강암

다. 화강섬록암   라. 백운모 화강암

5-6 사장석과 각섬석이 주성분 광물이며 간혹 흑운모와 휘석을 포함하고 석영과 정장석을 드물게 포함하는 심성암은?

가. 유문암   나. 현무암   다. 안산암   라. 섬록암

5-7 주성분 광물이 Ca-사장석과 휘석으로 되어있는 암석은?

가. 감람암   나. 현무암   다. 석영반암   라. 규장암

5-8 현무암 다음으로 흔한 화산암은?

가. 안산암   나. 조면암   다. 유문암   라. 석영조면암

5-9 석영조면암에 유상구조가 보이면 이를 무엇이라 하는가?

가. 석영반암   나. 반화강암   다. 유문암   라. 섬장암

5-10 조립 현무암의 성분광물이 다소 변화하여 녹색을 띠는 암석은 다음중 어느 것인가?

가. 휘록암   나. 섬록암   다. 섬록반암   라. 조면암

5-11 화성암속에 주변 암석이 박혀있을 때 무슨 암석이라고 하는가?

가. 응회암   나. 포획암   다. 흑요암   라. 중성암

5-12 흑색의 유리질 화산암으로서 깨진 자국이 유리광택을 내며 조개의 모양을 한 암석은?

가. 규장암   나. 흑요암   다. 안산암   라. 조면암

5-13 규장질(felsic) 암석에 대한 설명으로 옳지 않은 것은?

가. 일반적으로 밝은 색을 띤다.

나. 실리카(SiO_2)의 함량이 높은 편이다.

다. 마그네슘과 철의 함량이 높은 편이다.

라. 대표적인 암석으로 화강암을 들 수 있다.

5-14 다음 중 규장암에 대한 설명으로 옳지 않은 것은?

가. 간혹 석영의 반정을 가진다.

나. 식물의 화석을 포함하는 경우가 많다.

다. 흰색이며 비현정질의 치밀한 암석이다.

라. 화성암으로 산성암에 해당한다.

화성암석학 - 마그마와 구성광물(136P)

1-1. 화성암을 구성하고 있는 광물입자의 크기를 좌우하는 요인은 무엇인가?

가. 마그마의 화학성분   나. 마그마의 밀도

다. 마그마의 광물성분   라. 마그마의 냉각속도

1-2. 화성암의 결정입자가 큰 원인은 무엇인가?

가. 냉각 속도가 빠를때   나. 냉각 속도가 느릴때

다. MgO 성분이 많을때   라. SiO_2 성분이 많을때

2. 마그마의 분화에 따른 고결단계 중 제일 늦은 단계는?

가. 기성단계   나. 열수단계

다. 정마그마단계   라. 페그마타이트단계

3-1. 염기성 마그마가 분화되어 가는 과정을 가장 올바르게 나타낸 것은?

가. 화강암질마그마-현무암질마그마-반려암질마그마

나. 반려암질마그마-섬록암질마그마-화강암질마그마

다. 현무암질마그마-유문암질마그마-화강암질마그마

라. 섬록암질마그마-안산암질마그마-화강암질마그마

3-2. 마그마의 정출과 분화작용 중 높은 온도에서 낮은 온도로 정출된 암석순서가 바르게 된 것은?

가. 반려암 - 화강암 - 섬록암

나. 화강암 - 섬록암 - 반려암

다. 섬록암 - 반려암 - 화강암

라. 반려암 - 섬록암 - 화강암

4-1. 현무암질 마그마가 냉각될 때 광물들의 생성순서를 보여주는 보웬(Bowen)의 반응계열은?

가. 감람석 →휘석 →각섬석 →흑운모
나. 감람석 →각섬석 →흑운모 →휘석
다. 각섬석 →감람석 →흑운모 →휘석
라. 각섬석 →감람석 →휘석 →흑운모

4-2. 마그마의 정출과정 중 가장 높은 온도에서 정출된 것은?

가. 감람석   나. 각섬석   다. 흑운모   라. 석영

4-3. 보웬(Bowen)의 반응계열 중 가장 마지막에 정출되는 유색광물은 무엇인가?

가. 감람석   나. 휘석   다. 흑운모   라. 각섬석

5-1. 다음에서 화성암을 구성하는 유색광물이 아닌 것은?

가. 감람석   나. 휘석   다. 각섬석   라. 정장석

5-2. 화성암의 구성 광물로 유색 광물인 것은?

가. 석영   나. 장석   다. 흑운모   라. 백운모

5-3. 화성암을 구성하는 주성분 광물 중 유색광물로 짝지어진 것은?

가. 석영 - 장석
나. 감람석 - 감섬석
다. 사장석 - 백운모
라. 석영 - 백운모

6-1. 다음중 화학적 풍화에 대한 화성암의 조암광물로 안정성이 가장 큰 것은?

가. 감람석   나. 흑운모   다. 석영   라. 휘석

6-2. 다음 중 화학적 풍화에 가장 저항력이 큰 것은?

가. 감람석   나. 장석   다. 휘석   라. 석영

6-3. 화강암과 같은 암석이 화학적 풍화작용을 계속 받게 되면 상대적으로 증가되는 암석성분은 무엇인가?

가. 감람석   나. 석영   다. 각섬석   라. 휘석

7-1. 화성암의 주성분 광물은 다음 중 어느 것인가?

가. 석류석   나. 인회석   다. 각섬석   라. 자철석

7-2. 화성암의 주성분 광물 중에서 고용체가 아닌 것으로 화학성분이 SiO_2인 것은?

가. 석영   나. 정장석   다. 흑운모   라. 각섬석

7-4. 화성암의 주성분 광물인 장석이 공통적으로 갖는 화학성분으로만 짝지어진 것은?

가. K_2O, Al_2O_3 나. Al_2O_3, CaO
다. MgO, K_2O 라. SiO_2, Al_2O_3

8. 화성암의 주성분 광물 중 화강암에 대한 부피(%) 값으로 맞는 것은?(단, 대략적인 값)

가. 석영<5%, 장석 60%, 흑운모 30%, 휘석<5%
나. 장석<30%, 휘석 70%
다. 석영 25%, 장석<30%, 석기>45%
라. 석영 30%, 장석 60%, 흑운모 10%

9. 마그마(Magma)에 대한 설명 중 틀린 것은?

가. 복잡한 화학조성을 가진 용용체이고, 그 성분은 지각의 주성분과 같다.
나. 염소, 플루오르, 황 등의 휘발성분은 포함하고 있다.
다. 굳어질 때의 화학조성에 따라 암석의 종류가 결정된다.
라. 마그마가 지하 깊은 곳에서 굳어져 만들어진 암석의 광물 알갱이들의 크기는 지표에서 굳어진 암석의 광물 알갱이에 비해서 크기가 작다.

10. 다음에서 설명하는 것은?

이것은 하나의 규산염용체로서 50~200km의 깊이에 있는 상부 멘틀이나 또는 5~10km 깊이의 비교적 얕은 지각에서 생성된다. 맨틀에서 생성되는 것은 대체로 실리카가 적으며 지각에서 생성되는 것은 실리카의 함유가 높은 편이다.

가. 시마(sima)   나. 멜랑지
다. 마그마   라. 오피올라이트

퇴적암(137P)

1-1 쇄설물과 그에 해당되는 쇄설성 퇴적암의 연결이 옳지 못한 것은?

가. 자갈 - 역암   나. 모래 - 사암
다. 점토 - 세일   라. 실트 - 석회암

1-2 퇴적암에서 규조토는 어떤 퇴적물인가?

가. 쇄설성 퇴적물   나. 화학적 퇴적물
다. 유기적 퇴적물   라. 구조적 퇴적물

1-3 퇴적암인 쳐어트(chert)에 가장 함량이 많은 성분은?

가. $CaSO_4$ 나. $CaCO_3$ 다. $NaCl$ 라. SiO_2

1-4 다음 중 유기적 퇴적암이 아닌 것은?

가. 석고 　　나. 석탄 　　다. 처트 　　라. 규조토

1-5 다음 중 화산회가 쌓여서 만들어진 화성 쇄설암은?

가. 현무암 　　나. 편암 　　다. 석회암 　　라. 응회암

1-6 화산분출시 생긴 쇄설물이 퇴적되어 형성된 퇴적암은?

가. 역암, 셰일 　　　　　나. 석영사암, 이암

다. 응회암, 집괴암 　　　라. 각력암, 실트암

1-7 아래의 조건에 해당되는 사암은 무엇인가?

① 기질이 15% 이하이다.
② 95% 이상이 석영이다.
③ 분급이 양호하다.

가. 석영사암(Quartz arenite)

나. 장석사암(Arkose)

다. 이질석영사암(Quartz Wacke)

라. 잡사암(Graywacke)

1-8 석탄의 기원과 관련이 깊은 퇴적암은?

가. 화학적퇴적암 　　　나. 유기적퇴적암

다. 기계적퇴적암 　　　라. 쇄설성퇴적암

1-9 묽은 염산에 넣으면 거품을 내고 못으로 그으면 부드럽게 긁히는 광물의 암석명은?

가. 화강암 　　나. 대리암 　　다. 반려암 　　라. 섬록암

1-10 생물의 유해가 쌓여서 만들어진 퇴적물과 관계가 깊은 것은?

가. 화학적 퇴적물 　　　나. 쇄설성 퇴적물

다. 풍화적 퇴적물 　　　라. 유기적 퇴적물

1-11 다음 보기에서 쇄설성 퇴적암만을 골라 올바르게 나열한 것은?

[보기]
A. 암염 　B. 규조토 　C. 각력암 　D. 응회암
E. 처트 　F. 석탄 　G. 석회암 　H. 셰일 　I.석고

가. A, E, I 　나. C, D, H 　다. B, F, G 　라. A, D, G

1-12 퇴적암중 수성쇄설암에 속하지 않는 것은?

가. 역암 　　나. 각력암 　　다. 사암 　　라. 응회암

1-13 화학적 퇴적암과 그의 화학성분이 옳게 연결된 것은?

가. 암염 - SiO_2 　　　　나. 석고 - $CaSO_4 \cdot 2H_2O$

다. 석회암 - $CaSO_4$ 　　라. 돌로마이트 - $CaCO_3$

1-14 화학적 퇴적암의 화학성분이 옳지 않는 것은?

가. 석회암 - $CaCO_3$ 　　나. 암염 - $NaCl$

다. 처트 - FeO 　　　　　라. 석고 - $CaSO4$

1-15 둥근 자갈들 사이를 모래나 점토가 충진하여 교결된 것으로 자갈 콘크리트와 같은 암석은?

가. 역암 　　나. 사암 　　다. 편암 　　라. 이회암

1-16 다음 중 쇄설성 퇴적암에 속하는 것은?

가. 석회암 　　나. 감람암 　　다. 규조토 　　라. 각력응회암

1-17 쇄설성 퇴적물 중에서 φ(척도 scale)의 값이 -1~-4에 해당되는 입자는?

가. 자갈 　　나. 모래 　　다. 실트 　　라. 점토

1-18 지름이 1/16 ㎜이하인 작은 알갱이로 된 퇴적암이고 주성분은 작은 석영 알갱이와 점토(고령토)로 이루어진 암석명은?

가. 셰일 　　나. 사암 　　다. 역암 　　라. 각력암

1-19 다음 중 퇴적암이 아닌 것은?

가. 역암 　　나. 석회암 　　다. 응회암 　　라. 호온펠스

1-20 퇴적암중 수성쇄설암에 속하지 않는 것은?

가. 역암 　　나. 각력암 　　다. 사암 　　라. 응회암

1-21 퇴적암에서 규조토는 어떤 퇴적물인가?

가. 쇄설성 퇴적물 　　　나. 화학적 퇴적물

다. 유기적 퇴적물 　　　라. 구조적 퇴적물

1-22 석탄의 종류 중에서 휘발성 함유량이 가장 적은 것은?

가. 토탄 　　　　　　　나. 갈탄

다. 역청탄 　　　　　　라. 무연탄

1-23 풍성쇄설암의 대표적인 것은?

가. 응회암 　　　　　　나. 황토

다. 이암 　　　　　　　라. 셰일

1-24 $CaCO_3 + 2HCl \rightarrow CaCl_2 + H_2O + CO_2$ 와 같은 화학반응이 일어나는 암석은 다음에서 어느 것인가?

가. 석회암 　　　　　　나. 사암

다. 화강암　　　　　라. 편마암

1-25 염산을 떨어뜨려 CO_2가 발생하지 않는 암석은?
가. 규암　　　　　나. 석회암
다. 방해석　　　　라. 대리석

1-26 변성되기 전의 원암으로 계산할 때 지구표면 근처에는 표토를 제외하고 퇴적암과 화성암의 양적비율이 어떻게 되어있는가?
가. 퇴적암75% : 화성암25%
나. 화성암75% : 퇴적암25%
다. 화성암95% : 퇴적암5%
라. 퇴적암95% : 화성암5%

1-27 다음 중 쇄설성 퇴적암인 사암에 대한 설명으로 옳은 것은?
가. 알갱이의 지름이 2mm 이상인 둥근 자갈을 25%이상 포함하고 있다.
나. 모래로 된 암석으로서 모래알갱이들은 주로 석영이고, 장석이 섞이는 경우도 있다.
다. 화산에서 분출된 알갱이들이 모여 굳어진 암석이다.
라. 주로 동.식물의 유해로 구성된 암석이다.

1-28 다음 보기에서 화학적 퇴적암만을 골라 올바르게 나열한 것은?

[보 기]
암염, 규조토, 각력암, 응회암, 처트, 석탄, 석회암, 셰일, 석고

가. 각력암, 응회암, 처트　　나. 암염, 석회암, 석고
다. 규조토, 석탄, 셰일　　　라. 암염, 응회암, 석탄

1-29 다음 중 쇄설성 퇴적암에 대한 설명으로 맞는 것은?
가. 구성광물 알갱이들이 용액에서 미립자로 침전되어 만들어진 암석이다.
나. 기존 암석이나 광물의 파편들이 모여서 이루어진 암석이다.
다. 화성암의 조직과 비슷한 결정질 조직을 가진다.
라. 크고 작은 생물의 유해로 되어 있다.

1-30 화학적 퇴적암인 처트(chert)에 대한 설명으로 옳지 않은 것은?
가. 규질의 화학적 침전물로서 치밀하고 굳은 암석이다.
나. SiO_2 함량은 15% 정도이다.
다. 처트 중에서 지층을 이룬 것을 층상 처트라고 한다.

라. 처트는 수석 또는 각암이라고 불린다.

1-31 이암(mudstone)과 셰일(shale)의 차이점은?
가. 엽층 또는 박리　　　나. 입자의 크기
다. 분급정도　　　　　라. 입자의 모양

2 퇴적암에서 여러 종류의 지층이 쌓여 이루어진 평행구조를 무엇이라 하는가?
가. 건열　나. 연흔　다. 층리　라. 편리

2-1 퇴적암이 갖는 가장 특징적인 구조는 무엇인가?
가. 엽리　나. 편리　다. 층리　라. 석리

2-2 다음 중 퇴적암에서 볼수 있는 특징과 가장 거리가 먼 것은?
가. 결핵체　나. 쪼개짐　다. 건열　라. 물결자국

2-3 퇴적암의 주요한 특징과 관계없는 것은?
가. 층리　나. 연흔　다. 편마구조　라. 건열 및 빗자국

2-4 다음에서 퇴적암의 특징이 아닌 것은?
가. 층리(bedding)　　　　나. 연흔(ripplemark)
다. 건열(sum 또는 mud crack)　라. 절리(joint)

2-5 퇴적암의 특징과 관계가 없는 것은?
가. 층리　나. 편리　다. 연흔　라. 사층리

2-6 퇴적물의 퇴적시 아래로는 굵은 알갱이가 쌓이고 위로는 점차 작은 알갱이들이 쌓이는 구조는?
가. 연흔　나. 사층리　다. 점이층리　라. 건열

2-7 암석의 생성시 살던 생물의 흔적을 볼 수 있는 암석은?
가. 화성암　　　나. 변성암
다. 퇴적암　　　라. 모두다 볼 수 있다.

2-8 퇴적암에서 퇴적당시의 물의 흐른 방향을 알 수 있는 구조는?
가. 사층리　나. 층리　다. 건열　라. 연흔

2-9 지층이 지각변동으로 역전되어 있는 경우 지층의 상하를 알아내는데 사용할 수 있는 구조가 아닌 것은?
가. 사층리　　　　나. 절리
다. 물결자국　　　라. 건열

3-1 퇴적물은 오랜시간이 경과함에 따라 물리적, 무기화학적, 생화학적 변화를 받아 퇴적물의 성분과 조직에 변화가 생기면서 퇴적암으로 되는데 이러한 변화를 무엇이라 하는가?

가. 분화작용(differentitation)
나. 교결작용(cementation)
다. 속성작용(diagenesis)
라. 재결정작용(recrystallization)

3-2 퇴적물이 쌓인 후 단단한 암석으로 되기까지 여러 단계를 걸쳐 일어나는 작용을 말하는 것은?

가. 속성작용   나. 분급작용
다. 변성작용   라. 분화작용

3-3 다음 중 속성작용의 범주에 들어가지 않는 것은?

가. 다져짐작용   나. 재결정작용
다. 교결작용   라. 분별정출작용

4-1 암석의 붕괴를 촉진하는 물이 얼게 되면 부피가 얼마 정도 커지는가?

가. 9%   나. 15%   다. 19%   라. 25%

4-2 다음중 공극률(%)이 가장큰 것은?

가. 사암   나. 셰일   다. 점토   라. 자갈

4-3 근원지에서 멀리 떨어진 하천의 하류에서 형성된 쇄설성 퇴적암이 갖는 특징이 아닌 것은?

가. 분급이 양호하다.
나. 장석을 많이 함유한다.
다. 퇴적물 입자들의 원마도가 양호하다.
라. 주성분 광물은 석영이다.

4-4 지하수가 이동할때에는 퇴적작용보다 침식작용이 더 현저하게 일어난다. 그것은 지하수에 어느 것이 들어있어 암석을 용해하기 때문인가?

가. 이산화탄소(CO_2)   나. 이황화탄소(CS_2)
다. 이산화황(SO_2)   라. 이산화망간(MnO_2)

4-5 화학적 풍화작용은 주로 어느 곳에서 일어나는가?

가. 한랭한 극지방   나. 습윤 온난한 지대
다. 건조한 사막지대   라. 고산지대

4-6 장석이 풍화작용을 받아 흰색 가루가 되었다. 이 흰색 가루는 무엇인가?

가. 형석   나. 방해석   다. 인회석   라. 고령토

4-7 정장석이 화학적 풍화작용을 받으면 어떤 광물로 변하는가?

가. 석회석   나. 고령토   다. 형석   라. 인회석

4-8 $Al_2Si_2O_5(OH)_4 + 5H_2O \rightarrow Al_2O_3 \cdot 3H_2O + 2H_4SiO_4$ 와 같은 화학적 작용은?

가. 정장석이 고령토로 변하는 작용이다.
나. 고령토가 보오크사이트로 변하는 작용이다.
다. 흑운모가 갈철석으로 변하는 작용이다.
라. 점토광물이 갈철석으로 변하는 작용이다.

4-9. 다음은 어떤 광물이 화학적 풍화작용을 받을 때 나타나는 현상이다. 다음에서 올바른 것은?

$$2KAlSi_3O_8 + 2H_2O + CO_2 \rightarrow Al_2Si_2O_5(OH)_4 + K_2CO_3 + 4SiO_2$$

가. 정장석이 풍화작용을 받으면 고령토가 만들어 진다.
나. 방해석이 풍화작용을 받으면 대리암이 만들어 진다.
다. 석영이 풍화작용을 받으면 모래가 만들어 진다.
라. 고령토가 풍화작용을 받으면 보크사이트가 만들어 진다.

4-10 퇴적암이 적색 또는 황색을 나타내는 경우는 주로 어떠한 성분에 기인하는가?

가. 산화제일철   나. 산화제이철
다. 탄소   라. 산화구리

4-11 다음 중 저탁암이 생성되기에 가장 적합한 지질적 환경은?

가. 사막   나. 습지   다. 평야   라. 심해저

4-12 화학적 퇴적물 중 칠레 초석의 화학조성은 무엇인가?

가. $CaCO_3$ 나. $NaCl$
다. $NaNO_3$ 라. $CaSO_3$

변성암(140~142P)

1-1 변성작용이 일어나게 되는 가장 중요한 2가지 요인은?

가. 압력, 온도   나. 공극, 화학성분
다. 밀도, 압력   라. 물(H_2O), 온도

1-2 암석의 변성 작용에 대한 설명 중 틀린 것은?

가. 구성광물 알갱이의 형태를 변화시켜 새로운 광물이 만들어지는 재결정 작용
나. 암석의 구성 광물들이 파쇄되는 압쇄작용

다. 새로운 물질이 첨가되는 교대작용

라. 마그마의 정출작용

1-3 암석이 변성작용을 받을 때 암석내에서 일어나는 작용이 아닌 것은?

가. 재배열작용　　나. 재결정작용

다. 교대작용　　　라. 분별정출작용

2-1 변성암과 그 변성암에서 특징적으로 나타나는 변성구조와 의 연결이 올바르지 못한 것은?

가. 편마암 - 편마구조　　나. 편암 - 편리구조

다. 점판암 - 벽개구조　　라. 대리암 - 안구상구조

2-2 변성암에서 바늘 모양의 광물이나 주상의 광물이 한 방향으로 평행하게 배열되어 나타나는 구조를 무엇이라 하는가?

가. 선구조(lineation)

나. 편마구조(gneissosity)

다. 편리구조(schistosity)

라. 벽개구조(cleavage)

2-3 변성암에서 구성 광물들이 세립이고 균질하게 배열되어 있는 엽리의 평행구조를 무엇이라 하는가?

가. 층리　　나. 절리　　다. 편리　　라. 편마구조

2-4 다음의 암석 중 편리구조를 가진 변성암은?

가. 점판암　　나. 흑운모편마암　　다. 셰일　　라. 규암

2-5 변성암에서 유색광물과 무색광물이 서로 교대로 나타나는 줄 무늬를 무엇이라 하는가?

가. 엽리　　나. 편리　　다. 편마구조　　라. 층리

2-6 다음 편마암중 구조에 의한 것은?

가. 압쇄편마암　　　　나. 화강편마암

다. 정편마암　　　　　라. 반려편마암

2-7 다음에서 변성암의 조직과 관계 있는 것은?

가. 분급작용에 의한 조직　　나. 쇄설성 조직

다. 반상 변정질 조직　　　　라. 유리질 조직

2-8 변성암에서 볼 수 있는 구조적 특징에 해당하지 않는 것은?

가. 연흔　　나. 편마구조　　다. 편리　　라. 엽상구조

3-1 다음에서 접촉변성암에 해당하는 것은?

가. 편암　　나. 혼펠스　　다. 셰일　　라. 천매암

3-2 셰일이 접촉 변성작용에 의해 생성된 암석은?

가. 호온펠스　　나. 규암　　다. 대리암　　라. 슬레이트

3-3 셰일이 발달된 지역에 마그마가 관입하였을 때 접촉부를 따라 형성되는 변성암은?

가. 대리암　　나. 편마암　　다. 호온펠스　　라. 편암

3-4 접촉변성작용에 대한 설명으로 옳지 않은 것은?

가. 열에 의한 작용이다.

나. 원인은 주로 마그마의 관입으로 생긴다.

다. 범위는 마그마가 관입한 부분으로 좁은 편이다.

라. 접촉변성작용을 밤은 암석은 엽리가 발달하고 밀도가 커진다.

3-5 화성암이나 퇴적암이 만들어진 후에 뜨거운 마그마와 접촉하면 열에 의해 접촉변성암으로 변하게 된다. 다음 중 접촉변성암에 해당하는 것은?

가. 편마암　　나. 편암　　다. 대리암　　라. 천매암

4-1 광역변성작용에 의하여 생성된 암석들의 특징은?

가. 구성광물들이 일정한 방향으로 배열된다.

나. 구성광물들이 방향성을 가지지 못한다.

다. 구성광물들이 불규칙 방향을 배열한다.

라. 구성광물들이 방향성을 잃어버린다.

4-2 셰일이 광역 변성작용을 받아 생성되는 암석의 순서로 맞는 것은?

가. 슬레이트 → 천매암 → 편암 → 편마암

나. 슬레이트 → 편암 → 편마암 → 천매암

다. 슬레이트 → 편암 → 편암 → 천매암

라. 슬레이트 → 편암 → 천매암 → 편마암

4-3 다음중 변성정도가 가장 낮은 암석은?

가. 편마암　　나. 슬레이트　　다. 천매암　　라. 편암

4-4 편리의 조직을 갖는 암석은 어떤 작용에 의한 것인가?

가. 접촉변성작용　　　　나. 광역변성작용

다. 기계적풍화작용　　　라. 화학적풍화작용

4-5 다음중 변성정도가 편암보다 낮고 슬레이트 보다 높은 변성암으로서 구성 광물입자가 육안으로 식별이 곤란

한 암석은?

가. 편암 나. 천매암 다. 편마암 라. 점판암

4-6 셰일이 강한 변성작용을 받아 재결정 작용이 일어난 암석으로 편리가 발달되며, 편리 방향으로 운모, 녹니석 등이 배열되어 있는 암석은?

가. 규암 나. 편암 다. 대리암 라. 응회암

4-7 변성암 중 편암에 대한 설명으로 맞는 것은?

가. 육안으로 결정이 구별되나 편마암보다는 작은결정질로 되어있다.

나. 편마구조가 발달되어 있고, 편마구조에 따라 잘 쪼개진다.

다. 구성광물로 장석을 가장 많이 포함하고 있으며, 석영의 함량이 가장 적다.

라. 접촉변성암에 해당하는 암석이다.

4-8 다음과 같은 특징을 갖는 변성작용은 무엇인가?

· 엽리구조가 잘 발달된다.
· 높은 압력과 열에 기인한다.
· 넓은 지역에 걸쳐 나타난다.

가. 접촉변성작용 나. 열변성작용
다. 파쇄변성작용 라. 광역변성작용

4-8 다음 중 방향성을 가진 변성암으로 이루어진 것은?

가. 혼펠스, 규암 나. 편암, 규암
다. 혼펠스, 편마암 라. 편암, 편마암

5-1 파쇄작용을 받아 형성된 변성암만으로 짝지어진 것은?

가. 안구상 편마암, 압쇄암 나. 대리암, 규암
다. 규암, 압쇄암 라. 혼펠스, 천매암

5-2 다음 중 동력변성 작용으로 생성된 암석은?

가. 스카른광물 나. 편마암 다. 호온펠스 라. 대리석

5-3 파쇄작용이 주원인이 되어 이루어진 변성암은?

가. 규암 나. 편암 다. 대리암 라. 안구상 편마암

6-1 원암과 변성암의 연결이 옳지 못한 것은?

가. 현무암 - 대리암 나. 사암 - 규암
다. 화강암 - 편마암 라. 셰일 - 점판암

6-2 사암이 변하여 재결정된 암석으로 깨짐면이 평탄한 암석명은?

가. 편암 나. 천매암 다. 점판암 라. 규암

6-3 석회암이나 돌로마이트는 압력과 열의 작용으로 방해석의 결정들의 집합체인 결정질 석회암으로 변성된다. 이와 가장 관련이 깊은 암석은?

가. 점판암 나. 대리암 다. 편마암 라. 응회암

6-4 석회암이나 고회암은 압력과 열의 작용으로 방해석의 결정집합체인 어떤 암석으로 변성되는가?

가. 슬레이트 나. 규암 다. 천매암 라. 대리암

6-5 어떤 암석이 변성작용을 받으면 천매암이 된다. 그 원암은 다음 중 어느 것인가?

가. 규암 나. 사문암 다. 석회암 라. 응회암

7-1 다음중 스카른광물(Skarn minerals)에 속하는 것은?

가. 방해석 나. 황철석 다. 석류석 라. 중정석

7-2 다음중 대표적인 스카른 광물에 해당하지 않는 것은?

가. 석류석 나. 녹렴석 다. 양기석 라. 인회석

7-3 아래 그림은 Al_2SiO_5의 동질이상의 관계를 갖는 변성광물의 화학적 평형관계를 나타낸 것이다. A, B, C에 해당되는 변성광물이 맞는 것은?

가. A-홍주석, B-규선석, C-남정석
나. A-규선석, B-남정석, C-홍주석
다. A-규선석, B-홍주석, C-남정석
라. A-남정석, B-홍주석, C-규선석

7-4 다음 중 변성작용에 의하여 생성되는 특징적인 변성광물이 아닌 것은?

가. 녹니석 나. 백운모 다. 석류석 라. 사장석

7-5 변성작용에 의하여 생성된 규산염 광물은?

가. 인회석 나. 석류석 다. 황철석 라. 방연석

7-6 편마암에는 어떤 성분이 가장 많은가?

가. 활석 나. 홍주석 다. 중정석 라. 장석

7-7 다음에서 설명하는 암석은 무엇인가?

듀나이트나 감람암 같은 초염기성 암석이 열수의 작용을 받아 생성된 변성암으로서 암록색, 암적색, 녹황색 등을 띠며 지방광택을 보여준다.

가. 혼펠스　　나. 사문암　　다. 섬장암　　라. 유문암

8. 다음 그림은 암석의 윤회과정을 그림으로 나타낸 것이다. A와 B를 바르게 나타낸 것은?

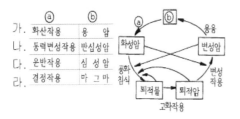

9. 암석의 윤회에서 퇴적물이 퇴적암으로 되는 작용은?
　가. 풍화작용　　　　　　　나. 결정작용
　다. 용융작용　　　　　　　라. 고화작용

10. 다음 그림은 암석의 윤회과정을 나타낸 것이다. A, B, C, D에 해당되는 작용으로 옳지않은 것은?

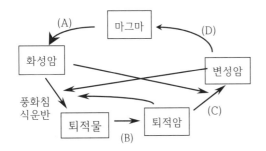

　가. A : 결정작용　　　　　나. B : 고화작용
　다. C : 변성작용　　　　　라. D : 파쇄작용

11. 다음 중 암석의 윤회에 관한 설명으로 옳지 않은 것은?
가. 암석윤회는 지구의 내부, 외부의 상호작용으로부터 일어난다.
나. 암석윤회는 지구가 생성된 이래로 오랜 시간동안 계속적으로 반복되고 있다.
다. 암석윤회에 소요되는 시간은 지질시대와 상관없이 항상 일정하다.
라. 암석윤회과정을 통하여 화성암은 퇴적암이 될 수 있고, 퇴적암은 변성암이 될 수 있으며, 변성암은 화성암이 될 수 있다.

지질 구조(164~167P)

1-1 우리나라는 지체구조로 보아 화북-한국대지(sino -koreanplatform)라 부르는 지역의 어디에 놓여 있는가?
가. 북서부　　나. 북동부　　다. 남서부　　라. 남동부

1-2 우리나라의 지형과 지질은 물론 지질구조에 있어서도 남과 북이 현저한 차이를 나타낸다. 이러한 차이는 어느 지역을 경계로 나타나는가?
가. 태백산맥　　　　　나. 추가령열곡
다. 차령산맥　　　　　라. 길주-명천지구대

1-3 지질구조를 지배하는 주요한 구조적 요소와 관련이 적은것은?
가. 부정합　　　나. 조흔　　　다. 단층　　　라. 선구조

1-4 다음 중 지각변동대에서 볼 수 있는 지질구조가 아닌 것은?
가. 호른(horn)　　나. 단층(fault)
다. 습곡(fold)　　라. 절리(joint)

2 수평으로 퇴적된 지층이 횡압력을 받으면 물결처럼 굴곡된 단면을 보여준다. 이러한 구조를 무엇이라 하는가?
가. 단층　　나. 절리　　다. 습곡　　라. 편리

2-1 다음에서 습곡구조가 가장 잘 관찰되는 것은?
　가. 저반으로 된 심성암　　　　나. 암상으로 된 심성암
　다. 용암류의 화산암　　　　　라. 층리로 된 퇴적암

2-2 다음 중 습곡구조 관찰이 가장 어려운 암석은?
　가. 화성암　　나. 퇴적암　　다. 변성암　　라. 편마암

2-3 다음 사항 중 습곡의 형태를 분류하고 이를 설명할 때 기준이 되지 않는 것은?
가. 습곡축　　　　　　　　나. 습곡축면
다. 윙의 기울기　　　　　　라. 습곡축의 양

2-4 습곡을 이룬 지층의 단면에서 구부러진 모양의 정상부명칭과 가장 낮은 부분의 명칭이 바르게 짝지어진 것은?
가. 배사, 향사　　　　　나. 향사, 배사
다. 윙, 림(limb)　　　　라. 림(limb), 윙

2-5 습곡의 단면에서 구부러진 모양의 정상부를 무엇이라 하는가?

가. 윙   나. 향사 다. 배사   라. 향사축

2-6 습곡에서 구부러져 내려간 부분을 무엇이라 하는가?
가. 배사   나. 윙 다. 향사   라. 축

2-7 습곡의 축면이 수직이고 축이 수평이며 양쪽 윙의 기울기가 대칭인 습곡은?
가. 경사습곡 나. 완사습곡 다. 등사습곡 라. 정습곡

2-8 배사와 향사가 반복되는 경우 습곡축면과 윙(wing)이 같은 방향으로 거의 평행하게 기울어진 습곡은?
가. 정습곡 나. 경사습곡 다. 등사습곡 라. 침강습곡

2-9 습곡의 축면이 거의 수평으로 기울어져 있는 습곡은?
가. 배심습곡 나. 횡와습곡 다. 향심습곡 라. 동형습곡

2-10 복향사(synclinorium)란 어떤 구조인가?
가. 배사가 다수의 습곡으로 이루어진 지질구조
나. 주경사의 방향으로 습곡축들이 발달한 지질구조
다. 향사가 다수의 습곡으로 이루어진 지질구조
라. 배사가 계속 반복되는 지질구조

2-11 대규모의 습곡에 작은 습곡을 동반하는 습곡의 이름은 무엇인가?

가. 평행습곡
나. 복배사, 복향사
다. 횡와 습곡
라. 드래그습곡

2-12 강성지층과 연성지층이 교호하는 곳에서 횡압력을 받을 때 그림과 같이 주름이 생기는 습곡은?

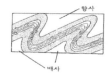

가. 복배사
나. 복향사
다. 배심습곡
라. 드래그습곡

2-13 횡압력을 받은 단단한 지층사이에 약한 지층에 끼어 있으면 약한 지층에만 소규모 습곡이 생기는데 무엇이라 하는가?
가. 단사구조   나. 복향사 다. 요곡   라. 드랙습곡

2-14 한 지점을 정점으로 해서 부풀어 오르거나 내려앉은 습곡으로 습곡축이나 습곡축면이 없으며, 평탄한 지표

면에서지층들이 둥근 모양으로 나타나는 습곡은 다음에서 어느 것인가?
가. 횡와습곡과 동형습곡
나. 평행습곡과 침강습곡
다. 배심습곡과 향심습곡
라. 복배사와 복향사

2-15 습곡은 날개의 경사와 습곡축면의 경사에 따라 여러 가지 종류로 구분된다. 날개의 경사가 45°이하로서 파장에 비하여 파고가 낮은 습곡은?
가. 경사습곡   나. 완사습곡
다. 급사습곡   라. 셰브론습곡

3-1 다음 사항은 야외에서 단층을 확인하는 증거가 된다. 관계가 가장 먼 것은?
가. 단층점토   나. 단층면의 주향경사
다. 단층각력   라. 단층면의 긁힌자국

3-2 다음 중 단층을 확인하는 증거가 아닌 것은?
가. 단층활면   나. 단층점토
다. 단층각력   라. 유상구조

3-3 단층의 발견이 쉽고 잘 일어나는 암층은?
가. 퇴적암 나. 변성암 다. 화성암   라. 심성암

3-4 다음 그림에서 낙차를 나타낸 것은?

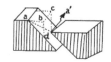

가. a-a'   나. bd   다. bc   라. ad

3-5 경사된 단층면에서 상반이 위로 올라간 단층으로 주로 압축력의 작용으로 생긴 단층은?
가. 수직단층   나. 계단단층
다. 역단층   라. 사교단층

3-6 단층면의 주향이 지층의 주향과 직교하는 단층은?
가. 경사단층 나. 정단층 다. 역단층   라. 수직단층

3-7 다음 그림에서 단층의 경사이동을 나타낸 것은?

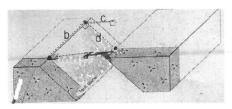

가. a   나. b   다. c   라. d

3-8 그림과 같은 지질구조는 무엇인가?
(단, 상반이 떨어진 것임)

가. 역단층   나. 주향이동단층
다. 수직단층   라. 정단층

3-9 경사된 단층면에서 상반이 하반에 대해 아래로 내려
간 단층으로 장력에 의해 생성되는 것은?
가. 역단층   나. 주향단층
다. 정단층   라. 층상단층

3-10 다음 그림은 무슨 단층을 나타낸 것인가?

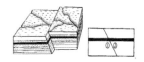

가. 정단층
나. 수직단층
다. 역단층
라. 주향이동단층

3-11 다음 그림과 같이 한 지점을 중심으로 지괴의 움직
임이 한쪽만 있고 다른 한쪽은 움직이지 않은 단층의 이
름은?

가. 정단층
나. 역단층
다. 회전단층
라. 힌지단층

3-12 단층면에서 볼 수 있는 특징에 대한 설명으로 옳지
않은 것은?
가. 단층면은 서로 긁혀서 단층점토를 만든다.
나. 단층면상에는 긁힌 자국이 남는다.
다. 단층면은 서로 긁혀서 단층 각력을 만든다.
라. 단층면의 경사가 수직일 경우 상·하반의 구별이 뚜렷
하다.

3-13 다음과 같은 특징을 갖는 단층은 무엇인가?

· 알프스와 같은 습곡산맥에서 많이 발견된다.
· 단층면의 경사가 45° 이하로 수평에 가깝다.
· 강력한 횡압력으로 형성된다.
· 습곡-횡와습곡-역단층의 단계로 형성된다.

가. 오버스러스트   나. 성장단층
다. 변환단층   라. 계단단층

3-14 하반이 떨어지거나 상반이 상승한 단층으로서 지각
에 횡압력이 가해질 때에 생겨날 수 있는 다음 그림과
같은 단층의 종류는?

가. 정단층
나. 역단층
다. 수직단층
라. 주향이동단층

4-1 암석이 압력이나 장력을 받아서 생기는 것으로 암석
에서 관찰되는 쪼개진 틈을 무엇이라 하는가?
가. 습곡   나. 단층   다. 정합   라. 절리

4-2 절리의 분류중 힘에 의한 절리와 관계가 먼 것은?
가. 전단절리 나. 신장절리 다. 주상절리 라. 장력절리

4-3 다음 중 석회암, 규암에서 생기는 절리는?
가. 방상절리 나. 불규칙절리 다. 판상절리 라. 주상절리

4-4 현무암에서 가장 흔하게 볼 수 있는 절리는?
가. 수평절리   나. 판상절리
다. 방상절리   라. 주상절리

4-5 지표면이 침식에 의해 삭박되면 하부암석은 점차 위
에서 누르는 압력이 제거되어 장력효과를 일으킨다. 이때
생기는 절리는?
가. 주상절리   나. 구상절리
다. 전단절리   라. 판상절리

4-6 현무암질 용암이 분출하여 냉각 수축되면서 형성되
는 기둥 모양의 다각형의 절리는 무엇인가?
가. 주상절리   나. 판상절리
다. 빙상절리   라. 수평절리

4-7 절리의 특징에 대한 설명으로 틀린 것은?
가. 단층, 습곡의 원인이 된다.
나. 지표수가 지하로 흘러들어가는 통로가 된다.

다. 풍화 , 침식작용을 촉진시키는 원인이 된다.
라. 채석장에서 암석 채굴시 절리를 이용하여 효율적인
작업을 할 수 있다.

5-1 다음의 지질도에서 나타나는 지질구조는 무엇인가?

가. 평행부정합
나. 사교부정합
다. 비정합
라. 준정합

5-2 기반암이 화강암이며 그 위에 퇴적층이 쌓였다면 이들 상호관계를 무엇이라고 하는가?

가. 난정합   나. 준정합
다. 경사부정합   라. 평행부정합

5-3 다음 중 부정합면 아래에 결정질인 암석(심성암 · 변성암)이 있는 부정합은?

가. 경사부정합   나. 준정합
다. 평행부정합   라. 난정합

5-4 신지층 퇴적 전에 조륙운동과 침식작용이 있었음을 알려주는 부정합의 종류는?

가. 비정합   나. 준정합다. 사교부정합   라. 난정합

주향경사(167~168P)

1-1 주향의 측정시 어느 방향을 기준으로 측정하는가?

가. 자북   나. 도북   다. 진북   라. 북극

1-2. 다음 중 주향에 대한 설명으로 맞는 것은?

가. 지층면과 수평면이 이루는 각이다.
나. 경사된 지층면의 기울기이다.
다. 경사된 지층면과 수평면과의 교차선 방향이다.
라. 주향은 항상 자북 방향을 기준으로 한다.

1-3 지질도에 이라 기록되었을 때 주향과 경사의 표시방법으로 바르게 된 것은?

가. N50°W, 60°SW
나. N30°E, 50°NW
다. S30°E, 50°SW
라. S50°W, 30°SE

1-4 지질도에 그림과 같이 부호가 표기되어 있다. 주향과 경사는 얼마인가?

가. NS, 70E   나. NS, 70W
다. EW, 70E   라. EW, 70W

1-5 주향(strike)에 대한 설명으로 옳은 것은?

가. 퇴적면과 수평면과의 교선이 남북 선(線)과 이루는 각도를 기준으로 나타낸 것이다.
나. 퇴적면과 수평면이 이루는 각 중 90도 이하이면서 가장 큰 각을 말한다.
다. 지각 중에 생긴 틈을 경계로 하여 그 양측의 지괴가 상대적으로 전이하여 어긋나 있을 때 이를 지칭한다.
라. 상하 두 지층면 사이에 시간적인 간격이 있는 불연속면을 지칭한다.

1-6 지질조사시 클리노미터와 브란톤컴퍼스는 무엇을 측정하기 위한 기구인가?

가. 고도   나. 불연속면의 길이
다. 암석의 연령   라. 불연속면의 주향과 경사

1-7 주향이 북에서 50° 서, 경사가 북동으로 30° 일 때 주향, 경사의 표시방법으로 옳은 것은?

(단, 주향, 경사의 순서임)

가. S50°E, 30°SE   나. E50°S, 30°ES
다. N50°W, 30°NE   라. W50°N, 30°EN

2-1. 다음 평면도와 같은 지형을 AB로 자른 단면도는?

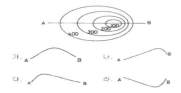

2-2. 화강암의 표준 지질기호(geologic symbol)로 가장 올바른것은?

가. ▽▽▽   나. ╪╪╪

다. ▦   라. ▲▲▲

한국의 지질(169~170P)

1-1 다음중 한반도에서 아직 발견되지 않고 있는 것은?

가. 제삼기   나. 데본기   다. 대동기   라. 평안기

1-2 우리나라에서는 고생대 중엽에 1억년간 지층이 쌓이지 않아 이 부분이 부정합으로 되어 있다. 이 기는?

가. 페름기   나. 데본기다. 석탄기   라. 실루리아기

1-3 다음중 중생대에 속하지 않는 것은?

가. 백악기   나. 쥐라기   다. 트라이아스기   라. 석탄기

1-4 다음중 고생대에 속하는 것은?

가. 제3계   나. 대동계   다. 상원계   라. 조선계

1-5 페름기는 다음 중 어디에 속하는가?

가. 고생대   나. 중생대 다. 신생대   라. 시생대

1-6 한국의 지질계통중 가장 늦게 이루어진 것은?

가. 상원계   나. 조선계 다. 평안계   라. 제3계

1-7 다음에서 고생대에 해당 되는 층 혹은 층군은 어느 것인가?

가. 금천층   나. 서귀포층다. 옥천층군   라. 신라층군

1-8 쥐라기 말기에 한반도의 지질시대중 가장 강력한 조산운동과 큰 규모의 화산 활성이 있었다. 이를 무엇이라 하는가?

가. 송림운동   나. 연일운동
다. 불국사운동   라. 대보조산운동

1-9 우리나라에서 가장 맹위를 떨친 지각 변동은 어느 지층이 퇴적한 후인가?

가. 결정편암계   나. 평안계 다. 조선계   라. 대동계

1-10 우리나라에서 화산 활동이 가장 활발하게 일어났던 시기는?

가. 신생대 제4기   나. 중생대 백악기
다. 고생대 페름기   라. 원생대

1-11 한반도에 일어난 지각운동 중 불국사 운동은 언제 일어났는가?

가. 석탄기   나. 트라이아스기말기
다. 쥐라기말기   라. 백악기말기

1-12 우리나라 대보 화강암과 관련이 가장 깊은 지질시대는?

가. 신생대   나. 중생대   다. 고생대   라. 시생대

1-13 신생대의 기에 해당하는 것은?

가. 오르도비스기   나. 실루리아기
다. 트라이아스기   라. 제3기

2-1 절대연령 측정에 의한 우리나라에서 가장 오래된 암석은?

가. 편마암류 나. 화강암류 다. 석회암류 라. 현무암류

2-2 선캄브리아대의 암석은 우리나라 전면적의 얼마 정도를 차지하고 있는가?

가. 약 20% 나. 약 35% 다. 약 50% 라. 약 70%

2-3 우리나라 전지역의 반이상을 차지하고 있는 암석들은?

가. 역암, 응회암   나. 감람암, 현무암
다. 사암, 이암   라. 화강암, 화강편마암

3. 지각을 구성하고 있는 8대 원소 중 가장 많은 것은?

가. 수소(H)   나. 산소(O)   다. 알루미늄(Al)   라. 철(Fe)

4. 다음 (   )안에 내용으로 알맞은 것은?

광택이나 색이 비슷한 광물을 구분하기 위하여 백색 자기판에 광물을 그어 나타나는 (   )을/를 확인하여 광물을 구분한다.

가. 냄새   나. 경도 다. 조흔색   라. 투명도

5. 다음 광물중 경도(굳기)가 가장 큰 광물은?

가. 석고   나. 석영   다. 형석   라. 인회석

6. 다음과 같은 성질을 가지고 있는 광물은 어느 것인가?

결정계	색 깔	광택	경도	비중	암석중에서의 산출상태	화학조성
육방	무색,흰색,어두운회색	유리	7	2.6	타형,자형	SiO2

가. 정장석   나. 석영 다. 사장석   라. 각섬석

7. 지구의 역사를 밝히는데 사용하는 지사학의 법칙에 해당하지 않는 것은?

가. 둔각의 법칙   나. 관입의 법칙
다. 지층 누중의 법칙   라. 부정합의 법칙

8. 아래의 척추동물을 그 발생의 시대순으로 오래된 것부터 나열한 것은?

　　　A:파충류   B:어류   C:포유류   D:양서류

가. A - B - C - D   나. D - C - B - A
다. B - D - A - C   라. C - D - A - B

MEMO

에너지자원 기술자 양성을 위한 시리즈 II
한국산업인력공단, NCS 출제기준에 따른
화약 취급 기능사

PART

6

화약취급기능사
3차

Chapter I   기출문제 3차 작업형

1. 시험자 응시 유의사항

가. 일반사항

○ **실기시험은 복합형(필답형과 작업형)으로 시행되며, 모든 과정에 응시하여야 채점대상**이 됩니다.

○ 시험에 응시하실 때에는 아래 물품을 지참하고 수험표에 안내된 시간까지 시험실에 입실하여 지정된 좌석에 착석하셔야 합니다. 시험시작 이후에는 입실할 수 없습니다.
  - 공통(필답형/작업형) : 수험표, 신분증(주민등록증, 운전면허증, 여권, 공무원증, 국가기술자격증, 학생증), 검은색 필기구

  - 필답형은 계산기를 지참, **작업형시험의 복장은 간편 복장**

○ 시험시간 중에는 통신기기 및 전자기기【휴대용 전화기, 휴대용 개인정보단말기(PDA), 휴대용 멀티미디어 재생장치(PMP), 휴대용 컴퓨터, 휴대용 카세트, 디지털 카메라, 음성파일 변환기(MP3), 휴대용 게임기, 전자사전, 카메라펜, 시각표시 외의 기능이 부착된 시계】를 사용할 수 없습니다.

○ 필답형 시험시간 중에는 화장실 출입을 전면 금지하오니 유의하시기 바랍니다(시험시간 1/2 경과 후 퇴실 가능).

○ 시험에 필요한 계산기를 지참할 수 있으나, 다른 수험자에게 대여할 수 없습니다(계산기 사용 시 기억장치 내용은 삭제 후 사용).

○ 시험장은 **금연구역입니다.**

나. 부정행위 및 벌칙

○ 국가기술자격법 제10조제4항 및 제11조에 따라 국가기술자격검정에서 부정행위를 한 응시자에 대하여는 당해 검정을 정지 또는 무효로 하고 3년간 국가기술자격법에 의한 검정에 응시할 수 있는 자격이 정지됩니다.

  - 시험 중 다른 수험자와 시험과 관련된 대화를 하는 행위
  - 답안지를 교환하는 행위
  - 시험 중에 다른 수험자의 답안지 또는 문제지를 엿보고 자신의 답안지를 작성하는 행위
  - 다른 수험자를 위하여 답안을 알려주거나 엿보게 하는 행위
  - 시험 중 시험문제 내용과 관련된 물건을 휴대하여 사용하거나 이를 주고받는 행위

- 시험장 내외의 자로부터 도움을 받고 답안지(카드)를 작성하는 행위
- 사전에 시험문제를 알고 시험을 치른 행위
- 다른 수험자와 성명 또는 수험번호를 바꾸어 제출하는 행위
- 대리시험을 치르거나 치르게 하는 행위
- 그 밖에 부정 또는 불공정한 방법으로 시험을 치르는 행위
○ 시험실(장)내외의 기물 파손 시는 개인 변상하여야 합니다.

2. 필답형 답안지 작성 및 채점 관련 유의사항

가. 답안작성 필기구는 검은색 필기구만 사용 가능

○ 연필, 유색펜(빨간색, 녹색 등) 사용 및 필기구 혼합 사용 ⇒ **0점 처리**

○ 답안 수정 시 반드시 두 줄을 긋고 답안 작성

나. 문제에서 요구한 가지 수 이상을 기재해도 요구한 가지 수 까지만 채점

[예시] (질문) 우리나라의 대표적인 산 3개를 쓰시오

(수험자 답안) 백두산 한라산 금강산 지리산

다. 계산식 문제는 식과 답이 모두 맞아야 점수 인정

○ 계산식은 틀리고 답은 맞은 경우 또는 계산식은 맞고 답은 틀린 경우 ⇒ **0점 처리**

Chapter I 3차 작업형

1. 개요

　기능사 작업형은 2가지 과정으로 이루어져 있으며 각각의 배점은 25점이며 감독관에게 채점기 준표가 있으며 기본적인 것들을 작업 할 줄 알면 어느 정도 점수를 맞을 수 있다.

　산업기사 이상부터는 1과정 천공위치 선정 및 천공작업 8점 2과정 터널 및 발파작업 14점 3과 정인 소음진동 8점과정이 추가된다.

1과정(천공) 2과정(발파)의 기본적인 작업에 대한 것은 아래와 같다.

(아래 사항을 모두 다 작업 할 줄 알아야 한다.)

(1) 천공(경사공 천공과 평행공 천공) 작업

① 조절발파 작업(4가지 특성 및 비교)

② 벤치발파 작업

③ 전폭약포 작업

④ 도폭선 분기 작업 5가지

⑤ 발파 모든 과정 작업

⑥ 불발공 처리법

3과정(소음진동) 산업기사 이상

① 소음 진동 기본 이론

② 소음 진동 저감 요령

③ 소음 진동 측정 및 분석 요령

※ 위의 작업만 할 줄 아는 것이 아니라 왜 그렇게 했는지의 설명이 필요하다. 감독관이 물 어보는 부분이 점수가 들어가지 않을 수도 있으며 채점기준에 의해서 채점된다.

※ 작업형 시험장은 매년 다르지만 주로 자원과가 있는 대학교에 설치가 된다.

2. 국가기술자격 실기시험문제

자격종목 화약취급기능사 과제명 화약취급 및 발파작업

※ 문제지는 시험종료 후 본인이 가져갈 수 있습니다.

※ 비번호 시험일시 서명

※ 시험시간 : 1시간

1. 요구사항

※ 준비된 모의 발파작업장에서 시험위원이 지시하는 대로 화약취급 및 발파작업을 실시하시오.

2. 수험자 유의사항

※ 다음의 유의사항을 고려하여 요구사항을 완성하시오.

1) 각 과정을 전부 거쳐 평가 받아야 합니다.

2) 시험위원의 지시에 의하여 수험규칙은 필히 준수하여야 합니다.

3) 화약류취급은 위험성이 따르므로 규정에 따라 취급하여야 합니다.

4) 발파작업 및 각종 시험시는 보안에 특히 유의하여 평가를 받아야 합니다.

5) 화약류에 따른 지급재료는 시험 종료 후 전량 반납한 후 퇴실하십시오.

6) 다음의 경우는 채점대상에서 제외되니 유의하시기 바랍니다.

○ 실격: 수험자가 어느 1개 과정이라도 응시치 않을 경우

3. 지급재료 물품 자격종목 화약취급기능사

1. 모형 "다이너마이트" NG 60%, φ25 mm 개 9

2. 모형 "전기뇌관(순발)" 0호(단) 개 1

3. 모형 "전기뇌관(지발)" 2호(단) 개 2

4. " 3호(단) 개 2

5. " 4호(단) 개 2

6. " 5호(단) 개 2

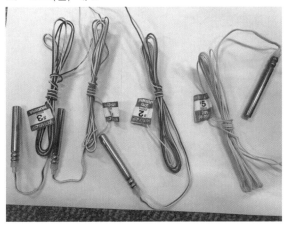

7 전 색 물 φ 30 x 200 mm 개 4

도통시험기와 발파기

※ 국가기술자격 실기시험 지급재료는 시험종료 후(기권, 결시자 포함) 수험자에게
지급하지 않습니다.

3. 과정별 예상 질문

제 1과정 : 천공위치 선정 및 천공작업 (25점)

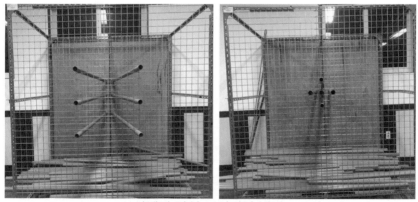

심빼기 작업 브이컷과 번컷

(1) 터널심빼기의 예상질문

① 심빼기를 하는 이유는 설명하라:

심빼기를 발파는 1자유면 상태의 자유면을 2자유면으로 확대하여 발파효과 증대시키
기기 위함

② 심빼기 하는 위치를 설명하라

암질, 터널단면의 규모, 천공장비 성능, 주변환경 영향, 1회 굴진장, 작업자의 숙련도 등을 고려, 일반적으로 터널 중심에 위치한다.

③ 심빼기 종류에 대하여 설명하라

경사공, 평행공의 종류에 대하여 설명

- 경사공심발법 : V-cut. 피라미드컷, 팬컷(fan_cut) 등
- 평행공심발법 : Burn-cut(빈-컷), 스파이럴컷, 스토로컷(slot-cut), 코로만트컷, 대공경심발법, 노컷(No-cut) 등

(2) V-cut에서 예상질문

① V-cut 천공순서

작업의 순서임 - 심빼기공 - 확대공 - 바닥전열공 - 바닥공 - 바닥구석공 - 외곽공순

② V-cut 천공설명

터널굴착에 대하여 설명 - 터널단면, 터널용도, 터널의 암질

천공장 설정 - 터널단면의 절반을 넘지 않음

그 외의 공들은 천공 순서대로 설명 - 외곽공 대하여 Look out을 주는 이유와 바닥구석공에서 각도 주는 이유 설명

③ 공저 간격을 준 이유? 왜 간격을 두느냐?

④ 공구 간격과 천공각도?

⑤ v-cut공수는 무한대로 해도 되냐?

(3) 평행공 심빼기 천공작업 및 예상질문

① 평행공 천공설명 : 심발부만 표현

대구경 공경선정 대하여 설명

무장약공과 심발공과의 거리는 무장약공 공경의 1.5배

장비의 설명 - 점보드릴 45mm

장약량 설명 - 천공순서와 같이 설명(장약장이 길기 때문에 순폭도가 높고 저비중 폭약 사용)

심발공의 뇌관배역 - 심발부 기폭시차는 발파암석의 이동과 팽창시간을 고려하여 50ms 이상

② 번컷에 사용되는 폭약은? 번컷에서 단차를 얼마이상 주어야 하는가?

③ 소결현상이란?

④ V-cut과 Burn-cut 장단점은 무엇인가?

구분	V-cut 발파방법	번 컷 발파 방법
장 점	·숙달된 인력 확보 용이하다 ·발파작업이 용이하다 ·작업성이 좋다 ·발파패턴의 천공수 적다	·발파당 굴진장이 길다. 1.5 ~ 5m 1m³당 폭약 소비량이 적다. 암석의 비산이 적다. 주변 발파시 저항선 측정이 용이하다. 잔류공이 거의 없다.
단접		너무 강력한 폭약 사용 = 소경 현상 우려 근접공 발파시 = 유촉, 사압, 불발 잔류의 우려 Cut Off 의 가능성이 있다
기폭방법	제발발파	지발발파

⑤ v-cut과 Burn-cut을 철망에 설치해보시오

(4) Bemch-cut의 예상질문

① 벤치 발파에 대해 설명하라

노천에서 채석, 채광을 목적으로 하는 발파로, 일반적으로 2자유면 발파이고 평지에서 작업이 가능하기 때문에 낙석, 붕과 등의 위험이 적고, 장공발파가 많다 값이 싸고, 저비중인 안포를 사용하는 곳이 많다

② 벤치발파에 경사를 두는 이유는 설명하라

파쇄효과가 약간 좋아진다. 뿌리 절단 효과가 좋다.

채굴장에 경사형성 = 붕괴 방지, Back Break 방지

· Bench 발파의 장점

평지 작업이 가능, 낙석, 붕괴 등의 위험이 적다. 작업과 발파 계획이 단순,

· Bench 발파의 단점

초기 투자가 크다, 개발 공사 기간이 길다.

③ 바닥고르기 종류 설명, 토우컷 천공

- 뿌리 깍기를 방법과 하는 이유를 설명하라.

서브드릴링, 토우홀 / 벤치의 바닥면을 평탄하게 하기위해서

벤치 발파시 천공장에 관해서 물어보시고 sub drilling과 toe hole의 위치, Toe-Hole가 경사는 얼마인가? 천공하는데 하향이냐? 상향이냐?

- 백브레이크란 무엇인지 설명하라?

여굴(Overbreak), 이전의 발파 충격으로 인하여 발파 경계선 내부암석에 균열
이 생기는 현상

Cut off가 무엇인지 설명하여라

(5) 조절발파의 예상질문

① 조절발파란 무엇인지 설명하라?

가능한 평활한 벽면을 이루도록하여 과굴착(여굴) 극소화

② 조절발파의 종류는 무엇이 있는가?

조절발파에서 프리스플리팅과 쿠션블라스팅의 큰차이점들을 설명하라

프리스플리팅: 메시지를 하지 않음   쿠션 : 메시지를 한다

　　　　　　　p/s공을 먼저 발파　　　　　 나중에 발파

제 2과정 : 터널 및 발파작업(25점)

2과정은 터널 및 발파작업에 대해서 물어보는 곳입니다. 감독관마다 다르지만 작업 순서
는 아래와 같습니다.

천공위치 선정 → 천공실시 → 공청소 → 뇌관배치 → 장전 → 결선 → 도통 및 저항측정
→ 대피 → 경계원배치 → 발파 → 모선분리 및 단선, 발파기키 분리 →시간준수(전기5분,
대발파 30분) → 발파 확인

〈세부 작업 방법〉

1. 발파 위치를 구상한 후 천공 파이프를 가져와 놓는다.
2. 안정된 자세 (낮은 자세와 파이프 두손으로 취급 자세)로 천공 홀 배치(파이프 하나씩
   천공 할 것 천공하는 것을 보고자 하는 것임)
3. 화약과 뇌관 운반 (법규상 따로 운반), 전색 모래주머니 운반
4. 전폭약포을 만들어 공청소 후 파이프에 넣고 전색 및 결선
5. 모선에 연결 후 30m이상 떨어져 (필요시 말로 표현) 도통시험과 저항시험 실시
6. 경계원 배치 및 발파 경고
7. 모선 발파기에 연결 후 충전
8. 충전 완료 후 발파 10초전, 5초전, 4, 3, 2, 1, 발파, 발파 외치고 발파
9. 발파 끝나고 모선분리 후 단락, 키분리 후 시간이 지났음을 이야기 한 후 막장 접근

10. 확인 후 "발파 끝났습니다" 라고 보고

(1) 번컷, 브이컷 3직 2병 등 결선법의 예상질문

① 천공위치선정 및 천공
   (천공속도영향요인 : 암석의 지질구조, 착암기종류, 스틸재질 및 길이, 비트의 직경 및 재질, 형상, 공기압축기압력, 수압 , 추력)

② 발파의 정의: 폭약을 사용하여 목적하는 물체를 파괴하는 작업

③ 심빼기 위치: 중심선하단, 너무 낮으면 중력으로 붕락 대괴발생원인, 너무 높으면 확대 발파에서 자연붕락적어지고 폐석은 작게되나 폭약소비량 많아짐

④ 심빼기 목적: 터널발파는 기본적인 2자유면 발파보다 발파효율이 떨어짐, 자유면을 증 가 시킬목적으로함

⑤ 무장약공과 심발공 간격: 무장약공중심에서 심발공중심까지 무장약공의 공경의 1.5배 (무장약공 102mm, 심발공 45mm)

⑥ 번 컷 : 평행공심발, 지발발파(50MS) , 무장약공의 천공은 중심선의 아래에 위치하도 록 천공 , 지발 발파 이유 : 소결현상 방지
   [소결현상: 강력한 폭약이 가까운 공공을 향해서 기폭되면 한 번에 분쇄 되었던 암분이 무장약공에서 재결합되어 굳어지는 것을 말한다.]

⑦ V컷 : 경사공심발 , 제발발파 , 공저:20cm , 천공각도:60도, 제발발파

뇌관도통기시험/뇌관도통시험 → 도통시험기 이상유무확인 , 도통시험은 작업장으로 부터 안전거리 30m 이상 떨어진 안전한 장소

⇩

뇌관 작업장 이동 → 작업장으로 뇌관과 폭약 운반시 뇌관은 뇌관만 이동하고 그 폭약 작업 장 이동 후 다시 폭약은 폭약만 이동한다. (작업 시 뇌관의 플라스틱부분을 잡고 작업한다.)

⇩

전폭약포제조 → 전폭약포 제작 시 뇌관을 폭약에 장전할 때 목재로 된 뇌관봉으로 폭약에 먼저 자리를 잡아주고 뇌관을 삽입한다. 이때 뇌관봉이 준비되지 않은 관계로 뇌관집게로 뇌관봉을 대체하여 작업함을 시험관에게 알린 후 작업한다.

⇩

공 청소 → 암분을 제거하여 발파에 미치는 영향을 최소화한다.

⇩

장약 및 전색 : 전색효과: 폭파위력을 크게함, 가스탄진에 의한 인화위험감소, 폭파 후 발생가스감소, 전색목적: 와녹, 가스압의 일출방지, 발파연기발생감소, 인화의 위험방지, 전색정도에 따라 폭약소비 20~30%차이

구비조건:마찰충분,단단하게 다져질 것, 장전쉽고 빠르고 빈틈없을 것, 재료의 구입 운반 쉽고 경제적일 것, 연소 안될 것, 유독가스발생없을 것, 불발시 회수 용이

*전색물이 발파에 미치는 영향 : 전색물 알갱이가 작을수록 폭파효과 높음 , 점토전색, 수분함유량이 증가할수록 폭파효과상승, 물은 점토나 모래보다 폭파 효과 좋다.

⇩

뇌관결선 → 직렬연결 장점 : 결선오차 없고, 불발 조사 쉽다. 모선과 각선의 단락 발생없다. MS뇌관사용 용이

　　　직렬연결 단점 : 한군데라도 불량이면 전부 불발, 전기뇌관의 저항이 동일해야 함, 저항이 큰 뇌관부터 기폭, 같은 회사 뇌관 사용

⇩

모선작업장이동/모선 도통시험 → 모선과 뇌관선 연결 후 양쪽 결선을 잘 정리하여 정전기 발생 및 안전사고 대비

⇩

모선과 뇌관결선

⇩

대피 → 대피장소로 적당한 곳은 1. 폭파의 진동으로 천반이나 측벽이 무너지지 않는 곳 2. 폭파로 인해 비석이 날아오지 않는곳 3. 경계원으로부터 연락받을 수 잇는 곳

⇩

경계 → 발파계원이 경계원에게 확인 시켜야 할 사항

1.경계하는위치 2.경계하는구역 3.폭파횟수 4.폭파완료후 연락방법

⇩

대피 및 경계완료여부확인

⇩

발파기 모선 앞으로 이동 → 모선들고 발파장소 및 발파기까지 이동

⇩

모선 도통 시험

⇩

모선과 발파기 연결→ 발파기조건 : 경량소형일 것, 절연성 좋을 것, 확실히 제발 발파할 것, 발파기의 능력이클 것, 파손되기 어려울 것, 메탄, 탄진에 안전할 것

⇩

발파기 키 꼽기

⇩

발파기 충전확인/충전→ 발파기 충전시는 왼쪽버튼을 눌러 충전한다.

충전 완료산태가 되면 발사 카운트하고 오른쪽 버튼을 추 가로 눌러 발파한다. (이때 왼손은 계속 누른 상태유지)

⇩

발파카운트다운/발파

*컷오프:인접공발파로 옆의 도화선 끊김,전기뇌관 또는 도화선이 붙은 기폭약포가 폭발하기 이전에 공중으로 튀어나가 공중폭발하여 폭약이 잔류하는 현상

*원인:천공간격의협소,기폭약포가 너무 공구 가까이 있을 때, 암반에 예기치 못한 균열이 있을 때,갱내의 심발발파에서의 주변공의 장약이 길 때

*대책:1.전기발파에서 주변공의 밑 다이를 중간 또는 공저에 둔다. 2. 부석을 제거하고 균열 유무를 조사 3. 공간간격을 정확히 유지한다.

⇩

발파기 열쇠 분리

⇩

모선과 발파기분리/ 모선단락

⇩

대발파 후 안전고려   → *전기발파 : 발파 후 5분 지난 후 작업장 이동 현장확인

30분후에 작업장 확인 *도화선발파:발파후 15분 지난 후 작업장 이동 현장확인

*대발파(화약300kg이상):발파후 30분 지난 후 작업장 이동 현장 확인

⇩

30분경과로 가정 후 현장 진입 후 확인

⇩

작업장 뇌관과 모선분리/모선단락

⇩

발파 완료 후 경계요원에게 발파 완료 연락

⇩

이상으로 발파시범완료

⇩

모선과 발파기 연결→ 발파기조건 : 경량소형일 것, 절연성 좋을 것, 확실히 제발 발파할 것, 발파기의 능력이클 것, 파손되기 어려울 것, 메탄, 탄진에 안전할 것

⇩

발파기 키 꼽기

* 발파 후 점검사항

1. 점화 후 안전한 장소에 대피하여 폭파음을 세면서 점화된 발파공수와 폭음수가 일치하는지 확인한다.

2. 폭발음을 듣고난후 즉시 발파기 키와 모선을 발파기 단자에서 분리하고 그 끝을 단락시켜 재점화가 되지 않도록한다.

3. 폭파의 진동 및 파석의 비산상황

4. 막장에서의 암석파쇄상황, 후가스, 불발, 잔류약의 유무를 확인

5. 노천에서 발파결과조사 후 산사태, 낙석등의 위험이 있는곳은 출입금지 구역으로 설정하여, 관계자이외의 사람은 출입을 금하여야 한다.

* 불발공 처리요청

1. 불발된 천공 구멍으로부터 60cm(손으로 뚫는 구멍의 경우 30cm이상)의 간격을 두고 평행으로 천공하여 다시 발파 불발된 화약류를 회수할 것

2. 불발된 천공구멍에 고무호스로 물을 주입하고 그 물의 힘으로 메지와 화약류를 흘러나오게하여 불발된 화약류 회수할 것

3. 불발된 발파공에 압축공기를 넣어 메지를 뽑아 내거나 뇌관에 영향을 미치지 아니라게 하면서 조금씩 장전하고 다시 점화할 것

4. 위 방법에 의하여 불발된 화약류를 회수할수없을때에는 그 장소에 적당한 표시를 한후 화약류관리보안책임자의 지시를 받을 것

*공발(철포): 발파하였을 때 폭력이 주위의 암석을 파괴하지 못하고 메지만 날려버리는 현상을 공발이라고 한다.

2과정 예상 질문 리스트
 * 취급소의 개념과 정체량

 * 진동의 단위는? 소음의 단위?

 * 경계원이 알아야할 사항

* 전기 뇌관 시차(MS,LP) 각 몇 단인지 그리고 MS LP 합쳐서 몇단인가?

* 운반신고 안 해도 되는 품목

 * 운반 신고시는 어디서 하며 필요한 서류와 내용은 무엇인가?

* 면허증 신고 방법

* 불발이 났다면 어떻게 할것인가? 사용 폭약이 ANFO일 경우 압축공기는 사용하지 않는다.
(법규에 나온내용 말고 그 이외에도 안되면 어떤 조치를 취할것인가?)

* 도폭선 접합, 분기, 뇌관 연결, 폭약 연결
   도폭선 T자 연결, 길이가 짧을 때 이어서 연장 하는 방법 시연 하시오

* 와이드스페이스 발파에 대해 설명해 보시오

* 터널에 쓰이는 천공법 OR 터널 굴착방법

* 터널에서 도폭선을 사용하는 이유

* 직렬과 병렬 장/단점을 말해보시오.

* 직렬과 병렬은 각각 어떤 경우에 적용하여 사용하는가?

* 철망에 파이프 6개 설치해놓고 2직3병으로 발파 전과정 실시

* 정기폭 역기폭 장단점

* 화약 취급기능사가 하는 일은 무엇인가?

* 화약과 폭약이 무엇인가?

* 연소와 폭굉은 무엇인가?

* 발파의 전과정

* 공발과 철포현상에 대해 설명하고 원인이 무엇인가?

* 과장약도 공발현상의 원인이 되냐?

* 전폭약포를 1개만 제작하시오 전폭약포 제작시 다이나마이트에 각선을 왜 묶는가?

* 도통시험에 관해 말해보시오? 어디서 하는가?

* 도심지 2자유면 발파 설계하고 설명 하시오.

* 정전기 대처요령 설명 하시오.

* 진동을 줄일 수 있는 발파방법

* 정밀폭약 날개의 이유

광산보안기능사

| Chapter I | 광산보안기능사 |

광산보안기능사 　2012년도 필기시험

1. 다음중 일반적으로 공극률이 가장 큰 지층은?
가. 점토층
나. 사암층
다. 셰일층
라. 화강암층

2. 변성정도의 순서를 가장 올바르게 나타낸 것은? (단, 변성정도가 작은 것에서 큰 순으로)
가. 편암 - 천매암 - 셰일 - 점판암
나. 편암 - 천매암 - 점판암 - 셰일
다. 셰일 - 점판암 - 천매암 - 편암
라. 천매암 - 셰일 - 편암 - 점판암

3. 다음 중 퇴적암에 해당하는 것은?
가. 규암
나. 편암
다. 응회암
라. 섬록암

4. 다음 중 화성광상이 아닌 것은?
가. 페그마타이트광상
나. 열수광상
다. 침전광상
라. 기성광상

5. 광상을 조사하던 중 다음과 같은 시료를 채취하여 분석해본 결과이다. 올바른 것은?

> · 흑색의 광택이 있는 석탄
> · 휘발분이 10~40% 정도
> · 착화가 쉽고 노란 불꽃을 나타내며 화력이 세다.

가. 역청탄
나. 무연탄
다. 갈탄
라. 토탄

6. 광산개발 설계대상 지질매장량 중 기술적·경제적으로 채굴이 가능한 매장량을 의미하는 것은?
가. 가채광량
나. 예상광량
다. 조광광량
라. 전탄광량

7. 석탄광산에서 암반 갱도보다 연층갱도로 굴착하였을 때 장점으로 맞는 것은?
가. 갱도유지가 유리하다

나. 직선갱도를 만들 수 있다.
다. 갱도굴착과 동시에 채탄이 가능하다.
라. 운반계통을 집약화 시킬 수 있다.

8. 슈링키지(shrinkage stoping) 채광법의 장점으로 옳지 않은 것은?
가. 막장운반이 필요하지 않다.
나. 지보가 불필요하다.
다. 작업장에서 광석선별이 가능하다.
라. 작업장의 집약으로 통기가 용이하며 양호하다.

9. 운반방법을 결정하는데 고려하여야 할 사항과 관계없는 것은?
가. 운반거리와 갱도경사
나. 지질조건과 광상형태
다. 채굴되는 광석의 종류
라. 갱도의 통풍능력

10. 노천채굴을 갱내채굴과 비교할 때, 노천채굴의 장점과 관계 없는 것은?
가. 감독이 용이하다.
나. 광상의 깊이에 제한을 받지 않는다.
다. 채굴 경비가 저렴하다.
라. 대형 기계를 설치할 수 있다.

11. 다음에 열거하는 갱내채광법 중 붕락법에 해당하는 것은?
가. 슈링키지 채광법
나. 충전식 채광법
다. 스퀘어 셋트 채광법
라. 톱 슬라이싱 채광법

12. 톱 슬라이싱(top slicing) 채탄법의 공정에 해당되지 않는 것은?
가. 스크레이퍼 또는 체인컨베이어 설치
나. 램 프라우(ram plough) 설치
다. 매트(mat) 설치
라. 수압철주(hydraulic prop) 설치

13. 수갱 운반용 용기로 사용되는 케이지(cage)와 스킵(skip)에 직접 작용하는 안전장치로서 로우프가 끊어졌을 때 케이지나 스킵이 떨어지는 것을 막는데 쓰이는 것은?

가. 안전 고리(safety hook)

나. 안전 정지기(safety catch)

다. 안전 켑스 장치(safety keps)

라. 핸들 브레이크(handle brake)

14. 광산 운반용 로우프의 파단하중을 크게 감소시키는 것과 가장 관련이 깊은 것은?

가. 마멸   나. 부식

다. 마모   라. 뒤틀림

15. 다음 중 지압의 발생 원인으로 틀린 것은?

가. 암석의 중량

나. 암석의 잠재력

다. 수분의 흡수

라. 암석의 성질

16. 광산보안 관련 법상 작업장내의 먼지 날림의 기준치 이하로 틀린 것은?

가. 금속광산의 갱내 또는 옥내선광장 : 공기 1입방미터당 2밀리그램

나. 규석광산의 갱내 또는 옥내선광장 : 공기 1입방미터당 2밀리그램

다. 석탄광의 갱내 또는 옥내선광장 : 공기 1입방미터당 5밀리그램

라. 기타 비금속 일반광산의 갱내 또는 옥내선광장 : 공기 1입방미터당 15밀리그램

17. 채굴적의 천장이 침하함에 따라 생기거나 하반의 융기 또는 반팽에 의한 압력등을 말하는 것은?

가. 정압   나. 장압

다. 동압   라. 융압

18. 길이 1.8m, 최소 지름이 20cm인 소나무를 막장의 타주로 사용하려 한다. 안전율을 5로 볼 때 안전하게 지탱할 수 있는 하중은 얼마인가?

가. 7004kg   나. 14008 kg

다. 18000 kg   라. 36000 kg

19. 막장에서 사용하는 금속보로 보통 관절모양을 하고 있어 접었다 폈다할 수 있으며 연결 방법에 따라 슈우식과 코터식으로 분류되는 것은?

가. 몰셋지보   나. 카페

다. 록볼트   라. 숏크리트

20. 다음 중 가장 무거운 가스는?

가. 이산화탄소(CO_2)   나. 일산화탄소(CO)

다. 질소(N_2)   라. 메탄가스(CH_4)

21. 통기량이 4500m³/min 이고, 통기압이 81㎜수주일 때 등적공의 크기는?

가. 1.17m²   나. 2.17m²

다. 3.17m²   라. 4.17m²

22. 풍관통기의 장점과 거리가 가장 먼 것은?

가. 갱내만의 정전일 경우에도 통기상의 불안이 없다.

나. 풍관통기에는 차풍이 없다.

다. 대량의 통기를 할 수 있다.

라. 입·배기 갱도가 멀리 떨어져 있어도 통기는 양호하다.

23. 총 배기 가스량은 1000m³/min이며, 이 중 가연성 가스 함유율이 2%이다. 가연성 가스의 함유율을 0.5%로 내리는데 필요한 통기량은 얼마인가?

가. 1500m³/min   나. 2000m³/min

다. 3000m³/min   라. 4000m³/min

24. 지층 내에 물이 부분적으로 채워져 있는 구간을 통기대라고 한다. 다음 중 통기대가 아닌 것은?

가. 포화대   나. 중간대

다. 모관대   라. 토양수대

25. 폭 4m, 길이 20m, 깊이 2m인 수유지(水溜池)에 깊이 1m까지 물이 차 있다. 이곳에 0.2 m³/min씩 물이 수유지로 유입할 때 0.6 m³/min의 용량의 펌프로서 배수한다면 완전 배수 시간은?

가. 60분   나. 120분

다. 150분   라. 200분

26. 다음 갱내 방수법 중 가장 많이 사용되는 것은?

가. 선진천공　　　　　나. 방수댐
다. 시멘트 주입법　　　라. 방수문

27. 다음 중 갱내수의 수량측정 방법이 아닌 것은?

가. 측정용 탱크에 의한 방법
나. 사이펀(syphon)에 의한 방법
다. 피토관에 의한 방법
라. 위어(weir)에 의한 방법

28. 칸델라(cd)의 단위와 가장 관계가 깊은 것은?

가. 광속　　나. 조도　　다. 광도　　라. 광량

29. 광산보안 관련 법상 가행광산의 보안계원이 관리하여야 할 사항으로 맞는 것은?

가. 광산보안에 관한 계획의 작성
나. 보안시설의 설치·변경 및 운영
다. 광해의 방지에 관한 사항
라. 채광방법의 개선

30. 국부통기에서 가스가 충분히 배제되지 않고 점점 농후하게 되어 폭발을 일으킬 수가 있다. 가장 큰 원인은?

가. 풍량 과다　　　　　나. 크로스기압
다. 돌림바람　　　　　라. 신성공기 유입

31. 광산보안 관련 법상 주요배기갱도의 공기 중 가연성가스 함유율 설명 중 맞는 것은?

가. 가연성가스 함유율은 1.5퍼센트 이하로 하여야 한다.
나. 가연성가스 함유율은 2.5퍼센트 이하로 하여야 한다.
다. 가연성가스 함유율은 3.5퍼센트 이하로 하여야 한다.
라. 가연성가스 함유율은 4.5퍼센트 이하로 하여야 한다.

32. 광산보안 관련 법상 담당보안계원이 매주 1회 이상 운반장치의 이상 유무 검사 대상에 해당되지 않는 것은?

가. 권양기의 제동장치　　나. 경보기
다. 심도지시기　　　　　라. 구급차

33. 광산보안 관련 법상 차량계 광산기계 및 자동차를 관리하는 담당 보안원이 주 1회 이상 점검할 사항에 해당되지 않는 것은?

가. 차량계 광산기계의 운행 시 갱내 외 작업장의 분기점 서행상태
나. 제동기의 압력 및 작동상태
다. 주유, 누유 및 누기상태
라. 조작장치의 작동상태

34. 광산보안 관련 법상 가행광산의 광해보안계원이 준수하여야 할 사항이 아닌 것은?

가. 갱내작업장소의 보안상황·각 시설의 보안상황과 보안을 위한 조치내용 및 그 확인결과 등을 보안일지에 기재할 것
나. 폐석 및 광물찌꺼기의 유실방지시설의 이상유무를 점검할 것
다. 갱구의 유출수, 선광장 및 광물찌꺼기의 집적장의 배출수 및 정화시설에서 최종적으로 방류되는 배출수의 수소이온농도·생물학적 산소요구량 및 부유물질 및 중금속의 농도를 측정할 것
라. 주요 작업장의 먼지의 날림, 소음 및 진동, 지반침하 등 주요 광해발생의 우려가 있는 장소에 대하여 이상 유무를 점검할 것

35. 화약류를 용도에 의하여 분류할 때 전폭약에 해당하는 것은?

가. TNT　　　　　　나. 무연화약
다. 아지화납　　　　라. 헥소겐

36. 다음 중 발파 진동속도를 나타내는 단위로 맞는 것은?

가. gal　　　　　　나. cm/sec
다. mm　　　　　　라. mm/sec^2

37. 탄동 구포시험에서 시료폭약이 구포 진자를 움직여 준 각도가 15°, 기준폭약이 움직여준 각도가 18°이었다면 R.W.S(Relative Weight Strength)는 얼마인가?

가. 70%　　　　　　나. 50%
다. 30%　　　　　　라. 10%

38. 화약류의 선정방법으로 가장 부적합한 것은?

가. 강도가 큰 암석에는 에너지가 작은 폭약을 사용한다.

나. 장공발파에는 비중이 작은 폭약을 사용해야 한다.

다. 수분이 있는 곳에서는 내수성 폭약을 사용해야 한다.

라. 고온의 막장에는 내열성 폭약을 사용해야 한다.

39. 모스(Mohs) 경도계에서 굳기 6에 해당되는 광물은?

가. 정장석   나. 석영

다. 인회석   라. 방해석

40. 발파작업에서 암석계수란?

가. 암석의 충격에 대한 폭파계수를 나타내는 계수

나. 암석의 폭파에 대한 저항성을 나타내는 계수

다. 암석의 타격에 대한 저항력을 나타내는 계수

라. 암석발파의 진동에 대한 계수

41. 다음과 같은 조건으로 벤치커트(Bench cut) 발파를 행하였다. 이 경우 발파계수는 얼마인가?(단, 공수 : 4공, 공간격 : 8m, 벤치높이 : 15m, 전장약량 : 720Kg, 최소저항선 : 5m)

가. 0.2   나. 0.3

다. 0.4   라. 1.2

42. 어떤 암반에 대한 시험발파에서 장약량 700g으로 누두지수 n=1.2인 발파가 되었다면 동일한 최소저항선으로 n=1인 표준발파가 되기 위한 장약량은? (단, 누두지수함수는 Dambrun식을 사용)

가. 297.5g   나. 395.5g

다. 407.8g   라. 457.8g

43. 발파 위험구역 내의 통행을 막기 위하여 경계원을 배치할 때 발파 계원이 경계원에게 확인시켜야 할 사항으로 틀린 것은?

가. 경계하는 위치

나. 경계하는 구역

다. 발파에 사용한 폭양량

라. 발파 완료 후의 연락방법

44. 착암기에 대한 설명 중 올바르지 못한 것은?

가. 비트는 큰 타격과 마멸에 견딜 수 있는 취성재료라야 한다.

나. 해머 드릴은 사용하는 목적에 따라 드리프터, 스토퍼, 싱커로 나눈다.

다. 탄광에서 사용되는 천공기의 동력은 압축공기를 주로 사용한다.

라. 해머식 착암기는 충격식의 일종으로 실린더 안에 있는 피스톤이왕복운동 한다.

45. 유압식 착암기의 기능으로 가장 거리가 먼 것은?

가. 회전기능   나. 연속타격기능

다. 충격흡수기능   라. 비트마찰기능

46. 다음 중 막장 적재 기계와 가장 거리가 먼 것은?

가. 가공삭도   나. 슬러셔

다. 로더   라. 체인컨베이어

47. 광차의 자체무게 500kg, 대당 적재무게 1000kg의 광차를 12대 연결하였다. 출발해서 30초 후에 4m/sec의 속도가 되었다고 하면 이때의 관성저항은 얼마인가? (단, 중력가속도는 $9.8m/sec^2$로 한다.)

가. 244.9g   나. 344.9g

다. 444.9g   라. 544.9g

48. 권양기의 안전장치 중 케이지가 추락하더라도 수갱바닥에 도달하기 전에 케이지를 잡아 정지시키는 것은?

가. 켑스   나. 안전고리

다. 안전정지기   라. 안전토클

49. H형 체인 컨베이어(chain conveyor)의 장점 중 잘못 설명한 것은?

가. 채굴면 가까이 설치하면 싣는 노력이 절약된다.

나. 운전 중에도 컨베이어의 이동이 가능하다.

다. 높이가 낮아서 안전성이 있다.

라. 체인이 트로프(trough) 위로 통과하므로 채탄에 지장을 주지 않는다.

50. 공기압축 이론 중 일정량의 기체가 압력을 받아 수축하면 열이 발생하는데 발생한 열을 완전히 제거하면서 압축하는 것을 무엇이라 하는가?

가. 등온압축   나. 단열압축

다. 흡입압축   라. 개방압축

51. 전경익식 원심형 선풍기를 설명한 것이다. 가장 올바르게 표현한 것은?

가. 선풍기의 임펠러가 어느 쪽으로도 구부러지지 않고 반지름 방향으로 직선인 모양을 하고 있다.

나. 선풍기의 임펠러가 회전방향으로 구부러진 모양을 하고 있다.

다. 선풍기의 임펠러가 회전방향의 반대쪽으로 구부러진 모양을 하고 있다.

라. 선풍기의 임펠러가 어느 쪽으로도 구부러지지 않고 지름 방향으로 직선인 모양을 하고 있다.

52. 다음 중 선풍기 법칙에 대한 설명으로 옳은 것은?

가. 통기량은 회전수의 3제곱에 비례한다.

나. 선풍기압은 회전수의 제곱에 비례한다.

다. 통기량은 회전수의 제곱에 비례한다.

라. 공기마력은 회전수의 제곱에 비례한다.

53. 원심펌프(centrifugal pump)의 장점에 속하지 않는 것은? (단, 왕복식 펌프와 비교 할 경우)

가. 형태가 작은데 비해 용량이 크다.

나. 양수량을 자유로이 조절할 수 있다.

다. 운전 전에 펌프 내부에 급수가 불필요하다.

라. 양수관의 수류가 연속적이며 속도의 변화가 없다.

54. 원심펌프 운전조작상의 주의사항을 설명한 것 중 틀린 것은?

가. 운전을 시작 할 때는 펌프내의 물을 가득 채우고 슬루우스 밸브를 조금 열고 운전을 시작한다.

나. 운전 중 펌프 작동 소리에 이상음이 있을 때에는 곧 검사한다.

다. 운전 시 전동기의 베어링에 열이 나지 않도록 주의한다.

라. 운전을 중지할 때는 슬루우스 밸브를 천천히 닫고 전동기의 스위치를 끊은 다음 펌프안의 물을 빼 둔다.

55. 다음 설명 중 올바르지 못한 것은?

가. 전기를 흐르게 하는 능력을 기전력이라 한다.

나. 전자의 이동 방향과 전류의 방향은 반대이다.

다. 전압의 단위는 [V]로 표시한다.

라. 저항의 역수인 콘덕턴스의 단위는 [Ω]이다.

56. 가동 코일형 전압계의 측정 범위를 확대하기 위해 사용되는 것은 무엇인가?

가. 분류기   나. 배율기

다. 변류기   라. 변압기

57. 다음 그림의 회로에서 합성저항[Ω]은?

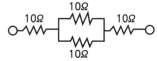

가. 10   나. 15

다. 20   라. 25

58. 계기용 변압기(P.T)의 2차측에 접속해야 할 계기중 가장 적당한 것은?

가. 전류계   나. 검류계

다. 위상계   라. 전압계

59. 실제 회전속도는 1728 [rpm]이고, 동기속도가 1800 [rpm]인 유도전동기의 슬립은?

가. 2 [%]   나. 3 [%]

다. 4 [%]   라. 5 [%]

60. 전자유도현상에 의하여 코일에 생기는 유도 기전력의 방향을 정의하는 법칙은?

가. 런쯔의 법칙   나. 플레밍의 법칙

다. 주울의 법칙   라. 페러데이의 법칙

2012년 정답지

1	2	3	4	5	6	7	8	9	10
가	다	다	다	가	가	다	다	라	나
11	12	13	14	15	16	17	18	19	20
라	나	나	라	라	라	다	나	나	가
21	22	23	24	25	26	27	28	29	30
다	라	라	가	라	다	나	다	다	다
31	32	33	34	35	36	37	38	39	40
가	나	가	가	라	나	가	가	가	나
41	42	43	44	45	46	47	48	49	50
나	라	다	가	라	가	가	가	라	가
51	52	53	54	55	56	57	58	59	60
나	나	다	가	라	나	라	라	다	가

광산보안기능사 2013년도 필기시험

1. 발파작업시 대피장소의 조건으로 적당하지 않는 것은?

가. 자유면 방향으로 발파상황이 잘 보이는 곳
나. 발파의 진동으로 천반이나 측벽이 무너지지 않는 곳
다. 발파로 인한 파쇄석이 날아오지 않는 곳
라. 경계원으로부터 연락을 받을 수 있는 곳

2. 광차는 원심력에 의하여 곡선 부분에서는 탈선하기 쉬우므로 바깥쪽 레일을 안쪽 레일보다 약간 높인다. 이 높이의 차를 무엇이라고 하는가?

가. 축거(wheel base)
나. 캔트(cant)
다. 레일 게이지(rail gauge)
라. 게이지 스케일(gauge scale)

3. 지각을 구성하는 8대 구성 원소에 속하지 않는 것은?

가. O (산소) 나. Si (규소) 다. H (수소) 라. Fe (철)

4. 양수량 5m/min, 전양정 10m인 양수 펌프용 전동기의 용량[kW]은 약 얼마인가?(단, 펌프의 효율 : 85%, 설계상 여유 계수 : 1.1)

가. 6.60
나. 7.66
다. 9.01
라. 10.57

5. 저항 30[Ω], 유도리액턴스 40[Ω]의 직렬회로에서 임피이던스는 얼마인가?

가. 50 [Ω]
나. 60 [Ω]
다. 70 [Ω]
라. 80 [Ω]

6. 공경 32mm, 폭약비중 1.6, 장약장을 공경의 10배로 하였을 때 장약량은? (단, 기타조건은 동일함)

가. 51.2 g
나. 257.2 g
다. 411.5 g
라. 623.4 g

7. 파괴 암석의 이동에 요하는 힘에 대하여 생각할때 도면과 같이 0 인 원점으로부터 α의 각도를 가지고 중량 G인 암석이 이동된다고 하면 여기에 요하는 힘 P는 마찰 기타 저항이 없다면 어떠한 관계식이 이루어 지겠는가?

가. P = G sin α
나. P = G cos α
다. P = G tan α
라. P = G sec α

8. 1분간의 배수량을 16m³ 로 하고 유속을 90 m/min 으로 한다면 수관의 직경은 약 얼마인가?

가. 24 cm
나. 32 cm
다. 36 cm
라. 48 cm

9. 광산보안법상 전기보안계원은 전기설비에 대한 주요 접지공사의 접지 저항에 관하여 매년 몇회 이상 검사하여야 하는가?

가. 2회
나. 4회
다. 6회
라. 12회

10. 광산보안법상 갱내보안계원의 준수 사항이 아닌 것은?

가. 위험의 염려가 있다고 인정 할 때에는 광산근로자에게 필요한 지시를 하고 필요에 따라 작업 중지, 통행차단, 경계표시의 게시 기타 응급조치를 취하고 이를 보안관리자에게 보고할 것
나. 위험성이 많은 장소를 교대작업 시간마다 2회 이상 순시하고 낙반·붕괴·폭발·자연발화·화재·출수 기타 위험성의 유무를 검사할 것
다. 갱내작업장소의 보안상황·각 시설의 보안상황과 보안을 위한 조치내용 및 그 확인결과 등을 보안일지에 기재할 것
라. 기계, 기구의 설치 및 수리 등을 감독할 것

11. 단면적 8m² 의 갱도에다 분량문을 설치해서 250 미르그의 저항을 부가시키려고 한다. 이때 분량문의 크기(면적)는?

가. 0.05 m²　　　　　　나. 0.73 m²

다. 0.96 m²　　　　　　라. 1.25 m²

12. 화학적 풍화에 대한 안정도가 낮은 것에서부터 높은 순으로 올바르게 나열된 것은?

가. 흑운모 → 백운모 → 휘석 → 석영

나. Na 사장석 → 휘석 → 백운모 → 각섬석

다. 석영 → 감람석 → 정장석 → 흑운모

라. 감람석 → 각섬석 → 백운모 → 석영

13. 자주지보에 대한 설명 중 가장 거리가 먼 것은?

가. 막장의 진행에 따라 스스로 전진하면서 철주를 세울 수 있는 조립식 지보이다.

나. 탄층의 절리가 많거나 탄폭의 변화가 심한 급경사에서 사용해도 효과적이다.

다. 채굴작업에서 가장 많은 시간을 차지하는 것은 지보의 설치와 철수, 카페의 연장이다.

라. 일반적으로 운반갱도의 보갱 목적보다는 채탄막장의 보갱용으로 많이 쓰인다.

14. 뇌홍 폭발시 발생하는 CO 가스를 CO2 가스로 바꾸어주고 폭발열을 크게 하기 위한 뇌홍과 염소산칼륨의 배합 비율은? (단, 뇌홍($Hg(ONC)_2$) : 염소산칼륨($KClO_3$))

가. 40 : 60　　　　　　나. 20 : 80

다. 60 : 40　　　　　　라. 80 : 20

15. 채탄법을 분류하는 특징과 가장 거리가 먼 것은?

가. 채탄 진행 방법과 진행 방향

나. 채탄 형식, 채탄적 충전여부

다. 석탄의 절취 방법과 절취 방향

라. 가스 발생과 광구 경계 방향

16. 광산운반에 사용되는 벨트 컨베이어의 장점에 대한 설명으로 틀린 것은?

가. 출광량에 맞추어서 운전할 수 있다.

나. 소요 동력이 비교적 적다.

다. 운반이 연속적이고 소음이 적다.

라. 설치 장소의 점유 면적이 적다.

17. 해머식 착암기에서 회전 장치로 사용되는 것은?

가. 라이플바와 랫칫　　　나. 척 슬리브

다. 샹크　　　　　　　　라. 비트

18. 노천채굴에 대한 내용 중 올바르지 못한 것은?

가. 통기, 조명을 할 필요가 거의 없다.

나. 때에 따라 표토나 버럭을 다른 먼 곳으로 운반하여야 한다.

다. 대규모 기계 설비로 대량으로 광석을 채굴하고 운반할 수 있다.

라. 광상의 깊이와 노천굴의 채굴 구배에 제한을 받지 않는다.

19. 최대 주응력(maximum principle stress)이 수직방향에서 작용할 때 생기는 단층은?

가. 정단층(normal fault)

나. 주향이동 단층(strike slip fault)

다. 역단층(reverse fault)

라. 충상단층(overthrust fault)

20. 지하암반 중에 갱도 또는 공동이 굴착되지 아니한 경우에도 그 암반상에 피복된 토양 및 암반의 중량에 의해 변형 상태에 있는 지압은?

가. 1차 지압　나. 2차 지압　다. 종국지압　라. 변형지압

21. 주요 통기법의 종류 중 입배기갱의 위치에 의한 분류에 속하는 것은?

가. 취입식 통기　　　　나. 흡출식 통기

다. 대우식 통기　　　　라. 기계식 통기

22. 수갱 굴착 작업시 키블과 가이드를 연결하는 장치를 무엇이라 하는가?

가. 스카폴드　　　　　　나. 라이더

다. 호이스트 폴리　　　　라. 싱킹 호이스트

23. 조도는 광원으로부터 거리와 어떠한 관계가 있는가?

가. 거리의 제곱에 비례한다.
나. 거리의 제곱에 반비례 한다.
다. 거리에 비례한다.
라. 거리에 반비례 한다.

24. 단상 변압기 2대를 가지고 3상 교류의 전압를 변환하는 변압기의 결선 방식은?
가. V - V   나. Y - Y
다. Y - △   라. △ - △

25. 수관(水管)에서 관내의 마찰 저항은?
가. 유속의 제곱에 비례
나. 유량에 비례
다. 유속에 비례
라. 유량의 제곱에 비례

26. 다음 중 갱목의 방부법으로 적당하지 않은 것은?
가. 도포법   나. 용융법   다. 침적법   라. 압입법

27. 후경익식 선풍기의 대표적인 것으로서 임펠러는 축에 끼워넣는 구조로 되어있고 기류의 저항을 적게 받는 선풍기는?
가. 펠저 선풍기   나. 기벨 선풍기
다. 시로코 선풍기   라. 터보 선풍기

28. 갱내 출수의 예측을 위해 관찰하여야 할 사항이 아닌 것은?
가. 수량의 변화
나. 수온의 변화
다. 물의 혼탁도 변화
라. BOD(생화학적 산소 요구량)의 변화

29. 수평갱도에서 광차의 자체무게 1000kg, 적재무게 1000 kg 의 광차 10대를 견인할 때의 총 견인력은? (단, 광차 및 기관차의 마찰계수 : 0.02, 기관차 자체무게 : 6톤)
가. 480 kg   나. 750 kg
다. 520 kg   라. 840 kg

30. 배출가스가 농후할 때 동력에 전기를 사용하면 위험한 통기에 속하는 것은?
가. 취입식 통기   나. 대우식 통기
다. 자연 통기   라. 흡출통기

31. 아네모미터(Anemometer)는 다음 중 어디에 속하는가?
가. 습도계(濕度計)   나. 온도계(溫度計)
다. 풍속계(風速計)   라. 기압계(氣壓計)

32. 기체의 압축에는 기체의 온도를 일정하게 유지하면서 압축하는 (   )과 압축할 때 발생한 열을 외부로 빼내지 않고 압축하는 (   )이 있다. 또한 실제의 내연기관이나 압축기에 있어서와 같이 이 두 가지의 중간적인 (   )이 있다. 위 (   ) 속에 들어갈 단어로 맞는 것은?
가. 등온 압축, 단열 압축, 폴리트로픽 압축
나. 단열 압축, 폴리트로픽 압축, 등온 압축
다. 정압사이클, 정적사이클, 합성사이클
라. 합성사이클, 정압사이클, 정적사이클

33. 다음 중 기폭약으로 사용되는 뇌홍에 대한 설명으로 옳지 않은 것은?
가. 감도가 예민하여 적은 충격이나 마찰에도 즉시 기폭한다.
나. 물속에서 안전하므로 저장할 때는 물속에 넣어 보관한다.
다. 100 ℃ 이하로 가열하면 폭발하지 않고 분해된다.
라. 100 kg/cm²로 과압하면 사압에 도달하여 불을 붙여도 타기만 하고 폭발하지 않는다.

34. 탄주식 채탄법의 장점으로 가장 올바른 것은?
가. 석탄의 자연발화가 거의 없다.
나. 가스발생량을 줄일 수 있다.
다. 작업장이 분산되어 실수율이 높아진다.
라. 탄층의 두께나 경사에 관계없이 적용이 가능하다.

35. 전기발파 결선 방법 중 직렬 결선에 대한 설명으로 옳은 것은?
가. 전원에 동력선, 전등선을 이용하는 것이 효과적이다.
나. 결선이나 뇌관에 불량한 것이 있으면 그것만 불발된다.

다. 결선이 틀리지 않고 불발시 조사하기가 쉽다.

라. 전기뇌관의 저항이 조금씩 다르더라도 상관없다.

36. 200[V], 500[W]의 전열기를 220[V] 전압에 사용하였다면 이 때의 전력은 얼마인가?

가. 400W   나. 550W

다. 550W   라. 605W

37. 표준발파의 장약량은?

가. 누두공 부피의 제곱에 비례한다.

나. 누두공 부피의 제곱에 반비례한다.

다. 누두공의 부피에 비례한다.

라. 누두공의 부피에 반비례한다.

38. 다음중 과전류 차단기를 시설할 수 없는 곳은?

가. 직접 접지계통에 설치한 변압기의 접지선

나. 역률 조정용 고압 콘덴서 뱅크의 분기선

다. 고압 배전 선로의 인출 장소

라. 수용가의 인입선 부분

39. 원심 펌프에 속하며 가이드 베인이 있는 펌프는?

가. 고동 펌프   나. 터어빈 펌프

다. 제트 펌프   라. 벌류우트 펌프

40. 수갱운반법에서 종업원, 재료, 기계, 공구 등을 운반하는 법은?

가. 컨베이어 운반법   나. 스킵(skip) 운반법

다. 인차 운반법   라. 케이지(cage) 운반법

41. 갱도의 폭이 2m, 갱도상반의 최대 침강이 0.3 m, 암반의 팽창율이 8이라고 할 때 트렘페타죤(Trompeter zone)에서 지주의 관목이 감당 해야 할 중량은? (단, 상반암석의 비중은 1.8)

가. 약 5.6 톤   나. 약 7.5 톤

다. 약 10.6 톤   라. 약 13.5 톤

42. 다음 중 흑색화약의 표준 배합비(%)로 맞는 것은?

가. KNO_3 : S : C = 75 : 10 : 15

나. KNO_3 : S : C = 75 : 15 : 10

다. KNO_3 : S : C = 65 : 20 : 15

라. KNO_3 : S : C = 65 : 15 : 20

43. 지하수 대수층 중 용해공동으로 형성된 것이 있는데 다음 중 이러한 대수층을 형성할 수 있는 암석은?

가. 사암   나. 화강암   다. 석회암   라. 화강편마암

44. 파이프의 지름이 0.5m, 길이가 120 m인 풍관에 매초 4 m^3의 비율로통기를 할 경우 선풍기의 압력은? (단, 공기의 비중량 : 1.2 kg/m^3, 마찰계수 : 0.02)

가. 약 59 kg/m^2

나. 약 79 kg/m^2

다. 약 109 kg/m^2

라. 약 119 kg/m^2

45. 다음 광물 중에서 황화광물에 해당하는 것은?

가. 방연석   나. 정장석   다. 인회석   라. 적철석

46. 광산보안법상 차량계광산기계 및 자동차를 사용하는 갱도에서 준수해야 할 사항이 아닌 것은?

가. 해빙에 대비하여 배수조를 설치할 것

나. 주행에 필요한 안전한 노면을 유지할 것

다. 갱도의 분기점등 필요한 장소에는 신호기·조명등 보안시설을 설치할 것

라. 갱도에는 차량의 교행지점 및 대피소를 설치할 것

47. 석탄층 채굴방식을 결정하기 위하여 고려되어야 할 조건 중 가장 거리가 먼 것은?

가. 석탄의 열량

나. 채굴 구역의 크기

다. 가스 발생 여부 및 출수량의 정도

라. 탄층의 두께 및 경사

48. 다음 중 착암기의 기계효율을 올바르게 나타낸 것은?

가. 지시마력과 이론마력과 비

나. 현장마력과 정미마력과 비

다. 정미마력과 이론마력과 비

라. 정미마력과 지시마력과 비

49. 폭약이 기폭되면 폭약 내부에서는 폭굉압이 발생하는데, 이 폭굉압은 동적 폭굉압과 정적 압력으로 나눌 수 있다. 이 중 정적 압력과 관계 없는 것은?

가. 반응 속도
나. 용기의 크기
다. 폭팔반응 생성물의 양
라. 폭발반응 생성물의 상태

50. 다음 사항은 전기 오오거 드릴(electric auger drill)에 대한 설명이다. 가장 거리가 먼 것은?

가. 뚫는 속도는 매분 10 cm 정도가 되어 해머식 착암기 보다 빠르다.

나. 탄광에서 사용시 방전과 발화에 대한 송전 설비나 장치를 완전히 해 놓아야 한다.

다. 주로 경암에 많이 사용된다.

라. 무게는 12 ~ 24 kg 이고, 송곳 회전수는 300 ~ 400 rpm 이다.

51. 광산보안법상 갱내 공기의 조성에 대한 규정으로 옳지 않은 것은?

가. 산소함유율이 19% 이상 되어야 한다.

나. 이산화탄소 함유율이 1% 이하여야 한다.

다. 주요 배기갱도의 공기 중 가연성가스 함유율은 1.5% 이하여야 한다.

라. 갱내작업장의 공기 중 가연성가스 함유율은 2.5% 이하여야 한다.

52. 광산보안법상 작업장 내의 먼지 날림의 기준으로 옳지 않은 것은?

가. 금속광산의 갱내 또는 옥내선광장 : 공기 1입방미터당 2밀리그램 이하

나. 기타 비금속 일반광산의 갱내 또는 옥내선광장 : 공기 1입방미터당 15밀리그램 이하

다. 규석광산의 갱내 또는 옥내선광장 : 공기 1입방미터당 2밀리그램 이하

라. 석탄광의 갱내 또는 옥내선광장 : 공기 1입방미터당 5밀리그램 이하

53. 사갱과 비교하여 수갱에 의한 개갱법의 장점으로 옳지 않은 것은?

가. 운반거리가 짧아 운반량을 증대시킬 수 있다.

나. 최단거리로서 심부까지 도달할 수 있어 심부매장광량 전부를 채굴할 수 있다.

다. 사갱에 비해 지압의 영향이 적어 갱도유지비가 감소된다.

라. 굴착비가 적게 들고, 굴착기간이 짧다.

54. 자연적 배수에서 중력을 이용한 방법은?

가. 집수지를 이용한 펌프 배수법

나. 전용 배수 갱도에 의한 배수법

다. 사이펀에 의한 배수법

라. 배수구에 의한 배수법

55. 그림과 같은 휘이트스토운 브리지에서 Q/P =2, R=25(Ω) 인 경우 검류계 G에 흐르는 전류가 0 이 되었다. 미지저항 X의 값은?

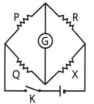

가. 20 [Ω]
나. 30 [Ω]
다. 50 [Ω]
라. 70 [Ω]

56. 석탄 광산의 막장 운반용으로 가장 많이 이용되는 컨베이어는?

가. 팬 컨베이어
나. 체인 컨베이어
다. 벨트 컨베이어
라. 셰이킹 컨베이어

57. 다음 중 전기 뇌관의 성능시험에 속하지 않는 것은?

가. 가열시험
나. 납판시험
다. 둔성폭약시험
라. 내수성시험

58. 지질학적으로 부존이 인정되는 전 광량으로 채굴가능 여부와 관계없이 가행한계 채굴폭 이하의 것이나 맥폭이 극히 좁은 세맥(veinlet)까지 포함되는 광량은?

가. 가채광량
나. 매장광량
다. 추정광량
라. 예상광량

59. 하루 2400톤의 석탄을 생산하는 광산이 있다. 갱내에서 석탄 1톤당 30m³ 의 가스가 발생되는데 배기갱도의 가스농도를 0.5%로 하려면 통기량은 분당 몇 m³정도

가 적당한가?

가. 10000 　　　　나. 20000

다. 30000 　　　　라. 40000

60. 지질시대를 구분하는 다음의 단위 중에서 가장 오래된 시대를 나타내는 단위는?

가. 절(Age)

나. 세(Epoch)

다. 기(Period)

라. 대(Era)

2013년 정답지

1	2	3	4	5	6	7	8	9	10
가	나	다	라	가	다	가	라	가	라
11	12	13	14	15	16	17	18	19	20
나	라	나	라	라	가	가	라	가	가
21	22	23	24	25	26	27	28	29	30
다	나	나	가	가	나	라	라	다	라
31	32	33	34	35	36	37	38	39	40
다	가	라	라	다	라	다	가	나	라
41	42	43	44	45	46	47	48	49	50
다	가	다	라	가	가	가	다	가	다
51	52	53	54	55	56	57	58	59	60
라	나	라	다	다	나	가	나	가	라

광산보안기능사 2014년도 필기시험

1. 화성암의 육안적 분류이다. SiO_2가 60% 정도이고 정장석, 흑운모,백운석, 각섬석의 광물성분을 함유한 암석은?

가. 화강암　　　　　　나. 현무암
다. 안산암　　　　　　라. 섬장암

2. 광량의 분류에서 지질학적으로 부존이 인정되는 전광량으로서 채굴 개념이 포함되지 않은 것은?

가. 예상광량　　　　　나. 확정광량
다. 매장광량　　　　　라. 추정광량

3. 600 m^3의 물을 펌프로 3시간에 150 m의 높이로 양수(揚水)하려고 하면 원동기의 마력수는? (단, 펌프의 총 효율은 60 %로 한다.)

가. 약 150 Hp　　　　나. 약 185 Hp
다. 약 250 Hp　　　　라. 약 285 Hp

4. 모스 경도계에 따른 광물 굳기의 순서로 옳은 것은? (단, 경도가 낮은 것부터 높은 것의 순서임)

가. 석고 → 형석 → 활석 → 방해석
나. 방해석 → 석고 → 활석 → 형석
다. 석고 → 방해석 → 활석 → 형석
라. 활석 → 석고 → 방해석 → 형석

5. 다음 중 변압기유가 구비해야 할 조건이 아닌 것은?

가. 인화점이 낮을 것　　나. 응고점이 낮을 것
다. 절연내력이 클 것　　라. 냉각 효과가 클 것

6. 다음 중 광산보안법에서 규정하는 갱내 작업환경에 대한 설명으로 옳지 않은 것은?

가. 갱내 주요 배기갱도의 공기 중 가연성가스의 함유율은 1.5 % 이하 이어야 한다.
나. 갱내 통기속도는 매분 550 m 이하이어야 한다. 다만 수직갱도 및 통기전용갱도에서는 매분 600 m까지 증가시킬 수 있다.
다. 갱내 작업장의 기온은 섭씨 35도 이하이어야 한다.

라. 갱내 작업장이나 통행갱도의 산소 함유율은 19% 이상으로 한다.

7. 다음 중 선풍기 법칙에 대한 설명으로 옳은 것은?

가. 통기량은 회전수의 제곱에 비례한다.
나. 공기마력은 회전수의 3제곱에 비례한다.
다. 통기량은 회전수의 3제곱에 비례한다.
라. 선풍기압은 회전수의 3제곱에 비례한다.

8. 전자유도 작용에 의하여 금속의 원판 또는 원통에 생기는 토크를 이용하는 전기적 지시계기는?

가. 전류력계형　　　　나. 유도형
다. 가동철편형　　　　라. 가동코일형

9. 다음 중 축류형 선풍기에 속하는 것은?

가. 라토 선풍기　　　　나. 프로펠러 선풍기
다. 시로코 선풍기　　　라. 펠저 선풍기

10. 갱내 채광법 중 광체의 규모가 대규모이고 급경사의 광맥에 적용할 수 있는 채광법은?

가. 잔주식 채광법　　　나. 중단 채광법
다. 스퀘어세트 채광법　라. 슈린케이지 채광법

11. 다음 중 갱내 출수의 원인과 가장 거리가 먼 것은?

가. 함수층 내의 지하수가 갱내로 유입되는 경우
나. 공동에 괸 공동수가 유입되는 경우
다. 채굴 공동으로 지표가 함락된 부분의 지표수 및 지하수가 유입되는 경우
라. 상수원으로부터 누출되어 유입되는 경우

12. 다음 중 착암기의 기계효율을 올바르게 나타낸 것은?

가. 현장마력과 정미마력과 비
나. 지시마력과 이론마력과 비
다. 정미마력과 지시마력과 비
라. 정미마력과 이론마력과 비

13. 다음 중 실수율이 가장 낮은 채탄법은?

가. 톱 슬라이싱　　　나. 중단붕락식
다. 장벽식　　　　　라. 주방식

14. 다음 중 아래와 같은 특징을 갖는 암석은?

· 결정질 석회암이라고 한다.
· 5mm 내외의 방해석 결정들의 집합체이다.
· 묽은 염산과 반응하여 거품을 낸다.
· 못이나 쇠붙이로 그으면 부드럽게 긁힌다.

가. 화강암　　나. 사암　　다. 대리암　　라. 편마암

15. 천공.발파에서 최소저항선을 1.5m, 장약길이를 40cm로 하려고 할 때 적당한 천공장은?

가. 1.7 m　　　　　나. 3.5 m
다. 4.5 m　　　　　라. 5.3 m

16. 발파 위험구역 내의 통행을 막기 위하여 경계원을 배치할 때 발파계원이 경계원에게 확인시켜야 할 사항으로 옳지 않은 것은?

가. 발파에 사용한 폭약량
나. 발파 완료 후의 연락방법
다. 경계하는 위치
라. 경계하는 구역

17. 다음 갱내 가스 중 비중이 가장 작은 것은?

가. 황화수소　　　　나. 메탄
다. 일산화탄소　　　라. 이산화탄소

18. 광산보안법상 광산근로자가 작업하거나 통행하는 갱내의 공기 중 유해가스의 기준치로 옳지 않은 것은?

가. 일산화탄소 함유율 50ppm 이하
나. 일산화질소 함유율 25ppm 이하
다. 이산화탄소 함유율 1% 이하
라. 이산화황 함유율 5ppm 이하

19. 누두공 시험결과 표준장약인 것은?

가. 누두지수가 1.2일 때
나. 누두공의 반경과 최소저항선이 같을 때
다. 누두공의 직경과 최소저항선이 같을 때

라. 누두공의 누두각이 100°일 때

20. 다음 중 입기갱도와 배기갱도가 교차하는 곳에 설치하여 기류가 서로 혼합되는 것을 방지하는 것은?

가. 풍교　　나. 차단벽　　다. 풍문　　라. 조절문

21. 다음 중 수평갱도로서 광맥을 따라 굴착하는 갱도는?

가. 소수갱도　　　　나. 연층갱도
다. 크로스갱도　　　라. 주운반갱도

22. 다음 중 광산조사에 있어서 광상의 존재 확인을 위한 일차적인 지표조사에 해당하는 것은?

가. 물리탐사　　　　나. 갱도탐사
다. 시추탐사　　　　라. 노두탐사

23. 다음 중 갱내수의 수량측정 방법이 아닌 것은?

가. 피토관에 의한 방법
나. 위어(weir)에 의한 방법
다. 측정용 탱크에 의한 방법
라. 사이펀(syphon)에 의한 방법

24. 광산보안법상 갱내에서 내연기관의 차량계광산기계 및 자동차를 사용하고자 하는 경우에 차량 등에서 발생되는 매연기준으로 맞는 것은?

가. 10% 이하　　　　나. 15% 이하
다. 20% 이하　　　　라. 25% 이하

25. 수평갱도에서 배수를 겸한 운반갱도의 이상적 구배는?

가. 1/100　　나. 1/200　　다. 1/300　　라. 1/500

26. 다음 중 국부통기에 속하는 것은?

가. 취입 통기　　　　나. 자연 통기
다. 중앙 통기　　　　라. 대우식 통기

27. 수준면이하의 광체에 대한 채굴이나 지하심부의 괴상광체에 대한개갱법으로 가장 적합한 것은?

가. 수평갱　　나. 수갱　　다. 사갱　　라. 연층갱

28. 갱도 굴착에 필요한 장비와 가장 거리가 먼 것은?
가. 호벨 (hobel)
나. 착암기 (rock drill)
다. 록쇼벨 (rock shovel)
라. 점보드릴 (jumbo drill)

29. 광산보안법상 보안계원이 전기기구의 사용 및 송전을 중지하여야 하는 가연성가스의 함유율은?
가. 1.5% 초과
나. 2.5% 초과
다. 3.5% 초과
라. 4.5% 초과

30. 노천채굴법에서 글로리홀(glory hole)법의 장점과 가장 거리가 먼 것은?
가. 광석의 품위가 균일하지 않아도 된다.
나. 광석의 손실을 감소시킬 수 있다.
다. 광석운반 작업이 집약된다.
라. 광석 적재에 기계력을 이용할 필요가 없다.

31. 다음 채굴법 중 무지지 채굴법에 속하는 것은?
가. 스퀘어세트 채굴법(square set stoping)
나. 톱 슬라이싱(top slicing)
다. 슈린케이지 채굴법(shrinkage method)
라. 중단붕락법(sublevel caving method)

32. 통기저항과 갱도의 단면적과의 관계는?
가. 제곱에 반비례
나. 비례
다. 제곱에 비례
라. 반비례

33. 갱목의 길이가 1.5m, 말구직경 10cm의 것을 지주로 사용했을 때 안전하중은 얼마인가? (단, 안전율 5, 압축강도 400kg/cm²)
가. 약 3950 kg
나. 약 4450 kg
다. 약 4710 kg
라. 약 5130 kg

34. 지하수의 분포에서 통기대에 속하지 않는 것은?
가. 포화대
나. 토양수대
다. 중간대
라. 모관대

35. 벨트 컨베이어에서 벨트를 드라이빙 풀리에서 겉돌지 않게 하기 위하여 벨트에 적당한 장력을 주는 장치는?
가. 급광 장치
나. 긴장 장치
다. 스냅 풀리
라. 스틸 코드

36. 전기계기의 구성 3요소가 아닌 것은?
가. 제어장치
나. 구동장치
다. 제동장치
라. 잠동장치

37. 광차의 자중이 800 kg 이고 적재 중량이 1500kg, 갱도의 경사가 18°, 마찰계수가 0.02일 때 10 량의 광차를 끌어 올리는데 필요한 힘은?
가. 3756 kg
나. 6438 kg
다. 7544 kg
라. 8924 kg

38. 다음 중 원심펌프에 해당하지 않는 것은?
가. 샌드 펌프
나. 터빈 펌프
다. 플런저 펌프
라. 벌류트 펌프

39. 다음 기호에서 주향 및 경사를 올바르게 기재한 것은?

가.N45°W, 30°NW
나.N45°E, 30°SW
다.N45°E, 30°NW
라.N45°W, 30°SW

40. 다음 중 갱내 운반법의 선택조건이 아닌 것은?
가. 광석의 품위
나. 광상의 형태
다. 출광량
라. 운반거리

41. 광산보안법상 갱내보안계원이 준수하여야 할 사항으로 옳지 않은 것은?
가. 광산근로자의 작업장소·주요통행장소·주요운반갱도·가스발생장소 기타 특히 위험성이 많은 장소를 교대작업시간마다 2회이상 순시할 것
나. 주요변압기·주요전동기·전기기관차 기타 보안상 주의를 요하는 전기기기·배선·이동전선 및 접지선에 대하여 이상유무를 매일 1회 이상 검사할 것

다. 위험의 염려가 있다고 인정할 때에는 광산근로자에게 필요한 지시를 하고 필요에 따라 작업의 중지, 통행의 차단, 경계표시의 게시, 기타 응급조치를 취하고 이를 보안관리자에게 보고할 것

라. 갱내작업장소의 보안상황·각 시설의 보안상황과 보안을 위한 조치 내용 및 그 확인결과 등을 보안일지에 기재할 것

42. 갱도굴진에서 인위적인 자유면을 만들어서 발파 효과를 증대시키는 발파를 무엇이라고 하는가?
가. 제발발파 나. 집중발파 다. 확저발파 라. 심발발파

43. 단상 유도전동기의 전압이 220[V], 전류가 10[A], 역률이 0.8 일 때 소비전력 [W]은?
가. 1320   나. 1760
다. 2200   라. 2750

44. 조도(intensity of illumination)의 단위는?
가. 칸델라[cd] 나. 럭스[lx] 다. 스틸브[sb] 라. 루멘[lm]

45. 광산보안법상 광업폐기물의 처리기준에 적합하지 않는 것은?
가. 광물찌꺼기 및 부유물질 등 별도 적치하는 광업폐기물의 운반 시 날림 및 유출을 방지한다.
나. 기름류·축전차축전지 등의 유해한 광업폐기물은 지하로 침투하지 아니하도록 보관시설을 사용한다.
다. 유해한 광업폐기물을 갱내에 매립 처분한다.
라. 광물찌꺼기 및 부유물질(침전지에서 회수한 침전물 등은 별도의 적치장에 적치한다.

46. 입기와 배기갱구의 고저차가 250 m이고, 갱외온도는 15℃이며 갱내 온도가 25 ℃일 경우 자연통기압은?
가. 7.9 mm수주   나. 10.4 mm수주
다. 11.3 mm수주   라. 12.5 mm수주

47. 공기압축기에서 사용하는 밸브는 공기의 유량을 조절할 목적으로 사용하는데 공기의 흐름을 한쪽 방향으로만 흐르게 하는 밸브는?
가. 체크 밸브   나. 조절 밸브

다. 안전 밸브   라. 스톱 밸브

48. 다음 운반법 중 사갱 운반에 사용되지 않는 것은?
가. 벨트 컨베이어에 의한 운반
나. 광차 직접 권양에 의한 운반
다. 셔틀 카에 의한 운반
라. 스킵 권양에 의한 운반

49. 갱내 지보재로 사용되는 숏크리트의 작용효과로 옳지 않은 것은?
가. 풍화방지 효과   나. 낙석방지 효과
다. 매달리 효과   라. 내압 효과

50. 계단식 발파에서 폭풍압을 감소시키는 방법으로 적당하지 않은 것은?
가. 도폭선 사용을 피한다.
나. MS뇌관으로 지발발파를 한다.
다. 정기폭을 사용한다.
라. 계단높이를 낮춘다.

51. 왕복펌프와 비교하여 원심펌프의 장점이 아닌 것은?
가. 크기가 작은데 비해 용량이 크다.
나. 구조가 간단하고 가격이 싸다.
다. 운전개시전 펌프내부에 급수를 하지 않아도 된다.
라. 양수량을 자유로이 조절할 수 있다.

52. 화약의 안정도 시험에 속하지 않는 것은?
가. 탄동진자시험   나. 가열시험
다. 내열시험   라. 유리산시험

53. 지하암반 중에 갱도 또는 공동이 굴착되지 아니한 경우에도 암반 자체의 중량이나 암반상부의 표토의 중량에 의해 이미 변형 상태에 있는 지압은?
가. 2차 지압   나. 종국 지압
다. 변형 지압   라. 1차 지압

54. 다음 중 기동 토크가 가장 작고 효율이 낮아 소형으로 쓰이는 단상유도 전동기는?
가. 셰이딩 코일형　나. 분상 기동형
다. 콘덴서 기동형　　라. 영구 콘덴서형

55. 일반적인 전기, 전자 및 통신기기나 선로의 절연저항을 측정하는 계기는?
가. 메거　　　　　나. 전압 전류계
다. 회로 시험기　　라. 훅 미터

56. 화약류를 용도상으로 분류할 때 발사약에 해당하는 것은?
가. 다이나마이트　나. 뇌홍
다. 흑색화약　　라. 도화선

57. 다음 중 화성광상이 아닌 것은?
가. 열수 광상　　나. 침전 광상
다. 기성 광상　　라. 페그마타이트 광상

58. 다음 물질 중 자연발화 또는 자연폭발을 가장 쉽게 일으킬 수 있는 것은?
가. 면화약　나.헥소겐　다.TNT　라.ANFO

59. 암석의 파괴시 암석은 어떤 힘에 가장 강한가?
가. 휨력　나. 전단력　다. 인장력　라. 압축력

60. 직경 35mm의 발파공에 30mm 직경의 폭약을 장전하였을 때 디커플링(decoupling) 지수는?
가. 약 0.86　　나. 약 1.17
다. 약 1.71　　라. 약 2.33

2014년 정답지

1	2	3	4	5	6	7	8	9	10
라	다	나	라	가	나	나	나	나	나
11	12	13	14	15	16	17	18	19	20
라	라	라	다	가	가	나	라	나	가
21	22	23	24	25	26	27	28	29	30
21	22	23	24	25	26	27	28	29	30
31	32	33	34	35	36	37	38	39	40
다	라	다	가	나	라	다	다	다	가
41	42	43	44	45	46	47	48	49	50
나	라	나	나	다	나	가	다	다	다
51	52	53	54	55	56	57	58	59	60
다	가	라	가	가	다	나	가	라	나

광산보안기능사 2015년도 필기시험

1. 괄호 안에 들어갈 숫자가 맞는 것은?

> 광산보안법상 광업권자 또는 조광권자는 도로,철도 등 공중이 이용하는 시설물로부터 수평거리 (㉠) 미터 미만의 지역의 지표로부터 지하 (㉡) 미터 이내의 범위안에서는 광물을 채굴하여서는 아니된다.

가. ㉠ 50 ㉡ 100 나. ㉠ 50 ㉡ 150
다. ㉠ 100 ㉡ 100 라. ㉠ 100 ㉡ 150

2. 다음 중 화약류의 선정방법으로 적합하지 않은 것은?
가. 고온의 막장에는 내열성 폭약을 사용해야 한다.
나. 강도가 큰 암석에는 에너지가 작은 폭약을 사용해야 한다.
다. 장공발파에는 비중이 작은 폭약을 사용해야 한다.
라. 수분이 있는 곳에서는 내수성 폭약을 사용해야 한다.

3. 셰일의 접촉변성작용으로 생성된 흑색 세립의 치밀하고 견고한 암석은?
가. 슬레이트 나. 혼펠스 다. 규암 라. 대리암

4. 다음 중 막장운반에 잘 사용되지 않는 것은?
가. 셔틀카(shuttle car)에 의한 운반
나. 광차, 기관차에 의한 운반
다. 슬러셔(slusher)와 스크레이퍼(scraper)에 의한 운반
라. 컨베이어에 의한 운반

5. 다음 중 무연탄은 어느 것에 속하는가?
가. 무기적 퇴적암 나. 유기적 퇴적암
다. 화성암 라. 변성암

6. 암석은 압축강도보다 인장강도에 약하다. 그러므로 입사할 때의 압력파에는 많이 파괴되지 않지만 반사할 때의 인장파에는 보다 많이 파괴된다. 이와 같은 현상은?
가. 인장파괴효과
나. 응력파에 의한 파괴효과
다. 찬넬효과
라. 홉킨슨효과

7. 중앙식 통기와 대우식 통기의 설명으로 옳지 않은 것은?
가. 중앙식은 대우식에 비해 누풍이 많은 결점이 있다.
나. 중앙식은 대우식에 비해 주요통기갱도의 연장이 길다.
다. 중앙식은 유지비, 동력비가 많이 든다.
라. 중앙식은 건설비가 많이 들지만 보안상 감시에 편리하다.

8. 다음 지질시대 중 중생대에 속한 것은?
가. 쥐라기 나. 데본기 다. 석탄기 라. 페름기

9. 다음 설명 중 옳은 것은?
가. 전력은 일의 양을 표시하며 1초 동안에 전달되는 일률을 나타내는 것이다.
나. 전력의 단위로는 옴(Ω)으로 표시한다.
다. 1와트(W)는 1초 동안에 1암페어(A)의 일을 하는 일률이다.
라. 전기가 하는 일의 양을 나타내는 것을 전력량이라 한다.

10. 시추결과에 의한 부존탄층 경사방향의 심도차가 200m, 주향 연장이 2km, 경사각이 30°, 시추코어의 두께가 3m, 석탄의 비중이 1.8일 때 부존탄량은?
가. 약 374 만톤 나. 약 432 만톤
다. 약 474 만톤 라. 약 532 만톤

11. 선풍기가 부압 90 mmH$_2$O로 60 m³/sec의 풍량을 배출하고 있다. 선풍기의 총기계효율을 0.6이라 하면 이 선풍기의 소요마력은?
가. 80 HP 나. 100 HP
다. 120 HP 라. 150 HP

12. 광산보안법상 광업권자가 토지의 굴착으로 지반침하 등 광해가 발생할 염려가 있는 지하에서 광물을 채굴하고자 할 때 지반침하를 방지하기위한 조치사항이 아닌 것은?
가. 이미 채굴한 자리의 메움
나. 갱내수의 배수
다. 선진천공
라. 채광의 제한

13. 광산보안법상 보안감독계원의 선임 기준은?
가. 상시 60인 이상의 갱내 광산근로자를 고용하는 광산
나. 상시 80인 이상의 갱내 광산근로자를 고용하는 광산
다. 상시 100인 이상의 갱내 광산근로자를 고용하는 광산
라. 상시 120인 이상의 갱내 광산근로자를 고용하는 광산

14. 왕복펌프의 양수고에 대한 설명 중 옳지 않은 것은?
가. 펌프의 흡수고는 완전히 진공상태라면 이론상 10m 이다.
나. 펌프의 흡수고는 온도에 반비례한다.
다. 펌프의 양수고는 흡수고와 배수고의 합이다.
라. 펌프의 흡수고는 기압이 높아지면 낮아진다.

15. 수평갱도로서 채굴이 완료된 이후에도 갱도를 존속시켜 상부에서 유입되는 갱내수를 집수하여 갱외로 배수시키는 목적으로 사용되는 갱도는?
가. 연층갱도
나. 소수갱도
다. 편반갱도
라. 암반갱도

16. 인공적으로 지중에서 폭약을 폭발시켜 지층을 통과하는 진동파를 지진계로 측정해서 진동파의 전파속도를 가지고 지하의 암석분포 상태를 추정하는 물리탐사법은?
가. 자기탐사법
나. 탄성파탐사법
다. 중력탐사법
라. 전기탐사법

17. 다음 중 분산장약(deck charge)에 대한 설명으로 옳지 않은 것은?
가. 주상장약의 기폭시간을 달리하므로서 진동을 감소시킨다.
나. 분할장약들 사이의 전색장은 천공경에 비례한다.
다. 습윤된 발파공의 삽입전색장은 건조한 경우의 2배로 한다.
라. 기폭순서는 상부자유면에서 멀리있는 폭약부터 기폭한다.

18. 화성광상에서 조암광물 정출 후에 유용성분 잔액이 분산 또는 농집된 경우는 다음 중 어디에 속하는가?
가. 기성 광상
나. 열수 광상
다. 정마그마 광상
라. 페그마타이트 광상

19. 5A의 전류를 흘렸을 때의 전력이 50W인 저항에 10A의 전류를 흘렸을 때의 전력[W]은?
가. 200
나. 300
다. 400
라. 500

20. 권양기의 안전장치 중 케이지가 추락하더라도 수갱바닥에 도달하기 전에 케이지를 잡아 정지시키는 것은?
가. 켑스(keps)
나. 안전고리(safety hook)
다. 안전정지기(safety clutch)
라. 안전토글(safety toggle)

21. 다음과 같은 조건으로 벤치커트(bench cut) 발파를 실시하였을 경우 발파계수는? (단, 공수:4공, 공간격:8m, 벤치높이:15m, 총장약량:720kg, 최소저항선:5m)
가. 0.2
나. 0.3
다. 0.4
라. 1.2

22. 광산보안법상 주요배기갱도와 갱내작업장의 공기 중 가연성가스 함유률은?
가. 주요배기갱도 1%이하, 갱내작업장 1.5%이하
나. 주요배기갱도 1.5%이하, 갱내작업장 1%이하
다. 주요배기갱도 1%이하, 갱내작업장 1%이하
라. 주요배기갱도 1.5%이하, 갱내작업장 1.5%이하

23. 다음 중 무지지 채광법에 해당하지 않는 것은?
가. 중단 채광법(sublevel stoping method)
나. 주방식 채광법(room and pillar stoping method)
다. 톱 슬라이싱 채광법(top slicing stoping method)
라. 슈링키지 채광법(shrinkage stoping method)

24. 갱내 지압의 발생원인과 관계 없는 것은?
가. 암석의 중량
나. 지하암석의 잠재력
다. 과다한 갱내출수
라. 수분의 흡수

25. 다음 중 유량 측정을 할 수 있는 장치가 아닌 것은?
가. 피토관(pitot tube)
나. 위어(weir)
다. 가이드베인(guide vane)
라. 벤투리미터(venturi meter)

26. 다음 중 유도전동기의 회전수에 관한 설명으로 옳은 것은?
가. 극수가 많으면 회전수는 감소된다.
나. 극수가 작으면 회전수는 감소된다.
다. 회전수는 주파수에 반비례한다.
라. 회전수는 주파수와 극수에 비례한다.

27. 광산보안법상 광산보안도 작성시 축척 기준은?
가. 2백분의 1이상
나. 1천분의 1이상
다. 5천분의 1이상
라. 1만분의 1이상

28. 광차의 자중(自重)이 600kg,적재(積載)무게1000kg의 광차를 10대 연결하였다. 출발해서 30초 후에 3m/sec 의 속도가 되었다고 하면, 이 때의 관성저항은?(단,중력가속도는 9.8m/sec²)
가. 125 kg
나. 153 kg
다. 163 kg
라. 225 kg

29. 「광산보안법」규정의 광산보안상 광산구분으로 옳은 것은?
가. 금속광산,비금속광산,석탄광산
나. 금속광산,석탄광산,석유광산
다. 일반광산,석탄광산,석유광산
라. 금속광산,비금속광산,석유광산

30. 다음 중 갱내 가스를 조절하는 방법과 거리가 먼 것은?
가. 흡수하는 방법
나. 희석시키는 방법
다. 살포하는 방법
라. 방지하는 방법

31. 다음 중 직류전동기의 속도 제어법에 해당하지 않는 것은?
가. 주파수 제어법
나. 계자 제어법
다. 전압 제어법
라. 저항 제어법

32. 광산보안법상 갱내 통기와 관련된 설명으로 옳지 않은 것은?
가. 수직갱도, 통기전용갱도의 갱내 통기속도는 매분 600미터까지 증가시킬 수 있다.
나. 주요 선풍기에는 자기풍압계 또는 수주식풍압계를 비치하여야 한다.
다. 갱내의 통기속도는 매분 450미터 이하로 하여야 한다.
라. 국부선풍기로 풍관통기시 풍관의 길이는 700미터 이하여야 한다.

33. 다음 중 가장 무거운 가스는?
가. 메탄가스
나. 이산화탄소
다. 일산화탄소
라. 질소

34. 화약류의 폭속측정법이 아닌 것은?
가. 메테강(mettegang)법
나. 전자관 계수기법
다. 트로오즐(Trauzl)법
라. 도트리시(Dautriche)법

35. 채굴층으로부터 가스가 분당 14 m³씩 발생하여 작업장으로 분출되고 있다. 이 가스의 공기 중 최대허용농도가 5%라면 가스를 희석시키는데 필요한 공기량은?(단, 입기공기는 신선한 공기로 가스의 농도는 0)
가. 14 m³/min
나. 140 m³/min
다. 266 m³/min
라. 2660 m³/min

36. 발파작업에서 암석계수란?
가. 암석의 타격에 대한 저항력을 나타내는 계수
나. 암석발파의 진동에 대한 계수
다. 암석의 충격에 대한 폭파계수를 나타내는 계수
라. 암석의 발파에 대한 저항성을 나타내는 계수

37. 공기압축기의 효율 표시에서 실제 압축하는 일의 양을 등온압축 일의 양으로 나눈 것을 백분율로 표시한 것은?
가. 용적효율
나. 기력효율

다. 기계효율 　　　　　 라. 기통효율

38. 광산보안법상 사람을 운반하는 수직갱도 및 사갱의 권양장치에서케이지·인차 또는 바켓을 지지하는 부속품 및 로프를 설치할 때에 안전율을 최대총하중에 대하여 얼마 이상으로 하여야 하는가?

가. 3이상　　 나. 5이상　　 다. 6이상　　 라. 10이상

39. 원심펌프에서 풋밸브(foot valve)의 위치는?

가. 흡수관 하부　　　　　 나. 흡수관 상부
다. 송출관 하부　　　　　 라. 송출관 상부

40. 벨트에 작용하는 최대 장력이 2880kg이고, 벨트의 폭이 0.75m, 면포 1매의 1m 너비당 안전강도가 480 kg일 때 이 벨트의 플라이(ply)수는?

가. 4　　　　　　　　　 나. 6
다. 8　　　　　　　　　 라. 10

41. 광산보안법상 갱내 작업환경기준에 의한 유해가스의 기준치 중 옳지 않은 것은?

가. 이산화질소 5 ppm이하
나. 이산화황 2 ppm이하
다. 일산화탄소 50 ppm이하
라. 일산화질소 25 ppm이하

42. 후경익식 선풍기의 대표적인 것으로서 임펠러를 축에 끼워넣는 구조로 되어있어 기류의 저항을 적게 받는 선풍기는?

가. 펠저(pelzer)선풍기　　 나. 터보(turbo)선풍기
다. 기벨(guibal)선풍기　　 라. 시로코(sirocco)선풍기

43. 다음 중 화산암과 심성암을 구별하는 기준으로 가장 옳은 것은?

가. 암석의 색깔　　　　　 나. 광물입자의 크기
다. 광물의 종류　　　　　 라. 화학성분

44. 일정한 응력을 받고 있는 상태에서 시간이 지남에 따라 점차 변형률이 커지다가 파괴에 이르는 것은?

가. 취성 파괴　　　　　 나. 연성 파괴
다. 피로 파괴　　　　　 라. 지연 파괴

45. 광산에서 사용하는 티플러(tippler) 시설이란?

가. 광산에서 사용하는 기관차의 일종이다.
나. 광차의 적재물을 비우는 기계장치이다.
다. 탈선된 광차를 복구하는 기계장치이다.
라. 암석을 뚫는 기계장치를 말한다.

46. 수평탄층 채굴시 지표침하에 영향을 주는 요소로 가장 거리가 먼 것은?

가. 상반 지층의 성질
나. 지표로부터 탄층까지의 심도
다. 채탄조건
라. 석탄의 강도

47. 갱내의 여름 통기 계통은?

가. 상, 하부 갱구 모두 입기
나. 상, 하부 갱구 모두 배기
다. 상부 갱구가 입기, 하부 갱구가 배기
라. 상부 갱구가 배기, 하부 갱구가 입기

48. 다음 중 록볼팅(rock bolting)시 볼트가 암반을 지지하는 원리가 아닌 것은?

가. 매달림 효과　　　　　 나. 마찰 효과
다. 결합 효과　　　　　 라. 풍화방지 효과

49. 다음 굴착기 중 갱외굴착에 사용하지 않는 것은?

가. 드랙 라인 엑스커베이터(drag line excavator)
나. 파워 셔블(power shovel)
다. 컨티뉴어스 마이너(continuous miner)
라. 드레저(dredger)

50. 광산에서 상향계단채굴과 레이즈(raise)굴착에 많이 사용되는 착암기는?

가. 드리프터(drifter)　　 나. 싱커(sinker)
다. 스토퍼(stoper)　　　 라. 점보(jumbo)

51. 벨트의 너비가 80cm 이고 속도가 2m/sec인 벨트 컨베이어에 운반물의 겉보기 비중이 0.9인 광석을 운반할 때 1시간 동안의 운반량은?

가. 145톤   나. 207톤
다. 309톤   라. 2040톤

52. 다음은 원심펌프의 장점을 왕복펌프에 비교 설명한 것이다. 설명이 옳지 않은 것은?

가. 기준치 이하의 양수고와 양수량에서도 양수 효율의 변화가 없다.
나. 형태가 작은데 비해 용량이 크다.
다. 양수량을 자유로히 조절할 수 있다.
라. 양수관의 수류가 연속적이며, 속도의 변화가 없다.

53. 신선한 공기를 풍관을 통하여 멀리 작업장까지 불어넣어 가스를 희석시켜 배제할 수 있는 통기는?

가. 축류통기   나. 압기통기
다. 흡출통기   라. 취입통기

54. 화약류를 용도에 의해 분류할 때 기폭약은?

가. 테트릴, 헥소겐
나. 무연화약, 흑색화약
다. TNT, 콤포지션 B
라. 풀민산수은(II), 아지화납

55. 다음 중 공기압축기를 분류할 때 회전 운동형 압축기에 해당하지 않은 것은?

가. 스크루형 압축기
나. 다단형 압축기
다. 원통형 회전식 압축기
라. 터빈형 압축기

56. 갱내통기에 있어서 마찰손실에 의한 압력강하에 대한 설명 중 옳지 않은 것은?

가. 통기속도의 제곱에 비례한다.
나. 풍도의 길이에 비례한다.
다. 풍도의 둘레에 비례한다.
라. 풍도의 단면적에 비례한다.

57. 폭약의 순폭도란?

가. 최대 순폭거리를 폭약의 길이와 합한 것
나. 최대 순폭거리를 폭약의 직경으로 나눈 것
다. 최대 순폭거리를 폭약의 직경으로 곱한 것
라. 최대 순폭거리를 폭약의 길이로 나눈 것

58. 다음 중 스킵(skip) 운반법과 비교하여 케이지(cage) 운반법의 장점에 속하지 않은 것은?

가. 설비비가 적게 든다.
나. 인원승강, 재료운반이 용이하다.
다. 석탄의 분화를 방지할 수 있다.
라. 권양능력이 증가한다.

59. 다음 중 발파 폭풍압에 대한 저감 대책으로 옳지 않은 것은?

가. 전색을 충분히 한다.
나. 정기폭으로 한다.
다. 방음벽을 설치한다.
라. MS뇌관을 이용 지발발파를 한다.

60. 8Ω, 10Ω, 15Ω의 저항을 병렬로 접속시 합성 저항은 몇 Ω인가?

가. 약 3.43   나. 약 4.73
다. 약 5.25   라. 약 6.33

2015년 정답지

1	2	3	4	5	6	7	8	9	10
나	나	나	나	나	라	라	가	라	가
11	12	13	14	15	16	17	18	19	20
다	다	다	라	나	나	라	다	가	가
21	22	23	24	25	26	27	28	29	30
나	라	다	다	다	가	다	다	다	다
31	32	33	34	35	36	37	38	39	40
가	라	나	다	다	라	라	나	가	다
41	42	43	44	45	46	47	48	49	50
가	나	나	라	나	라	다	라	다	다
51	52	53	54	55	56	57	58	59	60
나	가	라	라	나	라	나	라	나	가

광산보안기능사　2016년도 필기시험

1. 수평갱도에서 운반만을 목적으로 하는 적절한 구배는?
가. 1/100
나. 1/200
다. 1/300
라. 1/500

2. 갱내 작업 시 출수에 대한 사고 방지대책 중 가장 좋은 방법은?
가. 갱내수온도 측정
나. 갱내습도 측정
다. 선진천공
라. 암석강도 측정

3. 도선에 전류가 흐를 때 발생하는 열량은 전류의 제곱과 그 저항 및 전류가 흐른 시간의 곱에 비례한다는 법칙은?
가. 패러데이의 법칙
나. 쿨롱의 법칙
다. 플레밍의 법칙
라. 주울의 법칙

4. 수평갱도에서 광차의 자체무게 1000kg, 적재무게 1000kg 의 광차10 대를 견인할 때의 총 견인력은? (단, 광차 마찰계수 0.02, 기관차 마찰계수 0.02, 기관차 자체무게 6톤)
가. 480kg
나. 520kg
다. 750kg
라. 840kg

5. 법규에 따라 화약류를 분류할 때 다음 중 폭약은?
가. 신관 및 화관
나. 무연화약, 기타 질산에스테르를 주로한 화약
다. 뇌홍, 아지화연 등의 기폭제
라. 공업뇌관, 전기뇌관, 엽용뇌관 및 신호뇌관

6. 탄산칼슘($CaCO_3$)이 주성분이고 시멘트 원료로 사용되는 것은?
가. 규석
나. 석회석
다. 석고
라. 활석

7. 착암기의 천공속도는?
가. 비트 직경 3제곱에 비례
나. 비트 직경에 반비례
다. 비트 직경 제곱에 반비례
라. 비트 직경 제곱에 비례

8. 광산안전법(구.광산보안법)상 기계보안계원을 선임해야 하는 광산은?
가. 동력을 사용하는 기계류의 출력을 합하여 50 킬로와트 이상인 광산
나. 동력을 사용하는 기계류의 출력을 합하여 100 킬로와트 이상인 광산
다. 동력을 사용하는 기계류의 출력을 합하여 150 킬로와트 이상인 광산
라. 동력을 사용하는 기계류의 출력을 합하여 200 킬로와트 이상인 광산

9. 다음 중 갱내 채굴법을 크게 분류할 때 해당하지 않는 것은?
가. 붕락식 채굴법
나. 무지지 채굴법
다. 지지 채굴법
라. 경사면 채굴법

10. 다음 중 암석 시험편의 일축압축강도 시험에서 강도에 영향을 미치는 요소에 해당하지 않는 것은?
가. 시험편의 건조정도
나. 실험실의 온도
다. 시험편의 형태
라. 시험편의 크기

11. 공경 32mm, 폭약비중 1.6, 장약장을 공경의 10배로 하였을 때 장약량은?
가. 51.2g
나. 257.2g
다. 411.5g
라. 623.4g

12. 다음 중 퇴적암의 특징이 아닌 것은?
가. 건열(mud crack)
나. 주상절리(columnar joint)
다. 결핵체(concretion)
라. 사층리(cross-bedding)

13. 석탄광산 탄층의 채굴폭이 10m, 침하계수가 0.6, 시간계수가 0.5, 영향면적계수가 0.5일 때 예상되는 침하량은?

가. 1.5 m 나. 3.2 m
다. 4.3 m 라. 6.1 m

14. 지하수의 흐름에 관한 법칙은?
가. 다르시(Darcy)의 법칙 나. 뉴턴의 만유인력 법칙
다. 케플러의 법칙 라. 동일과정의 법칙

15. 다음 중 화산암에 해당하는 것은?
가. 반려암 나. 화강암
다. 유문암 라. 섬록암

16. 펌프의 분류 중 원심펌프에 해당하는 것은?
가. 분사펌프 나. 터빈펌프
다. 피스톤펌프 라. 플런저펌프

17. 전기뇌관 사용 시 불발에 대한 원인으로 옳지 않은 것은?
가. 수분이 많은 지역에서의 발파
나. 전기뇌관 본체의 결함
다. 결선미스 등 사용상의 실수
라. 발파를 위한 전류의 부족

18. 다음 중 변압기를 냉각시켜 주는 방식에 해당하지 않는 것은?
가. 송유 풍냉식 나. 건식 자냉식
다. 유입 자냉식 라. 유입 풍냉식

19. 발파진동의 수준을 감소시키기 위한 대책으로 가장 거리가 먼 것은?
가. 밀리세컨드(MS)뇌관을 사용하여 진동의 상호 간섭효과를 이용한다.
나. 전색을 충분히 하고 최소저항선을 크게 한다.
다. 자유면 수를 늘릴 수 있도록 작업장을 조성한다.
라. 지발당 장약량을 작게 한다.

20. 장석은 대기중에서 풍화되면 무슨 광물로 변화되는가?
가. 활석 나. 방해석
다. 고령토 라. 운모

21. 유기적 퇴적광상에 해당하지 않는 것은?
가. 석탄 나. 천연가스 다. 망간 라. 석유

22. 다음 암석 파괴이론 중 Mohr(모어) 이론은?
가. 내부마찰각설 나. 최대전단응력설
다. 전단변형률 에너지설 라. 응력원 포락선설

23. 광산안전법(구.광산보안법)상 광산근로자가 작업하거나 통행하는 갱내 공기의 산소함유량은?
가. 19 퍼센트 이상 나. 20 퍼센트 이상
다. 21 퍼센트 이상 라. 22 퍼센트 이상

24. 동일 갱도에서의 통기저항은?
가. 풍속의 제곱에 반비례한다.
나. 풍속에 반비례한다.
다. 풍속의 제곱에 비례한다.
라. 풍속에 비례한다.

25. 다음 중 일반적으로 석탄광산 갱내에서 사용하지 않는 기관차는?
가. 트롤리식 전기기관차
나. 축전지식 전기기관차
다. 가솔린 기관차
라. 압축공기 기관차

26. 광산안전법(구.광산보안법)상 갱내작업장의 기온은 얼마로 유지해야 하는가?
가. 섭씨 20도 이하 나. 섭씨 25도 이하
다. 섭씨 30도 이하 라. 섭씨 35도 이하

27. 중력배수법과 관계가 있는 것은?
가. 플런저펌프 나. 에어리프트
다. 축류펌프 라. 사이펀

28. 다음 중 초유폭약(ANFO)의 원료로서 흡습성이 강한 물질은?
가. 염화암모늄   나. 질산나트륨
다. 질산바륨   라. 질산암모늄

29. 다음 원심형 선풍기 중 후경익식에 해당하는 것은?
가. 펠저 선풍기   나. 시로코 선풍기
다. 라토 선풍기   라. 터보 선풍기

30. 다음 중 밀리세컨드발파(MS발파)의 특징을 옳게 설명한 것은?
가. 소할효과가 우수하다.
나. 분진의 비산이 많다.
다. 발파에 의한 진동이 크다.
라. 파단면이 상하여 부석이 많은 편이다.

31. 5~15kW 정도의 3상 농형 유도전동기는 일반적으로 어떤 기동법을 사용하는가?
가. 리액터 기동법   나. 기동 보상기법
다. Y-△ 기동법   라. 2차 저항제어법

32. 광산안전법(구.광산보안법)상 사람을 운반하는 수직갱도 및 사갱의 권양장치에서 케이지·인차 또는 바켓을 지지하는 부속품 및 로프를 설치할 때 안전율은 최대총하중에 대하여 얼마 이상으로 하여야 하는가?
가. 2   나. 3   다. 4   라. 5

33. 다음 중 붕락채광법에 해당하지 않는 것은?
가. 블록케이빙법   나. 중단붕락법
다. 톱 슬라이싱법   라. 스퀘어세트법

34. CO₂(이산화탄소) 가스에 대한 설명 중 옳은 것은?
가. 확산성이 있다.
나. 연소성이 있다.
다. 갱도상부에 모인다.
라. 물에 용해되지 않는다.

35. 광산안전법(구.광산보안법)상 도로·철도 등 공중이 이용하는 시설물에 대한 채굴금지 범위는?

가. 수평거리 30미터 미만의 지역의 지표로부터 지하 100미터 이내
나. 수평거리 30미터 미만의 지역의 지표로부터 지하 150미터 이내
다. 수평거리 50미터 미만의 지역의 지표로부터 지하 100미터 이내
라. 수평거리 50미터 미만의 지역의 지표로부터 지하 150미터 이내

36. 암석의 경도(hardness)를 측정하는 방법으로 옳지 않은 것은?
가. 마모경도(abrasive hardness)
나. 반발경도(rebound hardness)
다. 긁기경도(scratch hardness)
라. 점성경도(viscosity hardness)

37. 다음 중 주방식 채굴법의 적용조건에 해당하지 않는 것은?
가. 광체에 작용하는 지압이 크지 않을 것
나. 고품위 광체로서 완전채굴이 요구될 때
다. 광석이나 상하반이 모두 견고할 것
라. 수평층 또는 완경사 광층일 것

38. 광산안전법(구.광산보안법)상 전기보안계원은 전기설비에 대한 주요 접지공사의 접지저항에 관하여 매년 몇 회 이상 검사하여 그 결과를 보안일지에 기재하여야 하는가?
가. 2회   나. 3회   다. 4회   라. 5회

39. 다음 중 광량분류에 해당하지 않는 것은?
가. 매장광량   나. 추정광량
다. 확정광량   라. 시정광량

40. 갱내 배수를 할 때 터빈펌프 2대를 병렬 운전하면 어떤 효과를 얻을 수 있는가?
가. 양수고가 2배로 증가한다.
나. 양수고와 양수량이 증가한다.
다. 양수고는 증가하나 양수량은 증가하지 않는다.
라. 양수량은 증가하나 양수고는 증가하지 않는다.

41. 수갱 굴착시 사용되는 스카폴드(scaffold)의 용도는?

가. 수갱 축벽작업 기구
나. 수갱 배수 기구
다. 수갱 굴착 기구
라. 수갱 통기 기구

42. 다음 중 화성광상에 해당하지 않는 것은?

가. 잔류광상
나. 정마그마광상
다. 페그마타이트광상
라. 열수광상

43. 100[V], 600 [W]의 전열기를 90[V] 전압에서 사용할 때 소비 전력은?

가. 486 [W]
나. 500 [W]
다. 546 [W]
라. 580 [W]

44. 원심형 선풍기에서 임펠러가 회전방향으로 구부러진 모양을 나타내는 것은?

가. 직사익식
나. 직병익식
다. 전경익식
라. 후경익식

45. 입기 갱도와 배기 갱도의 거리에 따른 통기 분류법은?

가. 흡출 통기법과 취입 통기법
나. 중앙식 통기법과 대우식 통기법
다. 직렬식 통기법과 병렬식 통기법
라. 자연 통기법과 기계 통기법

46. 변압기, 발전기, 선로 등의 단락 보호에 사용되는 보호 계전기는?

가. 전압 계전기
나. 차동 계전기
다. 접지 계전기
라. 과전류 계전기

47. 다음 중 벨트컨베이어의 장점에 해당하지 않는 것은?

가. 단위 운반용적당 소요동력이 작다.
나. 운반물의 적재 적하가 어느 지점에서나 가능하다.
다. 막장에서 갱외까지 집단벨트에 의해 연속운반이 가능하다.
라. 설비비가 저렴하다.

48. 다음 중 개갱계수의 표시법으로 옳은 것은?

가. m³/ton
나. m³/10ton
다. m³/100ton
라. m³/1000ton

49. 조도는 광원으로부터 거리와 어떠한 관계가 있는가?

가. 거리의 제곱에 반비례한다.
나. 거리의 제곱에 비례한다.
다. 거리에 비례한다.
라. 거리에 반비례한다.

50. 다음 중 발파 진동속도를 나타내는 단위로 옳은 것은?

가. cm/sec
나. mm
다. mm/sec²
라. gal

51. 천공하여 장약 발파하는 방법 중 기폭약포를 발파공 입구쪽에 두는 기폭법은?

가. 정기폭
나. 중간기폭
다. 반기폭
라. 역기폭

52. 총 배기 가스량은 1000m/min이며, 이 중 가연성 가스 함유율이 2%이다. 가연성 가스의 함유율을 0.5 %로 내리는데 필요한 통기량은?

가. 1500 m³/min
나. 2000 m³/min
다. 3000 m³/min
라. 4000 m³/min

53. 다음 착암기 중 천공방향에 의한 분류에 해당하지 않는 것은?

가. 싱커(sinker)
나. 스토퍼(stoper)
다. 치즐(chisel)
라. 드리프터(drifter)

54. 광산안전법(구.광산보안법)상 광산안전에 해당되지 않는 것은?

가. 광업시설의 보전
나. 사람에 대한 위해의 방지
다. 지하자원의 보호
라. 광물자원의 탐사

55. 다음 중 갱내 작업환경에 도움을 주는 선풍기의 3법칙에 해당하지 않는 것은?

가. 통기압(h)은 회전수(n)의 제곱에 비례한다.
나. 동력(N)은 회전수(n)의 3제곱에 비례한다.
다. 동력(N)은 회전수(n)의 제곱에 비례한다.
라. 풍량(Q)은 회전수(n)에 비례한다.

56. 다음 회로 a,c 사이의 합성저항 값은?

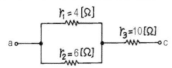

가. 5.4 [Ω]   나. 12.4 [Ω]   다. 20 [Ω]   라. 24 [Ω]

57. 노천채굴법의 장점에 해당하지 않는 것은?

가. 작업이 안전하고 용이하다.
나. 채굴비가 저렴하며 감독이 용이하다.
다. 발파의 효과를 충분히 발휘하며 대량생산이 가능하다.
라. 심도의 제한을 받지 않는다.

58. 다음 중 약장약에 대한 설명으로 옳은 것은?

가. 누두반경이 최소저항선과 같다.
나. 누두공의 꼭지각이 직각이다.
다. 누두반경이 최소저항선보다 작다.
라. 누두반경이 최소저항선보다 크다.

59. 계획된 채굴주향연장 1000m, 맥폭 2m, 비중 2.5, 경사각 30°인 광층에서 연간 60000 톤을 생산한다면 이 광산의 연간 심도증가율은?

가. 3m   나. 6m   다. 9m   라. 15m

60. 펌프의 운전이 정지되었을 때 배수관의 물이 역류하는 것을 방지하는 것은?

가. 바이 패스 밸브   나. 슬루우스 밸브
다. 푸트 밸브   라. 게이트 밸브

2016년 정답지

1	2	3	4	5	6	7	8	9	10
라	다	라	나	다	나	다	라	라	나
11	12	13	14	15	16	17	18	19	20
다	나	가	가	다	나	가	가	나	다
21	22	23	24	25	26	27	28	29	30
다	라	가	다	다	라	라	라	라	가
31	32	33	34	35	36	37	38	39	40
다	라	라	가	라	라	나	가	라	라
41	42	43	44	45	46	47	48	49	50
가	가	가	다	나	라	라	라	가	가
51	52	53	54	55	56	57	58	59	60
가	라	다	라	다	나	라	다	나	나

광산보안기능사   2017년도 필기시험

1. 다음 중 갱내 출수의 원인으로 옳지 않은 것은?
가. 공동에 고인 공동수가 유입되는 경우
나. 함수단층을 만났을 경우
다. 채굴구역 내에 있는 하천의 바닥을 시멘테이션한 경우
라. 함수층 내의 지하수가 갱내로 유입되는 경우

2. 다음 중 갱내수의 유량측정 방법이 아닌 것은?
가. 피토관(pitot tube)에 의한 방법
나. 위어(weir)에 의한 방법
다. 측정용 탱크에 의한 방법
라. 사이펀(syphon)에 의한 방법

3. 강색에 실제로 부하되는 하중에 대한 파단하중의 비는?
가. 강색의 신축율
나. 강색의 가속도 하중율
다. 강색의 중량율
라. 강색의 안전율

4. 다음 중 발파진동의 경감대책으로 옳은 것은?
가. 폭원과 진동 수진점 사이에 도랑 등을 굴착한다.
나. 폭속이 높은 폭약을 쓰는 등 동적파괴 효과가 높은 폭약을 사용한다.
다. 천공경과 비슷한 장약경의 폭약을 사용함으로써 충격파를 완화할 수 있다.
라. 발파 시 기폭방법으로 순발뇌관인 MS뇌관 또는 DS뇌관을 사용한다.

5. 다음 중 1차지압(초기응력)을 발생시키는 최대 원인은?
가. 지하 암석의 잠재력   나. 수분의 흡수
다. 갱도의 굴착   라. 암석의 중량

6. 국내 석탄광산에서 위경사승 채탄을 많이 하는 주된 이유는?
가. 탄폭이 크다.
나. 탄질이 나쁘다.
다. 탄층 개수가 많다.

라. 탄층의 경사가 급하다.

7. 구형의 광원으로부터 1m 떨어진 곳의 조도가 100럭스일 때, 2m 떨어진 곳의 조도는? (단, 피조면의 각도는 같다.)
가. 25 럭스   나. 50 럭스
다. 100 럭스   라. 200 럭스

8. 총 생산량 60만톤을 채광하기 위해서 굴착된 갱도의 총 연장이 9000m인 경우 개갱계수는?
가. 14m/1000톤
나. 15m/1000톤
다. 17m/1000톤
라. 18m/1000톤

9. 다음 중 벨트컨베이어의 특성으로 옳지 않은 것은?
가. 소요 동력이 비교적 적다.
나. 벨트가 싸고 오래 사용할 수 있다.
다. 설치 장소의 점유 면적이 작다.
라. 각종 컨베이어 중에서 운반력이 가장 크다.

10. 갱내 기계통기의 방법으로 대우식과 중앙식에 관한 설명 중 옳지 않은 것은?
가. 중앙식은 통기갱도가 증대되고 누풍이 많아 유효풍량이 감소한다.
나. 중앙식은 갱내 가스폭발 등의 사고가 발생하는 경우 통기계통의 회복이 용이하다.
다. 대우식은 통기저항이나 갱도의 유지보수비가 감소된다.
라. 대우식은 바람의 영향으로 배기가 입기에 혼입될 우려가 없다.

11. 원심형 선풍기와 비교하여 축류형 선풍기에 대한 설명으로 옳지 않은 것은?
가. 높은 선풍기압을 만들 수 있다.
나. 날개의 회전방향을 반대로 돌림으로써 기류의 방향을 쉽게 바꿀 수 있다.

다. 날개의 수나 각도를 조정하여 바람의 양을 쉽게 조절할 수 있다.

라. 값이 비싸고 설치하기가 어렵다.

12. 갱도 단면(규격)의 크기를 결정하는 요소가 아닌 것은?

가. 통기 및 배수량　　　　나. 광체와의 거리

다. 운반량　　　　　　　　라. 통행량

13. 1분간의 배수량이 4 m³라 하고 유속을 90m/min로 한다면 수관의 직경은?

가. 14 cm

나. 24 cm

다. 36 cm

라. 48 cm

14. 암반중에 갱도를 굴착하면 기존의 응력 평형상태가 깨진 후 새로운 평형상태에 도달하는데 이 때 발생하는 지압은?

가. 정수압　　　　　　　　나. 간극수압

다. 2차지압　　　　　　　　라. 1차지압

15. 「광산안전법」상 광업권자 또는 조광권자, 광산근로자 및 광산 안전관리직원은 전문기관이 실시하는 안전교육을 이수하여야 한다. 다음 중 안전교육 전문기관에 해당되지 않는 것은?

가. 한국지질자원연구원　　나. 한국석유공사

다. 한국광물자원공사　　　라. 한국광해관리공단

16. 공기압축기의 압축이론 중 등온압축에 대한 설명으로 옳은 것은?

가. 압축 시 발생하는 열을 외부로 제거하지 않고 압축한다.

나. 압축 시 기체온도를 올리기 위해 일정하게 열을 가하면서 압축한다.

다. 등온압축의 경우에 보일의 법칙이 성립되지 않는다.

라. 공기압축기 기체의 온도를 일정하게 유지하면서 압축한다.

17. 다음 중 공극의 체적에 대한 공극 속에 들어있는 수분의 체적비는?

가. 공극률　　　나. 포화도　　　다. 비중　　　라. 흡수율

18. 다음 채굴법 중 광상이 넓고 두꺼우며 지층과 잘 떨어지고 지표침하가 문제되지 않을 뿐 아니라, 상반이 붕괴할 수 있는 연약한 지층에 적용되는 채굴법은?

가. 충전식 채굴법　　　　나. 스퀘어 세트법

다. 슈링키지 채굴법　　　라. 톱 슬라이싱법

19. 다음 화약류 중 발화점이 가장 높은 것은?

가. 아지화납　나. 헥소겐　다. T.N.T　라. 피크르산

20. 갱도 굴진작업에 필요한 발파설계 시 중요한 요소가 아닌 것은?

가. 발파공(천공)을 정확히 배치하고 폭약을 적정량 장약

나. 폭약의 점화순서

다. 서브 드릴링(sub-drilling)의 천공깊이 및 장약

라. 폭약의 정확한 선택

21. 채광법을 선택할 때 고려하는 요소가 아닌 것은?

가.능률　　　나.경제　　　다.안전　　　라.광량

22. 직사각형 단면을 가지고 있는 채굴적의 높이가 2 m이고, 채굴적 천반 암석의 체적팽창계수가 0.1인 경우 붕락고는?

가. 20 m

나. 30 m

다. 40 m

라. 50 m

23. 충격파 및 폭굉파를 설명한 것 중 옳은 것은?

가. 충격파란 매질을 통해 탄성파 속도보다 느리게 전달되는 파를 말한다.

나. 폭약과 같이 순간적인 폭발반응으로 발생되는 초고속의 파를 폭굉파라 한다.

다. 반응성 충격파란 충격원에서 에너지를 받은 후 진행하는 동안 다른 에너지를 더 이상 흡수하지 않는다.

라. 폭굉파와 충격파는 매우 다른 파형으로 비슷한 모양을 찾을 수 없다.

24. 경사갱도에서 타주를 세울 때 그림에서 어느 방향으로 세워야 하는가?

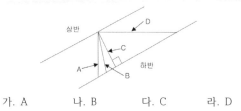

가. A　　　나. B　　　다. C　　　라. D

25. 다음 중 통기 측정 시 주의할 점으로 옳지 않은 것은?

가. 통기 측정 시 관측자는 계기의 바로 뒤쪽(바람이 불어오는 방향)에 서 있어야 오차가 적다.

나. 관측자의 신체로 인한 오차를 줄이기 위해 풍속계는 1.5 m이상 길이의 막대기 끝에 부착하여 측정하는 것이 좋다.

다. 통기 측정 시 측점은 직선적이고 단면이 고른 곳을 선정하여야 한다.

라. 굴절된 곳이나 단면이 급격히 변한 곳에서는 적어도 상류 쪽으로는 5m, 하류 쪽으로는 15 m 이상 떨어진 지점에 측점을 정하여야 한다.

26. 다음 중 갱목의 방부제로 사용되지 않는 것은?

가. 질산암모늄　　　　　나. 염화칼륨

다. 황산구리　　　　　　라. 콜타르

27. 다음 중 중단채굴법에 대한 설명으로 옳지 않은 것은?

가. 채굴적이 대공동이 된다.

나. 선택채굴이 불가능하다.

다. 작업장의 통기가 원활하지 않다.

라. 채굴 준비작업이 끝나면 출광량을 임의로 조절할 수 있다.

28. 「광산안전법」상 안전관리자의 준수사항에 해당하지 않는 것은?

가. 안전감독자 또는 안전감독계원으로부터 통보받은 사항의시정조치 내용 및 그 결과를 고용노동부의 근로감독관에게 보고할 것

나. 위험발생 우려가 있을 때에는 즉시 적절한 위험방지 조치를 취할 것

다. 재해가 발생한 때에는 응급구호조치 또는 응급조치를 취할 것

라. 안전계원과 그 밖의 광산근로자에게 안전상 필요한 지시를 할 것

29. 다음 중 갱내 온도가 상승하는 가장 큰 원인은?

가. 전기기계 운전에 의한 열

나. 지열

다. 작업자의 호흡작용으로 인한 열

라. 폭약의 폭발열

30. 지층 퇴적 당시의 물이 흐른 방향을 알아낼 수 있는 퇴적암의 구조는?

가. 엽리　　　나. 사층리　　　다. 건열　　　라. 점이층

31. 궤간(rail gage)이 500mm, 통과 속도가 10km/hr, 곡률반경이 10m일 때 바깥레일은 안쪽레일보다 얼마나 높아야 하는가?

가. 39.4 mm

나. 48.1 mm

다. 51.2 mm

라. 61.2 mm

32. 4시간 동안 펌프를 가동하여 400m³의 물을 200 m의 높이로 양수하는데 필요한 펌프의 소요 운전마력은? (단, 펌프의 효율은 70%)

가. 99 HP

나. 106 HP

다. 119 HP

라. 129 HP

33. 선풍기의 회전수가 1분간 600회일 때 100mm수주의 선풍기압이 발생하였다. 회전수를 700 회로 증가시키면 선풍기압은?

가. 116 mm수주

나. 136 mm수주

다. 154 mm수주

라. 194 mm수주

34. 지름 32mm 다이너마이트의 순폭시험결과 순폭도는 7이었는데 얼마 후 다시 시험하였더니 최대순폭거리가 16 cm이었다. 순폭도는 얼마나 저하되었는가?

가. 1

나. 2

다. 3

라. 4

35. 갱내 배기량은 일반적으로 입기량보다 많다. 그 이유로 적당하지 않은 것은?

가. 압축공기가 배기에 포함된다.

나. 배기온도가 입기온도보다 높다.

다. 배기갱의 기압이 입기갱보다 높다.

라. 갱내에는 각종 가스가 발생한다.

36. 연약한 지층에 적합한 갱도의 단면형태로 알맞지 않은 것은?

가. 원형   나. 아치형   다. 타원형   라. 정방형

37. 「광산안전법」상 안전관리자를 선임해야 하는 광산은?

가. 연간 30만톤 이상의 광물(원광석)을 생산하는 광산

나. 연간 50만톤 이상의 광물(원광석)을 생산하는 광산

다. 상시 30명 이상의 광산종업원을 고용하는 광산

라. 상시 50명 이상의 광산종업원을 고용하는 광산

38. 다음 중 아네모미터(anemometer)는?

가. 기압계   나. 풍속계   다. 온도계   라. 습도계

39. 케이지 권양에서 권양초과로 케이지가 헤드 풀리에 갑자기 충돌하는 것을 막기 위해서 사용하는 것은?

가. 안전고리   나. 핸들 브레이크

다. 포스트 브레이크   라. 안전정지기

40. 누두공 시험에 대한 설명으로 옳은 것은?

가. 누두공 시험에서 누두반경(R)이 최소저항선(W)과 같을 때 표준장약이다.

나. 누두공 시험에서 누두반경(R)이 최소저항선(W)보다 클 경우는 약장약이다.

다. 누두공 시험에서 누두반경(R)이 최소저항선(W)보다

작은 경우는 과장약이다.

라. 누두공 시험에서 표준장약은 누두반경(R)이 최소저항선(W)의 2배인 R = 2W로 표시할 수 있다.

41. 갱내에서 메탄(CH_4) 가스를 측정하는 지점으로 옳은 것은?

가. 갱도의 중간높이 좌측지점

나. 갱도의 중간높이 중앙지점

다. 갱도의 상부지점

라. 갱도의 하부지점

42. 초유폭약(AN-FO폭약)의 설명으로 옳은 것은?

가. 감도는 입도가 클수록 좋으며 연료유로서는 디젤유가 좋다.

나. 흡습성이 심하여 수분을 흡수하면 폭력이 감소하는 결점이 있다.

다. 질산암모늄(6%)과 연료유(94 %)를 혼합 가공해서 만든다.

라. 예감제가 포함되어 취급이 예민하고 제조가공이 어렵다.

43. 암석의 물리적 성질 중 투수율(permeability)에 대한 설명으로 옳은 것은?

가. 유체가 암석과 같은 물체 내를 이동, 통과하기 쉬운 정도를 말한다.

나. 힘을 가할 때는 늘어났다가 힘을 제거하면 원상태로 복귀하는 정도를 나타낸다.

다. 피크노미터(소형유리병)에 파쇄된 시료를 넣고 가열 및 냉각을 반복한 후 무게를 측정하여 계산한다.

라. 암석의 전체 체적에 대한 공극이 차지하는 부피의 비를 말한다.

44. 다음 중 드럼식 채탄기계에 속하는 것은?

가. 콜 커터   나. 램 플라우

다. 라멘 커터   라. 콜 픽

45. 다음 중 산체광상의 노천채굴법으로 옳지 않은 것은?

가. 경사면 채굴법(slope cut method)

나. 슈링키지 채굴법(shrinkage method)

다. 계단식 채굴법(bench cut method)

라. 글로리 홀 채굴법(glory hole method)

46. 다음 로프 꼬는 방법 중 광산용 및 케이블용 로프에 많이 사용 되는 것은?

가. 오디너리 Z레이　　　　나. 오디너리 S레이

다. 랭스 Z레이　　　　　　라. 랭스 S레이

47. 껍질 벗긴 갱목을 건조시킨 후 일정 시간 동안 방부액 속에 담가 두어 방부액이 스며 들어가게 하는 것은?

가. 압입법　　　　　　　　나. 도포법

다. 침적법　　　　　　　　라. 건조법

48. 「광산안전기술기준」상 갱내운반에서 사용하는 로프 중 사용해도 되는 것은?

가. 부식 또는 만곡이 생긴 것

나. 킹크가 된 부분을 보수한 것

다. 각 소선의 지름이 3분의 1이상 닳아 없어진 것

라. 한 절의 꼬임 사이에서 전체 소선 중 15퍼센트 이상의 소선이 끊어진 것

49. 전력개폐기를 보호하는 방식에 따라 분류한 것 중 해당 되지 않은 것은?

가. 보호형　　나. 방면형　　다. 방적형　　라. 방진형

50. 다음 중 노천채굴법을 적용하는 석회석광산에서 작업장의 부석제거 시 옳지 않은 것은?

가. 제거하는 부석의 범위, 암반의 상태를 확인한 후 부근에 부석을 낙하시킨다.

나. 안전로프의 결속을 확인한 후 작업을 한다.

다. 안전발판을 만들고 작업을 부석하부에서 한다.

라. 작업하는 위치에 따라 사용하는 공구를 교체한다.

51. 갱구 개수의 증가가 가져오는 결과가 아닌 것은?

가. 운반관계 인원이 증가된다.

나. 분진발생이 줄어든다.

다. 생산원가의 상승을 초래하는 요인이 된다.

라. 운반계통이 분산된다.

52. 직류 전동기를 속도 조정에 사용하는 가장 큰 이유는?

가. 회전력이 크다.

나. 속도조정이 간편하다.

다. 역회전할 수 있다.

라. 무단변속할 수 있다.

53. 다음 중 광량의 설명으로 옳은 것은?

가. 예상광량은 광체의 체적, 비중, 품위 등이 확인된 구획 내 광량이다.

나. 추정광량은 예상광량보다 확실성이 적은 구획 내 광량이다.

다. 가채광량은 지질학적으로 부존이 인정되는 전광량이다.

라. 매장광량은 채굴 가능여부와 관계없다.

54. 어떤 암반에 대한 시험발파에서 장약량 600 g으로 누두지수 n = 1.2인 발파가 되었다면 동일한 최소저항선으로 n =1인 표준 발파가 되기 위한 장약량은?(단, 누두지수함수는 Dambrun식 사용)

가. 392.4 g

나. 425.9 g

다. 475.6 g

라. 512.3 g

55. 배수갱도의 적당한 구배는?

가. 1/600 ~ 1/200　　　　나. 1/500 ~ 1/100

다. 1/500 ~ 1/200　　　　라. 1/600 ~ 1/100

56. 다음 중 경사공 심빼기에 해당되지 않는 것은?

가. 피라미드 심빼기　　　　나. 부채살 심빼기

다. 번(burn) 심빼기　　　　라. V형 심빼기

57. 벨트컨베이어에서 벨트의 속도를 결정하는 요소가 아닌 것은?

가. 벨트의 폭　　　　　　　나. 컨베이어의 길이

다. 수송물의 크기　　　　　라. 수송물의 품위

58. 갱내 국부선풍기의 돌림바람 방지를 위한 설명으로 옳지 않은 것은?

가. 통기문을 설치하여 입기와 배기를 나누고 배기의 역류를 막는다.

나. 국부선풍기 부근으로 배기가 오지 않는 곳에 위치를 선정한다.

다. 가급적 국부선풍기의 풍량이 친풍보다 많게 한다.

라. 입기량을 적당히 조절하여 친풍의 1/2 이상이 되지 않도록 한다.

59. 막장에서 채굴된 석탄을 광차나 컨베이어에 적재하거나 슈트까지 운반하는데 주로 쓰는 것은?

가. 스크레이퍼(scraper)

나. 로커 셔블(rocker shovel)

다. 로더(loader)

라. 셔틀 카(shuttle car)

60. 다음 중 마그마의 냉각과정에서 증기압이 가장 크게 나타나는 것은?

가. 페그마타이트 광상   나. 기성 광상

다. 열수 광상   라. 정마그마 광상

2017년 정답지

1	2	3	4	5	6	7	8	9	10
3	4	4	1	4	4	1	2	2	2
11	12	13	14	15	16	17	18	19	20
4	2	2	3	2	4	2	4	1	3
21	22	23	24	25	26	27	28	29	30
4	1	2	2	1	1	3	1	2	2
31	32	33	34	35	36	37	38	39	40
1	2	2	2	3	4	2	2	1	1
41	42	43	44	45	46	47	48	49	50
3	2	1	3	2	3	3	2	2	3
51	52	53	54	55	56	57	58	59	60
2	2	4	1	2	3	4	3	1	2

광산보안기능사　2018년도 필기시험

1. 펌프의 설치 위치를 결정할 때 고려할 사항으로 옳지 않은 것은?
가. 연약 암반일 것
나. 펌프 및 전동기 운반이 쉬운 곳일 것
다. 배관 설치가 쉬운 곳일 것
라. 집수지 부근일 것

2. 암석 성질의 설명으로 옳은 것은?
가. 부드러운 점토에 대한 흙의 발파는 다량의 폭약을 필요로 한다.
나. 발파설계 시 단층, 파쇄대, 층리, 절리 등 지질구조적인 요소는 큰 영향을 주지 않는다.
다. 암석은 전반적으로 경도가 큰 것은 인성과 강도가 작다.
라. 발파효과와 관련되는 중요한 요소는 경도, 인성, 압축강도, 탄성파속도 등이며 상호관계에 의한 영향이 크다.

3. 다음 갱내 방수법 중 가장 많이 사용되는 것은?
가. 방수문　　　　　나. 선진천공
다. 방수댐　　　　　라. 시멘트 주입법

4. 다음 중 무부하 운전이나 벨트 운전을 해서는 안되는 직류 전동기는?
가. 타여자 전동기
나. 직권 전동기
다. 분권 전동기
라. 복권 전동기

5. 다음 중 공극률이 가장 작은 것은?
가. 점토　　　　　　나. 모래
다. 자갈　　　　　　라. 사암

6. 스티판산 납의 용도는?
가. 폭약제조 시 발열제　　나. 전기뇌관 점화제
다. 수성폭약의 강성제　　라. 군용폭약의 추진제

8. 다음 중 특수펌프에 속하는 것은?
가. 샌드펌프　　　　나. 터빈펌프
다. 고동펌프　　　　라. 다이어프램펌프

9. 수평갱도로서 채굴이 완료된 이후에도 갱도를 존속시켜 상부에서 유입되는 갱내수를 집수시켜 갱외로 배수시키는 목적으로 사용되는 갱도는?
가. 암반갱도　　　　나. 연층갱도
다. 소수갱도　　　　라. 편반갱도

10. 메탄가스 발생량은 대기압이 크게 낮아지면 어떻게 변하는가?
가. 폭발한다.　　　　나. 변함없다.
다. 증가한다.　　　　라. 감소한다.

11. 다음 중 기동 토크가 대단히 작고 효율과 역률이 낮아 수십W 이하의 소형으로 쓰이는 단상 유도 전동기는?
가. 분상 기동형　　　나. 콘덴서 기동형
다. 영구 콘덴서형　　라. 셰이딩 코일형

12. 왕복펌프와 비교하여 원심펌프의 장점이 아닌 것은?
가. 운전개시 전 펌프 내부에 급수를 하지 않아도 된다.
나. 양수량을 자유로이 조절할 수 있다.
다. 크기가 작은데 비해 용량이 크다.
라. 기계효율이 높다.

13. 다음 중 광산조사에 있어서 광상의 존재 확인을 위한 일차적인 지표조사에 해당하는 것은?
가. 물리탐사　　　　나. 갱도탐사
다. 시추탐사　　　　라. 노두탐사

14. 국부통기에서 가스가 충분히 배제되지 않고 점점 농후하게 되어 폭발을 일으킬 수가 있다. 가장 큰 원인은?
가. 돌림바람　　　　나. 신선공기 유입
다. 풍량과다　　　　라. 크로스 기압

15. 강색이 노활차에서부터 권동까지 이루는 방향과 수평과의 이루는 각을 수평각이라고 한다. 가장 이상적인 수평각은?

가. 25°　　　나. 30°　　　다. 45°　　　라. 60°

16. 순폭시험에 대한 설명으로 옳은 것은?

가. 순폭시험은 사상시험법으로만 시행한다.

나. 사상 순폭시험 방법은 두 개의 약포를 별도의 평행한 중심선에 놓고 시험한다.

다. 약포가 임계약경에 이르면 순폭되지 않으며, 분상폭약은 비중이 커지면 순폭이 쉽게 일어난다.

라. 약포가 인접해 있는 약포의 충격파에 의하여 감응폭발 하는 것을 순폭이라 한다.

17. 수평갱도에서 배수를 겸한 운반갱도의 이상적 구배는?

가. 1/100　　나. 1/200　　다. 1/300　　라. 1/500

18. 다음 우리나라 지질시대 중 석탄의 형성과 가장 밀접한 시대는?

가. 경상계　　　　　　나. 상원계

다. 조선계　　　　　　라. 평안계

19. 갱도의 통기저항이 일정할 때 원심형 및 나선형 선풍기에서 성립하는 법칙은?

가. 선풍기의 동력은 회전수의 제곱에 비례한다.

나. 통기량은 회전수의 제곱에 비례한다.

다. 통기량은 회전수에 반비례한다.

라. 선풍기의 압력은 회전수의 제곱에 비례한다.

20. 갱내 출수의 원인이 아닌 것은?

가. 채굴공동으로 지하수 유입

나. 채광법 선택의 부적합

다. 단층, 수맥을 만났을 때

라. 함수층 내의 지하수 유입

21. 단상 변압기의 병렬운전 시 필요한 조건이 아닌 것은?

가. 각 변압기의 같은 극성의 단자를 접속할 것

나. 각변압기의 권수비가 같고 1차 및 2차 정격 전압이 같을 것

다. 각 변압기의 내부저항과 리액턴스비가 클 것

라. 각 변압기의 임피던스가 정격 용량에 반비례 할 것

22. 회전식 착암기에 대한 설명 중 옳지 않은 것은?

가. 충격식 착암기보다 소음이 적다.

나. 충격식 착암기보다 암분의 비산이 없다.

다. 주로 탄광이나 연질암석 천공에 사용된다.

라. 충격식 착암기보다 내부구조가 복잡하다.

23. 갱내의 누풍을 적게하는 방법 중 가장 거리가 먼 것은?

가. 갱도의 단면적을 크게하여 부압을 적게한다.

나. 주요 선풍기의 회전수를 증가시킨다.

다. 채굴적의 밀폐를 강화한다.

라. 풍문을 열어놓은 채로 두지 않는다.

24. 기류분할의 효과로 옳지 않은 것은?

가. 갱내화재 등의 안전사고가 발생되었을 때에는 그 영향을 일정 구역에 한정시키기 곤란한 단점이 있다.

나. 분류에 의해서 통기의 저항이 적게 되어 같은 선풍기를 사용하여 보다 많은 통기를 할 수 있다.

다. 각 구역에 신선한 공기를 공급할 수 있다.

라. 각 구역에서 발생하는 유해가스를 다른 작업장을 거치지 않고 직접 갱외로 배출시킬 수 있다.

25. 광산안전기술기준 상 갱내작업장의 기온은 습구온도 기준 섭씨 몇도 이하여야 하는가?

가. 28도　　나. 30도　　다. 32도　　라. 34도

26. 500m³의 물을 펌프로 2시간에 100m의 높이에 올리려면 원동기의 마력수는?(단, 펌프의 효율은 60 +%)

가. 134 HP

나. 145 HP

다. 154 HP

라. 165 HP

27. 광산안전기술기준 상 광산용 차량 운전원의 준수사항이 아닌 것은?

가. 갱내 및 갱외작업장의 분기점과 굴곡지점 및 주요 시설물 부근을 운행 할 때에는 일단정지 또는 서행할 것

나. 광산용 차량에는 탑승정원과 적재물의 제한중량을 초과하지 아니할 것

다. 시계가 불량한 구역을 운행하는 경우에는 경적을 울리는 등 적절한 신호를 하여야 하며 서행할 것

라. 작업전 장비의 안전점검 없이 평상시처럼 조작 및 운전을 할 것

28. 다음 중 지표침하에 영향을 주는 요소로 볼 수 없는 것은?

가. 가축성 지주의 사용 여부

나. 탄층의 경사

다. 채굴 면적

라. 지표로부터 탄층까지의 심도

29. 1자유면 표준발파에서 장약량은 무엇의 세제곱에 비례하는가?

가. 최소저항선　　　　　　　나. 천공경

다. 폭약의 직경　　　　　　　라. 누두지수

30. 다음 중 산악지형에 있어서 수준면 상부에 많은 광량이 매장되어 있을 때 가장 이상적인 개갱법은?

가. 수평갱　　나. 수갱　　다. 사갱　　라. 연층갱

31. 주요 통기법인 중앙식 통기에 대한 설명으로 옳은 것은?

가. 작업장까지의 출입로가 단축된다.

나. 입기갱과 배기갱이 멀리 떨어져 설치된다.

다. 소요풍도가 짧아지며 통기저항이 감소한다.

라. 통기, 운반설비를 중앙에 집약할 수 있어 건설비가 적게 들고 보안상 감시에 편리하다.

32. 다음 중 가격이 저렴하고 내부식성이 커서 수도, 가스, 배수 등의 용도로 주로 사용되는 것은?

가. 납관　　　나. 동관　　　다. 주철관　　　라. 강관

33. 긴 작업면을 만들어 다수의 인원을 배치한 후 집약적으로 채탄을 진행하는 방법으로 일명 집약채탄이라고도 하며, 채굴면의 굴진방향과 탄층의 주향과의 관계에 따라 편반, 상향, 하향채탄등으로 구분되는 채탄법은?

가. 탄주식 채탄법　　　　　나. 장벽식 채탄법

다. 주방식 채탄법　　　　　라. 잔주식 채탄법

34. 조도(intensity of illumination)의 단위는?

가. 스틸브[sb]　　　　　　　나. 루멘[lm]

다. 칸델라[cd]　　　　　　　라. 룩스[lx]

35. 공기압축기에 있어 전동기로부터의 입력에서 최종적으로 압축된 공기에 이르기까지의 효율은?

가. 18 ~ 37 %　　　　　　　나. 28 ~ 47 %

다. 48 ~ 69 %　　　　　　　라. 78 ~ 89 %

36. 선간 전압이 220[V], 선전류가 10[A], 역률($\cos\theta$)이 80%인 평형 3상 회로의 3상 전력은?

가. 1.76 [kW]

나. 3.05 [kW]

다. 4.48 [kW]

라. 5.28 [kW]

37. 다음 중 지보가 필요없는 채광법은?

가. 슈린케이지 채광법(shrinkage stoping method)

나. 톱슬라이싱 채광법(top slicing stoping method)

다. 스퀘어세트 채광법(sqare set stoping method)

라. 위경사승 붕락법(slant chute block caving method)

38. 다음 갱내 가스 중 비중이 가장 작은 것은?

가. 이산화탄소　　　　　　　나. 황화수소

다. 메탄　　　　　　　　　　라. 일산화탄소

39. 굴진발파에서 폭약의 종류와 장약량에 대한 설명으로 옳지 않은 것은?

가. 번컷 발파에서는 소결현상이 문제가 되므로 너무 강력한 폭약은 사용하지 않는 것이 좋다.

나. 슬러리 폭약은 후가스가 많고 위험성이 높아 굴진 발파시에는 사용하지 않는다.

다. 부드러운 암석일 경우 사압현상이 발생하여 폭약이 폭굉하지 않는 경우가 있다.

라. 암벽의 벽개, 절리가 많은 경우 폭약이 폭굉하지 않고 날아가거나 공극에 남아 있는 경우가 있다.

40. 수갱에서 케이지 운반에 비해 스킵 운반의 장점으로 옳지 않은 것은?

가. 운반량을 크게 할 수 있다.

나. 광차의 파손과 소요대수가 적어진다.

다. 수갱의 단면적이 작아진다.

라. 석탄운반 시 분탄화를 방지할 수 있다.

41. 지압에 대한 설명으로 가장 옳은 것은?

가. 암석이 수분을 흡수하면 부피가 감소하면서 지압이 생긴다.

나. 암반의 모체에서 분리되어 잠재압력에서 벗어나 암석의 중량에 의해서만 생기는 압력을 동압이라 한다.

다. 암반중에 공동을 만들었기 때문에 현재의 변형상태가 새로운 변형을 만들려는 지압을 2차지압이라 한다.

라. 암석의 중량에 의한 지압은 깊이의 제곱에 비례한다.

42. 다음 중 컨베이어 롤러(conveyor roller)의 설명 중 옳지 않은 것은?

가. 가이드(guide) 롤러 : 벨트의 이탈을 방지한다.

나. 림버(limber) 롤러 : 적재개소에서 운반물의 낙하에 의한 충격을 흡수하는 역할을 한다.

다. 평형캐리어(carrier) 롤러 : 큰 용적물의 운반이나 석탄과 같은 괴상의 수송물을 운반한다.

라. 리턴(return) 롤러 : 돌아오는 측 벨트를 지지한다.

43. 해머식 착암기의 회전장치는?

가. 샹크 로드   나. 라이플 바, 래칫

다. 라쳇트링, 피스톤   라. 라이플 바와 샹크

44. 지압의 발생 원인이 아닌 것은?

가. 암석의 중량   나. 암석의 강도

다. 수분의 흡수   라. 지하암석의 잠재력

45. 폭이 0.6m, 깊이가 0.5 m인 직사각형 배수구를 통해 평균유속이 2m/sec로 갱내수가 흐르고 있다. 1 시간 동안 흐르는 물의 양은?

가. 2160 m³/hr

나. 2745 m³/hr

다. 3515 m³/hr

라. 4170 m³/hr

46. 광산안전법 상 광산안전관리자의 관리사항이 아닌 것은?

가. 광산안전에 관한 계획의 작성

나. 안전교육

다. 안전계원의 지휘 및 감독, 광해의 방지

라. 광산시설의 사용·정지·수리·개조 및 이전에 관한 권고

47. 다음 중 국내 급경사탄층의 채굴에 적용될 수 있는 채광법은?

가. 슈린케이지 채광법(shrinkage stoping method)

나. 중단붕락법(sublevel caving method)

다. 잔주식 채광법(stope and pillar method)

라. 주방식 채광법(room and pillar method)

48. 일반적으로 수갱에 의한 개갱법 선택에서 우선적으로 고려할 사항이 아닌 것은?

가. 가능한 한 광구내 광상이 풍부한 곳에 가까운 장소를 선택한다.

나. 광층의 경사를 고려하여 수갱에서 광층에 도달하는 운반갱도의 거리가 고르게 되는 위치를 선정한다.

다. 향후 개설될 사갱과의 관계를 고려한다.

라. 지표에서 광상까지의 거리를 가급적 짧게 한다.

49. 갱내 출수의 예측을 위해 관찰하여야 할 사항이 아닌 것은?

가. 수량의 변화

나. 물의 혼탁도 변화

다. 생화학적 산소요구량(BOD)의 변화

라. 수온의 변화

50. 우리나라 석회석 광상의 주요 분포지와 가장 거리가 먼 지역은?

가. 경상북도   나. 경상남도

다. 강원도   라. 충청북도

51. 광산안전법 상 갱내안전계원이 준수하여야 할 사항으로 옳지 않은 것은?

가. 광산근로자의 작업장소, 주요 통행장소, 주요 운반갱도, 가스 발생장소 및 그 밖의 특히 위험성이 많은 장소를 교대작업 시간마다 2회 이상 돌아보고 낙반.

붕괴.폭발.자연발화.화재.출수 및 그 밖의 위험성의 유무를 검사할 것

나. 주요 변압기, 주요 전동기, 전기기관차 및 그 밖에 안전상 주의가 필요한 전기기기·배선·이동전선 및 접지선의 이상 유무를 매일 1회 이상 검사할 것

다. 위험 발생 우려가 있다고 인정될 때에는 광산근로자에게 필요한 지시를 하고 필요에 따라 작업의 중지, 통행의 차단, 경계표시의 게시 및 그 밖의 응급조치를 취하고 이를 안전 관리자에게 보고할 것

라. 갱내작업장소와 각 시설의 안전상황, 안전을 위한 조치내용 및 그 결과 등을 안전일지에 적을 것

52. 광산안전기술기준 상 기관차에 갖추어야 할 시설이 아닌 것은?
가. 응급 구호용구 중 들 것
나. 운전원이 기계적 동작으로 직접 사용할 수 있는 제동장치
다. 경종장치
라. 운전원의 좌석

53. 다음 기호에서 주향 및 경사를 올바르게 기재한 것은?

가. N45°E, 30°NW   나. N45°W, 30°SW
다. N45°W, 30°NW   라. N45°E, 30°SW

54. 교류, 직류 양용으로 쓰이는 정밀형 계기는?
가. 유도형   나. 가동코일형
다. 진동편형   라. 전류력계형

55. 다음 중 유량 측정을 할 수 있는 장치가 아닌 것은?
가. 위어(weir)
나. 가이드베인(guide vane)
다. 벤추리미터(venturi meter)
라. 피토관(pitot tube)

56. 기관차가 광차만을 끄는 힘을 무엇이라 하는가?
가. 마찰력 나. 구동력 다. 피동력 라. 견인력

58. 다음 중 착암기의 기계효율은?
가. 현장마력과 정미마력의 비
나. 지시마력과 이론마력의 비
다. 정미마력과 지시마력의 비
라. 정미마력과 이론마력의 비

59. 조절발파법 중 라인 드릴링(line drilling)법에 대한 설명으로 옳은 것은?
가. 파단선을 따라 천공된 발파공은 작은 지름의 약포를 사용하여 공기나 전색물이 쿠션역할을 하게 한다.
나. 라인 드릴링법은 파단면을 따라 장약하는 등 복잡하다.
다. 목적으로 하는 파단선을 따라 무장약공을 인접하게 많이 늘어 놓아, 인위적으로 연약면을 만드는 공법이다.
라. 파단선을 따라 천공의 열에 장약한 후, 본 발파에 앞서 발파 함으로써 인위적인 파단선을 만든다.

60. 다음 중 사갱 운반에 속하지 않는 것은?
가. 스킵 권양에 의한 운반
나. 엔들리스 로프에 의한 운반
다. 벨트 컨베이어에 의한 운반
라. 광차 직접 권양에 의한 운반

2018년 정답지

1	2	3	4	5	6	7	8	9	10
1	4	4	2	4	2	-	3	3	3
11	12	13	14	15	16	17	18	19	20
4	1	4	1	3	4	1	4	4	2
21	22	23	24	25	26	27	28	29	30
3	4	2	1	4	3	4	1	1	2
31	32	33	34	35	36	37	38	39	40
4	3	2	4	3	2	1	3	2	4
41	42	43	44	45	46	47	48	49	50
3	2	2	1	4	2	3	3	3	2
51	52	53	54	55	56	57	58	59	60
2	1	1	4	2	2	-	4	3	2

광산보안기능사 　2019년도 필기시험

1. 다음 중 무색광물이 아닌 것은?
가. 감람석　나. 정장석　다. 백운모　④ 석영

2. 다음 암석 파괴이론 중 Mohr(모어) 이론은?
가. 최대전단응력설　　　나. 전단변형률 에너지설
다. 응력원포락선설　　　라. 내부마찰각설

3. 풍속을 측정하는 계기가 아닌 것은?
가. 피토관　　　　　　　나. 경사 수주계
다. 측풍계　　　　　　　라. 열선 미풍계

4. 광산조사를 위한 시료 채취 방법으로 옳지 않은 것은?
가. 시료의 양이 너무 적거나 무리하게 많지 않도록 한다.
나. 고품위 부분만을 집중적으로 채취한다.
다. 경도가 다른 광물이 혼재할 때, 각 광물이 균일하게 채취되도록 한다.
라. 채취를 무리하게 빨리 진행하는 것을 피한다.

5. 광산안전법 상 안전감독계원을 선임 해야 하는 광산은?
가. 상시 40명 이상의 갱내 광산근로자를 고용하는 광산
나. 상시 60명 이상의 갱내 광산근로자를 고용하는 광산
다. 상시 80명 이상의 갱내 광산근로자를 고용하는 광산
라. 상시 100명 이상의 갱내 광산근로자를 고용하는 광산

6. 일반적으로 급경사 광맥에 적용할 수 없는 채굴법은?
가. 중단식 채굴법
나. 주방식 채굴법
다. 스퀘어세트 채굴법
라. 슈린케이지 채굴법

7. 광산안전기술기준 상 갱내안전계원이 전기기구의 사용 및 송전을 중지하여야 하는 메탄가스의 함유율은?
가. 1.5% 초과　　　　　나. 2.5% 초과
다. 3.5% 초과　　　　　라. 4.5% 초과

8. 다음 중 선풍기 법칙에 대한 설명으로 옳은 것은?
가. 통기량은 회전수의 제곱에 비례한다.
나. 공기마력은 회전수의 3제곱에 비례한다.
다. 통기량은 회전수의 3제곱에 비례한다.
라. 선풍기압은 회전수의 3제곱에 비례한다.

9. 최대 주응력(maximum principle stress)이 수직방향에서 작용 할 때 생기는 단층은?
가. 충상단층(overthrust fault)
나. 정단층(normal fault)
다. 주향이동 단층(strike slip fault)
라. 역단층(reverse fault)

10. 규칙광상의 광량계산으로 경사부존광층의 수평거리를 알고 광층의 두께가 균일하여 평균 두께의 산출이 불필요할 경우 광량계산은?
가. 연직두께 × 경사거리 × 심도차 × 비중
나. 부존평면적 × 맥폭 × 평균체적 × 경사부존면적
다. 광층맥폭 × 광층체적 × 평균비중 × 심도차
라. 주향연장 × 경사거리 × 진맥폭 × 비중

11. 비전기식(nonel) 발파의 특징을 바르게 설명한 것은?
가. Tube는 전기뇌관의 각선과 같은 역할로 사용한다.
나. 결선이 복잡하여 작업효율이 낮다.
다. Tube의 폭발음이 큰 편이며, 접하고 있는 물건에 큰 영향을 미친다.
라. 전기식이며 미주전류에는 취약하나 정전기에는 안전하다.

12. 부유탄진, 암분 등을 침강시키고 정전기 발생을 억제 시키는데 가장 좋은 것은?
가. 워터 제트　　　　　　나. 햄머 제트
다. 신선공기 유입　　　　라. 에어 제트

13. 광산안전기술기준 상 광산용 차량을 관리하는 담당 안전계원이 주 1회 이상 점검할 사항이 아닌 것은?

가. 제동기의 압력 및 작동상태

나. 주유, 누유 및 누기상태

다. 조작장치의 작동상태

라. 광산용 차량의 운행 시 갱내외 작업장의 분기점 서행상태

14. 다음 폭약의 배합성분 중 감열 소염제로 사용되는 것은?

가. 질산나트륨   나. 염화나트륨

다. 질산칼륨   라. 질산암모늄

15. 둥근 자갈들의 사이에 모래나 점토가 충전되어 굳어져서 만들어진 자갈 콘크리트 같은 암석은?

가. 석탄   나. 사암   다. 셰일   라. 역암

16. 막장운반법의 선택 조건이 아닌 것은?

가. 광맥의 폭   나. 광층의 주향

다. 출광량   라. 채굴방법

17. 원심 펌프의 밸브 중 양수량의 조정과 역류 방지를 위한 목적으로 설치하는 것은?

가. 슬루스 밸브(sluice valve)

나. 스프링 밸브(spring valve)

다. 푸트 밸브(foot valve)

라. 스톱 밸브(stop valve)

18. 다음 중 주방식 채굴법의 적용조건이 아닌 것은?

가. 고품위 광체로서 완전채굴이 요구될 때

나. 광석이나 상하반이 모두 견고할 것

다. 수평층 또는 완경사 광층일 것

라. 광체에 작용하는 지압이 크지 않을 것

19. 매장량 중 기술적·경제적으로 채굴이 가능한 매장량을 의미하는 것은?

가. 예상광량   나. 조광광량

다. 전탄광량   라. 가채광량

20. 광산 안전법상 산업통상자원부 장관은 광업권이 소

멸한 후라도 광업권자 또는 조광권자이었던 자에 대하여 그가 광업을 경영하였음으로 인하여 발생할 위해 또는 광해를 방지하기 위하여 필요한 조치를 명할 수 있는 기간은?

가. 3년   나. 5년   다. 10년   라. 15년

21. 전기뇌관 사용 시 불발에 대한 원인으로 옳지 않은 것은?

가. 수분이 많은 지역에서의 발파

나. 전기뇌관 본체의 결함

다. 결선미스 등 사용상의 실수

라. 발파를 위한 전류의 부족

22. 퇴적암 중에 관입암상처럼 들어간 화성암체의 일부가 더 두꺼워져 렌즈상 또는 만두 모양으로 부풀어 오른 것은?

가. 저반   나. 암주

다. 병반   라. 암경

23. 수갱의 특수 굴착법 중에서 용수가 많이 나오는 지층에 적용하기 어려운 방법은?

가. 동결법   나. 잠함법

다. 시멘테이션법   라. 살장법

24. 어떤 전등에 100 V 의 전압을 가하면 5 A 의 전류가 흐른다. 이 전등의 소비전력은 얼마인가?

가. 20 W   나. 50 W

다. 100 W   라. 500 W

25. 다음 회로 a,c 사이의 합성저항 값은?

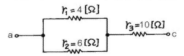

가. 5.4 [Ω]   나. 12.4 [Ω]

다. 20 [Ω]   라. 24 [Ω]

26. 광산안전기술기준 상 광업권자 또는 조광권자는 토지의 굴착으로 지반침하나 그 밖의 광해가 발생할 염려가 있는 지하에서 광물을 채굴하려는 때에 광해를 방지하기 위하여 필요한 조치가 아닌 것은?

가. 이미 채굴한 자리를 메움
나. 품위확인 후 광물의 채굴
다. 지반침하의 조사 및 계측
라. 채굴의 제한

27. 직류 전동기가 저항기동을 하는 이유는?

가. 편리하고 간단하기 때문에
나. 속도를 제어하기 위하여
다. 전압을 작게하기 위하여
라. 전류를 제한하기 위하여

28. 통기저항과 갱도의 단면적과의 관계는?

가. 제곱에 비례   나. 반비례
다. 제곱에 반비례   라. 비례

29. 원심펌프 운전조작 상의 주의 사항을 설명한 것 중 옳지 않은 것은?

가. 운전 시 전동기의 베어링에 열이 많이 나는지를 잘 관찰한다.
나. 운전을 중지할 때는 슬루스 밸브를 천천히 닫고 전동기의 스위치를 끊은 다음 펌프안의 물을 빼 둔다.
다. 운전을 시작할 때는 펌프내의 물을 가득 채우고 슬루스 밸브를 조금 열고 운전을 시작한다.
라. 운전 중 펌프 작동 소리에 이상음이 있을 때에는 즉시 검사한다.

30. 다음 중 정적위력을 측정하는 시험법은?

가. 내화감도시험
나. 크루프식 발화점 시험
다. 작열철제 도가니 시험
라. 트라우즐 연주(납기둥)시험

31. 다음 채광법 중 경비(經費)가 제일 많이 소요되는 방법은?

가. 스퀘어세트법
나. 중단채굴법
다. 슈린케이지법
라. 톱슬라이싱법

32. 다음 중 밀리세컨드발파(MS발파)의 특징을 옳게 설명한 것은?

가. 발파에 의한 진동이 크다.
나. 파단면이 상하여 부석이 많은 편이다.
다. 소할효과가 우수하다.
라. 분진의 비산이 많다.

33. 노천채굴법의 장점이 아닌 것은?

가. 심도제한을 받지 않는다.
나. 작업이 안전하고 용이하다.
다. 채굴비가 저렴하여 감독이 용이하다.
라. 발파효과를 충분히 발휘하며 대량생산이 가능하다.

34. 다음과 같은 조건일 때 갱내수량은? (단, 노치의 나비 1.5m, 수두 50cm, 계수 1.8)

가. 0.95 m³/sec   나. 1.05 m³ /sec
다. 1.35 m³/sec   라. 3.85 m³/sec

35. 다음 중 공기 압축기용 밸브가 갖추어야 할 조건으로 옳지 않은 것은?

가. 실린더에 비해 틈새 부피는 작아야 한다.
나. 동작은 예민하고 확실해야 한다.
다. 소음이 적어야 한다.
라. 실린더에 비해 통로 면적은 작을수록 유리하다.

36. 펌프의 흡수고에 관한 설명 중 맞는 것은?

가. 온도에는 영향을 받으나 기압에는 관계없다.
나. 온도 및 기압에 영향을 받는다.
다. 기압에 영향을 받으며 온도에는 관계없다.
라. 흡수고는 온도와 기압에 영향을 받지않는다.

37. 광산에서 상향계단채굴과 레이즈(raise)굴착에 많이 사용되는 착암기는?

가. 싱커(sinker)   나. 스토퍼(stopper)
다. 점보(jumbo)   라. 드리프터(drifter)

38. 광차의 자중이 800kg이고 적재 중량이 1500kg, 갱도의 경사가 18도, 마찰계수가 0.02 일때 10량의 광차를 끌어 올리는데 필요한 힘은?

가. 3756 kg   나. 6438 kg
다. 7544 kg   라. 8924 kg

39. 사갱과 비교하여 수갱에 의한 개갱법의 장점으로 옳지 않은 것은?
가. 운반거리가 짧아 운반량을 증대시킬 수 있다.
나. 굴착비가 적게 들고, 굴착기간이 짧다.
다. 최단거리로 심부까지 도달할 수 있어 심부매장광량 채굴에 유리하다.
라. 사갱에 비해 지압의 영향이 적어 갱도유지비가 감소된다.

40. 다음 중 변성암의 구조에 속하지 않는 것은?
가. 편리   나. 엽리   다. 선구조   라. 행인상

41. 인공적으로 지중에서 폭약을 폭발시켜 지층을 통과하는 진동파를 지진계로 측정해서 진동파의 전파속도를 가지고 지하의 암석분포 상태를 추정하는 물리탐사법은?
가. 전기탐사법   나. 자기탐사법
다. 탄성파탐사법   라. 중력탐사법

42. 선풍기가 부압 90mm수주, 60 m³/sec의 풍량을 배출하고 있다. 선풍기의 총기계효율을 0.6이라 하면 이 선풍기의 소요마력은?
가. 80 HP   나. 100 HP
다. 120 HP   라. 150 HP

43. 다음 중 붕락채굴법에 해당하지 않는 것은?
가. 중단붕락법   나. 톱슬라이싱법
다. 슈린케이지법   라. 블록케이빙법

44. 중단채굴법 적용조건으로 가장 적합한 것은?
가. 충진물 확보가 용이할 것
나. 광석의 품위가 고품위로 채굴 시 품위 유지가 용이할 것
다. 광석과 모암이 견고할 것
라. 광맥의 경사가 30도 이하의 완경사일 것

45. 다음 중 화산암에 해당하는 것은?
가. 화강암   나. 유문암
다. 섬록암   라. 반려암

46. 다음 갱내 가스 중 비중이 가장 무거운 것은?
가. 메탄   나. 일산화탄소
다. 이산화탄소   라. 황화수소

47. 조도는 광원으로부터 거리와 어떠한 관계가 있는가?
가. 거리의 제곱에 비례한다.
나. 거리에 비례한다.
다. 거리에 반비례한다.
라. 거리의 제곱에 반비례한다.

48. 벨트 컨베이어에서 벨트를 드라이빙 풀리에서 겉돌지 않게 하기 위하여 벨트에 적당한 장력을 주는 장치는?
가. 스냅 풀리   나. 스틸 코드
다. 급광 장치   라. 긴장 장치

49. 다음 중 축류형 선풍기에 대한 설명으로 옳지 않은 것은?
가. 기체 내에 기류의 방향 변환이 적기 때문에 통기력의 손실이 적고 효율은 90% 이상이다.
나. 임펠러의 회전방향을 반대로 하면 쉽게 기류의 방향을 바꿀 수 있다.
다. 설치가 용이하고, 저속 회전하기 때문에 소음이 적다.
라. 프로펠러 선풍기 또는 나선형 선풍기라고도 한다.

50. CO_2 가스에 대한 설명 중 옳은 것은?
가. 갱도상부에 모인다.
나. 물에 용해되지 않는다.
다. 질식성이 있다.
라. 연소성이 있다.

51. 다음 중 퇴적암의 특징이 아닌 것은?
가. 사층리   나. 건열
다. 주상절리   라. 결핵체

52. 비저항이 0.0015, 통기량 300 m³/sec일 때 통기압은?

가. 45mm 수주
나. 90mm 수주
다. 135mm 수주
라. 150mm 수주

53. 다음 중 약장약일 때 나타나는 현상은?

가. 누두반경이 저항선보다 작다.
나. 누두반경이 저항선보다 크다.
다. 누두반경이 저항선과 같다.
라. 누두반경의 꼭지각이 직각이다.

54. 화약류를 용도에 의해 분류할 때 기폭약은?

가. 무연화약, 흑색화약
나. TNT, 콤포지션 B
다. 풀민산수은(II), 아지화납
라. 테트릴, 헥소겐

55. 갱도굴진에서 인위적인 자유면을 만들어 발파효과를 증대시키는 발파는?

가. 심발발파
나. 제발발파
다. 집중발파
라. 확저발파

56. 광산안전법상 광산안전도 작성 시 축척 기준은?

가. 2백분의 1이상
나. 1천분의 1이상
다. 5천분의 1이상
라. 1만분의 1이상

57. 광산안전기술기준 상 광산용차량의 운전원이 운전석을 이석하고자 할 때 준수하여야 할 사항이 아닌 것은?

가. 담당안전계원에게 보고한 후 이석할 것
나. 바켓·디퍼 등은 지상에 내릴 것
다. 원동기는 중지시키고 브레이크 장치를 작동시킨 후 저절로 굴러내리지 아니하도록 안전조치를 할 것
라. 다른 사람이 조작 및 운전할 수 있도록 원동기의 시동열쇠를 차량에 유지보관 할 것

58. 중력배수법과 관계가 있는 것은?

가. 플런저펌프
나. 에어리프트
다. 축류펌프
라. 사이펀

59. 록 볼트 시공 시 볼트가 암반을 지지하는 원리가 아닌 것은?

가. 받침 효과
나. 매달림 효과
다. 마찰 효과
라. 결합 효과

60. 통기량이 4500m³/min 이고, 압력강하가 81mm 수주일 때 등적공의 크기는?

가. 1.17 m²
나. 2.17 m²
다. 3.17 m²
라. 4.17 m²

광산보안기능사 2020년도 필기시험

1. 화약의 안정도 시험에 속하지 않는 것은?
가. 유리산시험
나. 탄동진자시험
다. 가열시험
라. 내열시험

2. 권양차도나 컨베이어가 항상 운행되는 갱도 또는 기관차가 항상 운행하는 궤도가 설치된 갱도의 장애물과 측면벽과의 이격거리로 맞는 것은?
가. 기관차, 광차, 컨베이어와의 간격은 0.75m 이상, 다른 간격은 0.3m 이상
나. 기관차, 광차, 컨베이어와의 간격은 0.80m 이상, 다른 간격은 0.3m 이상
다. 기관차, 광차, 컨베이어와의 간격은 0.65m 이상, 다른 간격은 0.3m 이상
라. 기관차, 광차, 컨베이어와의 간격은 0.70m 이상, 다른 간격은 0.3m 이상

3. 전기에 감전되거나 전기화상 등의 재해를 사전에 예방하기 위하여 다음 중 작업자가 착용해야 할 가장 적절한 용구는?
가. 구명구
나. 신호기
다. 구급용구
라. 보호구

4. 목재지보의 장점이 아닌 것은?
가. 내압강도가 높다.
나. 가축성이 좋다.
다. 사용장소에서 가공이 용이하다.
라. 가격이 염가이다.

5. 지발당 장약량 70kg, 진동 측정 거리가 124 m이면 환산거리는 얼마인가? (단, 제곱근 환산거리를 적용)
가. 14.08
나. 14.82
다. 15.08
라. 15.82

6. 다음 그림과 같은 단면에 하중 3톤이 작용할 경우 응력은?

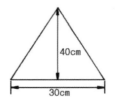

가. 3.5kg/cm²
나. 4kg/cm²
다. 4.5kg/cm²
라. 5kg/cm²

7. 다음 중 로프의 손상 원인이 아닌 것은?
가. 소선에 아연 등 도금에 의한 손상
나. 습기나 산, 염 등에 의한 부식
다. 표면 마찰에 의한 마멸
라. 굽힘의 반복 및 비틀림

8. 상, 하부갱도가 연결되어 있을 때 하절기의 기류는?
가. 일정치 않다.
나. 하부갱도에서 상부갱도로 흐른다.
다. 상부갱도에서 하부갱도로 흐른다.
라. 기류의 변화가 없다.

9. 니트로글리세린(nitroglycerine)에 대한 설명 중 틀린 것은?
가. 충격이나 마찰에 예민하므로 액체상태로 운반해야 한다.
나. 물에 녹지 않으나, 알콜, 아세톤 등에는 녹는다.
다. 공업용 제품은 약 8 ℃에서 동결한다.
라. 순수한 것은 무색 투명하지만 공업용은 담황색을 띤다.

10. 다음 중 발파계수(C)를 올바르게 나타낸 것은?
(단, e:폭약계수, g:암석계수, d:전색계수, w:최소저항선)
가. $e \cdot g \cdot d$
나. $e \cdot g \cdot d \cdot w$
다. $e \cdot g \cdot d \cdot w^2$
라. $e \cdot g \cdot d \cdot w^3$

11. 다음 그림에서 4Ω의 저항에서 소비되는 전력[W]은?

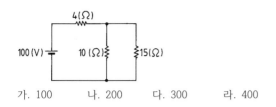

가. 100　　　나. 200　　　다. 300　　　라. 400

12. 갱구수의 증가가 가져오는 결과가 아닌 것은?
가. 운반계통이 분산된다.
나. 운반관계 인원이 증가된다.
다. 분진발생이 줄어든다.
라. 생산원가의 상승을 초래하는 요인이 된다.

13. 다음 착암기 중 천공방향에 의한 분류에 속하지 않는 것은?
가. 스토퍼 (stoper)　　　나. 치즐 (chisel)
다. 드리프터 (drifter)　　　라. 싱커 (sinker)

14. 광산용 및 케이블용 로프로 사용되는 가장 적당한 것은?
가. Z레이　　　　　　나. S레이
다. 랭스 Z레이　　　　라. 랭스 S레이

15. 수갱 권양 운반에서 로프와 수평면이 이루는 수평각 및 로프의 최대편각(fleet angle)으로 가장 적합한 것은?
가. 30°와 1°30′이하　　　나. 45°와 1°이하
다. 45°와 1°30′이하　　　라. 30°와 1°이하

16. 다음 중 저항기의 저항체에 필요한 조건이 아닌 것은?
가. 화학적으로 오래 변하지 않을 것
나. 구리에 대한 열기전력이 클 것
다. 고유저항이 클 것
라. 저항의 온도계수가 작을 것

17. 갱도 굴착에 따른 응력해방으로 면압권대가 형성되는 조건에서 갱도의 폭이 6m, 갱도 상반의 최대 침강이 0.3m, 암반의 팽창율이 8, 상반 암석의 비중이 2.6이라면, 이때 갱도연장 1m에 대한 상반의 중량은? (단, π는 3.14 로 계산)
가. 45.92 t　　　　　나. 61.23 t
다. 91.85 t　　　　　라. 183.69 t

18. 갱내 통기량을 결정하는 요소가 아닌 것은?
가. 가연성 가스 및 유해가스의 분출량
나. 갱내의 온도 및 습도
다. 종업원의 수
라. 갱내 광차 운행 횟수

19. 갱내 배기량은 일반적으로 입기량보다 많다. 그 이유로 적당하지 않은 것은?
가. 배기갱의 기압이 입기갱보다 높다.
나. 갱내에는 각종 가스가 발생한다.
다. 압축공기가 배기에 포함된다.
라. 배기온도가 입기온도보다 높다.

20. 갱도에서 채취한 시료들의 품위가 다음표와 같을 경우 평균 품위는 얼마인가?

시료 번호	갱도길이(m)	맥폭 (m)	품위 (%)
A 갱도	100	2.2	5.0
B 갱도	70	1.8	6.0
C 갱도	70	1.6	8.0
D 갱도	100	2.4	6.0

가. 2.1 %　　나. 3.1 %　　다. 6.0 %　　라. 6.3%

21. 직사각형 단면을 가지고 있는 채굴적의 높이가 2m이고, 채굴적 천반 암석의 체적팽창계수가 0.1인 경우 붕락고는?
가. 30 m　　　나. 40 m　　　다. 50 m　　　라. 20 m

22. 정격 전압 100V, 정격 전류 12A에서 직류 전동기의 속도가 1750 rpm이고 무부하일 때의 속도가 1800 rpm이라 할 때 전동기의 속도 변동율[%]은?
가. 1.03　　　나. 2.78　　　다. 2.86　　　라. 0.97

23. 폭이 30cm인 직사각형 배수로에 20cm 깊이로 물이 흐르고 있다. 이때 물의 평균유속이 150cm/sec라면 이 배수로를 통한 배수량은 1분에 몇 m³가 되겠는가?
가. 5.4　　　나. 5.7　　　다. 6.0　　　라. 6.3

24. 갱내통기에 있어서 마찰손실에 의한 압력강하에 대한 설명 중 틀린 것은?
가. 풍도의 둘레에 비례한다.

나. 풍도의 단면적에 비례한다.

다. 통기속도의 제곱에 비례한다.

라. 풍도의 길이에 비례한다.

25. 다음 갱내 운반법 중 중력을 이용한 운반법은?

가. 스크레이퍼 운반　　　나. 체인 컨베이어 운반

다. 스킵 운반　　　　　　라. 슈트 운반

26. 동일한 재질에 대한 전기저항을 바르게 설명한 것은?

가. 물체의 단면적에 반비례하고 길이에 반비례한다.

나. 물체의 단면적에 반비례하고 길이에 비례한다.

다. 물체의 길이에 반비례하고 단면적에 비례한다.

라. 물체의 길이에 비례하고 단면적에 비례한다.

27. 저항 1.2Ω의 전기 뇌관 10발을 직렬결선하여 제발하는데 약 몇 V의 전압이 필요한가? (단, 발파모선의 총 연장 200m이며, 1m의 저항은 0.021Ω, 발파기의 내부저항 0, 소요 전류는 2A)

가. 16.5　　　나. 23.7　　　다. 32.4　　　라. 45.8

28. 광물의 품위나 품질을 표시하는 단위로 적절하지 않은 것은?

가. 사금 : g/t　　　　　나. 석탄 : cal/t

다. 구리 : %　　　　　라. 금 : g/t

29. 광산안전기술기준 상 채탄작업장의 부근과 굴진장소에 사용하는 전기기구의 전압은?

가. 600V 이하　　　　나. 1200V 이하

다. 1800V 이하　　　　라. 2400V 이하

30. 다음 중 접지공사의 종류에 속하지 않는 것은?

가. 제2종 접지공사　　　나. 제3종 접지공사

다. 특별 제1종 접지공사　라. 제1종 접지공사

31. 다음 중 변압기의 손실이 아닌 것은?

가. 유전체손　　　　　나. 철손

다. 구리손　　　　　　라. 기계손

32. 발파진동의 수준을 감소시키기 위한 대책으로 가장 거리가 먼 것은?

가. 지발당 장약량을 작게 한다.

나. 밀리세컨드(MS)뇌관을 사용하여 진동의 상호 간섭효과를 이용한다.

다. 전색을 충분히 하고 최소저항선을 크게 한다.

라. 자유면 수를 늘릴 수 있도록 작업장을 조성한다.

33. 전선의 굵기를 결정할 때 고려하여야 하는 사항으로 거리가 먼 것은?

가. 전압강하　　　　　나. 허용전류

다. 전주의 높이　　　　라. 전선의 기계적 강

34. 전색물이 발파에 미치는 영향에 대한 설명 중 틀린 것은?

가. 점토를 전색물로 사용할 경우에는 수분의 함유량이 증가할수록 발파효과는 상승한다.

나. 물은 충격파를 잘 차단시켜 점토나 모래보다 전색물로서 발파효과가 크다.

다. 물은 공벽에 폭발압을 잘 전달하므로써 점토나 모래보다 전색물로서의 발파효과가 크다.

라. 입자가 고체로 구성된 전색물에 있어서 전색물의 입자가 작을수록 발파효과는 상승한다.

35. 터널발파에서 주위 암반에 손상을 작게하기 위해 이용되는 장약방법을 이용한 것은?

가. 노이만효과　　　　나. 밀장전효과

다. 홉킨슨효과　　　　라. 디커플링효과

36. 단상 유도전동기의 전압이 220 V, 전류가 10 A, 역률이 0.8 일 때 소비전력 [W]은?

가. 1320　　　　　　나. 1760

다. 2200　　　　　　라. 2750

37. 암석의 파괴 시 암석은 어떤 힘에 가장 강한가?

가. 인장력　　나. 압축력　　다. 휨력　　라. 전단력

38. 다음 중 광량분류에 해당하지 않는 것은?

가. 확정광량　　　　　나. 시정광량

다. 매장광량 라. 추정광량

39. 다음중 초안폭약을 설명한 것으로 틀린 것은?
가. 예감제로 니트로 화합물을 첨가한다.
나. 충격, 마찰 등에 둔감하여 취급이 쉽다.
다. 흡습성이 없어 수분이 많은 곳에서 사용한다.
라. 가연성 가스 폭발을 억제하기 때문에 탄광의 갱내에서 사용한다.

40. 석탄층 채굴방식을 결정하기 위하여 고려되어야 할 중요한 조건으로 옳지 않은 것은?
가. 채탄에 동원되는 인원
나. 탄층의 두께, 경사
다. 채굴 구역의 크기
라. 가스 발생 여부 및 출수량의 정도

41. 광산안전기술기준 상 궤도나 그 밖의 시설에서 갱내 인차의 운전속도는?
가. 시간당 10 km 이하
나. 시간당 40 km 이하
다. 시간당 60 km 이하
라. 시간당 100 km 이하

42. 다음 중 석탄층이 부존될 가능성이 있는 암석은?
가. 화강암 나. 편마암 다. 응회암 라. 사암

43. 접지저항을 측정하는데 사용되는 것은?
가. 맥스웰 브리지 나. 절연저항계
다. 켈빈 더블 브리지 라. 콜라우시 브리지

44. 광산안전기술기준상 사람을 운반하는 수직갱도 및 사갱의 권양장치에서 케이지·인차 또는 바켓을 지지하는 부속품 및 로프를 설치할 때 안전율은 최대 총 하중에 대하여 얼마 이상으로 하여야 하는가?
가. 2 나. 3 다. 4 라. 5

45. 갱내 작업장에서의 화재 방지를 위한 방화시설 등을 설명한 것 중 틀린 것은?

가. 주요 변전설비의 설치장소를 통기하는 기류는 갱외로 배기되어야 하며 작업장 통기목적으로 사용하여서는 안된다.
나. 갱내의 권양기실·압축기실·양수실·선풍기실·변전시설의 설치장소와 갱내 사무실은 방화구조로 하여야 하며 소화시설을 갖추어야 한다.
다. 갱내의 변전시설은 통기가 양호한 곳에 설치하여야 한다.
라. 갱내의 기름류 저장장소, 주요 변전시설의 설치장소, 주요 유입개폐기실, 충전실 및 수리실은 방화구조로 하여야 하며 소화시설은 갖추지 않아도 된다.

46. 케이지 권양에서 권양초과로 케이지가 헤드풀리에 갑자기 충돌하는 것을 막기 위해서 사용하는 것은?
가. 안전정지기 나. 안전고리
다. 핸들 브레이크 라. 포스트 브레이크

47. 단상 3선식 배전방식에서 밸런서를 설치하는 이유는?
가. 역률을 개선하기 위해서
나. 전압 강하를 감소시키기 위해서
다. 2종류의 전압을 얻기 위해서
라. 전압의 불평형을 방지하기 위해서

48. 다음 그림은 어떤 단층을 나타낸 것인가?

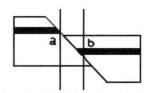

가. 주향단층 나. 사교단층 다. 정단층 라. 역단층

49. 다음 중 화약류의 폭발현상을 설명한 것은?
가. 외부의 산소공급이 돼야만 자체 폭발한다.
나. 외부의 질소와 관계없이 자체 공급으로 폭발한다.
다. 외부의 산소와 관계없이 자체 공급으로 폭발한다.
라. 외부의 질소공급이 되야만 자체 폭발한다.

50. 광산에서 사용하는 축전지식 전기기관차와 가공선식 전기기관차를 비교한 것이다. 축전지식 전기기관차의 좋은 점이 아닌 것은?

가. 운반능력이 비교적 크고, 동력비, 운전비가 싼점

나. 내폭형으로 만들어 가연성 가스에 대한 위험성을 방지하고 있다는 점

다. 가공선이 필요 없다는 점

라. 시설비가 비교적 싸고, 운전이 간단하다는 점

51. 통기에 가장 유리한 갱도의 지보 방법은?

가. 충전재 지주   나. 목재지보

다. 콘크리트라이닝 지보   라. 지아이빔(G.I.Beam)지보

52. 송배전 선로의 이상 전압의 내부적 원인이 아닌 것은?

가. 유도뢰   나. 아아크 접지

다. 선로의 이상상태   라. 선로의 개폐

53. 초유폭약(AN-FO폭약)의 설명으로 옳은 것은?

가. 감도는 입도가 클수록 좋으며 연료유로서는 디젤유가 좋다.

나. 흡습성이 심하여 수분을 흡수하면 폭력이 감소하는 결점이 있다.

다. 질산암모늄(6%)과 연료유(94%)를 혼합 가공해서 만든다.

라. 예감제가 포함되어 취급이 예민하고 제조가공이 어렵다.

54. 갱내채굴법인 상향계단법의 장점이 아닌 것은?

가. 부분적 발파의 실패가 있더라도 다른 작업장에 피해가 없다.

나. 작업 도중 다른 채광법으로 전환이 쉽다.

다. 파쇄될 때 광석 분말이 많아 손실이 적다.

라. 두 자유면을 가지는 작업장이므로 발파 효과가 크다.

55. 다음은 선풍기의 특성곡선(characteristic curve)을 나타낸 모식도이다. 다음 중 터보 선풍기의 효율곡선을 가장 잘 나타낸 것은?

56. 지하암반 중에 갱도 또는 공동이 굴착되지 아니한 경우에도 암반 자체의 중량이나 암반상부의 표토의 중량에 의해 이미 변형 상태에 있는 지압은?

가. 2차 지압   나. 종국 지압

다. 변형 지압   라. 1차 지압

57. 어떤 암석을 천공 발파한 결과 장약량 100g으로 $1.2m^3$의 채석량을 얻었다면 폭약량 400g으로 몇 m^3 얻을 수 있는가?

가. 2.4 m^3 나. 3 m^3

다. 3.6 m^3 라. 4.8 m^3

58. 다음 설명 중 올바르지 못한 것은?

가. 전자의 이동 방향과 전류의 방향은 반대이다.

나. 기전력의 단위는 [V]로 표시한다.

다. 저항의 역수인 콘덕턴스의 단위는 [Ω]이다.

라. 전기를 흐르게 하는 능력을 기전력이라 한다.

59. 공기압축기 운전에서 공기저장조(air receiver tank)의 설치목적이 아닌 것은?

가. 냉각 기능   나. 수송관 내 마찰손실 감소

다. 압력 상승   라. 유분, 수분 분리

60. 터보 선풍기 또는 터보 압축기는 유량 조절로 배출압력을 조절 하는데, 유량이 어느 점까지가면 갑자기 관로에 압력과 흐름이 심한 맥동과 진동을 일으켜 운전이 불안정하게 되는 서어징(surging) 현상이 나타나게 된다. 서어징(surging) 현상 방지를 위한 방법이 아닌 것은?

가. 공기여과기 조작에 의한 방법

나. 방출밸브에 의한 방법

다. 회전수를 변화시키는 방법

라. 입구유도날개의 조작에 의한 방법

광산보안기능사 2021년도 필기시험

1. 광산근로자가 작업하거나 통행하는 갱내공기의 산소 함유량은 최소 얼마로 하여야 하는가?

가. 17퍼센트 이상
나. 18퍼센트 이상
다. 19퍼센트 이상
라. 20퍼센트 이상

2. 다음 중 대우식 통기의 장점으로 옳지 않은 것은?

가. 갱내에 가스폭발사고 등의 재해가 발생하였을 때는 통기계통의 회복이 중앙식보다 용이하다.
나. 입·배기갱구가 떨어져 있으므로 배기가 바람의 영향을 받아 입기에 혼입할 염려가 없다.
다. 주요 통기갱도의 연장이 길어지게 되어 통기저항이 증대되나, 갱도의 유지비는 감소한다.
라. 입·배기갱도가 근접해 있지 않으므로 누풍이 적게 되고 통기문(풍문)이나 풍교 등이 적어도 된다.

3. 다음 중 갱내 가스의 조절방법으로 옳지 않은 것은?

가. 희석시키는 방법
나. 연소시키는 방법
다. 제거하는 방법
라. 흡수하는 방법

4. 지압의 생성원인과 가장 거리가 먼 것은?

가. 암석의 무게
나. 지하 암석에 잠재한 압력
다. 수분의 흡수
라. 지열과 갱내지주

5. 탄층에서 발생하는 메탄(CH_4)가스에 대한 설명으로 틀린 것은?

가. 메탄가스는 독성을 가지고 있다.
나. 메탄가스는 갱내 폭발의 주요한 원인이다.
다. 메탄가스는 공기보다 가볍다.
라. 메탄가스는 무색. 무취한 가스이다.

6. 다음 전색계수 중 가장 효과적(표준)인 것은?

가. d = 0.25
나. d = 1.0
다. d = 1.25
라. d = 1.5

7. 석탄광산의 광량 계산에 있어서 가장 관계가 먼 것은?

가. 탄질
나. 연장
다. 탄폭
라. 비중

8. 「광산안전기술기준」상 갱내작업장의 기온은 습구 온도기준 섭씨 몇 도 이하여야 하는가?

가. 34 도
나. 36 도
다. 38 도
라. 40 도

9. 「광산안전기술기준」상 갑종탄광에서 사용할 수 있는 화약류는?

가. 시그널튜브로 점화하는 비전기식뇌관
나. 알루미늄 관체 뇌관
다. 구리 관체 뇌관
라. 도폭선

10. 다음 중 발파 진동속도를 나타내는 단위로 옳은 것은?

가. mm/sec^2
나. gal
다. cm/sec
라. mm

11. 갱도의 지보재로 사용되는 록볼트의 지보효과가 아닌 것은?

가. 내압효과
나. 풍화방지효과
다. 지반개량효과
라. 매달림효과

12. 노천채굴비가 톤당 5000원, 갱내채굴비가 톤당 12000원, 표토제거비가 톤당 2500원일 경우 이 광산에서 광석 1톤을 채굴하기 위한 허용가능 박토비는?

가. 2.0
나. 2.5
다. 2.8
라. 3.0

13. 착암기의 실린더 내 공기압력을 구하고자 할 때 꼭 필요한 것은?

가. 피스톤을 미는힘
나. 전달되는 에너지
다. 대기압력
라. 전 행정중의 평균압력차

14. 수격(water hammer)작용에 관한 설명 중 잘못된 것은?

가. 배수관내 유속의 급격한 변화로 관내 압력이 상승 또는 하강하는 현상을 말한다.

나. 압력의 상승을 방지하기 위한 방법으로는 서어지 밸브를 설치하고 일시에 닫아준다.

다. 정전에 의해 동력이 급히 끊기는 경우에 생길 수 있다.

라. 밸브의 갑작스런 개폐 등으로 생길 수 있다.

15. 「광산안전기술기준」상 다음 보기에서 갱내운반에 사용할 수 있는 로프 중 가장 적절한 것은?

가. 킹크가 된 부분을 보수한 것

나. 각 소선의 지름이 3분의 1이상 닳아 없어진 것

다. 한 절의 꼬임 사이에서 전체 소선 중 15퍼센트 이상의 소선이 끊어진 것

라. 부식 또는 만곡이 생긴 것

16. 착암기의 천공속도에 관한 설명으로 옳은 것은?

가. 비트 직경 제곱에 비례

나. 비트 직경 3제곱에 비례

다. 비트 직경에 반비례

라. 비트 직경 제곱에 반비례

17. 셰일로부터 변성된 접촉변성암으로서 흑색 세립의 치밀, 견고한 암석은?

가. 혼펠스 나. 슬레이트 다. 천매암 라. 현무암

18. 「광산안전법」에 설명된 다음의 조항은 어떤 용어에 대한 정의인가?

광산에서의 토지의 굴착, 광물의 채굴, 선광 및 제련과정에서 생기는 지반침하, 폐석·광물찌꺼기의 유실, 갱내수·폐수의 방류 및 유출, 광연의 배출, 먼지의 날림, 소음·진동 등의 발생으로 광산 및 그 주변 환경에 미치는 피해를 말한다.

가. 환경   나. 재난

다. 공해   라. 광해

19. 누두공 시험에 대한 설명으로 옳은 것은?

가. 누두공 시험에서 누두반경(R)이 최소저항선(W)보다 클 경우는 약장약이다.

나. 누두공 시험에서 누두반경(R)이 최소저항선(W)보다 작은 경우는 과장약이다.

다. 누두공 시험에서 표준장약은 누두반경(R)이 최소저항선(W)의 2배인 R = 2W로 표시할 수 있다.

라. 누두공 시험에서 누두반경(R)이 최소저항선(W)과 같을 때 표준장약이다.

20. 탄산칼슘(CaCO₃)이 주성분이고 시멘트 원료로 사용되는 것은?

가. 석고   나. 활석   다. 규석   라. 석회석

21. 다음 중 막장 적재 기계와 가장 거리가 먼 것은?

가. 로더   나. 체인컨베이어

다. 가공삭도   라. 슬러셔

22. 「광산안전기술기준」의 발파 작업시 "전기발파시 발파모선거리(발파면과 발파기의 거리)에 관한 기준"을 바르게 설명한 것은?

가. 발파모선 거리가 최소한 굴곡갱도에서는 50m 이상, 직선갱도에서는 100m 이상 이어야 한다.

나. 발파모선 거리가 최소한 굴곡갱도에서는 70m 이상, 직선갱도에서는 130m 이상 이어야 한다.

다. 발파모선 거리가 최소한 굴곡갱도에서는 100m 이상, 직선갱도에서는 150m 이상 이어야 한다.

라. 발파모선 거리가 최소한 굴곡갱도에서는 150m 이상, 직선갱도에서는 200m 이상 이어야 한다.

23. 구형의 광원으로부터 1m 떨어진 곳의 조도가 100 럭스일 때, 2m 떨어진 곳의 조도는?(단, 피조면의 각도는 같다.)

가. 25 럭스   나. 50 럭스

다. 100 럭스   라. 200 럭스

24. 「광산안전기술기준」상 광업폐기물의 처리기준에 적합하지 않는 것은?

가. 광물찌꺼기 및 부유물질(침전지에서 회수한 침전물 등)은 별도의 적치장에 적치한다.

나. 광물찌꺼기 및 부유물질 등 별도 적치하는 광업폐기물의 운반시 날림 및 유출을 방지한다.

다. 기름류·축전차축전지 등의 유해한 광업폐기물은 지

하로 침투하지 아니하도록 보관시설을 사용한다.

라. 유해한 광업폐기물을 갱내에 매립 처분한다.

25. 다음과 같은 조건으로 운반갱도를 굴진하고자 한다. 암석적재에 필요한 광차 대수는?

[조건: 갱도단면적=9m², 1회 굴진장=1.4m, 대상암석=사암, 광차용량=1.6m³, 사암1m³를 발파 했을때 파쇄암석의 체적=2.25m³]

가. 12 대
나. 14 대
다. 16 대
라. 18 대

26. 다음 중 화성광상에 해당하지 않는 것은?

가. 페그마타이트광상
나. 열수광상
다. 잔류광상
라. 정마그마광상

27. 충격파 및 폭굉파를 설명한 것 중 옳은 것은?

가. 폭약과 같이 순간적인 폭발반응으로 발생되는 초고속의 파를 폭굉파라 한다.
나. 반응성 충격파란 충격원에서 에너지를 받은 후 진행하는 동안 다른 에너지를 더 이상 흡수하지 않는다.
다. 폭굉파와 충격파는 매우 다른 파형으로 비슷한 모양을 찾을 수 없다.
라. 충격파란 매질을 통해 탄성파 속도보다 느리게 전달되는 파를 말한다.

28. 천공하여 장약 발파하는 방법 중 기폭약포를 발파공 입구쪽에 두는 기폭법은?

가. 중간기폭
나. 반기폭
다. 역기폭
라. 정기폭

29. 다음중 비중이 가장 큰(무거운) 것은?

가. 석영
나. 석고
다. 자연금
라. 석탄

30. 다음 기호에서 주향 및 경사를 올바르게 기재한 것은?

가. N45˚W, 30˚NW
나. N45˚E, 30˚SW
다. N45˚E, 30˚NW
라. N45˚W, 30˚SW

31. 전압 50[V]를 측정한 결과 전압계가 51.5[V]를 지시

하였다. 이 경우 전압계의 오차율은?

가. 0.3%
나. 1.03%
다. 3%
라. 97%

32. 폭이 0.6 m, 깊이가 0.5 m인 직사각형 배수구를 통해 평균 유속이 2m/sec로 갱내수가 흐르고 있다. 1시간 동안 흐르는 물의 양은?

가. 2160 m³/hr
나. 2745 m³/hr
다. 3515 m³/hr
라. 4170 m³/hr

33. 전기계기의 구성 3요소에 해당하지 않는 것은?

가. 전자장치
나. 제동장치
다. 구동장치
라. 제어장치

34. 다음 내용 중 올바르게 나타낸 것은?

가. 1럭스 = 1푸트 촉광
나. 1람베르트 = πcm²
다. 1루우멘/m² = 1럭스
라. 휘도 = 정사영의 면적/광도 × 1푸트 촉광

35. 다음 중 경사공 심빼기에 해당되지 않는 것은?

가. 부채살 심빼기
나. 번(burn) 심빼기
다. V형 심빼기
라. 피라미드 심빼기

36. 터어빈 펌프 두대를 병렬 운전할 경우 일반적으로 다음 사항 중 가장 옳은 것은?

가. 양수고와 양수량이 동시에 증가한다.
나. 양수량은 증가하나 양수고는 증가하지 않는다.
다. 양수량은 변동이 없다.
라. 양수고가 두배로 증가한다.

37. 폭약의 순폭도란?

가. 최대 순폭거리를 폭약의 직경으로 나눈 것
나. 최대 순폭거리를 폭약의 직경으로 곱한 것
다. 최대 순폭거리를 폭약의 길이로 나눈 것
라. 최대 순폭거리를 폭약의 길이와 합한 것

38. 우리나라 배전선로의 공칭 전압(V)이 아닌 것은?

가. 110
나. 220
다. 380
라. 500

39. 원유 및 천연가스의 광량을 계산하는 방법이 아닌 것은?
가. 물질수지법　　　　　나. 용적법
다. 감퇴곡선법　　　　　라. 삼사법

40. 지름 6m의 수갱에서 매분 300m의 속도로 통기가 이루어지고 있다. 이때의 분당 통기량은 몇 m³인가?
가. 7482　　나. 7982　　다. 8482　　라. 8982

41. 다음 암석 중 변성암이 아닌 것은?
가. 규암　　나. 편마암　　다. 편암　　라. 화강암

42. 일산화탄소(CO)에 대한 설명으로 틀린 것은?
가. 인체에 유독하다.
나. 갱내에서는 탄진폭발, 자연발화, 갱내화재, 내연기관의 배기가스 등에 의하여 발생한다.
다. 비중은 0.97정도이며, 공기보다 가볍다.
라. 무색, 무미, 무취의 불연성 가스이다.

43. 회전식 착암기에 대한 설명 중 옳지 않은 것은?
가. 주로 탄광이나 연질암석 천공에 사용된다.
나. 충격식 착암기보다 내부구조가 복잡하다.
다. 충격식 착암기보다 소음이 적다.
라. 충격식 착암기보다 암분(岩粉)의 비산이 적다.

44. 다음 그림은 터어빈펌프(turbine pump)의 구조를 나타낸 것이다. 그림에서 가이드 베인(guide vane)은 어느 것인가?

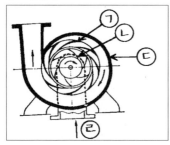

가. ㄴ　　나. ㄷ　　다. ㄹ　　라. ㄱ

45. 다음 중 개갱계수 표시법으로 옳은 것은?

가. m/ton　　　　　나. m/10ton
다. m/100ton　　　라. m/1000ton

46. 고압의 물을 노즐로 뿜어내면 흡수관 안의 물이 빨려 올라와 배출되는 원리를 이용한 펌프는?
가. 터어빈 펌프　　　　나. 제트 펌프
다. 에어리프트 펌프　　라. 벌류트 펌프

47. 광업권자 또는 조광권자가 광업을 중단하거나 광산을 폐광하는 경우에 취하는 조치사항이 아닌 것은?
가. 오염된 갱내수 등의 정화 조치
나. 훼손된 산림 및 토지의 복구
다. 채굴한 자리의 붕괴방지를 위한 조치
라. 사용하지 아니하는 광업시설물의 보존을 위한 조치

48. 흑색화약의 폭발시 화학반응식은 다음과 같다. ( ) 안에 들어 가야 할 것은?
$2KNO_3 + 3C + S \rightarrow ($　　$) + N_2 + 3CO_2$
가. SO_2　　나. K　　다. K_2S　　라. KNO_3

49. 다음 중 가동철편형 측정계기의 기호는 어느 것인가?

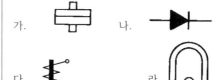

50. 다음 중 축류형 선풍기에 속하는 것은?
가. 라토 선풍기　　　　나. 프로펠러 선풍기
다. 시로코 선풍기　　　라. 펠저 선풍기

51. 다단식의 임펠러를 고속 회전시켜 압축하는 공기압축기는?
가. 스크루형 압축기
나. 원통형 회전식 압축기
다. 다단 등온 압축기
라. 터빈형 압축기

52. 「광산안전기술기준」상 기관차 등에 의한 운반과 관련된 수평 운반갱도의 경사는 어느 정도로 하여야 하는가?

가. 20분의 1이하
나. 30분의 1이하
다. 50분의 1이하
라. 100분의 1이하

53. 화약류가 분해하면서 폭발반응을 일으키는 현상과 관계가 없는 것은?

가. 폭굉   나. 연소   다. 폭연   라. 증발

54. 다음 중 왕복식 펌프에 해당하지 않는 것은?

가. 플런저 펌프(plunger pump)
나. 피스톤 펌프(piston pump)
다. 벌류트 펌프(volute pump)
라. 다이어프램 펌프(diaphragm pump)

55. 다음 중 산체광상의 노천채굴법으로 옳지 않은 것은?

가. 계단식 채굴법(bench cut method)
나. 글로리 홀 채굴법(glory hole method)
다. 경사면 채굴법(slope cut method)
라. 슈링키지 채굴법(shrinkage method)

56. 100[V], 500[W]의 전열기를 90[V]에서 사용할 때 소비전력은 얼마인가?

가. 320W   나. 405W   다. 465W   라. 500W

57. 다음 중 전선의 구비 조건 중 틀린 것은?

가. 기계적 강도가 작을 것
나. 경제적일 것
다. 도전률이 클 것
라. 비중이 작을 것

58. 우리나라 석탄광산에서 갱내 가스 중 메탄가스(CH_4)의 폭발로 인한 대형 안전사고가 발생하는 경우가 있는데 공기중의 메탄가스의 폭발한계 범위로 맞는 것은?

가. 1 ~ 4%   나. 5 ~ 15%
다. 20 ~ 30%   라. 35 ~ 40%

59. 국부통기에서 가스가 충분히 배제되지 않고 점점 농후하게 되어 폭발을 일으킬 수가 있다. 가장 큰 원인은?

가. 크로스 기압   나. 돌림바람
다. 신선공기 유입   라. 풍량과다

60. 다음 중 발파진동의 경감대책으로 옳은 것은?

가. 폭원과 진동 수진점 사이에 도랑 등을 굴착하여 파동의 전파를 차단한다.
나. 폭속이 높은 폭약을 쓰는 등 동적파괴 효과가 높은 폭약을 사용한다.
다. 천공경과 비슷한 장약경의 폭약을 사용하여 충격파를 완화할 수 있다.
라. 기폭방법으로 순발뇌관을 사용하여 발파한다.

2021년 정답지

1	2	3	4	5	6	7	8	9	10
3	3	2	4	1	2	1	1	3	3
11	12	13	14	15	16	17	18	19	20
1	3	4	2	1	3	1	4	4	4
21	22	23	24	25	26	27	28	29	30
3	3	1	4	4	3	1	4	3	3
31	32	33	34	35	36	37	38	39	40
3	1	1	1	2	1	2	4	4	3
41	42	43	44	45	46	47	48	49	50
4	4	2	4	4	2	4	3	2	2
51	52	53	54	55	56	57	58	59	60
4	4	4	3	4	2	1	2	2	1

광산보안기능사   2022년도 필기시험

1. 암석의 경도(hardness)를 측정하는 방법으로 옳지 않은 것은?
가. 마모경도(abrasive hardness)
나. 반발경도(rebound hardness)
다. 긁기경도(scratch hardness)
라. 점성강도(viscosity hardness)

2. 일반적인 전기, 전자 및 통신기기나 선로의 절연저항을 측정 하는 계기는?
가. 메거
나. 전압 전류계
다. 회로 시험기
라. 훅 미터

3. 다음 중 광산의 갱내 통기 목적이 아닌 것은?
가. 갱내에 신선한 공기의 공급
나. 갱내 가스의 희석 및 배출
다. 갱내 온도와 습도의 조절
라. 갱내 지하수의 배출

4. 직류 전동기가 저항기동을 하는 이유는?
가. 속도를 제어하기 위하여
나. 전압을 작게하기 위하여
다. 전류를 제한하기 위하여
라. 편리하고 간단하기 때문에

5. 계기용 변압기의 2차측에 접속해야 할 계기중 가장 적당한 것은?
가. 전류계　나. 검류계　다. 위상계　라. 전압계

6. 가동 코일형 전압계의 측정 범위를 확대하기 위해 사용되는 것은 무엇인가?
가. 변류기　나. 변압기　다. 분류기　라. 배율기

7. 굴진발파에서의 폭약의 종류와 장약량에 대한 설명으로 옳지 않은 것은?
가. 부드러운 암석일 경우 사압현상이 발생하여 폭약이

폭굉 하지 않는 경우가 있다.
나. 암벽의 벽개, 절리가 많은 경우 폭약이 폭굉하지 않고 날아가거나 공극에 남아있는 경우가 있다.
다. 번컷트 발파에서는 소결현상이 문제가 되므로 저비중의 폭약이 사용된다.
라. 슬러리 폭약은 후가스가 많고 위험성이 높아 굴진발파 시에는 사용하지 않는다.

8. 전자유도 작용에 의하여 금속의 원판 또는 원통에 생기는 토크를 이용하는 전기적 지시계기는?
가. 가동코일형
나. 전류력계형
다. 유도형
라. 가동철편형

9. 다음 중 수압철주를 이용한 자주지보가 아닌 것은?
가. 젤보형틀
나. 시일드틀
다. 조립틀
라. 초크틀

10. 자유면 표준발파에서 장약량은 무엇의 세제곱에 비례하는가?
가. 최소저항선
나. 천공경
다. 폭약의 직경
라. 누두지수

11. 「광산안전기술기준」상, 광산용 차량의 운전원 및 광산 근로자가 준수해야 될 사항으로 틀린 것은?
가. 갱내 및 갱외작업장의 분기점과 굴곡지점 및 주요시설물 부근을 운행할 때에는 일단정지 또는 서행하여야 한다.
나. 시계가 5m이내로 불량한 경우에는 기계의 조작 및 운전을 하지 말아야 한다.
다. 광업권자 또는 조광권자, 광산안전관리직원으로부터 지시받은 작업외의 작업을 하지 말아야 한다.
라. 운전원이 운전석을 이석하고자 할 때에는 비상시 다른 사람이 조작 및 운전할 수 있도록 시동열쇠는 차량에 꽂아 두어야 한다.

12. 지질도상에서 주향과 경사가 수평인 지층의 경우에 해당되는 것은?

13. 광산에서 사용하는 티플러(tippler) 시설이란?
가. 광차의 적재물을 비우는 기계장치이다.
나. 탈선된 광차를 복구하는 기계장치이다.
다. 암석을 뚫는 기계장치를 말한다.
라. 광산에서 사용하는 기관차의 일종이다.

14. 아래의 설명에 해당하는 암석은?

> - 제주도, 철원평야, 한탄강 유역에 많이 분포한다.
> - 검은색을 띤다.
> - 다공상 구조를 갖는다.
> - 구성광물의 입자들은 너무 작아 거의 육안으로 보이지 않는다.

가. 화강암   나. 현무암
다. 사암   라. 석회암

15. 다음 갱내 방수법 중 가장 많이 사용되는 것은?
가. 방수댐   나. 시멘트 주입법
다. 방수문   라. 선진천공

16. 발파작업시 대피장소의 조건으로 적당하지 않는 것은?
가. 자유면 방향으로 발파상황이 잘 보이는 곳
나. 발파의 진동으로 천반이나 측벽이 무너지지 않는 곳
다. 발파로 인한 파쇄석이 날아오지 않는 곳
라. 경계원으로부터 연락을 받을 수 있는 곳

17. 표준발파의 장약량은?
가. 누두공 부피의 제곱에 비례한다.
나. 누두공의 부피에 반비례한다.
다. 누두공 부피의 제곱에 반비례한다.
라. 누두공의 부피에 비례한다.

18. 부유탄진, 암분 등을 침강시키고 정전기 발생을 억

제 시키는데 가장 좋은 것은?
가. 햄머 젯트   나. 신선공기 유입
다. 에어 젯트   라. 워터 젯트

19. 「광산안전기술기준」상, 광산에서 화약류 사용시 준수해야 할 사항으로 틀린 것은?
가. 당일 수령한 화약류는 당일에 사용 또는 반납을 완료하여야 한다.
나. 갑종탄광에서는 알루미늄 관체로 된 뇌관을 사용하여 발파하여야 한다.
다. 뇌관을 갱도바닥에 놓고 기폭 약포를 제작하여서는 안된다.
라. 천공작업이 완료될 때까지는 장약해서는 안된다.

20. 다음 중 채광법 선택의 3요소가 아닌 것은?
가. 안전   나. 능률
다. 경제   라. 품위

21. 「광산안전기술기준」상, 갱내안전계원이 광산근로자가 작업 하거나 통행하는 장소에서 필요한 안전조치를 취하고 광업권자 또는 조광권자, 광산안전관리직원에게 보고해야 되는 상황은?
가. 작업시간 8시간 동안의 이산화황 평균 함유율이 1.5ppm인 경우
나. 작업시간 8시간 동안의 일산화탄소 평균 함유율이 3ppm인 경우
다. 작업시간 8시간 동안의 이산화질소 평균 함유율이 1.5ppm인 경우
라. 작업시간 8시간 동안의 이산화탄소 평균 함유율이 3%인 경우

22. 어떤 직류전원에 의하여 전류를 흘릴때 전원의 전압을 1.5배로 하여 흐르는 전류가 1.2배 되려면 저항은 몇 배로 하면 되는가?
가. 1.25   나. 6.5   다. 12.5   라. 14.5

23. 압축기의 공기저장조(air receiver)에 설치되어 있지 않은 것은?
가. 압력계   나. 드레인밸브
다. 공기여과기   라. 안전밸브

24. 노천채굴에 대한 내용과 가장 거리가 먼 것은?

가. 대규모 기계 설비로 대량으로 광석을 채굴하고 운반
　할 수 있다.

나. 광상의 깊이와 노천굴의 채굴 구배에 제한을 받지
　않는다.

다. 통기, 조명을 할 필요가 거의 없다.

라. 때에 따라 표토나 버력을 다른 먼 곳으로 운반하여
　야 한다.

**25. 다음 중 발파를 하지 않고 암반을 파쇄하면서 굴진
하는 기계식 굴착공법에 사용하는 장비가 아닌 것은?**

가. 점보 드릴(jumbo drill)

나. RBM(raise boring machine)

다. TBM(tunnel boring machine)

라. 로드 헤더(road header)

**25. 다음 중 발파를 하지 않고 암반을 파쇄하면서 굴진
하는 기계식 굴착공법에 사용하는 장비가 아닌 것은?**

가. 점보 드릴(jumbo drill)

나. RBM(raise boring machine)

다. TBM(tunnel boring machine)

라. 로드 헤더(road header)

**26. 갱내 작업 시 출수에 대한 사고 방지대책 중 가장
좋은 방법은?**

가. 암석강도측정

나. 갱내수온도측정

다. 갱내습도측정

라. 선진천공

27. 착암기의 비트(bit)가 가져야 할 기계적 성질은?

가. 인성이 있어야 된다.

나. 소성이 있어야 된다.

다. 취성이 있어야 된다.

라. 연성이 있어야 된다.

**28. 암석의 물리적 성질 중 투수율(permeability)에 대
한 설명으로 옳은 것은?**

가. 유체가 암석과 같은 물체 내를 이동, 통과하기 쉬운
　정도를 말한다.

나. 힘을 가할 때는 늘어났다가 힘을 제거하면 원상태로
　복귀하는 정도를 나타낸다.

다. 피크노미터(소형유리병)에 파쇄된 시료를 넣고 가열
　및 냉각을 반복한 후 무게를 측정하여 계산한다.

라. 암석의 전체 체적에 대한 공극이 차지하는 부피의
　비를 말한다.

**29. 「광산안전기술기준」상, 광산에서 배수시설을 설치할
때 갖추어야 할 능력으로 적합한 것은?**

가. 최근 3년 이내의 최대 출수량의 1.5배 이상을 배수
　할 수 있는 능력

나. 최근 3년 이내의 최대 출수량의 2.5배 이상을 배수
　할 수 있는 능력

다. 최근 5년 이내의 최대 출수량의 1.5배 이상을 배수
　할 수 있는 능력

라. 최근 5년 이내의 최대 출수량의 2.5배 이상을 배수
　할 수 있는 능력

30. 다음 중 화산암에 해당하는 것은?

가. 반려암　　　　　　　　나. 화강암

다. 유문암　　　　　　　　라. 섬록암

31. 다음 중 퇴적암에 해당하는 것은?

가. 휘록암　　　　　　　　나. 석회암

다. 섬록암　　　　　　　　라. 유문암

**32. 1분간의 배수량이 $4m^3$라 하고 유속을 90m/min로
한다면 수관의 직경은?**

가. 14cm　　　나. 24cm　　　다. 36cm　　　라. 48cm

**33. 전기발파 결선 방법 중 직렬결선에 대한 설명으로
옳은 것은?**

가. 전기뇌관의 저항이 조금씩 다르더라도 상관없다.

나. 결선이 틀리지 않고 불발 시 조사하기가 쉽다.

다. 결선이나 뇌관에 불량한 것이 있으면 그것만 불발된다.

라. 전원에 동력선, 전등선을 이용하는 것이 효과적이다.

**34. 다음의 광물을 이루고 있는 원자나 이온들의 결합
방식 중 가장 강한 것은?**

가. 공유결합　　　　　　　　나. 금속결합

다. 잔류결합   라. 이온결합

35. 전류 I[A]와 시간 t[sec]와 전기량 Q[C]와의 관계는?

가. $Q=It^2$ 나. $Q=It$

다. $Q=I^2t$ 라. $Q=I/t$

36. 직경 35mm의 발파공에 30mm 직경의 폭약을 장전하였을 때 디커플링(decoupling) 지수는?

가. 약 0.86   나. 약 1.17

다. 약 1.71   라. 약 2.33

37. 강색이 노활차에서부터 권동까지 이루는 방향과 수평과의 이루는 각을 수평각이라고 한다. 가장 이상적인 수평각은?

가. 25°   나. 30°   다. 45°   라. 60°

38. 암석의 생성 순서를 밝히고 세계의 모든 암석을 서로 관련시켜 시간적으로 정리하는 학문은?

가. 암석학   나. 층서학

다. 지구물리학   라. 응용지질학

39. 보울트를 설치하기 어려운 암반에서 2개의 보울트 또는 와이어 로우프를 천공한 구멍에 끼우고 수평한 부분을 로드 또는 터언버클로 죄어 줌으로써 지지력을 가지는 철재 지보는?

가. 로크 보울팅   나. 루우프 쇼잉

다. 루우프 트러스   라. 루우프 보울팅

40. 갱내 유해가스 발생우려가 있는 장소에 대하여 갱내 안전계원의 가스 측정 횟수로 맞는 것은?

가. 가스측정기로 매일 1회이상 측정

나. 가스측정기로 매일 2회이상 측정

다. 가스측정기로 매주 1회이상 측정

라. 가스측정기로 매주 2회이상 측정

41. 전기설비의 차단장치를 개폐할 때 위험방지를 위하여 적당한 위치를 선정한다. 위치 선정상 안전 기준과 거리가 먼 것은?

가. 화재방지   나. 감전방지

다. 폭발방지   라. 전시효과

42. 다음 중 갱내 출수의 원인으로 옳지 않은 것은?

가. 함수단층을 만났을 경우

나. 채굴구역 내에 있는 하천의 바닥을 시멘테이션한 경우

다. 함수층 내의 지하수가 갱내로 유입되는 경우

라. 공동에 고인 공동수가 유입되는 경우

43. 공기압축기의 압축이론 중 등온압축에 대한 설명으로 옳은 것은?

가. 등온압축의 경우에 보일의 법칙이 성립되지 않는다.

나. 공기압축기 기체의 온도를 일정하게 유지하면서 압축한다.

다. 압축 시 발생하는 열을 외부로 제거하지 않고 압축한다.

라. 압축 시 기체온도를 올리기 위해 일정하게 열을 가하면서 압축한다.

44. 광산구호대 구호대원의 준수사항으로 맞는 것은?

가. 대원은 산소호흡기를 장착한 경우 3분 이상 정지하신체 또는 호흡기의 이상 유무를 확인하여야 하며 장착 5분후 부터 산소 소비상태를 검사하여야 한다.

나. 대원은 출동할 시에 도면, 안전화, 장갑, 연필, 백묵 등 필요한 물건을 휴대하여야 한다.

다. 작업명령은 대장 또는 대장이 지정하는 반장이 행하며 구호반원에게 복창시킨다.

라. 출동 시 1개반은 분대장 또는 반장을 제외하고 10명으로 한다.

45. 갱내에서 메탄(CH_4) 가스를 측정하는 지점으로 옳은 것은?

가. 갱도의 중간높이 좌측지점

나. 갱도의 중간높이 중앙지점

다. 갱도의 상부지점

라. 갱도의 하부지점

46. 갱내에서 사용하는 목재 지보의 종류 중 1개의 기둥으로 천장을 지지하기 위하여 천장과 거의 직각으로 세우는 외동발 기둥은 무엇인가?

가. 보(beam)   나. 목적(crib)

다. 살장(pilling)　　　　라. 타주(post)

47. 부정합면이 화성암체 위에 놓여 있는 것은?
가. 난정합　　　　　　나. 평행부정합
다. 정합　　　　　　　라. 경사부정합

48. 벨트 컨베이어에서 벨트의 속도를 결정하는 요소로 거리가 먼 것은?
가. 수송물의 크기　　　나. 수송물의 품위
다. 벨트의 폭　　　　　라. 컨베이어의 길이

49. 갱도의 발파굴착시, 1 자유면상태를 2 자유면으로 만들기 위해 가장 먼저 발파하는 작업은?
가. 난장발파　　　　　나. 심발발파
다. 제발발파　　　　　라. 선행이완발파

50. 칸델라(cd)의 단위와 가장 관계가 깊은 것은?
가. 광속　　나. 조도　　다. 광도　　라. 광량

51. 중앙식 통기와 대우식 통기의 설명으로 옳지 않은 것은?
가. 중앙식은 대우식에 비해 누풍이 많은 결점이 있다.
나. 중앙식은 대우식에 비해 주요통기갱도의 연장이 길다.
다. 중앙식은 유지비, 동력비가 많이 든다.
라. 중앙식은 건설비가 많이 들지만 보안상 감시에 편리하다.

52. 흑연은 다음 중 주로 어느 광상에서 산출되는가?
가. 화성광상　　　　　나. 퇴적광상
다. 변성광상　　　　　라. 열수광상

53. 지름 32mm 다이너마이트의 순폭시험결과 순폭도는 7이었는데 얼마 후 다시 시험하였더니 최대순폭거리가 16cm이었다. 순폭도는 얼마나 저하되었는가?
가. 1　　　나. 2　　　다. 3　　　라. 4

54. 화학적 풍화에 대한 안정도가 낮은 것에서부터 높은 순으로 올바르게 나열된 것은?
가. 석영→감람석→정장석→흑운모
나. 흑운모→백운모→휘석→석영
다. 감람석→각섬석→백운모→석영
라. Na 사장석→휘석→백운모→감섬석

55. 갱내화재, 갱내가스 폭발 후 가장 많이 발생하는 가스는?
가. 황화수소(H_2S)　　　나. 이산화탄소(CO_2)
다. 일산화탄소(CO)　　　라. 메탄가스(CH_4)

56. 다음 중 아네모미터(anemometer)는?
가. 습도계　　나. 기압계　　다. 풍속계　　라. 온도계

57. 지하수 대수층 중 용해공동으로 형성된 것이 있는데 다음 중 이러한 대수층을 형성할 수 있는 암석은?
가. 석회암　　　　　　나. 화강편마암
다. 사암　　　　　　　라. 화강암

58. 다음 중 화공품에 속하지 않는 것은?
가. 신관　　　　　　　나. 전기뇌관
다. 아지화연　　　　　라. 완구용 꽃불류

59. 「광산안전법」에서 규정하는 광산구분으로 맞는 것은?
가. 금속광산, 비금속광산, 석탄광산
나. 금속광산, 석탄광산, 석유광산
다. 일반광산, 석탄광산, 석유광산
라. 금속광산, 비금속광산, 석유광산

60. 발파와 자연지진에 의한 지반진동의 설명으로 옳은 것은?
가. 자연지진은 저주파 파동이고, 발파에 의한 지반진동은 고주파일 경우가 많다.
나. 자연지진은 길어도 수초 이내로 끝나는 경우가 많으나 발파진동은 수초~수분에 걸쳐서 나타난다.
다. 발파에 의한 지반진동은 저주파일 경우가 많으며, 진동 시간이 길다.
라. 자연지진이나 발파에 의한 지반진동은 파동이 같고

진동시간 또한 유사하다.

2022년 정답지

1	2	3	4	5	6	7	8	9	10
4	1	4	3	4	4	4	3	1	1
11	12	13	14	15	16	17	18	19	20
4	4	1	2	2	1	4	4	2	4
21	22	23	24	25	26	27	28	29	30
4	1	3	2	1	4	1	1	3	3
31	32	33	34	35	36	37	38	39	40
2	2	2	1	2	2	3	2	3	1
41	42	43	44	45	46	47	48	49	50
4	2	2	2	3	4	1	2	2	3
51	52	53	54	55	56	57	58	59	60
4	3	2	3	3	3	1	3	3	1

광산보안 기능사 필기 안내

1. 시험방식 : CBT(컴퓨터 기반 시험)
   - 2023년도부터는 기존 PBT(종이 기반 시험)에서 CBT(컴퓨터 기반 시험)로 전환하여 시행
     * CBT : 컴퓨터로 시험 응시, 채점 등이 이루어지는 시험 방식으로 문제은행식 출제

2. 시험장소 안내(2024년도 2회차 기준)

시험장	접수가능 인원(명)		
	1부	2부	합계
상지대학교 미래관 강원도 원주시 상지대길 83 미래관 (대기실 1층)	45	45	90
한국방송통신전파진흥원 서울본부 2층 CBT 1시험장 서울특별시 송파구 중대로 135 아이티벤처타워	56	56	112

* 시험장별 인원 제한이 있어, 희망하는 시험 장소 및 시간이 선착순 마감될 수 있음.

광산보안 기능사 실기 안내(작업형 100%)

○ 광산보안계원 실무(※ 질의응답)
- 법적 지식 및 역할
- 광산안전사고 예방(사전점검)
- 광산안전사고 사후조치

○ 광산작업환경 평가
- 갱내 유해가스 특성
- 기기를 이용한 가스측정
- 풍속 및 풍량 측정

○ 화약류취급 및 발파작업
- 화약류 취급
- 기폭약포 제작
- 결선 및 발파

○ 광산안전 및 보안과 관련한 비대면 질의응답 형태로 진행되며 광산안전계원으로서 자질, 실무능력(법령 및 규정, 사고의 사전·사후조치 등)을 평가받게 됨.

○ 광산작업환경에 대한 갱내가스, 풍속 및 풍향 측정 등 광산환경에서 일어날 수 있는 작업환경 전반에 대한 질의응답 및 실무작업수행을 평가받게 됨.

○ 화약류의 취급, 뇌관, 폭약, 결선 및 모의 발파작업 등 시험위원의 지시에 따라 질의응답 및 실무작업 수행을 평가받게 됨.
※ 화약취급기능사와 동일

시험장소: 광해광업공단 마이닝센터(익산시 함열읍)

광산보안 작업형 1과정

- 광산보안계원실무 -> 광산안전법 읽어보기

- 국가법령정보센터 -> 광산안전법 읽어보기, 광산안전기술상의 기준 읽어보기

광산보안 작업형 2과정

- 광산작업환경평가 – 통기

※ 위와 같이 제시된 가스를 측정 위치에 따라 배열 할 줄 알아야 합니다.
원자량을 이용하여 분자량을 구한 후 분자량이 28.84보다 가벼운 순서대로 위에 있다고
보시면 됩니다. 공기보다 무거우면 아래에 있습니다.

- 공기의 구성 질소(N_2) 약78% > 산소(O_2) 21% > 아르곤(Ar) > 이산화탄소(CO_2)

- 평균 분자량 약 28.84, 해당 가스를 측정하려면 어디에 계측기를 대야하는가?
  -> 가벼우면 상단에 측정기를 대야한다
  -> 무거우면 아래에 대야한다
  -> 비슷하면 가운데에 대야한다 하면 됩니다.

사진출처(https://www.todayenergy.kr/news/articleView.html?idxno=114847 검색일 24.07.31)

광산보안기능사 기출문제

- 갱내 유해가스 특성은 아래와 같다.

1. 갱내 가스 기준
가. 산소 O_2 : 19%이상, 비중: 1.11
나. 주요 배기갱도 및 갱내 작업장 메탄 가스 CH_4 함유율: 1.5%이하. 비중: 0.56
   (폭발농도: 5~15%. 완전연소 9.45%. 15% 이상시 산소부족으로 폭발불가)
   - 작업시간 8시간 동안의 평균 농도를 기준한다
다. 일산화탄소(CO) 함유율 : 30ppm이하, 비중: 0.97
라. 일산화질소(NO) 함유율 : 25ppm이하, 비중: 1.04
마. 황화수소 H_2S
바. 이산화탄소(CO_2) 함유율 : 1%이하. 비중: 1.53
사. 이산화질소(NO_2) 함유율 : 3ppm이하. 비중: 1.58
아. 이산화황(SO_2) 함유율 : 2ppm이하. 비중: 2.26

2. 갱내 가스측정
가. 메탄가스
   - 갑종탄광: 작업 전, 교대단위 작업 중 2회 이상 측정
   - 을종탄광: 메탄가스가 존재하거나 염려가 있는 장소에서 주 1회 측정
나. 유해가스: 유해가스가 존재하거나 염려가 있는 장소에서 일 1회 이상 측정

3. 가스폭발의 3요소
   - 가연성가스, 점화원, 산소 (가산점으로 암기)

4. 갱내에서 산소를 소비하는 주요원인
   - 생명체의 호흡, 갱내의 화재, 석탄광물의 산화, 갱목 등의 부패, 내연기관의 기동

5. 메탄가스에 대한 조치

가. 0.25% 초과 시 가스 검정의 강화 및 통기 대책
나. 1.5% 초과 시: 송전 정지, 근로자 대피, 경계표시
다. 2.0% 초과 시: 근로자 대피, 통행 차단
라. 채굴한 자리, 구갱도 등에 메탄가스 다량 존재 시 메우거나 시멘트 등으로 밀폐, 선진천공 실시, 채굴법개선
마. 유해가스: 발생으로 위험성이 있을 시 경계표시 및 통행 차단

6. 갱내통기
가. 1일중 최대 작업자 수 1인당 3m³/min (갑종탄광)
나. 내연기관 및 광산기계 이용 1Kw 당 1.5m³/min (가동율 고려)
다. 갱내 작업장 또는 채굴 자리의 배기 중 메탄가스 함유율이 0.75% 초과 시 그 배기를 다른 갱내작업장
에 통과시킬 수 없음

7. 갱내 통기량 측정
가. 갑종탄광: 갱내 총입.배기량을 주 1회 측정(광산 안전 계원이 통기부에 기재)
나. 갱내 50인 이상 근로자 동시 작업장
 - 대기압, 온도, 선풍기압력, 풍량 매일 1회 조사 및 통기부 기록
 - 통기속도, 통기량, 메탄가스 농도 매월 1회 측정 통기부 기재
 - 통기와 갱내 공기에 이상 있거나 통기 계통 및 통기량을 변경한 때 측정

8. 갱내의 통기속도
가. 갱내의 통기속도는 450m/min
나. 수직갱도 및 통기전용갱도에서는 600m/min

 - 풍속 및 풍량 측정
풍속을 측정하는 방법은 구획식과 연속식이 있다.
구획식은 포인트 마다 측정하는 방식이며
연속식은 연속으로 이동시키면서 풍속을 측정하는 방법입니다.

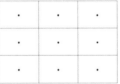

구획식

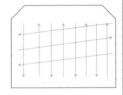

연속식

광산보안 작업형 3과정

• 화약취급기능사 2과정과 동일 –> 화약취급기능사 발파과정 참고

[참고문헌 및 자료]

·산업화약과 발파공학 서울대학교출판사 김재극 저
·고등학교 화약발파 두산동아
·발파공학 A to Z 구미서관 강추원 저
·화약발파 마이닝센터 2015년도판
·암석지질 마이닝센터 2015년도판
·21C암반역학 건설정보사 조태진, 윤용근, 이연규, 장찬동 공저
·화약류제조를 위한 핸드북 우리호영
·광해방지공학
·에디스트 화약류 인강 서적
·올배움kisa 화약류 인강 서적
·환경지질학 4판 시그마프레스
·마이닝센터 암석지질 12P 프린트물
·마이닝센터 화약기능사 문제집
·화약의 이론과 실제 이영호 지음 워크북스
·광산보안기능사 마이닝센터
·ncs 모듈
·화약류+취급관리
·화약류+안전관리
·발파작업실시
·지하발파설계
·노천발파설계
·시험발파
·발파+안전관리

시험 공부를 위해 볼만한 영상 추천

광산, 터널, 불꽃놀이 이해를 위한 영상(Youtube 검색)

원더풀 사이언스(wonderful science) 순간의 과학, 발파해체

원더풀 사이언스(wonderful science) 첨단을 달린다, 지하철 사이언스

원더풀 사이언스(wonderful science) 바다의 길, 미래의 길 해저터널

원더풀 사이언스(wonderful science) 제4의 공간, 지하의 재발견

극한직업 광산-지하자원 탐사/철광석 개발

1부 지하자원 탐사 - 2008. 5. 14 (수) 밤 10시 40분

2부 철광석 개발 - 2008. 5. 14 (수) 밤 10시 40분

극한직업 화약 발파 기술자

1부 - 방송일시 : 2009.4.29(수) 밤 10시 40분

2부 - 방송일시 : 2009.4.30(목) 밤 10시 40분

극한직업 인제터널 공사

방송일시: 2012년 1월 4, 5일(수, 목) 밤 10시40분

극한직업 수직발파

방송일시: 2013년 9월 25일(수)~26일(목) 밤 10시 45분

극한직업 화강암 채석장

방송일시: 2012년 2월 29일, 3월 1일 (수, 목) 밤 10시40분

극한직업 대리석 광산

방송일시: 2014년 8월 6일(수) 오후 10시 45분

극한직업 옥 채취

방송일시: 2016년 2월 17일(수) 오후 10시 45분

극한직업 연화공

1부 - 방송일시 : 2010. 10.20 (수) 밤 10시 40분 EBS

2부 - 방송일시 : 2010. 10.21 (목) 밤 10시 40분 EBS

네셔널 지오그래픽 네오키드 사이언스 불꽃놀이의 과학1부 - 방송일시 : 2009.4.29(수) 밤 10시 40분

시험 공부를 위해 가볼만한 곳 추천

전국의 자원공학 관련 박물관의 위치

인천 : 한화기념관 - 화약에 대해서 견학할 수 있음

서울 : 서대문 자연사박물관 - 암석 지질 화석에 대해서 견학할 수 있음

시흥 : 창조자연사박물관

광명 : 광명동굴(록볼트와 숏트리트 시공 및 여러 광산에 대한 정보를 볼 수 있음)

춘천 : 옥박물관

대천 : 보령석탄박물관 - 광산보안 굴착에 대해서 견학할 수 있음

대전 : 지질자원연구원 지질박물관 충남대학교 지질박물관

정선 : 금광촌

태백 : 태백석탄박물관 - 광산보안 굴착에 대해서 견학할 수 있음(전시물이 가장 많다.)

문경 : 문경석탄박물관 - 광산보안 굴착에 대해서 견학할 수 있음

익산 : 보석박물관 및 화석박물관 - 광물학, 암석학, 채광학, 화석에 대해서 견학할 수 있음

울산 : 자수정박물관

목포 : 자연사박물관

자원인력양성교육 소개(화약발파, 광산보안, 천공기)